Managementforschung

Reihe herausgegeben von

Thomas Angerer, Gmunden, Österreich

Andrea Rögner, Zürich, Schweiz

Die Schriftenreihe präsentiert aktuelle Forschungsergebnisse und Studien aus dem Bereich der Managementforschung. Sie liefert damit neue, theoretisch und empirisch fundierte Lösungsansätze für aktuelle Probleme der Wirtschaft und der Managementpraxis.

Manuel Beck

Situative Verhandlungsführung

Transaktionsanalytische Konzeption und empirische Erfolgsanalyse

Springer Gabler

Manuel Beck
Heddesheim, Deutschland

ISSN 3004-8354 ISSN 3004-8362 (electronic)
Managementforschung
ISBN 978-3-658-42957-7 ISBN 978-3-658-42958-4 (eBook)
https://doi.org/10.1007/978-3-658-42958-4

Die Deutsche Nationalbibliothek verzeichnet diese Publikation in der Deutschen Nationalbibliografie; detaillierte bibliografische Daten sind im Internet über http://dnb.d-nb.de abrufbar.

Planung/Lektorat: Marija Kojic
Springer Gabler ist ein Imprint der eingetragenen Gesellschaft Springer Fachmedien Wiesbaden GmbH und ist ein Teil von Springer Nature.
Die Anschrift der Gesellschaft ist: Abraham-Lincoln-Str. 46, 65189 Wiesbaden, Germany

Das Papier dieses Produkts ist recyclebar.

Geleitwort

Die Buchreihe „Managementforschung" versteht sich als Forum für den Transfer aktueller betriebswirtschaftlicher Forschungsergebnisse. Jungen Forscherinnen und Forschern soll darin eine attraktive Plattform geboten werden, die von ihnen im Rahmen ihrer Dissertation entwickelten Lösungen für aktuelle Probleme der Praxis vorzustellen. Dabei werden neue Konzepte und Modelle entwickelt, die empirisch aufwendig evaluiert werden. Die Buchreihe liefert somit neue und fundierte Antworten für aktuelle Herausforderungen in der Wirtschaft.

So auch der Beitrag von Manuel Beck. Er beschäftigt sich in seiner Dissertation mit dem Thema der situativen Verhandlungsführung, indem er eine umfassende Bestandsaufnahme zur Forschung in diesem Themenfeld vornimmt und bestehende Gesprächsansätze einer kritischen Analyse unterzieht. Auf dieser Basis entwickelt er ein eigenes Modell zum erfolgreichen Verhandeln, in dem er situative Aspekte mit der aus der Psychotherapie stammenden Transaktionsanalyse und einer sozialen Systemtheorie verbindet. Das daraus entstandene Modell prüft er in einem sehr aufwendigen Mixed-Methods-Design mit der Analyse realer Verkaufsgespräche, auf deren Basis er fundierte Empfehlungen für die Praxis ableitet. Die Arbeit von Manuel Beck liefert zahlreiche neue Erkenntnisse für den Vertrieb und das Personalmanagement.

Thomas Angerer   Andrea Rögner

Danksagung

An dieser Stelle möchte ich allen beteiligten Personen danken, die mich bei der Anfertigung meiner Dissertation unterstützt haben.

Mein besonderer Dank gilt Herrn Dr. Thomas Angerer für die stets hervorragende Betreuung und Unterstützung bei der Durchführung der gesamten Arbeit und für die unzähligen Stunden, die er in unsere Gespräche investiert hat. Seine innovativen Ideen und kompetenten Anregungen, aber vor allem sein Blick für das Wesentliche haben dieses Projekt von Anfang an erst möglich gemacht und mir völlig neue Perspektiven aufgezeigt.

Mein Dank gilt darüber hinaus auch den Verkaufstrainern und Management-Kollegen, die durch ihre Anregungen und praktische Unterstützung bei der empirischen Umsetzung wesentlich dazu beigetragen haben, die vorliegende Untersuchung zu einem erfolgreichen Abschluss zu bringen. Konkret möchte ich mich bei Susanne Tours, Immo Schulz, Bernhard Hengl, Pia Bartel, Maximilian Bienefeld, Jan Gerhard, Fahim Ahmed und Daniel Calvo bedanken.

Meinen Eltern möchte ich danken, dass sie stets für mich da waren und mich durch ihre Förderung – finanzieller, aber auch emotionaler Natur – in eine Situation und Position brachten, solch ein Projekt verwirklichen zu wollen und zu können.

Der größte Dank gilt allerdings meiner Frau Katerin Beck und meinen drei Kindern, die mir stets durch ihre Geduld und ihr Verständnis in den letzten sechs Jahren den Rücken freigehalten haben. Durch ihre Stärke legten sie den Grundstein, der es mir erlaubte, die Entstehung der gesamten Arbeit voranzutreiben.

Natürlich gilt mein Dank auch den vielen weiteren Personen, die in irgendeiner Form an diesem Projekt beteiligt waren.

Allen genannten Personen möchte ich abschließend noch einmal meinen Dank aussprechen, dass sie auf ihre Weise einen Beitrag geleistet und damit dieses umfangreiche Forschungsprojekt unterstützt haben.

Manuel Beck

Inhaltsverzeichnis

1. EINLEITUNG UND PROBLEMSTELLUNG 1

1.1. BEDEUTUNG ERFOLGSORIENTIERTER VERHANDLUNGSFÜHRUNG IM MODERNEN UNTERNEHMENSUMFELD UND DAMIT EINHERGEHENDE HERAUSFORDERUNGEN . 1

1.2. ERKENNTNISINTERESSE UND AUFBAU DER ARBEIT.. 5

2. STATUS QUO DER SITUATIVEN VERHANDLUNGSFÜHRUNG............................ 8

2.1. ERKENNTNISINTERESSE UND AUFBAU DES KAPITELS 8

2.2. WISSENSCHAFTLICHE BLICKWINKEL AUF VERHANDLUNGEN 9

2.2.1. Überblick.. 9

2.2.2. Entscheidungstheoretische Perspektive 9

2.2.3. Verhaltenswissenschaftliche Perspektive 11

2.2.3.1. Einleitende Überlegungen 11

2.2.3.2. Differenziell-psychologische Perspektive....................................12

2.2.3.3. Situative Perspektive..14

2.2.3.4. Interaktionistische-persönlichkeitspsychologische Perspektive..15

2.2.4. Perspektive des Beziehungsmarketings.................................. 17

2.3. GENERELLE EINFLÜSSE AUF VERHANDLUNGEN IN KUNDENBEZIEHUNGEN.. 20

2.3.1. Überblick.. 20

2.3.2. Grundsätzliche Überlegungen in Bezug auf Kundenbeziehungen 20

2.3.2.1. Geschäftsbeziehungskonzepte 20

2.3.2.2. Begriffsverständnis eines Kundenbeziehungszyklus...................21

2.3.2.3. Besonderheiten der Geschäftskundenbeziehungen 22

2.3.3. Allgemeines Erfolgsverständnis in Bezug auf Kundenbeziehungen ... 23

2.3.3.1. Konzeptualisierung des Beziehungserfolgs (Service Profit Chain) ... 23

2.3.3.2. Kundenbindung ... 25

2.3.3.3. Kundenzufriedenheit ... 27

2.3.4. Bedeutung situativer Kommunikation in Bezug auf Kundenzufriedenheit in Geschäftsbeziehungen ... 30

2.3.4.1. Interpersonale Kommunikation und persönlicher Kundenkontakt ... 30

2.3.4.2. Grundsätzliche Überlegungen zur Bedeutung des persönlichen Verkaufs ... 32

2.3.4.3. Verhandlungen als spezieller Teil des persönlichen Verkaufs ... 33

2.4. SITUATIVE EINFLÜSSE AUF DEN ERFOLG VON VERHANDLUNGEN ... 37

2.4.1. Überblick ... 37

2.4.2. Erfolgsrelevante situative Faktoren in Verhandlungen ... 37

2.4.3. Personeller Kontext der Verhandlungs- bzw. Gesprächspartner ... 41

2.4.3.1. Einleitende Überlegungen ... 41

2.4.3.2. Vorgeschichte und Beziehung der interagierenden Personen ... 41

2.4.3.3. Persönlichkeitseigenschaften der interagierenden Personen ... 42

2.4.3.4. Fachkompetenz der interagierenden Personen ... 45

2.4.3.5. Sozialkompetenz der interagierenden Personen ... 46

2.4.4. Psychologische Prozesse der Verhandlungs- bzw. Gesprächspartner ... 50

2.4.4.1. Einleitende Überlegungen ... 50

2.4.4.2. Kognitive Verzerrungen ... 52

2.4.4.3. Affektive Prozesse in Verhandlungen ... 54

2.4.5. Verhandlungsinteraktion und Kommunikation der Verhandlungs- bzw. Gesprächspartner 56

2.4.5.1. Einleitende Überlegungen 56

2.4.5.2. Kommunikation 56

2.4.5.3. Interaktion 59

2.5. DARSTELLUNG VERSCHIEDENER GESPRÄCHSANSÄTZE 64

2.5.1. Überblick 64

2.5.2. Rolle der Kundenorientierung und Anpassungsfähigkeit........ 64

2.5.2.1. Einleitende Überlegungen 64

2.5.2.2. Kundenorientierung (Soft Selling vs Hard Selling) 64

2.5.2.3. Anpassungsfähigkeit (Adaptive Selling vs Canned Selling)..........66

2.5.3. Gesprächs- und Verkaufsansätze 67

2.5.3.1. Einleitende Überlegungen 67

2.5.3.2. SOR-Ansätze 68

2.5.3.3. Phasenbezogene Ansätze (Formula Selling) 68

2.5.3.4. Analyseansatz 71

2.5.3.5. Problemlösungsansatz 72

2.5.3.6. GRID-Ansatz 73

2.5.3.7. Prospect Theory 77

2.5.3.8. Neurolinguistischer Programmierungsansatz (NLP) 78

2.5.3.9. Transaktionsanalytischer Ansatz 79

2.6. SITUATIVE HERAUSFORDERUNGEN UND KRITISCHE ANALYSE DER GESPRÄCHSANSÄTZE 81

2.6.1. Überblick 81

2.6.2. Situative Herausforderungen.. 81

2.6.3. Anforderungen an Gesprächsansätze zur Bewältigung situativer Herausforderungen 85

2.6.4. Kritische Analyse der Gesprächsansätze................................ 94

2.6.4.1. Einleitende Überlegungen 94
2.6.4.2. Bewertung des SOR-Ansatzes 96
2.6.4.3. Bewertung des phasenbezogenen Ansatzes 97
2.6.4.4. Bewertung des Analyseansatzes 99
2.6.4.5. Bewertung des Problemlösungsansatzes 100
2.6.4.6. Bewertung des GRID-Ansatzes 102
2.6.4.7. Bewertung der Prospect Theory 104
2.6.4.8. Bewertung des Neurolinguistischen Ansatzes (NLP) 106
2.6.4.9. Bewertung des transaktionsanalytischen Ansatzes 109

2.6.5. Ergebnis der Analyse der Gesprächsansätze 112

3. SITUATIV ERFOLGREICHES VERHANDELN AUF BASIS EINER SYSTEMISCHEN TRANSAKTIONSANALYSE 117

3.1. ERKENNTNISINTERESSE UND AUFBAU DES KAPITELS 117
3.2. SYSTEMTHEORIE ALS THEORETISCHER BEZUGSRAHMEN 118

3.2.1. Überblick 118
3.2.2. Allgemeine Systemtheorie 118
3.2.3. Soziale Systemtheorie 119

3.2.3.1. Zentrale Begriffe 119
3.2.3.2. Umwelten sozialer Systeme 123
3.2.3.3. Evolutionsstufen sozialer Systeme 124
3.2.3.4. Integration als Vorbedingung zur Lenkung und Steuerung der Unternehmen-Kunden-Beziehung 127

3.2.4. Personale Systemtheorie 131

3.2.4.1. Einleitende Überlegungen 131
3.2.4.2. Axiome der personalen Systemtheorie 132
3.2.4.3. Kritische Betrachtung des herkömmlichen Rollenkonzepts 137

3.2.5. Steuerungsprinzipien als Ansatz zur Intervention in Geschäftsbeziehungen 138

3.3. SITUATIVES VERHANDELN AUS TRANSAKTIONSANALYTISCHER PERSPEKTIVE 140

3.3.1. Überblick 140

3.3.2. Bedeutung und Begriffe 140

3.3.3. Funktionsmodell der Transaktionsanalyse 141

3.3.4. Transaktionsanalyse im engeren Sinn 145

3.3.4.1. Diagnostik von Ich-Zuständen 145

3.3.4.2. Parallel-, Überkreuz- und verdeckte Transaktionen 147

3.3.5. Kritische Würdigung der Transaktionsanalyse hinsichtlich komplexer Herausforderungen 148

3.3.6. Entwicklung eines transaktionsanalytischen Modells aus interaktionistischer Sicht 151

3.3.6.1. Interaktives Kommunikationsmodell 151

3.3.6.2. Transaktionsanalytische Vertragskonzepte 153

3.3.6.3. Transaktionsanalytisches Kommunikationsmodell 154

3.4. ASPEKTE SYSTEMISCHER TRANSAKTIONSANALYTISCHER VERHANDLUNGSFÜHRUNG 156

3.4.1. Überblick 156

3.4.2. Verbindung der Transaktionsanalyse mit der sozialen Systemtheorie 156

3.4.3. Kunden-Unternehmens-Integration 159

3.4.4. Sozialkompetenz als Schlüssel zur Steuerung integrativer Prozesse 160

3.4.4.1. Einleitende Überlegungen 160

3.4.4.2. Verbale und nonverbale Fähigkeiten zur Gestaltung der Interaktion 164
3.4.4.3. Stimmungsmanagement 165
3.4.4.4. Sozial sensible Wahrnehmung und adäquate Beurteilung 168
3.4.4.5. Einsatz des systemischen Transaktionsmanagements zur situativen Steuerung der Interaktion 171
3.5. MUSTERERKENNUNG IN VERHANDLUNGEN (BEZIEHUNGSANALYSE): ENTWICKLUNG EINES MODELLS FÜR SITUATIV ERFOLGREICHES VERHANDELN . 179
3.5.1. Überblick.... 179
3.5.2. Bedeutung der Analyse von Interaktionen in situativen Verhandlungen 179
3.5.2.1. Einleitende Überlegungen 179
3.5.2.2. Transaktionsanalyse als besonderer Teilaspekt der empirischen Untersuchung der Kunden-Unternehmens-Beziehungen....181
3.5.2.3. Theoretischer Bezugsrahmen im Überblick 183
3.5.2.4. Qualitative Analyse der transaktionsanalytischen Konzepte.....188
3.5.3. Transaktionsanalytische Konzepte: Einfluss der transaktions-analytischen Muster auf die Globalzufriedenheit – theoretische Fundierung und Hypothesen.... 189
3.5.3.1. Einleitende Überlegungen 189
3.5.3.2. Arten und Wirkungen von Transaktionen....191
3.5.3.3. Arten und Wirkungen von funktionellen Ich-Zuständen....196
3.5.3.4. Arten und Wirkung von Strokes und Power Plays 199
3.5.3.5. Wirkung der Grundeinstellung....204
3.5.4. Nicht-transaktionsanalytische Konzepte: Intrapsychische Einflüsse – theoretische Fundierung und Hypothesen 208
3.5.4.1. Einleitende Überlegungen 208
3.5.4.2. Wirkung der Verkäuferpersönlichkeit: Big Five 210

3.5.4.3. Arten und Wirkung der Verkäuferkompetenzen 211

3.5.4.4. Wirkung der Situation und verschiedener Szenarien 216

3.5.5. Profitabilitätsbetrachtung 218

3.5.6. Zwischenfazit 220

3.5.6.1. Einleitende Überlegungen 220

3.5.6.2. Transaktionsanalytische Konzepte und Profitabilitäts-Teilmodell 222

3.5.6.3. Nicht-transaktionsanalytische Konzepte 224

3.5.6.4. Hypothesenübersicht 225

4. BESCHREIBUNG UND WIRKUNGSANALYSE SITUATIVER EINFLÜSSE AUF VERHALTENSWEISEN UND KÄUFER-VERKÄUFER-INTERAKTIONEN 228

4.1. ERKENNTNISINTERESSE UND AUFBAU DES KAPITELS 228

4.2. UNTERSUCHUNGSDESIGN 229

4.2.1. Überblick 229

4.2.2. Besonderheiten der Untersuchung 229

4.2.2.1. Mixed Methods Design 229

4.2.2.2. Dyadisches Forschungsdesign 230

4.2.2.3. Quasi-experimentelles Forschungsdesign 231

4.2.2.4. Datenbeschaffung 232

4.2.2.5. Datenerfassung, Datenanalyse und Datenauswertung 233

4.2.3. Operationalisierung und Messung der transaktionsanalytischen Faktoren 234

4.2.3.1. Funktionale Ich-Zustände 234

4.2.3.2. Transaktionsarten und Stroke-Arten 248

4.2.3.3. Grundeinstellungsmuster der Verkäufer und Kunden 255

4.2.4. Operationalisierung und Messung nicht-transaktionsanalytischer Faktoren: Intrapsychische Faktoren ... 257

4.2.4.1. Persönlichkeitsmerkmale (Big Five) ... 257

4.2.4.2. Kompetenzen ... 258

4.2.4.3. Art der Verhandlung und verschiedene Gesprächsszenarien ... 262

4.2.5. Operationalisierung und Messung des Erfolgs ... 262

4.2.5.1. Globalzufriedenheit ... 262

4.2.5.2. Markterfolg und wirtschaftlicher Erfolg ... 265

4.3. UNTERSUCHUNGSERGEBNISSE ... 267

4.3.1. Überblick ... 267

4.3.2. Struktur der Stichproben ... 267

4.3.3. Deskriptive Auswertung der Muster in Verhandlungen ... 268

4.3.3.1. Methodische Aspekte ... 268

4.3.3.2. Funktionale Ich-Zustände ... 270

4.3.3.3. Transaktionsarten ... 281

4.3.3.4. Stroke-Arten und Power-Plays ... 292

4.3.3.5. Grundeinstellungen der Kunden und Verkäufer ... 298

4.4. ERFOLGSWIRKUNG DER EINFLUSSFAKTOREN AUF DIE GLOBALZUFRIEDENHEIT UND DEN WIRTSCHAFTLICHEN ERFOLG ... 305

4.4.1. Überblick ... 305

4.4.2. Methodische Aspekte ... 306

4.4.2.1. Quantitative Analyse der Messung der Globalzufriedenheit ... 306

4.4.2.2. Messung des ökonomischen Erfolgs ... 309

4.4.3. Ergebnis der Analyse im Überblick ... 312

4.4.3.1. Ergebnis der Analyse der transaktionsanalytischen Muster und des Profitabilitätsmodells im Überblick ... 312

4.4.3.2. Ergebnis der Analyse der nicht-transaktionsanalytischen Muster im Überblick 317

4.4.4. Analyse der Wirkung von transaktionsanalytischen Mustern auf die Globalzufriedenheit 319

4.4.4.1. Regressionsmodelle: Einfluss verkäuferischer Transaktionsmuster auf die Globalzufriedenheit 319

4.4.4.2. Regressionsmodelle: Explorative Analyse der kundenseitigen Transaktionsmuster 331

4.4.4.3. Einfluss von Grundeinstellungen auf die Globalzufriedenheit...341

4.4.5. Analyse der Wirkung nicht-transaktionsanalytischer Faktoren auf die Globalzufriedenheit 344

4.4.5.1. Situatives Regressionsmodell: Einfluss empfundener Kooperation auf die Globalzufriedenheit 344

4.4.5.2. Intrapersonelle Faktoren (Korrelationsmodell): Einfluss der Persönlichkeit und der Verkäuferkompetenzen auf die Globalzufriedenheit 346

4.4.6. Analyse der Wirkung des Profitabilitätsmodells: Wirkung der Globalzufriedenheit auf den wirtschaftlichen Erfolg 350

4.4.7. Qualitative Analyse verhaltens- und beziehungsbezogener Muster: Extremfall-Vergleich... 351

4.4.7.1. Einleitende Überlegungen 351

4.4.7.2. Erfolgreichstes Gespräch 353

4.4.7.3. Am wenigsten erfolgreiches Gespräch 355

4.4.7.4. Schlussfolgerungen aus der quantitativen und qualitativen Analyse...359

4.5. ZUSAMMENFASSUNG UND DISKUSSION DER ERGEBNISSE 360

4.6. IMPLIKATIONEN UND GESTALTUNGSEMPFEHLUNGEN 375

5. RESÜMEE: ZUSAMMENFASSUNG, RESTRIKTIONEN UND AUSBLICK........... 382

6. LITERATURVERZEICHNIS 391

7. ABBILDUNGSVERZEICHNIS 415

8. TABELLENVERZEICHNIS 421

9. ABKÜRZUNGSVERZEICHNIS 427

10. ANHANG 431

10.1. FAKTORENANALYSE DER GRUNDEINSTELLUNGEN VON KUNDEN UND VERKÄUFERN 431

10.1.1. Explorative Faktorenanalyse: Verkäufer 431

10.1.2. Explorative Faktorenanalyse: Kunden 434

10.1.3. Faktoreninterpretation 436

10.2. PRÄMISSENPRÜFUNG UND BEDINGUNGSVORAUSETZUNGEN 437

10.2.1. Prüfung der Voraussetzungen der transaktionsanalytischen Modelle 437

10.2.1.1. Prämissenprüfung des Gesamtmodells (1) mit Fokus auf das Verkäuferverhalten 437

10.2.1.2. Prüfung der Normalverteilung der drei Verkaufsszenarien 458

10.2.1.3. Prämissenprüfung der einzelnen Szenarienmodelle – Verkäuferfokus 458

10.2.1.4. Prämissenprüfung des Gesamtmodells (2) mit Fokus auf das Kundenverhalten 468

10.2.1.5. Prämissenprüfung der einzelnen Szenarienmodelle – Kundenfokus 489

10.2.1.6. Prüfung der Normalverteilung der Grundeinstellungen 494

10.2.2. Prüfung der Voraussetzungen der nicht transaktionsanalytischen Modelle 494

10.2.2.1. Prämissenprüfung des Situationsmodells – Kooperativ vs kompetitiv 494

10.2.2.2. Prüfung der Bedingungen für intrapersonelle Kompetenzkriterien (Konstruktreliabilitäten und Prüfung auf Normalverteilung) 499

10.2.3. Prämissenprüfung des Profitabilitätsmodells 518

1. Einleitung und Problemstellung

1.1. Bedeutung erfolgsorientierter Verhandlungsführung im modernen Unternehmensumfeld und damit einhergehende Herausforderungen

Komplexität und Dynamik beeinflussen in zunehmendem Maße die Grundlagen des organisatorischen Handelns und Denkens. Entscheidungskritische Bereiche werden immer stärker von Zeitdruck und unübersichtlichen Verhältnissen geprägt. Verstärkt werden Personen Situationen ausgesetzt, deren Einflüsse und Entwicklung sie bezüglich der Einflussfaktoren, Abhängigkeiten und Auswirkungen nur bedingt antizipieren können: Es ist somit notwendig, unter Bedingungen der Unsicherheit, Entscheidungen zu treffen. Herkömmliche Haltungen zur Beschaffenheit von Organisationen und den dahinter liegenden Wertvorstellungen können keine Unterstützung für die Bewältigung der Unsicherheit und Komplexität mehr leisten (vgl. Jörg; Steiger, 2019, S. 36).

Die Wettbewerbsbedingungen für Unternehmen haben sich seit den 1990er-Jahren grundlegend geändert. Anforderungen der Kunden an die Dienst-/Produktqualität und damit die Austauschbarkeit von Dienstleistungen und Produkten erschweren zunehmend die Differenzierung des Wettbewerbs über den Produktnutzen. Infolgedessen stehen Unternehmen immer weniger in einem Wettbewerb aufgrund ihrer Produkte und Dienstleistungen, sondern vielmehr in einem Wettbewerb aufgrund ihrer Kommunikationsfähigkeit mit (möglichen) Kunden. Durch die sich kontinuierlich ändernde Unternehmensumwelt werden Problemlösungsmodelle vorausgesetzt, welche den neuen Herausforderungen gewachsen sind. Der Wandel des technologischen, gesellschaftlichen, rechtlichen, ökologischen und wirtschaftlichen Bereichs bedeutet härtere Rahmenbedingungen hinsichtlich einer effektiven Marktkommunikation der Firmen. Informationsüberlastung, die zu einer dynamischen Entwicklung der Märkte führt, einhergehend mit dem abnehmenden Interesse der Kunden die klassischen Kommunikationsinstrumente betreffend, erschweren es, effizient und effektiv an die Zielgruppen heranzutreten. Damit rückt als zentraler Auftrag für Unternehmen, integrierte und systematische Kommunikation zu betreiben und deren praktische Umsetzung zu erlernen, zunehmend in den Fokus (vgl. Bruhn, 2018, S. V).

M. Beck, *Situative Verhandlungsführung*, Managementforschung,
https://doi.org/10.1007/978-3-658-42958-4_1

Homburg et al. (vgl. 2016, S. 1f & S. 4f) sprechen von zwei grundlegenden Zielsetzungen, die jedes marktwirtschaftlich orientierte Unternehmen dominieren: (1) Steigerung der Produktivität und (2) Kundenorientierung.

Während in deutschen Unternehmen die **(1) Produktivitätssteigerung** zwar grundsätzlich immer weiter vorangetrieben wird, zeigt ein genauerer Blick deutlich, dass dies im Wesentlichen interne Bereiche der Leistungserstellung betrifft, während der Bereich der Marktbearbeitung weitestgehend unberücksichtigt bleibt. Dies liegt zum einen daran, dass in vielen Unternehmen moderne und leistungsstarke Methoden des Produktivitätsmanagements im Vertrieb nahezu unbekannt sind oder zumindest nicht genügend Erfahrungen im Umgang mit diesen Instrumenten gesammelt werden konnten, so dass sich dazu eine sehr vorsichtige Haltung ausgeprägt hat. Dies liegt u. a. an der Furcht vor Umsatzrückgängen und entgangenen Deckungsbeiträgen durch Ressourcenverlagerung.

Ein weiterer Aspekt ist die „Macherkultur", die in vielen Vertriebsorganisationen beobachtet werden kann. Improvisation und Intuition werden idealisiert, systematisches Management wird als lästige Pflichtübung abgetan (vgl. Homburg et al., 2016, S. 1f).

Nach Homburg et al. (2016, S. 2) sind „[d]ie ‚Helden' dieser Kultur [...] die ‚Vollblutverkäufer', die ‚aus dem Bauch heraus' das Richtige tun". Die Erfolgsgeschichten, die sich um sie ranken, sind aber nicht selten nachhaltig von ihnen selbst geprägt (vgl. Homburg et al., 2016, S. 2). „Über die vielen Misserfolge ‚aus dem Bauch heraus' wird dagegen nicht gesprochen" (Homburg et al., 2016, S. 2).

(2) Kundenorientierung, die über die Kundenzufriedenheit zu gesteigerter Profitabilität führen soll, stellt den zweiten Aspekt der Zielsetzung von Unternehmen dar. Besonders die Kundenzufriedenheit, die das Bindeglied zwischen Kundenorientierung und Profitabilität darstellt, hat einen extrem dynamischen Charakter. Das Besondere daran ist, dass die Leistungserwartung der Kunden nicht konstant bleibt, sondern kontinuierlich wächst. Steigern Unternehmen ihr Leistungsniveau langsamer, als das Anspruchsniveau der Kunden steigt, laufen sie in die sogenannte „Kundenzufriedenheitsfalle", die letztendlich zu Kundenabwanderung führt. Das Paradoxe daran ist, dass Kunden, die letztes Jahr mit einer Leistung zufrieden waren, dieses Jahr mit einer besseren Leistung eventuell nicht mehr zufrieden sind (vgl. Homburg et al., 2016, S. 4).

Diese „Leistungszange" wird speziell den Vertrieb betreffen, da er als Schnittstelle zwischen Kunden und Unternehmen eine Schlüsselrolle einnimmt. Der Produktivitätsdruck wird auf den Vertrieb immer stärker, während der Anspruch der Kunden wächst (vgl. Homburg et al., 2016, S. 4f). „Das Leistungsniveau muss bei gleichzeitiger Produktivitätssteigerung zunehmen" (Homburg et al., 2016, S. 5). „[D]oing more with less" (Homburg et al., 2016, S. 5) stellt Unternehmen vor völlig neue Herausforderungen.

Unter diesen Voraussetzungen stellt sich die Frage, welche Möglichkeiten es in einem immer komplexer werdenden Unternehmens- und Marktumfeld gibt, die Fähigkeiten im Verhandlungsverhalten und in der Gesprächsführung speziell im Kundenkontakt zu verbessern, um mit der Dynamisierung der Märkte Schritt zu halten. „Herkömmliche Managementansätze werden nicht ausreichen, um diese Situation erfolgreich zu bewältigen. Vielmehr ist eine nachhaltige Steigerung der Professionalität im Vertrieb erforderlich" (Homburg et al., 2016, S. 5).

„...[D]a Komplexität nicht dadurch zu bewältigen ist, dass Probleme so lange vereinfacht werden, bis sie handhabbar sind ..." (Angerer, 2003, S. 59), zeichnet sich vielmehr ab, dass Ansätze benötigt werden, „die trotz ihrer hohen Systematik noch hinreichend Raum für Flexibilität und Intuition lassen" (Homburg et al., 2016, S. 2).

Schlagwörter wie Adaptions- und Anpassungsfähigkeit sowie Kundenorientierung dominieren moderne Forschungsbereiche. Der Begriff „adaptiv" erhält auf Duden online folgende Definition: „auf Adaptation beruhend; sich anpassend; anpassungsfähig" (https://www.duden.de/node/13157/revision/13184, [Abrufdatum: 24.05.2021]). Die Definition für den Begriff „anpassungsfähig" wird auf Duden online mit „fähig, sich anzupassen" festgelegt (https://www.duden.de/node/14667/revision/14694, [Abrufdatum: 24.05.2021]). Unter dem Begriff „Kundenorientierung" gibt Duden online folgende Definition: „Substantiv, feminin – Ausrichtung auf die Wünsche der Kunden" (https://www.duden.de/node/85503/revision/85539, [Abrufdatum: 24.05.2021]).
Werden die Definitionen betrachtet, zielen all diese Bereiche in irgendeiner Form darauf ab, dass auf verschiedene Situationen und Kunden möglichst

schnell, ad hoc sowie adäquat reagiert wird und unterschiedliche dynamische Vorgehensweisen umgesetzt werden, um ein bestmögliches Ergebnis zu erzielen.

Homburg et al. (vgl. 2011, S. 64ff) können beispielsweise in einer großangelegten Studie (neben der Erfahrung des Verkäufers und der Zufriedenheit des Kunden) einen direkten signifikanten Einfluss der verkäuferischen Kundenorientierung auf die Verkaufs-Performance von Verkäufern und damit auf den wirtschaftlichen Erfolg von Unternehmen nachweisen.

Habel et al. (vgl. 2019 S. 25) zeigen ebenfalls, dass die durch den Kunden empfundene Kundenorientierung in einem starken Zusammenhang mit der Kundenloyalität und daraus folgend mit dem objektiven Verkaufsumsatz steht. Die empfundene Kundenorientierung des Unternehmens selbst hängt stark vom Verkaufspersonal ab.

Goad und Jaramillo (vgl. 2014, S. 285) zeigen, dass gerade die Fähigkeit des adaptiven Verkaufsverhaltens – *Adaptive Selling* – Einfluss darauf hat, situationsgerecht Sequenzen, in denen Kundenorientierung und Sequenzen, in denen Verkaufsorientierung angebracht sind, gewinnbringend zu unterscheiden.

Dies erklärt, warum in weiteren Studien empirisch belegt wird, dass adaptives Verkaufsverhalten den Verkaufserfolg der Verkäufer sogar wesentlich stärker beeinflusst als ihre Kundenorientierung (vgl. Franke; Park, 2006, S. 693ff).

So zeigen Boorom et al. (vgl. 1998, S. 22) in einer Studie, dass sich 31 % der Unterschiede bezüglich des Verkaufserfolgs allein durch diese Fähigkeit der *adaptiveness* erklären lassen.

Das Konzept des adaptiven Verkaufs ist als Haupttreiber für die Verkaufsleistung von Verkäufern dementsprechend fest etabliert. Um das adaptive Verkaufen zu messen, verwenden Studien sehr häufig generische Items, die erfassen, inwieweit Vertriebsmitarbeiter ihr Verhalten an Kunden anpassen. Trotz der prädiktiven Gültigkeit dieser Items besteht dahingehend Kritik von Experten aus dem persönlichen Verkauf und der Verkaufsforschung, dass diese Items zwar hohe Gewichtung nachgewiesen bekommen, aber nicht genau Aufschluss darüber geben, wie und woran Vertriebsmitarbeiter ihr Verhalten anpassen (vgl. Alavi et al., 2019, S. 254). Die Interaktion zwischen

Käufer und Verkäufer ist letztendlich entscheidend in Bezug auf den Erfolg oder Misserfolg im persönlichen Verkauf. Trotz dieser allseits anerkannten Bedeutung von Interaktionen gibt es wenig empirische Forschung in diesem Problembereich (vgl. Nerdinger, 2001, S. 158). Die Literatur des persönlichen Verkaufs bietet dazu zwar eine unüberschaubare Anzahl von Werken, die sich mit Verkaufsgesprächen befassen, vermittelt werden aber zumeist lediglich Tipps, Tricks und Empfehlungen „von Praktiker für Praktiker“. Es werden darin Verhaltensnormen postuliert, die jedoch nicht belegt oder begründet werden (vgl. Nerdinger, 2001, S. 1).

Ziel der vorliegenden Arbeit ist es, Ansätze für den Vertrieb zu qualifizieren und anzupassen, die vielschichtig genug sind, der steigenden Komplexität der Umweltbedingungen gerecht zu werden und damit Verkäufern adäquate praktische Unterstützung und Werkzeuge im täglichen Berufsalltag bieten.

1.2. Erkenntnisinteresse und Aufbau der Arbeit

Aus dem Thema „Situativ erfolgreiches Verhandeln in Geschäftsbeziehungen“ der vorliegenden Arbeit ergeben sich folgende zentrale Forschungsfragen.

Hauptforschungsfrage:
Wie kann in Geschäftsbeziehungen situativ erfolgreich verhandelt werden?

Theoretische Subforschungsfrage 1:
Wie ist der Status quo der Verhandlungsführung in Geschäftsbeziehungen aus situativer Sicht?

Theoretische Subforschungsfrage 2:
Wie stellt sich situativ erfolgreiches Verhandeln auf Basis der (systemischen) Transaktionsanalyse dar?

Empirische Subforschungsfrage:
Was sind Einflüsse auf situative Verhaltensweisen und wie ist die Wirkung von situativen Verhaltensweisen auf den Erfolg?

Abbildung 1 stellt den aus den zuvor genannten Forschungsfragen abgeleiteten Aufbau der Arbeit dar.

Kapitel 1	**Einleitung und Problemstellung**
Kapitel 2 Theoretische Subforschungsfrage 1	**Bestandsaufnahme: Status quo der Verhandlungsführung aus situativer Sicht** - Verschiedene Forschungsperspektiven - Grundsätzliche Einflüsse auf Unternehmensbeziehungen in Bezug auf Verhandlungen - Situative personenbezogene Einflüsse auf den Ausgang von Verhandlungen - Betrachtung verschiedener Ansätze zur Verbesserung und Strukturierung von (Verkaufs-)Gesprächen - Kritische Analyse der Ansätze und Fazit
Kapitel 3 Theoretische Subforschungsfrage 2	**Situativ erfolgreiches Verhandeln auf Basis einer systemischen Transaktionsanalyse** - Einführung in die Systemtheorie - Einführung des transaktionsanalytischen Ansatzes aus betriebswirtschaftlicher Sicht - Aufbau eines systemischen Transaktionsmanagements zur Steuerung von Verhandlungen und Geschäftsbeziehungen - Entwicklung eines theoretischen Bezugsrahmens
Kapitel 4 Empirische Subforschungsfrage	**Empirischer Teil: Beschreibung und Wirkungsanalyse situativer Einflüsse auf Verhaltensweisen und Käufer-Verkäufer-Interaktionen** - Konzeption der empirischen Vorgehensweise - Durchführung und Analyse der Untersuchung - Zusammenfassung der Ergebnisse - Implikationen und Gestaltungsempfehlungen für zukünftige Untersuchungen
Kapitel 5	**Resümee: Zusammenfassung, Restriktionen und Ausblick**

Abbildung 1: Überblick über den Aufbau der Arbeit (Quelle: Eigene Darstellung)

In **Kapitel 2** wird bezüglich des Themas Verhandlungsführung zwischen Unternehmen eine grundsätzliche Bestandsaufnahme gemacht. Zunächst wird betrachtet, welche grundlegenden Forschungsansätze es zu diesem Thema gibt. Darauf aufbauend werden Überlegungen zur Schaffung eines Grundverständnisses für die einzelnen Begriffsdefinitionen und Einflüsse die Verhandlungen und Verkaufsgespräche betreffend angestellt. Darüber hinaus wird ein Überblick geschaffen, welche personengebundenen situativen Einflüsse in Face-to-Face-Verhandlungen relevant sind und welche Ansätze von Verkäufern und Einkäufern herkömmlich genutzt werden, um Kundengespräche effizienter und gewinnbringender zu gestalten. Das Kapitel abschließend erfolgt eine kritische Betrachtung dieser Methoden und der im Einzelnen damit einhergehenden Herausforderungen.

Kapitel 3 beschäftigt sich auf der Grundlage der vorangegangenen Kritik mit der Einbettung von Verhandlungen in komplexe systemische Umfeldsituationen und damit einhergehender Bedingungen für erfolgsversprechende Unternehmensinteraktion. Um einen praktisch erfolgsversprechenden Vorgehensansatz für Verkäufer unter der genannten Prämisse zu gestalten, werden Konzepte der Transaktionsanalyse daraufhin untersucht, wie sie mit der sozialen Systemtheorie vereinbar sind. Das daraus entwickelte „Systemische Transaktionsmanagement" hilft, häufig formulierte Kritikpunkte zur empirischen Überprüfbarkeit systemtheoretischer Modelle zu überwinden. Praktisch unterstützt es Personen, Muster in der Kommunikation zu erkennen und zu analysieren. Theoretisch ermöglicht es, diese Erkenntnisse empirisch erfassbar und auswertbar zu machen. Das Kapitel wird durch einen theoretischen Bezugsrahmen inklusive einer Hypothesenentwicklung abgeschlossen.

In **Kapitel 4** wird durch eine empirische Untersuchung veranschaulicht, welche Muster in Geschäftsbeziehungen am Beispiel persönlicher Käufer-Verkäufer-Interaktion eine Rolle spielen. Das Ziel ist es, einerseits in Verkaufs- bzw. Beratungsgesprächen vorhandene Muster zu erkennen sowie zu beschreiben und ein Verständnis zu schaffen, welche situativen Steuerungsmöglichkeiten insbesondere aus Verkäuferperspektive zur Lenkung von Partnerschaften sinnvoll sind. Darüber hinaus werden die Einflüsse dieser Muster auf relevante Erfolgsgrößen von Geschäftsbeziehungen beschrieben. Anschließend werden Implikationen für ein systematisches Transaktionsmanagement aufgezeigt.

In **Kapitel 5** erfolgt eine zusammenfassende Schlussbetrachtung. Zentrale Ergebnisse, aber auch Restriktionen der Untersuchung werden besprochen und es wird eine Vision für mögliche zukünftige, an diese Arbeit anschlussfähige Forschungsarbeiten aufgezeigt.

2. Status quo der situativen Verhandlungsführung

2.1. Erkenntnisinteresse und Aufbau des Kapitels

Um den Status quo der Verhandlungsführung zu erheben, wird in diesem Kapitel ein Überblick über folgende Themengebiete geschaffen:

- **Kapitel 2.2** beschäftigt sich zunächst mit unterschiedlichen **wissenschaftlichen Blickwinkeln** und Herangehensweisen im Hinblick auf Verhandlungen und damit zusammenhängende Einflussfaktoren.

- In **Kapitel 2.3** wird darauf aufbauend definiert, welche **allgemeinen Einflüsse auf Verhandlungen** wirken, was unter Geschäftsbeziehungen zu verstehen ist, wie in diesem Zusammenhang der Begriff Erfolg konzeptualisiert werden kann und welche Rolle der persönliche Verkauf dabei spielt.

- **Kapitel 2.4** beschäftigt sich ausführlich mit den **situativen Einflüssen auf den Erfolg von Verhandlungen**. Durch den Begriff **situativ** wird der Fokus der zugrundeliegenden Arbeit auf das Geschehen innerhalb eines Gesprächs bzw. einer Verhandlung gerückt. Es wird analysiert, welche (hauptsächlich personellen) Faktoren auf eine Gesprächssituation ad hoc einwirken, aber auch durch diese beeinflusst werden.
  Duden online definiert den Begriff „situativ" als „die jeweilige Situation betreffend, durch sie bedingt, auf ihr beruhend" (https://www.duden.de/rechtschreibung/situativ [Abrufdatum: 02.05.2021]).

- **Kapitel 2.5** bietet einen Überblick und eine **Darstellung verschiedener Gesprächsansätze**, die zumindest in Grundzügen in der Unternehmenspraxis häufig zu finden sind und Verkäufern oder im Allgemeinen Gesprächspartnern helfen sollen, eine Verhandlung bzw. ein Beratungs- oder Verkaufsgespräch zu optimieren.

- In **Kapitel 2.6** erfolgt auf den vorherigen Erkenntnissen aufbauend eine **kritische Analyse dieser Gesprächsansätze** hinsichtlich ihrer Tauglichkeit, was die **situativen Herausforderungen betrifft**, die mit sich stetig verändernden, immer komplexer werdenden Marktbedingungen einhergehen.

M. Beck, *Situative Verhandlungsführung*, Managementforschung,
https://doi.org/10.1007/978-3-658-42958-4_2

2.2. Wissenschaftliche Blickwinkel auf Verhandlungen

2.2.1. Überblick

In diesem Abschnitt werden verschiedene wissenschaftliche Sichtweisen auf Verhandlungen thematisiert.

In **Kapitel 2.2.2** wird die sogenannte **entscheidungstheoretische Perspektive** vorgestellt. Diese normative Vorgehensweise legt den Fokus auf präskriptive Vorhersagen menschlicher Entscheidungen auf Basis logischer Schlussfolgerungen.

In **Kapitel 2.2.3** wird darüber hinaus die **verhaltenswissenschaftliche Perspektive** in ihren verschiedenen Formen beschrieben. Der Schwerpunkt dieser Betrachtungsweise ist eher als deskriptiv-expliziter Natur zu beschreiben. Es wird versucht, menschliches Verhalten anhand praktischer Beobachtungen zu beschreiben.

Kapitel 2.2.4 betrachtet zusätzlich die **Perspektive des Beziehungsmarketings**, in der der namensgebende Faktor Beziehung und dadurch eine zeitliche Dimension ins Zentrum des Interesses gerückt wird.

2.2.2. Entscheidungstheoretische Perspektive

Frühe systematische Erforschungen von Verhandlungen fanden in den 1940er- bis 1950er-Jahren mit der sogenannten Spieltheorie statt (vgl. Luce; Raiffa, 1957; vgl. Nash, 1950; 1953; vgl. Schelling, 1960; vgl. von Neumann; Morgenstern, 1944). Auf Grundlage stark simplifizierter Entscheidungssituationen wurde versucht, Vorhersagen für das Verhalten von Personen zu machen, indem u. a. eine vollständige Rationalität und ein Wille zur Nutzenmaximierung der Menschen als gegeben angenommen wurde (vgl. Geiger, 2013, S. 232). Entscheidungen in der klassischen, sehr mathematisch geprägten Betrachtungsweise der ökonomischen Entscheidungstheorie werden anhand von Logik und Regeln der Wahrscheinlichkeitstheorie gefällt. Der dieser ursprünglichen Sichtweise zugrunde gelegte *homo oeconomicus* stellt die Verkörperung eines Menschen dar, der gänzlich rational, völlig emotionslos, selbstkontrollierend und absolut nach seinem eigenen Vorteil strebend agiert (vgl. Beck, 2014, S. 2).

Tversky und Kahneman (1974, S. 1124ff) stellen dieser höchst logischen Vorgehensweise der Spieltheoretiker die Aussage ihrer sogenannten ***prospect theory*** oder auch **Neuen Erwartungstheorie** entgegen, die besagt, dass in entscheidungskritischen Situationen, die sich durch Unsicherheiten auszeichnen, die Wahrnehmung durch Einflüsse psychischer Faktoren so verzerrt wird, dass gefällte Entscheidungen nicht mehr in das Modell des *homo oeconomicus* passen (vgl. Bardmann, 2014, S. 310f).

Verzerrungen, Befangenheit oder Voreingenommenheit stellen entscheidungsbeeinflussende Faktoren dar, die zu einer Qualitätsreduzierung der Entscheidungen während der Verhandlungen führen können. Es werden Situationen beschrieben, in denen das menschliche Hirn von rationalen Entscheidungen ungewöhnlich abweicht. Zur Definition, was eine kognitive Abweichung in der Entscheidungstheorie genau darstellt, wird in mathematischen, normativen Wahrscheinlichkeitsmodellen ein Entscheidungsstandard festgelegt. Eine systematische Abweichung zu diesen Standards gilt dann als irrational oder falsch (vgl. Hammond et al., 1998, S. 47).

Im Gegensatz zu diesem *Heuristics-and-Biases-Programm* betrachtet die ursprüngliche Ökonomie Fehlentscheidungen als unsystematisch. Das heißt, Verzerrungen im Verhalten von Menschen werden individuell und temporär einer Person zugeschrieben. Im Bias-Modell wird untersucht, ob eine Systematik hinter Fehlentscheidungen steht, weshalb dieses Thema zwingend in die Modellbildung der Ökonomie aufgenommen werden musste (vgl. Beck, 2014, S. 27f).

Personen nehmen in Entscheidungssituationen, psychologisch betrachtet, mentale Abkürzungen und folgen nicht rein mathematischen Formeln. Dieses Prinzip nennt sich Heuristik. Der Begriff **Heuristik** stammt vom griechischen Wort *heuriskein* ab und wird sinngemäß als „verbesserte Problemlösung“ verstanden (vgl. Tversky; Kahneman, 1974, S. 1124ff). Besonders in Situationen, die durch ungewisse Ereignisse geprägt sind, müssen Menschen Wahrscheinlichkeiten abwägen. Ein komplexes Problem soll also mit einer simplen Lösung entschieden werden, obwohl eine komplexe Vorgehensweise notwendig wäre. Heuristiken sind dementsprechend im Alltag sehr effizient, da sie einerseits zielorientierte Lösungen bieten, ohne unnötig Kapazitäten an Zeit und Energie zu verbrauchen, andererseits können die schnellen, abgekürzten Abwägungen beeinflusst sein und zu Fehlentscheidungen führen. In der Literatur lassen sich diesbezüglich nicht wenige Untersuchungen finden, die vielfältige Verzerrungen (oder im Englischen *biases*) beschreiben, die die Urteilskraft der Menschen beeinflussen (vgl. Beck, 2014, S. 25f).

Die Prospect Theory kann entweder als normative oder als deskriptive Theorie verstanden werden. Im ersten Fall ist sie ein Ansatzpunkt, der Personen eine Anleitung zu einer Optimierung von Entscheidungen unter Unsicherheit bietet. Wird sie jedoch als deskriptive Theorie, somit als reine Beschreibung menschlicher Entscheidungen, betrachtet, sollte das zuvor beschriebene Verhalten in der Realität beobachtet werden können. Obwohl Beck (vgl. 2014, S. 101) die „Neue Erwartungstheorie" diesbezüglich kritisiert, da sie das menschliche Handeln nur unzulänglich beschreibt, setzen andere Forschungsprogramme, die sich mit dem menschlichen Verhalten beschäftigen, genau hier an.

2.2.3. Verhaltenswissenschaftliche Perspektive

2.2.3.1. Einleitende Überlegungen

Seit den 1960er-Jahren haben Sozialpsychologen einfache Spiele der Spieltheoretiker in verhaltenswissenschaftliche Forschungsansätze weiterentwickelt (u. a. vgl. Berne, 1961; vgl. Fouraker; Siegel, 1963; vgl. Kelley, 1966; vgl. Pruitt; Drews, 1969). Im Unterschied zur Spieltheorie werden menschliche Verhaltensweisen darin nicht durch normative Überlegungen vorhergesagt, sondern es wird ein deskriptiv-expliziter Ansatz verfolgt. Das menschliche Verhalten wird in Verhandlungssituationen beschrieben und kognitive sowie emotionale Prozesse während der Interaktionen werden analysiert. Diese deskriptiv-verhandlungswissenschaftlichen Ansätze stellen quasi das Gegenstück zu den zuvor beschriebenen analytisch-präskriptiven, sehr mathematischen Ansätzen der Spieltheorie dar. Zu einem späteren Zeitpunkt trugen auch die Kommunikationswissenschaften (vgl. u. a. Donohue, 1981) zu diesem verhaltenswissenschaftlichen Forschungsansatz bei (vgl. Geiger, 2013, S. 232f).

Die rein deskriptive Natur der sozialpsychologischen Forschung bringt allerdings jene Herausforderungen mit sich, dass Zielsetzungen bzw. Versuche, Zielsetzungen aktiv zu optimieren, wenig im Fokus stehen, sondern vornehmlich der Schwerpunkt auf der Analyse der menschlichen Verhaltensweisen liegt (vgl. Voeth; Herbst, 2015, S. 23ff).

Einige psychologische Persönlichkeitsansätze, die sich wegen ihrer Popularität und Einfachheit durchsetzen konnten, sind Eigenschaftstheorien und Typologien der Persönlichkeit, Persönlichkeit in behavioristischen Ansätzen und psychodynamische Theorien der Persönlichkeit (vgl. della Picca et al., 2013, S. 101ff).

Unterschiedliche psychologische Ansätze und Theorien haben teilweise differenzierte Blickwinkel und Zugänge zum gleichen Thema. Dabei gibt es kein absolutes „Richtig oder Falsch“. Vielmehr wird die Komplexität des menschlichen Seins widergespiegelt. Sie dienen als Basis einiger Instrumente und Methoden, die im Kontext von Organisationen eingesetzt werden (vgl. della Picca et al., 2013, S. 100).

2.2.3.2. Differenziell-psychologische Perspektive

Asendorpf (2019) stellt fest: „Der Bereich der Persönlichkeits- und Differentiellen Psychologie befasst sich mit der Beschreibung und Erklärung der individuellen, weitgehend zeitstabilen, nicht pathologischen Besonderheiten des Erlebens und Verhaltens von Menschen: Ihrer Persönlichkeit“.

Die Allgemeine Psychologie hingegen behandelt die Basis des Verhaltens und Erlebens, die alle Personen gemeinsam haben. Damit stellt die Differentielle Psychologie und Persönlichkeitspsychologie einen komplementären Aspekt zur Allgemeinen Psychologie dar. Kerngebiete sind u. a. Dimensionen (1) interindividueller Unterschiede und (2) Persönlichkeitstypen.

(1) Interindividuelle Unterschiede betreffen Funktionen des Verhaltens und empirisch begründete Eigenschaftsbeurteilungen.

Bei den sogenannten **Eigenschaftstheorien** gehen Psychologen davon aus, dass Eigenschaftsdimensionen existieren, nach denen jeder Mensch individuell zu positionieren ist. Testverfahren sollen Anhaltspunkte über ein zukünftiges Verhaltensmuster der Testpersonen geben. Dabei wird allerdings angenommen, dass Menschen sich ihrer Eigenschaften entsprechend in jeder Situation gleich verhalten. Situativen Faktoren sowie Interaktion von Personen und Situationen kommt in der Realität aber eine hohe Bedeutung zu. Deswegen sind diese Eigenschaftsverfahren als Ergänzung eine wertvolle

Hilfestellung, müssen jedoch in ihrer Absolutheit vorsichtig bewertet werden (vgl. della Picca et al., 2013, S. 97f).

Als empirisch begründete Beurteilung von Eigenschaften hat sich das sogenannte Big-Five- bzw. das Fünf-Faktoren-Modell etabliert, welches die in Tabelle 1 aufgelisteten breitgefächerten Persönlichkeitsdimensionen darstellt (Extraversion, Neurotizismus, Gewissenhaftigkeit, soziale Verträglichkeit und Offenheit) (vgl. Buddeberg; Brähler, 2004, S. 257).

Faktor	Bipolare Definition
Extraversion	Gesprächig, energiegeladen und durchsetzungsfähig versus ruhig, zurückhaltend und schüchtern
Verträglichkeit	Mitfühlend, freundlich und herzlich versus kalt, streitsüchtig und unbarmherzig
Gewissenhaftigkeit	Organisiert, verantwortungsbewusst und vorsichtig versus sorglos, leichtsinnig und verantwortungslos
Neurotizismus	Stabil, ruhig und zufrieden versus ängstlich, instabil und launisch
Offenheit für Erfahrungen	Kreativ, intellektuell und offen versus einfach, oberflächlich und unintelligent

Tabelle 1: Das Fünf-Faktoren-Modell (Quelle: Eigene Darstellung nach Zimbardo und Gerrig, 2004, S. 608)

Sogenannte **typologische Ansätze** kategorisieren darüber hinaus Individuen, abhängig von ihren individuellen Eigenschaften, in übergeordnete Hauptkategorien (vgl. della Picca et al., 2013, S. 96f).

Untersuchungen der Persönlichkeitsmerkmale zeigen, dass sich die **(2) Persönlichkeitstypen** zwar nicht völlig klar voneinander abgrenzen lassen, es aber dennoch statistisch auffällige Tendenzen zu drei speziellen Persönlichkeitsprofilen gibt. Der resiliente Typ, der den häufigsten Typ darstellt und nach den *Big Five* extravertiert, gewissenhaft, verträglich sowie offen ist und dafür nur wenig Neurotizismus zeigt; der überkontrollierte Typ, der neurotischer ist und auch weniger extravertiert und der unterkontrollierte Typ, der sich hingegen durch wenig Gewissenhaftigkeit und Verträglichkeit auszeichnet (vgl. Buddeberg; Brähler, 2004, S. 258f).

Gerade in Managementbereichen ist beispielsweise die Farbzuweisung nach Charaktereigenschaften bei den typologischen Ansätzen, die klassischerweise nach vier dominanten Persönlichkeitstypen/-quadranten unterscheidet, sehr beliebt: rot – dominant (direktiv), gelb – initiativ (interaktiv), blau – gewissenhaft (korrigierend) und grün – stetig (unterstützend). Dieser wissenschaftlich durchaus fundierte Ansatz ist durch die Einfachheit und Anschaulichkeit praktisch bestechend, läuft aber Gefahr, zu sehr zu simplifizieren und der Komplexität des menschlichen Wesens nicht gerecht zu werden (vgl. della Picca et al., 2013, S. 96f).

2.2.3.3. Situative Perspektive

Da die Macht der Situation größer sein kann als die Kraft der menschlichen Neigung, können Persönlichkeitsmerkmale unter Umständen außer Kraft gesetzt werden. Dies bedeutet, dass sich die ausschließliche Betrachtung der Persönlichkeit nur unzureichend zur Vorhersage des menschlichen Verhaltens eignet (vgl. Friedman; Schustack, 2004, S. 459).

In ursprünglichen Ansätzen der situativen Perspektive, den sogenannten Stimulus-Response-Modellen, wird davon ausgegangen, dass durch Reize (Stimulus – S), die auf einen Organismus (Organism – O) wirken, reproduzierbare Reaktionen (Response – R) ausgelöst werden (vgl. Foscht; Swoboda, 2011, S. 28f).

Diese in ihrer Grundform **behavioristischen Ansätze** sehen den Menschen als sogenannte Blackbox (vgl. della Picca et al., 2013, S. 99). Innere Faktoren der Persönlichkeit interessieren kaum. Persönlichkeit und Verhalten werden durch Umwelt und Einflüsse geformt. Die Persönlichkeit ist demnach die Summe verdeckter und offener Reaktionen, welche durch Belohnungen oder Sanktionen ausgelöst werden. Behavioristisch findet weniger eine Beschäftigung mit inneren Mustern einer Person statt als mit Aspekten der Situationen und damit dem „Input“ und „Output“ der Personen. Darauf aufbauend wird nach Wegen gesucht, das menschliche Verhalten zu beeinflussen. Den strengen Vertretern des Behaviorismus wird entgegnet, dass der Mensch mehr als eine Reiz-Variable und nicht nur ein „Sklave“ externer Reize ohne eigenen Willen ist (vgl. della Picca et al., 2013, S. 99f).

Neobehavoristische Modelle wollen die „Lücke" der Blackbox ergänzen, indem mögliche intervenierende Variablen miteinbezogen werden (vgl. Foscht; Swoboda, 2011, S. 29). Intervenierende Variablen beschreiben Sachverhalte, die sich in der Person (Organismus) abspielen (Gefühle, Aufmerksamkeit, Erinnerungen etc.) (vgl. Kröber-Riel; Gröppel-Klein, 2019, S. 43). Somit wird versucht, im Organismus nicht beobachtbar ablaufende Vorgänge zu berücksichtigen. Solche Modelle werden deswegen auch Stimulus-Organismus-Response-Modelle (S-O-R), Stimulus-intervenierende Variablen-Reaktionsmodelle (S-I-R) oder echte Verhaltensmodelle genannt (vgl. Bruhn, 2013, S. 48f; Kröber-Riel; Gröppel-Klein, 2019, S. 43f; Meffert et al., 2015, S. 92f).

Bekannter Vertreter situativer Ansätze ist z. B. die **Kontingenztheorie** von Fiedler (1967), die Handlungsergebnisse als ein Zusammenspiel von mehr oder weniger starren Charakteristika einzelner Personen und unterschiedlicher Situationen erklärt (vgl. Bormann, 2013, S. 201). In den nun über 50 Jahren Forschung im Gebiet der Kontingenztheorie und damit einhergehender Befunde, die die Kontingenztheorie in ihren Grundlagen bestätigen, können aber auch wiederholt Untersuchungen gefunden werden, welche ihre empirische Gültigkeit viel kritischer betrachten. Dieser Kritik zum Trotz lässt sich nicht bestreiten, dass sich viele aktuelle Forschungsarbeiten zu moderierenden Einflüssen auf transformationale und transaktionale Verhaltensweisen auf die Essenz der Kontingenztheorie zurückführen lassen (vgl. Bormann, 2013, S. 203).

Aus diesen Erkenntnissen, konträr der Annahme, gewisse Verhaltensweisen oder Persönlichkeitsmerkmale wären situationsübergreifend erfolgsversprechend, entwickelten sich zeitgleich alternative Betrachtungsweisen, die das Miteinander von Handlungen und der gegebenen Situation in den Mittelpunkt rücken (vgl. Bormann, 2013, S. 200).

2.2.3.4. Interaktionistische-persönlichkeitspsychologische Perspektive

Historisch betrachtet haben verhaltenstheoretische wie auch situationale Ansätze Phasen des Aufschwungs und Phasen der Vergessenheit durchlaufen. Aktuelle Ansätze beinhalten aber Elemente beider Bereiche (vgl. Bormann, 2013, S. 200). Das interaktionistische Modell der Persönlichkeitsentwicklung fasst die differentiellen und situativen Ansätze der Persönlichkeitspsychologie zusammen.

Eine Definition von Interaktionismus ist also die Verbindung des Dispositionismus (Eigenschaften der Person) mit dem Situationismus (Einflüsse der Umwelt) (vgl. Jähne; Georgi, 2020).

Dabei geht Bronfenbrenner (vgl. 1979, S. 3 zit. in Buddeberg; Brähler, 2004, S. 271) davon aus, dass sich Menschen durch das Resultat folgender vier Prozesse entwickeln:

- Prozesse der Veränderung in Personen
- Prozesse der Veränderung in der Umwelt
- Einflüsse von Personen auf ihre Umwelt
- Einflüsse der Umwelt auf Personen

Die Kernannahme dieses Modells ist die Entwicklung der Persönlichkeit als Resultat kontinuierlicher Wechselwirkungen von Personen und Umwelt (vgl. Buddeberg; Brähler, 2004, S. 271).

Diese **psychodynamischen Persönlichkeitstheorien** fokussieren sich auf den sehr dynamischen Charakter des menschlichen Wesens. Berühmte Vertreter dieses Ansatzes sind Sigmund Freud und seine Schüler Carl Gustav Jung und Alfred Adler. Die Vertreter dieses Ansatzes gehen von Wechselwirkungen verschiedener Faktoren im Menschen aus, die miteinander in einer steten Interaktion und Entwicklung stehen. Durch den Grad an Komplexität dieser theoretischen Konstrukte können sie in ihrer Vielschichtigkeit dem menschlichen Sein gerecht werden (vgl. della Picca et al., 2013, S. 98). „Die meisten von ihnen [Anm. des Autors: psychodynamische Persönlichkeitstheorien] berücksichtigen die Interaktion des Individuums mit seiner Umwelt in dem Kontinuum der Zeit“ (della Picca et al., 2013, S. 98).

Freuds sehr bekannte Ursprungstheorie geht davon aus, dass jeder Mensch eine grundsätzlich intrinsische Motivation besitzt, individuelles Verhalten zu realisieren. Persönlichkeitsunterschiede erklärt Freud durch die unterschiedliche Handhabung verschiedener Individuen mit ihren essenziellen inneren Trieben. Er beschreibt ein Bild einer kontinuierlichen Spannung der verschiedenen Teile der Persönlichkeit – dem Es, dem Über-Ich und dem Ich. Freuds Theorie liefert die Basis für viele weiterentwickelte Theorien, wird aber selbst dahingehend kritisiert, dass sie mit zu unscharfen Begriffen sowie Ideen arbeitet und sich dadurch wissenschaftlicher Prüfungen entzieht (vgl. della Picca et al., 2013, S. 98).

In Zusammenhang mit der wechselseitigen Beeinflussung prägte Willi (vgl. 1985, S. 123ff; vgl. 1996, S. 217ff) den Ausdruck der **Koevolution**. Dabei entwickeln und prägen sich Partner innerhalb und durch die Partnerschaft parallel und gegenseitig. Diesem ökologischen Modell nach Willi (vgl. 1996, S. 220ff) liegt beispielsweise eine ständige wechselseitige Beeinflussung von Personen und Umwelt(en) zugrunde. Dazu zählen u. a. der Person nahestehende Bezugspersonen, die als spezielle Fälle von Umwelten betrachtet werden können. Als Kind sind dies u. a. die Eltern, als Erwachsener kann es etwa auch der Ehepartner sein.

Buddeberg und Brähler (2004, S. 272) stellen fest, dass „die interaktionistischen Theorien [zeigen], dass man die Entwicklung der Persönlichkeit unter der Perspektive einer ständigen und kontinuierlichen Wechselbeziehung zwischen Individuum und Umwelt sehen sollte".

Der aktuelle Stand der Forschung geht dementsprechend von einem dynamisch-interaktionistischen Ansatz aus. „Das dynamisch-interaktionistische Paradigma versteht Persönlichkeitsentwicklung als Wechselwirkung zwischen Umwelt und einzelnen Eigenschaften im Verlauf des Lebens" (Neyer; Asendorpf, 2018, S. 39).

2.2.4. Perspektive des Beziehungsmarketings

Verhandlungen bestehen grundsätzlich aus Kommunikation zwischen Menschen. Während sich die Forschung zu den Verhandlungsergebnissen anfangs sehr auf ökonomische Größen konzentrierte, zeigt sich in neueren Studien, dass außerökonomische Ergebnisse, wie die Verhandlungszufriedenheit, Beziehungsqualität und Fairness, für aktuelle Projekte und zukünftige Verhandlungssituationen eine hohe Relevanz besitzen (vgl. Curhan et al., 2006, S. 493ff). Dementsprechend rückt unter dem Begriff des **Relationship Marketings** der zeitliche Faktor bezüglich einer positiven Beziehung zwischen Unternehmen immer weiter in den Fokus der Betrachtung (vgl. Bruhn; Bunge, 1994, S. 41ff; vgl. Diller; Kusterer, 1988, S. 211ff; vgl. Hesse, 1997, S. 13ff). Ziel ist die langfristige Bindung von Kunden, um sie für weitere gemeinsame Projekte zugänglicher zu machen. Aus diesem Relationship-Ansatz kristallisieren sich immer mehr relevante Themen für den persönlichen Verkauf unter Bezeichnungen wie Beziehungsverkauf bzw. ***Relationship Selling*** heraus (vgl. Anselmi; Zemanek, 1997, S. 539ff; vgl. Beatty et al., 1996, S. 223ff; vgl. Neu,

1997, S. 55ff; vgl. Weitz; Bradford, 1999, S. 241ff zit. in Nerdinger, 2001, S. 227).

Arli, Bauer und Palmatier (vgl. 2018, S. 169f) identifizieren diesbezüglich in einer Meta-Analyse, die sich mit der Forschungsliteratur bezüglich der Entwicklung des *Relationship Selling* der letzten 50 Jahre befasst, vier aufeinander aufbauende Hauptansätze: (1) *Individual Selling Approach*, (2) *Buyer Center Approach*, (3) *Adaptive Selling Approach* und (4) *Customer Orientation Approach*.

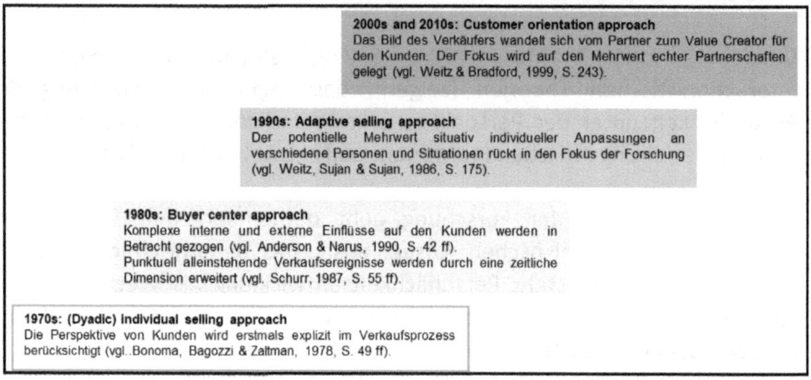

Abbildung 2: Evolution des Relational-Selling-Ansatzes (Quelle: Eigene Darstellung nach Arli et al., 2018, S. 270)

Im traditionellen Verkaufsprozess (***(1) Individual Selling***) sind die Bemühungen der Verkäufer noch darauf ausgerichtet, die passenden Kunden für einen Service oder ein Produkt zu entdecken (vgl. Borg; Young, 2014, S. 543ff; vgl. Evans, 1963, S. 76ff). Sie legen kaum Aufmerksamkeit darauf, was Kunden wirklich benötigen und sehen sich vielmehr als reine Produktlieferanten (vgl. Powers et al., 1988, S. 11ff), unter der Vorstellung, dass die Käufer das nehmen, was sie angeboten bekommen (vgl. Bonoma et al., 1978, S. 49ff). Im Laufe der Verkaufsforschung (~ 1970) wandelt sich der Verkaufsprozess dahingehend, dass nicht mehr nur eine, sondern beide Perspektiven – jene der Kunden und Verkäufer – berücksichtigt werden (vgl. Borg; Young, 2014, S. 543ff). Somit entsteht der Ansatz der Relationship-Selling-Theorie mit der Konzentration auf dyadische Betrachtungsweisen des Verkaufsprozesses (vgl. Bonoma et al., 1978, S. 49ff; vgl. Möller; Halinen, 2000, S. 29ff).

Der sogenannte **(2) *Buyer Center Approach*** (~ 1980er-Jahre) ergänzt ursprüngliche simple Betrachtungsweisen um organisatorische, umweltbezogene, individuelle und einkaufsbezogene Perspektiven (vgl. Plank; Dempsey, 1980, S. 143ff) und impliziert damit erstmalig eine gewisse Komplexität der Kunden in den Verkaufsprozess (vgl. Anderson; Narus, 1990, S. 42ff). Erste Formen von Vertragskonzepten und des *Consultive Selling* entstehen (vgl. Schurr, 1987, S. 55ff). Durch diese Entwicklung werden Verkaufsprozesse nicht mehr als für sich stehende Ereignisse betrachtet, sondern unter Einbeziehung einer zeitlichen Dimension vielmehr als fortlaufende Beziehungen verstanden (vgl. Arli et al., 2018, S. 1f).

In den 1990er-Jahren weckt der **(3) *Adaptive Selling Approach*** das Interesse der Forscher und Vertriebsmannschaften. Dieser Verkaufsansatz beschäftigt sich mit den adaptiven Fähigkeiten der Verkäufer, die es ihnen erlauben, sich situativ gewinnbringend auf verschiedene Gesprächspartner (vgl. Park; Deitz, 2006, S. 204ff; vgl. Weitz et al., 1986, S. 174ff) und verschiedene Beziehungsstadien einzustellen (vgl. Franke; Park, 2006, S. 693ff). Er impliziert „the altering of sales behaviors during a customer interaction or across customer interactions based on perceived information about the nature of the selling situation" (Weitz et al., 1986, S. 175). Durch diese Fähigkeit lassen sich Kundenvertrauen und Kundenzufriedenheit steigern, um über zukünftige Interaktionen die *Sales Performance* nachhaltig zu verbessern (vgl. Román; Iacobucci, 2010, S. 363ff). Daraus folgt, dass der *Adaptive-Selling*-Ansatz fundamental für den Verkaufserfolg ist, da die Märkte und deren Partizipanten einem ständigen Wandel ausgesetzt sind (vgl. Arli et al., 2018, S. 173).

Kundenorientierung (**(4) *Customer Orientation Approach***) steht seit den 2000er-Jahren verstärkt im Fokus des Interesses. Der Aspekt der Kundenorientierung entwickelt sich Hand in Hand mit der immer stärker wachsenden Service-Landschaft und führt dazu, dass sich die Rolle des Verkäufers von der eines Partners zu der eines Wertschöpfers (*Value Creator*) wandelt (vgl. Arli et al., 2018, S. 169f). Weitz und Bradford (vgl. 1999, S. 241ff) unterstreichen den ökonomischen Mehrwert der Fokussierung auf die Entwicklung echter Partnerschaften, in denen sich Verkäufer und Käufer auf die Steigerung der Wertschöpfung aller Parteien konzentrieren.

2.3. Generelle Einflüsse auf Verhandlungen in Kundenbeziehungen

2.3.1. Überblick

In diesem Abschnitt werden allgemeine Einflüsse, die sich auf Verhandlungen auswirken, betrachtet.

Dazu werden in **Kapitel 2.3.2 grundsätzliche Überlegungen in Bezug auf Geschäftsbeziehungen** durchgeführt, um ein allgemeines Verständnis zu schaffen, was Geschäftsbeziehungen von anderen Beziehungen unterscheidet und welche Besonderheiten (BtC vs BtB) dabei zu beachten sind.

In **Kapitel 2.3.3** wird darüber hinaus ein **allgemeines Erfolgsverständnis in Bezug auf Geschäftsbeziehungen** aufgebaut. Es wird die Frage beantwortet, was unter dem Begriff Erfolg in Geschäftsbeziehungen zu verstehen ist.

Kapitel 2.3.4 befasst sich darauf aufbauend mit der **speziellen Rolle** und untersucht die **Bedeutung situativer Kommunikation** in Bezug auf **Kundenzufriedenheit in Geschäftsbeziehungen**, welche Rolle der persönliche Verkauf dabei einnimmt und was unter dem Begriff Verhandlungen zu verstehen ist.

2.3.2. Grundsätzliche Überlegungen in Bezug auf Kundenbeziehungen

2.3.2.1. Geschäftsbeziehungskonzepte

Geschäfts- bzw. Kundenbeziehungen entstehen dann, wenn hohe Mitwirkungsgrade von Kunden im Sinne von (1) Kundenintegrationskonzepten und eine lange Zeitdauer der Zusammenarbeit im Sinne von (2) Kundenbindung zusammentreffen (vgl. Stahl, 1999, S. 57).

(1) Konzepte der Kundenintegration beschreiben die Idee einer stärkeren Mitwirkung der Kunden am Leistungserbringungsprozess der Unternehmen zur Umsetzung von Kundenorientierung. Kundenprobleme und Kundenwünsche sollen gemeinsam mit dem Kunden gelöst bzw. verwirklicht werden (vgl. Kleinaltenkamp, 1995, S. 83).

(2) Kundenbindungskonzepte zielen auf eine möglichst lange Zeitdauer der Zusammenarbeit ab. Eine hohe Mitwirkung der Kunden kann damit in einem direkten Zusammenhang stehen (vgl. Stahl, 1999, S. 57).

Betriebswirtschaftlich betrachtet gibt es weitere Differenzierungsmöglichkeiten von Beziehungsarten. So kann beispielsweise zwischen ökonomischem und sozialem Austausch unterschieden werden. Ökonomischer Austausch wird durch klar definierte Transaktionen – eine Leistung für eine monetäre Gegenleistung – bestimmt. Demgegenüber beinhaltet sozialer Austausch innerhalb einer Beziehung wenig klare Verpflichtungen die Zukunft betreffend. Dennoch beinhaltet aber auch ein sozialer Austausch eine Erwartungshaltung in Bezug auf eine zukünftige Gegenleistung. Die konkrete Art dieser Gegenleistung ist jedoch nicht zwingend weiter spezifiziert (vgl. Nerdinger, 2001, S. 229). Beziehungen zwischen Käufer und Verkäufer werden als Kontinuum zwischen sozialem und transaktionalem Austausch eingeordnet (vgl. Garbarino; Johnson, 1999, S. 70ff). Das bedeutet, eine Geschäftsbeziehung wird immer sowohl soziale als auch transaktionale Episoden oder Sequenzen besitzen.

2.3.2.2. Begriffsverständnis eines Kundenbeziehungszyklus

Betriebswirtschaftlich wird von Autoren wie Bruhn (vgl. 2013, S. 10) bei Unternehmensbeziehungen von einem sogenannten **Kundenbeziehungslebenszyklus** gesprochen (Abbildung 3).

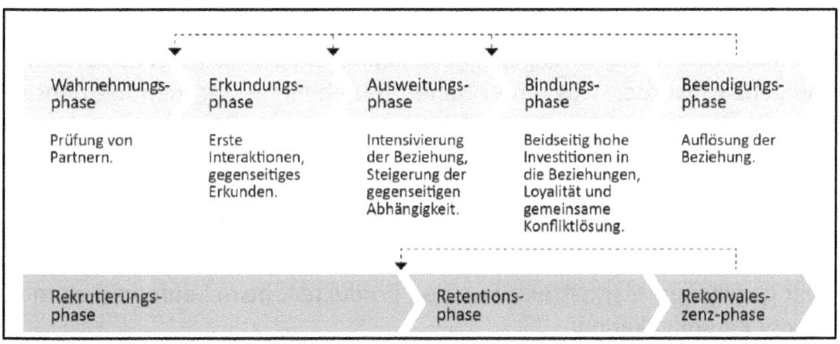

Abbildung 3: Kundenbeziehungszyklus (Quelle: Eigene Darstellung nach Wolfond, 2018, S. 59)

Phase 1, die **Wahrnehmungsphase,** stellt den Beginn einer möglichen Beziehung dar. Darin suchen Unternehmen nach potenziellen Geschäftspartnern. Phase 2 ist die sogenannte **Erkundungsphase**. Hier erfolgt eine erste Kontaktaufnahme und erste Interaktionen finden statt. In dieser Phase wird vornehmlich versucht, Vertrauen aufzubauen. In Phase 3, der **Ausweitungsphase,** soll die Beziehung weiter gefestigt sowie intensiviert werden und sie gipfelt im Idealfall in Phase 4, der **Bindungsphase**, die die höchste Beziehungsstufe darstellt. Es herrscht mittlerweile ein starkes *commitment* beider Partner. Differenzen werden unter Einbeziehung der gemeinsamen Zielvorstellungen überwunden. Phase 5 stellt die **Beendigung der Geschäftsbeziehung** dar und kann nach oder in jeder der gerade genannten Phasen eintreten (vgl. Dwyer et al., 1987, S. 21; vgl. Ivens; Leischnig, 2015, S. 65f). Jede Phase enthält Prozesse, die kommunikative Instrumente bzw. Maßnahmen implizieren und wie folgt dargestellt werden.

Am Anfang der Kundenbeziehung, in der Rekrutierungsphase, werden verschiedene Kommunikationsmaßnahmen eingesetzt, die dem Dialog dienlich sind und dadurch die Kundenakquise begünstigen. In der Retentions- oder auch Bindungsphase wird durch das Nutzen von Kommunikationsmitteln versucht, die Kundenzufriedenheit zu steigern und die Beziehung zu festigen. Um ein Beziehungsende zu verhindern oder um die Partnerschaft wiederherzustellen (Rekonvaleszenz), werden Kommunikationsmaßnahmen, wie beispielsweise persönliche Gespräche, eingesetzt (vgl. Bruhn, 2013, S. 10f).

2.3.2.3. Besonderheiten der Geschäftskundenbeziehungen

Nachdem durch das vorangegangene Kapitel ein grundsätzliches Verständnis aufgebaut wurde, was unter einer Beziehung – für den betriebswirtschaftlichen Bereich genauer ausgedrückt, unter einer Austauschbeziehung – verstanden wird, wird nun betrachtet, was speziell Geschäftskundenbeziehungen (bzw. Business-to-Business-Marketing – BtB) und sogenannte End- oder Privatkundengeschäfte (bzw. Business-to-Customer-Marketing – BtC) unterscheidet. Godefroid (vgl. 2000, S. 24f) erläutert u. a. die Unterschiede in der gegebenen Marktstruktur, in den Produkten, beim Käuferverhalten und in der Kommunikation.

Marktstrukturell führt im BtB-Segment eine wesentlich stärkere Segmentierung zu weniger potenziellen Kunden für bestimmte Produkte und Dienstleistungen. Zudem entstehen häufig Ballungszentren gewisser Marktsegmente (z. B. Ruhrgebiet/Stahlindustrie, Frankfurt/Finanzsektor uvm.). Auf der anderen Seite gibt es auch weniger Anbieter als auf dem Konsumgütermarkt (vgl. Godefroid, 2000, S. 24).

Die **Produkte** bzw. die angebotenen **Dienstleistungen** betreffend sind die Anforderungen an den Anbieter in Geschäftskundenbeziehungen meist wesentlich höher als in BtC-Geschäften. Kundenzugeschnittene Weiterentwicklungen, Sonderlösungen bzw. personalisierte Produkt- oder Dienstleistungsmerkmale führen oft zu einer engeren Zusammenarbeit zwischen Anbieter und Käufer (vgl. Godefroid, 2000, S. 24).

Kundenmerkmale, wie hoher Sachverstand der Einkäufer, komplexere Entscheidungsfindungsprozesse durch beispielsweise oft mehrere Entscheider bzw. involvierte Personen führen dazu, dass Organisationen in der Beschaffung ein völlig anderes **Käuferverhalten** zeigen als private Konsumenten. Ad-hoc-Käufe finden beispielsweise kaum statt (vgl. Godefroid, 2000, S. 24).

Deutliche Unterschiede herrschen auch in der Art der **Kommunikation**. Während im BtC-Bereich die Kunden meist durch Werbung erreicht werden, sind diese unpersönlichen Kommunikationsformen in Business-Märkten eher unüblich. Der persönliche Verkauf hat hier eine herausragende Rolle (vgl. Godefroid, 2000, S. 25).

2.3.3. Allgemeines Erfolgsverständnis in Bezug auf Kundenbeziehungen

2.3.3.1. Konzeptualisierung des Beziehungserfolgs (Service Profit Chain)

Als Grundlage zur Analyse der Bedeutung verschiedener Aspekte innerhalb einer Geschäftsbeziehung dient die sogenannte Service Profit Chain. Darin werden Beziehungen von Profitabilität, Kundenloyalität, Kundenzufriedenheit über die Servicequalität der Mitarbeiter eines Unternehmens konzeptualisiert (vgl. Heskett et al., 2008, S. 120). Die einzelnen Glieder dieser Wirkungskette werden in Abbildung 4 dargestellt.

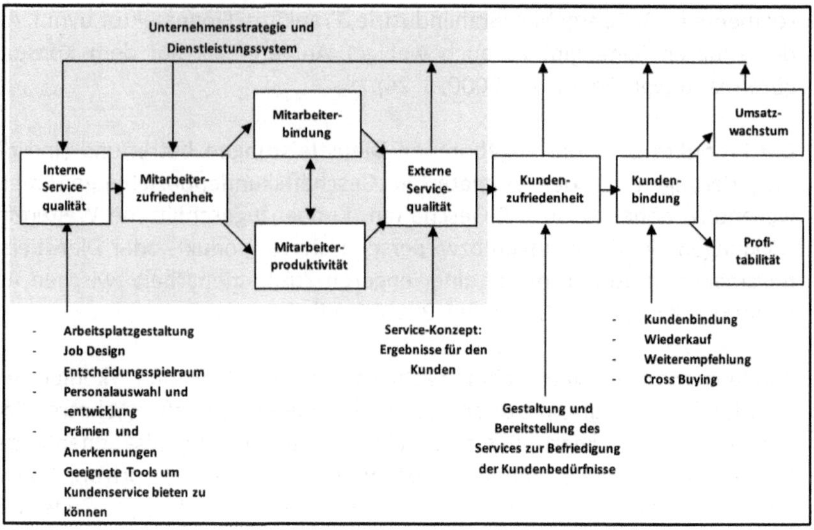

Abbildung 4: Service Profit Chain (Quelle: Eigene Darstellung nach Heskett et al., 2008, S. 120)

Die Glieder der Wirkungskette hängen so zusammen, dass sie auf Wachstum und letztendlich auf Gewinn durch Kundenloyalität ausgerichtet sind. Dies liegt an erlössteigernden und kostensenkenden Verhaltensweisen loyaler Kunden (vgl. Foscht, 2002, S. 129). Zu diesen Verhaltensweisen kann Cross-Buying-Verhalten, Weiterempfehlungsverhalten und das Wiederkaufsverhalten gezählt werden. Kundenloyalität steht in direkter Kausalität mit Kundenzufriedenheit, was wiederum direkt mit dem Wert der Serviceleistung zusammenhängt (vgl. Heskett et al., 2008, S. 118ff).

Eine Übersicht weiterer zahlreicher Studien zu Service Profit Chains haben u. a. Yee et al. (vgl. 2009, S. 617ff) sowie Brown und Chin (vgl. 2004, S. 527ff) aufgestellt. Zum einen werden darin einzelne Kettenglieder und deren Zusammenhänge betrachtet (vgl. Bernhardt et al., 2000, S. 161ff; vgl. Hartline; Ferrell, 1996, S. 52ff; vgl. Silvestro; Cross, 2000, S. 244ff), zum anderen werden Zusammenhänge analysiert, die sich über die gesamte Wirkungskette ziehen (vgl. Netemeyer et al., 2005, S. 130ff; vgl. Schlesinger; Zornitsky, 1991, S. 141ff; vgl. Keiningham et al., 2006, S. 51ff).

Bruhn (vgl. 2016, S. 72) spricht im Rahmen des Konzepts einer Wirkungskette bzw. Erfolgskette von sogenannten moderierenden Faktoren, welche die Stärke der Verbindungen der einzelnen Glieder beeinflussen können (Abbildung 5).

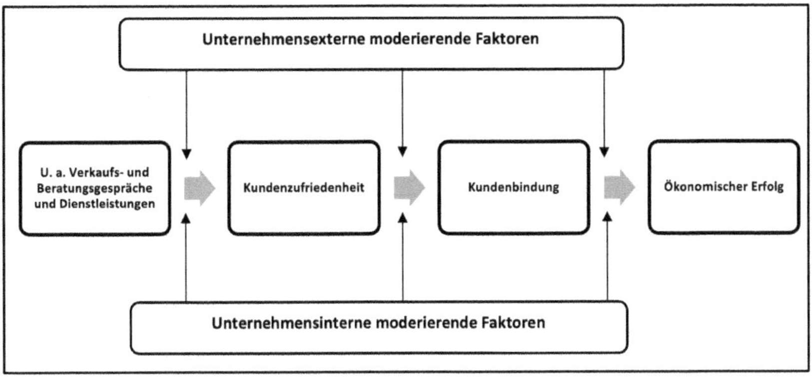

Abbildung 5: Exemplarische Darstellung einer Erfolgskette in Bezug auf Kundenzufriedenheit und ökonomischen Erfolg (Quelle: Eigene Darstellung nach Bruhn, 2016, S. 73)

Zu diesen moderierenden Einflussgrößen zählen u. a. die gemeinsamen Erfahrungen – die Customer Experience. Diese entsteht u. a. durch die Menge an Interaktionen zwischen den Geschäftspartnern (vgl. Gentile et al., 2007, S. 397).

Großen Einfluss auf die Customer Experience und damit die Kundenzufriedenheit hat neben den Kernprodukten bzw. Kerndienstleistungen die Kommunikation im Rahmen des Kundenservices und des Verkaufs (vgl. Zentes et al., 2012, S. 379f).

2.3.3.2. Kundenbindung

Bei der Frage, ob die Kundenbindung auf den wirtschaftlichen Erfolg von Unternehmen einen positiven Effekt hat, herrscht in der wissenschaftlichen Literatur weitestgehend Einigkeit (vgl. Walsh et al., 2008, S. 42ff). Kundenbindung ist nach Nerdinger et al. (2015) das planvolle Wiederkaufverhalten von Kunden. Aus Marketing-Management-Sicht ist das Ziel einer Kundenbindung zum einen die Beeinflussung des sichtbaren Kundenverhaltens, vor allem um Wiederholungskäufe zu generieren, zum anderen die Beeinflussung intrapsychischer Kundenverhaltensabsichten, um vor allem die Wiederkaufsabsicht des Kunden zu schaffen (vgl. Nerdinger et al., 2015, S. 128). Simon und Homburg (1997, S. 19) bringen es auf den Punkt, wenn sie feststellen: „Zufriedene Kunden kommen und kaufen wieder".

Abbildung 6 visualisiert dieses Statement in einem einfachen Diagramm.

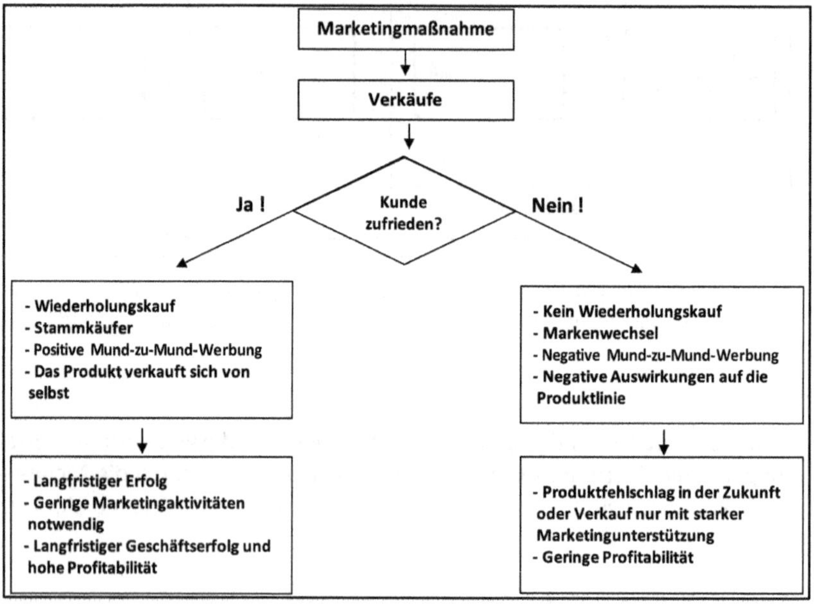

Abbildung 6: Kundenzufriedenheit und langfristiger Geschäftserfolg (Quelle: Eigene Darstellung nach Simon und Homburg, 1997, S. 20)

Kundenbindung ist darüber hinaus von essenzieller Bedeutung für Unternehmen, da der Ressourceneinsatz zur Bindung bestehender Kunden wesentlich effizienter ist als der Ressourceneinsatz, der notwendig ist, um völlig neue Kunden zu gewinnen (vgl. Reichheld; Sasser, 1990, S. 105ff). Auch für den Kunden hat die Bindung an Unternehmen dahingehend Vorteile, dass beispielsweise bei Einkäufen weniger Such- oder Zeitaufwand notwendig ist oder spezielle Beratungsprozesse aufgrund gemeinsamer Erfahrungen abgekürzt werden können (z. B. Friseur) (vgl. Arnold et al., 2011, S. 381ff).

2.3.3.3. Kundenzufriedenheit

Einen zentralen Bestandteil der Service Profit Chain und Erfolgskette stellt die Vorstufe der Kundenbindung, die Kundenzufriedenheit, dar. Ein gängiger Erklärungsansatz ist das Confirmation/Disconfirmation-Paradigma (C/D-Paradigma) wie in Abbildung 7 dargestellt (vgl. Schloffer, 2013, S. 78).

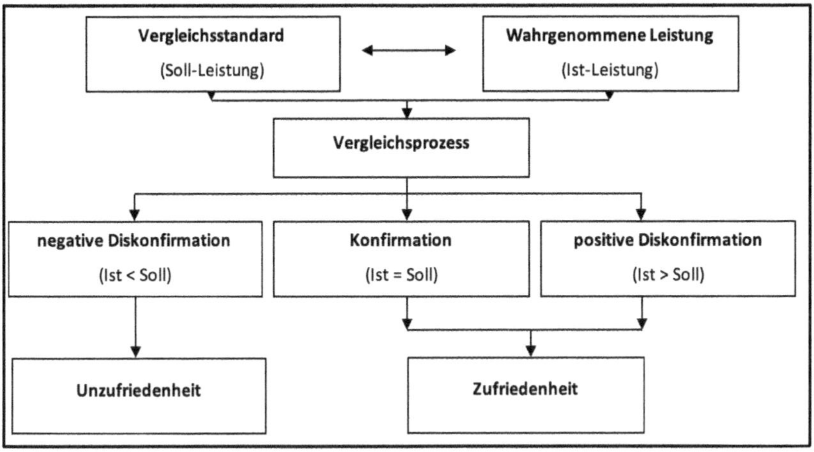

Abbildung 7: Grundprinzip des C/D-Paradigmas (Quelle: Eigene Darstellung nach Schloffer, 2013, S. 79)

Kundenzufriedenheit drückt demnach das Endergebnis eines Vergleichsprozesses von Erwartungen und tatsächlich erhaltenen Leistungen aus (vgl. Schloffer, 2013, S. 78). Als Vergleichsstandard können dafür die Erfahrungen der Kunden, also die Customer Experience, und auch das kundenseitig erwartete ideale Leistungsniveau dienen (vgl. Homburg; Stock-Homburg, 2006, S. 20). Bleibt die reale Erfahrung hinter den Erwartungen zurück, wird von negativer Diskonfirmation gesprochen. Übertrifft die Realität die Erwartung, wird von positiver Diskonfirmation gesprochen. Entspricht die Erwartung der Realität, ist dies eine Konfirmation (vgl. Schloffer, 2013, S. 79).

Vor dem Hintergrund, dass die Kundenbeziehung zentral für den Erfolg von Unternehmen ist, nimmt die Identifizierung und Messung von einflussnehmenden Faktoren, die helfen, die Kundenzufriedenheit verständlich zu machen, wie die Servicegestaltung eines Unternehmens idealisiert werden kann, immer mehr an Bedeutung zu (vgl. Lindgreen et al., 2006, S. 57ff). Bezüglich des persönlichen Kontakts stellt sich die Frage mit Blick auf die Kundenzufriedenheit, womit der Geschäftspartner eigentlich zufrieden ist. Simon und Homburg (vgl. 1997, S. 22) unterscheiden zwei Größen zur Messung der Kundenzufriedenheit. Zum einen nennen sie die bekommene Leistung, das „Was“, und zum anderen die Interaktion, das „Wie“. Gerade die Interaktionsdimension wird durch Funktionen mit direktem Kontakt bestimmt. Eine Gesamtzufriedenheit kann nur vorliegen, wenn der Kunde mit beiden Dimensionen zufrieden ist.

Die Verbindung der Kundenzufriedenheit und der Kundenloyalität ist in vielen Abhandlungen untersucht (vgl. Homburg et al. 2010, S. 111ff) und auch belegt (vgl. Yang; Peterson, 2004, S. 799ff; vgl. Musa et al., 2005, S. 349ff).

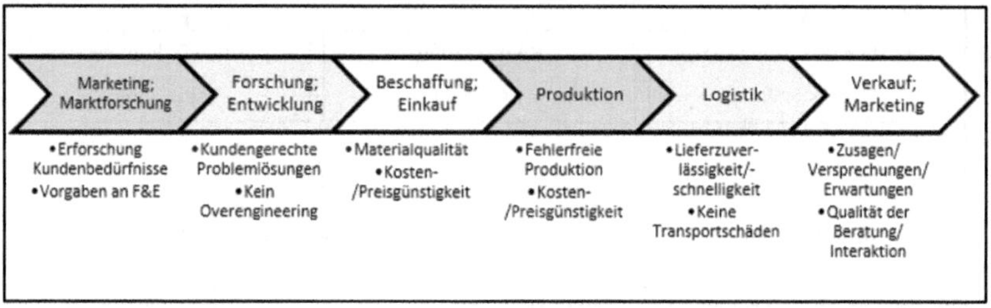

Abbildung 8: Mögliche Beiträge der Wertschöpfungskette zur Kundenzufriedenheit (Quelle: Eigene Darstellung nach Simon und Homburg, 1997, S. 21)

Abbildung 8 zeigt Beispielstufen einer Wertschöpfungskette, die zur Schaffung von Kundenzufriedenheit beitragen können. Dabei spielt nach Simon und Homburg (vgl. 1997, S. 21) neben Marketing besonders der Verkauf eine herausragende Rolle, da beides Schnittstellen sind, bei denen ein Direktkontakt zum Kunden hergestellt wird.

Homburg et al. (vgl. S. 64ff) können dementsprechend beispielsweise in einer großangelegten Studie aus dem Jahr 2011, in der es ursprünglich darum ging, den Einfluss verkäuferischer Kundenorientierung zu analysieren, aufzeigen, dass Kundenzufriedenheit neben der Kundenorientierung und der Erfahrung des Verkäufers als kritischer Faktor direkten Einfluss auf die Verkaufs-Performance von Verkäufern und damit auf den wirtschaftlichen Erfolg von Unternehmen hat. Zu diesem Zweck wurden branchenübergreifend Daten von 56 Managern, 195 Verkäufern und 538 Kunden gesammelt.

Kundenzufriedenheit wird darin als das Produkt der Qualität der Services sowie der Prozesse und der daraus resultierenden Einstellung des Kunden gegenüber den Produkten und dem Verkäufer definiert. Auf diese beiden Dimensionen der Kundeneinstellungen (aber auch auf die Verkaufs-Performance des Verkäufers selbst) hat wiederum die Kundenorientierung des Verkäufers signifikanten Einfluss.

Um zu betrachten, ob es einen nicht linearen, invertiert u-förmigen Verlauf des Einflusses der Kundenorientierung auf die Sales Performance und die zwei Dimensionen der Kundeneinstellung geben könnte, beziehen Homburg et al. (vgl. 2011, S. 64) zusätzlich die quadrierte Kundenorientierung in ihre Analyse ein (Abbildung 9).

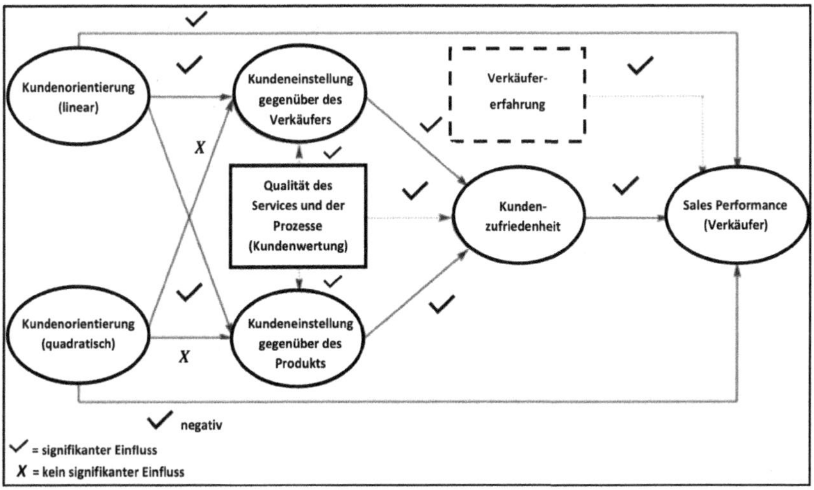

Abbildung 9: Auswirkung von Kundenzufriedenheit auf die Sales Performance (Quelle: Eigene Darstellung nach Homburg et al., 2011, S. 65)

Werden die Ergebnisse interpretiert, zeigt die Kundenorientierung der Verkäufer zwar einen fortlaufend linearen positiven Einfluss auf die Kundeneinstellung bezüglich der Produkte und des Verkäufers. Der negative signifikante Einfluss der (quadratischen) Kundenorientierung auf die Sales Performance deutet aber darüber hinaus auf einen invertiert u-förmigen Einfluss auf die Verkaufsleistung hin. Das heißt, es scheint einen *break even point* zu geben, ab dem mehr Kundenorientierung nicht mehr förderlich für den Verkaufserfolg ist.

In Anlehnung an Jobber und Lancaster (vgl. 2006, S. 250) stellt die **Kundenorientierung** in der Untersuchung ein Konstrukt aus den Verkäuferfähigkeiten dar, um ein Problem zu identifizieren und dafür eine Lösung für den Kunden präsentieren zu können sowie die Art des gemeinsamen Umgangs mit Herausforderungen, kooperative Verhandlungen führen und letztendlich den Verkauf abschließen zu können (vgl. Homburg et al., 2011, S. 56). Besonders interessant ist demnach die Frage, welchen Einfluss der Verkäufer, verglichen zu den Dienstleistungen bzw. Produkten des Unternehmens, auf die Gesamtzufriedenheit hat. Untersuchungen von Humphreys und Williams (vgl. 1996, S. 47ff) zeigen beispielsweise bei Industrie-Einkäufern eine doppelt so hohe Varianz in der Gesamtzufriedenheit bezüglich der Zufriedenheit mit dem Verkäufer im Vergleich zu technischen Produktmerkmalen (vgl. auch Meffert; Schwetje, 1999, S. 44ff).

2.3.4. Bedeutung situativer Kommunikation in Bezug auf Kundenzufriedenheit in Geschäftsbeziehungen

2.3.4.1. Interpersonale Kommunikation und persönlicher Kundenkontakt

Auf die Erkenntnisse des vorherigen Abschnitts aufbauend nimmt die zwischenmenschliche Face-to-Face-Kommunikation im Rahmen der Kundenorientierung eine zentrale Rolle ein, um Kundenzufriedenheit aufzubauen (vgl. Crosby et al., 1990, S. 68ff; vgl. Surprenant; Solomon, 1987, S. 87; vgl. Weitz; Bradford, 1999, S. 241f). Durch den Ausbau und die Entwicklung von Informations- und Kommunikationstechnologien besteht ein Wandel der Kommunikation und damit einhergehend auch der Erwartungen an die Kommunikationsqualität und das Serviceerlebnis (vgl. Boyer et al., 2002, S. 175ff; vgl. Heim; Sinha, 2001, S. 286ff). Aus Kundensicht entsteht einer der einprägsamsten Eindrücke von einem Unternehmen, wenn der Kunde mit dem Unternehmen kommuniziert (vgl. Zeithaml et al., 2017, S. 135). Hierbei entsteht eine wichtige Momentaufnahme, die die unternehmerische Serviceleistung und Qualität für den Kunden widerspiegelt. Dementsprechend wird die Beurteilung des Serviceerlebnisses vom Ablauf der Kommunikationsepisode, vom Gesamtergebnis der Kommunikation sowie von der Leistung des Mitarbeiters definiert und hat damit direkten Einfluss auf die Kundenzufriedenheit (vgl. Bitner et al., 1997, S. 193ff).

Die Wahrnehmung der Qualität des Kundenkontakts (im Englischen: *service encounter)*, der zwischen Kunden und Unternehmen stattfindet, wird stark durch das Verhalten des Verkaufspersonals beeinflusst (vgl. Bowen; Lawler, 1992, S. 31ff). Mitarbeiter, die direkt mit Kunden bzw. anderen Unternehmen in Kontakt stehen, sind dafür verantwortlich, Kundenbedürfnisse zu erkennen und dementsprechend adjustierend darauf zu reagieren, damit die Zufriedenheit beim Kunden erzeugt wird und die Kundenbeziehung stabilisiert werden kann (vgl. Hunter; Perreault, 2007, S. 16ff). Außerdem stehen die Mitarbeiter in der Verantwortung, Erwartungen, die durch Leistungsversprechen des Unternehmens kommuniziert sind, zu erfüllen (vgl. Bettencourt; Brown, 1997, S. 39ff). Da es für Unternehmen immer herausfordernder wird, sich durch die angebotene Servicedienstleistung oder das Produkt vom Mitbewerb abzuheben bzw. zu differenzieren, sind es in vielen Fällen die Kundenkontaktmitarbeiter, die den entscheidenden Unterschied machen (vgl. Pfeffer, 1994, S. 6).

Die Bedeutung der Unternehmenskommunikation in Bezug auf die Beurteilung der Gesamtzufriedenheit mit einer Serviceleistung wird durch die empirische Forschung bezüglich der Behandlung der Qualität von Kundenkontakt und Dienstleistungszufriedenheit bekräftigt (vgl. Bitner et al., 1990, S. 72). Die Qualität der Serviceleistung wird in vielen Studien anhand von folgenden fünf Dimensionen nach Parasuraman et al. (vgl. 1985, S. 41ff) bemessen: Reaktionsfähigkeit (*responsiveness*), Zuverlässigkeit (*reliability*), Einfühlungsvermögen (*empathy*), Leistungskompetenz (*assurance*) und Annehmlichkeit im tangiblen Umfeld (*tangibles*).

Werden diese Punkte betrachtet, wird klar, dass viele davon einen direkten Bezug zur menschlichen Interaktion besitzen.
Brady und Cronin (vgl. 2001, S. 34ff) nutzen einen weiteren Ansatz zur Bestimmung der Servicequalität. Sie kombinieren den Servicequalitätsansatz von Rust und Oliver (1993, S. 1ff) mit einer Mehrebenenbetrachtung nach Dabholkar et al. (1996, S. 3ff). Dabei verdeutlichen sie, dass Servicequalität hauptsächlich aus drei verschiedenen Faktoren besteht: Der Qualität der persönlichen Interaktion, der physischen Umgebung und letztendlich der Ergebnisqualität. Jeder dieser Faktoren besteht wiederum aus mehreren Unterfaktoren. Die **persönliche Interaktion** beispielsweise wird durch die Ein-

stellung, das fachliche Wissen und das Verhalten beeinflusst. Wartezeit, das tangible Umfeld und die Güte der Serviceleistung bestimmen die **Ergebnisqualität.** Einige Studien befassen sich z. B. explizit mit dem Aufbau der Kundenbeziehung und welchen Einfluss die Mitarbeiter-Kunden-Kommunikation dabei ausübt (vgl. Anderson; Weitz, 1992, S. 18ff; vgl. Bowen; Lawler, 1992, S. 31ff; vgl. Mohr; Nevin, 1990, S. 36ff; vgl. Solomon et al., 1985, S. 99ff; vgl. Wren; Simpson, 1996, S. 63ff).

Eine großangelegte Studie von McKinsey aus dem Jahr 2015 beschäftigt sich mit dem Kommunikationsverhalten der ersten vier Phasen des Kundenbeziehungszyklus. Eine Umfrage, in der 700 Führungskräfte aus den Fortune-Global-500 und den DAX-30-Firmen aus Mitteleuropa, Asien und Amerika befragt wurden, verdeutlicht, dass persönlicher Kontakt und Face-to-Face-Dialoge mit Vertriebsabteilungen die essenziellste Rolle spielen. An zweiter Stelle kommt die Unternehmenswebsite, die als wichtige Informationsquelle in der Erkundungsphase dient. Pressemitteilungen, Kataloge, Broschüren und Empfehlungen folgen auf den weiteren Plätzen. Während der Bindungsphase und davor – während des Kaufabschlusses – gewinnen Messen, Social Media und Events an Bedeutung (vgl. Wolfond, 2018, S. 60).

2.3.4.2. Grundsätzliche Überlegungen zur Bedeutung des persönlichen Verkaufs

Der **persönliche Verkauf** kann weder klar der Kommunikations- noch der Distributionspolitik eines Unternehmens zugeordnet werden. Er beschreibt eine Vielzahl unterschiedlicher Aufgaben aus beiden Planungsgebieten (vgl. Walsh et al., 2019, S. 441). Nach Meffert (1986, S. 482) ist das „Ziel des persönlichen Verkaufs [...], durch Verkaufsgespräche einen Verkaufsabschluss zu bewirken“. Dabei ist der Vertriebsmitarbeiter im Gegensatz zu den unpersönlichen Marktkommunikationsformen nicht nur in der Lage, als Feedback-Mechanismus zu dienen, sondern er fungiert vielmehr „auch [als] ein flexibles Instrument der Informationsgewinnung“ (Meffert, 1986, S. 482).

Der Verkaufsmitarbeiter hat wesentlich mehr Funktionen als die „pure“ Anbahnung und Vollziehung des Verkaufsakts oder der Preisverhandlungen. In vielen Branchen ist er die Schnittstelle von Unternehmen und deren Kunden. Er hat als Kontaktbrücke zum Markt eine strategische Funktion. So ergeben sich neben klassischen Verkaufs- viele mögliche weitere Kommunikationsaufgaben. Werden unterschiedliche Definitionen verglichen, werden in den

Verkaufs- bzw. Beratungsgesprächen die im Folgenden angeführten wesentlichen Ziele beabsichtigt (vgl. Walsh et al., 2019, S. 441f):

- Marktforschung
- Vertragsabschlüsse
- Beratung aktueller und potenzieller Kunden
- Produktgestaltung
- Informationssammlung
- Imagebildung
- Lösung logistischer Aufgaben
- Erzeugung von Kundenzufriedenheit

Welche Aufgabe gerade im Mittelpunkt der Verkaufsfunktion steht, hängt von den Branchengepflogenheiten, der Produktkategorien, aber auch von der jeweiligen Beziehungsepisode der beiden Unternehmen ab (vgl. Walsh et al., 2019, S. 442).

Die direkte Gesprächsführung zwischen Unternehmen in persönlichen Gesprächen ermöglicht es im Gegensatz zu unpersönlicher Massenkommunikation, ein direktes Feedback zu bekommen. Bedürfnisse der Partner können genau erforscht werden, um das eigene Verhalten dementsprechend anzupassen. Diese Beratungsfunktion setzt hohe Ansprüche an methodischer, fachlicher und sozialer Kompetenz der Verkaufsmitarbeiter voraus. Neben dem methodischen und fachlichen Wissen müssen sie in interaktiven Beratungs-Verkaufs-Gesprächen vor allem Einfühlungsvermögen zeigen (vgl. Neu, 2013, S. 111f). „Das vorrangige Ziel des Verkaufs ist aber aus ökonomischen Gründen immer der dauerhaft zufriedene Kunde" (Neu, 2013, S. 112).

2.3.4.3. Verhandlungen als spezieller Teil des persönlichen Verkaufs

Welche Rolle Verhandlungen im persönlichen Verkauf spielen, stellt eine zentrale Frage an dieser Stelle dar. Vielfach werden Verhandlungen als reiner Wettbewerb, den ein Teilnehmer nur auf Kosten eines anderen gewinnen kann, gesehen. Obwohl Wettbewerbselemente ohne Zweifel vorhanden sind, umfasst das Verhandeln weitaus mehr als ein reines Gegeneinander (vgl. Büsch, 2013, S. 187).

Der Begriff „**Verhandlung**" wird in der Literatur und in der Umgangssprache sehr häufig verwendet. Dennoch gibt es hierzu keine einheitliche Definition. Dies zeigt sich z. B. im angloamerikanischen Sprachraum, in dem Begriffe wie *bargaining* und *negotiation* einerseits oft als Synonyme genutzt werden (vgl. Rubin; Brown, 1975, S. 6ff), andererseits aber wieder klar voneinander abgegrenzt sind. So wird *bargaining* eher als eine Art Feilsch-Prozess betrachtet, während *negotiation* als ein Problemlösungsprozess gesehen werden kann (vgl. Voeth; Herbst, 2015, S. 3).

Nach Voeth und Herbst (vgl. 2015, S. 4) kristallisieren sich aus vielen verschiedenen Verhandlungsdefinitionen fünf Merkmale ganz besonders heraus, die jeder Verhandlung zugrunde liegen: Multipersonalität, Zielkongruenz, ein Präferenzkonflikt, ein möglicher Einigungsraum und ein Interaktionsprozess. Jede Austauschsituation, der diese Merkmale zugrunde liegen, muss als Verhandlung bezeichnet werden (vgl. Voeth; Herbst, 2015, S. 5). „Eine Verhandlung ist demnach ein Prozess der Einigung über ein oder mehrere Austauschobjekte zwischen Parteien mit zumindest teilweise unterschiedlichen Präferenzen, in dessen Verlauf die Parteien versuchen, die generell mögliche Lösung zu ihren Gunsten zu beeinflussen" (Voeth; Herbst, 2015, S. 5f).

Den verschiedenen wissenschaftlichen Herangehens- und Betrachtungsweisen zum Trotz besteht über eine grundlegende Differenzierung der Verhandlungsarten Einigkeit. Jede praktisch möglich vorkommende Verhandlung kann grundsätzlich im rudimentärsten Verständnis auf folgende Verhandlungsarten zurückgeführt werden: die (1) distributive und die (2) integrative Verhandlung (vgl. Geiger, 2013, S. 233).

In **(1) distributiven Verhandlungen** wird von den Gesprächspartnern über ein Thema, häufig den Preis, verhandelt, bei dem die Parteien völlig entgegengesetzte Zielvorstellungen haben. Der Anbieter möchte etwa einen möglichst hohen Preis aushandeln, während der Käufer einen möglichst niedrigen Preis anstrebt. In vielen Verhandlungs- bzw. Interaktionsszenarien haben die Parteien aber nicht exakt konträre Prioritäten oder Präferenzen. Außerdem werden meist mehrere Themen parallel bzw. gleichzeitig besprochen. Dabei können die Schwerpunkte für jede Seite anders verteilt sein. Wenn dies der Fall ist und eine positive Einigungszone vorliegt, kann die Verhandlungsmasse als variabel betrachtet werden und sie kann sich durch gewisse Parameter vergrößern lassen, indem z. B. neben dem Preis andere Interessen integriert werden. In so einem Fall wird von **(2) integrativen Verhandlungen** gesprochen (vgl. Geiger, 2013, S. 234).

Büsch (vgl. 2013, S. 188ff) beispielsweise macht aber darüber hinaus eine etwas differenziertere Unterscheidung von insgesamt fünf verschiedenen Verhandlungsarten, die nach ihm immer gleichzeitig in verschiedenen Ausprägungen stattfinden. An dieser Stelle der Arbeit sollen sie ein Verständnis dafür schaffen, dass jede Verkaufs- bzw. Beratungsinteraktion immer auch in irgendeiner Form eine Verhandlung darstellt (vgl. Büsch, 2013, S. 188). Büsch (vgl. 2013, S. 188ff) unterteilt in (1) konkurrierende Verhandlungen, (2) hilfsbereite Verhandlungen, (3) partnerschaftliche Verhandlungen, (4) organisationell geprägte Verhandlungen und (5) persönliche Verhandlungen.

Während **(1) konkurrierende Verhandlungen** mit distributiven Verhandlungen gleichgesetzt werden können und tatsächlich die klassische wettbewerbsorientierte Verhandlung darstellen, werden integrative Verhandlungen in die vier weiteren Arten von Verhandlungen nach Büsch aufgeteilt. Das Wissen über die fünf Verhandlungsarten erlaubt es dem Verkäufer, in Verhandlungen ein besseres Wohlbefinden zu erzeugen, mehr Informationen zu sammeln und Verhandlungen am Leben zu halten, selbst wenn kein eindeutiger Verlauf gegeben ist (vgl. Büsch, 2013, S. 189f).

(2) Hilfsbereite Verhandlungsarten setzen voraus, dass alle Teilnehmer willens sind, sich Zeit zu nehmen, um individuelle Verbesserungen der Geschäftsmodelle beider Seiten zu finden (vgl. Büsch, 2013, S. 188f).

(3) Partnerschaftliche Verhandlungsarten zielen darauf ab, eine Beziehung herzustellen, die auf Vertrauen, Anerkennung und Zufriedenheit basiert (vgl. Büsch, 2013, S. 190). „Man kann keinem Preis vertrauen, der von jemandem festgelegt wurde, dem man persönlich nicht traut“ (Büsch, 2013, S. 190).
(4) Organisationell geprägte Verhandlungen haben ihren Schwerpunkt darin, dass alle teilnehmenden Personen durch Organisationen situativ beeinflusst sind, die sie während der Verhandlung vertreten (vgl. Büsch, 2013, S. 191).

(5) Persönliche Verhandlungen zu führen, bedeutet, zu unterscheiden, was auf der offiziellen Tagesordnung steht sowie offen kommuniziert wird und zu wissen, dass jede Person zusätzlich individuelle, persönliche Treiber besitzt, die sie nie aussprechen würde (z. B. „Ich habe am Montag Urlaub“, „Ich komme der Arbeit nicht hinterher“ uvm.) (vgl. Büsch, 2013, S. 191).

Fisher et al. (2015, S. 19) fassen integratives Verhandeln in ihrem berühmten Harvard-Konzept zusammen: „Verhandeln ist eine Grundform, Gewünschtes von anderen Leuten zu bekommen. Es ist wechselseitige Kommunikation mit dem Ziel, eine Übereinkunft zu erreichen, wenn man mit der anderen Seite sowohl gemeinsame als auch gegensätzliche Interessen hat".

Verhandlungen sind in der Geschäftswelt weit mehr als reines Feilschen um einen Preis. Verhandlungen können auch das Beratungsgespräch sein, indem der Dienstleister dem Kunden erklärt, welcher Lösungsansatz in einer speziellen Situation am besten wäre. Verhandlungen nur zu gewinnen, ist auch laut dem Harvard-Konzept von Fisher et al. (2015, S. 10) eine kurzfristige Denkweise, um gegeneinander vorzugehen, obwohl es eigentlich darum gehen sollte, gemeinsam miteinander zu arbeiten. Es sollte vom destruktiven, feindseligen Gegeneinander zu einem nüchternen, gemeinsamen Problemlösungsansatz hingearbeitet werden, um kreative Lösungen zu finden und einen hohen Integrationsgrad zu erreichen (vgl. Fisher et al., 2015, S. 20).

Es gibt einige Faktoren, die entscheidend dafür sind, welcher Verhandlungsansatz in welcher Situation genutzt wird. Kritische Aspekte sind diesbezüglich Machthebel, Persönlichkeitstypen, aber auch Umwelteinflüsse, die entscheiden, welchen Verlauf ein Gespräch nimmt. Es gibt Situationen bzw. Umstände, die einzelne Parteien auf Kosten des Gegenübers punktuell besser stellen, auch wenn das Gesamtergebnis dadurch nicht wächst. Kritische Aspekte sind oft Mechanismen, die sich im Hintergrund abspielen, und unterschiedlichste einflussnehmende Relationen, die in der Regel sehr komplex und dementsprechend nicht ohne Weiteres zu antizipieren sind.
Das Streben nach Kundenzufriedenheit bleibt letztendlich, wie alle Aktivitäten eines Unternehmens, ein Mittel zum Zweck der Gewinnsteigerung. Es muss sich in jedem Fall dem ökonomischen Imperativ unterwerfen (vgl. Simon; Homburg, 1997, S. 28).

„Die Kundenzufriedenheit ist Mittel zur Steigerung des Gewinns, nicht mehr und nicht weniger" (Simon; Homburg, 1997, S. 28).

2.4. Situative Einflüsse auf den Erfolg von Verhandlungen

2.4.1. Überblick

Nachdem in den vorangegangenen Kapiteln die wissenschaftlichen Betrachtungsweisen und die Arten der Unternehmenskommunikation, des Verkaufs und der Verhandlungen vorgestellt wurden und welche grundsätzlichen unternehmerischen Aspekte in Verhandlungen zu beachten sind, wird im Folgenden dargelegt, welche situativen Einflüsse auf den Verhandlungserfolg einwirken.

Kapitel 2.4.2 bietet zunächst einen **Überblick über erfolgsrelevante situative Faktoren in Verhandlungen,** die anhand verschiedener, literarisch gebräuchlicher Verhandlungsmodelle festgemacht werden.

Darauf aufbauend wird in **Kapitel 2.4.3** als erster Faktor **der personelle Kontext der Verhandlungs- bzw. Gesprächspartner** beschrieben. Hierbei werden Kompetenzen, Eigenschaften, aber auch die wechselseitige Beziehung der in Kontakt stehenden Personen betrachtet.

In **Kapitel 2.4.4** werden darüber hinaus **psychologische Prozesse der Verhandlungs- bzw. Gesprächspartner** in den Fokus des Interesses gerückt. Das heißt, zentrales Thema sind ad hoc, somit situativ kurzfristig während des Gesprächs ablaufende innere Prozesse der Interaktionspartner.

In **Kapitel 2.4.5** wird die im Kern der Betrachtung stehende **Verhandlungsinteraktion und Kommunikation der Verhandlungs- bzw. Gesprächspartner** erläutert.

2.4.2. Erfolgsrelevante situative Faktoren in Verhandlungen

Die literarische Bestandsaufnahme zeigt, dass Aussagen in verschiedenen Forschungsbereichen über die Einflussfaktoren des Verhandlungserfolgs zu finden sind. Verhandlungsexperimente legen außerdem offen, dass, wenn der Einigungsraum einer Verhandlung relativ groß ist, die möglichen Ergebnisse trotz völlig gleicher Voraussetzungen – abhängig vom Verlauf der Verhandlung und besonders vom Verhandlungsgeschick der Beteiligten – enorm variieren (vgl. Voeth; Herbst, 2015, S. 44). Daraus ergibt sich die Frage, welches Vorgehen adäquat ist, um situativ bestmöglich zielorientiert zu agieren und zu reagieren.

Verhandlungen bestehen aus einer Abfolge von Interaktionen und situativ gefällten Entscheidungen der einzelnen Parteien, die den weiteren Verlauf des Gesprächs und der Geschäftsbeziehung wechselseitig beeinflussen. Voeth und Herbst (vgl. 2015, S. 209) stellen Einflussfaktoren und dazugehörige Zusammenhänge, die zu gewissen einseitigen Verhaltensmustern führen, wie folgt in Abbildung 10 dar.

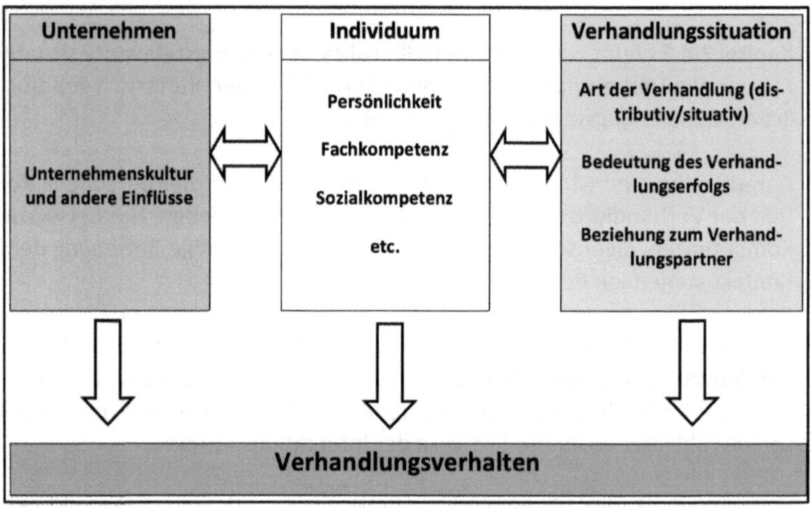

Abbildung 10: Einflussfaktoren auf einseitiges situatives Verhandlungsverhalten (Quelle: Eigene Darstellung nach Voeth und Herbst, 2015, S. 209)

Das individuelle Verhandlungsverhalten ist demnach eine Folgerung aus dem Zusammenspiel der jeweiligen Unternehmenskultur, Vorgaben und anderen externen Einflüssen, der gegebenen Verhandlungssituation und des Individuums inklusive individueller Persönlichkeitsmerkmale sowie fachlicher und sozialer Kompetenz. Homburg et al. (2016, S. 265) stellen fest, „[d]auerhafter Erfolg im Vertrieb ist weniger eine Frage von speziellen Verkaufstechniken, sondern hängt im Wesentlichen von drei Aspekten ab: Persönlichkeitsmerkmale [...], Sozialkompetenz [...] und Fachkompetenz [...]“.

Neale und Northcraft (1991, S. 177) liefern für die Situation der Zweiparteienverhandlung (Abbildung 11) ein erweitertes Modell, das u. a. die zuvor angesprochenen, vor allem individuellen Aspekte widerspiegelt, aber das Verhalten unter einer dyadischen Perspektive in einer Interaktion darstellt. Sie unterscheiden darin zwischen statischen Kontextfaktoren sowie dynamischen Einflüssen, die sich während der Verhandlung entfalten. Ein Verhandlungsergebnis wird immer ein Produkt beider Aspekte sein (vgl. Neale; Northcraft, 1991, S. 177).

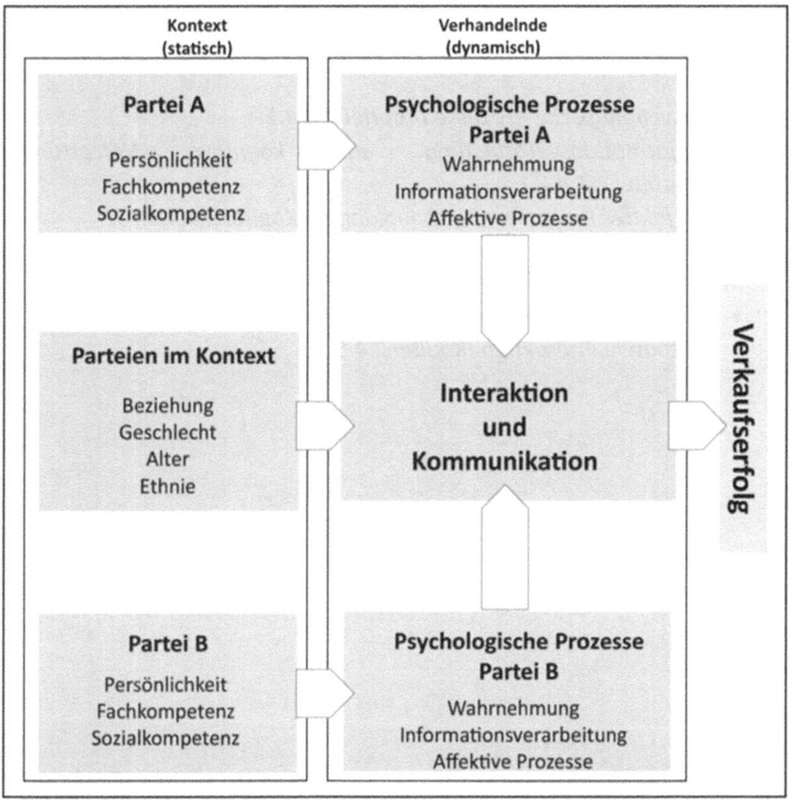

Abbildung 11: Modell der Zweiparteienverhandlung – zweiseitige situative Interaktion (Quelle: Eigene Darstellung nach Neale und Northcraft, 1991, S. 177)

Einflüsse, wie Geschlecht, Alter, Ethnie etc., an denen nicht gearbeitet werden kann, werden im Folgenden nicht berücksichtigt. Darauf aufbauend werden für diese Arbeit folgende interessante situative Aspekte näher betrachtet:

1) Parteien als Kontext (Kapitel 2.4.3.)

- *Vorgeschichte und Beziehung zwischen den Verhandlungsparteien (Kapitel 2.4.3.2.)*
- *Persönlichkeitseigenschaften (Kapitel 2.4.3.3.)*
- *Fachkompetenz (Kapitel 2.4.3.4.)*
- *Sozialkompetenz (Kapitel 2.4.3.5.)*

2) psychologische Prozesse (Kapitel 2.4.4.)

- *Informationsverarbeitung und kognitive Verzerrungen (Kapitel 2.4.4.2.)*
- *Affektive Prozesse in Verhandlungen (Kapitel 2.4.4.3.)*

3) Interaktion und Kommunikation (Kapitel 2.4.5.)

- *Situative Kommunikation (Kapitel 2.4.5.2.)*
- *Situative Interaktion (Kapitel 2.4.5.3.)*

2.4.3. Personeller Kontext der Verhandlungs- bzw. Gesprächspartner

2.4.3.1. Einleitende Überlegungen

Es ist offensichtlich, dass Verhandlungen zwischen Unternehmen bzw. Organisationen durch einzelne Personen und Persönlichkeitstypen geprägt werden. Die Frage, welche Persönlichkeitsmerkmale stabilen Einfluss auf Verhandlungen ausüben und wie stark dieser Einfluss, z. B. durch spezielle Situationen, verändert wird, erfährt weniger oft eine Beantwortung (vgl. Lewicki et al., 2011, S. 420).

Im Folgenden wird auf einige Eigenschaften eingegangen, die allgemein als vorteilhaft für die Verkaufstätigkeit gesehen werden. Obgleich es durch ein sehr differenziertes Forschungsbild viele offene Fragen zu diesem Thema gibt (vgl. Weis, 2003, S. 105). Allgemeine Persönlichkeitseigenschaften, Fach- und Sozialkompetenz sowie der Einfluss der Vorgeschichte und der Beziehung der interagierenden Personen werden näher betrachtet (vgl. Geiger, 2013, S. 249).

2.4.3.2. Vorgeschichte und Beziehung der interagierenden Personen

Es scheint selbstverständlich, dass Verhandlungen zwischen Personen anders verlaufen, wenn diese bislang keinerlei Kontaktpunkte hatten bzw. sich diese nicht bekannt sind. Geiger (vgl. 2007, S. 64ff) argumentiert, dass bei Verhandlungen zwischen Organisationen, die auf einer vorhandenen (positiven) Vorgeschichte bzw. Beziehung basieren, sich dies in einem höheren Maß an gegenseitigem Vertrauen, Wissen übereinander und *commitment* widerspiegelt. Untersuchungen zeigen ein grundsätzlich positives Bild über Auswirkungen positiver Vorgeschichten und Beziehungen auf den Verhandlungsverlauf und die -ergebnisse (vgl. Geiger, 2013, S. 258). O'Connor et al. (vgl. 2005, S. 357f) konnten zeigen, dass vergangene Geschäftsabschlüsse, im Vergleich zu gescheiterten Verhandlungen, zu einer gesteigerten Wahrscheinlichkeit einer Einigung und erhöhter Verhandlungseffizienz in Folgeverhandlungen führen. Geiger (vgl. 2007, S. 213) weist in einer Simulation einer Geschäftsbeziehung nach, dass durch eine gemeinsame Geschichte integratives Verhalten gesteigert wird, es zu höheren Einigungsraten, gesteigerter Verhandlungseffizienz und weniger kompetitivem Verhalten der Verhandlungspartner kommt.

Beachtet werden sollten jedoch auch Studien von O'Connor und Arnold (vgl. 2011, S. 1167ff) sowie Fry et al. (vgl. 1983, S. 1ff), die im Gegensatz zu rein positiven Assoziationen mit bestehenden positiven Historien zeigen, dass diese nicht automatisch zu vorteilhaften ökonomischeren Ergebnissen führen müssen. Geiger hält fest: „Wenn nämlich das Bestreben, die Beziehung zu erhalten oder auszubauen, zu groß ist, kann dies die Parteien davon abhalten, auch konfliktäre Phasen in der Verhandlung zu durchlaufen, die aber nötig wären, um effizientere Ergebnisse zu erzielen" (Geiger, 2013, S. 259).

2.4.3.3. Persönlichkeitseigenschaften der interagierenden Personen

Nach Geiger (2013, S. 249) sind **Persönlichkeitseigenschaften** „messbare, stabile Tendenzen einer Person, in einer bestimmten Art und Weise zu denken, zu fühlen und zu handeln."

Sie eignen sich dazu, menschliches Verhalten bzw. Verhaltensmuster in einem bestimmten Maße vorherzusagen, auch wenn es psychologisch betrachtet, umstritten ist, wie viel Anteil daran einzelne Persönlichkeitseigenschaften besitzen oder welchen Anteil z. B. spezielle Situationen dazu beitragen (vgl. Geiger, 2013, S. 249).

Interessant scheint im Bereich der Persönlichkeit, aber auch im Bereich verbaler Fähigkeiten, die Frage, warum bestimmte Zusammenhänge, die zu erwarten wären (z. B. Extraversion), häufig nicht nachgewiesen werden können (vgl. Nerdinger, 2001, S. 79). So konnten viele Relationen von Eigenschaften und Verkaufserfolg durch einige Studien bestätigt werden, die durch andere Studien wiederum nicht bestätigt wurden. Churchill et al. (vgl. 1985b) veranschaulichen dies in einer Sammlung von Studien verschiedener Autoren zu unterschiedlichen Eigenschaften mit widersprüchlichen Ergebnissen (siehe Tabelle 2).

Eigenschaft	***Positiver Zusammenhang signifikant nachgewiesen in Branche [Autor(en)]***	***Positiver Zusammenhang nicht signifikant nachgewiesen in Branche [Autor(en)]***
Alter	Einzelhandel (Mosel, 1952)	Industriegüter (Lamont; Lundstrom, 1977); Einzelhandel (French, 1960); Wertpapierhandel (Ghiselli, 1969); Lebensversicherung (Merenda; Clarke, 1959); Lebensversicherung (Tanofsky et al., 1969)
Ausbildung	Lebensversicherung (Merenda; Clarke, 1959); Einzelhandel (Mosel, 1952)	Lebensversicherung (Tanofsky et al., 1969); Detailhandelseinrichtungen (Cotham, 1969); Lebensmittelspezialisten (Baehr; Williams, 1968); Wertpapierhandel (Ghiselli, 1969); Industriegüter (Lamont; Lundstrom, 1977)
Kenntnisse und Erfahrung im Verkauf	*Lebensversicherung (Baier; Dugan, 1957)*	Lebensversicherung (Merenda; Clarke, 1959); Lebensversicherung (Tanofsky et al., 1969); Lebensmittelspezialisten (Baehr; Williams, 1968); Wertpapierhandel (Ghiselli, 1969); Einzelhandel (French, 1960)
Intelligenz	Wertpapierhandel (Ghiselli, 1969); Öle (Miner, 1962); Industriegüter (Bagozzi, 1978)*	Öle (Harrel, 1960)
Geselligkeit, Extravertiertheit, Anpassungsfähigkeit usw.	Lebensversicherung (Merenda; Clarke, 1959); Technischer Außendienst (Howells, 1968)*; Einzelhandel (Howells, 1968); Lieferwagen (Howells, 1968)	Öle (Harrel, 1960); Öle (Miner, 1962); Immobilien (Scheibelhut; Albaum, 1973); Versorgungsbetriebe (Scheibelhut; Albaum, 1973); Industriegüter (Pruden; Peterson, 1971); Industriegüter (Bagozzi, 1978)
Dominanz, Aggressivität, Eindringlichkeit usw.	Öle (Harrel, 1960); Lebensversicherung (Merenda; Clarke, 1959); Lebensversicherung (Greenberg; Mayer, 1964); Lieferwagen (Howells, 1968); Investmentgesellschaft (Greenberg; Mayer, 1964); Automobil (Greenberg; Mayer, 1964); Handel (Dunnette; Kirchner, 1960); Industriegüter (Dunnette; Kirchner, 1960)	Öle (Miner, 1962); Lebensversicherung (Zdep; Weaver, 1967); Technischer Außendienst (Howells, 1968); Einzelhandel (Howells, 1968)
Einfühlungsvermögen	Neuwagen (Tobolski; Kerr, 1952); Automobil (Greenberg; Mayer, 1964); Lebensversicherung (Greenberg; Mayer, 1964); Investmentgesellschaft (Greenberg; Mayer, 1964); Industriegüter (Lamont; Lundstrom, 1977)*; Investitionsgüter (McBane, 1991)	Gebrauchtwagen (Tobolski; Kerr, 1952); Immobilien (Feehery, 1987); Neuwagen (Pettijohn et al., 1989)
****) Signifikanter, aber negativer Zusammenhang***		

Tabelle 2: Widersprüchliche Ergebnisse bezüglich Eigenschaften von Verkäufern und Verkaufserfolgen (Quelle: Churchill et al., 1985b, S. 342f zit. in Weis, 2003, S. 106f; Schuchert-Güler, 2001, S. 33)

Ein Erklärungsansatz zu den unschlüssigen Ergebnissen bzw. der Widersprüchlichkeit der zu erwartenden Ergebnisse ist der, dass durch die Verschiedenartigkeit der Verkaufsaufgaben völlig unterschiedliche Anforderungsprofile gefragt sind. Weis (vgl. 2003, S. 105) verweist z. B. dazu auf die differenzierten Verkaufsanforderungen beim Verkauf von Servicedienstleistungen, Anlagen, Automobilen usw.

Zum selben Schluss kommen auch Churchill et al. (vgl. 1985a, 103ff), die im Jahr 1985 eine großangelegte Meta-Studie, bestehend aus 116 Artikeln, durchgeführt haben, aus denen insgesamt 1653 Verbindungen zwischen Performance und möglichen Determinanten dieser Performance erschlossen werden konnten.

„Finally, the results indicate that the strength of the relationship between the major determinants and salespeople´s performance is affected by the type of products salespeople sell" (Churchill et al., 1985a, S. 113).

Verbeke et al. (vgl. S. 425) setzen 2010 an Churchill et al. (1985a) an und betrachten in einer weiteren Meta-Analyse Forschungsarbeiten zu diesem Thema, die nach 1985 durchgeführt wurden. Die Ergebnisse sind ähnlich, wenn auch nicht gleich. Sie betonen, dass die Resultate vermuten lassen, dass in den letzten Jahrzehnten ein ökonomischer Wandel stattgefunden hat, der eine wissensintensivere und Wissenschafts-basierte Verkaufsumgebung erzeugt und sich dadurch gewisse Eigenschaften branchenübergreifend abzeichnen. Verbeke et al. sprechen davon, dass Verkäufer immer mehr als *knowledge broker* fungieren und Wissen im Industrie- und Kundenkontext vermitteln müssen.

„This requires salespeople with sufficient cognitive abilities who can absorb knowledge, work cooperatively with diverse team members, tailor messages to an increasingly complex audience of stakeholders, and shape the minds of their customers" (Verbeke et al., 2010, S. 425).

Während die große Bedeutung der Fachkompetenz für Verkaufserfolge bekannt ist, ist es laut Nerdinger (vgl. 2001, S. 128) erstaunlich, dass die Frage, welche Fähigkeiten der Verkäufer bezüglich eines sozialen Miteinanders haben muss, recht wenig Aufmerksamkeit bekommen hat. So zeigen u. a. Studien bereits in den 1970er-Jahren, dass Verkäufer, die fachlich fundierte Informationen an Kunden weitergeben, wesentlich erfolgreicher sind als jene, die nur recht allgemeine Erklärungen liefern (vgl. Woodside; Davenport, 1974, S. 198ff; Busch; Wilson, 1976, S. 3ff; Kirchler, 1999, S. 329ff).

In der Marketing-Ära zielt das Management darauf ab, Verkäufern kundenorientiertes Verhalten (vgl. Trommsdorff, 1998a, S. 275ff) beizubringen und sie zu adaptivem, also an die jeweilige Situation und den jeweiligen Kunden angepasstes Verkaufen heranzuführen (vgl. Spiro; Weitz, 1990, S. 61ff). Damit rücken fachliche und soziale Kompetenzen von Verkäufern in den Fokus, die durch gezielte Trainingsmaßnahmen und Selektion sichergestellt werden (vgl. Nerdinger, 2001, S. 12).

2.4.3.4. Fachkompetenz der interagierenden Personen

Die Fachkompetenz bildet die unerlässliche Basis für den Verkaufserfolg. Fachkompetenz wird nach Homburg et al. (vgl. 2016, S. 279) in sechs Facetten unterschieden: (1) Selbstorganisation, (2) Produktkenntnisse, (3) Kundenkenntnisse, (4) Marktkenntnisse, (5) betriebswirtschaftliche Kenntnisse und (6) verkaufsprozessbezogene Fähigkeiten.

(1) Selbstorganisation beschreibt die Fähigkeit, klare Ziele und Prioritäten im eigenen Berufsalltag zu setzen sowie eine effiziente Termin- und/oder Routenplanung zu gestalten (vgl. Homburg et al., 2016, S. 279).

(2) Produktkenntnisse sind das Wissen über die eigenen Produkt- bzw. Servicemerkmale, aber auch die Eigenschaftendetails der Mitbewerberangebote (vgl. Homburg et al., 2016, S. 280).

(3) Kundenkenntnisse helfen, den Wertschöpfungsprozess der Kunden zu verstehen, dadurch maßgeschneiderte Lösungen anzubieten und zu verstehen, welchen Wert das eigene Produkt für den Kunden hat und haben könnte. Die Kundenkenntnis beschreibt ein Verständnis für das Umfeld, die Situation und daraus folgend für die Bedürfnisse und Anforderungen des jeweiligen Kunden (vgl. Homburg et al., 2016, S. 280).

(4) Marktkenntnisse helfen, den eigenen Stellenwert auf dem Markt zu verstehen und Veränderungen auf dem Markt richtig einzuschätzen (vgl. Homburg et al., 2016, S. 280).

(5) Betriebswirtschaftliche Kenntnisse helfen, Kostenstrukturen und damit einhergehende Einflussgrößen zu durchschauen sowie die Kostenauswirkungen des eigenen Verhaltens zu überblicken. Außerdem ermöglichen betriebswirtschaftliche Kenntnisse, die Wirtschaftlichkeit des Leistungsangebots der Kunden zu bewerten (vgl. Homburg et al., 2016, S. 280).

Als letzte, jedoch im Rahmen dieser Arbeit umso bedeutendere Facette spielen **(6) verkaufsprozessbezogene Fähigkeiten** eine wichtige Rolle. Dies sind u. a. die Fähigkeiten, die nötig sind, um einen Verkaufsprozess zu initiieren, zu gestalten und erfolgreich abzuschließen (vgl. Homburg et al., 2016, S. 281). Besonders relevant in Bezug auf die verkaufsprozessbezogenen Fähigkeiten ist neben den prozessphasenbezogenen Fähigkeiten auch jene Fähigkeit, sich adaptiv an verschiedene Personen und Situationen anzupassen. Dieses adaptive Verkaufen (*adaptive selling*) geht mit deklarativem und prozessualem Wissen einher, das durch zunehmende Berufserfahrung wächst und eine schnelle effiziente und mehr oder weniger detaillierte Kategorisierung von Kunden und Situationen ermöglicht. Die Voraussetzung dafür ist neben der Fachkompetenz vor allem die Sozialkompetenz, hierbei ganz wesentlich die Flexibilität der Verkäufer (vgl. Homburg et al., 2016, S. 284).

2.4.3.5. Sozialkompetenz der interagierenden Personen

Dass für den persönlichen Verkauf neben der Fachkompetenz auch soziale Fähigkeiten notwendig sind, ist naheliegend, da Gespräche in der Regel *face-to-face* mit dem Kunden stattfinden. Die diesbezüglich geforderten sozialen Fähigkeiten werden in der Fachliteratur unter einer Vielzahl von Begriffen angeführt (vgl. Schwalbe; Zander, 1987, S. 19, S. 34):

- Menschenkenntnis
- Kommunikationsfähigkeit
- Verkaufstechnik
- Einfühlungsvermögen
- Sprachbeherrschung u. v. m.

Jeder dieser Begriffe wirkt plausibel. Allerdings hängt dies auch mit der vagen Formulierung zusammen, die es ermöglicht, eigene Vorstellungen mit den Fähigkeiten zu assoziieren (vgl. Nerdinger, 2001, S. 129). Wissenschaftlich ist allerdings entscheidend, inwieweit sich die Begriffe empirisch erfassen lassen, was weitgehend unklar ist. Hennig-Thurau und Thurau (vgl. 1999,

S. 297ff) versuchen für beruflich soziales Handeln wesentliche Merkmale sozialer Kompetenz zu systematisieren. Dies geschieht u. a. auf Grundlage sozialpsychologischer Modelle der sozialen Fertigkeiten von Argyle (vgl. 1983, S. 57f, S. 60, S. 76) und dem Konzept der Perspektivübernahme nach Steins und Wicklund (vgl. 1993, S. 226ff).

„Soziale Kompetenz wird insofern von Argyle als ein komplexes Konstrukt aufgefasst, das eine prozessuale Struktur aufweist und weit über die Beschreibung von konkreten Verhaltensweisen von Personen in Interaktionssituationen (wie Freundlichkeit, Aufgeschlossenheit) hinaus geht" (Hennig-Thurau; Thurau, 1999, S. 301f).

Die entwicklungspsychologischen Konzepte von Steins und Wicklund (vgl. 1993, S. 226ff) befassen sich mit dem verhaltenswissenschaftlichen Konzept der Perspektivübernahme. Dieses wird interaktionstheoretisch von ihnen als „[...] das Wahrnehmen des objektiv wahrnehmbaren Hintergrundes einer anderen Person [...]" definiert (Steins; Wicklund, 1993, S. 234). Dieses Konzept ist eng mit der Theorie der Empathie verwandt. Es unterscheidet sich allerdings darin, dass diese sich speziell mit dem Verständnis bzw. Einfühlungsvermögen in Bezug auf Gefühle anderer Personen beschäftigt (vgl. Hennig-Thurau; Thurau, 1999, S. 302). Auf diesen Konzepten und Theorien aufbauend unterscheiden Hennig-Thurau und Thurau (vgl. 1999, S. 304) in ihrem Modell vier grundlegende Elemente sozialer Kompetenz:

1. **„Die verbalen und nonverbalen Fähigkeiten zur Gestaltung der Interaktion"** (Nerdinger, 2001, S. 131). Sie beschreiben das Potenzial, das jeder Person grundsätzlich gegeben ist. Es lässt sich zwar individuell optimieren, aber laut Autoren seien allgemeingültige Strategien zur Verbesserung der Sozialkompetenz nicht denkbar (vgl. Hennig-Thurau; Thurau, 1999, S. 304).

2. **„Die Fähigkeit zu sozial sensibler Wahrnehmung und adäquater Beurteilung"** (Nerdinger, 2001, S. 131). Dies beschreibt die kognitive Fähigkeit, eigene Potenziale und Potenziale der Interaktionspartner einschätzen und beurteilen zu können. Es ist die Fähigkeit, einzuschätzen, inwiefern die eigene, sich ständig ändernde Interaktionssituation adäquat wahrgenommen wird. Soziale Situationen bewältigen zu können, erfordert hohe kognitive Kompetenz, wobei besonders die Bewertung und Analyse von Verhaltensweisen und Wünschen des Gegenübers nicht einfach sind. Die Basis dafür ist die Fähigkeit einer Perspektivübernahme, also „[...] das Wahrnehmen des objektiv wahrnehmbaren Hintergrundes einer anderen Person [...]" (Steins; Wicklund, 1993, S. 234). Dadurch wird ermöglicht, Handlungsziele des Gegenübers zu verstehen und darauf aufbauend zu handeln. Ein weiterer Aspekt einer adäquaten Wahrnehmung sozialer Situationen ist die Fähigkeit der Empathie, die eine Einfühlung in die Emotionen des Gesprächspartners ermöglicht (vgl. Hennig-Thurau; Thurau, 1999, S. 304).

3. **„Die systematische Planung von Interaktionszielen, Interaktionsstrategien und der reflektierte Einsatz der verbalen und nonverbalen Fähigkeiten zur Steuerung der Interaktion"** (Nerdinger, 2001, S. 132). Auch dies ist eine kognitive Kompetenz, die gerade aufgrund der Notwendigkeit der Integration von Planungen, Strategien und Zielen große Anforderungen mit sich bringt (vgl. Hennig-Thurau; Thurau, 1999, S. 305).

4. Eine letzte Kompetenz, laut der Autoren, ist das sogenannte **Stimmungsmanagement**, das die Kontrolle und Steuerung kurzfristiger Stimmungen umfasst (vgl. Hennig-Thurau; Thurau, 1999, S. 305).

Auf die Sozialkompetenz als Fähigkeit hat nach Hennig-Thurau und Thurau intrinsisch die Persönlichkeit, die Lernmotivation und die grundsätzliche Einstellung zur Tätigkeit Einfluss (vgl. Hennig-Thurau; Thurau, 1999, S. 306f).

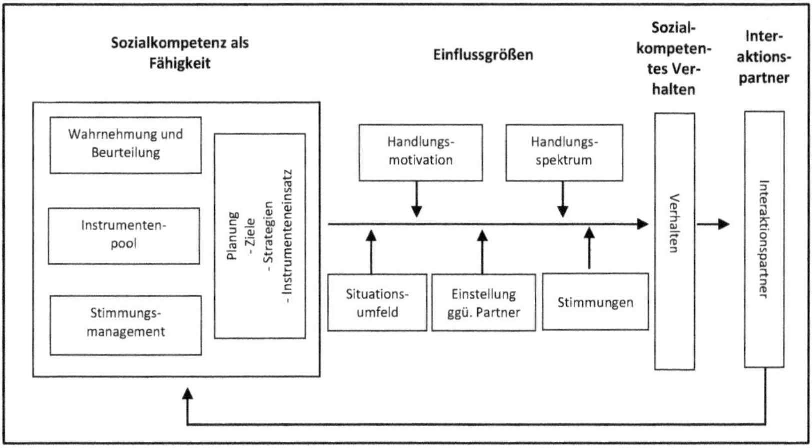

Abbildung 12: Zusammenhang zwischen Sozialkompetenz als Fähigkeit und sozialkompetentem Verhalten (Quelle: Eigene Darstellung nach Hennig-Thurau; Thurau, 1999, S. 307)

Personen, die über ein hohes Maß an Sozialkompetenz verfügen, verhalten sich nicht notwendigerweise immer sozialkompetent („Fähigkeit-Verhaltens-Gap"). Dies liegt an Einflussgrößen, wie Einflüssen von außen, durch das Unternehmen, die Familie, Freunde, des Handlungsspektrums sowie intrinsischen Aspekten, wie der Handlungsmotivation, den Stimmungen und der Einstellung gegenüber dem Interaktionspartner, die die jeweilige Situation bzw. Interaktion, wie in Abbildung 12 dargestellt, beeinflussen können (vgl. Hennig-Thurau; Thurau, 1999, S. 307).

Nerdinger (vgl. 2001, S. 135f) legt nahe, dass soziale Kompetenz, u. a. die Fähigkeit bzw. das Gespür, Situationen und Personen korrekt zu kategorisieren, verbessert und in direktem Zusammenhang mit der zuvor erwähnten *Adaptiveness* (siehe Fachkompetenz) steht (vgl. Homburg et al., 2016, S. 282). Diese Fähigkeit geht mit dem sogenannten (1) deklarativen und (2) prozessualen Wissen bzw. Vorgehen einher (vgl. Nerdinger, 2001, S. 138). Die Bedeutung dieser Fähigkeit für den erfolgreichen Verkäufer veranschaulicht Nerdinger (vgl. 2001, S. 135ff) u. a. anhand einiger Studien.

(1) Deklaratives Wissen hilft dem Verkäufer, Kunden und Situationen mehr oder weniger genau zu klassifizieren (vgl. Nerdinger, 2001, S. 137).

(2) Prozessuales Wissen hilft, zu entscheiden, welches Vorgehen in welcher Situation bzw. bei welchem Personentyp angebracht ist und es zielgerichtet umsetzen zu können (vgl. Nerdinger, 2001, S. 137f).

Dieses auf Sozialkompetenz und Fachkompetenz aufbauende Wissen bietet Vertriebsmitarbeitern die für einen langfristigen Erfolg notwendige soziale Fähigkeit der Flexibilität, sich auf unterschiedliche Persönlichkeitstypen (vgl. Homburg et al., 2016, S. 273) und verschiedene Beziehungsphasen bzw. Verkaufssituationen einzustellen (vgl. Homburg et al., 2016, S. 276).

2.4.4. Psychologische Prozesse der Verhandlungs- bzw. Gesprächspartner

2.4.4.1. Einleitende Überlegungen

Psychologische Prozesse stellen dynamische Aspekte dar, die in Individuen ablaufen und sich während der Verhandlung entfalten. Diese Prozesse stehen in enger Wechselbeziehung mit sozialer Kompetenz, Fachkenntnissen und der Persönlichkeit (vgl. Neale; Northcraft, 1991, S. 177). Grundsätzlich geht es den Verhandlern darum, ihrem Handeln und dem Erleben einen Sinn zuzuschreiben, während dabei sich ständig ändernde Herausforderungen und Situationsgegebenheiten auftauchen. Dabei wird deutlich, dass ein Verhandler keineswegs als „rationale Maschine" (Entscheidungstheorie; *homo oeconomicus*) gesehen werden kann, da psychologische Prozesse immer subjektiv sind und jeder Mensch seine eigene Realität erzeugt (vgl. Geiger, 2013, S. 259).

Dieses Erschaffen der eigenen Realität beginnt mit der **Wahrnehmung,** die ein wichtiger Aspekt des Kommunikationsprozesses ist. Sie ist maßgeblich durch die Aufmerksamkeit – das *Involvement* – des Empfängers geprägt. ***Involvement*** ist wiederum das Interesse und das Engagement an der Botschaft bzw. am Kommunikationsobjekt (vgl. Bruhn, 2015, S. 503ff). Die psychologische Interpretation und Verarbeitung der erhaltenen Nachricht geschieht anschließend durch affektive und kognitive Prozesse. Diese Prozesse stehen in einer ständigen Wechselwirkung miteinander. Gemeinsam ermöglichen sie die Botschaftsverarbeitung und dadurch das subjektive Verstehen der übermittelten Information (vgl. Meffert et al., 2019, S. 812). Neben einer rationalen Informationsverarbeitung haben emotionale Bestandteile einer Kommunikationsbotschaft eine besondere Bedeutung. Die

Neurowissenschaften betrachten Emotionen als stereotypische und komplexe Reaktionsmuster. Im Unterschied dazu sind Gefühle sensorische Muster, die z. B. Lust oder Schmerz zum Ausdruck bringen (vgl. Damasio, 2011, S. 67). Emotionen befinden sich dabei in einer engen Relation zu Motiven. Diesen kommt dahingehend eine besondere Rolle zu, da sie menschliches Verhalten auf bestimmte Ziele ausrichten (vgl. Meffert et al., 2019, S. 813). Aus den rationalen, kognitiven und den emotionalen, affektiven Komponenten einer Kommunikationsbotschaft bildet sich ein Image. Dieses Image ist ein mehrdimensionales Modell, das subjektive Bewertungen und Assoziationen zu einem ganzheitlichen Bild zusammenfasst (vgl. Trommsdorf; Teichert, 2011, S. 133). Aus diesem Prozess bilden sich letztendlich zunächst ein Entschluss bzw. eine Entscheidung, gefolgt von einer Handlung, wie etwa einem Kauf (vgl. Meffert et al., 2019, S. 814). Der Vorgang ist in Abbildung 13 veranschaulicht.

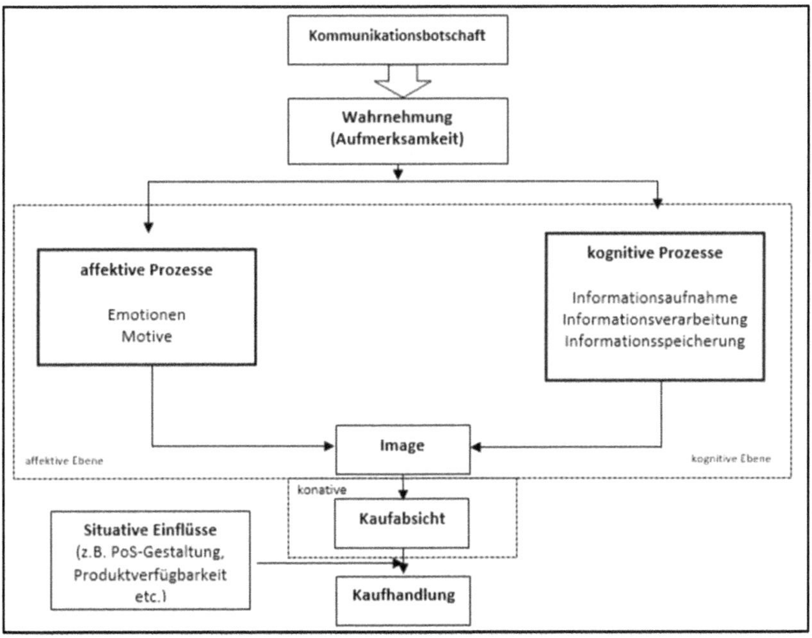

Abbildung 13: Teilprozesse der Kommunikationswirkung im Marketing (Quelle: Eigene Darstellung nach Meffert et al., 2019, S. 813 zitiert nach Kröber-Riel und Gröppel-Klein, 2013, S. 52f; Trommsdorf und Teichert, 2011, S. 127)

Verhandlungen sind durch eine asymmetrische Verteilung von Information-en, die zur Lösungsfindung eines Problems dienen, zwischen oder sogar innerhalb der Verhandlungspartner geprägt. Aus diesem Grund werden während der Verhandlung stetig Informationen ausgetauscht, um ein Informationsgleichgewicht zu schaffen. Für den Verhandler bedeutet dies, dass während der Verhandlung ein ständiger Informationsaufnahme- (Wahrnehmungs-) und Verarbeitungsprozess stattfindet. Die Informationsaufnahme unterscheidet sich von der Informationsverarbeitung dadurch, dass am Ende der Verarbeitung eine Handlung bzw. Entscheidung steht (vgl. Lewicki et al., 2011, S. 150).

Systemtheoretisch wird dabei von einer sogenannten Dreiereinheit der Kommunikation gesprochen, die selbst kein direkt beobachtbarer Vorgang ist, deren Selektionen und interne Relationen lediglich erschlossen werden können. Kommunikation wird als eine bestimmte Art und Weise des Operierens beschrieben, die aus den drei Selektionen Information, Mitteilung sowie Verstehen besteht und daraus eine Einheit bildet, an die die fortführende Kommunikation anknüpfen kann (vgl. Schmid; Haferkampf, 1987, S. 11). Psychologische Prozesse sind direkt dem **Verhalten**, den **Handlungen** und **den Entscheidungen** vorgelagert, die die sogenannten Oberflächenphänomene bzw. Letztelemente der Kommunikation darstellen. Sie haben große Bedeutung für die Analyse des Gegenübers, da sie die beobachtbare Einheit der Kommunikation darstellen (vgl. Kasper et al., 1999, S. 167).

Psychologische Prozesse sind situative Verarbeitungsabläufe, die affektive Prozesse und kognitive Prozesse umfassen (vgl. Meffert et al., 2019, S. 813).

2.4.4.2. Kognitive Verzerrungen

Da der Mensch durch seine Umwelt unzähligen Stimuli ausgesetzt wird, findet schon eine selektive Wahrnehmung der Informationen statt. Die aber immer noch sehr große Menge an Informationen, die durch das Gehirn weiterverarbeitet wird, führt bei vielen gedanklichen Verarbeitungsprozessen zu gedanklichen Abkürzungen, sogenannten Heuristiken (siehe Kapitel 2.2.2 – Entscheidungstheorie). Diese bilden für das Gehirn meist eine effiziente, ökonomische Lösung, im Alltag schnelle und gute Entscheidungen zu treffen (vgl. Cialdini, 2019, S. 40).

Allerdings geht damit einher, dass gefundene Lösungen aus komplexeren Situationen nicht immer die akkuratesten Urteile darstellen und dies in Verhandlungen zu unvorteilhaften Entscheidungen führen kann, zu sogenannten kognitiven Verzerrungen (*cognitive biases*). Psychologisch bewanderte Personen können sich das Wissen über diese Mechanismen zu eigen machen, um die Verhandlungskommunikation zu beeinflussen und das Gegenüber zu manipulieren (vgl. Lewicki et al., 2011, S. 240ff).

Mit der wachsenden Informationsflut aufgrund des technischen Fortschritts wächst in gleichem Maße die kognitive Überbeanspruchung in unserer Gesellschaft. Im selben Maß wird die sogenannte **Entscheidungsfindung im Schnellverfahren** ansteigen (*short cut decision making)* (vgl. Cialdini, 2019, S. 367). Dies ist die effiziente, ökonomische Entscheidungsfindung von Individuen, die in der Regel eine Reaktion auf **Auslösemerkmale** (*trigger feature*) darstellt und den Aufwand an Zeit, Energie und mentaler Kapazität bezüglich Entscheidungen enorm senkt. Der Nachteil ist, dass bei unbewussten reaktiven Entscheidungen unter Umständen kognitive Verzerrungen entstehen und auch bewusst von Verhandlungspartnern herbeigeführt werden können (vgl. Cialdini, 2019, S. 40).

„In Entscheidungssituationen, die durch Unsicherheit ausgezeichnet sind, beeinflussen durch psychische Faktoren ausgelöste Verzerrungen der Wahrnehmung die Entscheidung in eine Richtung, die nicht mehr mit dem Modell des homo oeconomicus bzw. der (subjektiven) Erwartungsnutzentheorie beschreibbar ist" (Bardmann, 2014, S. 310f).

Diese Entwicklung führt dazu, dass Verkaufstaktiken, die heuristische Verzerrungen als Basis haben, immer mehr Nährboden finden und ausgenutzt werden können (vgl. Cialdini, 2019, S. 367).

In der von Tversky und Kahneman (1974) entwickelten ***prospect theory*** (oder auch **Neue Erwartungstheorie**) haben sich einige interessante Aspekte entwickelt, die vor allem in Verkaufsschulungen gerne als Überzeugungstaktiken vermittelt werden.

„Da solche Techniken angeblich erlernbar sind, entfaltete sich bald eine blühende Industrie des Verkaufstrainings, wobei allenthalben wahre Wundermittel mit todsicherem Erfolg versprochen werden" (Nerdinger, 2001, S. 75).

Diese Techniken, Taktiken oder einfach Manipulationsversuche sind dahingehend interessant, da die Anwendung in der Praxis oft dazu führt, dass einseitig der Versuch unternommen wird, das Gegenüber zu manipulieren, sodass nicht von einem ausgewogenen Gegenseitigkeitsverhältnis gesprochen werden kann. Es besteht vielmehr eine asymmetrische Interaktion (vgl. Graumann, 1972, S. 1149).

Nach Cialdini (vgl. 2019, S. 17) gibt es tausende solcher Überzeugungstaktiken, die sich fast immer einer der folgenden sechs Grundkategorien zuweisen lassen. Jede Kategorie beruht auf einem grundlegenden psychologischen Prinzip, welches großen Einfluss auf das Verhalten der Menschen hat und damit die Wirksamkeit der jeweiligen Taktik ausmacht. Diese sechs Kategorien sind: „[...] Reziprozität, Konsistenz, soziale Bewährtheit, Sympathie, Autorität und Knappheit [...]" (Cialdini, 2019, S. 17).

Diese Verzerrungsmechanismen der Wahrnehmung und Urteilsbildung sind beachtlich, aber laut della Picca et al. (2013, S. 82) nicht unvermeidbar. „Der erste und wichtigste Schritt zur Intervention liegt in der Kenntnis der einschlägigen Phänomene der systematischen Verzerrung auf der einen, und dem Wissen um die ihnen zugrunde liegenden allgemeinen Prozesse auf der anderen Seite" (della Picca et al., 2013, S. 82).

Die Gegenmaßnahmen bestehen anschließend hauptsächlich in einer bewussten Lenkung dieser Prozessabläufe, die sich im Alltag meist automatisiert abspielen (vgl. della Picca et al., 2013, S. 82). Beck (vgl. 2014) und Cialdini (vgl. 2019 beschreiben in ihren Werken sehr ausführlich, welche Verzerrungen es gibt und wie genau auf diese reagiert werden sollte.

2.4.4.3. Affektive Prozesse in Verhandlungen

Obwohl Informations- und Wahrnehmungsverarbeitungseffekte in Verhandlungen bereits seit Jahrzehnten intensiv untersucht werden, bekommen **affektive Prozesse** und das damit einhergehende Untersuchungsgebiet erst in den letzten Jahren vermehrte Aufmerksamkeit. Affektive Prozesse stellen Handlungen dar, die durch Emotionen und Stimmungen einer Person hervorgerufen werden (vgl. Barry; Oliver, 1996, S. 128).

Emotionen stellen kurzfristige, gefühlsmäßige Reaktionen dar, die teilweise sehr stark ausfallen können und relativ zügig wieder abflachen. Diese sind das

Ergebnis von bestimmten Ereignissen (vgl. Barry, 2008, S. 98). **Stimmungen** sind hingegen nicht so intensiv, aber langanhaltender und in ihrem Ursprung meist komplexer (vgl. Geiger, 2013, S. 267). Affekte können hinsichtlich ihrer Valenz (positiv oder negativ) und Intensität unterschieden werden. Positive affektive Prozesse sind u. a. Mitgefühl, Neugier, Freude und Staunen. Zu negativen affektiven Prozessen zählen Wut, Trauer, Furcht und Enttäuschung (vgl. Druckman; Olekalns, 2008, S. 4). Carnevale und Isen (vgl. S. 7) zeigen im Jahr 1986, dass ein positiver Affekt in einer integrativen Verhandlung kompetitives Verhalten verringert und somit einen positiven Effekt auf deren Effizienz hat.
Dieser Effekt wird durch einige weitere Studien bestätigt (vgl. Allred et al., 1997, S. 183; vgl. Anderson; Thompson, 2004, S. 130; vgl. Carnevale, 2008, S. 58). Dementsprechend erlangen Verhandler mit positiver Stimmung leichter integrative Ergebnisse, wobei sich die relative Verteilung der Verhandlungsmasse nicht zu deren Gunsten verschiebt. Positive Affekte, wie Freude, haben positive Effekte auf die Tendenz, zukünftig erneut miteinander zu verhandeln bzw. die Partnerschaft ausbauen zu wollen (vgl. Allred et al., 1997, S. 183; vgl. Pietroni et al., 2009, S. 86). Dieser Effekt kann sogar dann beobachtet werden, wenn positive Emotionen nur strategisch genutzt werden (vgl. Kopelman et al., 2006, S. 88). Darüber hinaus bekommen emotional positive Verhandlungspartner mehr Vertrauen entgegengebracht (vgl. Anderson; Thompson, 2004, S. 130), wodurch sie in speziellen Situationen höhere Zugeständnisse ihrer Gegenüber erhoffen können, als das bei negativen oder neutralen Verhandlern der Fall ist (vgl. Kopelman; Rosette 2008, S. 65ff; vgl. Steinel et al., 2008, S. 366).

Bei negativen Affekten waren besonders Wut und Zorn (*anger*) neben dem positiven Affekt Fröhlichkeit (*happiness*) im Fokus der Untersuchungen. Sinaceur et al. (vgl. 2011, S. 1023) und Van Kleef et al. (vgl. 2004, S. 62) zeigen, dass die Gegenüber von Verhandlern, die Wut oder Zorn zeigen, dazu neigen, stärker nachzugeben. Darüber hinaus werden weniger Forderungen in zukünftigen Verhandlungen an die ursprünglich wütende Partei gestellt (vgl. Van Kleef; De Dreu, 2010, S. 755). Diese Verhaltensmuster liegen daran, dass die Wut des Gegenübers in gewissem Maße Furcht bei der Gegenpartei hervorruft. Die wütende Partei wird dadurch als besonders harter Verhandlungspartner eingestuft (vgl. Geiger, 2013, S. 269f). Einen ähnlichen Effekt erzielt eine nicht ganz so aggressiv wahrgenommene Emotion bei der Gegenpartei: Van Kleef und Van Lange (vgl. 2008, S. 1084ff) sowie Van Kleef et al. (2006, S. 124ff) zeigen in ihren Studien, dass ein Gegenüber mehr nachgibt, wenn Enttäuschung wahrgenommen wird statt keiner Emotion.

2.4.5. Verhandlungsinteraktion und Kommunikation der Verhandlungs- bzw. Gesprächspartner

2.4.5.1. Einleitende Überlegungen

Unabhängig von verschiedenen teilnehmenden Persönlichkeiten, den Gegebenheiten oder dem gesamten Kontext stellen Verhandlungen grundsätzlich immer eine Form zwischenmenschlicher **Interaktion** dar: Der Kern einer Verhandlung ist **Kommunikation** (vgl. Putnam; Roloff, 1992, S. 3). Dies bedeutet, dass zwar alle bereits besprochenen Faktoren Einfluss auf eine Verhandlung haben, das allerdings zwangsläufig durch Kommunikation während der Verhandlung geschehen muss (vgl. Geiger, 2007, S. 106). Kommunikation wird als der Austausch von Informationen definiert (vgl. Nerdinger, 2001, S. 159). Im Sinne Watzlawicks erstem Axiom der Kommunikation „Man kann nicht nicht kommunizieren" (Watzlawick et al., 2017, S. 60) bedeutet dies, dass jedes Verhalten in einem sozialen System gedeutet wird (vgl. Watzlawick et al., 2017, S. 58ff) und eine Reaktion des Gegenübers auslöst.

Das situative wechselseitige Einwirken von Personen aufeinander stellt darauf aufbauend soziale Interaktion dar (vgl. Nerdinger, 2001, S. 158). Kommunikation, also der Austausch bzw. die Übertragung einer Information, ist immer eine Interaktion. Eine Interaktion muss aber nicht zwangsläufig Kommunikation sein (vgl. Nerdinger, 2001, S. 159).

2.4.5.2. Kommunikation

Abbildung 14 zeigt ein einfaches Modell, das verdeutlicht, wie ein zirkulärer Kommunikationsprozess verbildlicht werden kann. Verhandler 1 enkodiert in einem ersten Schritt den Kommunikationsinhalt, also eine Botschaft/Nachricht, in verbale Sprache und weitere Zeichen, wie beispielsweise Mimik und Körpersprache. Die folgende Nachrichtenübermittlung erfolgt dann im jeweiligen Verhandlungsmedium (im hier vorliegenden Fall *face-to-face*). Bei dieser Übermittlung können bereits erste Veränderungen des Inhalts, etwa in Form von Störgeräuschen, auftauchen. Im dritten Schritt erreicht die Nachricht den zweiten Verhandler, der sie empfängt und beginnt, die Nachricht zu dekodieren, also zu entschlüsseln. In diesem Zusammenhang beginnt eine Interpretation, die einer Erstellung eines subjektiven Sinnzusammenhangs entspricht. Dieser Prozess wurde bereits im Prozess der Wahrnehmung und Informationsverarbeitung beschrieben (vgl. Lewicki et al., 2011, S. 174).

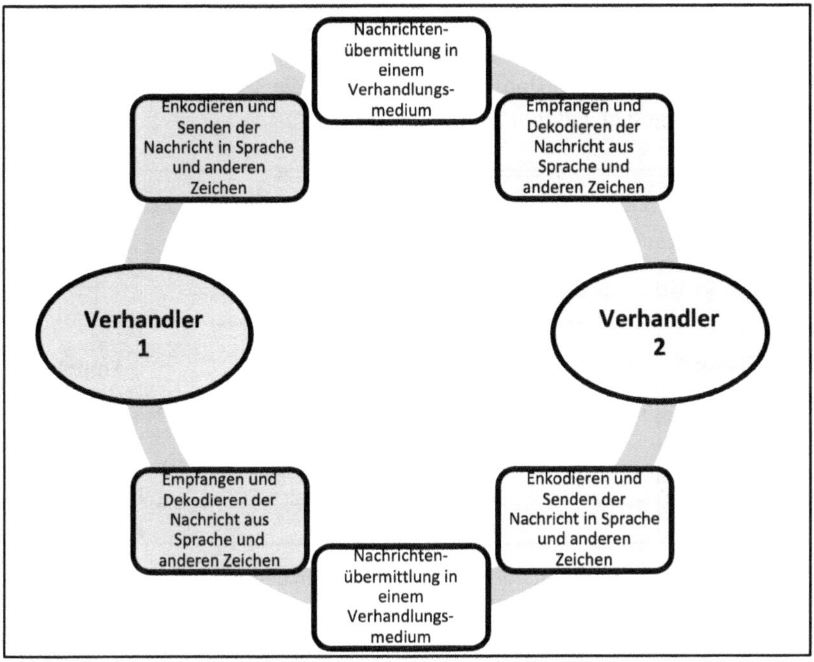

Abbildung 14: Kommunikation in Verhandlungen (Eigene Darstellung nach Lewicki et al. 2011, S. 17)

Bei diesem Vorgang wird die übermittelte Nachricht nie exakt mit der angekommenen subjektiven, dekodierten und interpretierten Botschaft übereinstimmen. In dem Moment der Fortführung des Gesprächs durch Verhandler 2 wird diese „verzerrte" Nachricht als Grundlage für den weiteren Verlauf des Dialogs dienen und er führt somit den Kommunikationskreislauf fort. Aufgrund des dynamischen, zirkulären und komplexen Prozesses sowie ständiger subjektiver Interpretation der Personen ist nach Geiger (vgl. 2013, S. 271f) ein deterministisches Verständnis („Wenn-Dann") menschlicher Kommunikation nicht möglich. Hingegen wird versucht, über gewisse **Kommunikationselemente**, wie z. B. spezielle Inhalte von Nachrichten oder bestimmte Phasen

der Elemente, zu verstehen, wie sich der Verhandlungsprozess entwickelt und wie dadurch Einfluss auf die Verhandlungsergebnisse genommen werden kann.
In Kommunikationsprozessen wird dementsprechend zwischen verschiedenen **Analyseebenen,** wie in Abbildung 15 dargestellt, unterschieden. Durch die Erweiterung des klassischen Kommunikationsprozesses auf die sogenannte **pragmatische Ebene** werden neben der reinen Bedeutung von Zeichen (**semantische Ebene**) die Handlungsfolgen und die Wirkung beim Empfänger berücksichtigt (vgl. Picot et al., 1998, S. 68f).

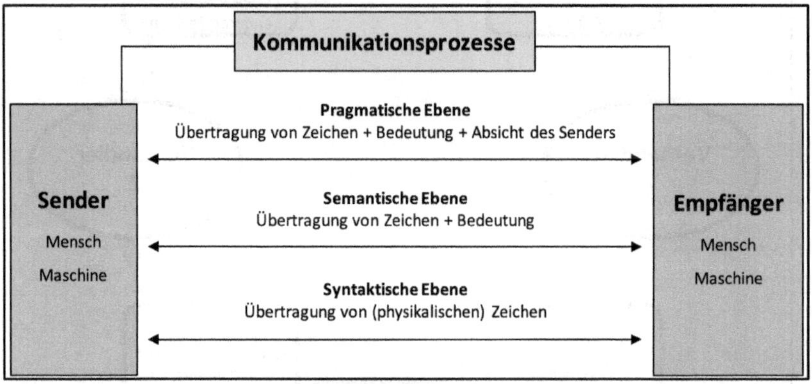

Abbildung 15: Analyseebene bei Kommunikationsprozessen (Quelle: Eigene Darstellung nach Reichwald, 1993, S. 451)

Dadurch bekommt die rein mechanistische Perspektive des klassischen Kommunikationsmodells nach Shannon und Weaver (vgl. 1949, S. 117ff) eine interaktive dyadische Ausrichtung, die auch dynamischen Umfeldsituationen gerecht wird (vgl. Solomon et al., 2001, S. 182f). Es wird von der im klassischen Modell zugrunde gelegten Sichtweise abgerückt, in der der Empfänger im Kommunikationsprozess nur in einer passiven Rolle gesehen wird (vgl. Fill, 2001, S. 45, S. 58).

Kommunikationsmodelle, die diese Ebene berücksichtigen, sind z. B. die Modelle von Watzlawick et al. (1969) und von Berne (1961). Darin wird neben dem Inhaltsaspekt der Beziehungsaspekt der Kommunikation zwischen Sender und Empfänger mit einbezogen (vgl. Angerer, 2003, S. 61f).

2.4.5.3. Interaktion

Während **Kommunikation** als der Austausch von Informationen definiert wird (vgl. Nerdinger, 2001, S. 159), ist **Interaktion** der grundsätzliche Prozess wechselseitiger Einwirkung zweier oder mehrerer Personen aufeinander (vgl. Nerdinger, 2001, S. 158). Kommunikation ist nach diesem Verständnis immer eine Art von Interaktion, aber nicht jede Interaktion ist zwingend Kommunikation.

Jones und Gerard (vgl. 1967, S. 505ff) entwickelten eine Typologie von Interaktionen, die sich anhand des Grades der gegenseitigen Abhängigkeiten der miteinander interagierenden Personen und daraus folgender verschieden starker Einwirkungen in vier Formen der Interaktionen unterscheiden lassen. Sie behaupten, dass alle Teilnehmer Handlungsabsichten haben: A und B erzeugen Reaktionen, die einzelne Bestandteile zielgerichtet verlaufender ganzer Reaktionsketten sind.

Bei einer **Pseudointeraktion** (Abbildung 16) folgen die Interaktionspartner ihrem jeweils eigenem Ziel, Interaktionen laufen also ritualartig ab – Verhaltenssignale bzw. Stichwörter (Vp1 ... Vpn) der beiden Akteure genügen, um routinisierte Einzelaktivitäten abzuspulen (vgl. Nerdinger, 2001, S. 161). Ein Beispiel wäre ein klassischer Konzessionsverlauf, in dem A einen Preis nennt, B einen Gegenvorschlag unterbreitet, bis sie sich auf einen Endpreis einigen.

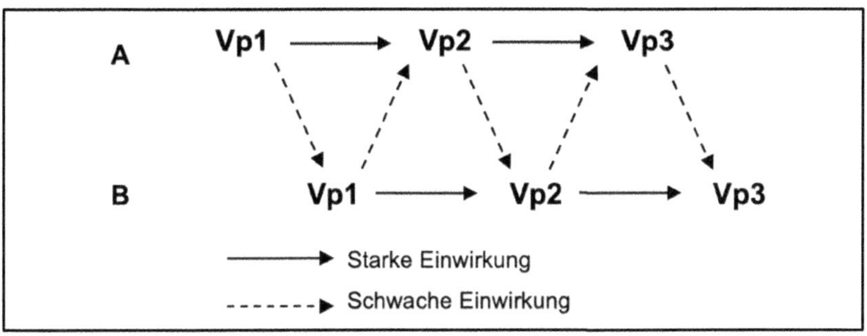

Abbildung 16: Pseudointeraktion (Quelle: Eigene Darstellung nach Müller, 1983, S. 658)

In einer **asymmetrischen Interaktion** (Abbildung 17) wird durch ein planmäßiges Vorgehen versucht, verstärkt Einfluss auf die Verhaltensweisen von

Person B zu nehmen, welche aber lediglich reagiert und kaum Einfluss auf die Person A nimmt (Vr1 ... Vrn) (vgl. Nerdinger, 2001, S. 161). Ein Beispiel hierfür wäre das aktive Einsetzen von Verkaufstechniken im Sinne von geplanten Manipulationsversuchen.

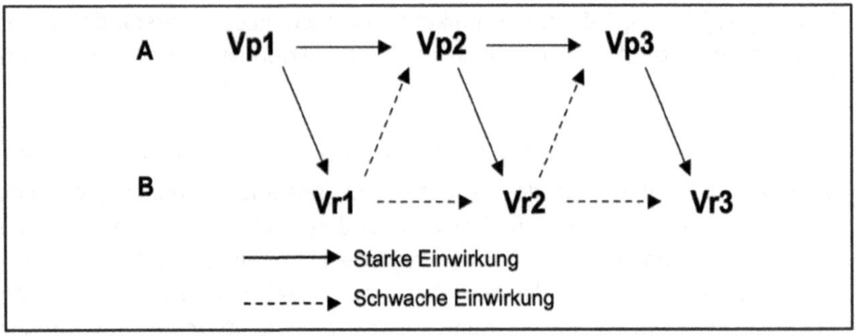

Abbildung 17: Asymmetrische Interaktion (Quelle: Eigene Darstellung nach Müller, 1983, S. 658)

Totale Interaktionen (Abbildung 18) stellen eine Mischung von reaktivem sowie planvollem Verhalten dar. Sie lassen eine Reflexion der eigenen ursprünglichen Handlungspläne zu und damit eventuell bewusste Korrekturen der einzelnen Handlungen. Zwar möchten beide Parteien ihr eigenes Ziel erreichen, ihre Reaktionen werden aber auf das Gegenüber abgestimmt (Vp1r1 ... Vpnrn) (vgl. Nerdinger, 2001, S. 162). Beispiele hierfür sind sachliche partnerschaftliche Gespräche, die im Verkauf den Großteil der Gespräche ausmachen sollten.

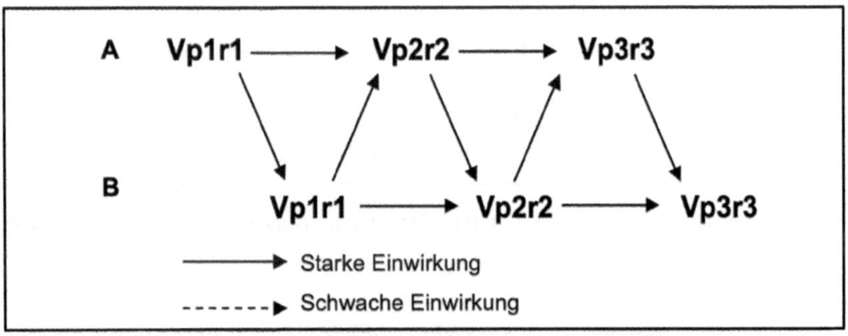

Abbildung 18: Totale Interaktion (Quelle: Eigene Darstellung nach Müller, 1983, S. 658)

Bei **reaktiven Interaktionen** (Abbildung 19) ist das Verhalten der Parteien hauptsächlich spontan – besondere Ziele werden nicht verfolgt und die Aktivitäten orientieren sich weitestgehend an den vorausgegangenen Aktionen der anderen Person (vgl. Nerdinger, 2001, S. 162). Typische Beispiele sind ein *„small talk“* oder eine hitzige Debatte, in der ein Wort das andere ergibt.

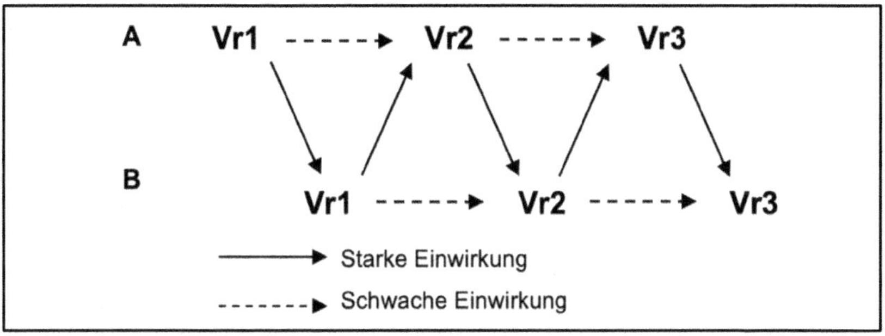

Abbildung 19: Reaktive Interaktion (Quelle: Eigene Darstellung nach Müller, 1983, S. 658)

Eine weitere Form der Interaktion, zusätzlich zu den vier klassischen Interaktionstypen nach Jones und Gerard (vgl. 1967, S. 505ff), sind sogenannte **dynamische Interaktionen**, die auch als **Transaktionen** bezeichnet werden (Abbildung 20).

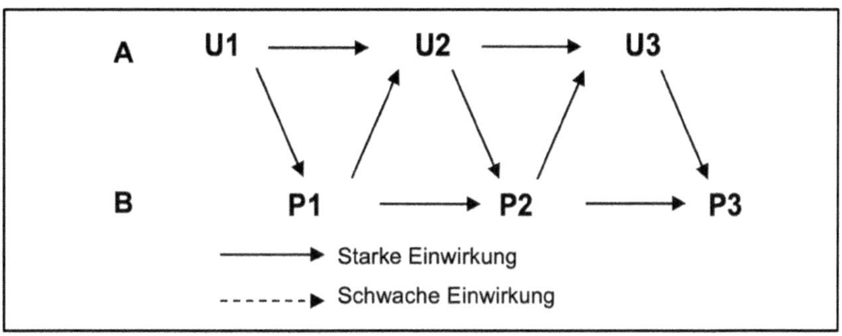

Abbildung 20: Dynamische Interaktion (Transaktion) (Quelle: Eigene Darstellung nach Neyer und Asendorpf, 2018, S. 46)

Im Unterschied zu totalen Interaktionen wird in diesem Modell der Transaktionen davon ausgegangen, dass Personen (Px) auch durch Situationen bzw. Umwelten (Ux) beeinflusst werden und umgekehrt (vgl. Staehle, 1999, S. 313). Bezugspersonen sind nach diesem interaktionistischen Ansatz als spezielle Situationen zu betrachten (vgl. Asendorpf et al., 1997, S. 294).

Die bisher genannten Formen der Interaktionen besitzen zwar einen idealtypischen Charakter, ermöglichen es aber, so die Vielzahl der realistisch vorkommenden Verkaufssituationen auf Grundlage der dabei vorkommenden Interaktionsformen zu klassifizieren.

Der Kern der Interaktionen besteht aus der wechselseitigen Einwirkung. Welchen Wert und welche Funktion dieses Einwirken für die einzelnen Interaktionspartner jedoch hat, klärt sich mit dieser Definition noch nicht. Gemäß einer Grundannahme der Sozialpsychologie sind Menschen voneinander abhängig, da bestimmte Grundbedürfnisse befriedigt werden müssen. Um diese Bedürfnisbefriedigung als belohnende Anerkennung anderer Personen zu erhalten, wird das Verhalten darauf abgestimmt (vgl. Nerdinger, 2001, S. 163).

Nach der **Theorie der sozialen Interaktion** bestehen Belohnungen vor allem aus positiven Reaktionen anderer Personen (vgl. Kröber-Riel; Gröppel-Klein, 2019, S. 358). „Interaktionen können somit als Austausch von gegenseitigen Belohnungen und Bestrafungen aufgefasst werden, die das Verhalten des Einzelnen steuern" (Kröber-Riel; Gröppel-Klein, 2019, S. 358). Die Möglichkeit, anderen Personen Befriedigung zu gewähren oder zu verweigern und dadurch selbst belohnende Aktivitäten durch das Gegenüber zu erfahren, führt zu wechselseitigen Einwirkungen (vgl. Nerdinger, 2001, S. 163).

Die **Erfolgshypothese nach Homans** (vgl. 1972, S. 62), die das sogenannte **Verstärkungsprinzip** beschreibt, besagt, dass je häufiger bestimmte Aktivitäten von Personen belohnt werden, desto wahrscheinlicher wird es, dass die Aktivitäten von den jeweiligen Personen wiederholt werden (vgl. Kröber-Riel; Gröppel-Klein, 2019, S. 358).

Prinzipiell ist es dabei gleichgültig, ob Güter, Meinungen, Gefühle oder etwas anderes ausgetauscht werden. Nach Thibaut und Kelley (vgl. 1959 zit. in Nerdinger, 2001, S. 165) hängt die Bewertung der Interaktion von der Differenz der erhaltenen Belohnung und des Aufwands von Kosten ab. Als Belohnung werden alle Befriedigungen der Interaktion gewertet, Kosten sind alle negativen Konsequenzen der Interaktion. Diese Theorie des sozialen Austauschs bietet einen brauchbaren Rahmen, um grundlegende Fragen zu den Interaktionen zu klären. Die Theorie ist allerdings sehr abstrakt in ihren Aussagen und wenig hilfreich bei der konkreten Gestaltung der Interaktionen. Weitere Kritikpunkte stammen von Mikula (vgl. 1985, S. 273ff). In der Praxis ist jedoch die Umsetzung und Gestaltung der Interaktionen von zentraler Notwendigkeit (vgl. Nerdinger, 2001, S. 165). Dies rückt laut Nerdinger (vgl. 2001, S. 166) die sogenannte Transaktionsanalyse nach Berne (vgl. 1961) in den Fokus, die genau auf die Beantwortung dieser Frage abzielt.

2.5. Darstellung verschiedener Gesprächsansätze

2.5.1. Überblick

In diesem Abschnitt findet eine grundsätzliche Darstellung verschiedener Gesprächsansätze statt.

Dazu wird zunächst in **Kapitel 2.5.2** die **Rolle der Kundenorientierung und Anpassungsfähigkeit** sowie deren Bedeutung für eine Systematisierung verschiedener Gesprächsansätze betrachtet.

Kapitel 2.5.3 beschreibt im Anschluss daran eine Auswahl der zuvor angeführten **Gesprächs- und Verkaufsansätze,** die im Unternehmensalltag und in der Literatur häufig zu finden sind.

2.5.2. Rolle der Kundenorientierung und Anpassungsfähigkeit

2.5.2.1. Einleitende Überlegungen

Neben der Transaktionsanalyse gibt es in der Literatur und in der Verkaufspraxis eine zwar fast unüberschaubare Anzahl an Verhandlungs-, Gesprächs- und Abschlusskonzepten, welche alle nach zwei grundsätzlichen Ausrichtungen systematisiert werden können: (1) Nach der Kundenorientierung bezogen auf ihre *hard- versus soft-selling*-Ausrichtung und (2) nach dem Niveau der Anpassungsfähigkeit (*adaptiveness*), das sie den Verkäufern vorgeben bzw. ermöglichen, welche durch die Extremformen *canned* und *adaptive selling* zum Ausdruck kommen (vgl. Albers; Krafft, 2013, S. 47).

2.5.2.2. Kundenorientierung (Soft Selling vs Hard Selling)

Der persönliche Verkauf steht immer vor der Herausforderung, die Ziele des Unternehmens, der Vertriebsmitarbeiter selbst und die Ziele der Kunden in Einklang zu bringen. Wird der Fokus stark auf Unternehmensvorgaben gelegt, ist die Wahrscheinlichkeit hoch, dass die betreuten Kunden aufgrund der Einfluss- bzw. Verkaufstechniken zum Kauf bewegt bzw. überredet werden sollen, auch wenn dies auf Kosten der Kundenzufriedenheit geht. Solch eine ***Hard-Selling***-Orientierung von Außendienstmitarbeitern bzw. der Unternehmen ist heute noch stark verbreitet, vor allem, da Unternehmen immer noch vorzugsweise abschlussorientierte Mitarbeiter rekrutieren und auch dahingehend in Schulungen trainieren. Durch substanzielle variable Vergütungsanteile und *key performance* Indikatoren wird eine im Alltag fortlaufende Konditionierung dieser Verkaufsorientierung forciert (vgl. Albers; Krafft, 2013, S. 47).

Chu et al. (vgl. 1995, S. 102) zeigen modelltheoretisch, dass die heute noch stark verbreitete *Hard-Selling*-Ausrichtung vieler Unternehmen vor allem in umkämpften Märkten besonders für Konsumenten/Kunden, aber auch für Unternehmen selbst zwar höhere Kosten verursacht, aber durch das aggressive Marketing auch gesteigerte Umsätze (allerdings reduzierte Margen) mitforciert werden können. Darüber hinaus kann *hard selling* zumindest in moderater Form über die gesamte Volkswirtschaft betrachtet, durch ein verbessertes *matching* der Produkte/Dienstleistungen mit den Kunden unter Umständen wohlfahrtssteigernde Auswirkungen haben, da die Unternehmen und Verkäufer als Ergebnis mehr gewinnen, als die Konsumenten verlieren. „Moderate hard-sell is beneficial to society in the sense that sellers gain more from the improved product matching than consumers lose" (Chu et al., 1995, S. 102).

Während Kunden Lösungen für Herausforderungen brauchen und dementsprechend eine Befriedigung ihrer Bedürfnisse verfolgen, streben Unternehmen eine mittel- und langfristige Maximierung ihrer Marktanteile und ihres Gewinns an. Wie in Kapitel 2.3.3.2. (Kundenbindung) bereits beschrieben, kann eine solch langfristige Gewinnmaximierung einfacher und effizienter erlangt werden, wenn es gelingt, profitable Kunden längerfristig zu binden. Dazu ist eine Verkaufskonzeption nötig, die die Bedürfnisse der Kunden miteinbezieht. Diese Konzeption wird durch das sogenannte ***soft selling*** (*Customer orientated selling*) verkörpert. Der Verkäufer richtet sich eher an den Bedürfnissen des Kunden aus. Er versucht, dessen Probleme zu lösen und sein Geschäftsmodell durch aktives Zuhören zu verstehen, um als vertrauter Berater integrativ agieren zu können (vgl. Albers; Krafft, 2013, S. 48).

Einflussgrößen auf kundenorientiertes Verhalten von Verkäufern sind nach Homburg und Stock-Homburg (vgl. 2012, S. 36) die Mitarbeiterzufriedenheit, Fachkompetenz (speziell Selbstorganisation) und vor allem Sozialkompetenz, die als die wichtigste Einflussgröße bezeichnet wird.

Goad und Jaramillo (vgl. 2014, S. 285) zeigen, dass die Fähigkeit des *adaptive selling* Verkäufern hilft, gewinnbringend zu entscheiden, in welchen Situationen eher verkaufsorientiertes oder kundenorientiertes Verhalten angebracht ist. „Findings show that adaptive selling mediates the impact of *both* SO and CO which has important practical implications for hiring and training salespeople“ (Goad; Jaramillo, 2014, S. 285).

2.5.2.3. Anpassungsfähigkeit (Adaptive Selling vs Canned Selling)

Der persönliche Verkauf bietet im Gegensatz zur unpersönlichen Unternehmenskommunikation die Möglichkeit, Befindlichkeiten und Stimmungen des Gesprächspartners im Laufe einer Unterhaltung zu erfassen. Darüber hinaus können Vertriebsmitarbeiter ihr Verhalten und ihre Argumentation zwischen und auch innerhalb der Gespräche adjustieren. Nutzen Verkaufsmitarbeiter diese Möglichkeiten nicht und folgen immer gleichen standardisierten Prozessen innerhalb der Gespräche oder/und bei allen Kunden, vergleichbar mit einer geschalteten Werbung im Fernsehen, Radio, Internet oder einer Werbetafel, wird dies als ***canned selling*** bezeichnet (vgl. Jolson, 1975, S. 75ff; vgl. Spiro; Weitz, 1990, S. 61).

Bei diesem standardisierten Verkaufen greifen Verkaufsmitarbeiter auf Argumente und Formulierungen zurück, die in vergangenen Gesprächen zum Erfolg geführt haben. Dieses Vorgehen kann nicht grundsätzlich als ineffektiv abgetan werden. Es kann durchaus wirksam sein, wenn die Produkte für alle Kunden die gleichen Vorteile bieten. Allerdings ist damit der Einsatz teurer Verkäufer nicht zu rechtfertigen, da immer gleiche (Werbe-)Botschaften kostengünstiger über traditionelle Medien über- bzw. vermittelt werden können. Am gängigsten ist *canned selling* im Telefonverkauf und im Haustürgeschäft, bei dem möglichst viele Kunden durch relativ einheitliche Gesprächsverläufe und Verkaufsargumente in möglichst kurzer Zeit überzeugt werden sollen (vgl. Albers; Krafft, 2013, S. 48f).

Die Fähigkeit von Verkäufern, ihr Verhalten an verschiedene Gesprächspartner anzupassen, aber auch im Verlauf eines Gesprächs effektiv zu verändern, wird durch die Fähigkeit des ***adaptive selling*** beschrieben (vgl. Weitz et al., 1986, S. 174ff).
Eine Einflussgröße auf die Fähigkeit dieser *adaptiveness* ist die **Fachkompetenz** im Sinne von deklarativem und prozessualem Wissen, das durch zunehmende Berufserfahrung und Fortbildungsmaßnahmen wächst. Zur situativen adaptiven Nutzung dieses Wissens, ist u. a. neben der Fähigkeit, Strukturen zu erkennen, in Bildern zu denken und logische Konsequenzen zu

durchschauen (wie bereits bei Kundenorientierung), vor allem die **Sozialkompetenz** (insbesondere die damit einhergehende Flexibilität) von fundamentaler Bedeutung (vgl. Homburg et al., 2016, S. 284). Empirische Studien zeigen, dass ein *Adaptive-Selling*-Verhalten der Mitarbeiter deren Verkaufserfolg wesentlich signifikanter beeinflusst als deren Kundenorientierung (vgl. Franke; Park, 2006, S. 693ff).

2.5.3. Gesprächs- und Verkaufsansätze

2.5.3.1. Einleitende Überlegungen

Vor dem Hintergrund des vorangegangenen Kapitels wird im Folgenden eine Auswahl an Verkaufs- bzw. Beratungsansätzen betrachtet, die dem Verkäufer oder auch dem Einkäufer ein Werkzeug sein können, mit dem er zumindest theoretisch Verhandlungen beeinflussen kann und die sich nicht nur ausschließlich an betriebswirtschaftlichen Kennzahlen orientieren. Die meisten dieser Ansätze fokussieren sich darauf, den Personen Möglichkeiten einer Ablaufanalyse und Steuerung des Verkaufsprozesses zu geben (vgl. Klöckner, 2014, S. 49). Eine Möglichkeit, die Ansätze zu unterscheiden, wird in Tabelle 3 dargestellt (vgl. Weis, 2003, S. 51).

Schematische Ansätze	Art der Empfehlung
- SOR-Ansätze - Phasenbezogene Ansätze - Problemlösungsansatz - Analyse Ansatz	Diese Ansätze zeigen allgemein auf, wie die Gesprächsteilnehmer prozessual und instrumental vorgehen sollen.
Interaktionsansätze	**Art der Empfehlung**
- Prospect Theory - Grid Ansatz - Neurolinguistische Programmierung (NLP) - Transaktionsanalytischer Ansatz	Diese Ansätze geben Hinweise für Gestaltung und Interpretation des Verhaltens eines Verkäufers und Käufers.

Tabelle 3: Übersicht von Gesprächsansätzen (Quelle: Eigene Darstellung nach Weis, 2003, S. 51)

So sind einige Ansätze darauf ausgerichtet, ein fundamentales Verständnis für den Verkaufsprozess zu schaffen und allgemein aufzuzeigen, wie die Gesprächsteilnehmer prozessual und instrumental vorgehen sollen (Phasenbezogene Ansätze, Problemlösungsansätze etc.). Andere Ansätze geben Hinweise für die Gestaltung und Interpretation des situativen Verhaltens eines Verkäufers und Käufers (Interaktionsansatz). Einige dieser Interaktionsansätze machen dies eher punktuell in entscheidungskritischen Situationen (Prospect Theorie), während andere auf die dynamische Interaktion der Gesprächsteilnehmer als Ganzes fortlaufend eingehen (Transaktionsanalyse) (vgl. Weis, 2003, S. 51).

2.5.3.2. SOR-Ansätze

Die Verkäuferrolle wird im *stimulus response selling* darin gesehen, im Kundengespräch auf einer standardisierten Argumentationskette zu folgen, in der möglichst viele Vorteile der vertretenen Produkte herausgestellt werden und dadurch viel Interesse der Kunden erzeugt wird. Der Verkäufer ist damit also abschluss- und nicht kundenorientiert. Dies zeigt sich im Gespräch anhand des Einsatzes von Canned-Selling-Taktiken (vgl. Albers; Krafft, 2013, S. 50). Der Verkäufer liefert einen positiven Stimulus im Sinne von Produkt- bzw. Servicemehrwerten oder Servicemerkmalen und geht davon aus, dass er damit eine positive Reaktion in Form eines Kaufs erreicht.

2.5.3.3. Phasenbezogene Ansätze (Formula Selling)

Schon um 1900 gab es bereits Bemühungen, Verkaufsgespräche effektiver zu gestalten. Hierzu wurden sie systematisch in verschiedene Phasen und Teilabschnitte zerlegt, für die unterschiedliche Gesprächstechniken empfohlen wurden. Diese phasenbezogenen Ansätze werden u. a. von Weis (vgl. 2003, S. 52) auch als Verkaufsformeln bezeichnet.

Im Vordergrund der Zielsetzung dieser Darstellungen stehen entweder mögliche gedankliche Stufen bzw. Stationen, die ein potenzieller Verkäufer durchläuft, oder Aktionsschritte, die ein Verkäufer planmäßig ausführt (vgl. Weis, 2003, S. 52).

Die 1898 von Elmar Lewis entwickelte AIDA-Formel stellt dabei wohl die älteste und wahrscheinlich bekannteste dar (vgl. Weis, 2003, S. 54). Die einzelnen Buchstaben beschreiben dabei die kognitiven und emotionalen Stufen, die ein Käufer durchlaufen sollte:

- *Attention* (Aufmerksamkeit)
  Der Kunde soll auf das Produkt oder die Dienstleistung aufmerksam gemacht werden.
- *Interest* (Interesse)
  Das Interesse am Produkt soll durch den Verkäufer geweckt werden.
- *Desire* (Wunsch)
  Der Käufer soll den Wunsch entwickeln, das Produkt zu erwerben.
- *Action* (Abschluss/Kauf)
  In dieser abschließenden Phase soll der Kauf abgewickelt werden.

Im Laufe der Zeit wurden andere Modelle entwickelt, die unterschiedliche Schwerpunkte auf einzelne Wirkungsteilprozesse legen. Diese sind in Tabelle 4 und Tabelle 5 aufgeführt (vgl. Meffert et al., 2019, S. 816f).

Modellname nach Autor(en)	Stufen der Kommunikationswirkung					
	Stufe 1	Stufe 2	Stufe 3	Stufe 4	Stufe 5	Stufe 6
AIDA Formel nach Lewis, 1898 (vgl. Weis, 2003, S. 51f)	Attention	Interest		Desire		Action
DAGMAR* Formel (vgl. Colley, 1961, S. 61)	Awareness	Comprehension	Conviction			Action
DAGMAR* Formel (vgl. Batra, et al., 1996, S. 131)	Unaware	Aware	Comprehension and Image	Attitude		Action
Ladvidge-Steiner Modell (vgl. Lavidge; Steiner, 1961, S. 51ff)	Bewusstheit	Wissen	Zuneigung	Bevorzugung	Überzeugung	Kauf
Modell der Werbewirkung (vgl. Fischerkoesen, 1967, S. 24)	Bekanntheit	Image	Nutzen (erwartet)	Präferenz		Handlung
Modell der Wirkungspfade (vgl. Kröber-Riel, 1992, S. 620ff)	Aufmerksamkeit	Affektive Handlung	Rationale Beurteilung	Kaufabsicht		Kauf
Strukturmodell der Werbewirkung (vgl. Seyffert, 1929, S. 62; 1952, S. 151)	Sinneswirkung	Aufmerksamkeitswirkung	Vorstellungswirkung	Gefühlswirkung	Gedächtniswirkung	Willenswirkung
Stufenmodell zur persuasiven Kommunikation (vgl. McGuire, 1969, S. 6)	Aufmerksamkeit	Kenntnis	Einverständnis mit der Schlussfolgerung	Behalten der neuen Einstellung		Verhalten auf Basis der neuen Einstellung
*Defining Advertising Goals for Measured Advertising						

Tabelle 4: Stufenmodelle der Kommunikationswirkung (Quelle: Eigene Darstellung nach Meffert et al., 2019, S. 817; Wolfond, 2018, S. 46f; Schweiger und Schrattenecker, 2017, S. 171)

Beispiele für Modelle, die weniger mögliche gedankliche bzw. emotionale Stufen des Kunden, sondern eher verkäuferische Aktionsstufen im Fokus haben, sind in Tabelle 5 dargestellt.

Modellname		verkäuferische Aktionsstufen
Verkaufsplan-Formel	**V**	Vorplanung
	E	Erfassung der Grunddaten
	R	Referenzinventur
	K	Kontaktaufnahme
	A	Appell an die Motivation
	U	Untersuchung der Bedarfslage
	F	Fassung des Angebots
	S	Spezifische Vorteile
	P	Prüfung der Argumente
	L	Liquidierung von Einwänden
	A	Abschlussvorschlag
	N	Nachfassung
4W-Formel	**W**	Was will ich erreichen?
	W	Wie muss ich argumentieren?
	W	Welche Einwände kann ich erwarten?
	W	Wie kann ich Einwände beseitigen?
GHM-Formel	**G**	Gestern war das so ...
	H	Heute ist es so ...
	M	Morgen wird es so sein ...
ISW-Formel	**I**	IST-Zustand
	S	SOLL-Zustand
	W	Weg zum Soll

Tabelle 5: Verkaufsformeln im Überblick (Quelle: Eigene Darstellung nach Weis, 2003, S. 53)

2.5.3.4. Analyseansatz

Vom Analyseansatz wird allgemein dann gesprochen, wenn versucht wird, deskriptiv auf Grundlage bereits geführter Gespräche zu ermitteln, welche Faktoren bei erfolgreichen Gesprächen ausschlaggebend waren (vgl. Weis, 2003, S. 77).

Im Ansatz der Huthwaite Research Group nach Rackham (1989) werden auf diese Weise über 35 000 Verkaufsgespräche in 27 Ländern analysiert. Das Handeln von über 10 000 Verkäufern wurde dabei beobachtet, um die Faktoren erfolgreicher Verkaufsgespräche ermitteln zu können. Dabei lag der Fokus auf dem Computermarkt, dem Banken- und Telefonsektor sowie dem Feld der Büroautomatisierung. Für Rackham war klar, dass reine Phasenmodelle nicht weiterführen können, da sie auf die Verkäuferperspektive ausgerichtet sind. Er wollte Kundenentscheidungen verstehen und wusste,

dass ein gutes Strategiemodell immer kundenorientiert sein muss (vgl. Rackham, 1990, S. 9).
Zu diesem Zweck geht Rackham beim Analyseansatz, wie in Abbildung 21 dargestellt, vor.

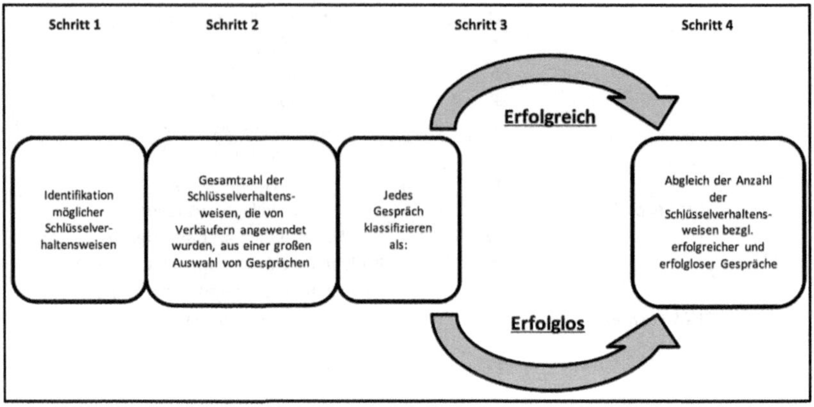

Abbildung 21: Vorgehen beim Analyseansatz (Quelle: Eigene Darstellung nach Rackham, 1989, S. 4)

Die Erkenntnis der Untersuchung ist, dass sich Kundenverhalten in komplexen Kaufentscheidungssituationen in folgende Phasen differenzieren lässt:

- Bedarfserkennung
- Bewertung der verschiedenen Auswahlmöglichkeiten
- Ausräumen von Bedenken
- und die mögliche vierte Phase, in der zusätzliche potenzielle Möglichkeiten für weitere Käufe entstehen (vgl. Rackham, 1990, S. 15).

2.5.3.5. Problemlösungsansatz

Problemlösungsansätze stellen ein gänzlich anderes Vorgehen bzw. eine gänzlich andere Form der Verkaufsanalyse dar. Hier geht es darum, dass der Verkäufer dem Käufer hilft, ein Problem zu lösen. Dies lässt sich in drei Hauptschritte einteilen:

- Beim Kunden wird ein Problembewusstsein erzeugt,
- das Problem wird klassifiziert und
- es werden Lösungsmöglichkeiten für das Problem gesucht.

Im Voraus ist es nicht erforderlich, dass dem Kunden bewusst ist, dass er Herausforderungen hat. Weis (vgl. 2003, S. 72) spricht von fünf Faktoren, mit deren Hilfe die Unternehmen ein Problembewusstsein entwickeln können:

- die Marktentwicklung
- die Aktivität der Konkurrenz
- die Kostenentwicklung
- die Erlösentwicklung und
- die aktuellen gesetzlichen Tatbestände

Zusätzlich kann der Verkäufer, der jedoch die Art der auftretenden Probleme kennen muss, zu diesem Problembewusstsein beitragen. Anfangs wird das Gespräch durch die Frage geprägt, ob der Kunde sich des Problems bereits bewusst ist und zwar in dem Sinne, dass er weiß, um welches Problem es sich handelt und ob er bereits Lösungsansätze, Lösungswege oder Lösungsideen dazu hat. In diesem Fall wird von gut strukturierten Problemen gesprochen. Sind diese Umstände nicht bekannt, wird von schlecht strukturierten Problemen gesprochen. Später verläuft der Prozess weitestgehend gleich ab. Der Verkäufer muss beim Käufer einen Lernprozess auslösen, der ihn erkennen lässt, dass dessen Angebot weitestgehend preisunabhängig die beste Möglichkeit bietet und ihm dabei hilft, eine Lösung zu schaffen (vgl. Weis, 2003, S. 71ff).

2.5.3.6. GRID-Ansatz

„Das Verkaufsgitter ist ein System von Theorien über die Beziehung zwischen Verkäufer und Kunde“ (Blake; Mouton, 1988, S. 11). Der GRID-Ansatz hat die zentrale Prämisse, dass Käufer und Verkäufer jeweils zwei Ziele haben, die für sie von Interesse sind und das Handeln sowie Denken des Käufers und auch des Verkäufers das Gespräch beeinflussen (vgl. Blake; Mouton, 1988, S. 11). Ausschlaggebend ist dabei die Beziehung der Akteure. Die beiden Interessen des Verkäufers sind der Verkauf (Abschlussorientierung) und der Kunde (Kundenorientierung). Die Interessen des Käufers sind dementsprechend der Kauf und der Verkäufer. Abhängig von der Ausprägung dieser Interessen sind unterschiedliche Käufer- und Verkäufertypen erkennbar (vgl. Blake; Mouton, 1988, S. 12ff).

Das sogenannte Verkaufsgitter (Abbildung 22) verbildlicht fünf Verkäufertypen, die je nach Ausprägungsintensität der beiden Interessen klassifiziert werden. Besteht geringes Interesse sowohl am Kunden als auch am Verkauf (Feld 1:1) wird vom „Nimm es oder lass es"-Typen gesprochen. Am anderen Ende der Skalen steht der „problemorientierte" Typ (Feld 9:9) (vgl. Blake; Mouton, 1988, S. 15f).

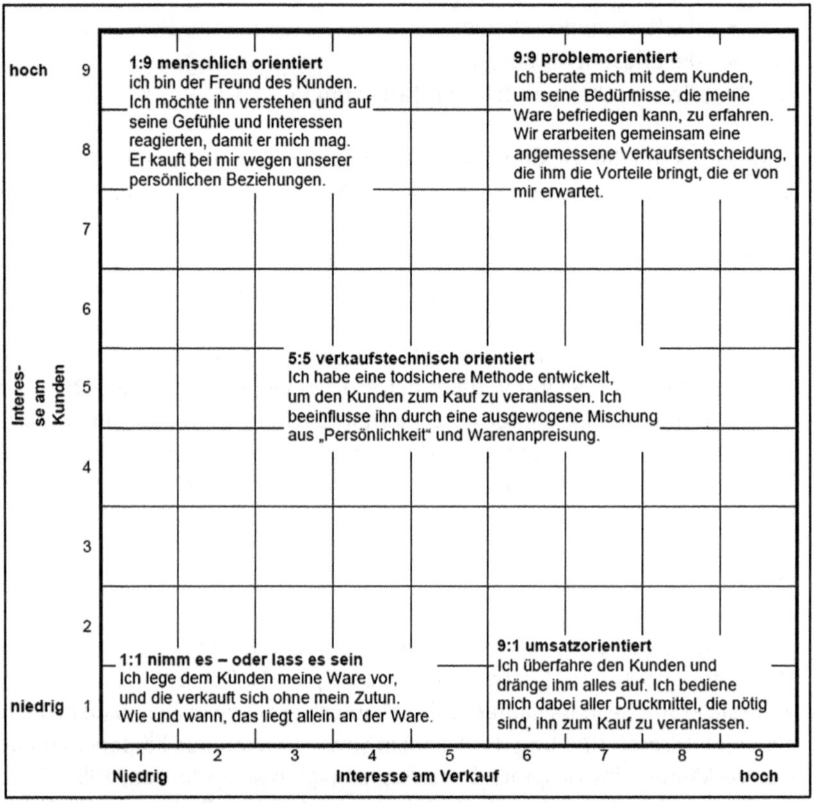

Abbildung 22: Das Verkaufsgitter nach Blake und Mouton (Quelle: Eigene Darstellung nach Blake und Mouton, 1988, S. 11)

Das sogenannte Kundengitter (Abbildung 23) veranschaulicht fünf je nach Interessensausprägung unterschiedliche Kundentypen: (1) Der abwartende Kunde, (2) der willenlose Kunde, (3) der gleichgültige Kunde, (4) der Reputationskäufer und (5) der entschlossene Kunde.

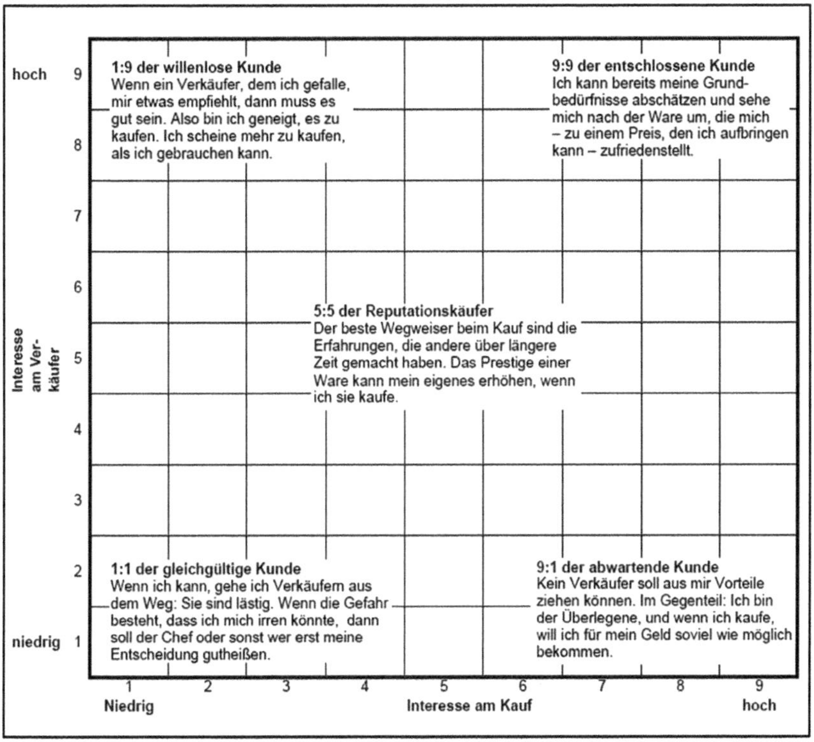

Abbildung 23: Das Kundengitter nach Blake und Mouton (Quelle: Eigene Darstellung nach Blake und Mouton, 1988, S. 21)

Der **(1) abwartende Kunde** (Gitterfeld 9:1) hat ein hohes Interesse am Kauf, ist aber grundsätzlich dem Verkäufer gegenüber sehr misstrauisch. Dieser Kundentyp neigt zu starken Preisverhandlungen, es ist ihm meist nicht klar, worum es ihm geht. Er neigt deswegen dazu, nach dem Kauf unzufrieden zu sein. Die Schuld gibt er dem Verkäufer. Wird ihm zu viel Zeit zum Nachdenken gegeben, tätigt er eher keinen Kauf (vgl. Blake; Mouton, 1988, S. 21f).

Der **(2) willenlose Kunde** (Gitterfeld 1:9) vertraut dem Verkäufer sehr stark. Dies resultiert meist aus Komplimenten des Verkäufers und eines niedrigen Selbstbewusstseins des Kunden. Kaufentscheidend ist meist das blinde Vertrauen dem Verkäufer gegenüber (vgl. Blake; Mouton, 1988, S. 23).

Der **(3) gleichgültige Kunde** (Gitterfeld 1:1) hat kein Interesse am Verkäufer und am Kauf. Seine typische Meinung ist: „Vertreter wollen mir immer Dinge verkaufen, die ich nicht brauche" (Blake; Mouton, 1988, S. 23). Es ist selten, dass dieser Kunden-Typ eine Kaufentscheidung trifft. Er möchte nicht verhandeln und kauft nur in Notfällen (vgl. Blake; Mouton, 1988, S. 23).

Der **(4) Reputationskäufer** (Gitterfeld 5:5) ist recht höflich, aber unentschlossen und trifft die Kaufentscheidung nur sehr verzögert. „Er macht seine Entscheidungen eher vom soziologischen Status derer abhängig, die vor ihm das Produkt erworben haben, als von der eigentlichen Qualität der Ware oder dem Umstand, ob sie für seine Zwecke passend ist. Die Reputation der Ware bedeutet ihm viel. Er schenkt sein Vertrauen nur erprobten Dingen [...]" (Blake; Mouton, 1988, S. 23).

Dem **(5) entschlossenen Kunden** (Gitterfeld 9:9) ist bereits vor dem Gespräch klar, was er möchte. „Er kauft auf der Grundlage von Fakten, Daten, Logik und Vernunft" (Blake; Mouton, 1988, S. 24). Er weiß offene, lösungsorientierte Beratungsgespräche zu schätzen (vgl. Blake; Mouton, 1988, S. 23f).

Verkäufer-Gitterstil	Kunden-Gitterstil				
	1:1	1:9	5:5	9.1	9:9
9:9	+	+	+	+	+
9:1	0	+	+	0	0
5:5	0	+	+	-	0
1:9	-	+	0	-	0
1:1	-	-	-	-	-

Tabelle 6: Effizienz von Verkäufer-Gitterstilen (Quelle: Eigene Darstellung nach Blake und Mouton, 1988, S. 22)

Die Gitterstile der Käufer und Verkäufer haben einen wechselseitigen Einfluss aufeinander und sind somit mitentscheidend, ob es zu einem Verkaufserfolg oder Misserfolg kommt. Kernaspekt ist daher, die passende Verkaufsstrategie für die richtigen Kundentypen zu finden. Tabelle 6 zeigt, wie sich einzelne Typen ergänzen. „Das Pluszeichen (+) bedeutet ‚wahrscheinlich effizient', eine Null (0) in der Mitte zwischen ‚effizient' und ‚ineffizient', und ein Minuszeichen (-) steht für ‚wahrscheinlich unwirksam' zur Herbeiführung von Verkaufserfolgen" (Blake; Mouton, 1988, S. 26).

2.5.3.7. Prospect Theory

Die **Prospect Theory** nimmt eine spezielle Rolle im zugrunde liegenden Kontext ein, da sie, wie bereits angesprochen, einerseits als normative Theorie, andererseits als deskriptive Theorie verstanden werden kann. Kahneman erhielt 2002 den Nobelpreis für Wirtschaftswissenschaften für die praktikable Weiterentwicklung der ursprünglichen Erwartungsnutzentheorie (Tversky war 1996 bereits verstorben). Die Prospect Theory beschreibt menschliche Entscheidungen unter Unsicherheit. Wird diese **neue Erwartungsnutzentheorie** als normative Theorie verstanden, kann sie dazu dienen, Individuen Empfehlungen zu geben, wie sie sich in speziellen Situationen entscheiden sollten. Dieser Ansatzpunkt kann mit einer Anleitung zur Optimierung von Entscheidungen gleichgesetzt werden (vgl. Beck, 2014, S. 101).

Wie bereits bekannt ersetzt die *Prospect Theory* das strikt rationale Modell des *homo oeconomicus* durch ein Modell, in dem die pure Rationalität unter anderem durch kognitive Verzerrungen ersetzt wird. Gegenüber anderen Modellen der Verhaltensökonomik hat sie den Vorteil, dass dieses Verhalten mathematisch modellierbar ist.

Kahneman erklärt, dass sein Ansatz primär dazu dienen sollte, einen Beitrag zur psychologischen Forschung zu leisten, indem affektive Variablen ins Modell des rationalen Menschen gebracht werden, um irrationales Verhalten in ökonomische Analysen aufnehmen zu können. Erst in zweiter Linie, an dieser Stelle der Arbeit jedoch interessant, war die Theorie dazu gedacht, eine Erklärung für ökonomische Phänomene zu bieten. Auf Kahneman und Tverskys Forschung aufbauend kann die Konsumentenverhaltensforschung aufzeigen, wie Emotionen beim Endverbraucher entstehen, wie sie erzeugt werden können und auf das Handeln oder Verhalten wirken (vgl. Hirschman; Stern, 1999, S. 4ff). Praktisch relevant sind speziell für interagierende Personen die Möglichkeiten, aber vor allem die Konsequenzen aus diesem Prozess. Entscheidend ist u. a. das grundlegende Bewusstsein über die Existenz kognitiver Abläufe bzw. Verzerrungen. So verlieren, nach Studien von Cotter und

Henley bestimmte, bewusst ausgenutzte, kognitive Verzerrungen komplett an Wirkung, wenn sich die Gegenpartei darüber bewusst ist. Dies scheint auch zu gelten, wenn mehrere Verhandlungen nacheinander geführt werden, wie das in Geschäftsbeziehungen üblich ist. Cotter und Henley (vgl. 2008, S. 37) sprechen sogar davon, dass sich die avisierten Effekte in solchen Fällen nicht nur verflüchtigen, sondern sogar komplett umkehren.

2.5.3.8. Neurolinguistischer Programmierungsansatz (NLP)

Auch durch die sogenannte Neurolinguistische Programmierung (NLP) soll es Verkäufern gelingen, die Kommunikationsfähigkeiten mit möglichen Käufern zu verbessern. NLP ist eine Zusammenfassung von Erkenntnissen, die im letzten Drittel des 20. Jahrhunderts besonders durch Grinder und Bandler (1981; 1989) gesammelt wurden und die ihren Ursprung in psychologischen Therapien haben. Ausgehend von sprachlichen Analysen erkannten die Autoren, dass Menschen eine unterschiedliche subjektive Darstellung der objektiven Welt haben, welche sich wiederum in der jeweiligen Ausdrucksweise widerspiegelt. NLP analysiert dementsprechend Interaktionen zwischen dem Gehirn, dem Körper und der Sprache („linguistisch"), die effektive oder auch ineffektive Verhaltensweisen erzeugen können (vgl. Kraft, 2010, S. 9ff).

Informationen werden immer durch alle fünf Sinne gesammelt: visuell (das Sehen), auditiv (das Hören), kinästhetisch (die Berührung), olfaktorisch (der Geruch) und degustatorisch (der Geschmack). Während einer typischen Kommunikation werden die Sinne des Sehens, Hörens und Fühlens eingesetzt. Da nicht alle Sinne gleichermaßen genutzt werden, lassen sich verschiedene Personentypen klassifizieren, je nachdem welcher Kanal am stärksten genutzt wird. So wird ein auditiver Typ, visueller Typ und kinästhetischer Typ unterschieden (vgl. O'Connor; Seymour, 2009, S. 55ff).

In der Praxis ist es nun relevant, dass der Verkäufer, falls ihm bewusst ist, welchem Typus der Kunde angehört, seine Beratung adjustiert und so vermeintlich erfolgreicher wird. Greift der Kunde auf mehrere Kanäle zurück, sollte der Verkäufer analysieren, welcher der dominanteste Anteil ist (vgl. Weis, 2003, S. 91ff).

Um im Verkauf erfolgreich zu sein, ist oft notwendig, dass zwischen den Parteien ein guter Kontakt besteht. Beim NLP wird dazu die Technik des sogenannten **Rapports** genutzt. Dabei wird ein Verhalten des gegenseitigen

Vertrauens gezeigt, das durch ein Angleichen der Worte und der Körpersprache an jene des Gegenübers, also ein Spiegeln des Gegenübers, gekennzeichnet ist. Zusätzlich wird versucht, durch sogenanntes ***pacing*** mit dem Käufer nach eigenen Bedingungen in einen „Gleichschritt" zu gelangen, wodurch der Kunde an das eigentliche Ziel, den Kauf, herangeführt werden soll (vgl. O'Connor; Seymour, 2009, S. 51ff).
Im NLP wird dieser Rapport letztendlich erreicht, wenn die beiden Gesprächspartner ähnliche bis gleiche Ausdrucksmuster, Ausdrücke und Körperhaltungen verwenden. Gerade die sprachlichen Muster sind wiederum typabhängig. Aber auch Augenbewegungen und die allgemeine Körpersprache lassen auf den Typus des Gegenübers schließen (vgl. Weis, 2003, S. 93ff).

2.5.3.9. Transaktionsanalytischer Ansatz

Berne konzipierte um 1950 die sogenannte Transaktionsanalyse, die dazu dienen soll, Hintergründe einzelner Gespräche offenzulegen. Sie kann als Mischung verschiedener Ansätze verstanden werden: Verhaltenstherapie fusioniert mit Psychoanalyse. Je nachdem welche Herausforderung gerade besteht, kann dabei zwischen verschiedenen Ebenen gewechselt werden. Dabei können sich mehrere Bereiche abgrenzen lassen, von denen an dieser Stelle aber vor allem die (1) Struktur- und Funktionsanalyse und die (2) Transaktionsanalyse interessant sind.

Im Rahmen der **(1) Struktur- und Funktionsanalyse** zeigt Berne (vgl. 2012, S. 30), dass das Handeln bzw. Verhalten eines Menschen mit dessen Gemütslage bzw. Stimmung verbunden ist. Diese Verknüpfung führt er auf unterschiedliche sogenannte Ich-Zustände zurück: auf das (a) Eltern-Ich, (b) Erwachsenen-Ich und (c) Kind-Ich.

Das **(a) Eltern-Ich** hält sich an Vorgaben, die die jeweilige Person durch seine Erziehung erfahren hat. Die Person hält sich hier somit an Regeln, die in irgendeiner Form anerzogen sind und in das jeweilige Weltbild passen. Das **(b) Erwachsenen-Ich** stellt die rationale, objektive, vernünftige Komponente der drei Ich-Zustände dar. Das **(c) Kind-Ich** spiegelt eine unbedachte, ungehemmte, naive, kindliche Seite der Person wider (vgl. Berne, 2012, S. 29). In jedem Moment und in jeder Situation befinden sich Personen in einem dieser Zustände. Es wird dabei zwischen einem funktionellen Modell unterschieden, das beobachtbare interpersonale Aspekte menschlicher Verhaltensweisen betrachtet (vgl. Stewart; Joines, 2015, S. 34, S. 68f), und einem strukturellen

Modell, das sich auf intrapsychische Aspekte, wie Erinnerungen bzw. Strategien, individueller Personen und wie diese gedeutet werden können, konzentriert (vgl. Stewart; Joines, 2015, S. 47, S. 68f).

Mit der **(2) Transaktionsanalyse** wird geklärt, wie Interaktionen zwischen verschiedenen Personen ablaufen. Abhängig davon, aus welchem Ich-Zustand im Funktionsmodell gesprochen wird, welcher Ich-Zustand beim Gegenüber angesprochen wird und aus welchem der Gesprächspartner antwortet, kann es unterschiedliche Arten von Transaktionen geben. Eine Transaktion (also das einmalige kommunikative „Hin und Her") wird als die Grundeinheit aller sozialen Verbindungen betrachtet (vgl. Berne, 2012, S. 37). Berne (vgl. 2012, S. 42ff) unterscheidet mit parallelen bzw. komplementären Transaktionen, Überkreuztransaktionen und verdeckten Transaktionen drei verschiedene Transaktionstypen. Dabei verläuft bei Paralleltransaktionen der Kommunikationsfluss ungestört (vgl. Stewart; Joines, 2015, S. 103). Überkreuzte Transaktionen führen zu einer Unterbrechung der reibungslosen Kommunikation (vgl. Stewart; Joines, 2015, S. 106). Verdeckte Transaktionen entstehen, wenn die psychologische und soziale Ebene nicht deckungsgleich miteinander sind. Dabei liegt in der gezeigten sozialen Botschaft eine andere Bedeutung, als in der verdeckten psychologischen Botschaft (vgl. Stewart & Joines, 2015, S. 107f).

2.6. Situative Herausforderungen und kritische Analyse der Gesprächsansätze

2.6.1. Überblick

Auf den Erkenntnissen der vorangegangenen Kapitel aufbauend werden in diesem Abschnitt situative Herausforderungen und eine kritische Analyse der Gesprächsansätze durchgeführt.

Dazu werden in **Kapitel 2.6.2 situative Herausforderungen**, die mit immer komplexer werdenden Markt- und Wettbewerbsbedingungen einhergehen, betrachtet.

Kapitel 2.6.3 beschäftigt sich darauf aufbauend mit den **Anforderungen** an die zuvor beschriebenen **Gesprächsansätze zur Bewältigung situativer Herausforderungen**.

In **Kapitel 2.6.4** findet eine dezidierte **kritische Analyse der Gesprächsansätze** hinsichtlich zuvor betrachteter Anforderungen statt.

Kapitel 2.6.5 fasst das **Ergebnis der Analyse der Gesprächsansätze** u. a. in einer bewertenden Taxonomie zusammen und gibt einen Ausblick, wie im weiteren Verlauf verfahren wird.

2.6.2. Situative Herausforderungen

Komplexität und Dynamik beeinflussen in zunehmendem Maße die Grundlagen des organisatorischen Handelns und Denkens. Entscheidungskritische Bereiche werden immer stärker von Zeitdruck und unübersichtlichen Verhältnissen geprägt (vgl. Jörg; Steiger, 2019, S. 36). Die gegenwärtige marktwirtschaftliche Situation ist oft durch wachsende Komplexität und Beschleunigung der Veränderungen gekennzeichnet. Der Wettbewerb wird dementsprechend zunehmend härter, die Märkte sind gesättigt und der technologische Wandel zieht an (vgl. Hinterhuber, 1999, S. Vf). Hinzu kommt eine „Sprunghaftigkeit des Kundenverhaltens“ (Diller, 1996, S. 81), die u. a. durch eine Mehrdimensionalität der Personen geprägt ist, welche wiederum durch steigende Erwartungen unterschiedlicher Gruppen, denen sie angehören, beeinflusst und beschleunigt wird (vgl. Schüppenhauer, 1996, S. 8f).

Verkäufer werden zunehmend Situationen ausgesetzt, deren Einflüsse und Entwicklung sie bezüglich der Einflussfaktoren, Abhängigkeiten und Auswirkungen nur bedingt antizipieren können. Es ist somit notwendig, unter Bedingungen der Unsicherheit Entscheidungen zu treffen. Die herkömmliche Vorstellung über die Beschaffenheit der Unternehmen bzw. Organisationen und deren dahinterliegender Werthaltung können keine Unterstützung für die Bewältigung der Unsicherheit und Komplexität gewähren (vgl. Jörg; Steiger, 2019, S. 36).

Am besten lässt sich der Begriff „Komplexität" durch eine Abgrenzung des „komplizierten" Sachverhalts erklären. Kompliziert bedeutet, dass etwas „schwer zu verstehen" ist: Diese schwierig darzustellenden Sachverhalte sind jedoch im Grunde klar und eindeutig. Beispielsweise Mathematikbücher, Superrechner oder eine vollautomatisch ausgestattete, komplett menschenleere Fabrikanlage. „Kompliziert" bedeutet demzufolge, dass etwas nicht einfach zu verstehen ist, viele Dinge darauf Einfluss ausüben, aber auch viele andere Gegebenheiten beeinflusst werden, zwischen denen Abhängigkeiten herrschen, die schwer zu verstehen sind, die jedoch eindeutigen Gesetzmäßigkeiten unterliegen. Aufwendige Analysen, das Herunterbrechen auf Einzelaspekte ermöglichen es, komplizierte Probleme lösbar zu machen. Das Verhalten, der Output, der einzelnen Elemente in komplizierten Systemen ist grundsätzlich konstant. So ändern sich weder die Einzelteile komplizierter Maschinen noch die gesamte Maschine von alleine. Werden Maschinen eingeschalten, wirken die Teile jedes Mal auf gleiche Weise aufeinander ein und produzieren einen vorhersagbaren Output der Gesamtmaschine. Technische Systeme sind also kompliziert, aber auch statisch und werden deswegen als trivial bezeichnet. Soziale Systeme sind im Gegensatz dazu dynamisch und komplex (vgl. Jörg; Steiger, 2019, S. 27).

Komplexe Systeme sind dadurch gekennzeichnet, dass die dazugehörigen Elemente und deren beeinflussende Umwelten sich unabhängig vom System selbst ändern (vgl. Jörg; Steiger, 2019, S. 27). „Komplexe Systeme sind eigendynamisch [...]" (Jörg; Steiger, 2019, S. 27).

Personen in einer Organisation, z. B. einer Firma, entwickeln sich auch unabhängig von ihrer Rolle, Beziehung oder Aufgabe innerhalb der Organisation. Durch diese eigendynamische Veränderung wird jedoch das gesamte Organisationsverhalten beeinflusst. Ebenso wird durch die Arbeitsbedingungen der Organisation auf die Menschen eingewirkt und eine Veränderung bewirkt.

Darüber hinaus sind komplexe Systeme auch durch eine Vielzahl von Beziehungen zwischen den Elementen (Personen), aber auch den Umwelten der Systeme geprägt (vgl. Jörg; Steiger, 2019, S. 27). „Komplexe Systeme sind vernetzt“ (Jörg; Steiger, 2019, S. 27).

Die Vielfalt und enorme Anzahl der Wirkungsweisen und Eigenschaften der Beziehungen beschränken die Übersicht und Möglichkeiten einer Kontrolle drastisch (vgl. Jörg; Steiger, 2019, S. 27). „Komplexe Systeme sind intransparent“ (Jörg; Steiger, 2019, S. 27). Diese Eigendynamik, Vernetzung sowie Intransparenz lassen eine genaue Prädiktion komplexer Systeme nicht zu. Jörg und Steiger (2019, S. 27) stellen fest: „[...] sie sind nicht trivial“. Ihr Verhalten kann nur in Wahrscheinlichkeiten ausgedrückt werden (vgl. Jörg, Steiger, 2019, S. 27). Unternehmen sind soziale, komplexe Systeme und sie folgen damit im Gegensatz zu technischen komplizierten Systemen grundsätzlich anderen Gesetzmäßigkeiten. Dementsprechend muss auch die Methode der Steuerung anders sein (vgl. Jörg; Steiger, 2019, S. 28).

Menschen sind komplexe individuelle Wesen und verhalten sich als Angehörige von Unternehmen bzw. Systemen gleichzeitig als Gestalter und Gestaltende. In den von ihnen subjektiv wahrgenommenen Realitäten versuchen sie, ihre Bedürfnisse zu befriedigen, indem sie agieren und reagieren. Die Realität, auch die organisatorische, ist demzufolge die Summe vieler subjektiver Vorstellungen bzw. Wahrnehmungen (vgl. Probst, 1992, S. 391ff).

Jede Wissenschaft, die sich mit dem menschlichen Verhalten beschäftigt, geht von vereinfachenden Annahmen aus (vgl. Behrens, 1991, S. 15).

Praxisnahe Herausforderungen existieren dahingehend, dass Organisationen sowie deren einbezogene Bestandteile, wie Abteilungen, Personen uvm., dementsprechend oft implizit als auch explizit mit Maschinen(-teilen) gleichgesetzt werden. Dieses Maschinenmodell ist in der Organisationstheorie sehr gängig und erfreut sich in der Managementpraxis nicht zuletzt wegen der damit einhergehenden (unterstellten) Vorhersehbarkeit großer Beliebtheit (vgl. Kasper et al., 1999, S. 180).

Dieses Modell des menschlichen Verhaltens und der darin inkludierten traditionellen Sichtweise der Kommunikationstheorie wird jedoch vermehrt in zahlreichen Publikationen als sehr wirklichkeitsfremd kritisiert (vgl. Behrens, 1991, S. 24).

Es basiert auf der Vorstellung, dass Komplexität reduzierbar ist, lineare Kausalitäten von Wirkungsbeziehungen bestehen und Vorgänge reproduzierbar und idealisierbar sind (vgl. Paslack, 1991, S. 25). In dieser empirisch-naturwissenschaftlichen Betrachtungsweise wird davon ausgegangen, dass das Verhalten aus reflexartigen, linearen, somit eindeutigen Reaktionen besteht, die auf bekannte Ursachen zurückgeführt werden können. Bestimmten Umwelteinflüssen können so konkrete Verhaltensregeln zugeordnet werden. Dies bedeutet im Gegenschluss, dass das menschliche Verhalten fremdbestimmt ist (vgl. Behrens, 1991, S. 24). Ein typisches Beispiel für dieses Erklärungsschema ist das S-O-R Modell (vgl. Liebmann, 1997, S. 227). Kritik wird an der Annahme dieser Betrachtungsweise jedoch laut, da Vorgänge nicht immer analysier-, plan-, steuer-, kontrollier- und optimierbar sind (vgl. Schüppenhauer, 1996, S. 68).

Das Basiskonzept baut auf dem Vertrauen der Möglichkeit geplanter Veränderung auf und geht demzufolge von der Annahme aus, dass Veränderung grundsätzlich rechtzeitig antizipiert und organisatorisch handhabbar wird (vgl. Schreyögg, 1991, S. 266). Die Unsicherheit liegt aber in der Natur der Umwelt, da sie zu einem wesentlichen Anteil aus bewusst handelnden Menschen und Organisationen besteht, die ihre Art zu handeln, überdenken und ändern können (vgl. Schreyögg, 1991, S. 266f).

Angerer (2003, S. 59) betont, wenn „man dennoch auf den klassischen Ansatz zum Umgang mit Komplexität [vertraut], so besteht die Gefahr, durch die reduktionistische Sichtweise auf Basis zu starker Vereinfachungen letztlich nicht nur Symptome zu bekämpfen, sondern ‚schlicht zu falschen Schlüssen' [Gomez, 1995, S. 186; Zitat durch den Autor ergänzt] verleitet zu werden, da Komplexität nicht dadurch zu bewältigen ist, dass Probleme so lange vereinfacht werden, bis sie handhabbar sind".

Watzlawick et al. (2017, S. 142) führen weiter aus: „Ein System ist nicht einfach die Summe seiner Bestandteile; jeder Versuch einer Analyse künstlich isolierter Segmente würde das System als Gegenstand der Untersuchung zerstören".

2.6.3. Anforderungen an Gesprächsansätze zur Bewältigung situativer Herausforderungen

In komplexeren Betrachtungsweisen werden Menschen nicht mehr ausschließlich als fremdbestimmt gesehen. Eine solche veränderte Perspektive kann mit Unterstützung einer **geisteswissenschaftlichen Orientierung** erklärt werden. Speziell der Begriff „Handeln" wird hierbei vom allgemeinen Verhaltensbegriff abgegrenzt. **Handeln** wird dabei als zielorientiertes Verhalten definiert, welches auf Reflexion und Selbstbestimmung basiert (vgl. Behrens, 1991, S. 23f, S. 39).

Diese Betrachtungsweise des Handlungsbegriffs wird auch in der sozialen Systemtheorie verwendet. Handeln wird darin als eine „[...] Durchbrechung des unmittelbaren Reaktionsdruckes auf Umweltereignisse [...]" (Willke, 2006, S. 95) betrachtet und es unterscheidet sich explizit vom Verhaltensbegriff, der eine reine „[...] Reaktion auf Umweltreize [...]" widerspiegelt (Willke, 2006, S. 95). Dieses Handlungsverständnis beruht auf dem **kommunikationstheoretischen Konstruktivismus** nach Watzlawick et al. (1969) (vgl. Angerer, 2003, S. 69). Neben der Prämisse, (1) dass Menschen auf Grundlage ihres freien Willens handeln, dabei zwar beeinflusst sein können, aber niemals völlig determiniert sind (vgl. Wollnik, 1992, S. 1780ff), betont Watzlawick (2001, S. 142), (2) dass „...es keine absolute Wirklichkeit gibt, sondern nur subjektive, zum Teil völlig widersprüchliche Wirklichkeitsauffassungen". Erkenntnis kann sich dementsprechend nur unter Berücksichtigung der Blickwinkel aller Akteure im Verhältnis zu ihren kulturell geteilten, auf die gemeinsame Vorgeschichte zurückgehenden Sinnzusammenhängen ergeben. (3) Soziale Wirklichkeit zwischen Individuen wird kommunikativ durch Verwendung sprachlicher Symbole und Interpunktion kreiert (vgl. Wollnik, 1992, S. 1780ff).

Das Systembild wandelt sich von einem einfachen bis komplizierten, aber noch trivialen mechanistischen Verständnis hin zu einem nicht trivialen komplexen Systemverständnis.

Tabelle 7 stellt diesen Wandel dar.

	Klassische Ansätze	Erweitert	Situativ interaktive Ansätze (komplexes Umfeld)
Welt- und Menschenbild	Mechanistisches Welt- und Menschenbild mit dem Menschenbild des homo oeconomicus	Naturwissenschaftlich-empirisches Welt- und Menschenbild mit einem verhaltenswissenschaftlichen Menschenbild	Geisteswissenschaftliches Welt- und Menschenbild
Grundlage für das Verhaltens-/Handlungsverständnis	Rationales Verhalten	Tatsächlich beobachtetes Verhalten von Menschen	Bewusstes, komplexes Handlungsverständnis
Systembild	Trivialmaschine; input-output	Trivialmaschine; input-output	Nicht-triviales komplexes System

Tabelle 7: Welt- und Menschenbilder in den einzelnen Umfeldstadien (Quelle: Eigene Darstellung nach Angerer, 2003, S. 69)

In der akademischen Literatur sowie in der Verkaufspraxis gibt es eine sehr große Anzahl von Verhandlungs-, Gesprächs- und Abschlusskonzepten (vgl. Albers; Krafft, 2013, S. 47f). Diese Ansätze können anhand ihrer Tauglichkeit der mit realer Komplexität einhergehenden situativen Herausforderungen gemessen und darauf aufbauend auch kategorisiert werden. Zu dieser Kategorisierung bieten sich folgende Kriterien hinsichtlich eines situativ-adäquaten Umgangs an, um den komplexen Anforderungen gerecht werden zu können (vgl. Angerer, 2003, S. 73ff): Rollenverständnis, Kommunikation, Beziehungsverständnis und Interaktion.

Bevor auf diese vier Kriterien eingegangen wird, stellt sich zunächst die Frage, welches **Menschenbild** dem jeweiligen Ansatz als Basis dient. Wird der Mensch als rein rationales Wesen betrachtet, baut der Ansatz auf Beobachtungen menschlichen Verhaltens auf oder wird dem Menschen geisteswissenschaftlich die Fähigkeit des bewussten Handelns unterstellt? Wird er dementsprechend als Trivialmaschine betrachtet, die dem Stimulus-Reaktions-Schema unterworfen ist oder ist er in der Lage, dieses Muster durch bewusste Handlungen zu durchbrechen? Dieses grundlegende, mit Komplexität einhergehende Menschenbild prägt die weiteren Kriterien, die in komplexen Betrachtungsweisen eine andere Handhabung erfordern als es unter einer trivialen Perspektive der Fall ist.

Bezüglich der **Rollenbetrachtung** des Kunden stellt sich darauf aufbauend die Frage, ob der Kunde nur eine passive, vorab bestimmte Rolle als reiner Abnehmer zugesprochen bekommt oder ob seine Rolle um die der Informationsquelle und eventuell auch des Mitwirkenden am Leistungsprozess erweitert wird (vgl. Prahalad; Ramaswamy, 2000, S. 66). Unter komplexen Anforderungen muss der jeweilige Ansatz aber darüber hinaus berücksichtigen, dass Kunden neben der mitwirkenden, partnerschaftlichen Rolle auch Teil eines sozialen, dynamischen Relationsgefüges sind, deren Rollen sich darin ständig verändern (vgl. Hansen; Schulze, 1990, S. 6).

Ein dynamisches Rollenverständnis als Mitwirkender stellt an den Kommunikations- und Interaktionsprozess andere Anforderungen als ein klassisch, passiv vorab bestimmtes Rollenbild. Dementsprechend besteht bezüglich der **Kommunikation** die Herausforderung darin, dass der jeweilige Ansatz neben dem reinen Inhaltsaspekt die darunterliegende pragmatische Ebene berücksichtigt. Dies bedeutet, dass neben der reinen semantischen, durch Zeichen ausgedrückten Nachricht auch Handlungsfolgen und Wirkungen beim Empfänger der Botschaft analysiert werden (vgl. Picot et al., 1998, S. 68f). Neben dem reinen Inhaltsaspekt solcher Modelle muss somit der dahinterliegende Beziehungsaspekt zwischen Sender und Empfänger im Sinne eines aktiven Dialogs berücksichtigt werden, der eine gemeinsame Entwicklung von Erfahrungen und Erwartungen zulässt sowie unterstützt (vgl. Prahalad; Ramaswamy, 2000, S. 66). Diese sich entwickelnden Erwartungsstrukturen sind dahingehend wichtig, da sich aus ihnen die weiteren Kommunikationen, Handlungen und Entscheidungen in Sozialsystemen, also in Beziehungen, ergeben (vgl. Kasper et al., 1999, S. 174).

Von **Kundenbeziehung** wird gesprochen, wenn ein hoher integrativer Mitwirkungsgrad des Kunden und eine lange Zeitdauer im Sinne einer Kundenbindung gegeben ist oder aufgebaut wird (vgl. Stahl, 1999, S. 57).
Es ist dementsprechend entscheidend, ob zum einen die zeitliche Komponente im Sinne einer kurz- und langfristig verbesserten Kundenorientierung berücksichtigt wird und ob zum anderen ein integrativer Zugang unterstützt wird, der gegenwärtiges, aber auch zukünftiges kundenorientiertes Verhalten

gezielt unterstützt (vgl. Althaus, 1995, S. 47). Kundenintegration rückt das Konzept einer stärkeren Mitwirkung am Leistungsgestaltungsprozess durch den Kunden in den Fokus. In Kundenintegrationskonzepten wird durch die Thematisierung der Kundenmitwirkung an der Erbringung von Leistungen unterstrichen, dass Kundenbindung zwar abhängig vom Ergebnis der Leistung, aber auch vom Leistungserbringungsprozess ist (vgl. Weinberg, 1998, S. 42). Dabei wird der Kunde gemeinsam mit dem Verkäufer als Gesamtsystem betrachtet (vgl. Hansen; Schulze, 1990, S. 5f).

Bei der Analyse dieser Sozialsysteme, im Sinne von Beziehungen, liegt der Fokus unter komplexen Bedingungen dementsprechend nicht mehr auf einer einseitigen Verhaltensanalyse, sondern auf der Betrachtung der wechselseitigen Rückmeldungen der Gesprächspartner im Sinne von Interaktionen. Interaktion stellt eine integrative Betrachtungsebene dar, da in ihr das komplette System (Verkäufer und Kunde) berücksichtigt wird, wodurch wechselseitige Veränderungsprozesse ins Blickfeld rücken (vgl. Hansen; Schulze, 1990 S. 5f).

Wird **Interaktion** im Sinne einer dynamischen Interaktion verstanden, die die wechselseitigen Abhängigkeiten der variablen Personen als auch Umwelten berücksichtigt, wird dies als Transaktion bezeichnet (vgl. Staehle, 1999, S. 313). Es wird dabei eine gemeinsame Entwicklung im Sinne einer Koevolution mit dem Gesprächspartner unterstellt (vgl. Willi, 1985, S. 123ff; vgl. 1996, S. 217ff). Wird das dynamisch-interaktionistische Paradigma der Persönlichkeitsforschung auf die einflussnehmenden Umwelten des Gegenübers ausgedehnt, ermöglicht es, Steuerungsprinzipien zu entdecken, die die eigentliche Identität des Sozialsystems im Sinne der Verkäufer-Kunden-Dyade ausmachen. Detaillierte Ergebnisse führt Willke aus (vgl. 2005, S. 34f). „Das dynamisch-interaktionistische Paradigma versteht Persönlichkeitsentwicklung als Wechselwirkung zwischen Umwelt und einzelnen Eigenschaften [...]" stellen Neyer und Asendorpf fest (2018, S. 39).

Die Ausweitung der Analyse auf das gemeinsame System (Verkäufer-Kunden-Dyade) inklusive der Umwelten ermöglicht es, Muster festzustellen, die helfen, Handlungsweisen des sozialen Systems zu verstehen und rekonstruieren zu können (vgl. Angerer, 2003, S. 76).

Es wird deutlich, dass die Begriffe „Rolle" und „Beziehung" im klassischen Sinne noch einfach unterscheidbar sind. Die Rolle ist beispielsweise der Integrationsgrad (Abnehmer oder Informationsquelle). Beziehung stellt in irgendeiner Form u. a. den zeitlichen Aspekt des Miteinanders dar. Bei einer komplexen Perspektive verschmelzen diese Aspekte allerdings. Ein tiefer Integrationsgrad setzt eine zeitliche Komponente voraus, wodurch das Rollenverständnis gleichzeitig ganz automatisch eine Beziehung inkludiert.

Ebenso verhält es sich mit den Begriffen „Kommunikation" und „Interaktion". In klassischer Denkweise stellt Kommunikation die Übertragung einer Botschaft dar. Mit dem Schritt zur pragmatischen Betrachtung der Kommunikation – der Beobachtung der Wirkung beim Gegenüber – wird jedoch automatisch gleichermaßen Interaktion impliziert.

Selbst diese bereits verschmolzenen Bündelbegriffe Rolle/Beziehung und Kommunikation/Interaktion beschreiben auch wiederum gleiche Sachverhalte unter komplexer Perspektive. Eine interaktiv-dynamische gleichberechtigte Interaktion mit pragmatischem Kommunikationsverständnis setzt gleichzeitig auch zwangsläufig eine tiefe Integration und langanhaltende partnerschaftliche Beziehung voraus (Tabelle 8).

Die Anforderung an den jeweiligen Gesprächsansatz ist also dahingehend gegeben, dass er diese Aspekte bzw. diesen komplexen Überaspekt ausreichend berücksichtigt und konkrete Handlungsempfehlungen bezüglich der Transaktionen bieten kann.

	Einfache Perspektive	Komplizierte Perspektive	Komplexe Perspektive
Rollen-verständnis	Passiv, vorab bestimmte Rolle (Abnehmer, Verbraucher)	Mehrere feststehende Rollen (Abnehmer, Informations-quelle)	Die Rolle verändert sich durch das Gegenüber und die Umwelten (Mitwirkender, Partner)
Kommunikations-verständnis	Einseitig	Dyadisch semantisch (nicht pragmatisch)	Dyadisch-pragmatisches Kommunikations-verständnis
Beziehungs-verständnis	Keine zeitliche Dimension	Statisches Beziehungsverständnis	Gemeinsame Entwicklung von Erfahrungen und Erwartungen, (Koevolution)
Interaktions-verständnis	Keine Interaktion; Pseudo-interaktion	Asymmetrische Interaktion; reaktive Interaktion	Interaktiv-dynamisches Transaktionsverständnis (systemisch)

Tabelle 8: Charakteristika der Gesprächsansätze in unterschiedlichen Umfeldsituationen (Quelle: Angerer, 2003, S. 73ff; vgl. Prahalad und Ramaswamy, 2000, S. 66; vgl. Hansen und Schulze, 1990, S. 6; vgl. Picot et al., 1998, S. 68f; vgl. Kasper et al., 1999, S. 174; vgl. Stahl, 1999, S. 57, vgl. Althaus, 1995, S. 47; vgl. Weinberg, 1998, S. 42; vgl. Willi, 1985, S. 123ff; vgl. Willi, 1996, S. 217ff; vgl. Neyer und Asendorpf, 2018, S. 39)

Kundenorientierung und **Anpassungsfähigkeit** fassen die vier Gesichtspunkte Rolle, Kommunikation, Beziehung und Interaktion zusammen und ermöglichen, dass nach deren Berücksichtigung bezüglich konkreter Handlungsempfehlungen Schlüsse über die Gesprächsansätze gezogen werden können und eine Kategorisierung sowie Bewertung stattfinden kann.

Dies ist im Praktischen wichtig, da beispielsweise Homburg et al. (vgl. 2011, S. 64ff) in einer großangelegten Studie (neben der Erfahrung des Verkäufers und der Zufriedenheit des Kunden) direkten signifikanten Einfluss der verkäuferischen Kundenorientierung auf die Verkaufs-Performance von Verkäufern und damit auf den wirtschaftlichen Erfolg von Unternehmen nachweisen konnten.

Bezüglich der Fähigkeit der *adaptiveness* zeigen Boorom et al. (vgl. 1998, S. 22) in einer Studie, dass sich 31 % der Unterschiede im Verkaufserfolg erklären lassen.

Kundenorientierung	Kurzfristig, keine integrierenden Absichten (Abnehmer)	⟷	Langfristig, integrierende Absichten (Partner, Mitwirkender)
Anpassungsfähigkeit	Statische pseudointeraktive semantische Kommunikation	⟷	Situativ-dynamische Interaktion (Transaktionen) mit pragmatischer Kommunikation

Tabelle 9: Dimensionsmetrik der Kundenorientierung und Anpassungsfähigkeit (Quelle: Eigene Darstellung)

Tabelle 9 veranschaulicht aus den zuvor erarbeiteten Punkten eine Metrik der beiden Dimensionen.

Kundenorientierung beschreibt das Resultat aus dem Grad der Bemühungen, den Kunden integrativ am Leistungsprozess mitwirken zu lassen und die Kundenbindung im Sinne einer zeitlichen Dimension zu forcieren (vgl. Stahl, 1999, S. 57).

Nach Stahls (vgl. 1999, S. 57) Ansatz lassen sich demzufolge zwei Dimensionen unterscheiden, durch die die Güte der Kundenorientierung der (im vorherigen Kapitel beschriebenen) Verkaufsansätze klassifiziert werden kann: Dem Streben nach Integration und der zeitlichen Bindung der Kunden.

Das Streben nach **(1) Kundenintegration** kann durch die **Rolle,** die der Kunde für das Unternehmen einnehmen soll (Abnehmer, Partner; statisch, dynamisch etc.) beschrieben werden.

Das Streben nach **(2) Kundenbindung** kann durch den **Beziehungsaspekt** im Sinne zeitlicher gemeinsamer positiver Erfahrungen, von denen versucht wird, sie auf- oder auszubauen, erklärt werden.

Anpassungsfähigkeit wird im Vertrieb unter dem Leitbild des **adaptiven Verkaufens** zusammengefasst. „Unter Adaptive Selling versteht man die angemessene Veränderung des Vertriebsmitarbeiterverhaltens während einer Interaktion mit Kunden oder zwischen Interaktionen mit Kunden" halten Homburg et al. (2016, S. 283) fest.

Das bedeutet, der Verkäufer passt sich dem einzelnen Kunden und dessen Bedürfnissen an. Unter diesem Leitbild „[...] erhält der Verkauf eine Dimension sozialer Komplexität [...]" (Nerdinger, 2001, S. 127). Weiter führt Nerdinger (2001, S. 128) aus, dass „[d]er Verkäufer [...] unter diesem Blickwinkel als ‚Interaktionsmanager' (Nerdinger, 1998) gesehen [wird], der in der Lage ist, die Beziehung zu unterschiedlichsten Menschen so zu gestalten, dass sie für beide Seiten – den Kunden und das Unternehmen – zu befriedigenden Ergebnissen führt".

Um situativ adaptiv möglichst adäquat zu handeln, ist es entscheidend, zu welchem Grad der jeweilige Gesprächsansatz unterstützen kann, um die Interaktion und pragmatische Kommunikation situativ zu verbessern.

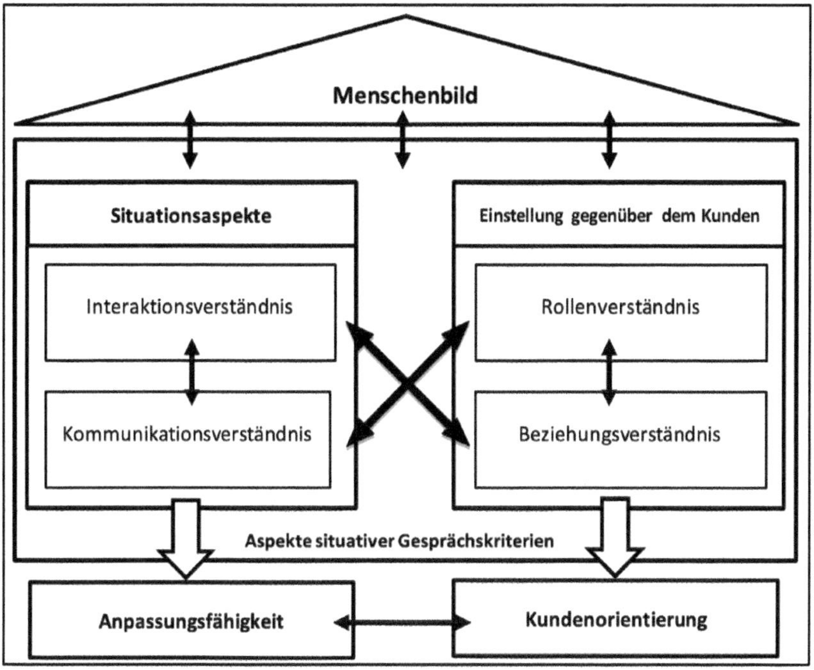

Abbildung 24: Veranschaulichung komplexer Herausforderungen und deren Zusammenhänge (Quelle: Eigene Darstellung)

In Abbildung 24 werden die zuvor angesprochenen Aspekte situativer Gesprächskriterien grafisch geordnet. Das Menschenbild kann als geisteswissenschaftliches Dach oder als Bezugsrahmen betrachtet werden. Ist bekannt, welches Menschenbild einem Gesprächsansatz zugrunde liegt, kann daraus auf die Ausprägung der einzelnen **Aspekte situativer Gesprächskriterien** geschlossen werden. Ist dies nicht eindeutig ersichtlich, können auch umgekehrt aus den Kriterien Rückschlüsse gezogen werden, welches Menschenbild einem jeweiligen Ansatz zugrunde liegt.

Rollen- und Beziehungsverständnis sind Aspekte, die die **Einstellung gegenüber dem Kunden** verdeutlichen, während Kommunikation und Interaktion eher steuernde **situative Gesprächsaspekte** widerspiegeln. Beide Teilbereiche sind jedoch zumindest unter der komplexen Perspektive sehr eng miteinander verzahnt.

Adaptiveness beschreibt demnach die Fähigkeit, sich ad hoc an Situationen anzupassen. Kundenorientierung stellt die Einstellung gegenüber dem Gesprächspartner dar.

Im folgenden Kapitel wird auf den Überlegungen dieses Kapitels eine Bewertung der Ansätze bezüglich der Kriterien, des Rollen-, Beziehungs-, Interaktions- und Kommunikationsverständnisses und daraus folgernd bezüglich der Kundenorientierung und der *adaptiveness* vorgenommen.

2.6.4. Kritische Analyse der Gesprächsansätze

2.6.4.1. Einleitende Überlegungen

Grundsätzlich kann keiner der Ansätze als „falsch“ oder „schlecht“ bezeichnet werden. Jeder Ansatz hat unter Einbezug bestimmter Aspekte unter speziellen Umständen eine Daseinsberechtigung. Dennoch scheint es wenige Ansätze zu geben, die komplexen Anforderungen gänzlich oder zumindest ansatzweise gerecht werden können. Bevor mit der Bewertung der Ansätze begonnen wird, folgt in Tabelle 10 eine kurze Zusammenfassung der zuvor beschriebenen Gesprächskonzepte.

Ansätze	Merkmale
SOR-Ansatz	Durch einen bestimmten Reiz (z. B. Werbung) soll eine bestimmte Reaktion ausgelöst werden (z. B. Kaufentscheidung).
Phasenbezogene Ansätze	Stufenmodelle, um Verkaufsgespräche für Verkäufer transparenter zu gestalten und ein grundsätzliches Verständnis des Verkaufsprozesses zu schaffen.
Analyseansatz	Erfolgskritische Determinanten werden anhand erfolgreicher und nicht erfolgreicher Verkaufsgespräche für zukünftige Gespräche analysiert und selektiert.
Problemlösungsansatz	Dem Kunden werden bereits bekannte oder nicht bekannte Herausforderungen durch den Verkäufer erklärt, welche dann anhand einer Beratung gelöst werden.
Prospect Theory	Heuristischer Ansatz zur Optimierung situationskritischer Entscheidungen.
GRID-Ansatz	Ein Ansatz zur Kategorisierung verschiedener Verkäufer- und Einkäufer-Typen und Vorschläge, wie diese sich im Gesprächsprozess ergänzen können.
Neurolinguistischer Programmierungsansatz (NLP)	Ein Ansatz zur Analyse des Kundenverhaltens (bzgl. u. a Mimik, Gestik und Verhalten), um das eigene Verhalten an das des Gegenübers anpassen zu können und dadurch Gespräche und die Beziehung zu synchronisieren und zu steuern.
Transaktionsanalytischer Ansatz	Verhalten wird anhand verschiedener möglicher Ich-Zustände beschrieben. Dyadische zwischenmenschliche Verhaltensweisen werden in Abhängigkeit der jeweiligen situativen strukturellen und funktionellen Ich-Zustände der Beteiligten erklärt und analysiert. Beziehungen können darüber hinaus u. a. durch sogenannte Vertragskonzepte erklärt werden.

Tabelle 10: Ansätze zur Gestaltung der Beziehung zwischen Berater und Kunden (Quelle: Eigene Darstellung)

Im Folgenden werden Kritikpunkte aus der Literatur betrachtet und Aspekte für eine konkrete Hilfestellung gesucht, die Verkäufern in der Kundenorientierung und Anpassungsfähigkeit im Gespräch Ansätze bieten können. Im Anschluss daran erfolgt eine Kategorisierung anhand dieser Befunde.

2.6.4.2. Bewertung des SOR-Ansatzes

Anhand der Lerntheorie und durch Beobachtungen in Experimenten entstand die Erkenntnis, dass das menschliche Verhalten durch Reize grundsätzlich beeinflussbar ist. Infolgedessen wurde der sogenannte **Stimulus-Response-Ansatz** entwickelt. Er stellt gewissermaßen die simpelste Verkaufsform dar. Darin wird davon ausgegangen, dass gesetzte Reize durch den Verkäufer (Handlungen, Fragen, Aussagen, Produktdemonstrationen etc.) vorhersagbare Reaktionen des Kunden hervorrufen. Außendienstmitarbeiter müssen nach diesem Konzept nur den richtigen Stimulus einsetzen, der dann zwangsläufig zum Kaufentscheid des Kunden führt. Ziel des Verkäufers beim *Stimulus-Response-Selling* ist die Dominierung des Gesprächs. Der Ansatz berücksichtigt keine individuellen Bedürfnisse des Kunden. Somit ist der Verkäufer nicht kunden-, sondern abschlussorientiert (vgl. Albers; Krafft, 2013, S. 50).

		Einfache Perspektive	Komplizierte Perspektive	Komplexe Perspektive
	Handlungs-verständnis	Rationales Verhalten (rational-mechanistisch)	Tatsächlich beobachtetes Verhalten (naturwissenschaftlich-empirisch)	Bewusstes, komplexes Handlungsverständnis (geisteswissenschaftlich)
Kundenorientierung	**Rollenver-ständnis**	Passiv, vorab bestimmte Rolle (Abnehmer)	Mehrere feststehende Rollen gleichzeitig (Bsp.: Abnehmer und Informationsquelle)	Es wird berücksichtigt, dass sich die Rolle durch das Gegenüber und die Umwelten verändert (Mitwirkender, Partner)
Kundenorientierung	**Beziehungs-verständnis**	Keine zeitliche Dimension	Statisches Beziehungsverständnis	Gemeinsame Entwicklung von Erfahrungen und Erwartungen (Koevolution)
Anpassungsfähigkeit	**Kommunika-tions-verständnis**	Einseitig	Dyadisch-semantisch, aber nicht pragmatisch	Dyadisch-pragmatisches Kommunikationsverständnis
Anpassungsfähigkeit	**Interaktions-verständnis**	Keine Interaktion; Pseudointeraktion	Asymmetrische Interaktion; reaktive Interaktion; punktuelle Interaktion	Interaktiv-dynamisches Transaktionsverständnis (systemisch)

Tabelle 11: Bewertungsmatrix SOR-Ansätze (Quelle: Eigene Darstellung)

2.6.4.3. Bewertung des phasenbezogenen Ansatzes

Im Vordergrund der Zielsetzung dieser Darstellungen stehen entweder mögliche gedankliche Stufen bzw. Stationen, die ein potenzieller Verkäufer durchläuft, oder Aktionsschritte, die ein Verkäufer planmäßig ausführt (vgl. Weis, 2003, S. 52).

Negativ zu bewerten ist die strenge Wirkungshierarchie, die grundsätzlich den Gesprächen angedichtet wird, die aber in dieser Weise nicht wirklich existent ist. Tatsächliche Informationsverarbeitungsprozesse folgen keineswegs einer in jedem Gespräch stets gleichbleibenden, scharf abgestuften hierarchischen

Form (vgl. Schweiger; Schrattenecker, 2017, S. 204f; vgl. Meffert et al., 2019, S. 816).

Im „[...] Grunde haben alle derartigen Verkaufsformeln u.E. nur pädagogisch-didaktischen Wert im Hinblick auf die gedankliche Durchdringung der jeweiligen Verkaufssituation. Sie können jedoch keine konkreten Hinweise für jedes von einem Verkäufer in unterschiedlichen Situationen zu führende Gespräch sein“ (Weis, 2003, S. 57f).

		Einfache Perspektive	Komplizierte Perspektive	Komplexe Perspektive
	Handlungsverständnis	Rationales Verhalten (rational-mechanistisch)	Tatsächlich beobachtetes Verhalten (naturwissenschaftlich-empirisch)	Bewusstes, komplexes Handlungsverständnis (geisteswissenschaftlich)
Kundenorientierung	**Rollenverständnis**	Passiv, vorab bestimmte Rolle (Abnehmer)	Mehrere feststehende Rollen gleichzeitig (Bsp.: Abnehmer und Informationsquelle)	Es wird berücksichtigt, dass sich die Rolle durch das Gegenüber und die Umwelten verändert (Mitwirkender, Partner)
Kundenorientierung	**Beziehungsverständnis**	Keine zeitliche Dimension	Statisches Beziehungsverständnis	Gemeinsame Entwicklung von Erfahrungen und Erwartungen (Koevolution)
Anpassungsfähigkeit	**Kommunikationsverständnis**	Einseitig	Dyadisch-semantisch, aber nicht pragmatisch	Dyadisch-pragmatisches Kommunikationsverständnis
Anpassungsfähigkeit	**Interaktionsverständnis**	Keine Interaktion; Pseudointeraktion	Asymmetrische Interaktion; reaktive Interaktion; punktuelle Interaktion	Interaktiv-dynamisches Transaktionsverständnis (systemisch)

Tabelle 12: Bewertungsmatrix Phasenbezogener Ansatz (Quelle: Eigene Darstellung)

2.6.4.4. Bewertung des Analyseansatzes

Vom Analyseansatz wird allgemein dann gesprochen, wenn versucht wird, deskriptiv auf Grundlage bereits geführter Gespräche zu ermitteln, welche Faktoren bei erfolgreichen Gesprächen ausschlaggebend waren (vgl. Weis, 2003, S. 77). Der Analyseansatz kann aufzeigen, welche kommunikativen Einflüsse grundsätzlich zum Verkaufserfolg beitragen und welche eher nicht, aber er kann nicht beschreiben, was der beste Weg im Einzelfall ist, da die Einflussfaktoren, unter denen jedes Verkaufsgespräch geführt wird, einzigartig sind (vgl. Weis, 2003, S. 78). Der Analyseansatz ist auch eine Art Phasenmodell. Konkrete Hilfestellung für eine situativ dynamische Interaktion und den Beziehungsaufbau wird dementsprechend nicht geleistet. Erste Schritte zur Intensivierung im Sinne einer zeitlichen Beziehung werden aber durch den Ansatz der Beobachtungen des tatsächlichen Kundenverhaltens eingeleitet.

		Einfache Perspektive	Komplizierte Perspektive	Komplexe Perspektive
	Handlungs-verständnis	Rationales Verhalten (rational-mechanistisch)	Tatsächlich beobachtetes Verhalten (naturwissenschaftlich-empirisch)	Bewusstes, komplexes Handlungsverständnis (geisteswissenschaftlich)
Kundenorientierung	**Rollenverständnis**	Passiv, vorab bestimmte Rolle (Abnehmer)	Mehrere feststehende Rollen gleichzeitig (Bsp.: Abnehmer und Informationsquelle)	Es wird berücksichtigt, dass sich die Rolle durch das Gegenüber und die Umwelten verändert (Mitwirkender, Partner)
	Beziehungs-verständnis	Keine zeitliche Dimension	Statisches Beziehungsverständnis	Gemeinsame Entwicklung von Erfahrungen und Erwartungen (Koevolution)
Anpassungsfähigkeit	**Kommunikations-verständnis**	Einseitig	Dyadisch-semantisch, aber nicht pragmatisch	Dyadisch-pragmatisches Kommunikationsverständnis
	Interaktions-verständnis	Keine Interaktion; Pseudointeraktion	Asymmetrische Interaktion; reaktive Interaktion; punktuelle Interaktion	Interaktiv-dynamisches Transaktionsverständnis (systemisch)

Tabelle 13: Bewertungsmatrix Analyse-Ansatz (Quelle: Eigene Darstellung)

2.6.4.5. Bewertung des Problemlösungsansatzes

Bei Problemlösungsansätzen besteht die Rolle des Verkäufers darin, die Bedürfnisse des Kunden zu erkennen, individuell auf den Kunden zugeschnittene Lösungen zu finden oder auszuarbeiten, um ihm beratend Informationen bereitstellen zu können, damit er gut begründete Entscheidungen fällen kann. Beratende Verkäufer sind damit durch nachhaltige Kundenorientierung gekennzeichnet. Dabei versteht er sich als Ratgeber und Unterstützer bei der Entscheidung des Kunden. Kunde und Verkäufer werden Partner, von denen jeder seine Absichten offenlegt und gemeinsam als Team versucht wird, die jeweiligen Ziele zu erreichen (vgl. Albers; Krafft, 2013, S. 51).

Situativ relevante interaktiv-dynamische Interaktionsaspekte werden aber auch hier durch die prozessuale Vorgehensweise nicht berücksichtigt (vgl. Weis, 2003, S. 51).

		Einfache Perspektive	Komplizierte Perspektive	Komplexe Perspektive
	Handlungs-verständnis	Rationales Verhalten (rational-mechanistisch)	Tatsächlich beobachtetes Verhalten (naturwissenschaftlich-empirisch)	Bewusstes, komplexes Handlungsverständnis (geisteswissenschaftlich)
Kundenorientierung	**Rollenverständnis**	Passiv, vorab bestimmte Rolle (Abnehmer)	Mehrere feststehende Rollen gleichzeitig (Bsp.: Abnehmer und Informationsquelle)	Es wird berücksichtigt, dass sich die Rolle durch das Gegenüber und die Umwelten verändert (Mitwirkender, Partner)
	Beziehungs-verständnis	Keine zeitliche Dimension	Statisches Beziehungsverständnis	Gemeinsame Entwicklung von Erfahrungen und Erwartungen (Koevolution)
Anpassungsfähigkeit	**Kommunikations-verständnis**	Einseitig	Dyadisch-semantisch, aber nicht pragmatisch	Dyadisch-pragmatisches Kommunikationsverständnis
	Interaktions-verständnis	Keine Interaktion; Pseudointeraktion	Asymmetrische Interaktion; reaktive Interaktion; punktuelle Interaktion	Interaktiv-dynamisches Transaktionsverständnis (systemisch)

Tabelle 14: Bewertungsmatrix Problemlösungsansatz (Quelle: Eigene Darstellung)

2.6.4.6. Bewertung des GRID-Ansatzes

Der GRID-Ansatz hat die zentrale Prämisse, dass Käufer und Verkäufer jeweils zwei Ziele haben, die für sie von Interesse sind und das Handeln sowie Denken des Käufers und auch des Verkäufers das Gespräch beeinflussen (vgl. Blake; Mouton, 1988, S. 11).

Das Hauptziel, das Verkäuferverhalten an den Käufer anzupassen, gelingt nach Weis nur unbefriedigend. Kritisch ist dabei, dass sie Einteilung sehr dürftig ist, da die Quantifizierung des Verhaltens nicht differenziert genug verläuft (vgl. Weis, 2003, S. 82f):

- die Zusammenhänge sehr statisch sind
- nur zwei Dimensionen des Verkaufsgeschehens betrachtet werden
- Lernprozesse nicht möglich sind und
- Interaktionsprozesse nicht berücksichtigt werden

Es wird allerdings eine statische Form der Beziehung berücksichtigt und ein dyadisches (wenn auch eingeschränktes) Kommunikationsverständnis unterstützt.

		Einfache Perspektive	Komplizierte Perspektive	Komplexe Perspektive
	Handlungsverständnis	Rationales Verhalten (rational-mechanistisch)	Tatsächlich beobachtetes Verhalten (naturwissenschaftlich-empirisch)	Bewusstes, komplexes Handlungsverständnis (geisteswissenschaftlich)
Kundenorientierung	**Rollenverständnis**	Passiv, vorab bestimmte Rolle (Abnehmer)	Mehrere feststehende Rollen gleichzeitig (Bsp.: Abnehmer und Informationsquelle)	Es wird berücksichtigt, dass sich die Rolle durch das Gegenüber und die Umwelten verändert (Mitwirkender, Partner)
Kundenorientierung	**Beziehungsverständnis**	Keine zeitliche Dimension	Statisches Beziehungsverständnis	Gemeinsame Entwicklung von Erfahrungen und Erwartungen (Koevolution)
Anpassungsfähigkeit	**Kommunikationsverständnis**	Einseitig	Dyadisch-semantisch, aber nicht pragmatisch	Dyadisch-pragmatisches Kommunikationsverständnis
Anpassungsfähigkeit	**Interaktionsverständnis**	Keine Interaktion; Pseudointeraktion	Asymmetrische Interaktion; reaktive Interaktion; punktuelle Interaktion	Interaktiv-dynamisches Transaktionsverständnis (systemisch)

Tabelle 15: Bewertungsmatrix GRID-Ansatz (Quelle: Eigene Darstellung)

2.6.4.7. Bewertung der Prospect Theory

Die *Prospect Theory* beschreibt menschliche Entscheidungen unter Unsicherheit. Wird diese **neue Erwartungsnutzentheorie** als normative Theorie verstanden, kann sie dazu dienen, Individuen Empfehlungen zu geben, wie sie sich in speziellen Situationen entscheiden sollten. Dieser Ansatzpunkt kann mit einer Anleitung zur Optimierung von Entscheidungen gleichgesetzt werden (vgl. Beck, 2014, S. 101).

Kritisch anzumerken, ist der Sachverhalt, dass die Entscheidung, ob eine systematische Verzerrung vorliegt, eine Grundsichtweise darstellt. Es sollte bei jedem Referenzmodell deswegen situativ hinterfragt werden, ob dieser axiomatisch definierte Normbereich wirklich das beste Vorgehen bzw. die beste Entscheidung darstellt, da es viele Eventualitäten zu beachten gibt. Moderne Verkaufsschulungen laufen Gefahr, das Thema sehr oberflächlich und als pauschal anwendbar darzustellen.

Beck (vgl. 2014, S. 101) kritisiert die neue Erwartungstheorie dahingehend, dass sie das menschliche Handeln nur unzulänglich beschreibt.

Die Prospect Theory bietet wichtige grundlegende Erkenntnisse für situative Interaktionen (*anchoring*, *framing* etc.) und zur Beziehungsentwicklung (Reziprozität, Sympathie etc.). Allerdings kann der Ansatz nur punktuelle Hilfestellung in spezifischen Situationen leisten. Er bietet keinen Mehrwert bezüglich situativ-dynamischer Interaktionen im Sinne eines kontinuierlichen Gesprächsverlaufs oder für vertiefte Rollentwicklungen sowie echte Beziehungsintegration.

		Einfache Perspektive	Komplizierte Perspektive	Komplexe Perspektive
	Handlungs-verständnis	Rationales Verhalten (rational-mechanistisch)	Tatsächlich beobach-tetes Verhalten (naturwissenschaft-lich-empirisch)	Bewusstes, komplexes Handlungsverständnis (geisteswissenschaft-lich)
Kundenorientierung	**Rollenver-ständnis**	Passiv, vorab bestimmte Rolle (Abnehmer)	Mehrere feststehende Rollen gleichzeitig (Bsp.: Abnehmer und Informationsquelle)	Es wird berücksichtigt, dass sich die Rolle durch das Gegenüber und die Umwelten verändert (Mitwirken-der, Partner)
	Beziehungs-verständnis	Keine zeitliche Dimension	Statisches Bezie-hungsverständnis	Gemeinsame Entwick-lung von Erfahrungen und Erwartungen (Koevolution)
Anpassungsfähigkeit	**Kommunika-tions-verständnis**	Einseitig	Dyadisch-semantisch, aber nicht pragmatisch	Dyadisch-pragmatisches Kommunikationsver-ständnis
	Interaktions-verständnis	Keine Interaktion; Pseudo-interaktion	Asymmetrische Inter-aktion; reaktive Interaktion; punktu-elle Interaktion	Interaktiv-dynami-sches Transaktions-verständnis (systemisch)

Tabelle 16: Bewertungsmatrix Prospect Theory (Quelle: Eigene Darstellung)

2.6.4.8. Bewertung des Neurolinguistischen Ansatzes (NLP)

Durch die sogenannte Neurolinguistische Programmierung (NLP) soll es Verkäufern gelingen, die Kommunikationsfähigkeiten und Interaktion mit möglichen Käufern zu verbessern (vgl. Kraft, 2010, S. 9ff). Das Gehirn (neuro) soll durch die Sprache (Linguistik) neu „programmiert" werden. NLP bietet grundsätzlich vielversprechende Ansätze, da es auf konstruktivistischen Grundsätzen aufbaut, die u. a. auf Arbeiten von Bateson und Watzlawick beruhen (vgl. Wake, 2008, S. 26f).

Die Welt wird darin subjektiv durch jeden einzelnen erlebt und es wird so eine jeweils individuelle Vorstellung gemachter Erfahrungen geschaffen (vgl. Grinder; Bandler, 1976, S. 3ff).

Diese Vorstellungen von Erfahrungen der Individuen beinhalten eine erkennbare Struktur bzw. ein Muster. In diesem Sinne wird NLP auch als das Studium der Struktur subjektiver Erfahrung definiert (vgl. Dilts et al., 1980, S. 7).

Es wird postuliert, dass jeder Mensch zum Lösen seiner Probleme alle nötigen Ressourcen in sich trägt (vgl. Wake, 2008, S. 37). In dieser Aussage ist impliziert, dass der Mensch bewusst entscheiden und handeln kann.

Der erste Schritt ist das Herstellen und Aufrechterhalten eines sogenannten Rapports zwischen dem Verkäufer und dem Kunden, der durch Tempo und Führung des verbalen (z. B. sensorische Prädikate und Schlüsselwörter) und nonverbalen Verhaltens (z. B. Abgleichen und Spiegeln von nonverbalem Verhalten) des Gesprächspartners erreicht wird (vgl. Zhao et al., 2014, S. 514ff; vgl. Steinbach, 1984, S. 147ff).

Sobald eine Beziehung hergestellt ist, kann der Verkäufer Informationen (z. B. unter Verwendung von sogenannten Metamodellfragen) über den gegenwärtigen Zustand des Kunden sammeln und ihm helfen, einen gewünschten Zustand oder ein gewünschtes Ziel für die Interaktion zu definieren. Schließlich werden die Änderungen „in die Zukunft getrieben", indem sie dem Kunden helfen, die Änderungen mental zu proben und umzusetzen (vgl. Steinbach, 1984, S. 147ff).
NLP zielt so auf eine Beziehung mit dem Gegenüber ab und unterstellt grundsätzlich auch eine Veränderbarkeit der Rolle des Gegenübers, die durch ein dynamisches Interaktionsverständnis gesteuert wird.

Eine weitere Grundannahme von NLP besteht darin, dass die Bedeutung von Kommunikation in der Reaktion des Gegenübers liegt und nicht in der Absicht des aktiven Kommunikators selbst (vgl. Wake, 2008, S. 46f).

Damit wird ein kommunikationstheoretisch dyadisch-pragmatischer Ansatz gewählt, der die Wirkung beim Empfänger der Botschaft in den Fokus rückt und nicht nur beim Sprecher sucht.

„Programmieren" wird innerhalb des NLP-Verständnisses klar von Manipulation unterschieden, da NLP den Anspruch hat, jegliche Intervention unter ethisch und moralisch, mit dem Kunden abgestimmten Richtlinien zu vollziehen (vgl. Wake, 2008, S. 59). Dies geschieht deswegen, da sich die einzelnen Methoden dafür eignen können, beim Kunden unbewusste manipulative Veränderungen zu bewirken. Diese Manipulationen, die gerade in Verhandlungen und Verkaufsgesprächen genutzt werden könnten, sollen durch ethische Standards vermieden werden. Essenzieller Ansatz soll sein, das Gegenüber zu unterstützen, sich selbst gegen innere Programme, die sich für gewöhnlich unbewusst abspielen, zu behaupten.

NLP bedient sich einer Vielfalt von verschiedenen Ansätzen und versucht, einen psychologischen „Werkzeugkoffer" zur kommunikativen Verbesserung zu bieten (vgl. Wake, 2008, S. 34f). So werden auf unterschiedlichsten Ebenen sehr konkrete Anwendungsratschläge gegeben. In einem Text wird beispielsweise behauptet, „[...] wenn das Wort ‚aber' übernommen wird, werden sich Leute daran erinnern, was danach gesagt wurde. Mit dem Wort ‚und' erinnern sich die Leute daran, was vorher und nachher gesagt wurde" (Stollznow, 2010, S. 6ff).

Ein weiteres bekanntes Beispiel ist die durch NLP vertretene These, in der über Augenbewegungen erschlossen wird, was sich kognitiv in Menschen abspielt. NLP geht davon aus, dass spezielle Operationen des Gehirns, wie das Erinnern an visuelle Informationen, mit klar zuordenbaren Augenbewegungen verbunden sind. Verschiedene Studien widerlegen allerdings die Gültigkeit dieser Behauptung bzw. Thesen (vgl. Steinbach, 1984, S. 147ff).

		Einfache Perspektive	Komplizierte Perspektive	Komplexe Perspektive
	Handlungs-verständnis	Rationales Verhalten (rational-mechanistisch)	Tatsächlich beobachtetes Verhalten (naturwissenschaftlich-empirisch)	Bewusstes, komplexes Handlungsverständnis (geisteswissenschaftlich)
Kundenorientierung	**Rollenver-ständnis**	Passiv, vorab bestimmte Rolle (Abnehmer)	Mehrere feststehende Rollen gleichzeitig (Bsp.: Abnehmer und Informationsquelle)	Es wird berücksichtigt, dass sich die Rolle durch das Gegenüber und die Umwelten verändert (Mitwirkender, Partner)
	Beziehungs-verständnis	Keine zeitliche Dimension	Statisches Beziehungsverständnis	Gemeinsame Entwicklung von Erfahrungen und Erwartungen (Koevolution)
Anpassungsfähigkeit	**Kommunika-tions-verständnis**	Einseitig	Dyadisch-semantisch, aber nicht pragmatisch	Dyadisch-pragmatisches Kommunikationsverständnis
	Interaktions-verständnis	Keine Interaktion; Pseudo-interaktion	Asymmetrische Interaktion; reaktive Interaktion; punktuelle Interaktion	Interaktiv-dynamisches Transaktionsverständnis (systemisch)

Tabelle 17: Bewertungsmatrix NLP (Quelle: Eigene Darstellung)

Wird an dieser Stelle davon ausgegangen, dass es auch in Verkaufsgesprächen gelingt, die grundsätzlich manipulativen Möglichkeiten der NLP-Techniken nicht auszunutzen und die ethischen Grundsätze stets zu berücksichtigen (was im Verkauf bezweifelt werden kann), ist der eigentliche Kritikpunkt die Tatsache, dass die Wirksamkeit der in NLP genutzten Techniken weitestgehend als widerlegt gilt.

Zahlreiche Literaturrecherchen und Metaanalysen haben keine Beweise für die Annahmen oder die Wirksamkeit von NLP als therapeutische Methode erbracht (vgl. Sharpley, 1984, S. 238ff; vgl. Sharpley, 1987, S. 103ff; vgl. Heap,

1988a, S. 268ff; vgl. Druckman; Swets, 1988, S. 202ff; vgl. Druckman, 2004, S. 2234ff; vgl. von Bergen et al., 1997, S. 281ff; vgl. Witkowski, 2010, S. 58ff).

Umfragen in der akademischen Gemeinschaft haben gezeigt, dass NLP unter Wissenschaftlern weitgehend diskreditiert ist (vgl. Norcross et al., 2006, S. 512ff; vgl. Norcross et al., 2010, S. 174ff; vgl. Glasner-Edwards; Rawson, 2010, S. 93ff).

Kritiker nennen NLP eine Pseudowissenschaft oder New-Age-Form der Psychotherapie (vgl. Elich et al., 1985, S. 622ff), die teilweise mehr Schaden anrichtet, als sie hilft und die darüber hinaus nicht bewiesen ist (vgl. Heap, 1988b, S. 4ff; vgl. Thyer; Pignotti, 2015, S. 56f, S. 165ff; vgl. Sharpley, 1987, S. 103ff; vgl. Witkowski, 2010, S. 58ff).

Wissenschaftliche Untersuchungen besagen, dass NLP auf veralteten Metaphern der Funktionsweise des Gehirns basiert, die nicht mit aktuellen neurologischen Theorien übereinstimmen und zahlreiche sachliche Fehler enthält (vgl. von Bergen et al., 1997, S. 281ff; vgl. Druckman, 2004, S. 2234ff).

Überprüfungen ergeben auch, dass alle unterstützenden Untersuchungen zu NLP erhebliche methodische Mängel aufweisen und dass es dreimal so viele Studien von wesentlich höherer Qualität gibt, die die „außergewöhnlichen Behauptungen" von Bandler und Grinder sowie anderen NLP-Praktikern nicht reproduzieren (vgl. Sharpley, 1987, S. 103ff; vgl. Witkowski, 2010, S. 58ff).

2.6.4.9. Bewertung des transaktionsanalytischen Ansatzes

Nerdinger (vgl. 2001, S. 166) stellt fest, dass der dyadische transaktionsanalytische Ansatz dazu geeignet ist, das Verständnis für die Kommunikation zu verbessern und Verkäufern Anhaltspunkte gibt, Interaktionen besser zu kontrollieren und sie positiv zu beeinflussen.

Weis (vgl. 2003, S. 83) betont darüber hinaus, dass die Transaktionsanalyse hilft, sich mit dem eigenen Verhalten auseinanderzusetzen und es dadurch ermöglicht, dieses im gewünschten Sinne zu ändern, als auch Einfluss auf das Verhalten des Gesprächspartners zu nehmen, somit die Kommunikationsbeziehung zu optimieren und eine bessere Beziehung im Allgemeinen zum Gegenüber aufzubauen.

Das liegt nicht zuletzt an ihrem eklektischen Ansatz, der aus verschiedenen Theorien – u. a. der Psychoanalyse – einzelne Ingredienzien sammelt, zu einem neuen Ganzen zusammenfügt und dadurch die Möglichkeit schafft, die Interaktionen zweier Menschen situativ zu analysieren. Die Transaktionsanalyse unterstützt, Interaktionsprozesse zu verstehen und dahinterliegende Muster zu erkennen, aber kann darüber hinaus darauf aufbauend auch normative Empfehlungen geben (vgl. Nerdinger, 2001, S. 166). Die Kenntnis dieser Beziehungsmuster, die sich aus der Verkäufer-Kunden-Dyade und den dahinterliegenden verborgenen Einflüssen ergeben, ermöglicht, Handlungsweisen des sozialen Systems zu verstehen bzw. ihre Bedeutung für das System rekonstruieren zu können (vgl. Angerer, 2003, S. 76), um daraus Handlungsprognosen sowie Lenkungs- und Interventionsmaßnahmen abzuleiten (vgl. Angerer, 2003 S. 73).

Durch diese situativ adaptive Betrachtung und Anpassung an die Bedürfnismuster des Kunden erhält das Gespräch eine Dimension sozialer Komplexität, die über die reine Personenbetrachtung hinausgeht. Verkäufer werden aus dieser Perspektive zu „Interaktionsmanagern“ (Nerdinger, 1998), die in der Lage sind, Beziehungen zu unterschiedlichen Kunden so zu gestalten, dass sie für alle Parteien zu befriedigenden Ergebnissen führen (vgl. Nerdinger, 2001, S. 127f). „In dieser Hinsicht ist gerade das ‚einfache Strickmuster‘ des Ansatzes von Vorteil“, wie Nerdinger (2001, S. 170) es ausdrückt.

Inhaltlich kann Kritik an der transaktionsanalytischen Kommunikationstheorie bezüglich der Stimulus-Response-Konzeption geäußert werden (vgl. Berne, 2016, S. 28). Diesem herkömmlichen S-R-Modell liegt ein verhaltenswissenschaftliches oder gar mechanistisches Menschenbild zugrunde. Allerdings wird dies durch eine nähere Betrachtung des Bezugsrahmenmodells relativiert. Darin wird der Bezugsrahmen als systemischer Filter von inneren und äußeren Wirklichkeiten betrachtet (vgl. Hagehülsmann; Hagehülsmann, 2007, S. 15). Diesem Konzept wiederum liegt ein geisteswissenschaftliches Menschenbild zugrunde, dass, wie in vorherigen Kapiteln bereits beschrieben, den Menschen als nicht ausschließlich fremdbestimmt betrachtet und als Kernaspekt komplexer sozialer Systeme darstellt.

		Einfache Perspektive	Komplizierte Perspektive	Komplexe Perspektive
Kundenorientierung	**Handlungsverständnis**	Rationales Verhalten (rational-mechanistisch)	Tatsächlich beobachtetes Verhalten (naturwissenschaftlich-empirisch)	Bewusstes, komplexes Handlungsverständnis (geisteswissenschaftlich)
	Rollenverständnis	Passiv, vorab bestimmte Rolle (Abnehmer)	Mehrere feststehende Rollen gleichzeitig (Bsp.: Abnehmer und Informationsquelle)	Es wird berücksichtigt, dass sich die Rolle durch das Gegenüber und die Umwelten verändert (Mitwirkender, Partner)
	Beziehungsverständnis	Keine zeitliche Dimension	Statisches Beziehungsverständnis	Gemeinsame Entwicklung von Erfahrungen und Erwartungen (Koevolution)
Anpassungsfähigkeit	**Kommunikationsverständnis**	Einseitig	Dyadisch-semantisch, aber nicht pragmatisch	Dyadisch-pragmatisches Kommunikationsverständnis
	Interaktionsverständnis	Keine Interaktion; Pseudointeraktion	Asymmetrische Interaktion; reaktive Interaktion; punktuelle Interaktion	Interaktiv-dynamisches Transaktionsverständnis (systemisch)

Tabelle 18: Bewertungsmatrix Transaktionsanalytischer Ansatz (Quelle: Eigene Darstellung)

Hauptkritik übt Nerdinger (vgl. 2001, S. 166) an der Transaktionsanalyse, da sie sich nicht empirisch überprüfen lässt, keine Prognosen zulässt und nur geringen Erklärungswert liefert. Nerdinger (vgl. 2001, S. 170) wird diesbezüglich nicht spezifischer in seiner Kritik, äußert sich dahingehend, dass die empirisch-wissenschaftliche Basis des Ansatzes äußerst „dünn“ sei.

2.6.5. Ergebnis der Analyse der Gesprächsansätze

Werden die jeweils drei Bewertungsstufen der *adaptiveness* und Kundenorientierung in Anbetracht der vorherigen Ergebnisse wie in Abbildung 25 „aufgeklappt“ dargestellt, ergibt sich ein Zwei-Achsen-Diagramm (Anpassungsfähigkeit = y, Kundenorientierung = x) aus neun Feldern, in dem die einzelnen Ansätze eingeordnet werden können.

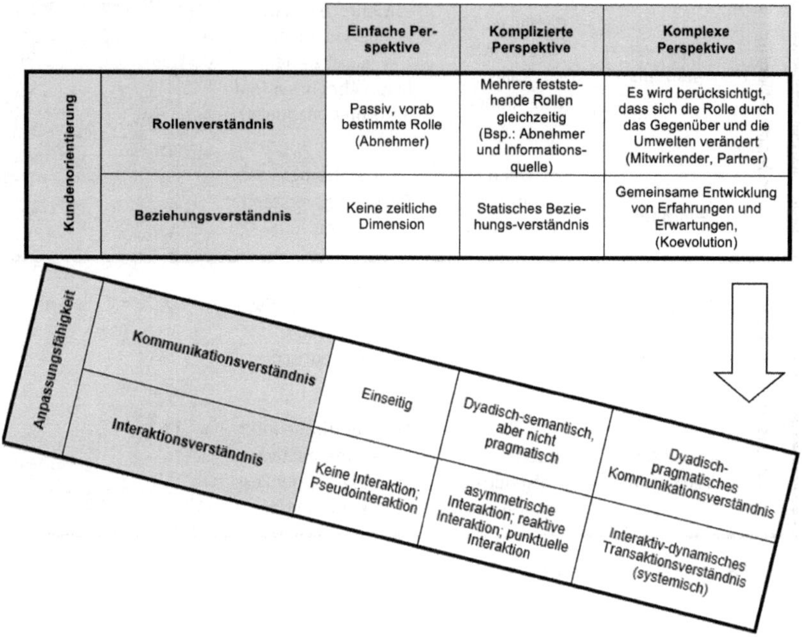

Abbildung 25: Transformation der Bewertungsmatrix (Quelle: Eigene Darstellung)

Aufbauend auf den vorherigen Bewertungskriterien ergibt sich im neuentstandenen Raster folgende Taxonomie der Gesprächs- und Verkaufsansätze hinsichtlich ihres Fokus auf Kundenorientierung und ihrer Nützlichkeit, die situative Anpassungsfähigkeit von Personen zu verbessern, um die immer komplexer werdenden Anforderungen des Verkaufsalltags handhaben zu können.

Dyadisch-pragmatisches Kommunikationsverständnis	Interaktiv- dynamisches, Transaktionsverständnis (systemisch)	hoch / interaktiv	Typ C1	Typ C2	**Transaktionsanalyse** **NLP** Typ C3
Dyadisch-semantisch, aber nicht pragmatisch	Asymmetrische Interaktion; reaktive Interaktion; punktuelle Interaktion	**Anpassungsfähigkeit**	(Verkaufstricks Manipulationstechniken) Typ B1	**Prospect Theory** **Grid-Ansatz** Typ B2	Typ C4
Einseitig	Keine Interaktion; Pseudointeraktion	niedrig / schematisch	**SOR-Ansatz** **Phasenmodell** Typ A1	**Analyseansatz** Typ B3	**Problemlösungsansatz** Typ C5
Kommunikation	Interaktion		**Abnehmer** **niedrig**	**Kundenorientierung**	**Partner** **hoch**
		Rollenverständnis	Passiv, vorab bestimmte Rolle (Abnehmer)	Mehrere feststehende Rollen (Bsp.: Abnehmer und Informationsquelle)	Die Rolle verändert sich durch das Gegenüber und die Umwelten (Mitwirkender, Partner)
		Beziehungsverständnis	Keine zeitliche Dimension	Statisches Beziehungs-verständnis	Gemeinsame Entwicklung von Erfahrungen und Erwartungen, (Koevolution)

Tabelle 19: Taxonomie der Ansatzbewertungen (Quelle: Eigene Darstellung)

Tabelle 19 veranschaulicht, dass unterschiedliche Ansätze verschiedene Gewichtungen der Anpassungsfähigkeit und Kundenorientierung besitzen.

Ansätze des **Typs A1** sind klassisch einfache Ansätze, die weder für die Kundenorientierung noch für situative Anpassungen im Gespräch konkrete Hilfestellung leisten. **Typ B**-Ansätze weisen bereits ein erweitertes kompliziertes verhaltenswissenschaftlich-empirisches Verständnis auf und werden zumindest in einem, wenn nicht sogar in beiden Bereichen konkreter, was die adaptiven Verhaltensweisen und/oder die Art und Weise der Kundenorientierung, die durch sie verfolgt wird, betrifft. **Typ C**-Ansätze rücken zumindest auf einer der beiden Achsen in eine komplexe Weltanschauung vor und werden dementsprechend sehr konkret, wie mit den Dimensionen praktisch umzugehen ist.

Einige Ansätze sind eher schematischer Natur (**Typ A1, B3 und C5**) und zeigen allgemein auf, wie Gesprächsteilnehmer prozessual und instrumental vorgehen sollen (vgl. Weis, 2003, S. 51). Sie sind dadurch geprägt, dass sie zwar durchaus eine kundenorientierte Ausrichtung bzw. Zielsetzung aufweisen können (**Typ B3 und C5**), ihr Fokus liegt aber nicht auf den interaktiven situativ-dynamischen Prozessen des Gesprächs.

Interaktionsansätze liefern hingegen Hinweise für die Gestaltung und Interpretation des Verhaltens eines Verkäufers und eines Käufers (vgl. Weis, 2003, S. 51), also dem dynamischen Prozess. Sie verstehen das Gespräch nicht als lineare, hierarchische, statische Prozesse mit Phaseneinteilung, die durch den Verkäufer einseitig gesteuert werden. Sie betrachten die Verkaufsgespräche stattdessen als Kommunikationsprozesse, bei denen die Gesprächspartner in einem wechselseitigen Verhältnis stehen. Das bedeutet, die Verhandlungspartner stehen in einer interaktiven Beziehung, bei der immer eine Partei auf die andere reagiert und somit beide Parteien direkten Einfluss auf den Gesprächsverlauf haben (vgl. Weis, 2003, S. 58ff). Das Verkaufsgespräch ist demnach eine soziale Interaktion zwischen Käufer und Verkäufer, deren Ergebnis vom Verhalten beider Parteien abhängt (vgl. Meffert, 1992, S. 154ff).

Nerdinger (vgl. 2001, S. 75) sieht die praktische Gefahr der Interaktionsansätze allgemein darin, dass nur Techniken gesucht werden könnten, die dem Verkäufer helfen, die Interaktion und damit den Käufer zu kontrollieren. „Da solche Techniken angeblich erlernbar sind, entfaltete sich bald eine ‚blühende Industrie' des Verkaufstrainings, wobei allenthalben wahre Wundermittel mit ‚todsicherem Erfolg' versprochen werden", kann Nerdinger zitiert werden (2001, S. 75).

Das bedeutet, dass zwar die gleichwertige wechselseitige Beeinflussung beider Parteien einen großen Teil der Essenz dieses Ansatzes ausmacht, in der Praxis jedoch oft von einer Seite der Versuch unternommen wird, das Gegenüber zu manipulieren. So kann nicht von einem ausgewogenen Gegenseitigkeitsverhältnis gesprochen werden (**Typ B1**). Es besteht vielmehr eine asymmetrische Interaktion (vgl. Graumann, 1972, S. 1149). Geschieht dies in der Praxis, geht die Asymmetrie zwangsläufig immer auf Kosten echter Kundenorientierung, da wirkliche Integration nicht angestrebt wird.

Neurolinguistische Programmierung und die Transaktionsanalyse (Typ C3) sind zwei Interaktionsansätze, die (in ihrer Reinform) neben den adaptiv gebotenen Möglichkeiten gleichzeitig auch sehr kundenorientierte Ziele verfolgen. Nicht zuletzt ihr eklektisches Wesen und das zugrunde gelegte konstruktivistische Weltbild sowie das geisteswissenschaftliche Menschenbild sind grundlegende Gemeinsamkeiten der beiden Konzepte, die sie im Kern verbinden. Sie haben beide den Anspruch, komplexen Bedingungen zu genügen, indem sie Verkäufern konkrete situativ-dynamisch brauchbare Techniken liefern, die in nicht-trivialen Situationen adaptiven und kundenorientierten praktischen Mehrwert leisten können.

Wird die in den vorangegangenen Kapiteln angeführte Kritik an den beiden Ansätzen (Transaktionsanalyse und NLP) verglichen, steht die differenzierte und schwerwiegende Kritik auf Grundlage empirischer Untersuchungen der wissenschaftlichen Gesellschaft an den NLP-Methoden einer im quantitativen Sinne empirisch-wissenschaftlich sehr „dünnen" Sachlage der Transaktionsanalyse gegenüber.

Angerer (vgl. 2003; 2004a; 2004b; 2005) hat dieser Kritik von Nerdinger (vgl. 2001, S. 170), die Transaktionsanalyse ließe sich empirisch nicht greifen und könne weder Prognosen noch Erklärungswerte bieten, in einigen Arbeiten bereits entgegengewirkt.

Diese auf den Verkauf bezogenen ersten Forschungsansätze werden als Entscheidungsgrundlage genutzt, um im Folgenden die Transaktionsanalyse in den Fokus der weiteren Betrachtung zu rücken.

Vor dem Hintergrund der vorangegangenen Überlegungen erscheint die Transaktionsanalyse nach Berne dazu geeignet zu sein, die Erweiterung des klassischen Verständnisses von Verhandlungsansätzen hin zu komplexen Anforderungen bewältigen zu können (vgl. Angerer, 2003, S. 80). Sie kann gleichermaßen adaptive Interaktion unterstützen und einen stark kundenorientierten Fokus bieten.

Die Kommunikationstheorie der Transaktionsanalyse von Berne (1961) spiegelt ein Abweichen der zuvor erwähnten mechanistischen einfacheren Input-Output-Modelle wider (vgl. Angerer, 2003, S. 70) und bietet Werkzeuge, einem komplexen Umfeld und damit einhergehenden realen Herausforderungen kommunikativ gerecht zu werden.

Um als Grundlage einen umfassenderen theoretischen Bezugsrahmen zum Umgang der komplexen Anforderungen zu erhalten, scheint die Theorie sozialer Systeme nach Luhmann und Willke sowie die Theorie personaler Systeme nach Bateson geeignet (vgl. Angerer, 2003, S. 80).

Um für diese Thematik ein tieferes Verständnis zu schaffen, wird in den folgenden Kapiteln zunächst auf die beiden Vertreter der Systemtheorie eingegangen. Im Anschluss daran wird dezidiert analysiert, wie die Transaktionsanalyse konkret an die theoretischen Grundlagen bezüglich der komplexen Sachverhalte der Systemtheorie anknüpfbar ist und inwieweit sie handfeste Werkzeuge zu deren situativer Bewältigung bereitstellen kann.

Dabei entsteht gerade durch das bereits angesprochene eklektische Wesen in Verbindung mit dem für die praktische Anwendung *„einfachen Strickmuster"* (Nerdinger, 2001, S. 170) ein potenzieller, auch umsetzbarer Mehrwert für die Interaktionspartner.

3. Situativ erfolgreiches Verhandeln auf Basis einer systemischen Transaktionsanalyse

3.1. Erkenntnisinteresse und Aufbau des Kapitels

Im folgenden Abschnitt wird auf Basis einer systemischen Transaktionsanalyse ein Modell erarbeitet, das den zuvor beschriebenen komplexen Herausforderungen gerecht werden kann und damit situativ erfolgreiches Verhandeln ermöglicht.

- In **Kapitel 3.2** wird dazu zunächst ein Einstieg in die **Systemtheorie als theoretischer Bezugsrahmen** gegeben, um darauf aufbauend einen Zugang zum Umgang mit Komplexität zu bekommen.

- In **Kapitel 3.3** wird im Anschluss daran auf **situatives Verhandeln aus einer transaktionsanalytischen Perspektive** eingegangen und die Transaktionsanalyse in Hinblick auf die bisherigen Erkenntnisse kritisch analysiert.

- In **Kapitel 3.4** werden durch eine Verbindung der recht theoretischen Systemtheorie mit der praxisnahen Transaktionsanalyse **Aspekte systemischer transaktionsanalytischer Verhandlungsführung** untersucht, geklärt und weiterentwickelt.

- **Kapitel 3.5** geht auf die daraus entstehenden Möglichkeiten dieses dynamischen Ansatzes ein, indem es eine **Mustererkennung in Verhandlungen** ermöglicht und daraus ein **Modell für situatives erfolgreiches Verhandeln** in Form einer **Beziehungsanalyse** konstruiert wird.

M. Beck, *Situative Verhandlungsführung*, Managementforschung,
https://doi.org/10.1007/978-3-658-42958-4_3

3.2. Systemtheorie als theoretischer Bezugsrahmen

3.2.1. Überblick

In diesem Abschnitt wird die Systemtheorie als theoretischer Bezugsrahmen für situatives Verhandeln genutzt, um einen Zugang zum grundsätzlichen Umgang mit Komplexität zu erhalten.

Dazu wird zunächst in **Kapitel 3.2.2** über die sogenannte **Allgemeine Systemtheorie** ein grundsätzliches Verständnis für diese Wissenschaftsdisziplin aufgebaut.

In **Kapitel 3.2.3** wird dieses Verständnis über den systemtheoretischen Teilbereich der **Sozialen Systemtheorie** vertieft.

Kapitel 3.2.4 beschäftigt sich mit der **Personalen Systemtheorie,** einem Ableger der zuvor genannten Systemtheorien, in der der ausschließliche Fokus von der Kommunikation abrückt und erstmalig Personen in den Mittelpunkt der Betrachtung gebracht und die zuvor noch abstrakt gehaltenen Theorien mit klaren, praktisch umsetzbaren sozialen Regelwerken untermauert werden.

Auf den Erkenntnissen der vorherigen Kapitel aufbauend wird in **Kapitel 3.2.5 (Steuerungsprinzipien als Ansatz zur Intervention in Geschäftsbeziehungen)** ein Zwischenfazit gezogen und Empfehlungen für und Ausblicke über das weitere Vorgehen gegeben.

3.2.2. Allgemeine Systemtheorie

Mitte des letzten Jahrhunderts etablierte sich die allgemeine Systemtheorie, die hauptsächlich aus den biologischen Forschungen von Ludwig von Bertalanffy hervorgegangen war. Zentrale Begriffe der Allgemeinen Systemtheorie sind u. a. System, Element, Relation und Umwelt. **Systeme** entstehen aus einer Menge von Elementen, die sich in Wechselwirkung miteinander befinden (vgl. Hall; Fagen, 1974, S. 127). Jedes System ist darüber hinaus von der dazugehörigen Systemumwelt abgegrenzt. Durch dieses Paradigma des Systems wurde das traditionelle lineare Denken (Input-Output) durch das Denken in Regelkreisen abgelöst, wie in Abbildung 26 dargestellt (vgl. König; Volmer, 2005, S. 15). Welche Bedeutung hat das für soziale Systeme und welche Konsequenzen bringt es für das praktische Handeln? Systemisches Denken bedeutet, anstatt in linearen Verläufen in Kreisläufen zu denken (O´Connor; McDermott, 1998, S. 45).

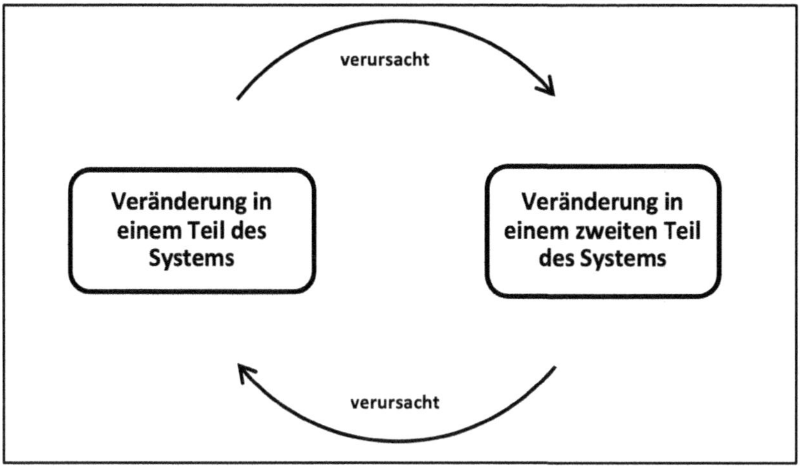

Abbildung 26: Regelkreis sozialer Systeme (Quelle: Eigene Darstellung nach König und Volmer, 2005, S. 16)

„Der Vorteil eines solchen Modells liegt darin, dass es über das traditionelle Ursache-Wirkungs-Denken hinausführt" (König; Volmer, 2005, S. 18). Die Aufmerksamkeit liegt dabei nicht mehr auf der einen Ursache eines Problems, sondern vielmehr auf den vielen Faktoren komplexer Systeme und etwaigen Wechselwirkungen, die sich dazwischen abspielen (vgl. König; Volmer, 2005, S. 18).

3.2.3. Soziale Systemtheorie

3.2.3.1. Zentrale Begriffe

Aus dieser allgemeinen Systemtheorie, die sich als Universalwissenschaft versteht, und für alle Bereiche gleiche Gültigkeit beansprucht, der jedoch gerade dadurch Kritik hinsichtlich ihrer Beschränktheit auf praktische Interventionsmöglichkeiten entgegengebracht wird, entwickelte sich die Systemtheorie in verschiedene Richtungen weiter (Abbildung 27) (vgl. König; Volmer, 2005, S. 18).

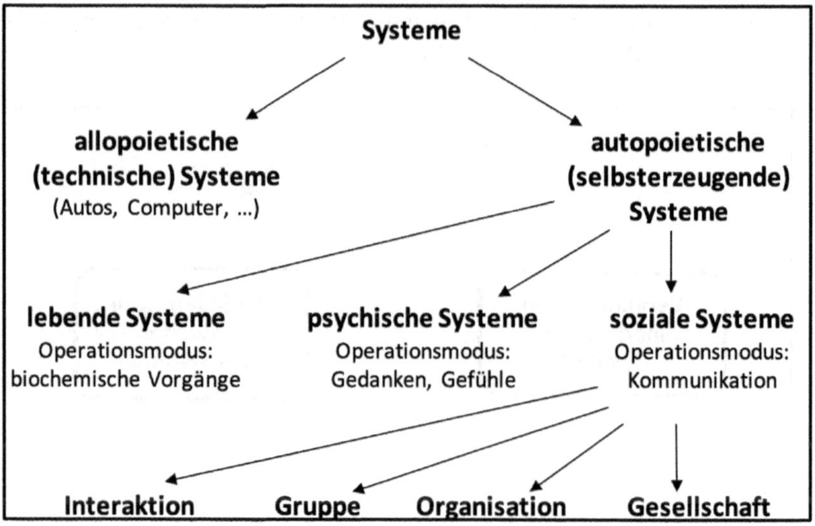

Abbildung 27: Übersicht der Systeme (Quelle: Eigene Darstellung nach Willemse und von Ameln, 2018, S. 25)

Sehr bekannt ist die von Luhmann und durch Willke weiterentwickelte sogenannte soziale Systemtheorie. Dabei werden **Systeme** nicht als Netz von Beziehungen, sondern vielmehr als Netz von Operationen betrachtet, welche abgegrenzt von nicht dazugehörigen Operationen sind (vgl. Willke, 2006, S. 55). Durch diese Verzeitlichung des Begriffs „Element“ wird erreicht, dass eine Zeitdimension ins Blickfeld gerückt wird (vgl. Kasper et al., 1999, S. 174). Nach Luhmann (vgl. 1984a, S. 286) bestehen soziale Systeme aus Kommunikation und nicht aus Personen, sie werden somit als Kommunikationssysteme verstanden.

Hierbei dienen jedoch psychische Systeme (Individuen) als Voraussetzung für soziale Systeme (vgl. Willke, 2005, S. 157ff). Luhmann beschreibt dabei **Kommunikation** als eine bestimmte Art und Weise des Operierens, die aus drei Selektionen (Information, Mitteilung, Verstehen) besteht und daraus eine Einheit bildet, an die Folgekommunikation anknüpfen kann (vgl. Schmid; Haferkampf, 1987, S. 11). Beispielsweise wird zunächst (1) aus einem Pool verschiedener Themen ein bestimmter Inhalt – bzw. Information – selektiert. (2) Als zweiter Schritt wird entschieden, auf welche Art und Weise die

Kommunikation – die Übermittlung dieses Inhalts – stattfinden soll. (3) Im dritten Schritt selektiert der Empfänger der Nachricht, wie er diese versteht. Beispielsweise könnte die Nachricht sachlich als reine Information verstanden werden oder aber auch als verstecktes Beziehungsangebot (vgl. Kasper et al., 1999, S. 167f). Fortlaufende Kommunikation ist dabei für den Bestand sozialer Systeme unerlässlich (vgl. Willke, 2006, S. 65f).

Die Dreier-Einheit der Kommunikation selbst ist kein direkt beobachtbarer Vorgang, da die Selektionen und ihre internen Relationen lediglich erschlossen werden können. In diesem Zusammenhang spielen **Handlungen** als sogenannte Oberflächenphänomene bzw. Letztelemente der Kommunikation eine wichtige Rolle zur Analyse des Gegenübers, da sie die beobachtbare Einheit der Kommunikation darstellen (vgl. Kasper et al., 1999, S. 167).

Komplexität bezieht sich in der sozialen Systemtheorie auf die System-Umwelt-Relation und bezeichnet das Übermaß an Möglichkeiten aus der Umwelt, das unter dem Gesichtspunkt von Handlungsfähigkeiten bearbeitet bzw. reduziert werden muss. Dies ist mit einer Selektion von Ereignissen und Informationen aus der komplexen Umwelt gleichzusetzen (vgl. Willke, 2006, S. 18ff).

Kontingenz bezeichnet hingegen die in einer bestimmten Situation gegebenen Handlungsalternativen bzw. -optionen, die theoretisch möglich sind (vgl. Willke, 2006, S. 28ff). Komplexität ist somit als die Input-Seite des Systems zu betrachten, während Kontingenz die Output-Möglichkeiten des Systems beschreibt (vgl. Willke, 2006, S. 31ff). Dies steht in unmittelbarer Verbindung mit Entscheidungsfindungen in organisierten Systemen, da Entscheidungen in sozialen Systemen, wie Geschäftsbeziehungen, nicht im Allgemeinen auf Kommunikation alleine basieren, sondern bestimmten Bedingungen bzw. Erwartungen genügen müssen (vgl. Angerer, 2003, S. 85).

Entscheidungen in sozialen Systemen werden, genau wie eine Handlung, als ein Systemelement ohne Dauer betrachtet. Luhmann (1984b, S. 591) versteht unter Entscheidungen „[...] ein auf Erwartungen reagierendes Verhalten". Dabei schlägt er vor, Handlungen immer dann als Entscheidungen zu klassifizieren, wenn sie auf Erwartungen reagieren (vgl. Luhmann, 1984b, S. 594).

Kasper et al. (1999, S. 168) postulieren, dass innerhalb formal organisierter Sozialsysteme und Wirtschaftsorganisationen Handlungen grundsätzlich immer Entscheidungen sind.

Erwartungen werden als Strukturen beschrieben, die relativ zeitbeständig sind. Strukturen sind in Sozialsystemen immer Erwartungen, die formaler Natur (u. a. formale Satzungen) oder informaler Natur (u. a. Gewohnheiten) sein können (vgl. Kasper et al., 1999, S. 174). Luhmann differenziert soziale Strukturen bzw. Erwartungen in (1) **Kognitionen** und (2) Normen. Als **(1) Kognitionen** gelten für Luhmann jene Kriterien, die in der Betriebswirtschaftslehre üblicherweise als Strategien, Programme, Ziele, Pläne usw. bezeichnet werden. Dabei werden sie als „lernwillig" beschrieben, da sie aufgrund von Erfahrungen angepasst werden. An **(2) Normen**, im Gegensatz zu den Kognitionen, wird auch im Enttäuschungsfall festgehalten. Damit gelten sie als „lernunwillig" (vgl. Kasper et al., 1999, S. 175).

Sinn versteht Luhmann (1971, S. 12) als „[...] bestimmte Strategien des selektiven Verhaltens unter der Bedingung hoher Komplexität". Soziale Systeme, ebenso wie psychische Systeme, sind sinnhafte Systeme. Der Begriff „Sinn" stellt dabei die Ordnungsform dar, die systemspezifisch abgrenzt, was als sinnvoll und was als sinnlos zu betrachten ist (vgl. Willke, 2005, S. 43). Werden Erwartungsmuster beispielsweise durchbrochen, kann dies zu abweichenden Strukturbildungen führen und die **Sinnfrage** für ein System aufwerfen (vgl. Luhmann, 1984b, S. 596).

Soll Systemhandeln erklärt und vorhergesagt werden, müssen Handlungen und Entscheidungen im Kontext mit Strukturen bzw. Erwartungen betrachtet werden (vgl. Willke, 2005, S. 35). Strukturen regeln im System, was als zulässig gilt und was nicht. Erwartungen bestimmen vordergründig ablaufende Prozesse (vgl. Kasper et al., 1999, S. 174). Hinter der Oberflächenstruktur verbirgt sich eine Tiefenstruktur, die nicht einfach erkennbar ist, aber die Operationsweise des Systems steuert (vgl. Willke, 2005, S. 35).
Abbildung 28 veranschaulicht die beschriebenen Prozesse und Abläufe auf vereinfachte Weise.

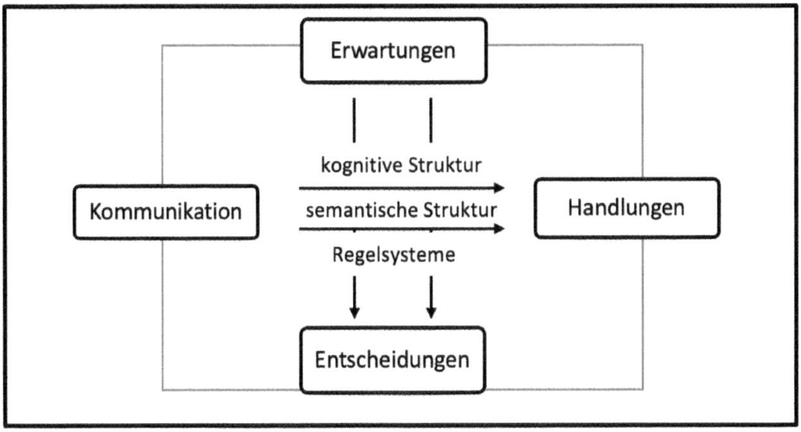

Abbildung 28: Nicht-triviales, komplexes Systemmodell (Quelle: Eigene Darstellung nach Willke, 2006, S. 42)

Der Systembegriff selbst wird nicht mehr wie in der allgemeinen Systemtheorie durch Elemente und Relationen, sondern durch die Abgrenzung von Systemen zu ihren Umwelten definiert. Diese Unterscheidung zwischen System und Umwelt in einem sozialen System und der darin gegebenen verschiedenen Stufen führt zur sogenannten **Systemdifferenzierung** (vgl. Luhmann, 1984a, S. 37). Der Begriff „System" und damit einhergehende Grenzen werden im systemischen Verständnis in Bezug auf die Bedeutung und Abgrenzung in Abhängigkeit der Systemreferenz und der Blickrichtung, aus der das System betrachtet wird, relational konzipiert (vgl. Willke, 2006, S. 56).

3.2.3.2. Umwelten sozialer Systeme

Aus einer systemtheoretischen Perspektive wird zwischen **Innenwelt** und **Außenwelt** als Umwelten unterschieden (vgl. Willke, 2006, S. 56). **Innenwelt** ist dabei eine spezielle Umwelt des sozialen Systems und „[...] umfasst die Beziehungen zwischen dem System als Kollektiv (und seinen Kollektiveigenschaften) mit seinen Mitgliedern als Personen (mit ihren Individualeigenschaften)" (Willke, 2006, S. 58). Die Mitglieder dieser Innenwelt als Personen des sozialen Systems werden dabei der Umwelt des Systems zugerechnet, da Menschen nie komplett zu einem System gehören können, sondern nur in speziellen Rollen, Aufmerksamkeiten, Motiven usw. partizipieren (vgl. Willke, 2006, S. 58). Menschen werden als hochkomplexe psychische Systeme betrachtet, die nur spezifische und spezialisierte Teile bzw. Rollenbezüge ihrer Gesamtheit in die sozialen Systeme einbringen (vgl. Willke, 2006, S. 232). Unter **Außenwelt** versteht Willke (vgl. 2006, S. 59) externe Relationen, die neben den Mitgliedern, alle In- und Output-Beziehungen umfassen.

Durch Bestimmung der Innen- und Außenwelt können Probleme des sogenannten fokalen Systems analysiert werden, indem Fragen zu bestimmten Prozessen, Strukturen und Funktionen, auch bezüglich der Umwelt des fokalen Systems, gestellt werden, da nicht alle Umwelten für das System gleiche Bedeutung haben. Als fokales System wird das jeweils im Fokus stehende bzw. betroffene System bezeichnet (vgl. Willke, 2006, S. 25, S. 57).

3.2.3.3. Evolutionsstufen sozialer Systeme

Unternehmen bzw. organisierte Sozialsysteme, wie z. B. verschiedene Firmen, die beginnen, miteinander Kontakt aufzunehmen, durchlaufen verschiedene Entwicklungsstufen bzw. sogenannte Ermergenzniveaus, bis sie als soziale Systeme bzw. vollentwickelte Interaktionssysteme bezeichnet werden (vgl. Angerer, 2003, S. 93).

Die aufeinander folgenden notwendigen evolutionären Entwicklungsstufen (Tabelle 20) hin zum vollentwickelten sozialen System sind durch spezifische Funktionen bzw. Bedingungen, aber auch Herausforderungen gekennzeichnet (vgl. Angerer, 2003, S. 93). Neben der rudimentären Voraussetzung einer möglichen **Interaktion** von Anwesenden, die sich wechselseitig (nicht nur einseitig) wahrnehmen (vgl. Luhmann, 1975, S. 22), beginnen Systeme, sich von anderen Systemen abzuheben, indem eine **(1) Grenzbildung** stattfindet (vgl. Willke, 2006, S. 72, S. 81), eine Art der **(2) Ressourcengewinnung** (bspw. durch Einbeziehung von Spezialisten) vollzogen (vgl. Willke, 2006, S. 81, S. 124) und eine **(3) Struktur gebildet** wird, die es ermöglicht, Ordnung für die verschiedenen Rollen der einzelnen Personen und deren Verantwortlichkeiten in Systemen zu schaffen (vgl. Willke, 2006, S. 72ff, S. 81, S. 124).

Um die damit einhergehende Herausforderung der zeitlichen Komplexität (vgl. genauer dazu Willke, 2006, S. 90ff) handhabbar zu machen, können darüber hinaus Abläufe über Prozessregeln gesteuert werden. Diese **(4) Prozesssteuerung** stellt die letzte Stufe sozialer Systeme dar, bevor sie in sogenannte vollentwickelte Systeme übergehen können (vgl. Willke, 2006, S. 81, S. 124).

Systemstufen	Funktion	durch die Funktion gelöste Herausforderung	mit der Funktion einhergehendes Folgeproblem	Lösungsschema für das Folgeproblem
(1)	Grenzbildung	Umwelt	Sachliche Komplexität	Assimilation
(2)	Ressourcengewinnung	Knappheit	Soziale Komplexität	Rollendifferenzierung
(3)	Strukturbildung	Ordnung	Zeitliche Komplexität	Prozessregeln
(4)	Prozesssteuerung	Zeit	Operative Komplexität	Reflexivität
Vollentwickelte Systeme	Reflexion	Identität	Kognitive Komplexität	Integration

Tabelle 20: Zusammenhang der Systemfunktionen (Quelle: Eigene Darstellung nach Willke, 2006, S. 124)

Die Voraussetzung für den Übergang in ein vollentwickeltes System wird letztendlich durch die Eigenschaft bzw. Fähigkeit definiert, Ziele und Handlungszwecke aus sich selbst zu entwickeln und verändern zu können (Reflexion) und nicht rein fremdbestimmt auf äußere Vorgaben zu reagieren (vgl. Willke, 2006, S. 94ff, S. 120f).

Reflexion bedeutet in der Systemtheorie „[...] Selbstbeschränkung eines (Teil-)Systems durch Rücksichtnahme auf die Überlebens- und Entwicklungsbedingungen der anderen (Teil-)Systeme in seiner Umwelt [...]“ (Willke, 2006, S. 101). Durch Vereinnahmung und interne Modellaufbereitung des Systems von relevanten Umweltaspekten und einer nicht mehr starren, instinktgesteuerten, sondern flexiblen, intern rückgekoppelten Produktion von Kommunikationsprozessen „[...] entsteht innerhalb eines bestimmten Schwellenwertes äußerer Ereignisse ein Spielraum für interne Operationen im Sinne selbstgenerierter und selbstkontrollierter Handlungsmöglichkeiten“ (Willke, 2006, S. 96). Diese Fähigkeit, Ziele und Zwecke selbstständig zu benennen und zu modifizieren, also operative Komplexität – detaillierte Ausführungen bestehen dazu von Willke (vgl. 2006, S. 94ff) – im Kontext einer relativen Unabhängigkeit von der Umwelt zu generieren und zu verarbeiten, erlaubt es

Systemen, sich aktiv gegenüber der Umwelt zu orientieren bzw. sich selbst zu organisieren und damit eine systemspezifische Identität bzw. Subjektheit zu entwickeln (vgl. Willke, 2006, S. 94f). Reflexivität beschreibt Beobachtungen von Beobachtungen. Reflexion umfasst dagegen die Schlussfolgerung aus einer Differenz von Fremd- und Selbstreferenz. Genaueres führt Willke (vgl. 1993, S. 84) aus.

Durch die Entwicklung einer eigenen systemspezifischen Identität gelingt es dem System, die klassische Reiz-Reaktion-Konzeption zu durchbrechen. Willke (2006, S. 95f) differenziert dabei zwischen Handeln und Verhalten. Verhalten steht für das pure Reagieren auf Reize. Handlungen dagegen beschreiben das bewusste Überwinden des direkten Reaktionsdrucks.

Identität wird als Konstanz gebündelter Erwartungen verstanden (vgl. Willke, 2006, S. 175).

Integration wird als Lösungsschema für die mit der Identitätsbildung einhergehenden Problematik des Zusammenspiels verschiedener, sich selbst bestimmender Identitäten und damit einhergehender notwendiger wechselseitiger Abstimmungen untereinander verstanden (vgl. Willke, 2006, S. 81f).

Um das **Integrationsproblem**, also die Abstimmung und Koordination der Teile untereinander und mit dem Ganzen in komplexen Systemen, zu lösen, sind besonders integrative Leistungen und Mechanismen notwendig (vgl. Willke, 2005, S. 82).

Dies kann z. B. eine neuartige Form einer integrierten Zusammenarbeit mit Kunden sein, in der diese bestimmte Funktionen übernehmen (vgl. Angerer, 2003, S. 100).

Im Rahmen dieser Systemevolution können die einzelnen Funktionen einerseits als Bedingungsgefüge und andererseits als Lenkungs- bzw. Interventionshierarchie aufgefasst werden (vgl. Willke, 2006, S. 123). Für die Betrachtung einer Kunden-Unternehmens-Beziehung und der dazugehörigen Möglichkeiten ergeben sich durch diesen systemtheoretischen Zugang alternative, innovative Betrachtungsweisen.

„Damit Kundenorientierung – oder mit anderen Worten die Beziehung – gelenkt werden kann, bedarf es der Integration der Kunden in ein neues System bestehend aus Unternehmen und Kunden" (Angerer, 2003, S. 100).

3.2.3.4. Integration als Vorbedingung zur Lenkung und Steuerung der Unternehmen-Kunden-Beziehung

3.2.3.4.1. Integration aus systemtheoretischer Sicht

Unternehmen sind grundsätzlich mit zwei verschiedenen Umweltkategorien konfrontiert. Systemtheoretisch werden diese als Innen- und Außenwelt bezeichnet. Die Abstimmung der Anforderungen an die Innen- und die Außenwelt bedeutet für das fokale System ein internes Problem, das unter dem Begriff der **Systemintegration** thematisiert wird (vgl. Willke, 2006, S. 55ff). Ein soziales System kann „[...] erst über eine reflexive wechselseitige Abstimmung mit allen relevanten Umweltbereichen [...] seine Identität als integriertes Ganzes herstellen" (Willke, 2006, S. 232). Die Herausforderung dieses Integrationsproblems besteht darin, dass Unternehmen die Beziehungen zur Außenwelt (Unternehmen etc.) mit den Beziehungen zur Innenwelt (Gesprächspartner etc.) „optimal" abstimmen müssen. Wenn das gelingt, kann die Organisation als integriert bezeichnet werden (vgl. Willke, 2005, S. 82f).

Integration ist die Grundbedingung einer möglichen Lenkung sozialer Systeme. Sie beschreibt darüber hinaus eine Qualität des Systemzustands (vgl. Willke, 2006, S. 109). Integration beginnt bei den einzelnen Teilen des Gesamtsystems und beschreibt „eine solche Form der Organisation des Zusammenspiels zwischen differenzierten Teilen, welche den Zusammenhang eines gemeinsamen Ganzen mit emergenten Eigenschaften zuläßt [sic!]" (Willke, 2006, S. 109). Emergenzen sind „Eigenschaften eines Systems, die aus den Eigenschaften seiner Elemente nicht erklärbar sind, die mithin neu und charakteristisch nur und erst für die Ebene des jeweiligen Systems sind. Diese Eigenschaften sind nicht Elemente im Kontext des Systems" (Willke, 2006, S. 247).

Zentrale Bedeutung für die vorliegende Arbeit hat damit die These, dass nicht-integrierte Systeme weder steuer- noch lenkbar sind und damit Integrationsarbeit von Einzelteilen des Gesamtsystems unter Betrachtung des Ganzen geleistet werden muss (vgl. Willke, 2006, S. 109). „Integration ist mithin zu verstehen als ein Prozeß [sic!], in dem autonome Einheiten bestimmte

Handlungsmöglichkeiten und Optionen aufgeben, um als funktional differenzierte Teilsysteme dem **neu gebildeten Gesamtsystem** [Hervorhebung durch den Autor dieser Arbeit] gegenüber neuen Umweltkonstellationen verbesserte evolutionäre Chancen zu verschaffen“ (Willke, 2006, S. 225).

Autonome Systeme können Unternehmen (als soziale Systeme) oder Kunden in Form von Personen (als „personale“ oder psychische Systeme) Teile anderer Unternehmen sein. Nach Willke (2006) ist „ein autonomes System [...] mithin ein System, das auf der Grundlage autopoietischer Selbststeuerung spezifische, durch seine Leitdifferenz und seinen Operationsmodus vorgezeichnete Umweltbeziehungen unterhält“ (Willke, 2006, S. 69). Unternehmen und Kunden in Form von Personen oder anderen Unternehmen können als differenzierte Teilsysteme eines neuen zusammengesetzten Gesamtsystems von Unternehmen bzw. Verkäufern und Kunden angesehen werden. Um Kunden in komplexen Systemen steuern zu können, erscheint es notwendig, diese in das eigene Unternehmen aufzunehmen. Dies bedeutet, sie müssen in die Innenwelt der fokalen Systeme aufgenommen werden. Dies ist anhand einer Integration der Unternehmen und ihrer Kunden in ein dadurch neuentstehendes Gesamtsystem möglich (vgl. Angerer, 2003, S. 102).

Im folgenden Kapitel wird das Thema der Kundenintegration aus der Perspektive der Marketingforschung betrachtet.

3.2.3.4.2. Kundenintegration in der Marketingforschung

Wie aus dem vorherigen Kapitel bekannt, ist aus systemtheoretischer Sicht die Kundenintegration in ein größeres Ganzes eine notwendige Voraussetzung, um grundsätzliche Steuerungsmöglichkeiten zu schaffen. Aus der Perspektive der Literatur des Marketings wird differenzierter überlegt, dass Kunden auf verschiedene Weisen in den Wertschöpfungsprozess integriert sein können. Dazu werden verschiedene Abstufungen der Integration definiert. Der Gesprächspartner kann Abnehmer, Nutzer, Informationsquelle, Prosumer und/oder Partner sein (vgl. Meyer; Blümelhuber, 1997, S. 64).

- In der klassischen Betrachtung, die aber viele Autoren als nicht zeitgemäß kritisieren, werden Kunden als reiner **Abnehmer** gesehen. Das heißt, der Fokus liegt nur auf der Verkaufs- bzw. Absatzphase. Es kann nicht von einer Geschäftsbeziehung mit einer zeitlichen Komponente, wie die dem Absatz vorgelagerten Aspekte oder Nachkauforientierungen gesprochen werden (vgl. Meyer; Schaffer, 2001, S. 68).
- In der nächsten Integrationsstufe wird das Gegenüber als **Verwender und Nutzer** betrachtet. Dies bedeutet, die After-Sales-Phase wird hier in das Kundenbild integriert und der Kunde dient als Informations-Feedback über die Produktqualität (vgl. Meyer; Schaffer, 2001, S. 68).
- Wird der Kunde als **Informationsquelle** betrachtet, wird der Integrationsstand durch die Pre-Sales-Phase ergänzt und bietet somit früh Möglichkeiten, Kundenwünsche zu erfüllen (vgl. Meyer; Schaffer, 2001, S. 68). Kundenindividuelle Problemlösungsansätze sind damit schon möglich (vgl. Reichwald; Piller, 2002, S. 36).
- Wird der Gesprächspartner als eine Ressource bzw. gleichwertiger Partner mit einem gemeinsamen Ziel verstanden, so wird dieser als **Prosumer** bezeichnet. Er ist damit gleichzeitig Konsument und Produzent. Er kann auch als Mitwirkender oder Mitgestalter bezeichnet werden (vgl. Prahalad; Ramaswamy, 2000, S. 66). Kunden gehören somit schon in die Innenwelt des Prozesses und ihre Rolle reicht über den Pre-Sales in dem Sinne hinaus, dass sie umfassend in den Leistungsherstellungsprozess mit einbezogen werden (vgl. Meyer; Schaffer, 2001, S. 69).
- Werden Kunden als **Partner** gesehen, wird ihre Rolle als Prosumer noch durch die Charakteristika des Kapitalgebers oder Mitarbeiters ergänzt (vgl. Meyer; Schaffer, 2001, S. 69).

Werden die Integrationskonzepte der sozialen Systemtheorie der Kundenintegration aus Marketingsicht gegenübergestellt, wird deutlich, dass der Kunde erst mit den Rollen des Prosumers und Mitarbeiters/Partners, somit durch einen hohen Integrationsgrad, Teil der Innenwelt des sozialen Systems wird und dadurch eine neue Qualität der Betrachtungsperspektive der Geschäftsbeziehung entstehen lässt. Soll der Evolutionszyklus des neuentstandenen Gesamtsystems, das aus Unternehmen und Kunden besteht, hin zu einem vollentwickelten System vorangetrieben werden, ist es zwingend notwendig, die einzelnen Evolutionsbedingungen sozialer Systeme aufeinanderfolgend zu erfüllen. Der mögliche Eingriff der Kunden bedeutet für das Unternehmen häufig, dass bezüglich des Wertschöpfungsprozesses völlig neue Strukturen etabliert werden müssen (vgl. Reichwald; Piller, 2002, S. 45).

3.2.3.4.3. Steuerung und Intervention sozialer Systeme

Im weiteren Verlauf stellt sich die Frage nach **Steuerungs- und Organisationsprinzipien bzw. -möglichkeiten** von sozialen Systemen. Im Zentrum dieser Betrachtung stehen die Mitglieder des Systems und damit der Kunde bzw. Gesprächspartner. „Für die Möglichkeit der Steuerung sozialer Systeme stellt Integration eine notwendige Bedingung dar" (Angerer, 2003, S. 106). Die **Steuerung** eines sozialen Systems kann dabei durch sogenannte Selbststeuerung oder durch Fremdsteuerung stattfinden. Im ersten Fall agieren Elemente der Innenwelt, beispielsweise die Gesprächspartner miteinander. Von Fremdsteuerung wird gesprochen, wenn externe Ereignisse bzw. Faktoren die Kommunikation beeinflussen (vgl. Willke, 2006, S. 250). „Steuernd wirkt dabei die organisierte Selektivität der im spezifischen Regelsystem stabilisierten Erwartungsmuster, die bestimmte Anschlüsse fördern und andere erschweren und den Fortgang der Operationen so in eine eigensinnige Ordnung bringen" (Willke, 2006, S. 250).

Die **Intervention** beschäftigt sich mit der grundsätzlichen Frage, die jeder Steuerung vorgeschaltet ist, wie komplexe Systeme beeinflusst werden können. Intervention steht damit in einem sehr starken Zusammenhang mit der Steuerung (vgl. Willke, 2014, S. 18).

Kasper et al. (vgl. 1997, S. 172) stellen klar fest, dass immer die Kommunikation das soziale System steuert. Dies geschieht außerdem aus dem Inneren des Systems und ist in sozialen Systemen damit immer einer Selbststeuerung gleichzusetzen.

Dieser Aspekt verlagert den Fokus auf die Beziehung, auf die Relationen und Zusammenhänge der Kommunikation. Zentrale Frage ist hierbei, welche Zusammenhänge zwischen Kommunikationen bestehen und welche Muster erkannt werden können. Das bedeutet, die Konzentration muss auf Strukturen bzw. Erwartungen eines sozialen Systems gelegt werden (vgl. Kasper et al., 1999, S. 173, S. 176). Sind diese bekannt, können Handlungen sozialer Systeme erkannt und prognostiziert werden (vgl. Willke, 2005, S. 88f, S. 184).

3.2.4. Personale Systemtheorie

3.2.4.1. Einleitende Überlegungen

Die Kenntnis über Steuerungsprinzipien stellt eine notwendige Voraussetzung dar, um komplexe nicht-triviale Systeme lenken zu können. Zur Schärfung der recht abstrakt gehaltenen zuvor genannten Prinzipien wird im Folgenden eine weitere verwandte systemische Disziplin zu Hilfe genommen.

Mitte des letzten Jahrhunderts begründete der Anthropologe Bateson die sogenannte **personale Systemtheorie**, die ihren Ursprung in der **systemischen Familientherapie der Palo-Alto-Schule** hat. Die Hauptthese, die Bateson dabei von der allgemeinen Systemtheorie übernimmt, besagt, dass Probleme aus einem Zusammenspiel vieler Faktoren des gegebenen Systems entstehen und nicht aus einer einzigen Ursache resultieren. Im Unterschied zu Luhmanns Betrachtung sieht er die handelnden Personen als Elemente des jeweiligen Systems. Batesons Ansatz der Systemtheorie wurde unter der Prämisse der praktischen Zwecke entwickelt. Ziel war die Gewinnung von Ansatzpunkten für die therapeutische Praxis. Bekannt geworden ist sein Konzept durch das von Watzlawick, Beavin und Jackson (vgl. Watzlawick et al., 1969) geschriebene Buch „Menschliche Kommunikation“. Sie fassen darin Batesons Systemtheorie mit ihren „Axiomen menschlicher Kommunikation“ an einfachen Beispielen zusammen (vgl. König; Volmer, 2005, S. 21ff). Im Gegensatz zu technischen Systemen definiert Bateson in sozialen Systemen Personen als Elemente, die aktiv teilnehmende Individuen sind (vgl. Ruesch; Bateson, 1995, S. 305). Damit bedient sich Bateson, ebenso wie Luhmann, der sog. **Handlungstheorie** (vgl. König; Zedler, 2002, 85ff). In dieser reagieren Personen nicht einfach, sondern sie deuten verschiedene Situationen individuell und handeln auf Basis dieser Interpretation (vgl. Bateson, 1982, S. 144). Mit Rückgriff auf die Handlungstheorie unterscheidet sich die personale Systemtheorie von der allgemeinen darin, dass Personen nicht einfach als Teil der Systemumwelt definiert und dadurch vom Betrachtungsrahmen ausgeschlossen werden, sondern als handelnde Personen entscheidende Partizipanten des Systems selbst sind (vgl. König; Volmer, 2005, S. 23).

Sowohl Verkäufer als auch Käufer werden als Teil eines jeweiligen Beziehungssystems (Unternehmen, Familie, Kollegen usw.) betrachtet. Die beiden Systeme sind voneinander dabei nicht unabhängig, sondern befinden sich in steter Wechselwirkung. Verhandlungsteilnehmer müssen sich und ihr Gegenüber in ihrem jeweiligen Umfeld erkennen und analysieren. Vertrauen, das eine grundlegende Bedingung einer langfristigen Beziehung darstellt, kann nur entstehen, wenn es beiden Parteien gelingt, sich ganzheitlich zu sehen und verstanden zu fühlen (vgl. Klöckner, 2014, S. 63).

3.2.4.2. Axiome der personalen Systemtheorie

Die Merkmale bzw. Axiome der personalen Systemtheorie werden im Folgenden dargestellt.

a) **„Das Verhalten eines sozialen Systems ist bestimmt durch die jeweiligen Personen"** (König; Volmer, 2005, S. 24).

Wenn es um Beratung, Konflikte oder generelle Zusammenarbeit innerhalb eines sozialen Systems mit Menschen geht, muss der wesentliche Fokus auf den Personen liegen, die entscheidende Teile des Systems darstellen. Damit sind Personen Elemente des Systems (vgl. König; Volmer, 2005, S. 24).

b) **„Das Verhalten eines sozialen Systems ist bestimmt durch die subjektiven Deutungen der jeweiligen Personen"** (König; Volmer, 2005, S. 24).

Watzlawick (1969) erläutert diese These mit drei seiner metakommunikativen Axiome:

1. Axiom: *„Man kann nicht nicht kommunizieren"* (Watzlawick et al., 2017, S. 60). Jedes Verhalten in einem sozialen System wird gedeutet (vgl. Watzlawick et al., 2017, S. 58ff).

4. Axiom: *„Menschliche Kommunikation bedient sich digitaler und analoger Modalitäten"* (Watzlawick et al., 2017, S. 78). Digital und analog können in diesem Zusammenhang weitestgehend als verbal und nonverbal verstanden werden. Es geht nicht nur darum, was gesagt wird, sondern auch wie etwas gesagt wird (vgl. Watzlawick et al., 2017, S. 70ff; vgl. König; Volmer, 2005, S. 24).

2. Axiom: *„Jede Kommunikation besitzt einen Inhalts- und einen Beziehungsaspekt [...]"* (Watzlawick et al., 2017, S. 64). Aussagen oder Verhalten wird immer über den Sachverhalt hinaus gedeutet (vgl. Watzlawick et al., 1969,

S. 61ff). Vergleiche Schulz von Thuns (1981, S. 33) 4-Ohren-Modell (Abbildung 29).

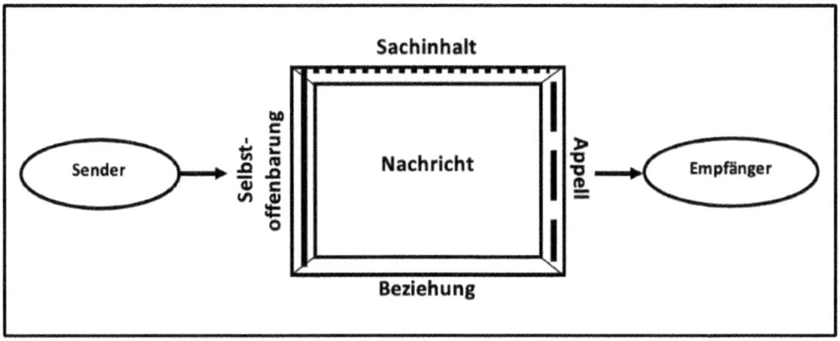

Abbildung 29: Die vier Seiten (Aspekte) einer Nachricht – ein psychologisches Modell der menschlichen Kommunikation (Quelle: Eigene Darstellung nach Schulz von Thun, 2011, S. 33)

c) „Das Verhalten eines sozialen Systems ist von sozialen Regeln bestimmt" (König; Volmer, 2005, S. 27).

Während technische Systeme von Naturgesetzen geprägt werden, sind soziale Systeme von sozialen Regeln geleitet. „Jede soziale Situation ist bestimmt von expliziten oder impliziten Regeln; diese Regeln mögen in der Eingebung des Augenblicks für eine bestimmte Situation geschaffen worden sein, oder sie können das Ergebnis von Tradition von Jahrhunderten sein" (Ruesch; Bateson, 1995, S. 39f).

Soziale Regeln sind durch folgende Merkmale gekennzeichnet (vgl. König; Volmer, 2000, S. 183ff; vgl. König; Volmer, 2005, S. 28f):

- „Soziale Regeln sind Handlungsanweisungen, die festlegen, was man in einer Situation tun soll, tun darf oder nicht tun darf" (König; Volmer, 2005, S. 28).
- „Soziale Regeln können explizit festgelegt sein oder unterschwellig Geltung besitzen" (König; Volmer, 2005, S. 28).
- „Soziale Regeln sind durch Sanktionen gestützt" (König; Volmer, 2005, S. 24).
- „Soziale Regeln gelten innerhalb eines bestimmten Geltungsbereichs" (König; Volmer, 2005, S. 29).

d) **„Das Verhalten eines sozialen Systems ist von Regelkreisen (zirkulären Interaktionsstrukturen) bestimmt“** (König; Volmer, 2005, S. 29).

Soziale Systeme haben nach Bateson „einen zirkulären Charakter, in dem Veränderung, Korrektur und Selbstregulation“ (Ruesch; Bateson, 1995, S. 176) eingeschlossen sind. Es ist nicht klar, was Stimulus und was Reaktion ist. Watzlawick verdeutlicht diese Zirkularität anhand eines Beispiels, in dem spezielle Probleme eines Ehepaars visuell dargestellt werden. Dieser Kreislauf hat keinen wirklichen Anfangspunkt. Wird dieser dennoch willkürlich gewählt, sieht die Interaktion, wie in Abbildung 30 dargestellt, aus (vgl. Watzlawick et al., 2017, S. 67; vgl. Schulz von Thun, 2011, S. 95).

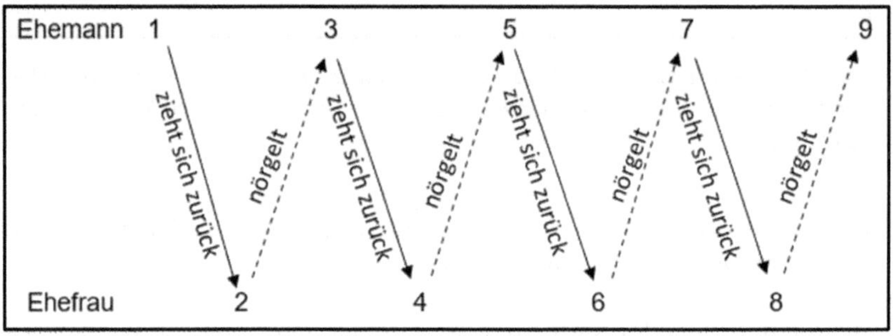

Abbildung 30: Nörgler-Rückzug-Zirkularität (Quelle: Eigene Darstellung nach Watzlawick et al., 2017, S. 67; Schulz von Thun, 2011, S. 95)

Durch diese Darstellung wird neben der Zirkularität ein weiteres von Watzlawicks metakommunikativen Axiomen verdeutlicht (vgl. Watzlawick et al., 2017, S. 65ff).

3. Axiom: *„Die Interpunktion von Ereignisfolgen“* (Watzlawick et al., 2017, S. 65). Dies ist das unterbewusste Festlegen von Anfangs- und Endpunkten in wechselseitigen Verhaltensketten und die dadurch verknüpfte direkte individuelle Realitätsgestaltung der unterschiedlichen Gesprächsteilnehmer (vgl. Watzlawick et al., 2017, S. 65f).

Durch die Perspektive des Ehemannes werden die Triaden 2-3-4, 4-5-6 und 6-7-8 wahrgenommen, in denen immer die Frau den Stimulus setzt. Die Ehefrau nimmt dagegen nur die vom Ehemann „initiierten“ Triaden 1-2-3, 3-4-5, 5-6-7 und 7-8-9 wahr (vgl. Watzlawick et al., 2017, S. 67).

e) **„Das Verhalten eines sozialen Systems ist von der materiellen und sozialen Umwelt beeinflusst“** (König; Volmer, 2005, S. 31).

Die materielle Umwelt beschreibt dabei die räumliche Einrichtung, Technik und andere materielle Gegenstände.
Soziale Umwelten der Systeme sind andere Systeme, wie z. B. Stakeholder, Kollegen, Familie etc., von denen mehr oder weniger eine Abgrenzung stattfindet (vgl. Ruesch; Bateson, 1995, S. 176).

f) **„Das Verhalten eines sozialen Systems ist von seiner bisherigen Entwicklung, seiner Geschichte beeinflusst“** (König; Volmer, 2005, S. 32).

Systeme besitzen in der Zeitdimension einen Beginn sowie ein Ende und entwickeln sich zwischen diesen Punkten. Dadurch ist jedes System durch seine Geschichte und Entwicklung geprägt (vgl. Bateson, 1982, S. 134).

Ein an dieser Stelle für diese Arbeit wichtiges Postulat dieser Theorie ist, dass ein von **Regeln** gesteuertes System, wenn die Mitglieder zusammen sind, sich in organisierter, wiederholender Form verhält, dass diese Verhaltensstrukturen ein Leitprinzip dieses Systems darstellen und infolgedessen abstrahiert werden können (vgl. Jackson, 1997, S. 27). Das System Familie, mit dem sich die Palo-Alto-Schule und Bateson ursprünglich beschäftigten, kann so durch relativ wenige Regeln verlässlich bestimmt werden, obwohl es eine unüberschaubare Anzahl von Verhaltensweisen besitzt. Gelingt es aber, diese Regeln zu bestimmen, stellen sich komplexe Verhaltensweisen als strukturiert und darüber hinaus verständlich heraus (vgl. Jackson, 1997, S. 33f). Diese Regeln können aus Verhaltensweisen und der Kommunikation abgeleitet werden (vgl. Jackson, 1997, S. 32f).

Durch die Untersuchung von **Beziehungsregeln** wird der reine Bezug auf das Individuum, wie beispielsweise beim klassischen Rollendenken, umgangen. Dadurch gelingt die Fokussierung auf die dynamischen Interaktionen bzw. Transaktionen und nicht auf individuelle Verhaltensweisen. Damit wird eine qualitative Veränderung des Rahmens hin zu einer systemtheoretischen Betrachtungsweise geschaffen (vgl. Jackson, 1997, S. 24f).

Die Annahme von Regeln als Steuerungs- oder Organisationsprozesse kann auf soziale und psychische Systeme übertragen werden (vgl. Zanger; Sisternich, 1998, S. 46; vgl. Angerer, 2003, S. 111). Wird Kommunikation bzw.

Transaktion analysiert, können höchstwahrscheinlich sich wiederholende Muster gefunden werden. Auch wenn bei diesen Prozessen Personen als psychische Systeme partizipieren, geht es, wenn Transaktionen untersucht werden, darum „[...] durch die Personen hindurch zu sehen auf die hinter ihnen sich verbergenden Kommunikationsstrukturen und -regeln“ (Willke, 2005, S. 36).

Durch die Untersuchung dieser Muster kann unter die Oberfläche von Entscheidungen und Handlungen geschaut werden, um der Erschließung der Operationslogik des Systems näherzukommen. Transaktionen und Transaktionsmuster (oder aus systemtheoretischer Sicht interne Strukturmuster) können als strukturierende, also regelnde, semantische, soziale oder kognitive Muster die Operationslogik in komplexen Systemen beschreiben (vgl. Willke, 2005, S. 36).

Durch diese transaktionsanalytischen Muster und Transaktionsmuster kommen Erwartungsstrukturen zum Vorschein, die die Transaktionen selbst in spezielle Richtungen lenken. **Transaktionsanalytische Muster** unterscheiden sich von Transaktionsmustern, da sie nicht beobachtbare Sachverhalte, wie Grundeinstellungen uvm., beinhalten. **Transaktionsmuster** sind ausschließlich durch Beobachtungen von Transaktionen erschließbar (Abbildung 31) (vgl. Angerer, 2003, S. 111f).

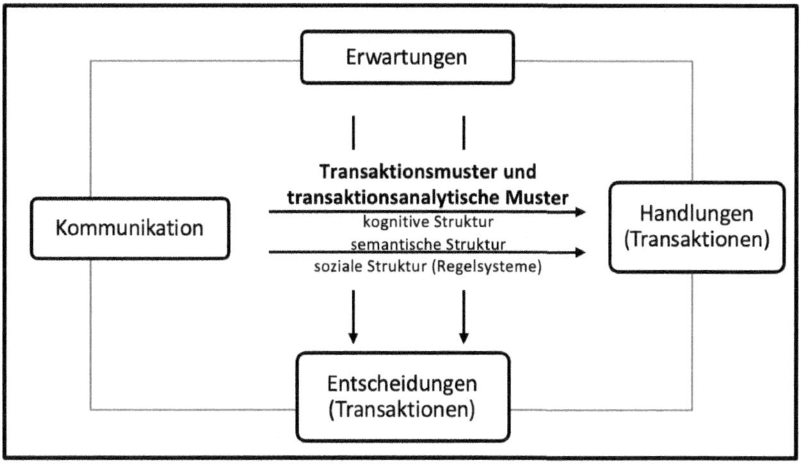

Abbildung 31: Interne Strukturmuster nicht-trivialer, komplexer Systeme (Quelle: Eigene Darstellung nach Angerer, 2003, S. 112; Willke, 2006, S. 42)

Die so entdeckten Muster können als Beziehungsregeln bezeichnet werden. Transaktionsanalytische Konzepte, wie beispielsweise Vertragskonzepte der Transaktionsanalyse, und die damit einhergehende Strukturbildung unterscheiden sich qualitativ vom häufig verwendeten Begriff des Rollenkonzepts (vgl. Angerer, 2003, S. 112). „Obwohl Rollen häufig als Bündel von aufeinander bezogenen Erwartungen beschrieben oder terminologisch durch die Bezeichnung als ‚System von Regeln' in die Nähe von Beziehungsregeln gerückt werden, nähern sich beide Konzepte dem Thema Strukturbildung aus unterschiedlichen Blickwinkeln" (Angerer, 2003, S. 112).

3.2.4.3. Kritische Betrachtung des herkömmlichen Rollenkonzepts

Das oft genutzte Rollenkonzept wird im Zusammenhang mit der Untersuchung von Regeln der Beziehungssysteme kritisiert, da „[...] wieder ein Begriff verwendet wird, der grundsätzlich seinem Ursprung und seiner Orientierung nach ein individueller ist und deshalb schlecht in die Diskussion des Kommunikationsprozesses paßt [sic!]" (Jackson, 1997, S. 41). Die Beziehungen werden so zu einem zweitrangigen Faktor, „[...] da das Individuum in einer Rolle zu einem abgegrenzten Studienobjekt wird" (Angerer, 2003, S. 113). Soll aber der Fokus auf der Untersuchung der Beziehung liegen, scheint es herausfordernd, Konzepte zugrunde zu legen, die sich auf die einzelne Person beziehen. Die Schlussfolgerungen aus solchen Untersuchungen, bezogen auf die Konsequenzen für die Beziehung, wären sehr eingeschränkt durch die Prämissen, die den Individualbegriffen als Basis dienen (vgl. Jackson, 1997, S. 41ff).

Die Rollenkonzeption selbst ist dahingehend ein Problem, da a priori definiert wird, welche Rolle ein Individuum im sozialen Gefüge besitzt und dadurch der interaktive Prozess und die Entwicklung der Rolle selbst vernachlässigt wird. Nach Jackson (vgl. 1997, S. 41ff) ist somit eine Anfälligkeit von Rollen bezüglich kultureller oder theoretischer Vorurteile gegeben. Rollen können zwar durchaus ein Weg zur Regelbildung in Beziehungen sein, doch kann ausgeschlossen werden, dass dies der einzige Weg ist (vgl. Jackson, 1997, S. 41ff).

Die systemische Familientherapie schlägt dazu das Konzept des Beziehungsübereinkommens vor. Die Palo-Alto-Gruppe nennt dies auch (Familien-)Regeln oder „quid pro quo". Sie beschreibt dieses Übereinkommen als eine Norm, die dem Familiensystem hilft, in Takt zu bleiben, da der Prozess der Bestimmung, welche Art eine Beziehung innerhalb des Systems hat, stabilisiert wird. Die Familienmitglieder stimmen dadurch einer wechselseitigen Definition der verschiedenen Rollen zu bzw. akzeptieren diese zumindest. Dieses Beziehungsübereinkommen schränkt die einzelnen Individuen dahingehend ein, dass es die Vielzahl der Interaktionsmöglichkeiten in eine relativ stabile Ordnung bringt (vgl. Jackson, 1997, S. 30f).

Die Transaktionsanalyse nach Berne bietet diesem Prinzip entsprechend unterschiedliche Vertragskonzepte, die ein Abweichen von der klassischen individuellen, meist starren Rollenkonzeption darstellen. Die Vertragskonzepte werden in Kapitel 3.3.6.2 (Transaktionsanalytische Vertragskonzepte) detailliert dargestellt.

3.2.5. Steuerungsprinzipien als Ansatz zur Intervention in Geschäftsbeziehungen

Die Analyse der Transaktionen aus der Familientherapie und die Transaktionsanalyse nach Berne bieten Konzepte und konkrete Methoden, vor komplexen Betrachtungskonzepten auf verschiedensten Ebenen zu bestehen. Beide Modelle können als frühe Vertreter systemischer Theorien gesehen werden (vgl. Kriz, 1999, S. 94). Die komplexen Möglichkeiten, die die Transaktionsanalyse diesbezüglich bietet, ergeben in Verbindung mit ihrer simplen praktischen Umsetzbarkeit, für die situative Gesprächsführung, interessante und auch erfolgsversprechende Perspektiven. „In dieser Hinsicht ist gerade das ‚einfache Strickmuster' des Ansatzes von Vorteil" (Nerdinger, 2001, S. 170).

Dementsprechend wird im Folgenden als Gesprächsansatz/-methode, um Steuerungsprinzipien zu finden und zu gestalten, die Analyse von Transaktionen, die in die Erklärung von Transaktionsmustern und Beziehungsregeln mündet, betrachtet. Die transaktionsanalytischen Vertragskonzepte nach Berne scheinen darüber hinaus dafür geeignet zu sein, Strukturmerkmale der sozialen Systeme über herkömmliche Rollenkonzeptionen hinaus zu erweitern (vgl. Angerer, 2003, S. 115).

3.3. Situatives Verhandeln aus transaktionsanalytischer Perspektive

3.3.1. Überblick

In diesem Abschnitt wird an die vorherigen Überlegungen anknüpfend situatives Verhandeln aus transaktionsanalytischer Perspektive durchleuchtet.

Dazu werden zunächst in **Kapitel 3.3.2** die **Bedeutung und die Begriffe** der Transaktionsanalyse betrachtet, um das grundsätzliche Verständnis dafür zu vertiefen.

Kapitel 3.3.3 befasst sich mit dem sogenannten **Funktionsmodell der Transaktionsanalyse** (beobachtbare Ich-Zustände), das für die spätere Modellbildung eine zentrale Rolle einnimmt.

Kapitel 3.3.4 behandelt die sogenannte **Transaktionsanalyse im engeren Sinne**, mit der beschrieben wird, wie aus den beobachteten Ich-Zuständen des Funktionsmodells Transaktionsformen abgeleitet werden können.

In **Kapitel 3.3.5** wird eine **kritische Würdigung der Transaktionsanalyse hinsichtlich komplexer Herausforderungen** gemacht, in der auf Möglichkeiten, aber auch Unschärfen der Disziplin eingegangen wird.

Darauf aufbauend findet in **Kapitel 3.3.6** die **Entwicklung eines transaktionsanalytischen Modells aus interaktionistischer Sicht** statt, durch das die zuvor genannten theoretischen Unschärfen überwunden werden.

3.3.2. Bedeutung und Begriffe

„Die Transaktionsanalyse ist eine Theorie der menschlichen Persönlichkeit und zugleich eine Richtung der Psychotherapie, die darauf abzielt, sowohl die Entwicklung wie auch Veränderungen der Persönlichkeit zu fördern" (Stewart; Joines, 2015, S. 23).

Diese Definition erscheint auf der der ITAA (*International Transactional Analysis Association*) vorbehaltenen Seite in jeder Ausgabe des *Transactional Analysis Journals* (vgl. Stewart; Joines, 2015, S. 423). Die Transaktionsanalyse geht auf Berne (1961) zurück und wurde ursprünglich für die Gruppen- und Einzelpsychotherapie entwickelt (vgl. Berne, 2001, S. 7). Sie stellt darüber hinaus ein eigenes Kommunikationsmodell dar, aus dem sich Methoden ableiten lassen, die dabei helfen, Systeme und Organisationen zu analysieren (vgl. Stewart; Joines, 2015, S. 23). Für Berne ist die Transaktionsanalyse (TA) „[...] eine ‚Theorie des sozialen Handelns'[...]" (Stewart; Joines, 2015, S. 396). Außerdem bietet sie Möglichkeiten, die Effizienz von Gruppenarbeit zu verbessern (vgl. Clarke, 1981, S. 169f). „So läßt [sic!] sich die TA auf jedem Gebiet anwenden, wo es um das Verständnis des einzelnen, das Erfassen von Beziehungen und die Theorie und Praxis der Kommunikation geht" (Stewart; Joines, 2015, S. 24). Sie hat sich dabei als besonders effektiv bei der Analyse von Organisationen erwiesen (vgl. Stewart; Joines, 2015, S. 24). Die Transaktionsanalyse wird im *Relationship Marketing* als ein etablierter Theorieansatz betrachtet, mit dem sich Interaktionsvorgänge differenziert erklären lassen und somit eine Grundbedingung erfüllt wird, um Kommunikationsprozesse gesteuert verbessern zu können (vgl. Bruhn, 2001, S. 643).

Die beobachtbare Manifestation sozialer (dynamischer) Interaktionen werden als **Transaktionen** bezeichnet. Diese Transaktionen verlaufen typischerweise in Form von Ketten. Der sogenannte transaktionale Stimulus von einer Person A bewirkt eine transaktionale Reaktion einer Person B. Diese Reaktion ist wiederum der Stimulus für A usw. Die Transaktionsanalyse behandelt die Analyse dieser Verkettungen und setzt ihren Schwerpunkt auf deren Programmierung. Das bedeutet, wenn gewisse Charakteristika des Gegenübers bekannt sind, kann der Verlauf dieser Ketten relativ genau vorausgesagt werden. Ebenso lassen sich im Gegenzug unter gewissen Umständen Charakteristika bestimmen, wenn die Transaktionsketten bekannt sind (vgl. Berne, 2006, S. 84f).

3.3.3. Funktionsmodell der Transaktionsanalyse

Um ein Verständnis für die Transaktionsanalyse zu schaffen, kann sie in verschiedene Ebenen unterteilt werden. Um eine Erklärung von Kommunikationsprozessen zu geben, können dabei u. a. das transaktionsanalytische Funktionsmodell und das Strukturmodell herangezogen werden. Beide Modelle befassen sich mit sogenannten Ich-Zuständen des menschlichen Wesens. Das funktionelle Modell betrachtet dabei beobachtbare interpersonale Aspekte menschlicher Verhaltensweisen (vgl. Stewart; Joines, 2015, S. 34, S. 68f).

Das strukturelle Modell konzentriert sich auf intrapsychische Aspekte, wie Erinnerungen bzw. Strategien, individueller Personen und wie diese gedeutet werden können (vgl. Stewart; Joines, 2015, S. 47, S. 68f).

Das strukturelle Modell setzt sich mit dem Inhalt, das funktionelle Modell (siehe Abbildung 32) setzt sich mit den Prozessen auseinander. Die Struktur bezieht sich darauf, was innerhalb der Ich-Zustände psychologisch geschieht – auf das „Was". Das funktionelle Modell befasst sich mit der Verhaltensebene bzw. der Darstellung der Ich-Zustände nach außen – dem „Wie" (vgl. Stewart; Joines, 2015, S. 47ff, S. 68ff). Eine Möglichkeit, diesen Unterschied darzustellen, ist folgende einfache Gleichung (vgl. Stewart; Joines, 2015, S. 47, S. 68):

STRUKTUR = „WAS" = INHALT
FUNKTION = „WIE" = PROZESS

Für die Anwendung im Bereich der Kommunikation von Geschäftspartnern scheint vor allem das Funktionsmodell brauchbar. Strukturanalytische Diagnosemethoden bei Geschäftspartnern anzuwenden, dürfte nicht bedingungslos möglich sein, da intrapersonelle Strukturen nur durch anschließende Befragungen der individuellen Personen geklärt werden, aber nicht durch Beobachtungen der Gesprächspartner selbst erschlossen werden können (vgl. Angerer, 2003, S. 123, S. 193). Um in einem Gespräch selbst eine strukturelle Analyse des Gegenübers zu machen, müssen viele personenbezogene Fragen – wie bei einer Art „Detektivarbeit" – gestellt werden (vgl. Stewart; Joines, 2015, S. 69f). Dies scheint in Therapiesitzungen angebracht, dürfte aber in einem Verkaufsgespräch bzw. einer Verhandlung unüblich sein.

Im Folgenden erfolgt deshalb eine Konzentration auf das Funktionsmodell der Ich-Zustände. Hierbei findet eine Unterteilung der Ich-Zustände statt, mit der ersichtlich wird, wie die betroffene Person sie einsetzt (vgl. Schulze, 1991, S. 289). Dabei unterscheidet das Funktionsmodell, wie in Abbildung 32 dargestellt, drei übergeordnete Ich-Zustände: das Eltern-Ich, das Erwachsenen-Ich und das Kind-Ich (vgl. Stewart; Joines, 2015, S. 47).

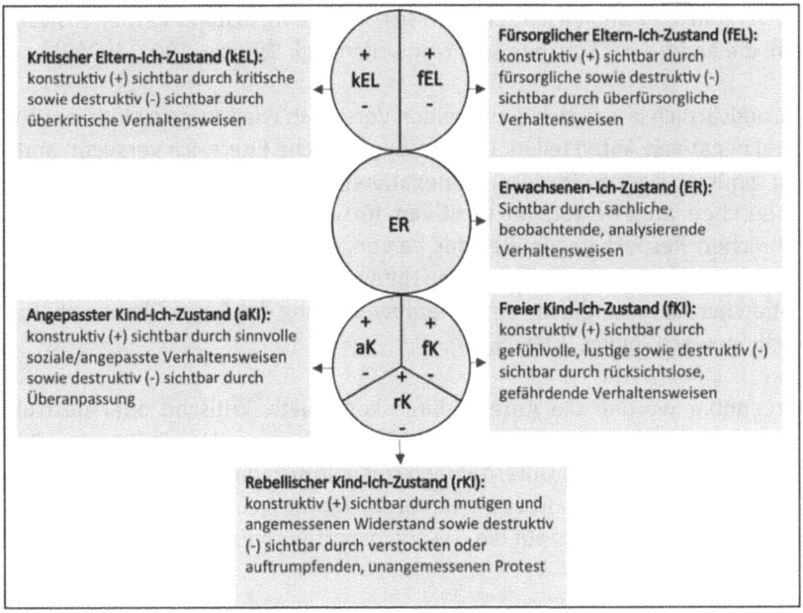

Abbildung 32: Detailliertes Funktionsmodell der Transaktionsanalyse (Quelle: Eigene Darstellung nach Hagehülsmann; Hagehülsmann, 2007, S. 21)

Im **Eltern-Ich-Zustand** werden Erfahrungen widergespiegelt, die eine Person durch Bezugspersonen, wie z. B. der Mutter oder des Vaters, vorgelebt bekommen hat und spiegelt dieses Verhalten, Fühlen und Denken wider (vgl. Stewart; Joines, 2015, S. 42). Strukturanalytisch werden in diesem Zustand Normen, Gebote, Werte, Prinzipien usw., die in frühester Kindheit unreflektiert gespeichert wurden, betrachtet (vgl. Schulze, 1991, S. 8). Beim Eltern-Ich wird zwischen einer fürsorglichen (fEL) und einer kritischen Variante (kEL) unterschieden (vgl. Stewart; Joines, 2015, S. 52f).

Das **kritische Eltern-Ich (kEL)**, das teilweise auch kontrollierendes Eltern-Ich genannt wird, kann daran erkannt werden, dass Bezugspersonen (besonders aus der Kindheit) nachgeahmt werden (vgl. Stewart; Joines, 2015, S. 52f). In dieser Rolle wird vor allem kritisiert, Wertungen und Verbote ausgesprochen und gemaßregelt (vgl. Schulze, 1991, S. 289).

Das **fürsorgliche Eltern-Ich (fEL)** hingegen kann durch versorgende, betreuende Verhaltensweisen beschrieben werden (vgl. Stewart; Joines, 2015,

S. 52f). Strukturanalytisch zeichnen sich in diesem Zustand Verhaltensweisen ab, die andere vor Schaden schützen sollen (vgl. Schulze, 1991, S. 289).

Grundsätzlich lassen sich diese beiden Versionen wiederum in einen positiven und negativen Anteil teilen. Das positive kritische Eltern-Ich versucht, andere zu schützen oder zu fördern. Im **negativen kritischen Eltern-Ich** werden Mitmenschen abgewertet. Im **positiven fürsorglichen Eltern-Ich** geht es um ehrlichen Respekt gegenüber der Person, der geholfen wird. Im **negativen fürsorglichen Eltern-Ich** findet eine Hilfestellung aus einer Überlegenheitsposition heraus statt, die mit einer Herabwürdigung des Gegenübers einhergeht (vgl. Stewart; Joines, 2015, S. 53).

Erkennbar werden die Anteile durch konstruktiv kritische oder destruktiv überkritische Verhaltensweisen (vgl. Hagehülsmann; Hagehülsmann, 2007, S. 21). Übertragen auf Unternehmen spiegeln sich diese Ich-Zustände an Elementen wider, die Ausdruck bestimmter Firmenregeln oder Kulturen sind und damit direkten Einfluss auf die Gesprächspartner haben (vgl. Stewart; Joines, 2015, S. 398).

Der **Erwachsenen-Ich-Zustand** wird funktionell nicht weiter unterteilt. Diesem Zustand wird das Verhalten zugeordnet, das eine Reaktion auf das Hier und Jetzt darstellt und alle Möglichkeiten mit sich bringt, die der Erwachsene hat (vgl. Stewart; Joines, 2015, S. 54). Es manifestiert sich durch klare, sachliche, analysierende und beobachtende Verhaltensweisen (vgl. Hagehülsmann; Hagehülsmann, 2007, S. 21). Auf Unternehmen übertragen nennen Stewart und Joines (vgl. 2015, S. 398f) Problemlösungsverfahren und spezielle Techniken der Firmen als Eltern-Ich-Praktiken.

Der **Kind-Ich-Zustand** spiegelt Verhaltensweisen wider, die als Kind gezeigt wurden, um auf Erwartungen der Eltern zu reagieren. Dabei wird das angepasste Kind-Ich und das rebellische Kind-Ich unterschieden. Das **angepasste Kind-Ich** zeigt Verhaltensweisen, mit denen es Erwartungen des Gegenübers gezielt erfüllt. Im Gegensatz dazu werden vom **rebellischen Kind** erwartete Verhaltensweisen bewusst nicht ausgeführt. Ein dritter Kind-Ich-Zustand ist das **freie Kind-Ich**, das völlig unzensiertes Verhalten zeigt, wie es zum Teil im Kindesalter gemacht wurde (vgl. Stewart; Joines, 2015, S. 48f).

Auch die Kind-Ich-Zustände können in positive und negative Zustände unterteilt werden. Das positive angepasste Kind-Ich äußert sich durch sinnvolles, angepasstes soziales Verhalten (vgl. Hagehülsmann; Hagehülsmann, 2007, S. 21). Der negative angepasste Kind-Ich-Zustand wird durch Verhaltensweisen deutlich, die nicht mehr einer erwachsenen Person angemessen sind (vgl. Stewart; Joines, 2015, S. 50). Dieser Zustand wird durch destruktiv überangepasstes Verhalten sichtbar (vgl. Hagehülsmann; Hagehülsmann, 2007, S. 21). Das Verhalten des positiven freien Kind-Ichs spiegelt sich durch das Außerachtlassen elterlicher Weisungen aus der Kindheit wider (vgl. Stewart; Joines, 2015, S. 50). Es wird sichtbar durch gefühlvolle und lustige Verhaltensweisen. Im Gegensatz dazu zeigt sich das negative freie Kind-Ich durch gefährliche, rücksichtslose Verhaltensweisen. Das positive rebellische Kind-Ich äußert sich durch konstruktiven, mutigen angemessenen Widerstand. Das negative rebellische Kind-Ich dagegen zeigt unangemessenen trotzigen Protest (vgl. Hagehülsmann; Hagehülsmann, 2007, S. 21).

Angerer (vgl. 2003, S. 125) stellt fest, dass durch das funktionale Ich-Zustand-Modell ein umfassender theoretische Bezugsrahmen geschaffen wird, der es ermöglicht, beobachtbare Verhaltensweisen und Handlungen von Systemen zu kategorisieren.

3.3.4. Transaktionsanalyse im engeren Sinn

3.3.4.1. Diagnostik von Ich-Zuständen

„Die Verwendung des Ich-Zustands-Modells zur Analyse einer Folge von Transaktionen wird Transaktionsanalyse im engeren Sinn genannt" (Stewart; Joines, 2015, S. 25). Berne (1961) zählt prinzipiell vier unterschiedliche Möglichkeiten auf, verschiedene Ich-Zustände zu erkennen: soziale Diagnose, verhaltensbezogene Diagnose, phänomenologische Diagnose und lebensgeschichtliche Diagnose (vgl. Stewart; Joines, 2015, S. 72). Für den nicht therapeutischen Bereich werden davon speziell zwei Diagnoseverfahren empfohlen. Für Organisationen und die Betrachtung von Beziehungen ist die verhaltensbezogene Diagnose mit der sozialen Diagnose, um erstere zu überprüfen, interessant (vgl. Hagehülsmann; Hagehülsmann, 2007, S. 62f). Im Rahmen der verhaltensbezogenen Diagnose wird durch Verhaltensbeobachtungen von Personen beurteilt, welcher Ich-Zustand erkennbar ist.

Dazu können folgende Merkmale in die Beobachtung einbezogen werden (vgl. Stewart; Joines, 2015, S. 72):

- Wörter, Sätze, Redewendungen
- Sprechweise (Stimmklang, Lautstärke, Redegeschwindigkeit usw.)
- Gestik
- Körperhaltung
- Gesichtsausdruck

Obwohl transaktionsanalytische Lehrbücher, wie beispielsweise von Stewart und Joines (2015), darauf hinweisen, dass es keine allgemeingültigen Indizes zur absolut sicheren Anzeige des Ich-Zustands einer Person gibt, da dies sehr personenabhängig ist, existieren Verhaltensweisen, die generell typisch für bestimmte Zustände sind. Diese typischen Verhaltensweisen sind ein zentraler Ansatzpunkt zur Diagnose von funktionellen Ich-Zuständen. Deren Absicherung könnte jedoch nur durch ein Kennenlernen der Person geschehen (vgl. Stewart; Joines, 2015, S. 73f). Um dieses „Kennenlernen" zu ermöglichen, werden das Funktionsmodell und das Strukturmodell betrachtet. Schmid (1994) kritisiert in diesem Zusammenhang die undifferenzierte Vorgehensweise bezüglich der Anwendung verschiedener Diagnosearten, empfiehlt aber selbst für das Funktionsmodell die verhaltensbezogene und die soziale Diagnose. Für das Strukturmodell sei die historische und die phänomenologische Diagnose der Ich-Zustände präferabel (vgl. Schmid, 1994, S. 158). Bei der Funktionsanalyse stehen Beziehungsmuster im Fokus, die aus Unterscheidungen in der Ausdrucksqualität und in den verschiedenen Haltungen zueinander resultieren (vgl. Schmid, 1994, S. 152). Dementsprechend ist es irrelevant, aus welchen strukturellen Ich-Zuständen heraus gewisse Verhaltensweisen entstehen, sondern es ist nur relevant, welche Ausdrucksqualität gezeigt wird. Die Herkunft des Verhaltens ist damit uninteressant (vgl. Schmid, 1994, S. 158). Das bedeutet, es kann geschehen, dass gewisse Verhaltensweisen einem funktionellen Ich-Zustand zugeordnet werden, die Person sich aber gerade strukturell nicht in diesem Ich-Zustand befindet (vgl. Schmid, 1994, S. 157). Funktionsanalytisch betrachtet, ist dies zulässig und kein Hindernis. Die Zuordnung struktureller Ich-Zustände kann, wie bereits erwähnt, nur durch das Kennenlernen der Person im Anschluss an das Gespräch geschehen. Dies kann beispielsweise durch qualitative Interviews oder Tiefeninterviews umgesetzt werden. Während dies in therapeutischen Sitzungen von zentraler Bedeutung ist, dürfte eine tiefenpsychologische Befragung von Geschäftspartnern in Geschäftsbeziehungen nach einem Meeting allerdings eher unrealistisch sein (vgl. Angerer, 2003, S. 128f).

3.3.4.2. Parallel-, Überkreuz- und verdeckte Transaktionen

Transaktionen stellen in der Transaktionsanalyse die Grundeinheit einer jeden sozialen Verbindung dar. Sie beinhalten immer eine soziale Aktion und Reaktion. Wird kommuniziert, geschieht dies aus einem der Ich-Zustände heraus und wird an einen der Ich-Zustände des Gegenübers gerichtet. Dieser antwortet wiederum aus dem jeweiligen Zustand, in dem er sich gerade befindet, aber nicht zwingend aus dem angesprochenen Zustand. Auf Grundlage der Diagnostik von Ich-Zuständen können verschiedene Arten der Transaktionen beobachtet werden. Sie können (1) komplementär (parallel), (2) überkreuzt oder (3) verdeckt stattfinden (Abbildung 33) (vgl. Stewart; Joines, 2015, S. 99ff).

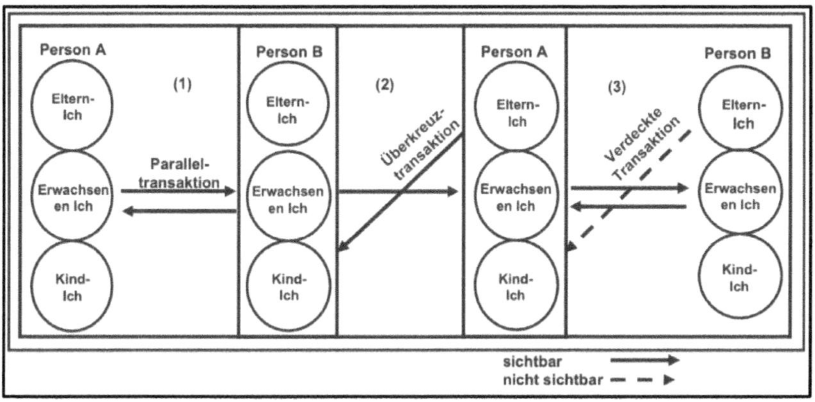

Abbildung 33: Transaktionsanalytisches Funktionsmodell: Parallele (1), überkreuzte (2) und verdeckte (3) Transaktionen (Quelle: Eigene Darstellung nach Stewart und Joines, 2015, S. 99ff)

(1) Komplementäre bzw. parallele Transaktionen sind im Diagramm durch parallel verlaufende Pfeile dargestellt. Die Gesprächspartner antworten aus dem angesprochenen Ich-Zustand heraus (vgl. Stewart; Joines, 2015, S. 100). Ein Gespräch, das aus parallelen Transaktionen besteht, verläuft reibungslos. Es geschieht, was erwartet wird und es entsteht ein Eindruck der Vorhersagbarkeit für die gesamte Abfolge der Transaktionen. Berne drückt diese sogenannte **erste Kommunikationsregel** folgendermaßen aus: „Solange die Pfeile in den einzelnen Transaktionen parallel verlaufen, die Transaktionen also komplementär sind, kann die Kommunikation unbegrenzt weitergehen" (Stewart; Joines, 2015, S. 103).

(2) Überkreuztransaktionen sind dann gegeben, wenn sich die Pfeile in irgendeiner Art und Weise im Transaktionsdiagramm kreuzen. Dies geschieht, wenn einer der Gesprächspartner aus einem anderen als dem angesprochenen Ich-Zustand antwortet (vgl. Stewart; Joines, 2015, S. 104). Daraus folgt die **zweite Kommunikationsregel**: „Die Überkreuztransaktion bedeutet eine Störung in der Kommunikation; soll diese wieder glatt ablaufen, muß [sic!] einer der Gesprächspartner oder müssen beide den Ich-Zustand wechseln" (Stewart; Joines, 2015, S. 106).

(3) Verdeckte Transaktionen kommen zustande, wenn die soziale und psychologische Ebene nicht deckungsgleich sind. Dabei hat die offene soziale Botschaft eine andere Bedeutung wie die verdeckte psychologische Botschaft (vgl. Stewart; Joines, 2015, S. 107f). Die **dritte Kommunikationsregel** besagt dementsprechend: „Bei der verdeckten Transaktion fällt die Entscheidung über das weitere Verhalten auf der psychologischen und nicht auf der sozialen Ebene" (Stewart; Joines, 2015, S. 110).

3.3.5. Kritische Würdigung der Transaktionsanalyse hinsichtlich komplexer Herausforderungen

Die Transaktionsanalyse bietet Möglichkeiten, einseitige Individuen-zentrierte Gesprächsanalysen zu erweitern. Einseitig orientierte Forschungsansätze erweisen sich als ungeeignet für Situationen, in denen mehrere Personen miteinander agieren und sich gegenseitig beeinflussen (vgl. Hansen; Schulze, 1990, S. 5). Die Transaktionsanalyse greift interdependente Beziehungsverhältnisse auf und bietet einen dyadischen Forschungsansatz, um diese zu betrachten. Dabei greift sie auf ein dynamisches, also prozessuales Interaktionsverständnis zurück. Dies bedeutet, dass sich mehrere Parteien, von denen jede eine eigene Zielvorstellung hat, durch individuelles Verhalten austauschen bzw. aufeinander reagieren und dadurch Veränderungen einer gegebenen sozialen Situation bewirken (vgl. Hansen; Schulze, 1990, S. 6).

Durch die Transaktionsanalyse im engeren Sinn und den damit einhergehenden Kommunikationsregeln können Verhaltensweisen erklärt und darüber hinaus Interaktions- und Kommunikationsvorgänge analysiert und verbessert werden. Kommunikationsmängel können erkannt und positiv verändert werden (vgl. Schulze, 1991, S. 294).

Im Folgenden werden in der Literatur genannte Empfehlungen angeführt, um effiziente, produktive Gespräche führen zu können.

Weis (vgl. 2003, S. 90f) gibt folgende Ratschläge:

- Kommunikation sollte möglichst viel auf der Erwachsenen-Ich-Ebene stattfinden.
- Äußerungen des Eltern- und Kind-Ichs sollten durch das Erwachsenen-Ich gesteuert werden.
- Es sollten pauschal immer nur einfache bzw. parallele Transaktionen getätigt werden.
- Ein Wechsel der Ich-Ebenen sollte nicht schnell versucht werden.

Hansen und Schulze (vgl. 1990, S. 18) formulieren weitere Ansatzpunkte:

- Verkäufer sollten versuchen, durch primäre Paralleltransaktionen gesteuert auf den Kunden einzugehen.
- Verkäufer sollten überkreuzende Transaktionen vermeiden, außer ein Kunde soll absichtlich verunsichert werden.
- Verkäufer sollten verdeckte Transaktionen entweder komplett vermeiden oder diese zumindest steuern.

Musselwhite (vgl. 1978, S. 227) geht davon aus, dass drei Formen von Paralleltransaktionen besonders für Verkaufsgespräche geeignet und erfolgsversprechend sind:

- Gespräche auf der Erwachsenen-Ich-Ebene (ER-ER)
- Gespräche auf der freien Kind-Ich-Ebene (fK-fK)
- Gespräche zwischen dem angepassten Kind-Ich und dem fürsorglichen Eltern-Ich (aK-fEL)

Randall (vgl. 1978, S. 130) gibt folgende Empfehlungen:

- Transaktionen sollten zum größten Teil auf der Erwachsenen-Ebene und in einem OK-Kind-Ich-Zustand stattfinden. „OK" beschreibt dabei den positiven Anteil der jeweiligen Ich-Zustände.
- Kritisches Eltern-Ich-Verhalten und Nicht-OK-Kind-Ich-Verhalten sollten vermieden werden.

Kritisch anzumerken, ist dabei, dass die Empfehlungen bzw. Regeln aller Autoren überwiegend unverändert vom therapeutischen Bereich übernommen und in einen betriebswirtschaftlichen Kontext gesetzt wurden. Systematisch empirische Überprüfungen gibt es außer von Angerer (2003) nicht. Angerers Untersuchung bezieht sich dabei auf den Neuwagenverkauf. Darin können oben genannte Aussagen teilweise in ersten Beobachtungen bestätigt werden.

„Je höher der Anteil des rebellischen Kind-Ich-Zustandes innerhalb der Transaktionsmuster ist, desto niedriger ist die Transaktionszufriedenheit" (Angerer, 2003, S. 263). „Je höher der Anteil des kritischen Eltern-Ich-Zustandes innerhalb der Transaktionsmuster ist, desto höher ist die Transaktionszufriedenheit" (Angerer, 2003, S. 263).

Andere Aussagen, die sich auf die oben genannten Transaktionsempfehlungen beziehen, konnten nicht durch ausreichende Signifikanzniveaus validiert werden, was Angerer genauer ausführt (vgl. 2003, S. 263). Dennoch ist es nach Weis (vgl. 2000, S. 204) verwunderlich, dass trotz des vermuteten Potenzials der Transaktionsanalyse für die Kommunikations- und Beziehungserklärungsansätze bisher nicht intensiver geforscht wurde, um eine „[...] Verbesserung der Kommunikationsbeziehungen im Marketing und Verkauf [...]" (Weis, 2000, S. 204) zu überprüfen.

Die bereits geäußerte Kritik bezüglich der transaktionsanalytischen Kommunikationstheorie, die sich auf die Stimulus-Response-Konzeption bezieht (vgl. Berne, 2016, S. 28), wird durch die Betrachtung des Bezugsrahmens entkräftet. In diesem Modell wird der Bezugsrahmen als systemischer Filter von inneren und äußeren Wirklichkeiten betrachtet (vgl. Hagehülsmann; Hagehülsmann, 2007, S. 15). Dieses Konzept setzt ein geisteswissenschaftliches Menschenbild voraus, das, wie in den vorherigen Kapiteln bereits beschrieben, den Menschen als nicht fremdbestimmt betrachtet und einen Kernaspekt komplexer sozialer Systeme darstellt.

In den folgenden Ausführungen wird in Anlehnung an Angerer (vgl. 2003, S. 133ff) auf diese theoretische Unschärfe dennoch eingegangen und durch die Entwicklung eines transaktionsanalytischen Kommunikationsmodells überwunden.

3.3.6. Entwicklung eines transaktionsanalytischen Modells aus interaktionistischer Sicht

3.3.6.1. Interaktives Kommunikationsmodell

Der transaktionsanalytische Ansatz vertritt interaktive oder interaktionistische Kommunikationsperspektiven. Die damit einhergehende interaktionistische und nicht-mechanistische Sichtweise beruht auf folgenden Annahmen:

- Menschliches Handeln mit einem Bezug auf Objekte hängt von der individuellen Bedeutung der Objekte für die jeweiligen Personen ab.
- Im Gegenzug wird die Bedeutung von Objekten aus den Interaktionen einer Person abgeleitet.
- Die jeweilige Bedeutung wird durch interpretative Prozesse durch die jeweiligen Personen verarbeitet und verändert, die einen Bezug zum Objekt haben (vgl. Blumer, 1969, S. 2).

Menschen werden in der interaktionistischen Sichtweise somit als Interpreten verstanden, die nicht ausschließlich bzw. weniger stark durch externe Stimuli gelenkt werden. Der Begriff der Bedeutung wird weder aus Objekten noch der Psyche abgeleitet, sondern aus interaktiven Mustern. Es wird in diesem Modell nicht von Empfängern und Sendern, sondern nur noch von Kommunikatoren gesprochen, wie in Abbildung 34 dargestellt wird (vgl. Solomon et al., 2001, S. 184).

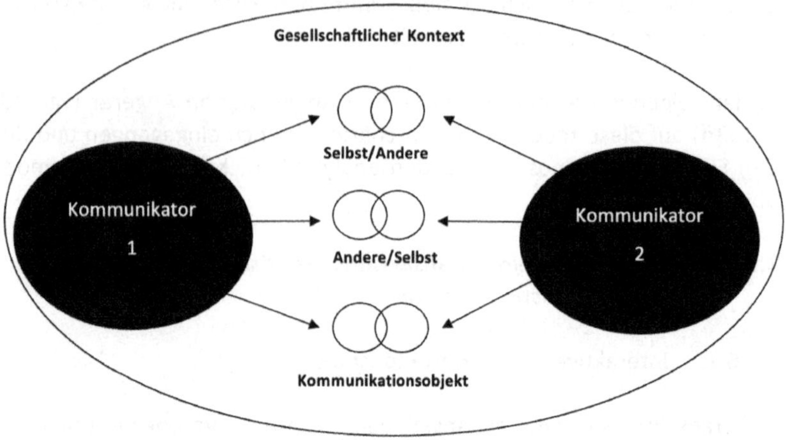

Abbildung 34: Interaktives Kommunikationsmodell (Quelle: Eigene Darstellung nach Fischer, 1978, S. 174ff in Solomon et al., 2001, S. 184)

Der Kommunikator interpretiert die Situation auf Grundlage vergangener Erfahrungen und handelt dementsprechend. Dieses Verhalten wird als eine gespielte Rolle bezeichnet. Bei diesem sogenannten **Rollenspiel** versucht jeder Kommunikator einerseits den anderen aus der eigenen Perspektive zu sehen (Selbst/Andere) und andererseits zu verstehen, wie die Perspektive des anderen wiederum auf dessen Gegenüber, also sich selbst, ist (Anderer/ Selbst) (vgl. Fischer, 1978, S. 184).

Das **Kommunikationsobjekt** kann dabei einer der Kommunikatoren oder auch jede andere Sache, Person oder Vorstellung sein. Die zuvor genannten gespielten Rollen zielen auf ein Kommunikationsobjekt ab. Diese sogenannte Orientierung wird als kongruent bezeichnet, wenn die Kommunikatoren dem Objekt ähnliche Bedeutung zuordnen (vgl. Fischer, 1978, S. 184f).

Die dritte Komponente bezieht sich auf den **gesellschaftlichen Kontext** des Kommunikationsprozesses. Damit ist es möglich, kulturelle bzw. interkulturelle Faktoren systematisch zu berücksichtigen (vgl. Fischer, 1978, S. 185).

Dieses interaktive bzw. interaktionistische Kommunikationsmodell stellt die ständige Interpretation des Anderen und des Selbst sowie des Kommunikationsobjekts in den Fokus (vgl. Solomon et al., 2001, S. 184). Unter Bezugnahme auf die kritische Betrachtung des Rollenkonzepts wird dieses Modell durch transaktionsanalytische Vertragskonzepte erweitert.

3.3.6.2. Transaktionsanalytische Vertragskonzepte

Wenn Personen Kontakt miteinander aufnehmen, bestehen bzw. bilden sich zwischen ihnen Abmachungen bzw. geduldete Erwartungen, die den sozialen Umgang miteinander definieren und bestimmen. Aus der Familientherapie sind diese als Beziehungsübereinkommen bzw. „quid pro quo" bekannt. Transaktionsanalytisch werden diese Abmachungen als Verträge oder Kontrakte bezeichnet (vgl. Schulze, 1992, S. 207). Diese können als (1) offene Verträge, (2) Beziehungsverträge oder (3) geheime Verträge in Erscheinung treten. Gibt es mehr als zwei Vertragspartner wird von (4) mehrseitigen Verträgen gesprochen (vgl. Schulze, 1992, S. 207ff):

(1) **Offene Verträge** bezeichnen in der Transaktionsanalyse die explizite beidseitige Verpflichtung, ein klar definiertes Vorgehen zu befolgen. Es handelt sich dabei um Abmachungen der Beteiligten auf der Ebene des Erwachsenen-Ichs. Die bekannteste Form ist dabei der sogenannte Änderungsvertrag (vgl. Stewart; Joines, 2015, S. 371). Ein zentrales Ziel der Vertragsarbeit im transaktionsanalytischen Coaching besteht darin, dass nicht das Problem im Mittelpunkt steht, sondern das Ziel in den Fokus der Veränderung gerückt wird. Dies stellt im Vergleich zum herkömmlichen Problemlösungsansatz einen neuen Ansatz für Verkaufsgespräche dar (vgl. Stewart; Joines, 2015, S. 375).

(2) **Beziehungsverträge** sind im Gegensatz zu offenen Verträgen nicht offen, sondern latent und zum Teil unterbewusst auf der Beziehungsebene geschlossen (vgl. Schulze, 1992, S. 208). Sie umfassen beispielsweise Werte, Rücksichtsnahmen und Kompetenzen (vgl. Willke, 2005, S. 19). Sie werden von zwei Personen in der Regel in dem Moment geschlossen, in dem sie sich kennenlernen und stellen Abmachungen zwischen den Kind-Ich-, Eltern-Ich- und Erwachsenen-Ich-Zuständen der beiden Parteien dar. Dabei können sie Regeln u. a. bezüglich transaktionsanalytischer Spiele beinhalten, die die Parteien zukünftig bereit sind, miteinander zu spielen (vgl. Stewart; Joines, 2015, S. 331ff).

(3) **Geheime Verträge** laufen im Hintergrund, z. B. verborgen hinter Beziehungsverträgen, ab. Diese Art von Verträgen verhindert Intimität zwischen Personen. Intimität bezeichnet dabei das Freisein von Spielen und Manipulationen (vgl. Hagehülsmann; Hagehülsmann, 2007, S. 111).

Geheime Verträge lassen gesunde „O.K.-O.K.-Beziehungen" nicht zu, da ein verborgener Inhalt nicht offen angesprochen werden kann. Sie führen damit zu Unaufrichtigkeit und können einfach zu Spielen führen (vgl. Schulze, 1992, S. 209f).

(4) **Mehrseitige Verträge** sind eine Spezialform der bereits beschriebenen Vertragskonzepte und beschreiben diese, wenn mehr als zwei Vertragspartner miteinander in Beziehung stehen. Dabei ist es nicht zwingend notwendig, dass bei Vertragsabschluss alle Parteien direkt beteiligt sind. In Geschäftsbeziehungen steht z. B. die Geschäftsleitung des einen Unternehmens indirekt mit den Beteiligten des Geschäftspartners in Verbindung (vgl. Schulze, 1992, S. 210ff).

Während der Inhalt der offenen Verträge direkt durch Beobachtungen zu erschließen ist, können von den übrigen Vertragsarten nur Folgen des zugrundeliegenden Vertrags beobachtet werden. Für die Analyse eines Gesprächs scheint das Strukturmodell, das den Vertragsarten zugrunde liegt, aus bereits genannten Gründen nicht praktikabel zu sein. Willke (vgl. 2005, S. 19) geht aber davon aus, dass sich auch durch beobachtbare Transaktionsmuster Andeutungen über Vertragsarten abzeichnen. Diese Beziehungsregeln bzw. Transaktionsmuster ermöglichen es, hinter die Oberfläche der Transaktionen bzw. Handlungen zu schauen und soziale Muster sowie strukturierende Merkmale der Kommunikation zu erschließen.

3.3.6.3. Transaktionsanalytisches Kommunikationsmodell

Angerer (vgl. 2003, S. 141) gelingt es, das zuvor beschriebene Kommunikationsmodell mit den Vertragskonzepten der Transaktionsanalyse zu vereinen und dadurch ein gemischtes neues Modell zu erschaffen, in dem die zuvor kritisierte Rollenkonzeption aufgegeben wird. Eine Visualisierung erfolgt in Abbildung 35.

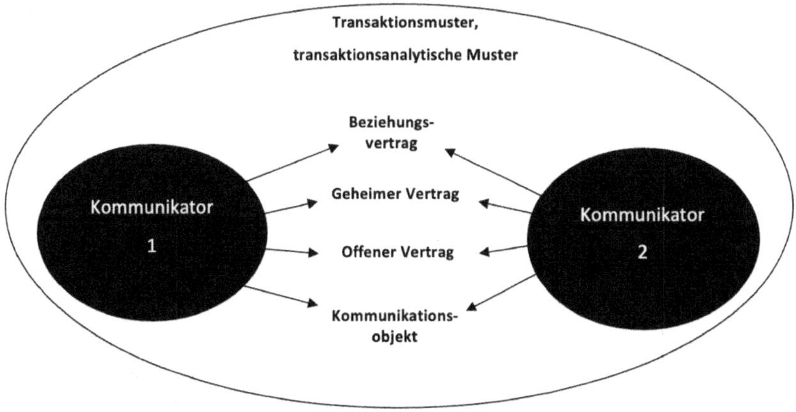

Abbildung 35: Transaktionsanalytisches Kommunikationsmodell (Quelle: Eigene Darstellung nach Angerer, 2003, S. 141)

Zunächst wird das klassische interaktive Kommunikationsmodell durch drei Vertragsarten ergänzt: durch den offenen Vertrag, den geheimen Vertrag und den Beziehungsvertrag.

Das Kommunikationsobjekt und der gesellschaftliche Kontext werden so in das neue Modell übernommen. Die Verträge sind entweder direkt beobachtbar oder deuten sich durch transaktionsanalytische Muster und Transaktionsmuster zumindest an. Sie können so in diesem transaktionsanalytischen Kommunikationsmodell Ansatzpunkte zur Lenkung des Gesprächs bzw. der Geschäftsbeziehung geben (vgl. Angerer, 2003, S. 141).

3.4. Aspekte systemischer transaktionsanalytischer Verhandlungsführung

3.4.1. Überblick

In diesem Abschnitt stehen auf den vorherigen Überlegungen aufbauend Aspekte systemischer transaktionsanalytischer Verhandlungsführung im Fokus des Interesses. Die beiden Disziplinen der Systemtheorie und Transaktionsanalyse werden dazu miteinander verknüpft und wichtige Voraussetzungen für eine erfolgversprechende Modellentwicklung analysiert.

Dazu wird zunächst in **Kapitel 3.4.2** eine **Verbindung der Transaktionsanalyse mit der sozialen Systemtheorie** vollzogen, um Similaritäten und sich ergänzende Bereiche zu erkennen und zu nutzen.

In **Kapitel 3.4.3** wird auf die Bedeutung der **Kunden-Unternehmens-Integration** als Voraussetzung einer Einflussnahme auf die Systeme eingegangen.

Kapitel 3.4.4 betrachtet darauf aufbauend **Sozialkompetenz als Schlüssel zur Steuerung integrativer Prozesse** und unterzieht diese einer Analyse, inwiefern die systemische Transaktionsanalyse tauglich ist, die Sozialkompetenz von Personen zu stärken.

3.4.2. Verbindung der Transaktionsanalyse mit der sozialen Systemtheorie

Durch die Veränderung des Blickwinkels auf Kommunikationen – weg vom Individuum, hin zu sozialen Systemen – wird ein neues Verständnis für zwischenmenschliche Phänomene geschaffen und Entwicklungsmöglichkeiten bezüglich interventionsorientierter Handlungskompetenzen gegeben. Diese systemische Sichtweise wird zum Teil kritisiert, da nur noch Kommunikations- und Interaktionsmuster betrachtet werden und andere Aspekte unberücksichtigt bleiben (vgl. Kriz, 1999, S. 120f). Umwelteinflüsse werden ausschließlich sozial verstanden. Es wird kritisch angemerkt, dass auch andere Prozesse relevant für die Kommunikation sind. Die interpersonalen Handlungen, die nach Willke dazu dienen, hinter die Oberfläche der Personen zu schauen, um die dort verborgenen Kommunikationsstrukturen zu erkennen (vgl. 2005, S. 35f), werden jedoch nach Ansicht der Kritiker nicht nur durch selbstorganisierte und sozial-interpersonale Prozesse, sondern auch durch andere Umwelteinflüsse, Umgebungsbedingungen und z. B. biologische Prozesse sowie intrapersonelle, psychische Prozesse beeinflusst (vgl. Kriz, 1999, S. 121). Dadurch weist die soziale Systemtheorie, in der Kommunikation an Kommunikation anschließt, laut Kritikern erhebliche Defizite auf, wenn es um die Erklärung von Kommunikationsprozessen und -mustern geht (vgl. Kriz, 1999, S. 118, S. 130). Vertreter der sozialen Systemtheorie betonen allerdings, dass andere Menschen, die nicht direkt dem betroffenen System angehören, als Umweltbeziehungen mit spezieller Bedeutung gewertet werden und sie erwidern dadurch der Kritik, dass nur eine zu einseitige Betrachtung der Systeme auf die internen Operationsweisen stattfindet (vgl. Willke, 2006, S. 251).

Vor diesem Hintergrund werden im Folgenden zusätzlich zu den internen Kommunikationsmustern des Systems, Umweltfaktoren, wie die Persönlichkeitsstruktur und Verhaltensweisen von Personen, mit einbezogen, da jede Handlung gleichzeitig Ausdruck der Persönlichkeit jedes beteiligten Individuums ist (vgl. Angerer, 2003, S. 143). Da die Transaktionsanalyse diesen Aspekt berücksichtigt, scheint sie für weitere Betrachtungen geeignet. Die Frage, die sich stellt, lautet, ob sie mit der Theorie sozialer Systeme vereinbar ist. Angerer (vgl. 2003, S. 143f) beleuchtet diesen Sachverhalt durch die (1) erkenntnistheoretische Grundposition und (2) die spezielle Analyse von Organisationen.

Die Transaktionsanalyse kann durch ihr **(1) erkenntnistheoretisches Welt- und Menschenbild** und ihre tiefenpsychologischen Wurzeln dem Konstruktivismus zugeordnet werden, da sie eine Erweiterung sozialpsychologischer Erklärungsansätze anbietet (vgl. Angerer, 2003, S. 144). Dabei grenzt sich die Sozialpsychologie von der allgemeinen Psychologie ab, indem die zwischenmenschliche Interaktion den Forschungsgegenstand bildet und nicht die Psyche des Individuums im Fokus steht (vgl. Herkner, 1991, S. 17). Dies spiegelt exakt das Themengebiet des Funktionsmodells der Transaktionsanalyse wider.

Ihre konstruktivistische Sichtweise wird bei der Betrachtung des Bezugsrahmens klar. Dieser wird allgemein als ein Ideengebilde beschrieben, aus dem Menschen ihre Erlebens- und Verhaltensweisen organisieren können (vgl. Schmid, 1994, S. 33). Der transaktionsanalytische Bezugsrahmen bietet dementsprechend den Menschen ein strukturiertes Wahrnehmungs-, Gefühls-, Denk- und Handlungsschema für sich selbst, andere Personen und ihre

Umwelt. Dies ähnelt einem Filter, der eine innere Landkarte zur Orientierung bildet, was innerlich und äußerlich wahrgenommen wird und festlegt, welche Relevanz und Handlungen daraus abgeleitet werden (vgl. Hagehülsmann; Hagehülsmann, 2007, S. 15). Dies bedeutet, dass in einer Beziehung trotz gleichem Informations-Input unterschiedliche Outputs bezüglich des Denkens, Handelns und Fühlens entstehen können. In der Transaktionsanalyse wird ebenso wie in der sozialen Systemtheorie davon ausgegangen, dass organisierende und steuernde Strukturen erst beim Entstehen einer Beziehung ausgebildet werden und nicht von Anfang an gegeben sind. Schulze (vgl. 1992, S. 208) zeigt in diesem Zusammenhang aber auf, dass bei ersten Kontakten bereits latente, nicht offene Beziehungsregeln, also Vertragsformen, für den Umgang in der Zukunft gebildet werden.
Ähnlichkeiten zwischen transaktionsanalytischen Sichtweisen und der sozialen Systemtheorie werden auch bei der **(2) Betrachtung von Organisationen** deutlich.

Berne (vgl. 1979, S. 86) definiert Organisationen als soziale Konstrukte mit äußeren und inneren Grenzlinien. Dabei grenzt die äußere Grenzlinie das System nach außen ab (Unternehmen – Markt). Die innere Grenzlinie differenziert nach Mitgliedschaften des Systems. Dies entspricht nach einer sozial systemtheoretischen Betrachtung dem Konzept der Außen- und Innenwelt (vgl. Willke, 2006, S. 57f). Struktur und Identität werden als Erkenntnis bzw. Anerkennung dazwischenliegender Grenzen verstanden (vgl. Brand et al., 1998, S. B-51). Auch dies spiegelt sich im Identitätskonzept der Systemtheorie wider (vgl. Willke, 2005, S. 34f).

Zusätzlich zu diesen beschriebenen Gemeinsamkeiten in der Betrachtung von Organisationen und der Nähe zum Konstruktivismus der Transaktionsanalyse und der sozialen Systemtheorie bildet sich eine Perspektive innerhalb der transaktionsanalytischen Literatur aus, die eine weitere Similarität der beiden Theorien aufzeigt. Diese besagt, dass Transaktionen Annahmen über eine Wirklichkeit implizieren, die wiederum zu Konsequenzen führen, die die angenommene Annahme impliziert. Das heißt, Transaktionen werden als Handlungen gesehen, die die Realität durch Kommunikation mitgestalten können (vgl. Schmid, 1994, S. 33).

Schlussfolgernd kann zusammengefasst werden, dass die Transaktionsanalyse dem Gedankengut der sozialen Systemtheorie sehr nahe steht und anschlussfähig ist (vgl. Angerer, 2003, S. 146). Abbildung 36 visualisiert transaktionsanalytische und systemtheoretische Inhalte in einem gemeinsamen Bezugsrahmen.

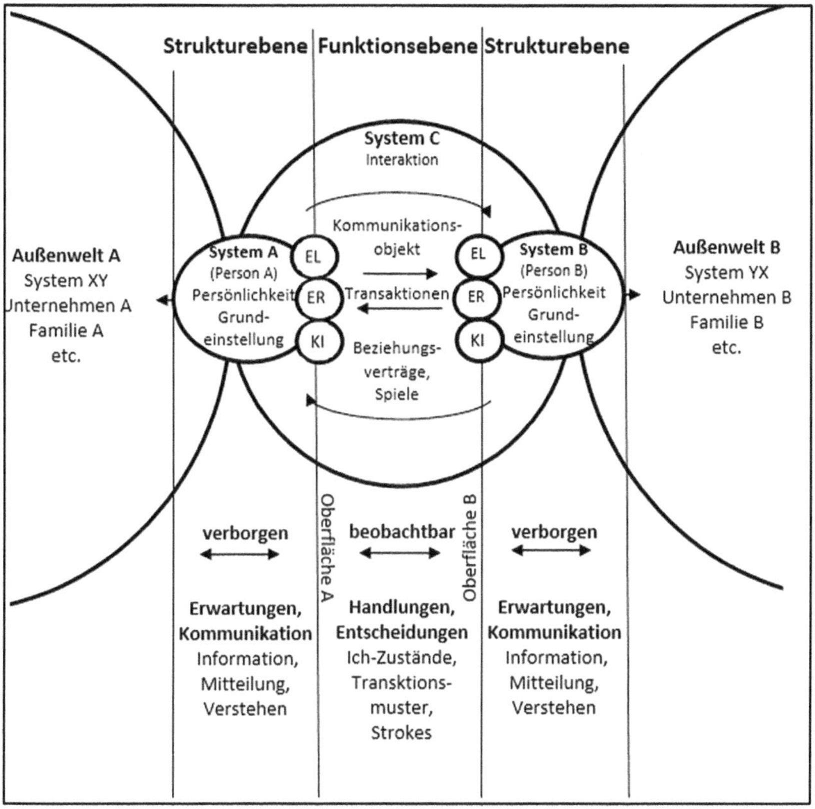

Abbildung 36: Visualisierte Zusammenfassung transaktionsanalytischer und systemtheorischer Konzepte (Quelle: Eigene Darstellung)

3.4.3. Kunden-Unternehmens-Integration

Eine Voraussetzung für ein systemtheoretisch orientiertes Transaktionsmanagement ist die Integration. „Integration ist […] notwendige Vorbedingung der Steuerbarkeit eines Gesamtsystems. Desintegrierte Systeme sind nicht steuerbar“ (Willke, 2006, S. 109).

Integration ist ein Prozess, bei dem Unternehmen und Kunden jeweils bestimmte Optionen und Handlungsmöglichkeiten aufgeben, um als Teil eines neuen Gesamtsystems, das aus Kunden und Unternehmen vereint besteht, bessere evolutionäre Möglichkeiten zu generieren (vgl. Willke, 2006, S. 225).

Grundsätzlich steht die Integration in einer engen Wechselbeziehung mit der Steuerung. Wechselseitige Beeinflussungen können dann entstehen, wenn durch die Steuerung die Bedingungen für die Integration verbessert oder verschlechtert werden. Integration beschreibt qualitativ einen bestimmten Systemzustand, der im Augenblick besteht und sie betrifft eine momentane vorübergehende Regelung, bis es eine neue Regelung gibt. Steuerung dagegen beschreibt Verfahrensweisen eines Systems mit seiner Umwelt. Sie bezeichnet damit die Qualität einer zukünftigen Systementwicklung (vgl. Willke, 2006, S. 110).

Damit kann zusammengefasst festgestellt werden, dass die Unternehmensintegration eine Vorbedingung einer möglichen Lenkung und Steuerung des Gesamtsystems darstellt (vgl. Angerer, 2003, S. 147). Ohne Teil des Systems zu sein, kann kein Einfluss darauf genommen werden.

3.4.4. Sozialkompetenz als Schlüssel zur Steuerung integrativer Prozesse

3.4.4.1. Einleitende Überlegungen

Es scheint besonders interessant, wie Personen (u. a. Verkäufer und Einkäufer, aber auch Customer Service etc.) als Kontaktpunkte, stellvertretend für Organisationen, Unternehmensintegration auf ein möglichst hohes Niveau heben können, um Möglichkeiten der Lenkung und Steuerung des entstandenen Gesamtsystems zu erhalten. Dass dem Verkauf und Marketing herausragende Rollen als Schnittstellen mit Direktkontakt zu Kunden zukommen, ist bekannt (vgl. Simon; Homburg, 1997, S. 21). In wissenschaftlichen Fachkreisen gilt für die Frage, ob Kundenzufriedenheit eine positive Wirkung auf die Kundenbindung und darüber auf den ökonomischen Erfolg eines Unternehmens ausübt, weitgehend positiver Konsens (vgl. Walsh et al., 2008, S. 42ff). Eine möglichst positive gemeinsame Historie durch Zufriedenheit aufzubauen, wird einerseits durch Produkt- bzw. Servicequalität (das „Was“) beeinflusst, aber auch von der Kommunikation (dem „Wie“) gesteuert. Das „Wie“, die Kommunikation, wird von Kunden wesentlich stärker wahrgenommen sowie gewichtet und stellt eine Grundbedingung nach modernen Marketingansätzen für die Zusammenarbeit von Unternehmen dar (vgl. Meffert; Schwetje, 1999, S. 44ff).

Homburg et al. (vgl. 2016, S. 265) fassen personale Anforderungen an Gesprächsteilnehmer zur Verbesserung der Kommunikation und Interaktion in drei personalen maßgeblichen Einflussgrößen zusammen: Persönlichkeitsmerkmale (inkl. *Big Five*, Einstellung etc.), Fachkompetenz und Sozialkompetenz.

„Dauerhafter Erfolg im Vertrieb ist weniger eine Frage von speziellen Verkaufstechniken, sondern hängt im Wesentlichen von drei Aspekten ab:

- Persönlichkeitsmerkmale [...]
- Sozialkompetenz [...] und
- Fachkompetenz [...]" (Homburg et al., 2016, S. 265).

Homburg und Stock-Homburg (2012, S. 112) meinen, „[d]ie Fachkompetenz ist Gegenstand von spezifischen Fachseminaren und Weiterbildungsprogrammen. Die Anforderungen in diesem Bereich sind hochgradig unternehmens- und aufgabenspezifisch [...]" und stehen deswegen an dieser Stelle weniger im Fokus der Betrachtung.

Während die Persönlichkeit von Personen zumindest mittelfristig konstant (vgl. Neyer; Asendorpf, 2018, S. 45) und dadurch nur bedingt situativ steuerbar ist, scheint die Sozialkompetenz durch den dynamischeren Charakter situativ einen vielversprechenden Zugang zu bieten, was interpersonale Interaktions- und Integrationsprozesse betrifft.

„Die wohl wichtigste Einflussgröße des kundenorientierten Verhaltens ist die Sozialkompetenz [...] der Mitarbeiter im Kundenkontakt" (Homburg; Stock-Homburg, 2012, S. 36).

Hennig-Thurau und Thurau (vgl. 1999, S. 297ff) konzipieren dazu ein präzises Konzept zur Messung und Analyse der sozialen Kompetenz. Dieses baut auf den sozialpsychologischen Theorien von Argyle (vgl. 1983, S. 57f, S. 60, S. 76) und entwicklungspsychologischen Konzepten bezüglich Perspektivübernahmen bzw. Empathie von Steins und Wicklund (vgl. 1993, 226ff), die als Schlüsselqualifikation genannt werden (vgl. Nerdinger, 2001, S. 131), auf. Mit der bereits genannten Fähigkeit der Selbstüberwachung und einer ausgeprägten Fähigkeit zur Verhaltensbeobachtung ist es Personen möglich, adaptive Adjustierungen ihrer Handlungen bezüglich der an sie gestellten Erwartungen besser zu vollziehen (vgl. Nerdinger, 2001, S. 131).

Dabei unterscheiden Hennig-Thurau und Thurau (vgl. 1999, S. 304f) in ihrem Modell (Abbildung 37) vier Elemente sozialer Kompetenz:

(1) **„Die verbalen und nonverbalen Fähigkeiten zur Gestaltung der Interaktion"** (Nerdinger, 2001, S. 131). Dieses sogenannte Potentialelement beschreibt das Potenzial zur Gestaltung von verbaler und non-verbaler Interaktion, das jeder Person grundsätzlich gegeben ist. Dieser Instrumentenpool schließt zugleich die motorische Dimension der Sozialkompetenz ein. Somit wird unterstellt, dass Personen über spezifische Sozialkompetenz-Potenziale verfügen, was einem individuellen Optimierungsverständnis entspricht (vgl. Hennig-Thurau; Thurau, 1999, S. 304).

(2) Die Fähigkeit ein **Stimmungsmanagement** zu betreiben, das die Kontrolle und Steuerung kurzfristiger Stimmungen umfasst. Unter Stimmung wird die „momentane, subjektiv erfahrene Befindlichkeit" einer Person verstanden. Diese zeichnet sich besonders durch ihre Ungerichtetheit aus: Stimmungen werden von anderen emotionalen Zuständen, wie Emotionen und Motiven, dahingehend unterschieden, dass sie nicht auf ein Objekt bezogen sind, sondern viel ungerichteter das gesamte Handlungsfeld des Akteurs betreffen (vgl. Hennig-Thurau; Thurau, 1999, S. 305).

(3) **„Die Fähigkeit zu sozial sensibler Wahrnehmung und adäquater Beurteilung"** (Nerdinger, 2001, S. 131). Dies beschreibt die kognitive Fähigkeit, eigene Potenziale und jene der Interaktionspartner einschätzen und beurteilen zu können, inwiefern die eigene, sich ständig ändernde Interaktionssituation adäquat wahrgenommen wird. Der korrekte Umgang mit sozialen Situationen verlangt kognitiv große Anforderungen ab, wobei besonders die Bewertung und Analyse der Verhaltensweisen und Wünsche des Gegenübers herausfordernd sind. Die Basis dafür ist die Fähigkeit einer Perspektivübernahme, also den objektiv wahrnehmbaren Hintergrund des anderen erkennen zu können (vgl. Steins; Wicklund, 1993, S. 226ff). Dadurch wird es möglich, Handlungsziele des Gegenübers zu verstehen und darauf aufbauend zu handeln. Ein ähnlicher weiterer Aspekt einer adäquaten Wahrnehmung sozialer Situationen ist

die Fähigkeit der Empathie, die ein Einfühlen in die Emotionen des Gesprächspartners ermöglicht (vgl. Hennig-Thurau; Thurau, 1999, S. 304f).

(4) **„Die systematische Planung von Interaktionszielen, -strategien und der reflektierte Einsatz der verbalen und nonverbalen Fähigkeiten zur Steuerung der Interaktion"** (Nerdinger, 2001, S. 132). Auch diese Fähigkeit stellt kognitiv hohe Anforderungen. Sie ist eine innere Schaltzentrale der Sozialkompetenz und kann wie ein innerer Kompetenzmanager bezüglich der inhaltlichen Ausgestaltung der drei Planungsobjekte – Ziele, Strategien und Instrumente – gesehen werden. Darüber hinaus ist sie neben der Güte der Planungsobjekte im Sinne der Situationsadäquanz für das Ausmaß der Integrativität der drei Elemente enorm wichtig: Ein hohes Maß an Sozialkompetenz kann nur dann als möglich angesehen werden, wenn die Interaktionsziele (u. a. Kunden über den Vorteil von Produkten informieren), Interaktionsstrategien (u. a. aktive Argumentation) und Interaktionsplanung (u. a. ruhige, bestimmte Sprache) aufeinander abgestimmt zum Einsatz kommen (vgl. Hennig-Thurau; Thurau, 1999, S. 305).

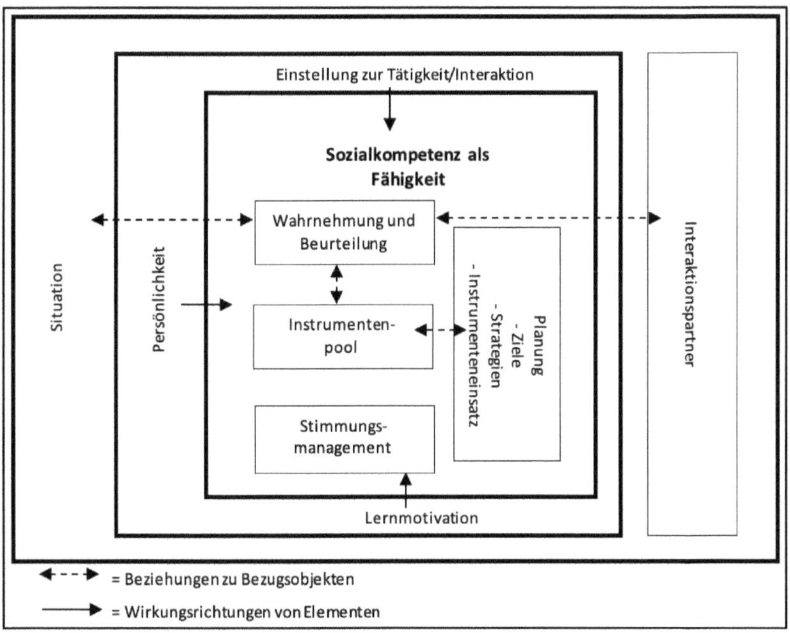

Abbildung 37: Elemente und Einflussgrößen im Modell der sozialen Kompetenz als Fähigkeit (Quelle: Eigene Darsellung nach Hennig-Thurau; Thurau, 1999, S. 304)

Gelingt es, die einzelnen Punkte der Sozialkompetenz durch die Transaktionsanalyse systematisch strukturiert zu verbessern, lassen sich die einzelnen Schritte bis hin zu wirtschaftlichem Erfolg anhand einer Erfolgskette über optimierte Interaktionsprozesse als erhöhte (Kunden)Zufriedenheit, stärkere Kundenbindung, tiefere Integrationsniveaus und letztendlich über daraus entstehende Steuerungs- und Interventionsmöglichkeiten wie in Abbildung 38 darstellen.

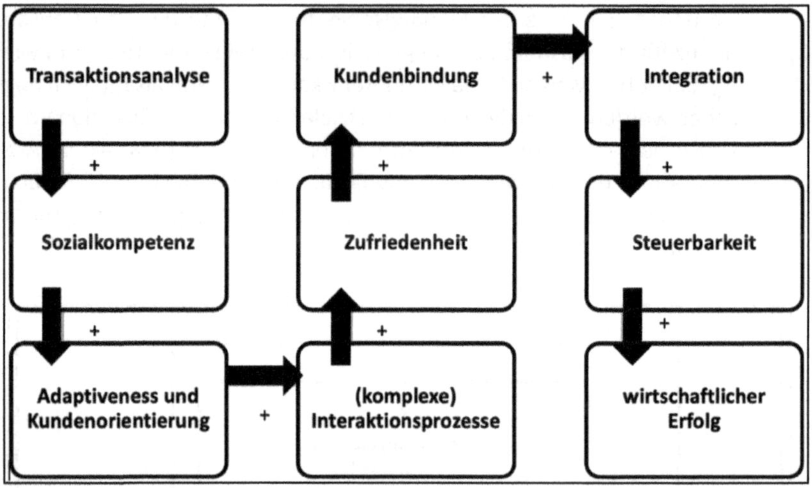

Abbildung 38: Erfolgskette der Sozialkompetenz im Zusammenhang der Steuerbarkeit sozialer Systeme bzw. Geschäftsbeziehungen (Quelle: Eigene Darstellung)

Dementsprechend sollen im Folgenden die vier Punkte der Sozialkompetenz nach Hennig-Thurau und Thurau systematisch auf Kompatibilität mit dem systemischen Transaktionsmanagement überprüft werden.

3.4.4.2. Verbale und nonverbale Fähigkeiten zur Gestaltung der Interaktion

Das erste der vier sozialen Kompetenz-Elemente wird von Hennig-Thurau und Thurau auch als Potentialelement bezeichnet. Es beschreibt u. a. verbale (Intonation, Rhetorik, Lachen etc.) und nonverbale (Mimik, Gestik, Körperhaltung etc.) Fähigkeiten, um Interaktionen aktiv gestalten zu können. Es wird unterstellt, dass jede Person ein spezifisches Sozialkompetenz-Potenzial besitzt, das individuell verbesserbar ist, es aber keine allgemeingültige Strategie gibt, um Sozialkompetenz zu vermitteln. Das Potentialelement wird auch als Instrumentenpool oder Instrumentenmix bezeichnet (vgl. Hennig-Thurau; Thurau, 1999, S. 304).

„Mit Hilfe der Transaktionsanalytischen Kommunikationsanalyse können Interaktionsvorgänge zwischen Individuen und zwischen Gruppen differenziert erklärt und somit die Voraussetzungen für eine gesteuerte Verbesserung von Interaktions- und Kommunikationsprozessen geschaffen werden“ (Bruhn, 2001, S. 643).

Die Transaktionsanalyse bietet verschiedene instrumentell nutzbare Ebenen einer dyadischen Beziehungsanalyse und -optimierung. Dabei bietet sie die Möglichkeit der Beobachtung und Beeinflussung beobachtbarer und nicht beobachtbarer Größen. Erstere werden durch Transaktionsmuster beschrieben, die u. a. Transaktionsarten, funktionale Ich-Zustände, Beziehungsverträge und sogenannte Stroke-Arten beinhalten. Nicht beobachtbare Größen sind u. a. die Grundeinstellung und die Kundenzufriedenheit (vgl. Angerer, 2003, S. 191). Auch wenn personenspezifische Potenziale individuelle Grenzen beschreiben, kann die systemische Transaktionsanalyse individuell „Handwerkszeug“ bieten, um einerseits individuelle Möglichkeiten innerhalb der jeweiligen Potenzialgrenzen zu optimieren, andererseits direkt auf die Interaktion positiv einzuwirken, um demnach dem ersten der vier Sozialelemente gerecht zu werden.

3.4.4.3. Stimmungsmanagement

3.4.4.3.1. Einleitende Überlegungen

Bei der Beantwortung der Frage nach Möglichkeiten, Stimmungsmanagement zu betreiben oder zu verbessern, liefert Hochschild mit ihrem Modell der sogenannten Gefühlsarbeit (teilweise aufgrund des englischen Begriffs *emotional labor* auch zu eingegrenzt als Emotionsarbeit bezeichnet) interessante Ansatzpunkte. Sie beschreibt Gefühlsarbeit als ein bewusstes Steuern des Fühlens, wodurch das Ziel verfolgt wird, für das sichtbare Darstellen von Emotionen und Stimmungen einen Lohn zu bekommen (vgl. Hochschild, 2006, S. 15f). Hochschild spricht in ihrer Arbeit ausschließlich von Gefühlen und unterscheidet nicht weiter zwischen Stimmungen, Emotionen, Affekten.

Nerdinger (vgl. 2012, S. 8ff), der Hochschilds Arbeit aufgreift, scheint die Begriffe „Emotion" und „Gefühl" teilweise als Synonyme zu verwenden. Der Ausgangspunkt für die ersten Überlegungen zur Gefühlsarbeit war die Feststellung, dass in vielen Unternehmen Darstellungsregeln existieren, welche dem Mitarbeiter vorgeben, welcher Gefühlsausdruck gegenüber Kunden gezeigt werden soll (vgl. Hochschild, 2006, S. 3f). Diese Regeln sind gewöhnlich implizit, können in manchen Fällen aber auch schriftlich fixiert bzw. durch Trainings übermittelt sein (vgl. Nerdinger, 2012, S. 10). Vorgaben der Gefühlsdarstellung unterscheiden sich normalerweise im beruflichen Kontext auf zwei Dimensionen: Anforderungen bezüglich der Darstellung positiver Emotionen bzw. des Anspruchs, negative Emotionen und Stimmungen zu unterdrücken (vgl. Rastetter, 2008, S. 16). Die gezielte Anpassung und folgende Darstellung eines Gefühlsausdrucks, die mit normativen Darstellungsregeln für gegebene Arbeitssituationen konform ist, wird von Hochschild als Gefühlsarbeit bezeichnet (vgl. Hochschild, 2006, S. 15ff). Wird in Dienstleistungstätigkeiten, bei denen Interaktionen mit Kunden stattfinden, die Anpassung des Gefühlsausdrucks ein wesentlicher Teil der Arbeit, bekommt sie einen materiellen Tauschwert im Sinne von Marx. Kundenbewertungen der Qualität und des Werts einer Dienstleistung erfolgen in vielen Fällen hauptsächlich anhand der Art und Weise, in der sie geleistet werden (vgl. Nerdinger, 2012, S. 12).

Emotionen stellen kurzfristige gefühlsmäßige Reaktionen dar, die teilweise sehr stark ausfallen können und relativ schnell wieder abflachen. Sie sind das Ergebnis bestimmter Ereignisse (vgl. Barry, 2008, S. 98). Stimmungen sind andererseits nicht so intensiv, dafür jedoch langanhaltender und in ihrem Ursprung meist komplexer (vgl. Geiger, 2013, S. 267). Hochschilds Gefühlsarbeit kann in Verbindung mit der Transaktionsanalyse für beide Aspekte Handlungsansätze bieten und erfüllt somit die Bedingung des Stimmungsmanagements nach Hennig-Thuraus und Thuraus Sozialkompetenz-Konzepts.

3.4.4.3.2. Gefühlsarbeit

Grundsätzlich lassen sich bei der Erzeugung von Gefühlsausdrücken nach Hochschild (vgl. 2006, S. 55ff) zwei Strategien unterscheiden: das Oberflächenhandeln und das Tiefenhandeln bzw. innere Handeln.

Beim **Oberflächenhandeln** versuchen Personen, den Gefühlsausdruck – den sichtbaren Anteil der Emotion – losgelöst von den wahren Gefühlen mit den

Darstellungsregeln ihres Unternehmens bzw. der Situation in Einklang zu bringen (vgl. Hochschild, 2006, S. 55f).

Beim **inneren bzw. Tiefenhandeln**, im Gegensatz zum Oberflächenhandeln, wird der Versuch unternommen, wirklich die dargestellten Gefühle zu empfinden. Dazu werden nach Hochschild (vgl. 2006, S. 56ff) von Dienstleistern in der Regel drei Techniken eingesetzt:

- Aufmerksamkeitsfokussierung auf positiv erlebte Erinnerungen oder Sachverhalte
- Kognitive Umdeutung, bei der Situationen umgedeutet werden, indem z. B. ein Mitarbeiter den Ärger des Kunden nicht auf sich selbst bezieht, sondern auf eine gegebene Situation. Hierbei hilft die Fähigkeit des Perspektivwechsels, um ein Verständnis für die Situation des Gegenübers zu entwickeln.
- Einsatz von Entspannungstechniken

Gefühlsarbeit, also die Fähigkeit der Emotions- und Stimmungsregulation, stellt eine wichtige Voraussetzung für erfolgreiche Problemlösungen und damit einhergehender Kundenbindung durch den Dienstleister dar (vgl. Nerdinger, 2012, S. 12).

„Emotionsarbeit bietet Dienstleistern eine Möglichkeit, den Kunden in ihrem Sinne zu steuern und damit ihre Tätigkeit möglichst reibungslos zu bewältigen“ (Nerdinger, 2012, S. 12). Läuft die Emotionsarbeit erfolgreich, fühlen sich die Kunden während der Interaktion wohler und bewerten die Dienstleistungsqualität besser (vgl. Nerdinger, 2012, S. 12).

3.4.4.3.3. Systemische Transaktionsanalyse zur Unterstützung des Stimmungsmanagements

Oberflächenhandeln als die Darstellung von Emotionen und Stimmungen, die nicht wirklich gefühlt werden, kann durch die mögliche Diskrepanz zwischen den Ich-Zuständen aus dem transaktionsanalytischen Struktur- und dem Funktionsmodell nach Berne beschrieben werden. Die Struktur bezieht sich darauf, was innerhalb der Ich-Zustände psychologisch geschieht. Sie bezieht sich auf das „Was“. Das funktionelle Modell befasst sich mit der Verhaltensebene bzw. der Darstellung der Ich-Zustände nach außen, also dem „Wie“ (vgl. Stewart; Joines, 2015, S. 47ff). Es kann geschehen, dass gewisse Verhaltensweisen einem funktionellen Ich-Zustand entsprechen, der nichts mit dem strukturellen Ich-Zustand zu tun hat, in dem sich eine Person gerade befindet. Funktionsanalytisch betrachtet, ist dies zulässig und kein Hindernis (vgl. Schmid, 1994, S. 157).

Tiefenhandeln, das aus verschiedenen Gründen (u. a. Gesundheit, Glaubwürdigkeit) zu präferierende Emotionsmanagement (vgl. Nerdinger, 2012, S. 16), scheint durch die dyadische Betrachtung der Situation mit der systemischen Transaktionsanalyse durch verschiedene transaktionsanalytische Konzepte, angefangen durch die bewusste Steuerung des transaktionsanalytischen Strukturmodells und des Konzepts der Grundeinstellung (u. a. auch der Maschengefühle), tragbar (vgl. Stewart; Joines, 2015, S. 300f).

Durch das systemtheoretische Integrationskonzept und das transaktionsanalytische Konzept der Beziehungsverträge ist auf einer grundsätzlichen Ebene die Basis für das Umdeuten von Situationen gelegt. Ärger und andere Herausforderungen des Gegenübers gehen theoretisch aus dem gegebenen integrierten System samt aller damit verknüpften komplexen Relationen hervor und betreffen nicht (zwangsläufig) den Verkäufer persönlich.

Hierbei hilft die Fähigkeit des Perspektivwechsels, ein Verständnis für die Situation des Gegenübers zu entwickeln (vgl. Hochschild, 2006, S. 56ff).

3.4.4.4. Sozial sensible Wahrnehmung und adäquate Beurteilung

Sollen Möglichkeiten zur Steuerung, Lenkung und Intervention erschlossen werden, ist es notwendig, unter die Oberfläche der Kommunikation zu schauen. Oberflächenerscheinungen, wie Handlungen und Entscheidungen zu beobachten, genügt nicht. Die Kommunikationsstrukturen hinter den Personen müssen erkannt werden, um Organisationswirklichkeiten festzustellen und verändern zu können (vgl. Willke, 2005, S. 36, S. 161). Dementsprechend ist die Beobachtung von Transaktionen eine notwendige Maßnahme, um ein systematisches Transaktionsmanagement betreiben zu können (vgl. Liebmann, 1997, S. 225f). Durch die Beobachtung von Transaktionen wird eine Möglichkeit gegeben, Muster zu entdecken. Hierbei werden in der Systemtheorie soziale, kognitive und semantische Strukturen unterschieden. Interne Strukturmuster können dabei im Gegensatz zu Transaktionsmustern nicht direkt beobachtet werden (vgl. Willke, 2005, S. 34).

Luhmann differenziert Strukturen bzw. (Struktur-)Muster in Kognitionen und Normen. Als **Kognitionen** werden in der betriebswirtschaftlichen Literatur Ziele, Strategien, Programme und Pläne zusammengefasst. **Normen** dagegen entsprechen sozialen Strukturmustern bzw. Regelsystemen (vgl. Angerer, 2003, S. 148).
Semantische Strukturen beschäftigen sich dabei mit dem Aspekt der Bedeutung und des Verstehens. Semantik ist ein Teil der Linguistik und befasst sich mit sprachlichen Zeichen bzw. Zeichenfolgen und dementsprechend mit der Bedeutung bzw. den Inhalten von Sätzen, Worten und Texten (vgl. Drosdowski et al., 1997, S. 736). Die Rekonstruktion der Bedeutung im Sinne des Verstehens, ohne die sozialen Strukturen der Systeme zu kennen, ist allerdings schwierig. Dabei ist weniger wichtig, was kommuniziert wird, sondern wie kommuniziert wird. Durch die Fokussierung, weg vom Inhalt, auf die Betrachtung des Prozesses der Abläufe, wird der Beziehungsaspekt in den Fokus gerückt und soziale Strukturen können ersichtlich werden. Dies wiederum kann als Hauptansatzpunkt zur Erschließung der Operationslogik einer Verhandlung, eines Gesprächs und schlussfolgernd der damit verbundenen Geschäftsbeziehung dienen (vgl. Angerer, 2003, S. 149).

Bei der **pragmatischen Betrachtung** des Kommunikationsprozesses anhand von Transaktionen und auch Vertragskonzepten der Transaktionsanalyse werden darüber hinaus auch die Erwartungen der Gesprächsteilnehmer berücksichtigt (vgl. Schulze, 1992, S. 210). Erwartungen bilden in der Tiefenstruktur der Kommunikationen die Grundlage für anschließende Entscheidungen und Handlungen. In den Erwartungen fließen semantische, kognitive und soziale Strukturmuster (Regelsysteme) ineinander bzw. kreuzen sich (vgl. Willke, 2005, S. 35ff, S. 151f). Schlussfolgernd bedeutet dies, dass Transaktionsmuster, die interne Strukturmuster sozialer Systeme darstellen, das komplexe Handeln und Entscheiden jener Systeme strukturieren (vgl. Jackson, 1997, S. 32f).

Da intrapsychische Gegebenheiten, wie z. B. die Grundeinstellung der Teilnehmer, zumindest nicht verlässlich ausschließlich durch Beobachtungen der Transaktionsmuster bestimmt werden können, ist es notwendig, darüber hinaus **Grundeinstellungsmuster** in die Betrachtung einzubeziehen. Grundeinstellungen sind Ausdruck für eine grundsätzliche Weltanschauung einzelner Personen und einer damit einhergehenden Bewertung (vgl. Hagehülsmann; Hagehülsmann, 2007, S. 143f). Eine Einstellung stellt eine andauernde grundsätzliche Beurteilung von Personen, Themen und Objekten dar (vgl. Solomon et al., 2001, S. 182f). Transaktionsanalytische Grundeinstellungen können als Teil sozialer Systeme gesehen werden, weil sie sich beim Interagieren zweier oder mehrerer Personen abzeichnen und damit ein Teil der Systemkommunikation selbst sind (vgl. Kasper et al., 1999, S. 171). Da Beurteilungen normalerweise auf Basis kognitiver Prozesse ablaufen, können Grundeinstellungen als Teilaspekte kognitiver Strukturmuster verstanden werden. Da damit aber Transaktionen nicht mehr die alleinige Basis zur Mustererkennung darstellen, wird im Fall einer Berücksichtigung der Grundeinstellungen von **transaktionsanalytischen Mustern** gesprochen und eine klare Unterscheidung zu Transaktionsmustern gemacht. Schlussfolgernd bedeutet dies, dass durch die Einbeziehung der Aspekte der Transaktionsanalyse in die soziale Systemtheorie, soziale und kognitive innere Strukturmuster spezifiziert werden können (vgl. Angerer, 2003, S. 150). Abbildung 39 veranschaulicht diese Prozesse und Abläufe.

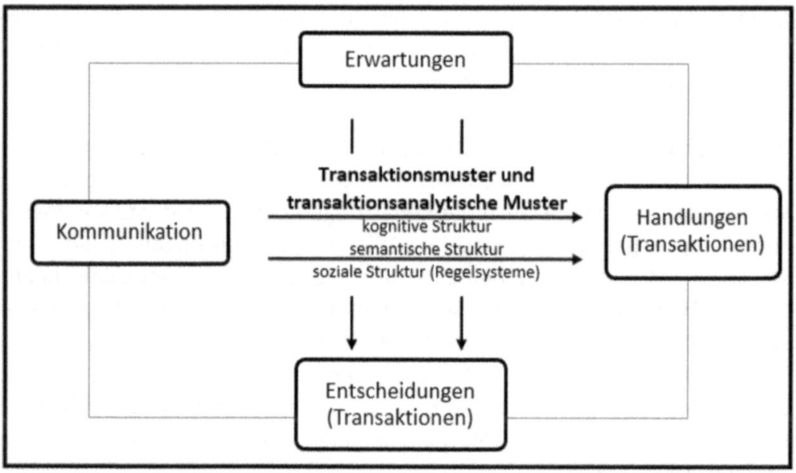

Abbildung 39: Interne Strukturmuster nicht-trivialer, komplexer Systeme (Quelle: Eigene Darstellung nach Angerer, 2003, S. 112; Willke, 2006, S. 42)

3.4.4.5. Einsatz des systemischen Transaktionsmanagements zur situativen Steuerung der Interaktion

3.4.4.5.1. Begriffsabgrenzung

Um erfolgreich intervenieren zu können, ist es notwendig, ein Verständnis zu schaffen, wie Systemteilnehmer ihre Wirklichkeit sehen und ihre Handlungen interpretieren (vgl. Kieser, 1999, S. 297). Für das Verständnis kann die Identifikation von transaktionsanalytischen Mustern als eine notwendige Bedingung betrachtet werden (vgl. Willke, 2005, S. 35ff).

Um eine Veränderung des Kommunikationsprozesses anzustoßen, kann zwischen **Intervention, Lenkung** und **Steuerung** unterschieden werden (vgl. Angerer, 2003, S. 151f). **Steuerung** im klassischen Sinne bedeutet, dass ein Manager, ein Unternehmen ein Gespräch oder ein anderes System präzise dorthin lenken kann, wohin er möchte (vgl. Kasper et al., 1999, S. 186).

Dies wird bezüglich komplexer Systeme jedoch aus verschiedenen Gründen als nicht korrekt betrachtet (vgl. Wimmer, 1989, S. 145f):

- Systeme operieren ihren Erwartungsstrukturen folgend
- Systeme sind geschichtsabhängig
- Innere Zustände der Systeme können sich verändern
- Systeme sind damit in ihren Verarbeitungsprozessen unvorhersehbar

Dieser Sichtweise folgend wird deutlich, dass es notwendig ist, die Steuerung bzw. die Bedingungen zur Steuerung innerhalb des Systems selbst zu suchen (vgl. Kasper et al., 1999, S. 186). In der Systemtheorie wird Steuerung als Form eines auf sich selbst bezogenen selbstreferenziellen Regelsystems (Selbststeuerung) oder als Reagieren bzw. Handeln auf externe Ereignisse (Fremdsteuerung) verstanden, indem Erwartungsmuster als Steuerungsmechanismen dienen (vgl. Willke, 2006, S. 250). Steuerung im Sinne von *Managen* kann in der Systemtheorie dementsprechend immer nur als Steuerungsversuch verstanden werden. Damit wird die Strukturdeterminiertheit systemischen Handelns betont. Dementsprechend kann nur über Intervention Einflussnahme auf das System, im Sinne von Führung, genommen werden (vgl. Kasper et al., 1999, S. 187). Die Begriffe „Lenkung“ und „Intervention“ stellen eine bewusste Handlungsmodifikation innerhalb eines Systems dar. Beide

Begriffe befassen sich mit der Thematik, Systeme nicht Zustände annehmen zu lassen, die weder sinnvoll noch wünschenswert sind (vgl. Probst, 1987, S. 40). Einen zentralen Ansatzpunkt als Grundlage solcher Interventionen stellt die Kenntnis der Steuerungs- und Organisationsprinzipien des sozialen Systems dar.

Lenkung und Intervention können durch folgende Merkmale unterschieden werden (vgl. Kasper et al., 1999, S. 187):

- Bei Mitgliedern einer Organisation bzw. eines Systems wird eher von Lenkung gesprochen, bei Nicht-Mitgliedern hingegen von Intervenieren.
- Wird von Lenkung gesprochen, wird eine Lenkungsabsicht und Lenkungskompetenz unterstellt. Das heißt, es kommt auf die Rolle bzw. Stelle innerhalb einer Organisation bzw. eines Systems an.
- Lenkung hat eine zeitlich anhaltende Komponente, während Intervention als punktuelles Ereignis betrachtet wird.

Beide Begriffe bezeichnen im Kern ähnliche Sachverhalte. Anders schaut es aus, wenn Lenkung/Intervention von Steuerung abgegrenzt wird, so wie es im Kontext der sozialen Systemtheorie gemacht wird. Lenkung und Intervention vernachlässigen den zeitlichen Aspekt der Beziehung zwischen intervenierendem und interveniertem System. Die Steuerungsperspektive ermöglicht es, Steuerungs- und Organisationsprinzipien im sozialen System zu identifizieren, die Rückschlüsse auf die Logik der Selbststeuerung der Beziehung der beiden Systeme erkennen lassen und dadurch Ansatzpunkte für Handlungsmodifikationen zu bieten. Im Folgenden wird der Fokus auf der Betrachtung der Steuerungs- und Organisationsprinzipien in der Unternehmens-Kunden-Beziehung liegen, da darauf aufbauend Ansatzpunkte für Interventionen und die Lenkung dieser Beziehung aufgezeigt werden können (vgl. Angerer, 2003, S. 154).

3.4.4.5.2. Ansatzpunkte zur Intervention und Lenkung

Lenkung und Intervention aus Perspektive des Managements
Nach Sichtweise der Systemtheorie geschieht jede Steuerung innerhalb des Systems selbst und ist zwingend deswegen Selbststeuerung. Kommunikationen *managen* dabei das soziale System (vgl. Kasper et al., 1999, S. 172). Vor diesem Hintergrund ergeben sich Ansatzpunkte der Intervention und Lenkung

der sozialen Systeme. Dies sind die (1) Teilnahme, Vernetzung und Sinnpflege (vgl. Liebmann, 1997, S. 223), (2) die Formulierung von Evolutionsstrategien (vgl. Willke, 2006, S. 111f, S. 131) und (3) das Setzen von Anfangs- und Randbedingungen (vgl. Liebmann, 1997, S. 223).

(1) Teilnahme, Vernetzung und Sinnpflege sind Ansatzpunkte zur Lenkung von Systemen bzw. Intervention in ein System. Koppelt ein intervenierendes System an ein interveniertes System an, erlaubt dies eine „Überprüfung" der Bedeutungsrekonstruktion, die durch Beobachtung von außerhalb des Systems anhand von Kommunikation erfolgt. Kommunikation stellt in diesem Kontext einen Prozess dar, der eine gemeinsame Konstruktion der Bedeutung ermöglicht (vgl. Liebmann, 1997, S. 228). Damit kann es Gesprächspartnern, die das intervenierende System verkörpern, gelingen, „[...] in der Situation nicht nur da, sondern beteiligt zu sein, sicht- und greifbar zu bleiben, Stellung zu beziehen, ohne sich dadurch einzumauern und Abweichungen von (vereinbarten, evolvierten) Standards nicht aus Bequemlichkeit zu dulden" (Schneider, 1994, S. 33). Kernaspekt der Sinnpflege, Vernetzung und Teilnahme ist das Erlangen einer Perspektive, in der die Beziehung der beiden (Einzel)-Systeme betrachtet wird und im Fokus steht (vgl. Angerer, 2003, S. 155).

(2) Evolutionsstrategien umfassen u. a. neue Formen der Kunden-Unternehmens-Integration (vgl. Willke, 2006, S. 131). Im Rahmen von Kontextsteuerungen bzw. von Relationierungsprogrammen (u. a. durch das Bestimmen der Rahmenbedingungen und der Definition von Evolutionsstrategien) werden im Allgemeinen Elemente der Selbst- und Fremdsteuerung zu neuartigen Lenkungsformen vereint (vgl. Willke, 2006, S. 241). Kontextsteuerung ist die dezentrale und reflexive Lenkung von Rahmenbedingungen für alle beteiligten Teilsysteme und darüber hinaus die selbstreferentielle Steuerung einzelner Teilsysteme (vgl. Macharzina, 1999, S. 76). Diese Verknüpfungen der Steuerungsmaßnahmen stellen eine zentrale Bedingung für ein wirksames Management von Veränderungen dar (vgl. Picot; Fiedler, 2001 in Angerer, 2003, S. 156).

Im managementorientierten Methodenverständnis ist das Festlegen von **(3) Anfangs- und Randbedingungen** ein zentraler, wichtiger Faktor (vgl. Liebmann, 1997, S. 223). Die Lenkung von Kunden-Unternehmens-Beziehungen auf Grundlage der Festlegung dieser Rahmenbedingungen kann entweder anhand der Erschaffung einer Unternehmenskultur, einer Vision, der Ausstattung mit Ressourcen oder durch eine Budget-Zuteilung entstehen (vgl. Schneider, 2000, S. 96). Anfangsbedingungen können aber auch u. a. das Schaffen von Freiräumen für selbstinitiierte Interaktionen von Mitarbeitern betreffen (vgl. Schüppenhauer, 1996, S. 209). Damit kann der Kritik über die Brauchbarkeit klassischer Feedback-Methoden in einem unberechenbaren Umfeld entgegengewirkt werden. Lernprozesse entstehen nicht mehr nur durch negative Rückkopplungen, sondern nehmen wesentlich umfassendere Formen an (vgl. Schreyögg, 1991, S. 278f). Diese Sichtweise folgt konsequent der Überzeugung, dass es in sich ständig verändernden Umfeldern keinen Sinn macht, spezielle Anpassungszustände zu optimieren. Wichtiger ist die Verbesserung auf der Metaebene, also der Optimierung der Anpassungsfähigkeit selbst (vgl. Malik, 2000, S. 63).

Lenkung und Intervention aus Perspektive der Systemtheorie und Transaktionsanalyse

Neben diesen zuvor genannten managementorientierten Perspektiven gibt es auch Lenkungs- und Interventionsmöglichkeiten aus sozial-systemtheoretischer Perspektive, die durch Konzepte der Transaktionsanalyse ergänzt werden. Dazu lassen sich im Rahmen der Lenkung und Intervention unterschiedliche Bereiche differenzieren (Tabelle 21).

Dimension der Systembildung	Bereiche der Intervention und Lenkung
Grenzbildung	Beziehungsdynamik
Ressourcengewinnung	Kernkompetenzen
Strukturbildung	Organisationsstrukturen formaler und informaler Art
Prozesssteuerung	Geschäfts- und Arbeitsprozesse
Reflexion	Ziele und Prioritäten
(Genese)	(Allianzen, Kooperation)

Tabelle 21: Interventions- und Lenkungsbereiche in sozialen Systemen (Quelle: Willke, 2005, S. 207)

Die dargestellten Interventionsbereiche stellen Ansatzpunkte für gezielte Interventionen dar. Sie sind als der Ansatzpunkt für eine Intervention zu verstehen, deren Ende noch offen ist. So kann es geschehen, dass Interventionen beispielsweise auf der Ebene der Beziehungsdynamik beginnen, aber auf der Ebene der Prioritäten eines Systems enden (vgl. Willke, 2005, S. 207f). Interventionen sollten auf das jeweilige Emergenzniveau bezogen sein, auf welches eingewirkt werden soll, damit beispielsweise auf der Strukturbildungsebene durch eine Veränderung von Organisationsstrukturen lenkend eingegriffen wird (vgl. Willke, 2006, S. 157).

Neuere Überlegungen bezüglich der Systemtheorie betonen, dass die Unkalkulierbarkeit und Intransparenz sozialer Systeme damit zusammenhängt, dass verschachtelte Regelsysteme existieren. Greifen Berater beispielsweise in eine Kundenbeziehung ein und in Trainings gelingt eine Veränderung, kann es im realen Umfeld wieder dazu kommen, dass in den ursprünglichen Zustand zurückgesprungen wird. Grund hierfür können Metaregeln sein, die der veränderten Regel übergeordnet sind (u. a. Karriere- und Belohnungsmuster) (vgl. Willke, 2005, S. 74f). Wird die Intervention in solchen Fällen nicht auf die übergeordnete Regel-Ebene erweitert, bleibt ein nachhaltiger Erfolg von Interventionen fraglich.

Bei der Wahl der Interventionsform stellt sich grundsätzlich die Frage nach dem Motiv der Intervention – dem Bereich, in dem das Problem liegt – und den Zielen der Intervention – dem Bereich, auf den eingewirkt werden soll. Anhand dieser Fragestellung kann eine Interventionsmatrix (Abbildung 40) erstellt werden (vgl. Willke, 2005, S. 208ff).

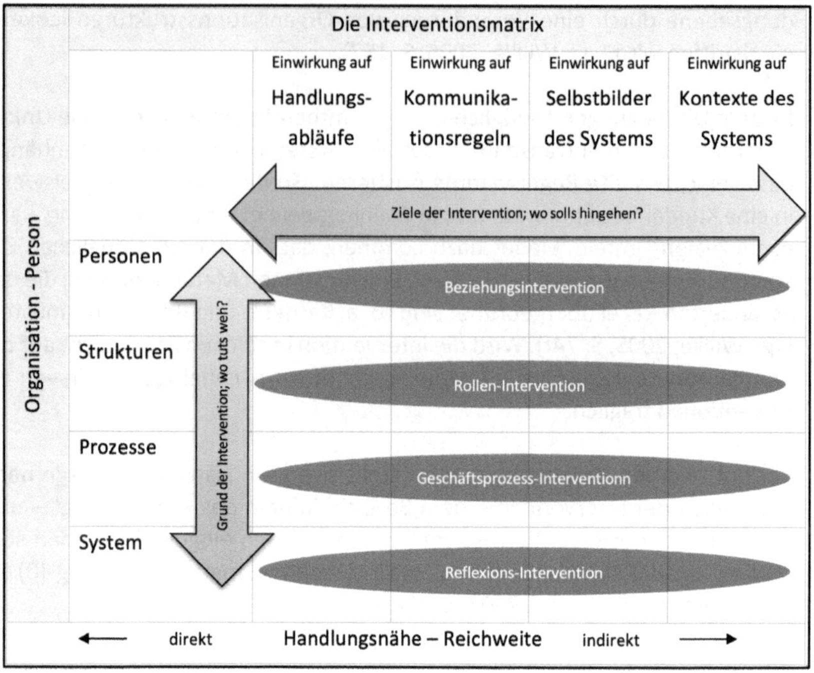

Abbildung 40: Typen der Intervention (nach Bereichen) (Quelle: Willke, 2005, S. 210)

Interventionen können auf unterschiedliche Bereiche abzielen. Ihr Wirkungsbereich kann sich auf Handlungsabläufe, Kommunikationsregeln, Selbstbilder und Kontexte des Systems beziehen. Dabei zielen Interventionen in der Systemtheorie niemals auf die Veränderung von Personen ab, sondern auf die Veränderung der Handlungs- und Kommunikationsstrukturen. Der Fokus liegt somit nicht, wie in traditionellen Ansätzen, auf Einzelhandlungen, sondern auf den Kommunikationsmustern (vgl. Willke, 2005, S. 84ff, S. 210). Damit bekommt das Erkennen und das Verständnis spezifischer Kommunikationsregeln in der sozialen Systemtheorie eine zentrale Rolle zur Intervention und Lenkung (vgl. Willke, 2005, S. 134).

Personenebene

Die Gründe der Intervention können sich auf Handlungsabläufe von Personen beziehen. Transaktionsanalytisch können die funktionalen Ich-Zustände als Ansatzpunkt dienen (vgl. Angerer, 2003, S. 159f). Der Wirkungsbereich kann sich aber darüber hinaus auch auf Kommunikationsregeln, Selbstbilder und

Kontexte des Systems auf der Personenebene beziehen (vgl. Willke, 2005, S. 208, S. 213). Transaktionsanalytisch kann dieser Bereich der Kommunikationsregeln durch Transaktionsmuster, also Beziehungsregeln, abgedeckt werden. Beim Bereich der Einwirkung auf Selbstbilder können die transaktionsanalytischen Grundeinstellungen einen Ansatz zur Lenkung bieten (vgl. Angerer, 2003, S. 160).

Strukturebene

Auf der Strukturebene erfolgt Intervention systemtheoretisch auf der Grundlage von Rollen (vgl. Willke, 2005, S. 210). Rückblickend auf die Kritik am Rollenkonzept stellen die Vertragskonzepte der Transaktionsanalyse eine adäquate Alternative dar, die den Fokus weg vom Individuum, hin zur Dyade rückt. Zur Intervention von Handlungsabläufen können offene Verträge als Ansatz dienen. Zur Einwirkung auf Kommunikationsregeln können Beziehungsverträge nützlich sein. Eine Einwirkung auf die Selbstbilder des Systems kann durch geheime Verträge ermöglicht werden. Mehrseitige Verträge unterstützen die Einwirkung auf Kontexte des Systems (vgl. Angerer, 2003, S. 160).

Abbildung 41 verdeutlicht die zuvor genannten Möglichkeiten der Intervention.

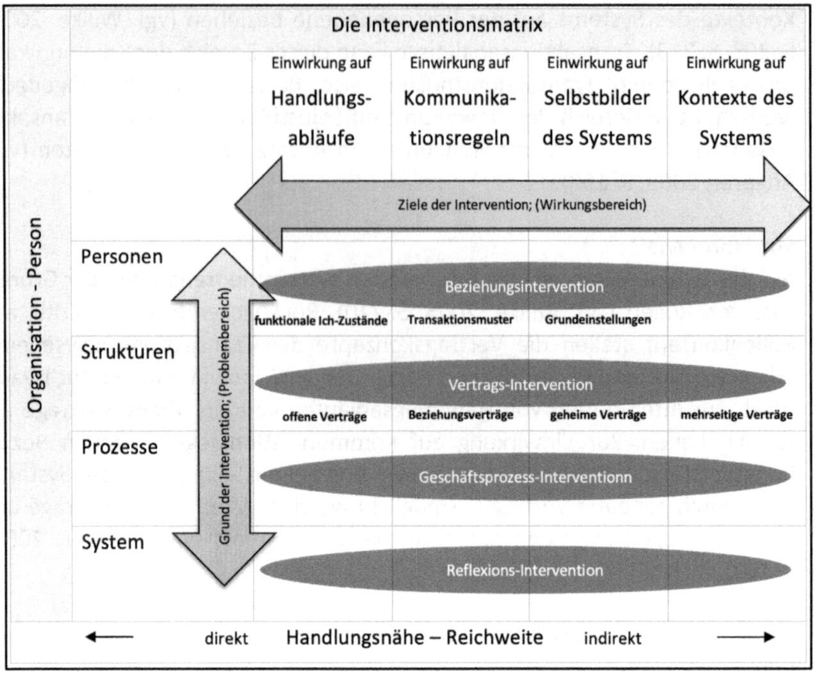

Abbildung 41: Transaktionsanalytisch erweiterte Interventions- bzw. Lenkungsmatrix (Quelle: Angerer, 2003, S. 159 nach Willke, 2005, S. 210)

Die Mustererkennung stellt somit einen zentralen Ansatzpunkt zur Intervention, Lenkung und Steuerung sozialer Systeme dar (vgl. Angerer, 2003, S. 160). Im Folgekapitel wird u. a. auf transaktionsanalytischer Grundlage ein theoretischer Bezugsrahmen entworfen, durch den soziale, aber auch kognitive Steuerungs- und Organisationsprinzipien veranschaulicht und empirisch greifbar gemacht werden können.

3.5. Mustererkennung in Verhandlungen (Beziehungsanalyse): Entwicklung eines Modells für situativ erfolgreiches Verhandeln

3.5.1. Überblick

In diesem Abschnitt findet die Entwicklung eines Modells für situativ erfolgreiches Verhandeln statt. Dabei steht auf den Erkenntnissen der vorherigen Kapitel aufbauend die soziale Mustererkennung in Verhandlungen im Kern des Interesses und ermöglicht dadurch, beispielsweise Verkäufern, eine kontinuierliche situative Beziehungsanalyse während der Gespräche durchzuführen.

Zunächst wird dazu in **Kapitel 3.5.2** auf die **Bedeutung der Analyse von Interaktionen in situativen Verhandlungen** eingegangen.

In **Kapitel 3.5.3** werden daran anschließend diesbezüglich **transaktionsanalytische Konzepte** – also der Einfluss transaktionsanalytischer Muster auf die Globalzufriedenheit in einer theoretischen Fundierung und Hypothesen formuliert.

In **Kapitel 3.5.4** werden neben diesen transaktionsanalytischen Konzepten auch unterschiedliche **nicht-transaktionsanalytische Konzepte – intrapsychische Einflüsse** in theoretischer Fundierung und Hypothesen formuliert.

In **Kapitel 3.5.5** findet eine Verbindung der zuvor erarbeiteten Konzepte mit einer **Profitabilitätsbetrachtung** für Verkäufer und damit das gesamte Unternehmen statt.

Kapitel 3.5.6 bietet eine **zusammenfassende Darstellung** der fertigen Modelle und einen Überblick aller im weiteren Verlauf untersuchten Hypothesen.

3.5.2. Bedeutung der Analyse von Interaktionen in situativen Verhandlungen

3.5.2.1. Einleitende Überlegungen

Profitabilitätsaspekten kommt im Zusammenhang mit *Relationship Marketing* eine zentrale Rolle zu. Es ist deswegen zweckmäßig, Kundenbeziehungen hinsichtlich ökonomischer und vorökonomischer Ziele zu betrachten (vgl. Bruhn, 2001, S. 643). Bei **ökonomischen Zielen** stehen anders als im traditionellen transaktionsorientierten Marketing nicht leistungs- Ziele, sondern kundenbezogene Ziele im Fokus (u. a. Kundendeckungsbeitrag und *Customer Lifetime Value*). Das bezieht eine Betrachtungs-Individualisierung von Kunden-Unternehmens-Beziehungen mit ein (vgl. Angerer, 2003, S. 161).

Im Beziehungsmarketing nehmen **vorökonomische Ziele** eine wichtige Rolle ein. Dabei stellen besonders die Kundenzufriedenheit und die Kundenbindung als besondere Einflussgrößen zentrale Ziele dar (vgl. Bruhn, 2001, S. 643). Qualität kommt im Zusammenhang mit der Kundenzufriedenheit und auch allgemein im *Relationship Marketing* eine besondere Bedeutung zu (vgl. Bruhn, 1999, S. 28). Kundenzufriedenheit und Qualität werden zum Teil als sehr ähnliche Konstrukte betrachtet. Vor allem kundenbezogene Qualität bei Dienstleistungen wird von manchen Autoren mit Kundenzufriedenheit gleichgestellt (vgl. Bruhn, 1995, S. 24). Möglichkeiten zu schaffen, um Kundenzufriedenheit zu steigern, ist ein wichtiger Aspekt der Kundenzufriedenheitsforschung. Die Identifikation von Einflussgrößen auf die Kundenzufriedenheit spielt dabei eine zentrale Rolle. Während Betrachtungen leistungsbezogener Einflussgrößen, wie Produkt-, Prozess- und Dienstleistungsqualität, lange Zeit die wissenschaftlichen Untersuchungen dominierten, verschob sich der Fokus in den letzten Jahrzehnten auf **interaktionsbezogene Perspektiven.** Ein weitverbreiteter Ansatz ist dabei vor allem die Sicht auf die Verhaltensweisen der Mitarbeiter (vgl. Stock, 2001, S. 213). Neben der einseitigen Betrachtung von Verhaltensweisen können auch dyadische Perspektiven von Kunden und Mitarbeitern analysiert werden (vgl. Angerer, 2003, S. 162). Es können zum einen die Verhaltensweisen der Mitarbeiter, zum anderen ebenso Mitarbeiter-Kunden-Interaktionen großen Einfluss auf die Kundenzufriedenheit bezüglich der Mitarbeiter, der Produkte, des gesamten Unternehmens und auch der Dienstleistungsqualität haben (vgl. Klaus, 1991, S. 260; vgl. Goff et al., 1997, S. 173f). Besonders bei komplexen Kaufentscheidungen, bei kooperativen Beziehungen zwischen Kunden und Mitarbeitern, wenn Wiederkauf und Empfehlungen für den Verkaufserfolg wichtig sind und das Unternehmen eine große Menge von Alternativprodukten anzubieten hat und dementsprechend Verkäufer mit Fachwissen und Erfahrung bei Kaufentscheidungen beraten können, spielt ein kundenorientiertes Verhalten der Mitarbeiter eine zentrale Rolle (vgl. Saxe; Weitz, 1982, S. 343ff; vgl. Goff et al., 1997, S. 174, vgl. Homburg; Stock-Homburg, 2012, S. 5).

Gelungene Interaktionsepisoden bekommen einen zunehmend höheren Stellenwert für die durch Kunden wahrgenommene Dienstleistung und der damit einhergehenden Kundenzufriedenheit zugesprochen (vgl. Schulze, 2000, S. 265). Art und Umfang persönlicher Interaktionen zwischen Kunden und Dienstleistern sind für das Qualitätsempfinden und die Zufriedenheit von enorm hoher Bedeutung (vgl. Nerdinger, 1998, S. 1178). Diese Aufwertung der Bedeutung von Interaktionen ist aber nicht nur auf den Dienstleistungssektor begrenzt. Es ist ebenso für Bereiche von Relevanz, die durch Dienstleistungen geprägt sind, wie z. B. Vertriebstypen des Handels (vgl. Liebmann; Zentes, 2001, S. 458).

Zusammengefasst kann geschlossen werden, dass die Betrachtung der Kunden- bzw. Mitarbeiter-Unternehmens-Interaktion zur Klärung kundenbezogener Qualität und Kundenzufriedenheit von wachsender Bedeutung ist. Für eine empirische Analyse der persönlichen Interaktionen und Beziehungen scheint die Transaktionsanalyse gut geeignet. Darüber hinaus sollen zusätzlich Einflussgrößen betrachtet und untersucht werden, die der Interaktion vorgelagert sind, mit ihr in direktem Zusammenhang stehen und auch Teil der Interaktion sind, die jedoch nicht speziell durch die klassische Transaktionsanalyse berücksichtigt werden:

- Umwelteinflüsse (verschiedene Verkaufsszenarien)
- Situationsgegebenheiten
  (kooperative oder kompetitive Situationen)
- Persönlichkeitsmerkmale (*Big Five*)
- Fachkompetenz
- Sozialkompetenz
- Persönlichkeitskompetenzen

3.5.2.2. Transaktionsanalyse als besonderer Teilaspekt der empirischen Untersuchung der Kunden-Unternehmens-Beziehungen

Interaktionsanalysen setzen sich mit dem Einfluss von Kommunikationsstruktur auf Zufriedenheit und Leistung auseinander (vgl. Staehle, 1999, S. 304). Die Transaktionsanalyse von Berne bietet einen empirisch schwierigeren und damit anspruchsvolleren Zugang, um Kunden-Unternehmens-Interaktionen und -Beziehungen zu analysieren, als andere Verfahren (vgl. Staehle, 1999, S. 314ff). Sie scheint, dazu geeignet zu sein, Muster innerhalb der

Interaktionen und der Beziehungen zu entdecken, diese zu beschreiben und darüber hinaus ihre Wirkungen zu erklären. Durch die Transaktionsanalyse wird eine dyadische Perspektive ermöglicht, die von einseitigen Betrachtungen der Verhaltensweisen einzelner Personen abrückt (vgl. Angerer, 2003, S. 164).

Durch eine Vielzahl von Teilkonzepten, wie u. a. das Konzept der Grundeinstellungen und die Transaktionsanalyse im engeren Sinn, wird durch die Transaktionsanalyse ein theoretischer Bezugsrahmen bereitgestellt, der Interaktionen und Beziehungen differenziert beschreiben und erklären kann. Aus methodischer Perspektive bietet sie darüber hinaus einen Apparat zur Verhaltensdiagnose und zur Identifikation verschiedener Transaktionsarten und -muster, der mehrere Indizienkategorien und Kommunikationsebenen, wie Vokabular, Artikulation, Gestik, Mimik und allgemeines Verhalten, heranziehen kann, um Verhaltenskategorisierungen zu vollziehen (vgl. Angerer, 2003, S. 164).

Obwohl die Transaktionsanalyse sich bereits seit Jahrzehnten als Methode der Psychotherapie etabliert hat und auch vermehrt in Marketingbereichen Beachtung findet, gibt es außer einigen empirischen Untersuchungen von Angerer (2003; 2004a; 2004b; 2005), in denen er transaktionsanalytische Konzepte intensiv analysiert und mit Fokus auf eine Optimierung von Interaktionsprozessen und Unternehmensbeziehungen überprüft, keine weiteren Untersuchungen (vgl. Weis, 2000, S. 204).

Die Transaktionsanalyse dürfte zur Analyse von Kunden-Unternehmens-Interaktionen sowie Kunden-Unternehmens-Beziehungen und für die Erklärung der Wirkung (vor-)ökonomischer Zielgrößen des *Relationship Marketing* sehr geeignet sein. Sie ermöglicht darüber hinaus, das abstrakte Konzept der sozialen Systemtheorie empirisch greifbar zu machen. Von den empirischen Untersuchungen und daraus folgenden Ergebnissen können neuartige Beiträge zur Erklärung der Unternehmensbeziehungen und -interaktionen bezüglich deren Kunden bzw. anderen Unternehmen erwartet werden (vgl. Angerer, 2003, S. 164). Diese Erkenntnisse dürften von hoher praktischer Relevanz sein, da durch sie fundierte Verhaltensempfehlungen formuliert werden können.

3.5.2.3. Theoretischer Bezugsrahmen im Überblick

Um den theoretischen Bezugsrahmen zu formen, werden die aus Kapitel 2.4.2. bereits bekannten Modelle der Einflüsse auf einseitiges situatives Verhandlungsverhalten nach Voeth und Herbst (Abbildung 42) sowie das Modell der Zweiparteienverhandlungen nach Neale und Northcraft (Abbildung 43) in einzelne Faktoren (a-f) zerlegt und anschließend neu formatiert. Daraus ergeben sich Modelle, in denen die einzelnen Aspekte der Untersuchung klar zugeordnet werden können (Abbildung 44)

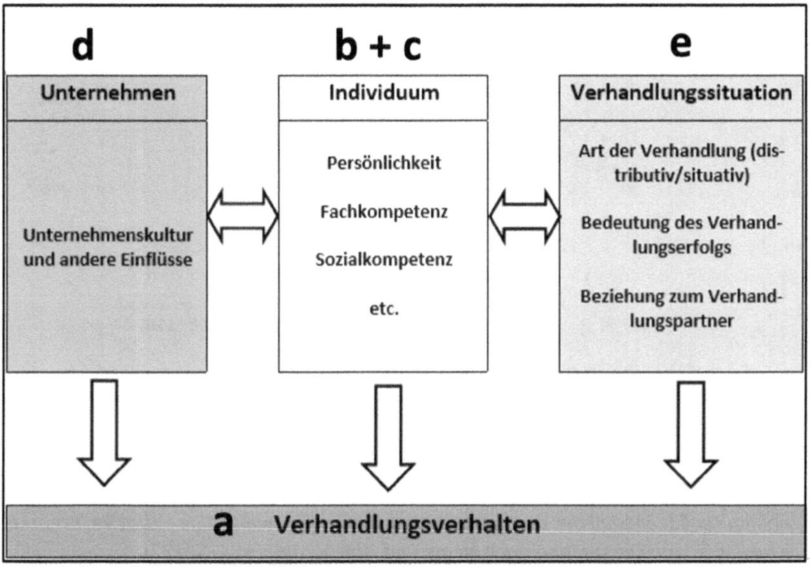

Abbildung 42: Einflussfaktoren auf einseitiges situatives Verhandlungsverhalten (Quelle: Eigene Darstellung nach Voeth und Herbst, 2015, S. 209)

Das Modell der Zweiparteienverhandlung (Abbildung 43), ergänzt die einseitige Betrachtung bezüglich der Entstehung des Verhaltens (Abbildung 42) um eine dyadische Perspektive und den daraus resultierenden möglichen Ergebnissen der Interaktion.

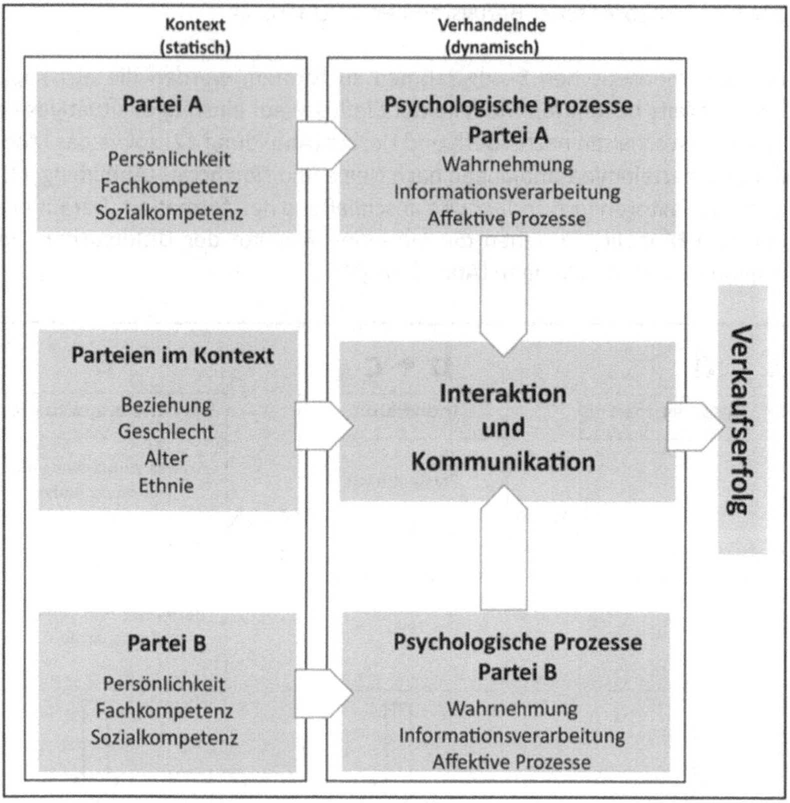

Abbildung 43: Modell der Zweiparteienverhandlung – zweiseitige situative Interaktion (Quelle: Eigene Darstellung nach Neale und Northcraft, 1991, S. 177)

In den daraus drei neu geformten Modellen (Abbildung 44) lassen sich die für die Analyse der Kunden-Unternehmens-Beziehung interessanten Einflüsse der Teilbereiche, sortiert nach transaktionsanalytischen (a-b) und nicht-transaktionsanalytischen Konzepten (c-e), sowie ökonomische Zielgrößen des *Relationship Marketing* (f), wie folgt visualisieren.

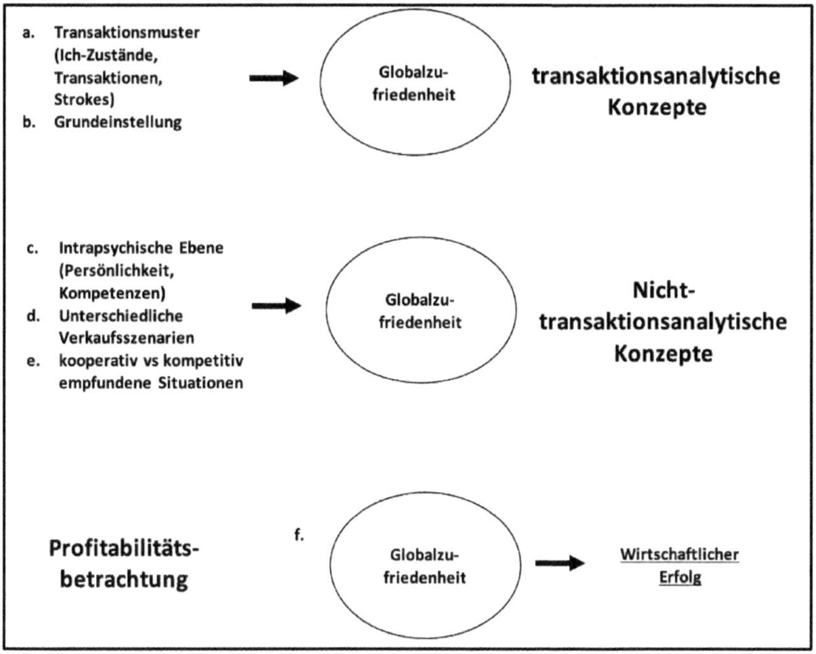

Abbildung 44: Teilmodelle und Grundstruktur der Zusammenhänge (Quelle: Eigene Darstellung)

In der empirischen Untersuchung soll demnach den Forschungsfragen nachgegangen werden.

Transaktionsanalytische Konzepte

a) Welche Transaktionsmuster werden in Kunden-Unternehmens-Interaktionen bzw. Kunden-Unternehmens-Beziehungen unterschieden?

b) Welchen Einfluss haben die transaktionsanalytischen Grundeinstellungen der Gesprächspartner auf die Globalzufriedenheit?

Nicht-transaktionsanalytische Konzepte

c) Welchen Einfluss haben die der Verhaltensebene vorgelagerten Faktoren, wie Persönlichkeit und verschiedene Kompetenzen, auf die Globalzufriedenheit des Kunden?

d) Welchen Einfluss haben unterschiedliche in der Praxis häufig vorkommende Verkaufsszenarien (äußere Einflüsse) auf die Globalzufriedenheit?

e) Welchen Einfluss hat das Spektrum des vom Kunden wahrgenommenen kompetitiven oder kooperativen situativen Verhaltens des Verkäufers auf die Globalzufriedenheit?

Profitabilitätsbetrachtung

f) Welcher Einfluss ist durch die Globalzufriedenheit auf den wirtschaftlichen Erfolg gegeben?

Die Modelle veranschaulichen u. a. den direkten Effekt transaktionsanalytischer Muster auf die Globalzufriedenheit. Diese beinhaltet u. a. in dieser Konstellation die sogenannte Transaktionszufriedenheit, die Zufriedenheit des Kunden bezüglich verschiedener Kompetenzen des Verkäufers und die generelle Zufriedenheit mit dem Gespräch. Dieser Zusammenhang wird in Verbindung mit dem realen wirtschaftlichen Erfolg der Verkäufer untersucht. Durch diesen Aufbau wird eine Wirkungs- bzw. Erfolgskette konstruiert. Dies bedeutet, es besteht eine Kausalkettenlogik.

Abbildung 45 visualisiert und verbindet die Zusammenhänge der untersuchten Einflussgrößen (a-f aus Abbildung 44) (horizontal) und der grundsätzlichen Art und Weise der Datenerhebung (vertikal).

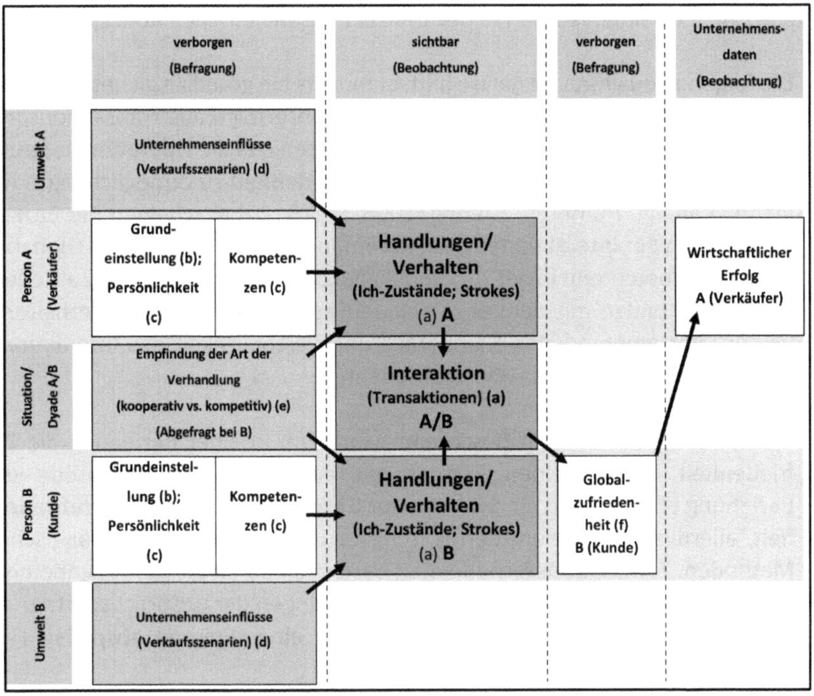

Abbildung 45: Wirkungsdiagramm der verschiedenen Untersuchungsapekte (Quelle: Eigene Darstellung)

Besonders die Untersuchung von Transaktionsmustern, die sich aus dem Zusammenschluss verschiedener individueller Verhaltensweisen der Gesprächspartner ergeben, werden dem dyadischen Forschungsparadigma zugeordnet, da wechselseitige Veränderungen in einer Reihe von situativen Prozessen betrachtet werden (vgl. Hansen; Schulze, 1990, S. 5f).

Durch transaktionsanalytische Muster (Transaktionsmuster + Grundeinstellung) werden auch nicht direkt beobachtbare Größen analysiert. Aus diesem Grund wird ganz gezielt dieser Begriff und nicht der des Transaktionsmusters verwendet. Im Folgenden wird zunächst das Vorgehen zur Identifikation transaktionsanalytischer Muster und im weiteren Verlauf auch der weiteren nicht beobachtbaren (und nicht aus der Transaktionsanalyse stammenden) personalen Variablen im Rahmen einer qualitativen Analyse erläutert.

3.5.2.4. Qualitative Analyse der transaktionsanalytischen Konzepte

Die folgende qualitative Analyse hilft, einerseits ein grundsätzliches Verständnis für die Einflussgrößen auf Kommunikationserfolge aus transaktionsanalytischer Perspektive zu entwickeln und andererseits die Operationalisierung des Konstrukts der sogenannten **Globalzufriedenheit** zu ermöglichen (in Anlehnung an vgl. Homburg; Giering, 1996, S. 5ff). Dabei scheinen die Beziehungsebenen der Interaktionen bzw. Kommunikationen interessant. Globalzufriedenheit beschreibt in der zugrundeliegenden Untersuchung die Zufriedenheit eines Kunden mit dem allgemeinen Gesprächsverlauf, den Verhaltensweisen, der empfundenen Kompetenz und Persönlichkeit des Interaktionspartners sowie der Transaktionszufriedenheit.

Transaktionszufriedenheit beschreibt wiederum in einer Beziehung die Zufriedenheit der einzelnen Partner mit einer bestimmten Episode der Beziehung und ist damit ein Synonym für **Gesprächs- und Episodenzufriedenheit**, allerdings unter dem Betrachtungsfokus von transaktionsanalytischen Methoden. Transaktionszufriedenheit beschreibt somit die Zufriedenheit mit den Handlungen und den sich aus den Handlungen der Gesprächspartner ergebenden Interaktionen, die sich innerhalb einer Episode abspielen (vgl. Angerer, 2003, S. 166).

Episoden stehen, wie in Abbildung 46 dargestellt, für Gespräche. Sequenzen können entweder gebündelte oder auch einzelne Gespräche sein, die z. B. ein bestimmtes Thema betreffen. Die Summe der Sequenzen ergibt in dieser Betrachtungsweise die Beziehung.

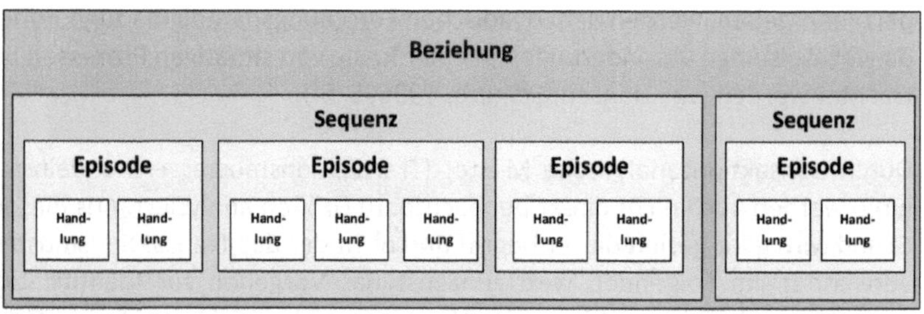

Abbildung 46: Ebenen der Interaktion in Beziehungen (Quelle: Eigene Darstellung nach Holmlund, 1997 zit. in Grönroos, 2004, S. 96)

Im Rahmen der folgenden qualitativen Analyse der transaktionsanalytischen Muster wird grundsätzlich transaktionsanalytische bzw. transaktionsanalytisch relevante Literatur ausgewertet. Angerer (vgl. 2003, S. 166ff) setzt als Informationsquelle auf Experteninterviews mit ausgebildeten und jahrelang praktizierenden Transaktionsanalytikern. Er befragte dazu zwei Transaktionsanalytikerinnen und drei Transaktionsanalytiker. Zwei Personen davon befassten sich schwerpunktmäßig mit der Transaktionsanalyse in Organisationen. Drei Personen arbeiteten im therapeutischen Bereich. Im Rahmen dieser Interviews wurde sein Konzept der Transaktionszufriedenheit auf Inhaltsvalidität überprüft. Das ursprüngliche Modell, das den Fokus auf die Transaktionsarten (parallel, überkreuzt und verdeckt) legte, wurde um das Konzept der Redefinitionstransaktionen erweitert. Darüber hinaus wurde das transaktionsanalytische Konzept der *Strokes* und der Grundeinstellungen hinzugefügt (vgl. Angerer, 2003, S. 167f).

Im Rahmen dieser Arbeit wurde das transaktionsanalytische Modell von Angerer (2003) um nicht-transaktionsanalytische Facetten, wie Persönlichkeitsaspekte, und Sozial- sowie Fachkompetenz erweitert und im Hinblick auf die daraus resultierende Globalzufriedenheit untersucht. Außerdem wurden die Ich-Zustände in jeweils positive und negative Versionen aufgebrochen. Globalzufriedenheit stellt nach Absprache mit langjährigen Transaktionsanalytikern und *Sales Coaches* eine Erweiterung der Transaktionszufriedenheit um nicht-transaktionsanalytische Facetten dar. Transaktionszufriedenheit wird durch die allgemeine Zufriedenheit des Kunden mit dem Gespräch und bezüglich der empfundenen Kompetenzen des Verkäufers sowie dessen Persönlichkeitsmerkmale ergänzt.

3.5.3. Transaktionsanalytische Konzepte: Einfluss der transaktionsanalytischen Muster auf die Globalzufriedenheit – theoretische Fundierung und Hypothesen

3.5.3.1. Einleitende Überlegungen

Einzelne Verhaltensweisen bzw. Handlungen verschiedener Personen bilden vereint in Wechselwirkung miteinander in einem sozialen System eine dynamische, dyadische Interaktion. Verhaltensweisen können transaktionsanalytischen Ich-Zuständen, aber auch punktuellen *Strokes* zugeordnet und dadurch kategorisiert werden. Interaktionen können transaktionsanalytisch durch die verschiedenen Transaktionsarten dargestellt werden (Abbildung 47).

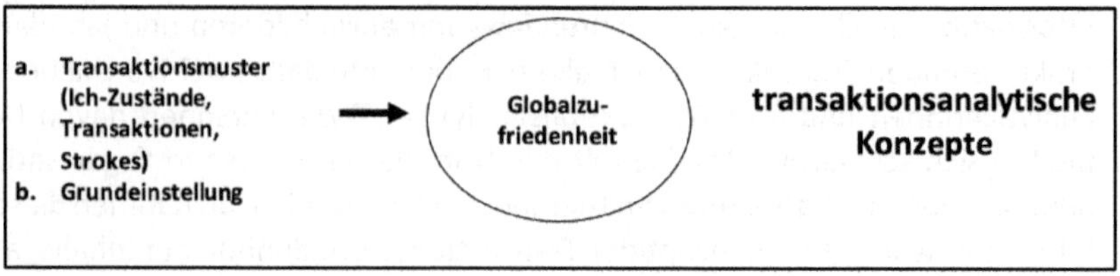

Abbildung 47: Grundstruktur der transaktionsanalytischen Zusammenhänge auf die Globalzufriedenheit (Quelle: Eigene Darstellung)

Abbildung 48 veranschaulicht, was innerhalb einer Beziehungsepisode situativ geschieht, wie aus Handlungen einzelner Personen dyadische Interaktionen entstehen und welche transaktionsanalytischen Werkzeuge Handlungen und Interaktionen transaktionsanalytisch greif- und auswertbar machen.

Werden Transaktionsmuster gemeinsam mit den verborgenen Grundeinstellungen der Gesprächspartner analysiert, ergeben sich daraus **transaktionsanalytische Muster.**

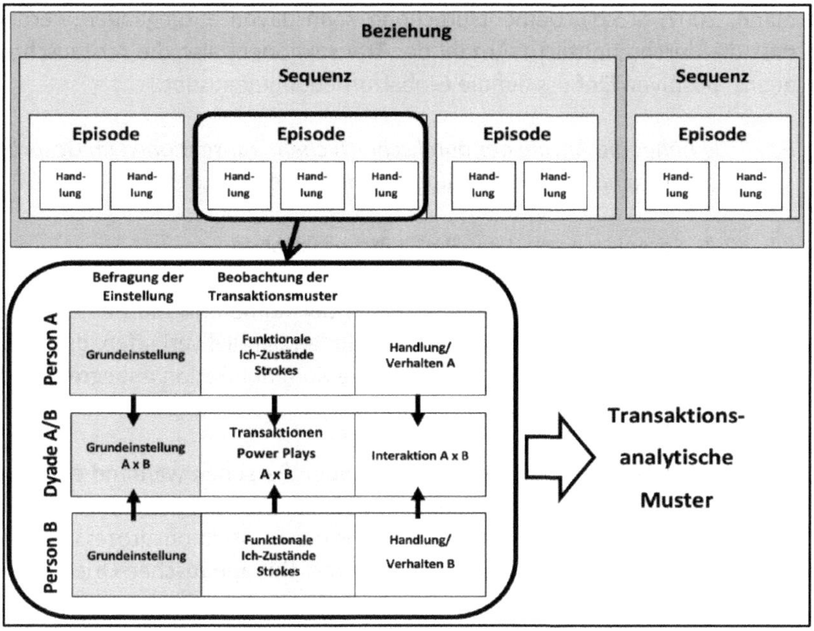

Abbildung 48: Veranschaulichung einer Episode aus transaktionsanalytischer Perspektive (Quelle: Eigene Darstellung)

3.5.3.2. Arten und Wirkungen von Transaktionen

3.5.3.2.1. Frequenz der Transaktionen

„Eine Transaktion ist der verbale und nonverbale Austausch zwischen zwei Personen, der, bestehend aus einem Reiz (z. B. einer Frage) und einer Reaktion (z. B. einer Antwort), zwischen bestimmten Ich-Zuständen stattfindet" (Rüttinger, 2019, S. 53).

Wenn es möglich ist, dass viele Ich-Zustände in Gesprächen durchlaufen werden, wird von einer gesund einzustufenden Beziehung gesprochen, in der jede Person dazu fähig ist, selbstbestimmt zu handeln. Solche Gespräche, in denen ungehindert aus mehreren Ebenen interagiert wird, werden als abwechslungsreicher und vielfältiger empfunden und führen damit zu einem positiven Einfluss auf die Globalzufriedenheit (vgl. Hagehülsmann; Hagehülsmann, 2007, S. 52f). Dementsprechend kann davon ausgegangen werden, dass die durchschnittliche Anzahl der Transaktionen, also die Austauschfrequenz, positiven Einfluss auf die Globalzufriedenheit ausübt.

H1 Je höher die Anzahl der durchschnittlichen Transaktionen im Gespräch ist, desto höher wird die Globalzufriedenheit sein.

3.5.3.2.2. Komplementär- bzw. Paralleltransaktionen

Bernes transaktionsanalytisch erste Regel der Kommunikation besagt: „Solange die Pfeile in den einzelnen Transaktionen parallel verlaufen, die Transaktionen also komplementär sind, kann die Kommunikation unbegrenzt weitergehen“ (Stewart; Joines, 2015, S. 103).

Die jeweilige Haltung, die von interagierenden Personen während eines Gesprächs eingenommen wird, also die Ebene der Transaktionen, dürfte darüber hinaus auch Einfluss auf die Bewertung der Transaktionsprozesse haben. In der transaktionsanalytischen Literatur mit therapeutischer Orientierung wird mit Bezug auf eine Vertragsschließung davon ausgegangen, dass es „[...] wünschenswert ist, dass so weit wie möglich [...] zwischen Therapeut und Patient parallele Transaktionen auf gleichen Ebenen zugrunde liegen“ (Kottwitz, 1990, S. 32). Die Gegebenheit und Fähigkeit zu haben, auf allen drei Ebenen der Ich-Zustände jeweils parallel kommunizieren zu können, wird als positive Basis für eine Verständigung zwischen Therapeut und Patient betrachtet (vgl. Schulze, 1995, S. 166).

Die Fähigkeit, Paralleltransaktionen auf gleicher Ebene durchführen zu können, wird grundsätzlich als erfolgversprechend und wünschenswert angesehen (vgl. Kottwitz, 1990, S. 32). Diesbezüglich finden sich in der Literatur einige Ansatzpunkte. Um Gesprächsfortschritte, Informationsaustausch und sachliche Argumentation zu erreichen, werden nur parallele Transaktionen auf der Erwachsenen-Ebene als zielführend angesehen. Paralleltransaktionen auf Eltern- und Kind-Ebene schaffen zusätzlich eine positive Atmosphäre der Übereinstimmung, bevor das eigentliche Thema angesprochen wird (vgl. Rüttinger, 2019, S. 59f). Vor diesem Hintergrund definiert Toelstede (vgl. 1994, S. 141) Prozessphasen, die mit einer Einführungsphase beginnen und danach in eine Erwachsenen-Ich-dominierte Phase übergehen.

H2 *Je größer der Anteil paralleler Transaktionen auf einer positiven Ebene im Gespräch ist, umso größer wird die Globalzufriedenheit sein.*

Andere Autoren halten sich bezüglich der Ebenen wesentlich pauschaler und empfehlen, generell Paralleltransaktionen zu nutzen. So sollten nach Weis (vgl. 2000, S. 209) pauschal immer nur einfache bzw. parallele Transaktionen getätigt werden. Nach Hansen und Schulze (vgl. 1990, S. 18) sollten Verkäufer immer versuchen, durch Paralleltransaktionen gesteuert auf den Kunden einzugehen.

Es wird darüber hinaus vermutet, dass ein Gespräch, welches ausschließlich auf einer Ebene stattfindet, als monoton empfunden wird (vgl. Angerer, 2003, S. 175).

H3 *Je größer der Anteil positiver paralleler Transaktionen in den Transaktionsmustern zwischen Erwachsenen- und Kind-Ebene ist, umso größer wird die Globalzufriedenheit sein.*

Wenn von parallelen Transaktionen gesprochen wird, bedeutet dies, dass solange die Transaktionen parallel erfolgen, das Gespräch andauert. Es passiert immer das Gleiche, nichts Neues. Das bedeutet jedoch nicht automatisch, dass jede parallele Transaktion positiv zu werten ist, wie das in betrieblichen Zusammenhängen oft vermutet wird. Man denke nur an zwei aus ihrer elterlichen Haltung schimpfende und missbilligende Mitarbeiter (vgl. Hagehülsmann; Hagehülsmann, 2007, S. 55).

H4 *Je größer der Anteil paralleler Transaktionen auf einer negativen Ebene im Gespräch ist, umso geringer wird die Globalzufriedenheit sein.*

H5 *Je größer der Anteil negativer paralleler Transaktionen in den Transaktionsmustern zwischen Erwachsenen- und Kind-Ebene ist, umso geringer wird die Globalzufriedenheit sein.*

3.5.3.2.3. Überkreuztransaktionen

Bernes transaktionsanalytische zweite Regel der Kommunikation besagt: „Die Überkreuztransaktion bedeutet eine Störung in der Kommunikation; soll diese wieder glatt ablaufen, muß [sic!] einer der Gesprächspartner oder müssen beide den Ich-Zustand wechseln“ (Stewart; Joines, 2015, S. 106).

Ist der parallele Austausch von Personen durch Überkreuztransaktionen längerfristig unterbrochen oder kommt gar nicht erst zustande, so ist die Wahrscheinlichkeit hoch, dass sich der Kunde nicht verstanden fühlt (vgl. Grund, 1998, S. 130). Kommt es zu vielen Überkreuztransaktionen, liegt es nahe, dass sich dies auf den Transaktionsprozess negativ auswirkt und somit negativer Einfluss auf die Globalzufriedenheit entsteht.

H6 Je größer der Anteil überkreuzter Transaktionen in den Transaktionsmustern ist, in denen aus einem negativen Ich-Zustand geantwortet wird, umso geringer wird die Globalzufriedenheit sein.

Wie bereits erwähnt, wird davon ausgegangen, dass viele Ich-Zustände in Gesprächen ein Zeichen gesunder Beziehungen sind und darauf schließen lassen, dass beide Gesprächsteilnehmer in der Lage sind, autonom zu handeln. Wird offen aus mehreren Ebenen interagiert, wird dies als abwechslungsreich sowie vielfältig empfunden, was positiven Einfluss auf die Globalzufriedenheit bietet (vgl. Hagehülsmann; Hagehülsmann, 2007, S. 52f).

H7 Je größer der Anteil überkreuzter Transaktionen in den Transaktionsmustern ist, in denen aus einer positiven (Kind- oder Eltern-)Verhaltensweise geantwortet wird, umso höher wird die Globalzufriedenheit sein.

Obwohl parallele Transaktionen ein Indikator für ungestörte Kommunikationsprozesse sind, die theoretisch unendlich weitergehen können, bedeutet dies nicht, dass jede Paralleltransaktion grundsätzlich positiv zu werten ist. In einigen Situationen ist es notwendig, Transaktionen bewusst zu durchkreuzen. Dies kann dann angebracht sein, wenn das rationale Erwachsenen-Ich des Gegenübers mobilisiert werden soll (vgl. Rüttinger, 2019, S. 56f).

H8 Je größer der Anteil überkreuzter Transaktionen in den Transaktionsmustern ist, in denen eine negative Verhaltensweise durch den Erwachsenen-Ich-Zustand gekreuzt wird, umso höher wird die Globalzufriedenheit sein.

H9 Je größer der Anteil überkreuzter Transaktionen in den Transaktionsmustern ist, in denen eine positive Verhaltensweise durch den Erwachsenen-Ich-Zustand gekreuzt wird, umso geringer wird die Globalzufriedenheit sein.

3.5.3.2.4. Redefinitionstransaktionen

Obwohl angenommen wird, dass die Beurteilung, ob eine Transaktion als erfolgreich bewertet wird, von Ich-Zuständen bzw. spezifischen Haltungen abhängt und dadurch letztendlich der Erfolg inhaltlichen Austauschs von Botschaften bestimmt wird (vgl. Hagehülsmann; Hagehülsmann, 2007, S. 52) und dies auch empirisch belegt ist (vgl. Mehrabian, 1981, S. 182), muss doch davon ausgegangen werden, dass inhaltliche Aspekte auch Einfluss auf die Transaktionszufriedenheit haben. Redefinitionstransaktionen stellen eine Spezialform von Transaktionen dar, die inhaltliche Aspekte betreffen. Sie beziehen sich auf den Inhalt einer Bemerkung oder Frage und manifestieren sich, wenn der Antwortende ausweichend das Thema redefiniert (vgl. Hagehülsmann; Hagehülsmann, 2007, S. 232f).

Es können zwei unterschiedliche Arten der Redefinitionstransaktionen unterschieden werden: (1) tangentiale und (2) blockierende Transaktionen (vgl. Hagehülsmann; Hagehülsmann, 2007, S. 232f). Tangentialtransaktionen oder auch (1) **tangentiale Transaktionen** sind dann gegeben, wenn eine Frage bezüglich eines Themas durch ein nicht angesprochenes Thema oder einen unterschiedlichen Aspekt des gleichen Themas beantwortet wird. Stimulus und Reaktion fokussieren unterschiedliche Themenbereiche oder die Reaktion behandelt das Ursprungsthema aus unterschiedlichen Blickwinkeln. Stewart und Joines (vgl. 2015, S. 276f) gehen davon aus, dass sich Personen, die Tangentialtransaktionen initiieren, dessen nicht bewusst sind.

Typisch für tangentiale Transaktionen ist eine Umlenkung des Themas, sodass keine klaren Antworten gegeben werden. Die Transaktionen erwecken bei einer Verhaltensbetrachtung den Eindruck, als seien sie Transaktionen der Erwachsenen-Ebene. Genauer betrachtet, wird jedoch deutlich, dass es sich um eine Kind-Ich-Reaktion handelt, mit der versucht wird, Anforderungen auszuweichen und den Glauben an die eigene überlegene Position aufrechtzuerhalten. Gespräche mit tangentialen Transaktionen werden als unklar und sich im Kreis drehend beschrieben (vgl. Hagehülsmann; Hagehülsmann, 2007, S. 232f). Dies lässt vermuten, dass Tangentialtransaktionen negativen Einfluss auf die Transaktionszufriedenheit haben. Neben den tangentialen Transaktionen existieren auch sogenannte (2) **blockierende Transaktionen**. Bei dieser Transaktionsform wird der Inhalt der Frage in Frage gestellt anstatt mit einer direkten Antwort zu reagieren (vgl. Hagehülsmann; Hagehülsmann, 2007, S. 233).

Somit dürften sich blockierende, ebenso wie tangentiale Transaktionen negativ auf die Transaktionszufriedenheit auswirken.

H10 Je größer der Anteil von Redefinitionstransaktionen in den Transaktionsmustern ist, umso geringer wird die Globalzufriedenheit sein.

3.5.3.3. Arten und Wirkungen von funktionellen Ich-Zuständen

Eine Handlung unterscheidet sich in der sozialen Systemtheorie dahingehend vom Verhalten, dass **Verhalten** als eine Reaktion auf Umwelteinflüsse bzw. -reize beschrieben wird, während **Handeln** eine bewusste „[...] Durchbrechung des unmittelbaren Reaktionsdruckes auf Umweltereignisse [...]“ (Willke, 2006, S. 95) darstellt.

Diese Handlungen oder auch Verhaltensweisen werden im Funktionsmodell in Abbildung 49 in ihrer jeweiligen konstruktiven positiven und destruktiv negativen Form dargestellt. Diese funktionellen Zustände müssen nicht den empfundenen strukturellen Ich-Zuständen der jeweiligen Person entsprechen. Sie sind nur das, was gezeigt wird und beobachtet werden kann.

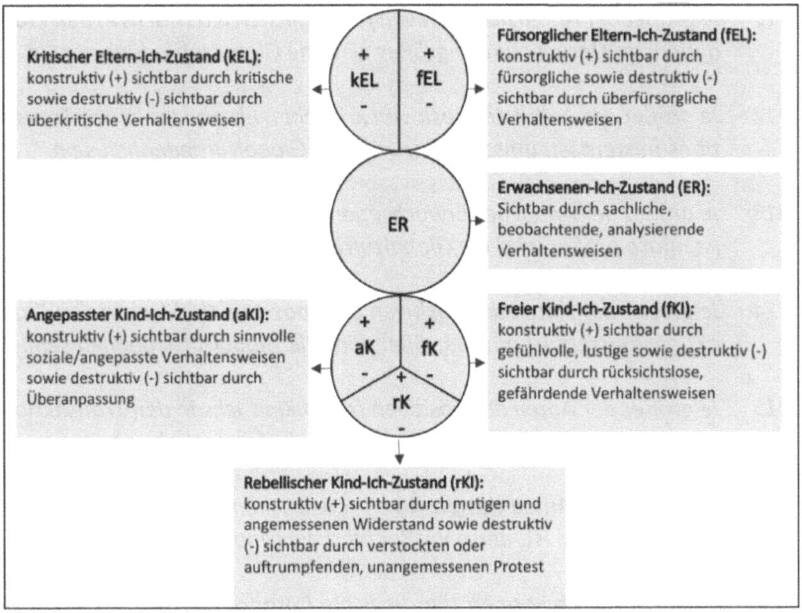

Abbildung 49: Detailliertes Funktionsmodell der Transaktionsanalyse (Quelle: Eigene Darstellung nach Hagehülsmann und Hagehülsmann, 2007, S. 21)

Jedes Mal, wenn ein Individuum auf sein Gegenüber reagiert, hat es eine Anzahl von Wahlmöglichkeiten, welchen Ich-Zustand es einnimmt und an welchen Ich-Zustand des Gegenübers die Botschaft gerichtet wird. Dabei gilt, je „gesünder" ein Individuum ist, desto autonomer, also vielfältiger, ist die Wahl seiner Möglichkeiten. Je beeinträchtigter es ist, desto beschränkter werden seine kommunikativen und interaktiven Möglichkeiten sein. Dementsprechend bedeuten viele beobachtbare Ich-Zustände in Gesprächen, dass es sich um eine als gesund einzustufende Beziehung handeln wird (vgl. Hagehülsmann; Hagehülsmann, 2007, S. 52f).

H11 *Je größer der Anteil des positiven fürsorglichen Eltern-Ichs in den Transaktionsmustern ist, umso größer wird die Globalzufriedenheit sein.*

H12 *Je größer der Anteil des positiven kritischen Eltern-Ichs in den Transaktionsmustern ist, umso größer wird die Globalzufriedenheit sein.*

H13 *Je größer der Anteil des Erwachsenen-Ichs in den Transaktionsmustern ist, umso größer wird die Globalzufriedenheit sein.*

H14 *Je größer der Anteil des positiven angepassten Kind-Ichs in den Transaktionsmustern ist, umso größer wird die Globalzufriedenheit sein.*

H15 *Je größer der Anteil des positiven freien Kind-Ichs in den Transaktionsmustern ist, umso größer wird die Globalzufriedenheit sein.*

H16 *Je größer der Anteil des positiven rebellischen Kind-Ichs in den Transaktionsmustern ist, umso größer wird die Globalzufriedenheit sein.*

Kind-Ich und Eltern-Ich können allerdings die Autonomie einer Person beeinträchtigen. Übertriebene elterliche Kritik oder unangemessener Trotz aus dem Kind-Ich mindern oder stören die Funktion des Erwachsenen-Ichs (vgl. Hagehülsmann; Hagehülsmann, 2007, S. 20). Dies geschieht, indem sie „[...] angemessene Reaktionen auf die aktuelle Wirklichkeit trüben oder ersetzen" (Clarkson, 1996, S. 82). Es wird dementsprechend vermutet, dass destruktive Ich-Zustände einen negativen Einfluss auf die Globalzufriedenheit haben.

H17 *Je größer der Anteil des negativen fürsorglichen Eltern-Ichs in den Transaktionsmustern ist, umso geringer wird die Globalzufriedenheit sein.*

H18 *Je größer der Anteil des negativen kritischen Eltern-Ichs (Verfolger-Ich) in den Transaktionsmustern ist, umso geringer wird die Globalzufriedenheit sein.*

H19 *Je größer der Anteil des negativen Erwachsenen-Ichs in den Transaktionsmustern ist, umso geringer wird die Globalzufriedenheit sein.*

H20 *Je größer der Anteil des negativen angepassten Kind-Ichs (Opfer-Ichs) in den Transaktionsmustern ist, umso geringer wird die Globalzufriedenheit sein.*

H21 *Je größer der Anteil des negativen freien Kind-Ichs in den Transaktionsmustern ist, umso geringer wird die Globalzufriedenheit sein.*

H22 *Je größer der Anteil des negativen rebellischen Kind-Ichs in den Transaktionsmustern ist, umso geringer wird die Globalzufriedenheit sein.*

Negative Erwachsenen-Ich-Zustände sind Verhaltensweisen, die vordergründig rational erscheinen, aber durch eine inhaltliche Redefinition oder Blockierung erkennbar werden und eigentlich der Kind-Ebene entspringen. Es sind somit destruktive Verhaltensweisen aus dem Kind-Ich unter dem Deckmantel des sachlichen Erwachsenen-Ichs (vgl. Angerer, 2003, S. 172). Sie bilden die Grundlage der Redefinitionstransaktionen in der folgenden Analyse.

3.5.3.4. Arten und Wirkung von Strokes und Power Plays

3.5.3.4.1. Arten bzw. Formen von Strokes

In der Transaktionsanalyse wird das Verlangen oder Bedürfnis nach Zuwendung, Beachtung, Respekt und Anerkennung unter dem Oberbegriff der *Strokes* gebündelt (vgl. Hagehülsmann; Hagehülsmann, 2007, S. 77).

„Ein Stroke wird definiert als Einheit der Anerkennung. Dabei kann es sein, dass ich die Existenz des Mitmenschen zur Kenntnis nehme (natürlich in einer Weise, die für ihn wahrnehmbar ist), oder aber seine Beschaffenheit und

Eigenart, oder auch sein Verhalten und seine Leistung" (Stewart; Joines, 2015, S. 116).

Es können prinzipiell viele verschiedene Arten von *Strokes* unterschieden werden, von denen im Folgenden Kombinationen der ursprünglichen „Reinformen" beschrieben werden. Diese Reinformen können in folgenden Formen auftreten (vgl. Stewart; Joines, 2015, S. 77ff):

(1) verbale und nonverbale *Strokes*
(2) direkte und indirekte *Strokes*
(3) positive und negative *Strokes*
(4) bedingungslose und bedingte *Strokes*
(5) echte und unechte *Strokes*

(1) **Verbale Formen der *Strokes*** können ein einfaches „Hallo" oder auch ein komplettes Gespräch sein, nonverbale Formen können u. a. ein Winken, ein Blick, ein Lächeln oder ein Nicken sein (vgl. Angerer, 2003, S. 177).

(2) **Direkte Formen** der Anerkennung sind z. B. Lob, ein freundschaftliches Händedrücken bei der Begrüßung, **indirekte *Strokes*** sind u. a. Gehaltserhöhungen und das monatliche Gehalt (vgl. Angerer, 2003, S. 177).

(3) **Positive Formen** der Anerkennung sind z. B. Lob, **negative** sind z. B. Kritik (vgl. Angerer, 2003, S. 177).

(4) **Bedingungslose *Strokes*** sind immer personenbezogen, das bedeutet, sie werden darauf bezogen, was die Person ist. Dadurch fühlen sich Personen ihrer selbst wegen wertgeschätzt. **Bedingte *Strokes*** sind hingegen auf das Verhalten bezogen und hängen damit zusammen, was Personen machen. Durch diese Anerkennung werden Personen für ihre Fähigkeiten und individuellen Besonderheiten wertgeschätzt (vgl. Angerer, 2003, S. 177f).

(5) **Unechte Formen** der Anerkennung beginnen z. B. positiv, werden dann aber negativ oder sie sind unehrlich. Berne spricht bei der zweiten Form einfach von „Honig um den Bart schmieren" (vgl. Hagehülsmann; Hagehülsmann, 2007, S. 80; vgl. Stewart; Joines, 2015, S. 121). In unechten *Strokes* steckt meistens eine doppelte Botschaft, die zu Verunsicherung führt. Auf sozialer Ebene gibt es eine positive Anerkennung, auf der psychologischen Ebene dagegen eine negative (vgl. Stewart; Joines, 2015, S. 117ff; vgl. Hagehülsmann;

Hagehülsmann, 2007, S. 77ff). Tatsächlich beobachtbar ist allerdings nur die erste Form der unechten *Strokes* (positiv beginnend und negativ endend), die auch als „schiefes Streicheln" bezeichnet wird (vgl. Hagehülsmann; Hagehülsmann, 2007, S. 80).

Es wird angenommen, dass die Qualität, die individuelle Wirkung der *Strokes*, von der jeweiligen Persönlichkeit des Empfängers abhängt (vgl. Stewart; Joines, 2015, S. 122; vgl. Hagehülsmann; Hagehülsmann, 2007, S. 80f).

Aus diesen Reinformen der Anerkennung lassen sich Kategorien der *Strokes* ableiten, die in ihrer Wirkung für die Globalzufriedenheit in dieser Arbeit untersucht werden.

3.5.3.4.2. Wirkungen ausgewählter Stroke-Kategorien

In neueren Theorieansätzen, die die Verkäufer-Kunden-Interaktion – den Verkaufsvorgang – als dynamischen sozialen Prozess betrachten, werden Motivation, Belohnung und Bestrafung als zentrale Faktoren angesehen. Umso besser Motive befriedigt werden können, desto größer wird der Wert einer Belohnung wahrgenommen (vgl. Kröber-Riel; Gröppel-Klein, 2019, S. 518). Es wird wahrscheinlicher, dass mögliche Käufer Kontakt mit dem Verkäufer aufnehmen und diesen bis zum Kaufabschluss fortsetzen, wenn die durch den Käufer individuell empfundene Gratifikation als ausreichend eingestuft wird (vgl. Homans, 1972 zit. in Kröber-Riel; Gröppel-Klein, 2019, S. 518). Bestrafungen und Belohnungen als Möglichkeit der Anerkennung zu zeigen, weisen starke inhaltliche Nähe zum transaktionsanalytischen *Stroke*-Begriff auf. Die Anerkennung bzw. Gratifikation, die beispielsweise ein Käufer bekommt, sind einerseits zusätzlich vom nonverbalen Verhalten des Gegenübers abhängig (vgl. Kröber-Riel; Gröppel-Klein, 2019, S. 518), andererseits kann das nonverbale Verhalten selbst die Gratifikation sein (u. a. zustimmendes Nicken) (vgl. Kröber-Riel; Gröppel-Klein, 2019, S. 519). Dies wird grundsätzlich durch unterschiedliche mögliche Formen der *Strokes* in der Transaktionsanalyse unterschieden.

Weinberg (vgl. 1986, S. 79) postuliert unter Berücksichtigung verbaler, wie auch nonverbaler Sichtweisen, dass Verkaufsgespräche, die den Belohnungsfaktor berücksichtigen, die Kundenzufriedenheit und damit die Stabilität der Beziehung und letztendlich die Kundenbindung festigen. Die Konsumentenverhaltensforschung weist darüber hinaus darauf hin, dass durch versteckte

Komplimente ein Einfluss auf das Aktivierungsniveau von möglichen Käufern besteht (vgl. Kröber-Riel; Gröppel-Klein, 2019, S. 518). Dieser Punkt wird in der vorliegenden Arbeit jedoch nicht näher untersucht. Es ist anzunehmen, dass jedes (ehrlich empfundene) Kompliment über die Aktivierung hinaus positiven Einfluss auf die Transaktionszufriedenheit haben dürfte. Fühlen sich Kunden respektiert und mit Achtung behandelt, ist hohe Zufriedenheit zu erwarten (vgl. Hagehülsmann; Hagehülsmann, 2007, S. 77).

In einer länderübergreifenden Studie von Ernst & Young (vgl. Cap Gemini Ernst & Young, 2002, S. 5f), in der 6000 Kunden aus neun europäischen Ländern befragt wurden, gaben 69 % der befragten Personen an, dass für sie ein höflicher respektvoller Umgang sehr wichtig sei. Dieser Aspekt nahm damit Rang zwei direkt hinter *„The store is clean and well maintained"* mit 71 % ein.

Ein respektvoller Kundenumgang ist gegeben, wenn die Transaktionen nicht aus negativen Ich-Zuständen erfolgen. Damit verbundenes Feedback in Form von Kritik am Verhalten des Kunden (grundsätzliche Kritik, z. B. aus dem Erwachsenen-Ich ist damit ausdrücklich nicht gemeint) dürfte zu Unzufriedenheit führen (vgl. Randall, 1978, S. 130).

H23 Je größer der Anteil negativer (unbedingter und bedingter) Strokes in den Transaktionsmustern ist, umso niedriger wird die Globalzufriedenheit sein.

Hohe Kundenzufriedenheit kann erreicht werden, wenn Personen aufgrund ihrer Sichtweise und Haltung neben Achtung und Respekt auch Anerkennung entgegengebracht wird (vgl. Hagehülsmann; Hagehülsmann, 2007, S. 77). Besonders wenn bedingungslose und positive *Strokes* mit bedingter positiver Anerkennung einhergehen, fühlt sich die betroffene Person als Mensch akzeptiert und darüber hinaus werden ihr die speziell an sie als Person gerichteten Erwartungen bewusst (vgl. Rüttinger, 2019, S. 74). Obwohl es plausibel ist, dass Anerkennung und Lob in Beziehungen bedeutsam sind, muss beachtet werden, dass das Gebiet anfällig für alle Arten von Spielen und nicht ehrlich gemeinten *Strokes* ist, die nur zur Manipulation des Gesprächs eingesetzt werden (vgl. Brand et al., 1998, S. B-33).

H24 Je größer der Anteil positiver (bedingter und unbedingter) Strokes in den Transaktionsmustern ist, umso höher wird die Globalzufriedenheit sein.

3.5.3.4.3. Arten und Wirkung der Power Plays

„Ein Power Play ist eine Transaktion bzw. eine Abfolge von Transaktionen, in der eine Person ganz bewußt [sic!] danach strebt, das Verhalten einer anderen Person den eigenen Zwecken entsprechend zu kontrollieren" (Steiner, 1998, S. 89).

Nach Steiner (1998) sind *Power Plays* (Machtspiele) Manöver, bei denen Personen versuchen, anderen Personen Informationen zu entlocken, ohne einfach direkt nach ihnen zu fragen. Dadurch ist bei diesen Transaktionen ein bewusst manipulativer Charakter gegeben, dessen Ziel das Besiegen des Gegenübers ist (vgl. Steiner, 1998, S. 73, S. 94). Dies stellt den Unterschied zu den psychologischen Spielen dar, deren Schemata eher unbewusst ablaufen. Ausnahmen bewusster Spiele werden von Berne als Angulär-Transaktionen bezeichnet (vgl. Berne, 2001, S. 57, S. 59).

Power Plays implizieren einen Herrschaftsanspruch einer Person, eine Situation zu steuern bzw. zu kontrollieren. Dieses Machtspiel hat damit immer das Ziel, das Gegenüber dem eigenen Nutzen unterzuordnen (vgl. Steiner, 1998, S. 89, S. 93).

Power Plays werden nach Steiner in verschiedene Gruppen eingeteilt (vgl. Steiner, 1998, S. 78, S. 82, S. 107ff, S. 122ff, S. 129ff):

(1) „Alles oder nichts"
(2) Einschüchterung
(3) Lügen
(4) „Ist was? (Niemand da)"
(5) „Du stehst in meiner Schuld"

(1) **„Alles oder nichts"** stellt ein Machtspiel dar, das aus Gier und Selbstsucht initiiert wird. Es zielt auf die Raffgier und Ängste der Menschen ab, letztendlich nichts abzubekommen. Steiner (vgl. 1998, S. 78, S. 82) betrachtet „Alles oder nichts" als weitverbreitete Verkaufstaktik, die sich in Preiserhöhungen zum Jahreswechsel oder durch angebliche Knappheit des angebotenen Produkts manifestiert.

(2) **Einschüchterungen** können in verschiedenen Formen im Gespräch auftreten. Es lassen sich unterschiedliche Spielarten der Einschüchterungsmanöver

kategorisieren: „Dem anderen den Faden abschneiden", „Das meinst du doch nicht ernst", „mit der Logik spielen", „die Informationsquelle diskreditieren" und „Ablenkungsmanöver bzw. Themenwechsel" (vgl. Steiner, 1998, S. 107ff).

(3) **Lügen** können einerseits Lockvögel und Anker, also bewusst übertriebene Angebote, sein, andererseits können Lügen bzw. Manipulationsversuche auch durch Statistiken, Gerüchte und Klatsch untermauert werden (vgl. Steiner, 1998, S. 122ff).

(4) **„Ist was?"** ist dadurch gekennzeichnet, dass sich eine Person weigert, Erwartungen seines Gegenübers nachzukommen. Dabei werden die Erwartungen des Gegenübers blockiert bzw. durchkreuzt (vgl. Steiner, 1998, S. 129ff).

(5) **„Du stehst in meiner Schuld"** nutzt Reziprozität in einem extremen Maß aus, um das Gegenüber unter Druck zu setzen (vgl. Steiner, 1998, S. 129ff).

Für die vorliegende Untersuchung sollen besonders die *Power Plays* (2) **„Einschüchterung"** inklusive „Faden abschneiden" und „Themenwechsel" betrachtet werden. „Ablenkungsmanöver/Themenwechsel" stellt das bewusst eingesetzte Pendant zu Redefinitionstransaktionen dar (vgl. Angerer, 2003, S. 174). Praktische Beispiele für Einschüchterungsversuche und Machtdemonstrationen wären beispielsweise, wenn das Gegenüber mitten im Satz unterbrochen wird oder der Kunde bewusst nicht auf den Verkäufer reagiert bzw. antwortet.

Power Plays führen aufgrund ihres grundsätzlich manipulativen Kerns und der Motivation des Dominierens zu Verwirrung und scheinen die Zufriedenheit des Gegenübers negativ zu beeinflussen (vgl. Angerer, 2003, S. 174f).

H25 Je größer der Anteil der Power Plays von Verkäufern ist, umso geringer wird die Globalzufriedenheit sein.

3.5.3.5. Wirkung der Grundeinstellung

Die Einstellung hat direkten und maßgeblichen Einfluss auf alle weiteren sozialen (und fachbezogenen) Kompetenzgrößen (vgl. Hennig-Thurau; Thurau, 1999, S. 306). Einstellung beschreibt einen „Zustand einer gelernten und relativ dauerhaften Bereitschaft, in einer entsprechenden Situation gegenüber dem betreffenden Objekt regelmäßig mehr oder weniger stark positiv bzw. negativ zu reagieren" (Trommsdorff, 1998b, S. 143).

Diese grundsätzliche Bewertung und Meinung gilt einerseits für andere Personen (Fremdbild) und andererseits auch sich selbst gegenüber (Selbstbild). Die Transaktionsanalyse berücksichtigt diese Tatsache im Konzept der Grundeinstellung und ermöglicht damit eine dyadische Betrachtung des Themas: „Die Grundeinstellungen kennzeichnen die Lebensanschauung eines Menschen und beantworten die Frage, wie jemand sich selbst, die anderen und die Welt bewertet" (Hagehülsmann; Hagehülsmann, 2007, S. 146). Grundeinstellungen tauchen unter verschiedenen Bezeichnungen, wie existenzielle Grundpositionen, Grundhaltung, Lebensposition oder einfach nur Positionen, auf (vgl. Hagehülsmann; Hagehülsmann, 2007, S. 143, S. 146; vgl. Rüttinger, 2019, S. 79; vgl. Stewart; Joines, 2015, S. 177).

Dabei gibt es vier subjektive dyadische Grundpositionen:

(1) Ich bin O.K., du bist O.K.; +/+
(2) Ich bin O.K., du bist nicht O.K.; +/-
(3) Ich bin nicht O.K., du bist O.K.; -/+
(4) Ich bin nicht O.K., du bist nicht O.K.; -/-

In diesem Zusammenhang steht „O.K. sein" für eine positive Meinung bzw. ein Zufriedensein mit sich selbst oder dem Gegenüber (vgl. Berne, 2005, S. 237f). Darüber hinaus kann statt der einzelnen Personen („Ich" und „Du") das „Wir" und „Ihr" für bestimmte Gruppen, Organisationen, Abteilungen, Unternehmen etc. genutzt werden (vgl. Schlegel, 1987, S. 120).

Die Grundeinstellung (1) „Ich bin O.K., du bist O.K." (oder abgekürzt „+/+") beschreibt eine humane, konstruktive Grundhaltung. Sie kann mit **„Ich bin etwas wert und du auch"** übersetzt werden. Personen, die diese Position innehaben, sprechen sich und ihren Gegenübern die gleiche Bedeutung zu, sind offen und entspannt, manipulieren nicht, fühlen sich nicht unter- oder überlegen und akzeptieren, dass andere Menschen nicht exakt gleich wie sie selbst sind (vgl. Hagehülsmann; Hagehülsmann, 2007, S. 148). Diese Grundeinstellung wird auch „gesunde Position" genannt, weil aus ihr heraus Probleme gelöst werden und ein grundsätzliches Vorankommen angestrebt wird (vgl. Stewart; Joines, 2015, S. 185). Bezüglich des Umgangs mit Personen, Problemen und Situationen wird grundsätzlich ein konstruktiver Umgang angestrebt (vgl. Ernst, 1971, S. 33ff). In Verkaufssituationen würde sich der Verkäufer mit dieser Grundhaltung beispielsweise zutrauen, schwierige Kunden zu überzeugen, da er im Gegenüber jemanden sieht, der rationalen Argumenten gegenüber aufgeschlossen ist (vgl. Rüttinger, 2019, S. 82).

Die Grundeinstellung (2) „Ich bin OK, du bist nicht OK" oder auch **„Ich bin mehr wert als du"** („+/-") kennzeichnet eine überzogene Grundhaltung. Solche Personen sind überheblich, arrogant und zeigen eine überzogen hilfreiche oder besorgte Haltung. Durch dieses „Überlegenheitsgehabe" wird herablassend kritisiert und ungebeten geholfen (vgl. Hagehülsmann; Hagehülsmann, 2007, S. 148). Dieses Verhalten wird auch als Übersicherheit bezeichnet (vgl. English, 1982, S. 19). Im Umgang mit anderen Personen äußert sich diese Position dadurch, dass versucht wird, das Problem wegzuschieben und davon abgerückt wird (vgl. Ernst, 1971, S. 33ff).

Die Grundhaltung (3) „Ich bin nicht OK, du bist OK" bzw. **„Ich bin weniger wert als du"** („-/+") entsteht durch ein Unterlegenheits- bzw. Minderwertigkeitsgefühl. Personen mit dieser selbstzweifelnden Position denken, dass andere Personen besser sind als sie selbst und sie fühlen sich dadurch u. a. als nicht kompetent. Sie verhalten sich meistens angepasst, wenn nicht sogar überangepasst und agieren aus einer oft rebellisch kindlichen Ebene heraus (vgl. Hagehülsmann; Hagehülsmann, 2007, S. 149). Im Umgang mit anderen Personen und Problemen kennzeichnet sich diese Position durch eine sich zurückziehende Art und Weise aus der jeweiligen Situation (vgl. Ernst, 1971, S. 33ff).

Die Position (4) „Ich bin nicht OK und du bist nicht OK" oder auch **„Ich bin nichts wert und du auch nicht"** („-/-") basiert auf einer resignativen Grundeinstellung und wird von Menschen eingenommen, die grundsätzlich der menschlichen Existenz wenig Sinn zusprechen. „Es macht doch keinen Sinn" und „Was soll das schon nützen?" sind typisch verwendete Aussagen (vgl. Hagehülsmann; Hagehülsmann, 2007, S. 149). In Verkaufssituationen würde diese Person dem Gegenüber arrogant vorkommen und er selbst wäre von seiner eigenen Unfähigkeit überzeugt (vgl. Rüttinger, 2019, S. 79f). Der Umgang mit Mitmenschen und Problemen wäre durch ein Steckenbleiben, Nichtvorankommen gekennzeichnet (vgl. Ernst, 1971, S. 33ff).

Abbildung 50 fasst die Verhaltenstendenzen idealtypisch zusammen.

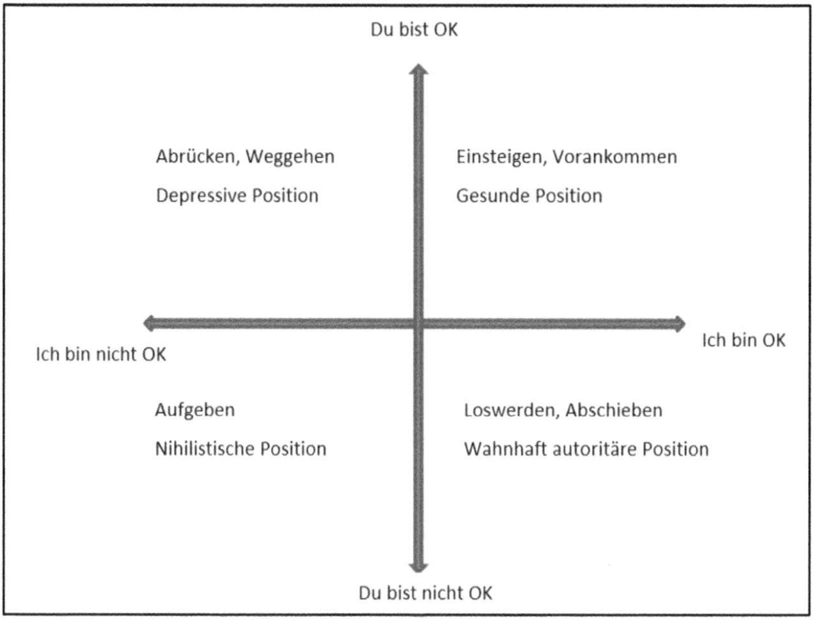

Abbildung 50: Das O.K.-Geviert: Was in den einzelnen Grundeinstellungen geschieht (Quelle: Eigene Darstellung nach Stewart und Joines, 2015, S. 181 zit. nach Ernst, 1971, S. 231ff)

Obwohl sich in der transaktionsanalytischen Literatur kein Konsens über die Entstehung von Grundeinstellungen abzeichnet (vgl. Stewart; Joines, 2015, S. 178), findet sich häufig die Annahme, dass Personen nicht immer in einer Grundeinstellung bleiben, sondern fähig sind, alle Positionen einzunehmen. Die Berücksichtigung situativer Einflüsse auf die Grundeinstellung wird durch die realistische Haltung des Typs „Ich bin etwas wert und du auch" ausgedrückt. Nur mit dieser realistischen Einstellung kann in Krisensituationen und während Zeiten der Belastung aus dem Erwachsenen-Ich agiert werden, ohne überzogene Erwartungen an sich selbst oder das Gegenüber zu stellen. Nur diese Position erlaubt darüber hinaus Personen, die positiven Seiten der verschiedenen Ich-Zustände, wie das kreative Kind-Ich oder das fürsorgliche Eltern-Ich, konstruktiv und gezielt einzusetzen (vgl. Hagehülsmann; Hagehülsmann, 2007, S. 153).

Obwohl verschiedene Grundeinstellungen durchlaufen werden können, dürfte eine übergreifende Grundeinstellung bei den meisten Personen herrschen, die sich v. a. in kritischen Situationen abzeichnet (vgl. Hagehülsmann; Hagehülsmann, 2007, S. 150; vgl. Stewart; Joines, 2015, S. 180f). Da eine Grundeinstellung letztendlich aus einer Bewertung von sich selbst und einer Bewertung des Gegenübers besteht, wird dies im Folgenden in zwei Hypothesen ausgedrückt:

H26 Je positiver die Grundeinstellung des Verkäufers (Kunden) seinem Gegenüber ist, desto größer wird die Globalzufriedenheit sein.

H27 Je positiver die Grundeinstellung des Verkäufers (Kunden) sich selbst gegenüber ist, desto größer wird die Globalzufriedenheit sein.

Die Berücksichtigung der Grundeinstellungen wirkt der Kritik der Betrachtung und Konzeptualisierung von Kundenorientierung entgegen, die darauf abzielt, dass meist nur das Verhalten der Interakteure berücksichtigt wird. Der Komplexität des Konstrukts der Kundenorientierung kann aber nur durch die Betrachtung von Einstellung und Verhalten gleichzeitig gerecht werden (vgl. Stock, 2001, S. 215). Darüber hinaus wird durch eine konsequent dyadische Perspektive die Verbindung der einzelnen Grundeinstellungen beider Gesprächspartner miteinander in dieser Arbeit berücksichtigt.

H28 Unterschiedliche Kombinationen von Grundeinstellungen der Verkäufer und Kunden haben Einfluss auf die Globalzufriedenheit.

3.5.4. Nicht-transaktionsanalytische Konzepte: Intrapsychische Einflüsse – theoretische Fundierung und Hypothesen

3.5.4.1. Einleitende Überlegungen

„Das Verhalten eines sozialen Systems ist bestimmt durch die jeweiligen Personen" (König; Volmer, 2005, S. 24). So ist zwar primär die dyadische Interaktion interessant, doch stellt sich auch die Frage, welche intrapsychischen Eigenschaften und Fähigkeiten der Gesprächsteilnehmer zu einem wünschenswerten Verhalten im Systemkomplex führen und der Interaktion vorgeschaltet sind.

„Dauerhafter Erfolg im Vertrieb ist weniger eine Frage von speziellen Verkaufstechniken, sondern hängt im Wesentlichen von drei Aspekten ab (Homburg et al., 2016, S. 265):

- Persönlichkeitsmerkmale [...]
- Sozialkompetenz [...] und
- Fachkompetenz [...]“

Darüber hinaus kann die **Macht der Situation** größer sein als die Kraft der menschlichen Neigung und setzt diese damit eventuell sogar außer Kraft. Dies bedeutet, dass sich die ausschließliche Betrachtung der Persönlichkeit nur unzureichend zur Vorhersage des menschlichen Verhaltens eignet (vgl. Friedman; Schustack, 2004, S. 459). Da kaum eine Verkaufssituation der anderen gleicht, es aber gewisse typische **Themengebiete** gibt, denen sich Verkäufer und Einkäufer regelmäßig stellen müssen, ist die Frage des Einflusses dieser verschiedenen Szenarien auf die Globalzufriedenheit des Kunden interessant.

Abbildung 51 veranschaulicht diese nicht-transaktionsanalytischen Einflüsse auf die Globalzufriedenheit des Kunden, die im Folgenden näher untersucht werden.

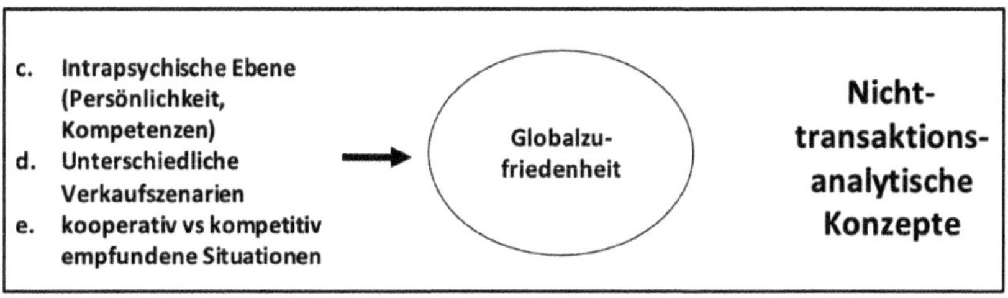

Abbildung 51: Grundstruktur der nicht-transaktionsanalytischen Zusammenhänge auf die Globalzufriedenheit (Quelle: Eigene Darstellung)

3.5.4.2. Wirkung der Verkäuferpersönlichkeit: Big Five

Neben dem transaktionsanalytischen Konzept der Grundeinstellung gibt es weitere gängige Möglichkeiten, die Persönlichkeit von Personen zu kategorisieren.

Als empirisch begründete Eigenschaftsbeurteilungen haben sich die sogenannten *Big Five* (Tabelle 22) etabliert, die breitgefächerte Persönlichkeitsdimensionen darstellen (Extraversion, Neurotizismus, Gewissenhaftigkeit, soziale Verträglichkeit und Offenheit) (vgl. Buddeberg; Brähler, 2004, S. 257). Da die Persönlichkeit einer Person die Basis für kompetentes Verhalten und damit auch soziale Interaktion darstellt, scheint es interessant, diesen Aspekt mit in die Analyse der Einflüsse auf die Globalzufriedenheit einzubeziehen.

Faktor	Bipolare Definition
Extraversion	Gesprächig, energiegeladen und durchsetzungsfähig versus ruhig, zurückhaltend und schüchtern
Verträglichkeit	Mitfühlend, freundlich und herzlich versus kalt, streitsüchtig und unbarmherzig
Gewissenhaftigkeit	Organisiert, verantwortungsbewusst und vorsichtig versus sorglos, leichtsinnig und verantwortungslos
Neurotizismus	Stabil, ruhig und zufrieden versus ängstlich, instabil und launisch
Offenheit für Erfahrungen	Kreativ, intellektuell und offen versus einfach, oberflächlich und unintelligent

Tabelle 22: Das 5-Faktoren-Modell (Big Five) (Quelle: Eigene Darstellung nach Zimbardo und Gerrig, 2004, S. 608)

H29 Je extravertierter ein Verkäufer ist, desto höher wird die Globalzufriedenheit des Kunden sein.

H30 Je verträglicher ein Verkäufer ist, desto höher wird die Globalzufriedenheit des Kunden sein.

H31 Je gewissenhafter ein Verkäufer ist, desto höher wird die Globalzufriedenheit des Kunden sein.

H32 Je neurotischer ein Verkäufer ist, desto geringer wird die Globalzufriedenheit des Kunden sein.

H33 Je offener ein Verkäufer ist, desto höher wird die Globalzufriedenheit des Kunden sein.

3.5.4.3. Arten und Wirkung der Verkäuferkompetenzen

3.5.4.3.1. Persönlichkeitskompetenz

Der Einfluss der Persönlichkeitsmerkmale auf den Verkaufserfolg ist in der Verkaufsliteratur oft untersucht und bestätigt worden (vgl. Homburg et al., 2016, S. 266). Homburg et al. (vgl. 2016, S. 266) fassen Persönlichkeitskompetenzen für Verkäufer unter den Begriffen (1) Kontaktfreudigkeit, (2) Optimismus, (3) Selbstwertgefühl und (4) Einfühlungsvermögen zusammen.

(1) Kontaktfreudigkeit ist die Fähigkeit, mit anderen Personen zu sprechen und zu interagieren sowie Beziehungen zu pflegen. Dieses Persönlichkeitsmerkmal beinhaltet die grundlegende Eigenschaft, Kontakt mit Personen als grundsätzlich eher positiv zu empfinden und proaktiv danach zu suchen (vgl. Homburg et al., 2016, S. 266).

(2) Einfühlungsvermögen bezeichnet die Fähigkeit, sich in die Lage anderer Personen hineinversetzen und aus deren Perspektive Herausforderungen, Situationen uvm. sehen, verstehen und bewerten zu können (vgl. Homburg et al., 2016, S. 268).

(3) Optimismus stellt die grundsätzlich positive Grundeinstellung des Verkäufers dar und hilft, in schwierigen Phasen nicht aufzugeben und nicht an den eigenen Fähigkeiten zu zweifeln (vgl. Homburg et al., 2016, S. 267).

(4) Selbstwertgefühl ist ein Persönlichkeitsmerkmal, das Einfluss auf das Auftreten und die Überzeugungskraft von Verkäufern hat. Menschen mit Selbstwertgefühl sind sich ihres Könnens bewusst und vertrauen auf ihre Fähigkeiten (vgl. Bandura; Locke, 2003, S. 87ff; vgl. Wang; Netemeyer, 2002, S. 217ff zit. in Homburg et al., 2016, S. 268). Nur selbstüberzeugte Vertriebsmitarbeiter wirken überzeugend auf andere und strahlen Kompetenz aus (vgl. Badovick et al., 1992, S. 1ff zit. in Homburg et al., 2016, S. 268).

H34 Je höher die Kontaktfreudigkeit einer Person ist, umso größer ist die Globalzufriedenheit.

H35 Je höher der Optimismus einer Person ist, umso größer ist die Globalzufriedenheit.

H36 Je höher das Selbstwertgefühl einer Person ist, umso größer ist die Globalzufriedenheit.

H37 Je höher das Einfühlungsvermögen einer Person ist, umso größer ist die Globalzufriedenheit.

3.5.4.3.2. Fachkompetenz

Fachkompetenz bildet quasi die unerlässliche Basis für den Verkaufserfolg. Fachkompetenz wird nach Homburg et al. (2016, S. 279) in sechs Facetten unterschieden: (1) Selbstorganisation, (2) Produktkenntnisse, (3) Kundenkenntnisse, (4) Marktkenntnisse, (5) Betriebswirtschaftliche Kenntnisse und (6) Verkaufsprozessbezogenen Fähigkeiten.

(1) Selbstorganisation beschreibt die Fähigkeit, klare Ziele und Prioritäten bezüglich der eigenen Arbeit festzulegen sowie eine effiziente Termin- bzw. Routenplanung zu gestalten (vgl. Homburg et al., 2016, S. 279).

(2) Produktkenntnisse beschreibt das Wissen über die eigenen Produkt- bzw. Servicemerkmale, aber auch bezüglich der Konkurrenzprodukte (vgl. Homburg et al., 2016, S. 280).

(3) Kundenkenntnisse helfen, den Wertschöpfungsprozess der Kunden zu verstehen und dadurch maßgeschneiderte Lösungen anzubieten und zu verstehen, welchen Wert das eigene Produkt für den Kunden hat und haben könnte. Kundenkenntnis beschreibt ein Verständnis für das Umfeld, die Situation und daraus folgernd für die Bedürfnisse und Anforderungen des jeweiligen Kunden (vgl. Homburg et al., 2016, S. 280).

(4) Marktkenntnisse helfen, den eigenen Stellenwert auf dem Markt zu verstehen und Veränderungen auf dem Markt richtig einzuschätzen (vgl. Homburg et al., 2016, S. 280).

(5) Betriebswirtschaftliche Kenntnisse helfen, Kostenstrukturen und damit einhergehende Einflussgrößen zu durchschauen und die Kostenauswirkungen des eigenen Verhaltens zu überblicken. Außerdem ermöglichen betriebswirtschaftliche Kenntnisse, die Wirtschaftlichkeit des Leistungsangebots des Kunden zu bewerten (vgl. Homburg et al., 2016, S. 280).

Als letzte, aber dafür an dieser Stelle umso wichtigere Facette spielen **(6) verkaufsprozessbezogene Fähigkeiten** eine bedeutende Rolle. Dies sind u. a. die Fähigkeiten, die nötig sind, einen Verkaufsprozess zu initiieren, zu gestalten und erfolgreich abzuschließen (vgl. Homburg et al., 2016, S. 281). Besonders auffallend in Bezug auf die verkaufsprozessbezogenen Fähigkeiten ist neben diesen prozessphasenbezogenen Fähigkeiten, die Fähigkeit sich adaptiv an verschiedene Personen und Situationen anzupassen. Dieses adaptive Verkaufen (*adaptive selling)* geht mit dem bereits besprochenen deklarativen und prozessualen Wissen, das eine schnelle effiziente sowie mehr oder weniger detaillierte Kategorisierung der Kunden und Situationen ermöglicht, einher. Es setzt darüber hinaus eine Sozialkompetenz (insbesondere Flexibilität) sowie bestimmte bereits beschriebene Persönlichkeitsmerkmale voraus (vgl. Homburg et al., 2016, S. 284).

H38 *Je besser die Selbstorganisation einer Person ist, umso größer ist die Globalzufriedenheit.*

H39 *Je besser die Produktkenntnisse einer Person sind, umso größer ist die Globalzufriedenheit.*

H40 *Je besser die Kundenkenntnisse einer Person sind, umso größer ist die Globalzufriedenheit.*

H41 *Je besser die Marktkenntnisse einer Person sind, umso größer ist die Globalzufriedenheit.*

H42 *Je besser die betriebswirtschaftlichen Kenntnisse einer Person sind, umso größer ist die Globalzufriedenheit.*

H43 *Je besser die verkaufsprozessbezogenen Fähigkeiten einer Person sind, umso größer ist die Globalzufriedenheit.*

3.5.4.3.3. Sozialkompetenz

Homburg et al. (vgl. 2016, S. 271) beschreiben soziale Kompetenzen nahe an Hennig-Thuraus und Thuraus (1999) Modell der Sozialkompetenz durch folgende Fähigkeiten: (1) Kommunikations- und Wahrnehmungsfähigkeit, (2) Teamfähigkeit, (3) Freundlichkeit und (4) Flexibilität.

(1) Kommunikations- und Wahrnehmungsfähigkeit ist die zentrale Komponente sozialer Kompetenz, die sprachliche und nicht-sprachliche Kommunikations- und Wahrnehmungsfähigkeiten und -potenziale zusammenfasst (vgl. Homburg et al., 2016, S. 271ff). Vergleiche auch Kapitel 3.4.4.2 – Verbale und nonverbale Fähigkeiten zur Gestaltung der Interaktion und 3.4.4.4 – Sozial sensible Wahrnehmung und adäquate Beurteilung.

(2) Teamfähigkeit beschreibt, wie leicht es Personen fällt, sich in eine Gruppe zu integrieren und gewinnt dahingehend an Bedeutung, dass immer mehr die Fähigkeit, Kompetenzteams zusammenzustellen und als Teil von diesen zu agieren, als Aufgabe des Vertriebs gefragt ist (vgl. Homburg et al., 2016, S. 276). Wird darüber hinaus die Teamfähigkeit, mit der sozial systemisch-theoretischen Notwendigkeit „sich integrieren zu können" erklärt, stellt sie eine

Grundbedingung dar, um in ein voll entwickeltes System übergehen zu können (vgl. Kapitel 3.2.3.3 – Evolutionsstufen sozialer Systeme).

(3) Freundlichkeit beschreibt die Fähigkeit, seine Emotionen und Stimmungen adäquat der Situation anzupassen (vgl. Kapitel 3.4.4.3 – Stimmungsmanagement).

(4) Flexibilität beschreibt die Fähigkeit, sich verschiedenen Gesprächsteilnehmern und der Situation gezielt anzupassen (vgl. Kapitel 3.4.4.5 – Einsatz des systemischen Transaktionsmanagements zur situativen Steuerung der Interaktion) (vgl. Homburg et al., 2016, S. 273ff). Wird beispielsweise der *Customer Life Cycle,* wie in Abbildung 52 dargestellt, in diesem Zusammenhang betrachtet, wird deutlich, dass je nach Phase verschiedene Vorgehens- und Verhaltensweisen eines Verkäufers nötig sind. So wird in der Rekrutierungsphase ein Aufbaumanager benötigt, in der Retentionsphase ein Kundenbindungs- oder Expansionsmanager, während in Krisenzeiten Krisen- bzw. Rückgewinnungsmanager gebraucht werden (vgl. Homburg et al., 2016, S. 276).

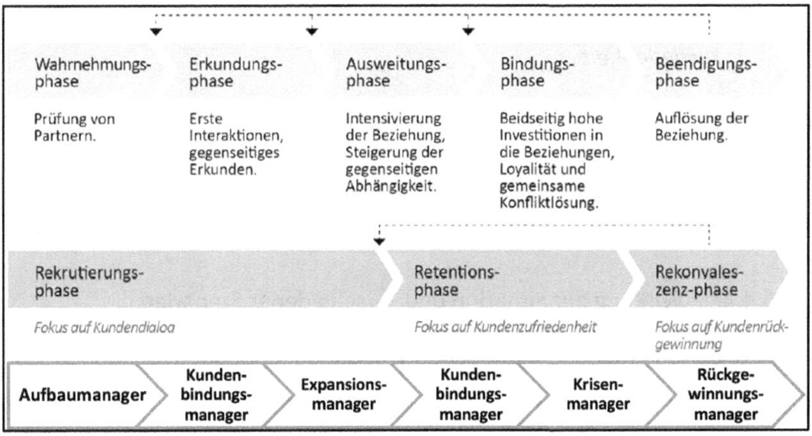

Abbildung 52: Rollen der Vertriebsmitarbeiter im Geschäftsbeziehungsverlauf (Quelle: Eigene Darstellung nach Homburg et al., 2016, S. 276 und Wolfond, 2018, S. 59)

Homburg et al. (vgl. 2016, S. 270f) drücken den Einfluss sozialer Kompetenz wie folgt aus:

- Mit steigender wahrgenommener sozialer Kompetenz wächst die empfundene Qualität des Verkaufsprozesses für den Kunden.
- Das wahrgenommene soziale Verhalten einer Person kann die Wahrnehmung des Gesprächsobjekts überschatten. Wenn Defizite in der Interaktion bestehen, kann der Kunde eine negative Einstellung zum Produkt aufbauen.
- Hohe soziale Kompetenz ermöglicht es Personen, mehr Informationen aus einem Gespräch zu gewinnen. Offene, freundliche Personen bekommen mehr erzählt als verschlossene oder unfreundliche Personen.
- Soziales Verhalten erhöht die Leistung des Gesamtteams und Systems.

H44 Je besser die Kommunikations- und Wahrnehmungsfähigkeit einer Person ist, umso größer ist die Globalzufriedenheit.

H45 Je höher die Teamfähigkeit einer Person ist, umso größer ist die Globalzufriedenheit.

H46 Je höher die Freundlichkeit einer Person ist, umso größer ist die Globalzufriedenheit.

H47 Je höher die Flexibilität einer Person ist, umso größer ist die Globalzufriedenheit.

3.5.4.4. Wirkung der Situation und verschiedener Szenarien

Der aktuelle Stand der Forschung vertritt den dynamisch-interaktionistischen Ansatz: Persönlichkeit und Umwelt üben wechselseitig Einfluss aufeinander aus (vgl. das dynamisch-interaktionistische Paradigma nach Neyer; Asendorpf, 2018, S. 39). „Schliesslich [sic!] zeigen die interaktionistischen Theorien, dass man die Entwicklung der Persönlichkeit unter der Perspektive einer ständigen und kontinuierlichen Wechselbeziehung zwischen Individuum und Umwelt sehen sollte" (Buddeberg; Brähler, 2004, S. 272).

In der Systemtheorie werden Menschen als hochkomplexe psychische Systeme betrachtet, die nur spezifische und spezialisierte Teile bzw. Rollenbezüge ihrer Gesamtheit in die sozialen Systeme, wie die Verhandlung, miteinbringen (vgl. Willke, 2006, S. 232). Personen, die sich in einer Verhandlung befinden, sind also immer gleichzeitig Teil der Verhandlung und auch Teil anderer Systeme, wie ihrer Familie, ihrem Unternehmen oder pauschal ihrem sozialen Umfeld uvm. Sie werden dementsprechend von diesen Einflüssen geprägt. „Diese Beeinflussungsmechanismen sind zwar sehr subtil und schwer zu fassen, aber von größter Nachhaltigkeit“ (Homburg et al., 2016, S. 171). Klar sichtbar werden diese Einflüsse durch typische Verkaufs- bzw. Gesprächssituationen, die durch das Management vorgegeben werden oder aufgrund operativer Umstände thematisiert werden müssen und von den Gesprächsteilnehmern nicht ignoriert werden können.

H48 Verschiedene typische im Verkauf vorkommende Verkaufsszenarien haben Einfluss auf die Globalzufriedenheit des Kunden.

Hennig-Thurau und Thurau (vgl. 1999, S. 307) sprechen von der sogenannten „Fähigkeit-Verhaltens-Gap“. Diese beschreibt die Auswirkung der Einflussgrößen, wie das Handlungsspektrum, die Handlungsmotivation, die Stimmungen sowie die Einstellung gegenüber dem Interaktionspartner uvm., die die jeweilige Situation bzw. Interaktion dahingehend beeinflussen, dass sich Fähigkeits-adäquates, reales Verhalten durch diese Einflüsse von individuellem, potenziellem Verhalten unterscheidet.

Trotz einer Vielzahl möglicher situationsbezogener Parameter und Einflüsse auf das Verhalten einzelner Personen ist besonders für diese Arbeit von Interesse, ob die Verhandlungsart – die Beziehungsepisode – distributiv oder integrativ durch den Kunden empfunden wird. Auch wenn die Personen ihr Verhalten diesbezüglich selbst in die ein oder andere Richtung steuern können, sind Verkäufer dennoch Unternehmensvorgaben verpflichtet und nicht völlig autark in ihren Entscheidungen und Handlungen.

Fisher et al. (vgl. 2015, S. 10) gehen beispielweise in ihrem „Harvard Konzept“ davon aus, dass gegeneinander zu arbeiten, um nur zu „gewinnen“, eine kurzfristige Denkweise ist, da es eigentlich darum gehen sollte, miteinander zu arbeiten. Es sollte vom destruktiven, feindseligen Gegeneinander zu einem nüchternen, gemeinsamen Problemlösungsansatz hingearbeitet werden, um kreative Lösungen zu finden und einen hohen Integrationsgrad zu erreichen (vgl. Fisher et al., 2015, S. 20). Es können dementsprechend auch tendenziell distributive Verkaufsszenarien kooperativ, integrativ durch die Gesprächsteilnehmer umgesetzt werden.

H49 Je kooperativer die Verhandlungssituation empfunden wird, umso größer ist die Globalzufriedenheit.

3.5.5. Profitabilitätsbetrachtung

Beim Erforschen der verschiedenen Einflussgrößen auf die Kundenzufriedenheit wurden lange Zeit leistungsbezogene Aspekte in den Fokus gerückt. So gibt es eine ganze Reihe von Studien, in denen der Einfluss von Prozess-, Dienstleistungs- und Produktqualität analysiert wurden. Erst seit einigen Jahrzehnten findet die interaktionsbezogene Perspektive Beachtung (vgl. Stock, 2001, S. 213). Gemäß Homburg und Stock (vgl. 2001, S. 213) wird im Folgenden angenommen, dass sich ebenso die Kundenzufriedenheit in Bezug auf die Interaktion und den Ansprechpartner auf den wirtschaftlichen Erfolg des Verkäufers, wie in Abbildung 53 dargestellt, auswirken kann.

H50 Je höher die Globalzufriedenheit des Kunden bezüglich des Verkäufers ist, desto höher wird der wirtschaftliche Erfolg des Verkäufers sein.

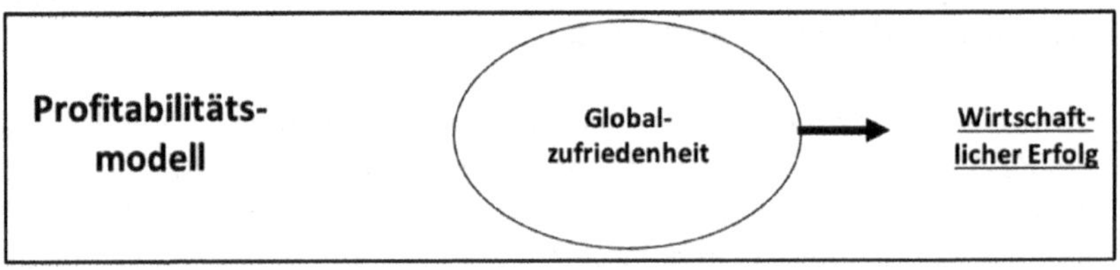

Abbildung 53: Profitabilitätsmodell (Quelle: Eigene Darstellung)

Zwischenschritte der Kausalkette, die von Globalzufriedenheit (über Kundenbindung) zum wirtschaftlichen Erfolg führen, werden im weiteren Verlauf beschrieben und sind in Abbildung 54 dargestellt.

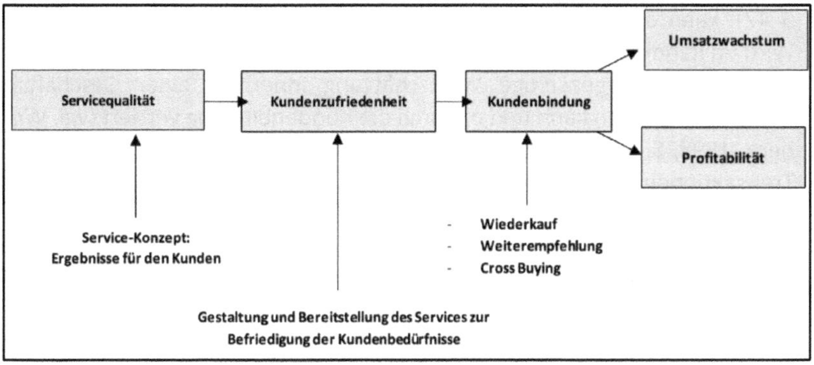

Abbildung 54: Service-Profit-Chain (Quelle: Eigene Darstellung nach Heskett et al., 2008, S. 120)

Im Rahmen verhaltenswissenschaftlich orientierter Beiträge bezüglich der Kundenbindungsforschung wird neben Einflussgrößen von Konstrukten, wie Vertrauen, *Commitment* und *Involvement*, auch der Einfluss anderer psychischer Faktoren analysiert (vgl. Foscht, 2002, S. 48ff). Beispiele sind u. a. Untersuchungen, die sich mit emotionaler Wertschätzung des Gegenübers in einer Geschäftsbeziehung, also der Sympathie, auseinandersetzen (vgl. Weinberg, 1998, S. 41). Interaktionstheoretische Ansätze befassen sich mit der Wechselseitigkeit der Geschäftsbeziehungen und dem Einfluss auf die Kundenbindung. Diese Interaktionsansätze betrachten die Beziehung zwischen den Personen oder Organisationen und deren Schnittstellen (vgl. Homburg; Bruhn, 1998, S. 13). Hierbei findet eine Beschäftigung mit Empathie (vgl. Diller, 1994, S. 201ff) bzw. Einfühlungsvermögen oder der Mitwirkungsmöglichkeiten des Kunden in den Prozessen des Anbieters, dem sogenannten Konzept der Integrativität (vgl. Engelhardt; Freiling, 1995, S. 37ff) statt (vgl. Weinberg, 1998, S. 47). Die Kundenbindung hängt aus dieser Perspektive somit nicht rein vom Leistungsergebnis, sondern vom Leistungsprozess ab. Dieser rückt den dynamischen Charakter von Partnerschaften bzw. Beziehungen verstärkt in den Fokus (vgl. Weinberg, 1998, S. 42). Somit liefern Interaktionsansätze einen wichtigen theoretischen Beitrag, um das Konstrukt der Kundenbindung zu erklären (vgl. Homburg; Bruhn, 1998, S. 14).

Wird die Mitwirkung an der Leistungserbringung in Bezug auf das Konzept der Integrativität betont und diesbezüglich festgestellt, dass dadurch eine stabilere Bindung der Interaktionspartner geschaffen wird (vgl. Weinberg, 1998,

S. 47), kann dies final nur durch eine hohe Zufriedenheit erreicht werden. Wird im Rahmen des Konzepts der Empathie festgestellt, dass emotionale Zuwendung die gegenseitige Wertschätzung innerhalb einer Geschäftsbeziehung verstärken kann und dadurch die Kundenbindung vertieft (vgl. Weinberg, 1998, S. 47), so werden damit Themen, wie u. a. *Strokes* und gewisse Transaktionen auf verschiedenen Ebenen, angeschnitten. Überlegungen zu Integrativität und Empathie innerhalb von Geschäftsbeziehungen können auf interaktionstheoretische Grundmuster zurückgeführt werden. Die Kundenbindung hängt letztendlich von beidseitigem Verhalten der Geschäftspartner ab (vgl. Weinberg, 1998, S. 47f).

3.5.6. Zwischenfazit

3.5.6.1. Einleitende Überlegungen

Im weiteren Verlauf der vorliegenden Arbeit wird der theoretische Bezugsrahmen und die Hypothesen der Untersuchung zusammengefasst dargestellt. Unter Einbeziehung der Terminologie für Modelle der Kovarianzstrukturanalyse (Kausalmodellen) wird in diesem Zusammenhang von Strukturmodellen gesprochen. Eine Darstellung des kompletten Hypothesensystems, das auf der Beziehungsanalyse basiert, schließt dieses Kapitel ab.

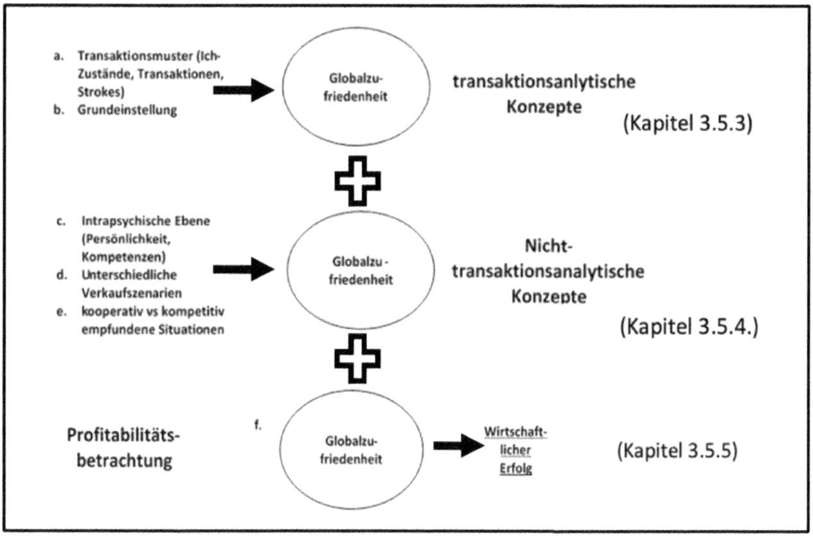

Abbildung 55: Teilmodelle und Grundstruktur der Zusammenhänge (Quelle: Eigene Darstellung)

Werden die Teilkonzepte/-modelle, wie in Abbildung 55 dargestellt, die in den vorherigen Kapiteln beschrieben wurden und den theoretischen Bezugsrahmen der Untersuchung bilden, zunächst zusammengefasst dargestellt, ergibt sich daraus das folgende umfassende Gesamtmodell (Abbildung 56).

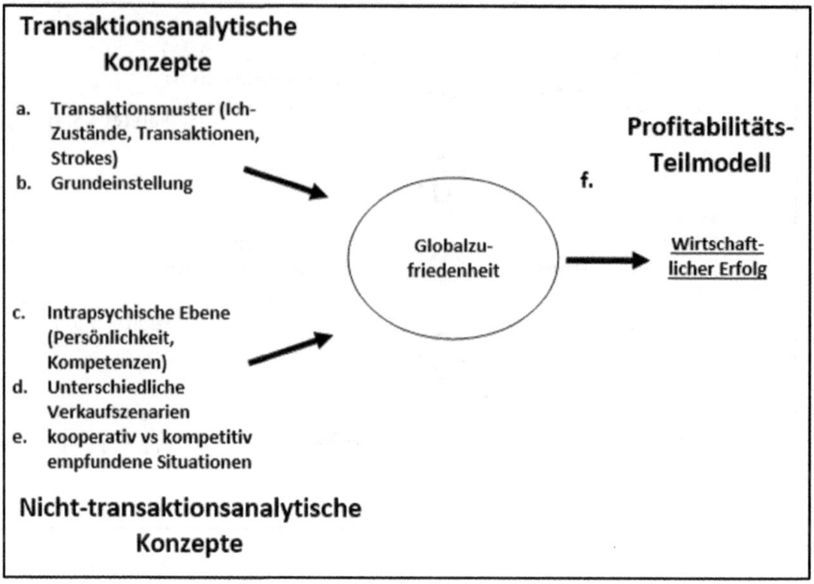

Abbildung 56: Wirkungsweise der verschiedenen Konzepte im Gesamtmodell (Quelle: Eigene Darstellung)

3.5.6.2. Transaktionsanalytische Konzepte und Profitabilitäts-Teilmodell

Werden die einzelnen Teilbereiche des Gesamtmodells differenzierter betrachtet, ergibt sich zunächst für die transaktionsanalytischen Konzepte und das Profitabilitäts-Teilmodell folgende Hypothesenstruktur (Abbildung 57). Das Konzept bezüglich der Grundeinstellungen wird zwar gesondert untersucht (Korrelationen), ist jedoch, da es sich um einen wichtigen Aspekt der transaktionsanalytischen Methoden handelt, grafisch ebenfalls in der folgenden Abbildung dargestellt.

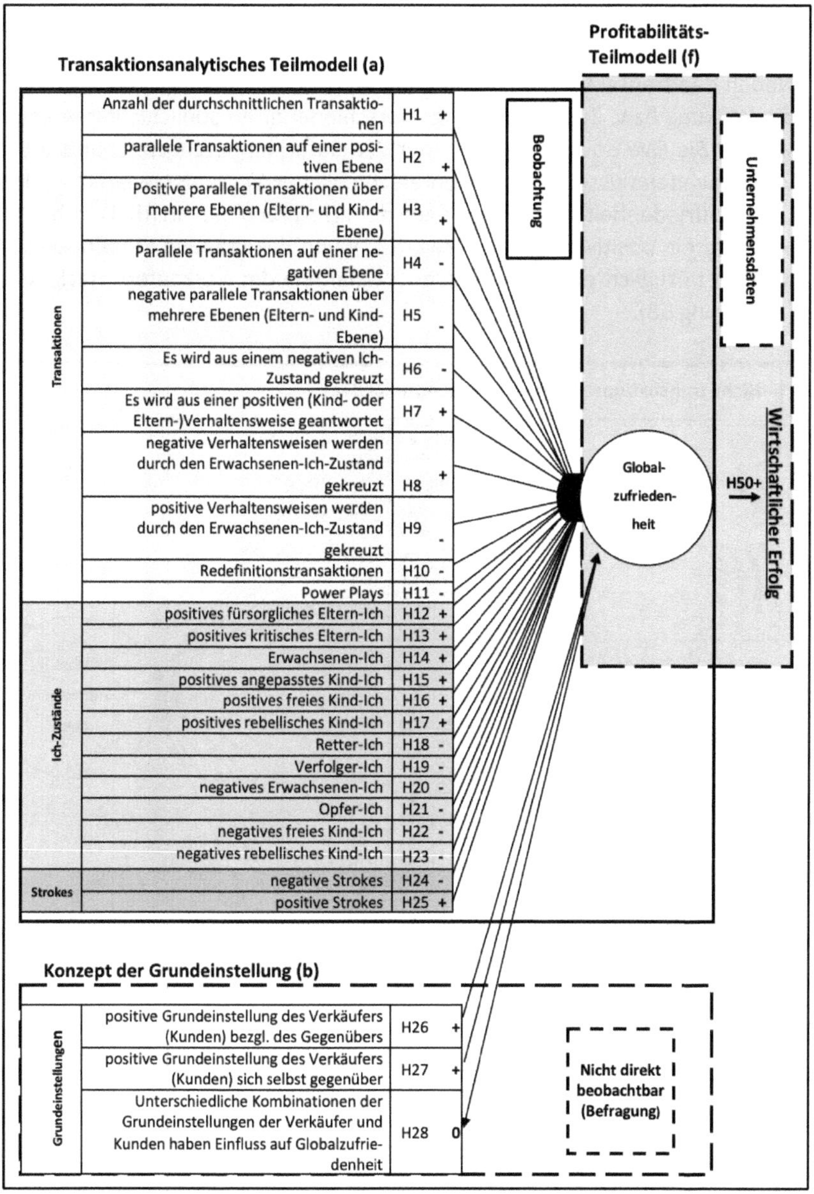

Abbildung 57: Detailliertes Strukturmodell: Wirkung transaktionsanalytischer Muster (a; b) und des Profitabilitäts-Teilmodells (f) (Quelle: Eigene Darstellung)

3.5.6.3. Nicht-transaktionsanalytische Konzepte

Neben den transaktionsanalytischen Mustern bezieht die Beziehungsanalyse die Wirkung bzw. Zusammenhänge verschiedener Persönlichkeitsmerkmale, wie der *Big Five*, sowie verschiedener Verkäuferkompetenzen (c) und situativer Umwelteinflüsse, im Sinne unterschiedlicher Verkaufsszenarien, auf die Globalzufriedenheit des Kunden nach dem Gespräch mit ein (d). Darüber hinaus wird ein positiver Einfluss erwartet, wenn die situative Empfindung des Kunden bezüglich des kooperativen Verhaltens des Verkäufers stark ist (e) (Abbildung 58).

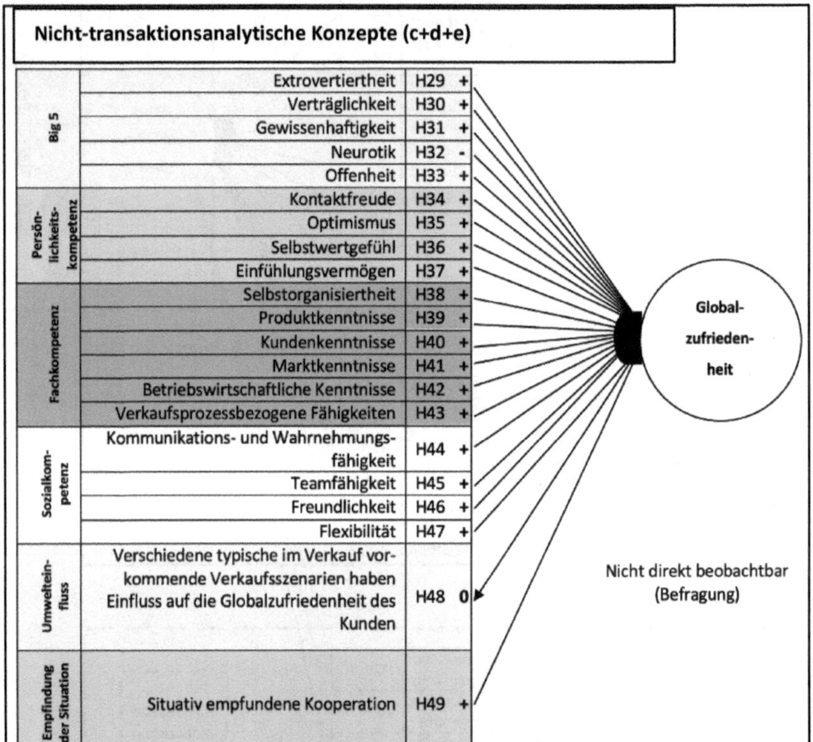

Abbildung 58: Wirkung nicht-transaktionsanalytischer Konzepte (c; d; e) auf die Globalzufriedenheit (Quelle: Eigene Darstellung)

3.5.6.4. Hypothesenübersicht

Im Folgenden werden die in den vorherigen Kapiteln erarbeiteten Hypothesen bezüglich transaktionsanalytischer und nicht-transaktionsanalytischer Konzepte sowie hinsichtlich der daran anknüpfenden Profitabilitätsfrage zusammenfassend dargestellt.

H1 Je höher die Anzahl der durchschnittlichen Transaktionen im Gespräch ist, desto größer wird die Globalzufriedenheit sein.

H2 Je größer der Anteil paralleler Transaktionen auf einer positiven Ebene im Gespräch ist, desto größer wird die Globalzufriedenheit sein.

H3 Je größer der Anteil positiver paralleler Transaktionen über mehrere Ebenen in den Transaktionsmustern zwischen Eltern- und Kind-Ebene ist, desto größer wird die Globalzufriedenheit sein.

H4 Je größer der Anteil paralleler Transaktionen auf einer negativen Ebene im Gespräch ist, desto geringer wird die Globalzufriedenheit sein.

H5 Je größer der Anteil negativer paralleler Transaktionen über mehrere Ebenen in den Transaktionsmustern zwischen Eltern- und Kind-Ebene ist, desto geringer wird die Globalzufriedenheit sein.

H6 Je größer der Anteil überkreuzter Transaktionen in den Transaktionsmustern ist, in denen aus einem negativen Ich-Zustand gekreuzt wird, desto niedriger wird die Globalzufriedenheit sein.

H7 Je größer der Anteil überkreuzter Transaktionen in den Transaktionsmustern ist, in denen aus einer positiven (Kind- oder Eltern-)Verhaltensweise geantwortet wird, desto größer wird die Globalzufriedenheit sein.

H8 Je größer der Anteil überkreuzter Transaktionen in den Transaktionsmustern ist, in denen eine negative Verhaltensweise durch den Erwachsenen-Ich-Zustand gekreuzt wird, desto größer wird die Globalzufriedenheit sein.

H9 Je größer der Anteil überkreuzter Transaktionen in den Transaktionsmustern ist, in denen eine positive Verhaltensweise durch den Erwachsenen-Ich-Zustand gekreuzt wird, desto geringer wird die Globalzufriedenheit sein.

H10 Je größer der Anteil von Redefinitionstransaktionen in den Transaktionsmustern ist, desto geringer wird die Globalzufriedenheit sein.

H11 Je größer der Anteil der Power Plays von Verkäufern (Kunden), desto geringer wird die Globalzufriedenheit sein.

H12 Je größer der Anteil des positiven fürsorglichen Eltern-Ichs in den Transaktionsmustern ist, desto größer wird die Globalzufriedenheit sein.

H13 Je größer der Anteil des positiven kritischen Eltern-Ichs in den Transaktionsmustern ist, desto größer wird die Globalzufriedenheit sein.

H14 Je größer der Anteil des Erwachsenen-Ichs in den Transaktionsmustern ist, desto größer wird die Globalzufriedenheit sein.

H15 Je größer der Anteil des positiven angepassten Kind-Ichs in den Transaktionsmustern ist, desto größer wird die Globalzufriedenheit sein.

H16 Je größer der Anteil des positiven freien Kind-Ichs in den Transaktionsmustern ist, desto größer wird die Globalzufriedenheit sein.

H17 Je größer der Anteil des positiven rebellischen Kind-Ichs in den Transaktionsmustern ist, desto größer wird die Globalzufriedenheit sein.

H18 Je größer der Anteil des negativen fürsorglichen Eltern-Ichs in den Transaktionsmustern ist, desto geringer wird die Globalzufriedenheit sein.

H19 Je größer der Anteil des negativen kritischen Eltern-Ichs (Verfolger-Ich) in den Transaktionsmustern ist, desto geringer wird die Globalzufriedenheit sein.

H20 Je größer der Anteil des negativen Erwachsenen-Ichs in den Transaktionsmustern ist, desto geringer wird die Globalzufriedenheit sein.

H21 Je größer der Anteil des negativen angepassten Kind-Ichs (Opfer-Ichs) in den Transaktionsmustern ist, desto geringer wird die Globalzufriedenheit sein.

H22 Je größer der Anteil des negativen freien Kind-Ichs in den Transaktionsmustern ist, desto geringer wird die Globalzufriedenheit sein.

H23 Je größer der Anteil des negativen rebellischen Kind-Ichs in den Transaktionsmustern ist, desto geringer wird die Globalzufriedenheit sein.

H24 Je größer der Anteil negativer (bedingter und unbedingter) Strokes in den Transaktionsmustern ist, desto geringer wird die Globalzufriedenheit sein.

H25 Je größer der Anteil positiver (unbedingter und bedingter) Strokes in den Transaktionsmustern ist, desto größer wird die Globalzufriedenheit sein.

H26 Je positiver die Grundeinstellung des Verkäufers (Kunden) seinem Gegenüber ist, desto größer wird die Globalzufriedenheit sein.*

H27 Je positiver die Grundeinstellung des Verkäufers (Kunden) sich selbst gegenüber ist, desto größer wird die Globalzufriedenheit sein.*

H28 Unterschiedliche Kombinationen von Grundeinstellungen von Verkäufern und Kunden haben Einfluss auf die Globalzufriedenheit.*

H29 Je extravertierter ein Verkäufer ist, desto größer wird die Globalzufriedenheit des Kunden sein.*

H30 Je verträglicher ein Verkäufer ist, desto größer wird die Globalzufriedenheit des Kunden sein.*

H31 Je gewissenhafter ein Verkäufer ist, desto größer wird die Globalzufriedenheit des Kunden sein.*

H32 Je neurotischer ein Verkäufer ist, desto geringer wird die Globalzufriedenheit des Kunden sein.*

H33 Je offener ein Verkäufer ist, desto größer wird die Globalzufriedenheit des Kunden sein.*

H34 Je größer die Kontaktfreudigkeit einer Person ist, desto größer ist die Globalzufriedenheit.*

H35 Je höher der Optimismus einer Person ist, desto größer ist die Globalzufriedenheit.*

H36 Je höher das Selbstwertgefühl einer Person ist, desto größer ist die Globalzufriedenheit.*

H37 Je höher das Einfühlungsvermögen einer Person ist, desto größer ist die Globalzufriedenheit.*

H38 Je besser die Selbstorganisation einer Person ist, desto größer ist die Globalzufriedenheit.*

H39 Je besser die Produktkenntnisse einer Person sind, desto größer ist die Globalzufriedenheit.*

H40 Je besser die Kundenkenntnisse einer Person sind, desto größer ist die Globalzufriedenheit.*

H41 Je besser die Marktkenntnisse einer Person sind, desto größer ist die Globalzufriedenheit.*

H42 Je besser die betriebswirtschaftlichen Kenntnisse einer Person sind, desto größer ist die Globalzufriedenheit.*

H43 Je besser die verkaufsprozessbezogenen Fähigkeiten einer Person sind, desto größer ist die Globalzufriedenheit.*

H44 Je besser die Kommunikations- und Wahrnehmungsfähigkeit einer Person ist, desto größer ist die Globalzufriedenheit.*

H45 Je höher die Teamfähigkeit einer Person ist, desto größer ist die Globalzufriedenheit.*

H46 Je höher die Freundlichkeit einer Person ist, desto größer ist die Globalzufriedenheit.*

H47 Je höher die Flexibilität einer Person ist, desto größer ist die Globalzufriedenheit.*

H48 Verschiedene typische im Verkauf vorkommende Verkaufssituationen haben Einfluss auf die Globalzufriedenheit des Kunden.*

H49 Je kooperativer die Verkaufssituation durch den Kunden empfunden wird, desto größer wird die Globalzufriedenheit sein.*

H50 Je größer die Globalzufriedenheit des Kunden bezüglich des Verkäufers ist, desto größer wird der wirtschaftliche Erfolg des Verkäufers sein.

*=Erhebung durch Fragebögen

4. Beschreibung und Wirkungsanalyse situativer Einflüsse auf Verhaltensweisen und Käufer-Verkäufer-Interaktionen

4.1. Erkenntnisinteresse und Aufbau des Kapitels

Der folgende Abschnitt beschäftigt sich aufbauend auf den bisherigen theoretischen Erkenntnissen mit der empirischen Umsetzung der zuvor erstellten Modelle und Konzepte.

- Dazu wird in **Kapitel 4.2** zunächst dezidiert auf das umgesetzte **Untersuchungsdesign** der durchgeführten Studie eingegangen.
- In **Kapitel 4.3** werden im Anschluss daran die detaillierten **Untersuchungsergebnisse,** die durch Beobachtungen von Verkaufsgesprächen und Auswertung von Fragebögen erarbeitet wurden, dargestellt und beschrieben.
- **Kapitel 4.4** erklärt anhand verschiedener Auswertungsmodelle, u. a. Regressionsanalysen, aufbauend auf den Ergebnissen der Untersuchung die **Erfolgswirkung der Einflussfaktoren auf die Globalzufriedenheit und den wirtschaftlichen Erfolg.**
- In **Kapitel 4.5** folgt eine **Zusammenfassung und Diskussion der Ergebnisse.**
- **Kapitel 4.6** enthält abschließend **Implikationen und Gestaltungsempfehlungen** für eine praktische Umsetzung in Unternehmen und weitere Untersuchungen.

M. Beck, *Situative Verhandlungsführung*, Managementforschung,
https://doi.org/10.1007/978-3-658-42958-4_4

4.2. Untersuchungsdesign

4.2.1. Überblick

In diesem Abschnitt wird das Untersuchungsdesign vorgestellt, das für die praktische Umsetzung der zuvor vorgestellten Modelle genutzt wird.

In **Kapitel 4.2.2** werden zunächst **Besonderheiten der Untersuchung** erläutert.

Kapitel 4.2.3 enthält eine vertiefte Auseinandersetzung mit der **Operationalisierung und Messung transaktionsanalytischer Faktoren** sowie eine Beschreibung des weiteren Vorgehens.

In **Kapitel 4.2.4** wird darauf folgend auf die **Operationalisierung und Messung nicht-transaktionsanalytischer Faktoren** eingegangen.

Kapitel 4.2.5 beschäftigt sich mit der **Operationalisierung und Messung des Erfolgsmodells, des Zusammenhangs der Globalzufriedenheit und des wirtschaftlichen Erfolgs.**

4.2.2. Besonderheiten der Untersuchung

4.2.2.1. Mixed Methods Design

Im Kontext mit der Marketingforschung werden nicht selten zwei grundlegende Forschungszugänge verglichen, die auf verschiedenen Hintergründen basieren. Dabei geht es um den qualitativen und den quantitativen Forschungszugang. Trotz der Tatsache, dass die beiden Ansätze häufig gegensätzlich dargestellt bzw. aufgefasst werden, kann gerade die systematische und gezielte Kombination der beiden Zugänge wegweisend für eine tiefgehende und umfangreiche Beantwortung vieler Forschungsfragen sein. Dies ist der Grund, warum die ***Mixed Methods*** entwickelt wurden, welche im angloamerikanischen Sprachraum – neben den beiden ursprünglichen Ansätzen – mittlerweile als drittes Forschungsparadigma angesehen werden (vgl. Angerer et al., 2006, S. 115).

Dementsprechend werden in Anlehnung an Angerers (2003) transaktionsanalytisch basierenden Forschungsdesign, in dem Verkaufsgespräche im Auto-

handel analysiert wurden, beobachtbare und nicht beobachtbare Größen in die Untersuchung einbezogen. Darüber hinaus werden Einflussgrößen auf die Interaktion bzw. Transaktion untersucht, die neben den transaktionsanalytischen Aspekten auch andere Bereiche umfassen und nach dem Prinzip der *Mixed Methods* analysiert und ausgewertet werden.
Beobachtbare Größen sind dabei:

- funktionale Ich-Zustände (Transaktionsanalyse)
- Transaktionsarten (Transaktionsanalyse)
- *Stroke*-Formen (Transaktionsanalyse)

Nicht-beobachtbare berücksichtigte Größen sind:

- Fach-, Persönlichkeits- und Sozialkompetenzen
- Persönlichkeit (*Big Five*; Grundeinstellung (Transaktionsanalyse))
- Kompetitives versus kooperatives Gesprächsklima
- Einfluss unterschiedlicher Gesprächsszenarien

Zusammenhänge der Ergebnisse mit reellen Unternehmensdaten:

- Kundenzufriedenheit versus wirtschaftlicher Erfolg des Verkäufers

Die Messung der letzten Größe wird nicht in Form einer Selbsteinschätzung mit Rating-Skalen umgesetzt, sondern anhand tatsächlicher Erfolgsgrößen des Unternehmens bewertet.

4.2.2.2. Dyadisches Forschungsdesign

Ein weiterer besonderer Aspekt der empirischen Untersuchung ist durch das durchgängig dyadische Erhebungsdesign (vgl. Homburg; Stock, 2001, S. 383) gegeben, welches sich darin widerspiegelt, dass die Globalzufriedenheit direkt bei den Kunden erhoben wird, der wirtschaftliche Erfolg und der Markterfolg jedoch bezogen auf die Verkäufer durch Unternehmensdaten bewertet werden. Da auch wechselseitige Veränderungsprozesse in einer Abfolge von Situationen erklärt und nicht nur einseitig orientierte Perspektiven des Verkäufers oder Kunden gewählt werden, wird die ausgewählte Form der Beziehungsanalyse, die u. a. durch Beobachtung von Verkäufer-Kunden-Interaktionen geschieht und dadurch die Transaktionsmuster abgeleitet werden, dem dyadischen Forschungsparadigma zugeordnet (vgl. Hansen; Schulze, 1990, S. 5f).

4.2.2.3. Quasi-experimentelles Forschungsdesign

Um die Untersuchungsziele zu erreichen, wird ein quasi-experimentelles Design genutzt, das sich aber von häufig angewendeten deskriptiven Ansätzen der Marketingforschung unterscheidet. Bei deskriptiven Forschungsansätzen stehen die Beschreibungen der Wirkungszusammenhänge im Fokus, bei denen strenge Anforderungen an die Experimente nicht gewährleistet werden, weshalb in diesem Zusammenhang oft von Quasi-Experimenten (vgl. Meyer; Ertl, 1998, S. 208) oder Ex-Post-Facto-Experimenten (vgl. Berekoven et al., 2001, S. 153) gesprochen wird.

„Quasi-Experimente zeichnen sich dadurch aus, dass ein Vorgang nicht vom Zeitpunkt der Veränderung der unabhängigen Variable bis zur zeitlich nachfolgenden Auswirkung untersucht wird, sondern die Ursache (Experimentalbedingung) schon in der Vergangenheit aufgetreten und selbstständig zustande gekommen ist“ (Angerer, 2003, S. 210). Damit besteht die grundsätzliche Gefahr einer Konfundierung der untersuchten Variablen durch andere, nicht kontrollierbare Einflussgrößen (vgl. Angerer, 2003, S. 210).

Da in der vorliegenden Arbeit die unabhängigen Variablen, die anhand spezifischer Verhaltensweisen bestimmt sind, in kontrollierten Bedingungen anhand apparativer Beobachtung erhoben werden, besteht diese Gefahr nicht. Während (1) Störvariablen durch dieses Vorgehen kontrollierbar erscheinen und (2) die exakte Messung der abhängigen Variablen „Globalzufriedenheit“ stattfindet, wird eine weitere Forderung an experimentelle Versuchsanordnungen bewusst nicht komplett erfüllt, da keine aktive Manipulation der im Fokus des Interesses liegenden (3) unabhängigen Variablen erfolgt. Zwar werden Verhaltensweisen ausgewertet, aber im Detail nicht aktiv beeinflusst. Dies wäre dann gegeben, wenn Verkäufer beispielsweise bewusst vorgegebene Haltungen einnehmen würden (bezüglich experimenteller Anforderungen an Versuchsanordnungen vgl. Berekoven et al., 2001, S. 152f).

4.2.2.4. Datenbeschaffung

Für die Datenbeschaffung werden die Methoden zur Erhebung der Daten und das Vorgehen bezüglich der Auswahl der Untersuchungseinheiten bestimmt (vgl. Meyer; Ertl, 1998, S. 209). In der vorliegenden Arbeit wird als **Erhebungsmethode** eine Kombination aus schriftlichen Befragungen und Beobachtungen genutzt. Um reale Kundengespräche (Rollenspiele mit Verkaufs- und Managementtrainern) in Unternehmen zu analysieren, scheint unter Berücksichtigung der Anforderungen, welche an das Datenmaterial für die Auswertung in Bezug auf die folgende Kodierung gestellt werden, nur eine Beobachtungsweise umsetzbar, in der den Gesprächspartnern bewusst ist, dass sie beobachtet werden, ihnen aber der Grund und das Ziel der Beobachtung nicht klar ist. Dies entspricht einer quasi-biotischen Situation (vgl. Berekoven et al., 2001, S. 146f).
Beim Vorgang der Beobachtung kann es grundsätzlich zu sogenannten Beobachtungseffekten kommen. Durch die Pandemie-Situation wurde beschlossen, übliche Kundengespräche per Videokonferenzen zu simulieren. Dies entspricht der Durchführungspraxis der Unternehmen und spiegelt wirklichkeitstreu das gewohnte Verkaufsumfeld der Verkäufer wider.

Durch die Web-Cams der jeweils verwendeten Laptops werden in der nichtteilnehmenden Beobachtungsweise der vorliegenden Untersuchung mögliche Nachteile (vgl. dazu Baumgarth; Stuhlert, 1999, S. 187), wie eine niedrige Durchführungsobjektivität durch direkte Interaktion zwischen Probanden und Beobachter, geringe Reliabilität aufgrund des zeitlichen Abstands zwischen Beobachtung und Ergebnisaufzeichnung und durch die aus der geringen Reliabilität und Objektivität resultierenden geringen Validität, die mit der „klassischen" Kontaktanalyse in Verbindung gebracht werden, vermieden.

Zur Erhebung nicht-beobachtbarer Größen, wie Grundeinstellungen, Zufriedenheit der Kunden und Kompetenzgrößen der Verkäufer, werden als Erhebungsmethode standardisierte Fragebögen genutzt, die die Kunden und Verkäufer direkt nach dem Verkaufsgespräch mit der Bitte der sofortigen Beantwortung erhielten. Es wurde darauf geachtet, dass den Kunden zuvor nicht bewusst war, dass sie im Anschluss das Gespräch zu bewerten hatten. Evaluierungserwartungen können zu erheblichen Ergebnisverzerrungen führen (vgl. Ofir; Simonson, 2001, S. 179f).

Für die Auswahl der **Untersuchungseinheiten** kann angestrebt werden, Verfahren der Zufallsauswahl (*Random*-Verfahren) zu nutzen. In der vorliegenden Untersuchung ist dies jedoch nicht umsetzbar, da eine Zufallsziehung der Kunden, die an einem Verkaufsgespräch teilnehmen, dem Erfordernis einer realen Untersuchungssituation widerspricht. Werden in einer Untersuchung keine Repräsentativziele verfolgt, wie es hier der Fall ist, spielen solche Überlegungen eine eher vernachlässigbare Rolle (vgl. Angerer, 2003, S. 212). Die Rolle der Kunden wurde außerdem aus Gründen der Umsetzbarkeit der Untersuchung in Rollenspielen durch sechs hauptberufliche Sales- und Managementtrainer, einen Verkaufsleiter und drei Vertriebsmitarbeiter übernommen.

4.2.2.5. Datenerfassung, Datenanalyse und Datenauswertung

Die verbalen Elemente der aufgenommenen Verkaufsgespräche wurden transkribiert und in *Microsoft Word* gespeichert. Das geschah unter Berücksichtigung von Gestaltungsempfehlungen für die Transkription von Gesprächen (vgl. Flick et al., 2000, S. 437–447): (1) Dabei sollen nur Gesprächsmerkmale transkribiert werden, die auch analysiert werden. Diese Tatsache kann auch zur Wahl des passenden Transkriptionssystems dienen. (2) Um die Eindeutigkeit von Notationszeichen sicherzustellen, ist es wichtig, dass Buchstaben ausschließlich zum Darstellen von verbalen Merkmalen der Äußerungen genutzt werden und Interpunktionszeichen ausschließlich ihrer üblichen Funktion entsprechend Verwendung finden. (3) Es soll vermieden wirden, die interne Gestalt von Wörtern durch zusätzliche Zeichen aufzubrechen. (4) Die subjektive Wahrnehmung der Transkribierenden ist nicht als objektive Messung im Protokoll zu notieren. (5) Notationszeichen sollen im Transkript ausschließlich für ein Merkmal des Gesprächsverhaltens Verwendung finden, einzelne Merkmale des Gesprächsverhaltens sollen nicht anhand unterschiedlicher Notationszeichen dargestellt werden. (6) In Transkripten soll eindeutig zwischen Beschreibungen, Anmerkungen, Erklärungen und Interpretation differenziert werden. (7) Bei der folgenden Analyse der Transkripte darf nicht vergessen werden, dass ungenaues Transkribieren häufig vorkommt.

Bei der Transkription wurden alle Äußerungen aufgeschrieben, die auch in deutschsprachigen Wörterbüchern zu finden sind. Das heißt, dass beispielsweise Äußerungen wie „Aha!“ transkribiert, Äußerungen wie „Mmmmhhh“ aber nicht transkribiert wurden.

Im Anschluss daran begann die Vorbereitung für die Kodierung der unterschiedlichen Verhaltensarten. Dazu wurden im Transkript beobachtbare Indikatoren, welche Hinweise auf die einzelnen Ich-Zustände gaben, am Satzende der jeweiligen Aussagen durch Klammern hinzugefügt. Beobachtbare nonverbale Merkmale (Artikulation, Mimik, Gestik und allgemeines Verhalten) wurden auch in Klammern am Ende der Aussagen eingefügt und nicht anhand von Geräusch-Lauten (beispielsweise „h“ für Atmen) o. ä. im Transkript dargestellt. Deswegen müsste eigentlich statt von Transkription von Deskription gesprochen werden (vgl. Kowal; O´Connel, 2000, S. 437–447). Die Kodierung, also Kategorisierung zu den Ich-Zuständen, fand statt, falls sich zumindest drei (der fünf) Indizien eindeutig beobachten ließen. Die transkribierten Gesprächsverläufe und die dazugehörigen aufgenommenen Videos wurden in das Software-Paket *MAXQDA Analytics Pro 2020* exportiert, in dem die auswertungsrelevanten Variablen (Ich-Zustände, Transaktionsarten, *Stroke*-Arten und *Power Plays*) im Anschluss kodiert wurden. Zur nachfolgenden Analyse der daraus entstandenen Datensätze wurden diese in die Software *IBM SPSS Statistics 26* importiert. Im weiteren Verlauf dieses Kapitels wird die Operationalisierung und Messung, die zur Beschaffung der Daten praktisch umgesetzt wurde, dargestellt.

4.2.3. Operationalisierung und Messung der transaktionsanalytischen Faktoren

4.2.3.1. Funktionale Ich-Zustände

In Bezug auf beobachtbare Größen der Verkäufer-Käufer-Interaktion wird in der vorliegenden Arbeit die **quantitative Inhaltsanalyse** (*Content Analysis)* angewendet (vgl. Bortz; Döring, 2002, S. 147ff). Dabei soll Datenmaterial nach bestimmten Aspekten quantifiziert werden. Textteile werden in Kategorien unterteilt, welche die Operationalisierung, der an dieser Stelle interessanten Merkmale darstellen (vgl. Bortz; Döring, 2002, S. 149).

Grundlage der quantitativen Inhaltsanalyse ist ein Kategoriensystem, das hilft, festzulegen, auf welche Texteigenschaften der Fokus gelegt wird. Im Folgenden werden diese Kategorien die funktionalen Ich-Zustände, Transaktionsarten und verschiedene *Stroke*-Arten sein. Die Ich-Zustände werden funktional in positiv oder negativ unterteilt. Die gewählte Vorgehensweise ist deduktiv, da theoriegeleitet vorgegangen wird und die Systematik der Kategorien aus der transaktionsanalytischen Literatur übernommen wird. Textteile werden auf Grundlage des Kategoriensystems in einzelne Kategorien sortiert. Dieses Vorgehen wird als Kodierung bezeichnet (vgl. Bortz; Döring, 2002, S. 153).

Im nachfolgenden Verlauf wird das Kategoriensystem vorgestellt, das in der vorliegenden Untersuchung Anwendung findet. In Tabelle 23 bis Tabelle 34 finden sich die Anhaltspunkte zur Kategorisierung der unterschiedlichen Verhaltensweisen.

Konstruktiv fürsorgliches Eltern-Ich-Verhalten (fEL+)

- Sichtbar durch fürsorgliche Verhaltensweisen und positive Strokes
- Keine Selbstaufwertung, keine Fremdabwertung
- Grundeinstellung: +/+

Positive Strokes:

- **Unbedingte Strokes:** Personen werden z. B. mit Namen angesprochen; Personen wird etwas zu trinken angeboten.
- **Bedingte Strokes:** Personen werden mit ihrem Titel angesprochen; Personen werden für Äußerungen gelobt.
- **Nonverbale Strokes**: Lächeln, Blickkontakt

Erläuterung:
Den Kern dieser Kategorie machen fürsorgliche Verhaltensweisen aus. Zentrale Indikatoren sind dabei die Artikulation sowie Mimik und Gestik.
Beispiel: „Ich verstehe dein Problem sehr gut.“
Vokabular: ich verstehe dich gut **Artikulation:** mitfühlend, tröstend **Mimik:** lächelnd, verständnisvoll **Gestik:** freundliches Zunicken **allgemeines Verhalten:** mitfühlend, verstehend

Vokabular	Artikulation	Mimik	Gestik	Allgemeines Verhalten
kann ich helfen? macht nichts großartig schön gut wunderbar ausgezeichnet du schaffst es schon sorg dich nicht halb so schlimm lass den Kopf nicht hängen du armer Kerl ich verstehe dich gut Vorsicht! – das ist gefährlich ich mache das für dich komm, ich helfe dir bitte schön natürlich alles Gute! kein Problem richtig Selbstverständlich Wertende positiv fürsorgliche Ausdrücke Du Armer Mein allerbester ... Sehr schlau ... Wie geht es Ihnen?	tröstend besorgt langsam erklärend warm beruhigend mitfühlend freundlich-fürsorglich beschwichtigend aufmunternd gewährend anerkennend-lobend liebevoll tröstlich	herzlich gütig verständnisvoll bekümmert glücklich lächelnd umsorgend zufrieden ängstlich-fürsorglich interessiert	auf die Schulter klopfen offene, ausgestreckte Arme Arm auf die Schulter legen Umarmen freundliches Zunicken leichtes Kopfschütteln („macht nichts“) kurzes, schnelles Achselzucken abwertende Handbewegung („macht nichts“) etwas übergebend oder überreichend die andere Person unterstützend neigt sich der Person entgegen	gütig besorgt anerkennend ermutigend mitfühlend beschützend beratend unterstützend tröstend verstehend fürsorglich echtes Interesse zeigend Komplimente machend nach dem Befinden erkundigend freudig

Tabelle 23: Indikatoren zur Kodierung des fürsorglichen Eltern-Ich-Zustands (fEL+) (Quelle: Eigene Darstellung nach Schulze, 2000, S. 269; Harris, 2016, S. 95f; Hagehülsmann und Hagehülsmann, 2007, S. 21; Angerer, 2004a, S. 47; Angerer, 2003, S. 194; Rüttinger, 2019, S. 19)

Tabelle 24 beschreibt Indikatoren zur Kategorisierung des überfürsorglichen Eltern-Ich-Verhaltens, das sogenannte Retter-Verhalten.

Destruktiv fürsorgliches Eltern-Ich-Verhalten/Retter (RET)

- Sichtbar durch überfürsorgliche Verhaltensweisen
- Selbstaufwertung und Fremdabwertung
- Grundeinstellung: +/-

Erläuterung:
„Hilfe" wird aus einer Überlegenheitsposition geleistet, welche den Mitmenschen herabwürdigt. Arbeit wird anderen aus der Hand genommen und selbst zu Ende gebracht oder belehrend korrigiert. ODER: Übertrieben fürsorglich den anderen Menschen bedrängend oder kleinmachend.

Beispiel: **„Komm mal her, ich helfe dir schon!"** oder die überbesorgte Mutter, die ihr Kind vor „Liebe" schier erdrückt.

Vokabular: wertend, negativ, kleinmachend **Artikulation:** herablassend **Mimik:** selbstgefällig **Gestik:** „allwissend", besserwisserisch **allgemeines Verhalten:** korrigierend, die Situation an sich reißend

Vokabular	Artikulation	Mimik	Gestik	Allgemeines Verhalten
lass den Kopf nicht hängen Vorsicht! – das ist gefährlich ich mache das für dich komm, ich helfe dir selbstverständlich Das ist/war klar … Das hätte ich gleich sagen können Ich regle das Lass mich mal machen Lass Dir doch helfen … Wertende negativ kleinmachende Ausdrücke: Herzchen Schätzchen Kinder(chen) du armer Kerl Schon wieder!	langsam erklärend unwillig gewährend herablassend abwertend überzogen mitfühlend überzogen besorgt	zufrieden selbstgefällig selbstgefällig lächelnd	auf die Schulter klopfen Arm auf die Schulter legen leichtes Kopfschütteln („macht nichts") kurzes, schnelles Achselzucken abwertende Handbewegung („macht nichts") „allwissend"/selbstgefällig nickend „allwissend"/selbstgefällig lächelnd	bemutternd anderen wenig zumutend und alles abnehmend selbstgefällig allwissend verbessernd-korrigierend das Ruder übernehmend unechte Gefälligkeit gebend

Tabelle 24: Indikatoren zur Kodierung des Retter-Ich-Zustands (RET) (Quelle: Eigene Darstellung nach Schulze, 2000, S. 269; Harris, 2016, S. 95f, Hagehülsmann und Hagehülsmann 2007, S. 22; Angerer, 2003, S. 194; Stewart und Joines, 2015, S. 53)

Tabelle 25 beschreibt Indikatoren zur Kategorisierung des positiven kritischen Eltern-Verhaltens.

Konstruktiv kritisches Eltern-Ich-Verhalten (KEL+) • Sichtbar durch kritische Verhaltensweisen • Keine Selbstaufwertung, keine Fremdabwertung • Grundeinstellung: +/+ • Eher nicht direkt über das Gegenüber sprechend • Paralleltransaktionen auf der gleichen Ebene • Wenn doch an das Gegenüber direkt, dann Befehle mit grundsätzlich guter/ schützender Absicht				
Erläuterung: Anweisungen zielen darauf ab, das Gegenüber zu schützen oder zu fördern. ODER: Es werden gemeinsam mit dem Gegenüber Dritte kritisiert. ***Beispiel:* „Schluss mit dem Rauchen! Das ist für Sie gefährlich."; „Der Fußballverein hat diese Saison wieder mal katastrophal gespielt!"** **Vokabular:** Schluss damit! **Artikulation:** streng **Mimik:** autoritär **Gestik:** erhobener Zeigefinger **allgemeines Verhalten:** Vor Gefahr bewahrend.				
Vokabular	**Artikulation**	**Mimik**	**Gestik**	**Allgemeines Verhalten**
Unsinn! Hör auf damit! das ist lächerlich Warum ... (bezogen auf Dritte)? Schluss damit! Das ist gefährlich! Negative Wertungen ... (bezogen auf Dritte) idiotisch etc.	hart streng nachdrücklich seufzend ironisch zynisch tadelnd	autoritär missbilligend zusammengepresste Lippen beurteilend gerunzelte Stirn vorgeschobenes Kinn	erhobener Zeigefinger Hände über dem Kopf zusammenschlagen mit dem Zeigefinger deuten abwertende Handbewegung	befehlend Schuldige suchend autoritär wertet negativ bzw. wertet ab verallgemeinert moralisiert Grenzen setzend vor Gefahr wahrend

Tabelle 25: Indikatoren zur Kodierung des konstruktiv kritischen Eltern-Ich-Zustands (Quelle: Eigene Darstellung nach Schulze, 2000, S. 269; Harris, 2016, S. 95f; Hagehülsmann und Hagehülsmann 2007, S. 21, S. 22; Angerer, 2003, S. 195; Stewart und Joines, 2015, S. 53)

Tabelle 26 beschreibt Indikatoren zur Kategorisierung des negativen kritischen Eltern-Verhaltens, das sogenannte Verfolger-Verhalten.

Destruktiv kritisches Eltern-Ich-Verhalten/Verfolger (VER)

- Sichtbar durch überkritische Verhaltensweisen, Powerplays und negative Strokes
- Selbstaufwertung und Fremdabwertung
- Grundeinstellung: +/-
- Zielgerichtet das Gegenüber anklagend

Powerplays:

- **Dem anderen den Faden abschneiden:** Zeigt sich durch gleichzeitiges Reden und dadurch, dass dem Interaktionspartner ins Wort gefallen und weitergeredet wird; dabei wird häufig ein neuer Gedankengang verfolgt; keine Unterbrechung ist z. B. ein zustimmendes oder zuhörendes „Ja".
- **Den Gesprächspartner abwerten:** Dies zeigt sich z. B., indem Telefonate angenommen werden oder mit vorbeigehenden Personen zu reden begonnen wird, ohne sich beim Gesprächspartner dafür zu entschuldigen.

Negative Strokes:

- **Verbale unbedingte Strokes:** Personen werden für das, was sie sind, getadelt.
- **Verbale bedingte Strokes:** Personen werden für Äußerungen kritisiert.

Erläuterung: Verhaltensweisen, durch die das Gegenüber abgewertet wird.
Ablehnende, vorwurfsvolle und hemmende Absichten.

Beispiel: „Der Preis, den Sie für Ihre Produkte verlangen, ist ja lächerlich."
Vokabular: das ist lächerlich **Artikulation:** streng, anklagend **Mimik:** missbilligendes Kopfschütteln **Gestik:** abwertende Handbewegung **allgemeines Verhalten:** autoritär, strafend und anklagend

Vokabular	Artikulation	Mimik	Gestik	Allgemeines Verhalten
immer nie du sollst nie man macht das (nicht) Hör auf damit! wie oft soll ich dir noch sagen Warum? Wenn ich du wäre ... Ich kann es nicht leiden, dass ... Du musst immer daran denken, dass ... Du darfst nie vergessen, dass Wertende negative Ausdrücke Unsinn! Kindisch das ist lächerlich wie kannst du nur Unfug! Trampel Trottel ..., aber ... Ich erwarte ...	laut oder leise schnell hart gespannt herablassend von oben herab anklagend streng nachdrücklich seufzend ironisch zynisch scharf tadelnd	autoritär missbilligend starr zusammengepresste Lippen beurteilend gerunzelte Stirn vorgeschobenes Kinn hoch- oder zusammengezogene Augenbrauen missbilligendes Kopfschütteln befremdeter Gesichtsausdruck den Gesprächspartner ignorierend herablassend lächelnd höhnisch lachend	sich ans Kinn fassen erhobener Zeigefinger Hände über dem Kopf zusammenschlagen mit dem Zeigefinger deuten mit dem Fuß aufstampfen die Faust schütteln mit der Faust auf den Tisch schlagen Hände in die Hüften stemmen Arme vor der Brust verschränken harte, schnelle Bewegungen abwertende Handbewegung Hand leicht angehoben („Stopp – jetzt rede ich")	automatisch urteilend und wertend strafend und anklagend befehlend Schuldige suchend autoritär dogmatisch rechthaberisch zurechtweisend Grenzen ziehend wertet negativ bzw. wertet ab denkt in Schwarz-Weiß-Kategorien verallgemeinert schulmeistert stellt rhetorische und inquisitorische Fragen moralisiert bestraft drohend warnend vor Folgen

Tabelle 26: Indikatoren zur Kodierung des Verfolger-Ich-Zustands (VER) (Quelle: Eigene Darstellung nach Schulze, 2000, S. 269; Harris, 2016, S. 95f; Hagehülsmann und Hagehülsmann 2007, S. 21f; Angerer, 2003, S. 195; Stewart und Joines, 2015, S. 53; Rüttinger, 2019, S. 19)

Tabelle 27 beschreibt Indikatoren zur Kategorisierung des positiven rationalen Erwachsenen-Ich-Verhaltens.

Erwachsenen-Ich-Zustand (ER) Sichtbar durch sachlich klare, beobachtende, analysierende Verhaltensweisen				
Erläuterung: Den Kern dieser Kategorie machen sachliche, analysierende und emotionslose Verhaltensweisen aus. ***Beispiel:*** „Wie viel kostet dieses Modell?“ **Vokabular:** wie viel? **Artikulation:** sachlich, ruhig **Mimik:** aufmerksam, dem Interaktionspartner zugewandt, offener, ruhiger Blickkontakt **Gestik:** nach vorne gelehnt **allgemeines Verhalten:** sachlich, emotionslos, Fragen stellend				
Vokabular	**Artikulation**	**Mimik**	**Gestik**	**Allgemeines Verhalten**
alle W-Fragen (außer Warum) wahrscheinlich möglicherweise im Vergleich zu ich glaube ich denke ich werde meiner Meinung nach	sachlich ruhig gleichmäßig neutral selbstbewusst leidenschaftslos zuweilen mühsam formulierend	nachdenklich abwägend aufmerksam offener, ruhiger Blickkontakt dem Interaktionspartner zugewandt Lidschlag alle 3-5 Sekunden entsprechend der Situation häufig wechselnder Gesichtsausdruck	entspannt aufrechte Haltung häufiges Wechseln der Körperhaltung nach vorne gelehnt aufmerksam aktives Zuhören (zustimmendes Nicken) unterstreichende, angemessene Gestik Blickkontakt in gleicher Position wie der Interaktionspartner Hand am Kinn (grübelnd) sich am Kopf kratzen (grübelnd)	nachdenklich aufgeschlossen Daten sammelnd entspannt sachlich objektiv zuhörend emotionslos konzentriert Blickkontakt aufgeschlossen Fragen stellend Alternativen entwickelnd und auswählend autonom vergleichend kooperativ (dem Interaktionspartner die Entscheidung überlassend, Äußerungen und Vorschläge des Interaktionspartners ergänzen und fortsetzen) Abläufe erklärend, Möglichkeiten beschreibend

Tabelle 27: Indikatoren zur Kodierung des Erwachsenen-Ich-Zustands (ER) (Quelle: Eigene Darstellung nach Schulze, 2000, S. 269; Harris, 2016, S. 98f; Hagehülsmann und Hagehülsmann 2007, S. 21, S. 24; Angerer, 2003, S. 196; Stewart und Joines, 2015, S. 54; Rüttinger, 2019, S. 21)

Tabelle 28 beschreibt Indikatoren zur Kategorisierung des negativen Erwachsenen-Verhaltens.

Erwachsenen-Ich-Zustand (ER) mit inhaltlicher Redefinition (ERR)
Sichtbar durch sachlich klare, beobachtende, analysierende Verhaltensweisen, aber inhaltliches Blockieren oder Ausweichen.
Strukturell sind es trotzige oder kritische Verhaltensweisen aus dem Eltern- oder Kind-Ich, mit der Annahme, man sei sachlich im Erwachsenen-Ich (vgl. Stewart; Joines, 2015, S. 258).
Redefinitionstransaktionen:

- **Tangentialtransaktionen:** In der Antwort auf eine Frage wird ein anderes Thema oder unterschiedliche Aspekte desselben Themas angesprochen.
- **Blockierende Transaktionen:** Statt mit einer direkten Antwort oder Reaktion wird irgendein Inhalt der Frage in Frage gestellt.

Erläuterung:
Diese Kategorie wird durch Themenwechsel und blockierende Gesprächsinhalte geprägt.
Diese speziellen Merkmale für Redefinitionstransaktionen werden durch klare verbale Beweise definiert.
Beispiel: „Ihre Frage sollten Sie diesbezüglich noch einmal überdenken." (Gegenfragen). ODER: Die Reaktion bezieht sich auf einen anderen Inhalt wie der Stimulus.
Vokabular: wie viel? Gegenfragen **Artikulation:** sachlich, ruhig **Mimik:** aufmerksam, dem Interaktionspartner zugewandt, offener, ruhiger Blickkontakt; Inkongruent **Gestik:** Inkongruent nach vorne gelehnt **allgemeines Verhalten:** sachlich, emotionslos, (Gegen-)Fragen stellend

Vokabular	Artikulation	Mimik	Gestik	Allgemeines Verhalten
alle W-Fragen (auch Warum) wahrscheinlich möglicherweise im Vergleich zu ich glaube ich denke ich werde meiner Meinung nach Gegenfragen auf Fragen Negativ/ klein machend	sachlich ruhig gleichmäßig neutral selbstbewusst leidenschaftslos zuweilen mühsam formulierend Galgenlachen	nachdenklich abwägend aufmerksam offener, ruhiger Blickkontakt dem Interaktions-partner zugewandt Lidschlag alle 3-5 Sekunden entsprechend der Situation häufig wechselnder Gesichtsausdruck nicht entsprechend der Situation häufig wechselnder Gesichtsausdruck	entspannt aufrechte Haltung häufiges Wechseln der Körperhaltung nach vorne gelehnt aufmerksam aktives Zuhören unterstreichende, angemessene Gestik Blickkontakt in gleicher Position wie der Interaktionspartner Hand am Kinn (grübelnd) sich am Kopf kratzen (grübelnd) unangemessene Gestik angespannt inkongruentes Verhalten	nachdenklich aufgeschlossen Daten sammelnd entspannt sachlich objektiv zuhörend emotionslos konzentriert Blickkontakt aufgeschlossen Fragen stellend Alternativen entwickelnd und auswählend Sachlich wichtige Inhalte werden verzerrt oder außen vorgelassen. Aussagen und Fragen des Gegenübers wird mit Gegenfragen gekontert.

Tabelle 28: Indikatoren zur Kodierung des Erwachsenen-Ich-Zustands mit inhaltlicher Redefinition (ERR) (Quelle: Eigene Darstellung nach Schulze, 2000, S. 269; Harris, 2016, S. 98f; Hagehülsmann und Hagehülsmann 2007, S. 21, S. 24; Angerer, 2003, S. 196; Stewart und Joines, 2015, S. 54, S. 258, S. 260f, S. 276; Rüttinger, 2019, S. 21)

Tabelle 29 beschreibt Indikatoren zur Kategorisierung des konstruktiv, somit positiven, freien Kind-Verhaltens.

Konstruktiv freies Kind-Ich-Verhalten (FK+)

- Sichtbar durch gefühlvolle, lustige Verhaltensweisen
- Keine Selbstaufwertung, keine Fremdabwertung
- Grundeinstellung: +/+

Erläuterung:
Den Kern dieser Kategorie machen spontane, freie und emotionale positive Verhaltensweisen aus, die im Rahmen der Situation angebracht sind. Furchtlos, neugierig, sinnesfreudig, kreativ und zutraulich.

Beispiel: „Das Produkt ist hip, das allerbeste am Markt."
Vokabular: das beste (Superlativ), hip (Modewort); **Artikulation:** frei, übersprudelnd; **Mimik:** glänzende Augen, ungehemmt **Gestik:** verspielt: zeigt z. B. mit dem Daumen nach oben oder klatscht in die Hände **allgemeines Verhalten:** begeistert, überschäumend, spielerisch

Vokabular	Artikulation	Mimik	Gestik	Allgemeines Verhalten
Superlative Modewörter ich will ich möchte ist mir egal Witzige Kommentare (positiv)	laut, frei, spontan übersprudelnd traurig sich überschlagend hoch lachend	locker pfiffig (schlau, aufgeweckt) ungehemmt neugierig traurig offener Mund glänzende Augen Tränen schmunzelnd glücklich	verspielt locker aufgeregt müde entspannter/angespannter Körper ausgelassene Bewegungen spielerisch frei	um Umweltreaktionen nicht bekümmert spielerisch neugierig schöpferisch pfiffig manipulativ schadenfroh überschäumend begeisternd, begeistert tanzen springen singen lustig traurig echt witzig schamlos neckend egoistisch voller Energie phantasiert kreativ auftrumpfend angeberisch, amüsiert scherzend, ungläubig unbekümmert überrascht

Tabelle 29: Indikatoren zur Kodierung des konstruktiv freien Kind-Ich-Zustands (FKI+) (Quelle: Eigene Darstellung nach Schulze, 2000, S. 269; Harris, 2016, S. 97f; Hagehülsmann und Hagehülsmann 2007, S. 21, S. 23; Angerer, 2003, S. 197; Angerer, 2004a, S. 47; Stewart und Joines, 2015, S. 51f; Rüttinger, 2019, S. 24)

Tabelle 30 beschreibt Indikatoren zur Kategorisierung des destruktiv, dementsprechend negativen freien Kind-Verhaltens.

Destruktiv freies Kind-Ich-Verhalten (fKI-)

- Sichtbar durch rücksichtslose, gefährdende Verhaltensweisen
- Selbstaufwertung und Fremdabwertung
- Grundeinstellung: +/-

Erläuterung:
Den Kern dieser Kategorie machen spontane, freie und emotionale Verhaltensweisen aus, die in dieser Situation unangebracht sind (Gefühlsausbrüche).
Rücksichtslose, eventuell sogar grausame Verhaltensweisen.

Beispiel: „So eine Sch***!!!!"
Vokabular: *„das ist Sch****"*; Kraftausdrücke **Artikulation:** unangepasst, laut, unkontrolliert **Mimik:** verzerrt, verkrampft **Gestik:** offensiv **allgemeines Verhalten:** ungehemmt, übertrieben, unangebrachte Gefühlsausbrüche

Vokabular	Artikulation	Mimik	Gestik	Allgemeines Verhalten
Kraftausdrücke Schimpfwörter negative Superlative Modewörter ich will ich möchte ist mir egal	laut frei, spontan übersprudelnd traurig sich überschlagend hoch	ungehemmt zu neugierig traurig offener Mund glänzende Augen Tränen	aufgeregt müde entspannter/angespannter Körper ausladende Bewegungen ruckartig offensiv aggressiv	um Umweltreaktionen nicht bekümmert neugierig manipulativ schadenfroh überschäumend traurig echt schamlos neckend egoistisch auftrumpfend angeberisch, amüsiert emotional

Tabelle 30: Indikatoren zur Kodierung des destruktiv freien Kind-Ich-Zustands (fKI-) (Quelle: Eigene Darstellung nach Schulze, 2000, S. 269; Harris, 2016, S. 97f; Hagehülsmann und Hagehülsmann 2007, S. 21, S. 23; Angerer, 2003, S. 197; Stewart und Joines, 2015, S. 51f; Rüttinger, 2019, S. 24)

Tabelle 31 beschreibt Indikatoren zur Kategorisierung des positiven angepassten Kind-Verhaltens.

<table>
<tr><td colspan="5">Konstruktiv angepasstes Kind-Ich-Verhalten (aKI+)<ul><li>Sichtbar durch sinnvolle soziale und angepasste Verhaltensweisen</li><li>Keine Selbstaufwertung, keine Fremdabwertung</li><li>Grundeinstellung: +/+</li></ul></td></tr>
<tr><td colspan="5">Erläuterung:
Den Kern dieser Kategorie machen Verhaltensweisen aus, bei denen Erwartungen erfüllt und Regeln (z. B. im Umgang miteinander) befolgt werden.

Beispiel: „Darf ich diese Unterlagen mit nach Hause nehmen?“
Vokabular: darf ich? Artikulation: brav Mimik: rücksichtsvoll Gestik: zurückhaltend allgemeines Verhalten: gute Umgangsformen, höflich</td></tr>
<tr><th>Vokabular</th><th>Artikulation</th><th>Mimik</th><th>Gestik</th><th>Allgemeines Verhalten</th></tr>
<tr><td>ich wollte doch nur
man muss
darf ich?
hätte gerne
danke
bitte
Entschuldigung
Verwendung von Konjunktiven
vielleicht
Falls/wenn das okay ist</td><td>unsicher
brav
höflich
rücksichtsvoll
vorsichtig
erzogen</td><td>rücksichtsvoll
schüchtern
lieb
große Augen</td><td>zurückhaltend
Hand heben, um etwas sagen zu dürfen
sich laufend entschuldigen
stramm stehend
freundlich (z. B. Händeschütteln)
liebenswürdig</td><td>vorsichtig
scheu
ängstlich
gehemmt
sich rückversichernd
bescheiden
unsicher
folgsam
introvertiert
gute Umgangsformen
Regeln und Vereinbarungen einhaltend
höflich
freundlich
verlegen
sich erklärend
orientiert sich an Normen
brav
zuvorkommend</td></tr>
</table>

Tabelle 31: Indikatoren zur Kodierung des konstruktiv angepassten Kind-Ich-Zustands (aKI+) (Quelle: Eigene Darstellung nach Schulze, 2000, S. 269; Harris, 2016, S. 97f; Hagehülsmann und Hagehülsmann 2007, S. 21, S. 23; Angerer, 2003, S. 198; Stewart und Joines, 2015, S. 49ff; Rüttinger, 2019, S. 24)

Tabelle 32 beschreibt Indikatoren zur Kategorisierung des negativen angepassten Kind-Verhaltens, des sogenannten Opfer-Verhaltens.

Destruktiv angepasstes Kind-Ich-Verhalten/Opfer (OPF) • Sichtbar durch Überanpassung • Selbstabwertung und Fremdaufwertung • Grundeinstellung: -/+				
Erläuterung: Den Kern dieser Kategorie machen Verhaltensweisen aus, bei denen Erwartungen zu Verlegenheit führen und Regeln (z. B. im Umgang miteinander) übertrieben befolgt werden (Unterwürfigkeit). Verhaltensweisen, die für einen Erwachsenen rational gesehen nicht mehr nötig wären. ODER: „Mosern" über die eigene Lage. ***Beispiel:*** Schamvoll bei einem Vortrag erröten oder stottern; demütig niemals widersprechen. **Vokabular:** dürfte ich bitte höflichst ...? **Artikulation:** unsicher, leise **Mimik:** niedergeschlagene Augen **Gestik:** zurückhaltend, gesenkter Kopf **allgemeines Verhalten:** ängstlich, nörgelnd („mosernd")				
Vokabular	**Artikulation**	**Mimik**	**Gestik**	**Allgemeines Verhalten**
ich verliere immer ich traue mich nicht ich will versuchen ich habe Angst meinst du? immer ich ich wollte doch nur man muss darf ich? hätte gerne danke bitte Entschuldigung Wenn es denn sein muss ... Man kann nichts daran ändern Das war klar ... leider	demütig unsicher leise sentimental-weinerlich devot folgsam klagend leidvoll stöhnend	niedergeschlagene Augen nervöser, verstohlener Blick rücksichtsvoll Blick kontakt ausweichend	zurückhaltend gesenkter Kopf hängende Schultern Hand heben, um etwas sagen zu dürfen sich laufend entschuldigen stramm stehend freundlich (z. B. Händeschütteln) liebenswürdig am Kopf kratzen ins Gesicht fassend verlegen lachen	schamvoll schuldbewusst vorsichtig scheu ängstlich gehemmt sich rückversichernd resigniert hilflos bescheiden unsicher folgsam introvertiert niedergeschlagen überfordert klagend Gefühle unterdrückend Regeln und Vereinbarungen einhaltend verlegen sich rechtfertigend „mosernd"

Tabelle 32: Indikatoren zur Kodierung des Opfer-Ich-Zustands (OPF) (Quelle: Eigene Darstellung nach Schulze, 2000, S. 269; Harris, 2016, S. 97f; Hagehülsmann und Hagehülsmann 2007, S. 21. S. 23; Angerer, 2003, S. 198; Stewart und Joines, 2015, S. 49ff; Rüttinger, 2019, S. 24)

Tabelle 33 beschreibt Indikatoren zur Kategorisierung des positiven rebellischen Kind-Verhaltens.

Konstruktiv rebellisches Kind-Ich-Verhalten (rKI+) • Sichtbar durch mutigen und angemessenen Widerstand • Keine Selbstaufwertung, keine Fremdabwertung • Grundeinstellung: +/+				
Erläuterung: Den Kern dieser Kategorie machen Verhaltensweisen aus, die voller Energie sind und sich z. B. in Form von Rebellion oder Trotz zeigen. Wettkampf/Herausforderungen suchend. ***Beispiel:*** „Denen werde ich es zeigen, und ob ich mir dieses Produkt leisten kann!" **Vokabular:** singgemäß: jetzt erst recht **Artikulation:** trotzig **Mimik:** verstockt **Gestik:** verkrampft, angespannt **allgemeines Verhalten:** trotzig				
Vokabular	**Artikulation**	**Mimik**	**Gestik**	**Allgemeines Verhalten**
jetzt erst recht verdammt noch mal Denen zeigen wir es ...	trotzig	verstockt (uneinsichtig, störrisch, starrsinnig) energisch	trotzig auf die Lippen beißen mit den Schultern zucken	aufsässig frech trotzig störrisch Beifall heischend

Tabelle 33: Indikatoren zur Kodierung des konstruktiv rebellischen Kind-Ich-Zustands (rKI+) (Quelle: Eigene Darstellung nach Schulze, 2000, S. 269; Harris, 2016, S. 97f; Hagehülsmann und Hagehülsmann 2007, S. 21, S. 24; Angerer, 2003, S. 199; Stewart und Joines, 2015, S. 50)

Tabelle 34 beschreibt Indikatoren zur Kategorisierung des negativen rebellischen Kind-Verhaltens.

Destruktiv rebellisches Kind-Ich-Verhalten (rKI-) • Sichtbar verstockten und auftrumpfenden unangemessenen Protest • Selbstabwertung und Fremdaufwertung • Grundeinstellung: +/-				
Erläuterung: Verhaltensweisen, die als Erwachsener nicht angemessen sind. Trotzige Verhaltensweisen. Schmollen. Irrational (ohne Argumente). Situationen blockierend. ***Beispiel:*** Schmollen, um etwas zu erreichen, obwohl einfach danach gefragt werden könnte. **Vokabular:** Abweisend **Artikulation:** schmollend **Mimik:** verstockt **Gestik:** verkrampft **allgemeines Verhalten:** blockierend, unangemessen				
Vokabular	**Artikulation**	**Mimik**	**Gestik**	**Allgemeines Verhalten**
lass mich in Ruhe jetzt erst recht verdammt noch mal	trotzig zerknirscht quengelnd	schmollend abweisend verstockt (uneinsichtig, störrisch, starrsinnig) verschlagen zitternde Lippen zitterndes Kinn	trotzig angespannt verkrampft schmollend auf die Lippen beißen mit den Schultern zucken	launisch aufsässig frech trotzig wütend gehässig störrisch aggressiv sich produzierend Beifall heischend schmollend sich aufregend

Tabelle 34: Indikatoren zur Kodierung des destruktiv rebellischen Kind-Ich-Zustands (rKI-) (Quelle: Eigene Darstellung nach Schulze, 2000, S. 269; Harris, 2016, S. 97f; Hagehülsmann und Hagehülsmann 2007, S. 21, S. 24; Angerer, 2003, S. 199; Stewart und Joines, 2015, S. 50)

Die Messung bzw. Quantifizierung diagnostizierter Ich-Zustände geschieht gemäß der aus der Psychologie stammenden *„Lag Sequential Analysis"* (vgl. Faraone; Dorfman, 1987, S. 312ff). „Bei dieser Methode wird im Rahmen der Analyse dyadischer Interaktionsprozesse die wechselseitige Bestimmtheit zweier aufeinander bezogener Verhaltenssequenzen untersucht" (Angerer, 2003, S. 200; vgl. Bortz; Döring, 2002, S. 521). Dabei werden beobachtbare Verhaltensweisen, sogenannte dichotome Daten, zweier Personen bestimmten, zuvor definierten Zeitintervallen zugeordnet. Im Anschluss daran wird prozentual der Anteil beobachteter Verhaltensweisen bestimmt. Dafür wird die absolute beobachtete Häufigkeit der Verhaltensweisen durch die Anzahl der Zeitintervalle geteilt (vgl. Faraone; Dorfman, 1987, S. 313). Diese Darstellung der relativen Häufigkeit bestimmter Verhaltensweisen wird beispielsweise folgendermaßen gemacht: $P(X_t=1)=0{,}4$. X_t symbolisiert den Verkäufer, y_t symbolisiert den Käufer, 1 steht für ein bestimmtes Verhalten (z. B. freundlich) und 0 steht für das gegenteilige Verhalten (z. B. unfreundlich) (vgl. Angerer, 2003, S. 200).

Die Zeitintervalle werden in der vorliegenden Untersuchung abhängig von den Aussagen der Gesprächspartner definiert. Die Aussagen einer Person (die nicht mit einer anderen überlappen) können als Zeitintervalle definiert werden. Dies kann auch für einzelne Teile der Aussage gelten, wenn innerhalb der Aussage klar eine neue Verhaltens-Kategorie abgegrenzt wird. Der Begriff Zeitintervall wird folgend durch den Begriff „Texteinheit" ersetzt.

4.2.3.2. Transaktionsarten und Stroke-Arten

Um verschiedene Transaktionsarten zuordnen zu können, ist die zuvor beschriebene Kodierung funktionaler Ich-Zustände eine notwendige Bedingung. Tabelle 35, Tabelle 36 und Tabelle 37 veranschaulichen Indikatoren für eine Kodierung verschiedener Transaktions- und *Stroke*-Arten.

Kategorie		Indikatoren		Regel
Paralleltransaktionen auf einer Ebene	positiv	fEL+ an fEL+ kEL+ an kEL+ ER an ER fKI+ an fKI+ aKI+ an aKI+ rKI+ an rKI+ fEL+ an/von kEL+	fKI+ an/von aKI+ fKI+ an/von rKI+ aKI+ an/von fKI+ aKI+ an/von rKI+ rKI+ an/von fKI+ rKI+ an/von aKI+	Transaktionen zwischen positiven Ich-Zuständen einer (Kinder-, Erwachsenen- oder Eltern)-Ebene
	negativ	RET an RET VER an VER ERR an ERR fKI- an fKI- OPF an OPF rKI- an rKI- RET an/von VER	fKI- an/von OPF fKI- an/von rKI- OPF an/von fKI- OPF an/von rKI- rKI- an/von fKI- rKI- an/von OPF	Transaktionen zwischen negativen Ich-Zuständen einer (Kinder-, Erwachsenen- oder Eltern)-Ebene
Paralleltransaktionen auf mehreren Ebenen	positiv	fEL+ an/von fKI+ fEL+ an/von aKI+ fEL+ an/von rKI+ kEL+ an/von fKI+ kEL+ an/von aKI+ kEL+ an/von rKI+ auf RET folgt fKI+ auf RET folgt aKI+ auf RET folgt rKI+	auf VER folgt fKI+ auf VER folgt aKI+ auf VER folgt rKI+ auf fKI- folgt fEL+ auf fKI- folgt kEL+ auf OPF folgt fEL+ auf OPF folgt kEL+ auf rKI- folgt fEL+ auf rKI- folgt kEL+	Wenn ein positiver Eltern- oder Kind-Ich-Zustand auf einen positiven oder negativen Zustand nicht der gleichen (Kinder- oder Eltern-) Ebene folgt
	negativ	RET an/von fKI- RET an/von OPF RET an/von rKI- VER an/von fKI- VER an/von OPF VER an/von rKI- auf fEL+ folgt fKI- auf fEL+ folgt OPF auf fEL+ folgt rKI-	auf kEL+ folgt fKI- auf kEL+ folgt OPF auf kEL+ folgt rKI- auf fKI+ folgt RET auf fKI+ folgt VER auf aKI+ folgt RET auf aKI+ folgt VER auf rKI+ folgt RET auf rKI+ folgt VER	Wenn ein negativer Eltern- oder Kind-Ich-Zustand auf einen positiven oder negativen Zustand nicht der gleichen (Kinder- oder Eltern-) Ebene folgt

Tabelle 35: Kategoriensystem zur Kodierung von Paralleltransaktionen (Quelle: Eigene Darstellung nach Angerer, 2003, S. 203)

Paralleltransaktionen können sich auf einer Ebene oder über mehrere Ebenen abspielen. Wird beispielsweise auf das Erwachsenen-Ich mit dem Erwachsenen-Ich geantwortet, wird dies als eine **Paralleltransaktion auf einer Ebene** kategorisiert.

Wird auf eine Aktion aus der Eltern-Ich-Ebene aus der Kinder-Ich-Ebene geantwortet (oder umgekehrt), entspricht dies einer **Paralleltransaktion über mehrere Ebenen**. Dies gilt unabhängig davon, ob es sich um positive oder negative Ich-Zustände handelt.

Kategorie		Indikatoren		Regel
Überkreuztransaktionen	positiv	auf RET folgt kEL+ auf VER folgt fEL+ auf ER und ERR folgt fEL+ auf ER und ERR folgt kEL+ auf ER und ERR folgt fKI+ auf ER und ERR folgt aKI+ auf ER und ERR folgt rKI+	auf fKI- folgt aKI+ auf fKI- folgt rKI+ auf OPF folgt fKI+ auf OPF folgt rKI+ auf rKI- folgt fKI+ auf rKI- folgt aKI+	Wenn ein positiver Zustand einer Ebene einem negativen Zustand der gleichen Ebene oder der Erwachsenen-Ebene folgt
	negativ	auf fEL+ folgt VER auf kEL+ folgt RET auf ER und ERR folgt RET auf ER und ERR folgt VER auf ER und ERR folgt fKI- auf ER und ERR folgt OPF auf ER und ERR folgt rKI-	auf fKI+ folgt OPF auf fKI+ folgt rKI- auf aKI+ folgt fKI- auf aKI+ folgt rKI- auf rKI+ folgt fKI+ auf rKI+ folgt OPF	Wenn ein negativer Zustand einer Ebene einem positiven Zustand der gleichen Ebene oder der Erwachsenen-Ebene folgt
ER- Überkreuz-transaktionen	negativ	auf fEL+ folgt ER auf KEL+ folgt ER auf fKI+ folgt ER	auf aKI+ folgt ER auf rKI+ folgt ER	Immer wenn ER einem positiven Zustand der Eltern- oder Kind-Ebene folgt
	positiv	auf RET folgt ER auf VER folgt ER auf fKI- folgt ER	auf OPF folgt ER auf rKI- folgt ER auf ERR folgt ER	Immer wenn ER einem negativen Zustand folgt
Redefinitionstransaktionen	negativ	Immer wenn ERR folgt		**Tangentialtransaktionen:** In der Antwort auf eine Frage wird ein anderes Thema oder unterschiedliche Aspekte desselben Themas angesprochen. **Blockierende Transaktionen:** Statt mit einer direkten Antwort oder Reaktion, wird „irgendein" Inhalt der Frage in Frage gestellt oder einfach nicht reagiert.

Tabelle 36: Kategoriensystem zur Kodierung von Überkreuztransaktionen (Quelle: Eigene Darstellung nach Angerer, 2003, S. 203)

Tabelle 36 zeigt alle möglichen Formen von Überkreuztransaktionen. Im Folgenden werden einige bemerkenswerte Formen der Transaktionen, deren Kodierung ausführlicher erklärt werden soll, näher vorgestellt.

Wird auf eine negative Verhaltensweise oder auf der Erwachsenen-Ich-Ebene aus einem positiven Ich-Zustand der Kinder- oder Eltern-Ebene geantwortet, wird dies als **positive Überkreuztransaktion** kategorisiert.

Ausnahmen:
Fall 1: Auf eine negative Aktion der Eltern-Ebene wird aus einem positiven Zustand der Kind-Ebene reagiert.

Fall 2: Auf eine negative Aktion der Kind-Ebene wird aus einem positiven Zustand der Eltern-Ebene reagiert.

Diese beiden Fälle werden als positive Paralleltransaktionen über mehrere Ebenen kategorisiert. Nach Absprache mit Transaktionsanalytikern wurde definiert, dass, wenn durch fürsorgliches Elternverhalten auf negatives Kind-Verhalten reagiert wird oder umgekehrt, positives Kind-Verhalten als Reaktion auf kritisierendes Eltern-Verhalten gezeigt wird, dies keinen Abbruch des flüssigen Gesprächsverlaufs bewirkt, sondern in gewisser Weise natürlich ist.

Wird umgekehrt allerdings auf eine positive Verhaltensweise der Erwachsenen-, Kind- oder Eltern-Ebene aus einem negativen Ich-Zustand der Kind- oder Eltern-Ebene geantwortet, wird dies jedoch in jedem Fall als **negative Überkreuztransaktion** kategorisiert, da durch dieses Verhalten dem Gegenüber in Gesprächen immer in gewisser Weise „vor den Kopf gestoßen" wird.

Weitere **Spezialfälle der positiven und negativen Überkreuztransaktionen (ERxneg und ERxpos)** stellen Fälle dar, bei denen aus dem Erwachsenen-Ich-Zustand, also rational analytisch, auf entweder positive oder negative (eher emotionale) Verhaltensweisen reagiert wird. Man könnte dieses Vorgehen auch einfach als positive Überkreuzreaktion kodieren. Da aber vermutet wird, dass eine emotionslose, rationale Reaktion auf eine negative Aktion (beispielsweise Kritik) andere Emotionen/Gefühle beim Gegenüber auslöst, als wenn positiv emotional geantwortet wird (beispielsweise mit einem Scherz), findet eine differenzierte Kodierung statt.

Ein weiterer Sonderfall der Überkreuztransaktionen sind Reaktionen aus dem negativen Erwachsenen-Ich-Zustand, bei dem das Gegenüber meist inhaltlich blockiert wird. Hierbei wird von **Redefinitionstransaktionen** gesprochen.

Power Plays	**negativ**	**Dem anderen den Faden abschneiden:** Zeigt sich durch gleichzeitiges Reden und dadurch, dass dem Interaktionspartner ins Wort gefallen und weitergeredet wird, ohne sich dafür zu entschuldigen; dabei wird häufig ein neuer Gedankengang verfolgt (VER); keine Unterbrechung ist z. B. ein zustimmendes oder zuhörendes „Ja“ **Den Gesprächspartner abwerten:** Dies zeigt sich z. B., indem keine Reaktion auf eine Aktion folgt. (ERR)
Strokes	**positiv**	Personen werden mit ihrem **Namen angesprochen** (fEL+) Personen werden freundlich **angelächelt** (fEL+) Es wird gemeinsam **gescherzt und gelacht** (fKI+)
	negativ	Personen werden direkt für das, was sie sind oder für das, wofür sie stehen oder ihre Aussagen abwertend **kritisiert.** (VER)

Tabelle 37: Kategoriensystem zur Kodierung von Power Plays und Strokes (Quelle: Eigene Darstellung nach Angerer, 2003, S. 203)

Während *Strokes* eine Art Belohnungs- bzw. Bestrafungswährung darstellen, können *Power Plays* als Machtspiel beschrieben werden, womit dem Gegenüber die eigene (erhabene, mächtigere) Stellung im Gespräch gezeigt wird (Tabelle 37).

Auch die Messung bzw. Quantifizierung der kodierten Transaktionsarten geschieht gemäß der *„Lag Sequential Analysis“* (vgl. Faraone; Dorfman, 1987, S. 312ff). Der letzte gezeigte Ich-Zustand einer Person in deren Äußerung und der erste funktionale Ich-Zustand des antwortenden Gesprächspartners innerhalb dessen Äußerung bilden das Intervall, das die betreffende Transaktion definiert.

Um ein besseres Verständnis zu erzeugen, visualisiert Abbildung 59 eine Auswahl der **Paralleltransaktionen** über eine oder mehrere Ebenen. Jeder Doppelpfeil stellt dabei eine Transaktion dar. Wird der Doppelpfeil zwischen

Retter-Verhalten und Opfer-Verhalten interpretiert, zeigt dieser, dass der erste Gesprächsteilnehmer beispielsweise überfürsorgliches Verhalten zeigt, auf das der zweite Gesprächsteilnehmer mit einer Opfer-Verhaltensweise antwortet. Rot bedeutet, dass bezüglich dieser speziellen Paralleltransaktion eine negative Wirkung für das Gespräch erwartet wird. An welchen Ich-Zustand eine Transaktion ursprünglich gerichtet wurde, wird in diesem Modell nicht ersichtlich. Es wird also nur real beobachtbares Verhalten visualisiert, aber keine dahinterliegenden Absichten, die nur durch Befragung erschlossen werden könnten.

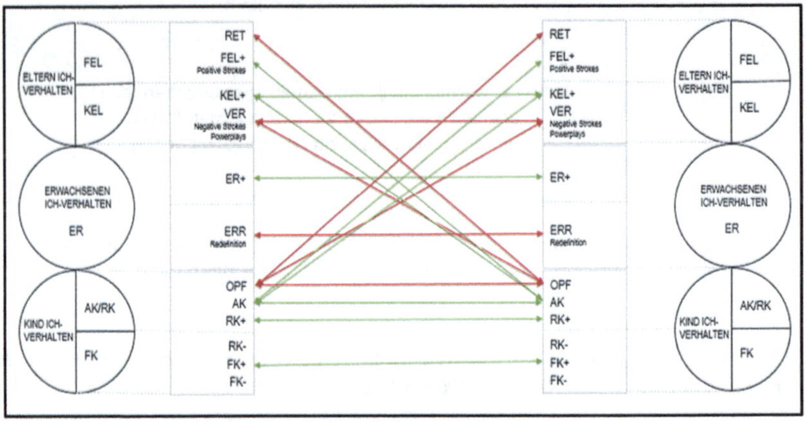

Positiv wirkende Paralleltransaktionen
Negativ wirkende Paralleltransaktionen

Abbildung 59: Auswahl von Wirkungen von Paralleltransaktionen auf das Gesprächsklima (Quelle: Eigene Darstellung)

Abbildung 60 veranschaulicht Beispiele von **Überkreuztransaktionen** und deren erwartete Wirkung auf Gespräche.

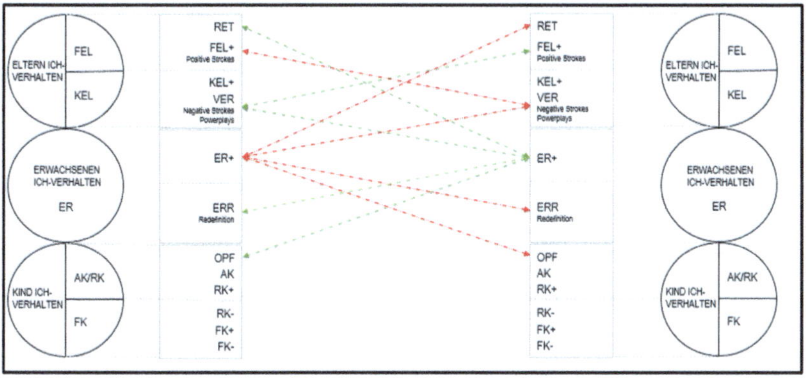

Positiv wirkende Überkreuztransaktionen
Negativ wirkende Überkreuztransaktionen

Abbildung 60: Auswahl von Wirkungen von Überkreuztransaktionen auf das Gesprächsklima (Quelle: Eigene Darstellung)

4.2.3.3. Grundeinstellungsmuster der Verkäufer und Kunden

Neben der Beobachtung der Verhaltensweisen und den darauf basierenden Ableitungen der Transaktionsmuster wird in der vorliegenden Untersuchung auch die Grundeinstellung nach einem transaktionsanalytischen Verständnis mit in die Betrachtung aufgenommen. Auf Grundlage einer konsequent dyadischen Forschungsperspektive wird die Grundeinstellung beider Interakteure durch Befragung „gemessen".

Die Erhebung der Grundeinstellung des Kundenkontaktpersonals geschieht durch Items zur Messung der Grundeinstellung von Verkäufern nach Rüttinger und Kruppa (2001, S. 257ff), die durch Angerer (vgl. 2003, S. 202) moderat verändert wurden (Tabelle 38).

Für die Multi-Item-Messung wird eine fünfstufige Rating-Skala genutzt. Extrempunkte sind 1 = *Trifft voll und ganz zu*" und „5 = *Trifft überhaupt nicht zu*".

Grundeinstellung	Items/Indikatoren
-/- negatives Selbstbild, negatives Fremdbild	• Wenn der Kunde das Produkt gebrauchen kann, wird er es kaufen, wenn nicht, da kann man nicht viel machen. Ich liefere ihm einige Informationen und dann ist er an der Reihe. • Was soll ich dem Kunden über Anwendungsbereiche unserer Produkte erzählen, wenn er selbst nicht weiß, was er braucht. • Die Feilscherei um den Preis macht mich noch ganz kaputt, aber was will man machen, meine Gesprächspartner stehen genauso unter Druck wie ich. • In unserer Branche kann man hinschauen, wo man will, überall wird mit denselben faulen Tricks gearbeitet.
+/- positives Selbstbild, negatives Fremdbild	• Mit welchen Amateuren man es manchmal bei Kunden zu tun hat, ist kaum zu glauben. • Die meisten Reklamationen sind doch nur fauler Zauber, um Nachlässe herauszuschinden. • Wenn der Kunde alles für bare Münze nimmt, was ich sage, dann ist das seine Schuld. Schließlich sind wir hier nicht in der Märchenstunde, sondern ich will Geschäfte machen.
-/+ negatives Selbstbild, positives Fremdbild	• Wenn der Kunde wieder mit Liefertermin-Überschreitungen anfängt, was soll ich ihm dazu sagen – er hat ja recht. • Wie man von Kunden manchmal behandelt wird – aber vielleicht habe ich auch manchmal ein zu unsicheres Auftreten und fordere das geradezu heraus.
+/+ positives Selbstbild, positives Fremdbild	• Im Endeffekt kann ich auch in Fällen, wo etwas daneben gegangen ist, mit jedem Kunden reden. Ich habe noch keinen getroffen, wo mir das nicht möglich gewesen wäre. • Natürlich versuchen die Kunden, den Preis zu drücken, aber dafür bin ich ja auch Verkäufer und kein Verwaltungsangestellter geworden. • Für mich ist das Wichtigste ein guter Kontakt zum Kunden. • Wenn ich mir die Kunden ansehe, mit denen ich es zu tun habe, bin ich zufrieden und glaube, sie sind es auch mit mir.

Tabelle 38: Grundeinstellungen der Vertriebsmitarbeiter (Quelle: Angerer, 2003, S. 203 nach Rüttinger und Kruppa, 2001, S. 257ff)

Die Erhebung der Grundeinstellung der Kunden erfolgt durch Items nach Rüttinger und Kruppa (2001, S. 257ff), die ebenfalls durch Angerer (vgl. 2003, S. 203) moderat verändert wurden (Tabelle 39).

Für die Multi-Item-Messung wird eine fünfstufige Rating-Skala genutzt. Extrempunkte sind 1 = *Trifft voll und ganz zu*" und „5 = *Trifft überhaupt nicht zu*".

Grund-einstellung	Items/Indikatoren
-/- negatives Selbstbild, negatives Fremdbild	• Wenn der Verkäufer ein Produkt verkaufen möchte, wird er es verkaufen, wenn nicht, da kann man nicht viel machen. Ich liefere ihm einige Informationen und dann ist er an der Reihe. • Was soll ich dem Verkäufer über meine Wünsche und Bedürfnisse erzählen, wenn er selbst nicht weiß, was das Produkt leisten kann. • Die Feilscherei um den Preis macht mich noch ganz kaputt, aber was will man machen, meine Gesprächspartner stehen genauso unter Druck wie ich. • Heutzutage kann man hinschauen, wo man will, überall wird mit denselben faulen Tricks gearbeitet.
+/- positives Selbstbild, negatives Fremdbild	• Mit welchen Amateuren man es manchmal bei Verkäufern zu tun hat, ist kaum zu glauben. • Die meisten Garantien und Beschwerdemöglichkeiten sind doch nur fauler Zauber, um Kunden zu fangen. • Wenn der Verkäufer alles für bare Münze nimmt, was ich sage, dann ist das seine Schuld. Schließlich sind wir hier nicht in der Märchenstunde, sondern ich will Geschäfte machen.
-/+ negatives Selbstbild, positives Fremdbild	• Wenn der Verkäufer meine Einwände entkräftet, was soll ich ihm dazu sagen – er hat ja recht. • Wie man von Verkäufern manchmal behandelt wird – aber vielleicht habe ich auch manchmal ein zu unsicheres Auftreten und fordere das geradezu heraus.
+/+ positives Selbstbild, positives Fremdbild	• Im Endeffekt kann ich auch in Fällen, wo etwas daneben gegangen ist, mit jedem Verkäufer reden. Ich habe noch keinen getroffen, wo mir das nicht möglich gewesen wäre. • Natürlich versuchen die Verkäufer den Preis hochzuhalten, aber deswegen bin ich auch ein Kunde, der sich bei vielen Unternehmen informiert. • Für mich ist das Wichtigste ein guter Kontakt zum Verkäufer. • Wenn ich mir die Verkäufer ansehe, mit denen ich es zu tun habe, bin ich zufrieden und glaube, sie sind es auch mit mir.

Tabelle 39: Kunden-Grundeinstellungen (Quelle: Angerer, 2003, S. 204 nach Rüttinger und Kruppa, 2001, S. 257ff)

4.2.4. Operationalisierung und Messung nicht-transaktionsanalytischer Faktoren: Intrapsychische Faktoren

4.2.4.1. Persönlichkeitsmerkmale (Big Five)

Neben der Grundeinstellung werden bezüglich der Verkäuferpersönlichkeit die *Big Five*, ein Multi-Item-Test nach Rammstedt et al. (vgl. 2012, S. 30) mit

folgenden zehn Items durch den Vertriebsmitarbeiter und durch den Kunden beantwortet (Tabelle 40).
Extrempunkte sind „1 = *Trifft voll und ganz zu*" und „5 = *Trifft überhaupt nicht zu*".

Jede der Dimensionen der *Big Five* wird durch ein positiv und ein negativ gepoltes Item erfasst.

Faktor	Bipolare Definition
Extraversion	Gesprächig, energiegeladen und durchsetzungsfähig versus ruhig, zurückhaltend und schüchtern
Verträglichkeit	Mitfühlend, freundlich und herzlich versus kalt, streitsüchtig und unbarmherzig
Gewissenhaftigkeit	Organisiert, verantwortungsbewusst und vorsichtig versus sorglos, leichtsinnig und verantwortungslos
Neurotizismus	Stabil, ruhig und zufrieden versus ängstlich, instabil und launisch
Offenheit für Erfahrungen	Kreativ, intellektuell und offen versus einfach, oberflächlich und unintelligent

Tabelle 40: Persönlichkeit: Big Five (Quelle: Rammstedt et al., 2012, S. 30)

4.2.4.2. Kompetenzen

4.2.4.2.1. Persönlichkeitskompetenz

Die Erhebung der Persönlichkeitskompetenz der Verkäufer erfolgt durch Items nach Homburg et al. (vgl. 2016, S. 169) (Tabelle 41). Für die Multi-Item-Messung wird eine fünfstufige Rating-Skala genutzt. Extrempunkte sind „1 = *Trifft voll und ganz zu*" und „5 = *Trifft überhaupt nicht zu*".

Kontakt-freudigkeit	Ich empfinde Kundenkontakt als angenehm.
	Ich gehe von selbst auf Kunden zu.
	Ich arbeite gerne im Kundenkontakt.
	Ich fühle sich bei der Interaktion mit Kunden wohl.
Optimismus	Ich verliere auch in schwierigen Situationen nicht den Mut.
	Ich verarbeite negative Situationen mit Kunden schnell.
	Ich gehe neue Kunden ohne Angst an.
	Ich engagiere mich auch für neue Produkte, mit denen noch wenig Erfahrung besteht.
	Ich bringe eigene Ideen und Vorschläge in das Kundengespräch mit ein.
Einfühlungs-vermögen	Ich orientiere mich beim Verkauf am Nutzen, den das Produkt für den Kunden hat.
	Ich kann mich in den Kunden hineinversetzen.
	Ich kenne den Kaufprozess aus Kundensicht.
	Ich kann die Perspektive des Kunden einnehmen.
Selbstwert-gefühl	Ich bin von meinen Fähigkeiten als Verkäufer überzeugt.
	Ich strahle Kompetenz aus.
	Ich fühle mich in der Lage, den Kunden sachgerecht beraten zu können.
	Ich bin sicher, den Anforderungen des Kunden gerecht zu werden.

Tabelle 41: Persönlichkeitskompetenz (Quelle: Eigene Darstellung nach Homburg et al., 2016, S. 169)

4.2.4.2.2. Fachkompetenz

Die Erhebung der Fachkompetenz der Verkäufer erfolgt durch Items nach Homburg et al. (vgl. 2016, S. 285f) (Tabelle 42). Für die Multi-Item-Messung wird eine sechsstufige Rating-Skala genutzt. Extrempunkte sind „1 = *Trifft voll und ganz zu*“, „5 = *Trifft überhaupt nicht zu*“ und „6 = *keine Beurteilung möglich*“.

Selbst-organisation	Ich setze klare Ziele und Prioritäten für die eigene Arbeit.
	Ich habe eine funktionierende Termin- und Routenplanung.
	Ich habe meinen Arbeitsplatz (Ablage, Wiedervorlage usw.) gut organisiert.
	Ich gehe effizient und effektiv mit E-Mails um.
Produkt-kenntnisse	Ich überschaue das Produktspektrum des Kunden.
	Ich kenne Merkmale und Leistungsfähigkeit der einzelnen Produkte.
	Ich bin in der Lage, aus einzelnen Produkten umfassende Problemlösungen für den Kunden zu bilden.
	Ich kenne mich auch mit Produkten des Wettbewerbs aus.
Kunden-kenntnisse	Ich weiß, wofür und wie der Kunde das Produkt nutzt.
	Ich kenne den Wertschöpfungsprozess des Kunden und durchschaue, welche Bedeutung die eigenen Produkte in diesem Prozess haben.
	Ich kenne die maßgeblichen Entscheidungsträger beim Kunden sowie ihre Entscheidungskriterien.
	Ich kenne die Märkte, auf denen der Kunde aktiv ist.
Markt-kenntnisse	Ich habe ein realistisches Bild von der Marktposition des eigenen Unternehmens.
	Ich bin über die Wettbewerbsaktivität gut informiert.
	Ich überblicke marktrelevante Tendenzen und Veränderungen (z. B. konjunktureller, technologischer und rechtlicher Art).
	Ich beobachte auch potenzielle Märkte sorgfältig.
Betriebswirtschaftliche Kenntnisse	Ich kenne die internen Kostenstrukturen des Unternehmens.
	Ich kann Kostenwirkungen meines Handelns abschätzen.
	Ich durchschaue die Kostenstrukturen meiner Kunden.
	Ich bin in der Lage, die Wirtschaftlichkeit von Leistungsangeboten für den Kunden zu bewerten (z. B. durch Kosten-/Nutzenrechnungen).
Verkaufsbezogene Prozesse	Ich kann meine Gesprächspartner bereits nach kurzer Zeit beurteilen und ihre Vorbehalte und Unsicherheiten erkennen und abbauen.
	Ich bin in der Lage, „Anfasser" beim Kunden zu erkennen und zu nutzen.
	Ich beherrsche Verhandlungstaktiken und Verkaufstechniken (Präsentationstechniken, rhetorische Methoden und Closing-Techniken).
	Ich bilde gedankliche Kategorien für erlebte Verkaufssituationen.
	Ich kann mein Wissen (z. B. über Kunden) in logischen Hierarchien organisieren.
	Ich sammle systematisch Informationen über frühere Verkaufssituationen.
	Ich nutze meine Erfahrungen durch einen Vergleich der aktuellen Verkaufssituation mit vergangenen Verkaufssituationen.

Tabelle 42: Fachkompetenz (Quelle: Homburg et al., 2016, S. 285f)

4.2.4.2.3. Sozialkompetenz

Die Erhebung der Sozialkompetenz der Verkäufer erfolgt durch Items nach Homburg et al. (vgl. 2016, S. 278) (Tabelle 43). Für die Multi-Item-Messung wird eine sechsstufige Rating-Skala genutzt. Extrempunkte sind „1 = *Trifft voll und ganz zu*" und „5 = *Trifft überhaupt nicht zu*".

Kommunikations- und Wahrnehmungsfähigkeit	Ich achte im Kundengespräch auf Einfachheit, Kürze und Prägnanz.
	Ich drücke mich auch bei komplexen Sachverhalten für den Kunden verständlich aus.
	Ich setze im Kundengespräch verschiedene Fragetypen gezielt ein.
	Ich wende im Kundengespräch die Methode des aktiven Zuhörens an.
	Ich achte darauf, dass die Körpersprache mit den verbalen Aussagen konsistent ist.
	Ich nehme die Signale der Körpersprache des Kunden wahr.
Freundlichkeit	Ich lasse den Kunden ausreden.
	Ich schaffe im Kundengespräch eine angenehme Atmosphäre.
	Ich spreche den Kunden häufig mit seinem Namen an.
	Ich bin auch freundlich zu Kunden, wenn diese unhöflich oder unfreundlich sind.
Flexibilität	Ich kann mich gut auf Veränderung einstellen.
	Ich kann mich gut auf unterschiedliche Kundentypen einstellen.
	Ich passe mein Verhalten gegenüber den Kunden an die derzeitige Qualität der Geschäftsbeziehung an.
	Ich passe mein Verhalten der Gesprächssituation an.
	Ich verstehe es als meine Aufgabe, individuelle Problemlösungen für den Kunden zu finden.
Teamfähigkeit	Ich bin kritikfähig.
	Ich habe *Commitment* der Gruppe gegenüber.
	Ich kann mich in eine Gruppe integrieren.
	Ich schätze es, Ideen innerhalb der Gruppe weiterzuentwickeln

Tabelle 43: Sozialkompetenz (Quelle: Homburg et al., 2016, S. 285f)

4.2.4.3. Art der Verhandlung und verschiedene Gesprächsszenarien

Um eine Beurteilung des Gesprächsklimas bzw. der Gesprächssituation zu erhalten, wird ein einfaches Single-Item genutzt:

„Wie kooperativ oder kompetitiv bewerten Sie das Gespräch?“

Für die Single-Item-Messung wird eine fünfstufige Rating-Skala genutzt. Extrempunkte sind „1 = *sehr kooperativ*“, „5 = *sehr kompetitiv*“ und dem Mittelwert „*3 = normal*“.

Die Gespräche werden nach Rücksprache mit diversen Verkaufsleitern und Trainern in drei Szenarien aufgeteilt, die nach Meinung der Experten die drei relevantesten Verkaufsszenarien der Branche darstellen: (1) Erst-/Kennenlerngespräche, (2) Tarifverhandlungen und (3) Problem-/Beschwerdegespräche.

Bei den **(1) Erstgesprächen** handelt es sich um ein erstes *Face-to-Face-Meeting* der Gesprächspartner, um erste Schritte in Richtung einer möglichen neuentstehenden Geschäftsbeziehung zu gehen. Beim Szenario der **(2) jährlichen Preiserhöhung** soll der Verkäufer mit dem Kunden eine anstehende fünfprozentige Tarifanpassung besprechen und bestmöglich umsetzen. Beim Szenario des **(3) Problem- bzw. Beschwerdegesprächs** werden Verkäufer durch Bestandskunden eingeladen, um anhaltende Rechnungsprobleme und/ oder operationelle Herausforderungen anzusprechen sowie eine Lösung einzufordern.

4.2.5. Operationalisierung und Messung des Erfolgs

4.2.5.1. Globalzufriedenheit

Angelehnt an eine aus dem Dienstleistungsmarketing stammende Systematisierung wird in der zugrundeliegenden Untersuchung eine Differenzierung verschiedener Ansatzpunkte zur Messung der Kundenzufriedenheit berücksichtigt (vgl. Stauss; Seidel, 2001, S. 130). Im Dienstleistungsmarketing werden Dienstleistungstransaktionen, Dienstleistungsepisoden, Dienstleistungskontakt(punkt)e sowie Dienstleistungsbeziehungen differenziert. Dienstleistungstransaktionen stellen „[...] eine spezifische und vollständige Dienstleistungsnutzung aus Kundensicht mit fixierbarem Beginn und Ende dar“

(Stauss; Seidel, 2001, S. 130) (z. B. Restaurantbesuch, Flugreise, Hotelaufenthalt). Sequenzielle Teilprozesse im Kontext zu Dienstleistungstransaktionen werden Dienstleistungsepisoden genannt (u. a. Hotelankunft, vom Einchecken bis zum Auschecken). Während dieser Dienstleistungsepisoden, die für gewöhnlich nicht als für sich stehende Dienstleistungen empfunden werden, können darüber hinaus Dienstleistungskontakte (bzw. bezüglich lokaler Orte: Dienstleistungskontaktpunkte) als kleinere bzw. niedrigste Betrachtungsebene differenziert werden. So können beispielsweise zur Dienstleistungsepisode „Ankunft im Hotel“ folgende Dienstleistungskontakte gezählt werden: „Suche nach Orientierungshinweisen, Einfahrt und Aufenthalt in der Parkgarage und Weg zur Rezeption“ (Angerer, 2003, S. 205).

Allerdings muss über die Dienstleistungstransaktionen hinaus noch berücksichtigt werden, dass diese von Menschen oft nicht völlig isoliert erfahren werden. Sie stehen im Kontext zu früheren Erlebnissen mit ähnlichen Transaktionen. Es lässt sich also folgern, dass zur Erfassung der Kundenzufriedenheit die Transaktionsebene erfasst, darüber hinaus auch die Beziehungsebene berücksichtigt werden muss (vgl. Stauss; Seidel, 2001, S. 130f). Damit lassen sich verschiedene Zufriedenheitsarten unterscheiden: Transaktionszufriedenheit, Episodenzufriedenheit, Kontaktpunktzufriedenheit und Beziehungszufriedenheit (vgl. Stauss; Seidel, 2001, S. 134). Von diesen insgesamt vier Zufriedenheitsarten werden in der vorliegenden Arbeit die Transaktionszufriedenheit, die Kontaktzufriedenheit und die allgemeine Episodenzufriedenheit bezüglich der Verkaufsgespräche untersucht.

Während die Kontaktzufriedenheit in Zusammenhang mit dem Gesprächspartner anhand der empfundenen Verkäuferkompetenzen und der allgemeinen Episodenzufriedenheit bezogen auf die allgemeine Zufriedenheit mit dem Gespräch durch einfache Single-Items formuliert werden kann, lässt sich dies für das transaktionsanalytisch fundierte Konstrukt der Transaktionszufriedenheit nicht einfach umsetzen. In einer umfassenden Literaturrecherche hat Angerer (vgl. 2003, S. 206) die aus validierten Messungen stammenden Indikatoren gesucht, um erste Ansatzpunkte zur Operationalisierung eines Konstrukts für die Transaktionszufriedenheit zu erhalten. Neben Items, die anhand transaktionsanalytischer Literatur formuliert werden konnten, wurden die aus diesem Vorgehen ermittelten Indikatoren gemeinsam mit Transaktionsanalytikern in *Pre-Tests* auf deren Inhaltsvalidität überprüft und wenn notwendig angepasst oder erweitert (vgl. Angerer, 2003, S. 206).

In Tabelle 44 werden die Indikatoren, die der Messung des Konstrukts der Transaktionszufriedenheit dienen und in der Untersuchung verwendet werden, dargestellt.

Verkäuferverhalten: Der Verkäufer ...	Gesprächsverlauf
... beachtet meine Bedürfnisse und Wünsche	*Abwechslung im Gespräch*
... beantwortet meine Fragen	*Gesprächsklima*
... geht auf meine Fragen ein	*Glatter Verlauf des Gesprächs*
... hat ein offenes Ohr für meine Wünsche	*Interessantheit im Gespräch*
... hat Verständnis für meine Bedürfnisse und Wünsche	*Lebendigkeit im Gespräch*
... interessiert sich für meine Probleme und Anliegen	*Missverständnisse im Gespräch*
... ist aufmerksam	*Objektivität der Beratung*
... ist aufrichtig	*Objektivität der gegebenen Informationen*
... ist ehrlich	*Problemlose Verständigung*
... ist freundlich	*Sprunghaftigkeit des Gesprächs*
... ist fürsorglich	*Stockungen im Gespräch*
... ist gelassen	*Störungen im Gespräch*
... ist hilfreich	
... ist höflich	
... ist motiviert	
... ist nicht arrogant	
... ist nicht herablassend	
... ist nicht überheblich	
... ist nicht übertrieben unterwürfig	
... ist offen	
... ist problemlösungsorientiert	
... ist respektvoll	
... ist sensibel	
... nimmt meine Wünsche ernst	
... übt keinen Druck aus, damit ich kaufe	
... versucht nicht zu manipulieren	
... versucht nicht, das Gespräch zu dominieren	
... versucht, die Kundenperspektive einzunehmen	
... versucht, durch Informationen zu überzeugen	
... versucht, meine Bedürfnisse herauszufinden	
... versucht, sich in meine Position zu versetzen	
... weiß, was mir wichtig ist	

Tabelle 44: Indikatoren zur Messung der Transaktionszufriedenheit (Quelle: Angerer, 2003, S. 207)

Die Messung der Episodenzufriedenheit erfolgt durch folgendes Single-Item:

> *„Wie zufrieden sind Sie mit dem Gespräch im Großen und Ganzen?“*

Die Messung der Kontaktzufriedenheit erfolgt durch die vom Kunden empfundenen Verkäuferkompetenzen, die sich an den von Homburg et al. (vgl. 2016, S. 265) postulierten „Voraussetzungen“ für erfolgreiche Verkäufer orientieren.

„Dauerhafter Erfolg im Vertrieb ist weniger eine Frage von speziellen Verkaufstechniken, sondern hängt im Wesentlichen von drei Aspekten ab (Homburg et al., 2016, S. 265):

- Persönlichkeitsmerkmale [...]
- Sozialkompetenz [...] und
- Fachkompetenz [...]“

Sie werden durch folgende Single-Items gemessen:

- *„Wie zufrieden sind Sie mit der Art und Weise/dem grundsätzlichen Wesen/dem Charakter Ihres Gesprächspartners im Großen und Ganzen?“*
- *„Wie zufrieden sind Sie mit der sozialen Kompetenz Ihres Gesprächspartners?“*
- *„Wie zufrieden sind Sie mit der fachlichen Kompetenz Ihres Gesprächspartners?“*

Um die Zufriedenheit zu messen, wurde auf die von Gierl und Bartikowski (vgl. 2002, S. 49ff) entwickelte Skala zurückgegriffen, die der Identifikation zufriedener, indifferenter und unzufriedener Kunden dient. Die Bewertung erfolgt anhand einer fünfstufigen Rating-Skala mit den Extrempunkten „Überhaupt nicht zufrieden“ (5) und „Sehr zufrieden“ (1).

4.2.5.2. Markterfolg und wirtschaftlicher Erfolg

Unternehmenserfolg lässt sich als wirtschaftlicher Erfolg oder Markterfolg operationalisieren (vgl. Homburg; Stock, 2001, S. 377ff). Die Größen, um wirtschaftlichen Erfolg und Markterfolg in der vorliegenden Arbeit, die in der Logistikbranche stattgefunden hat, zu messen, wurde auf Grundlage von

Experteninterviews formuliert und diskutiert. Als Experten fungierten die Verkaufsgebietsleiter der einzelnen Verkäufer und der Bereichsleiter des Vertriebs für Süddeutschland.

Im Bereich des Markterfolgs werden in der vorliegenden Arbeit die Anzahl der Verkaufsabschlüsse, der „reporteten" Verkäufe im laufenden CRM-Programm genutzt. Diese Abschlüsse sind verkäuferspezifisch.

Neben der Anzahl und Höhe der Abschlüsse (Dollar) wird aber hauptsächlich die Qualität der Abschlüsse eine Rolle spielen. Die Qualität wird über eine sogenannte *Activation/Validation* des „reporteten" Abschlusses betrachtet und gemessen. Diese drückt prozentual aus, in welcher Höhe der genannte Abschluss in einem definierten Zeitraum wirklich auf den Rechnungen monetär realisiert wurde. Dies wird als wirtschaftlicher Erfolg bezeichnet.

In der zugrundeliegenden Analyse werden weder Schätzungen bezüglich des Markterfolgs noch des wirtschaftlichen Erfolgs für die weitere Untersuchung genutzt, sondern nur tatsächlich beobachtete Erfolgsgrößen aus dem Unternehmen verwendet. Dies geschieht über eine Betrachtungsepisode von sechs Monaten im Zeitraum vom 01. 05. 2020 und dem 01. 11. 2020.

4.3. Untersuchungsergebnisse

4.3.1. Überblick

In diesem Abschnitt werden die Ergebnisse vorgestellt, die aus der durchgeführten Untersuchung erarbeitet wurden.

In **Kapitel 4.3.2** wird zunächst die **Struktur der Stichproben** erläutert.

In **Kapitel 4.3.3** wird darauf folgend eine **deskriptive Auswertung der Muster in Verhandlungen** vorgenommen.

4.3.2. Struktur der Stichproben

Im Rahmen der Untersuchung wurden 36 Verkaufsgespräche mit 13 Verkäufern aufgezeichnet. Aufgrund der Covid-19-Situation während des Untersuchungszeitraums Mitte 2020 wurde entschieden, die Gespräche über Videokonferenzen aufzuzeichnen, um realitätsnahe Verkaufssituationen zu gestalten und realistische Daten zu erhalten. Zehn der Verkäufer führten jeweils drei Gespräche, drei weitere Verkäufer führten jeweils zwei Gespräche. Die aufgezeichneten Kundengespräche dauerten im Schnitt 15,79 Minuten (Standardabweichung: 4,81, Minimum/Maximum: 4,97/26,75, Spannweite: 21,78).

Die Rolle der Kunden wurde in Rollenspielen durch sechs hauptberufliche Sales- und Managementtrainer, einen Verkaufsleiter und drei Vertriebsmitarbeiter übernommen. Von diesen, im weiteren Verlauf nur noch als Kunden bezeichneten Personen, waren drei weiblich (30 %) und sieben männlich (70 %). Die Verkaufsmannschaft besteht aus elf Verkäufern (84,6 %) und zwei Verkäuferinnen (15,4 %).

Die 36 Gespräche wurden nach Rücksprache mit diversen Verkaufsleitern und Trainern in drei Szenarien aus jeweils zwölf Gesprächen aufgeteilt, die nach Meinung der Experten die drei relevantesten Verkaufssituationen der Branche darstellen: (1) Erst-/Kennenlerngespräche, (2) Tarifverhandlungen und (3) Problem-/Beschwerdegespräche.

Bei den **(1) Erstgesprächen** (Dauer: 18,73 Minuten) handelt es sich um ein erstes *Face-to-Face-Meeting* der Gesprächspartner, um erste Schritte in Richtung einer möglichen neuentstehenden Geschäftsbeziehung zu gehen. Beim

Szenario der **(2) jährlichen Tarifverhandlung** (Dauer: 15,17 Minuten) soll der Verkäufer mit dem Kunden eine anstehende fünfprozentige Tarifanpassung besprechen. Beim Szenario des **(3) Problem- bzw. Beschwerdegesprächs** (Dauer: 12,23 Minuten) werden Verkäufer durch Bestandskunden eingeladen, um anhaltende Rechnungsprobleme und operationelle Herausforderungen anzusprechen sowie eine Lösung einzufordern.

Dabei wurde darauf geachtet, dass ein Verkäufer nicht mehr als einmal mit dem gleichen Gegenüber ein Gespräch führt.

Damit Muster in der Kunden-Verkäufer-Interaktion aufgezeigt werden können, erfolgt im nächsten Abschnitt eine deskriptive Auswertung der Untersuchungsdaten.

4.3.3. Deskriptive Auswertung der Muster in Verhandlungen

4.3.3.1. Methodische Aspekte

Interaktionsmuster zwischen Kunden und Verkäufer lassen sich entweder anhand von Beobachtungen oder Befragungen feststellen. Für die vorliegende Untersuchung wird ein gemischtes Vorgehen beider Möglichkeiten gewählt. Die Muster in den Transaktionen werden anhand von Beobachtungen und anschließender Kodierung ermittelt. Grundeinstellungsmuster werden durch Befragungen der Kunden und der Verkäufer ermittelt. Neben diesen transaktionsanalytischen Stilmitteln werden Persönlichkeitsaspekte (*Big Five*) und Verkäuferkompetenzen (Fach-, Sozial- und Persönlichkeitskompetenz) anhand von Fragebögen überprüft.

Die Überprüfung der Messgüte der in der Befragung erhobenen Daten geschieht durch etablierte Prüfkriterien, die in den jeweiligen Abschnitten genauer ausgeführt werden. Ebenso existieren Kriterien, um die Messgüte der Daten zu bewerten, die anhand von Beobachtungen ermittelt wurden. Bortz und Döring (vgl. 2002, S. 276) empfehlen dafür die leicht berechenbare Kennzahl der Beobachterübereinstimmung (p). Dafür wird die Summe der übereinstimmenden Kodierungen durch die Summe aller beobachteten Kodierungen dividiert.

Andere Autoren bezeichnen solche Kennzahlen als Inter-Rater-Reliabilität bzw. Intra-Rater-Reliabilität (vgl. Riskin; Faunce, 1997, S. 166). Von Intra-

Rater-Reliabilität wird gesprochen, wenn eine ursprüngliche Bewertung mit einer Neubewertung der gleichen Person verglichen wird. Bei einer Inter-Rater-Reliabilität wird eine Ursprungsbewertung einer Person mit einer Bewertung einer anderen Person verglichen. In der vorliegenden Untersuchung wurde aus forschungsökonomischen Gründen bzw. Überlegungen nur ein Teil der Gespräche wiederholt kodiert. Zu diesem Zweck wurden fünf Gespräche zufällig gezogen. Das Ergebnis der Überprüfung ist eine Intra-Rater-Reliabilität von p=0,92. Dieser Wert kann als sehr gute Übereinstimmung betrachtet werden. Jedes der 36 Gespräche wurde vor der eigentlichen Intra-Rater-Reliabilitäts-Überprüfung mindestens drei Mal hinsichtlich der Ich-Zustände kodiert bzw. überprüft und ein weiteres Mal bei der Kodierung der Transaktionen. Darüber hinaus wurden unklare Stellen markiert und anschließend mit ausgebildeten Transaktions-Coaches diskutiert. Im Anschluss erfolgte die Kontrolle der Kodierung anhand der fünf zufällig gewählten Gespräche.

Abbildung 61 zeigt einen Ausschnitt eines Gesprächs in *MAXQDA* inklusive der Visualisierung einzelner Kodierungen.

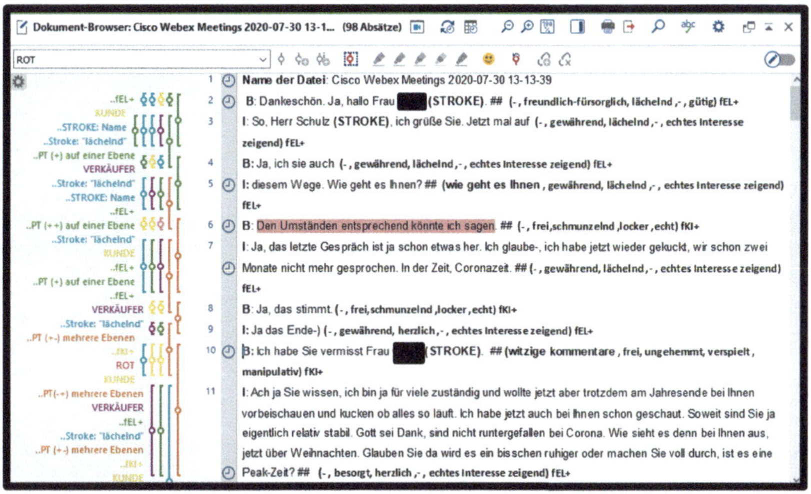

Abbildung 61: MAXQDA-Darstellung unterschiedlicher Kodierungen (Quelle: Eigene Darstellung aus MAXQDA)

4.3.3.2. Funktionale Ich-Zustände

4.3.3.2.1. Einleitende Überlegungen

Dieser Abschnitt gibt einen Überblick über die in den Verkaufsgesprächen beobachteten funktionalen Ich-Zustände.

Tabelle 45, Tabelle 46 und Tabelle 47 zeigen die kodierten funktionalen Ich-Zustände anhand ihres absoluten und prozentualen Anteils der zugeordneten Texteinheiten. Außerdem werden in den Tabellen die Mittelwerte der Ich-Zustände, differenziert nach Verkäufern und Kunden, aber auch für das gesamte Gespräch (Gesamtsystem) abgebildet. Darüber hinaus veranschaulicht die folgende deskriptiv-statistische Auswertung die jeweiligen Standardabweichungen, Minima und Maxima sowie die Spannweite der Anteile.

4.3.3.2.2. Eltern-Ebene

Im Folgenden wird auf die beobachteten Daten bezüglich des Eltern-Ich-Zustands (Tabelle 45) eingegangen.

	Funktionaler Ich-Zustand			Mittelwert	Max	Min	StAbw	Spannweite
Eltern-Ebene	fürsorgliches Eltern-Ich	Gesamt	absolut	11,75	32,00	3,00	6,83	29,00
			%	0,22	0,45	0,06	0,11	0,38
		Verkäufer	absolut	7,06	20,00	1,00	4,34	19,00
			%	0,13	0,29	0,02	0,07	0,27
		Kunde	absolut	4,69	12,00	0,00	3,16	12,00
			%	0,09	0,24	0,00	0,05	0,24
	Retter (negatives fürsorgliches Eltern-Ich)	Gesamt	absolut	0,03	1,00	0,00	0,17	1,00
			%	0,00	0,01	0,00	0,00	0,01
		Verkäufer	absolut	0,00	0,00	0,00	0,00	0,00
			%	0,00	0,00	0,00	0,00	0,00
		Kunde	absolut	0,03	1,00	0,00	0,17	1,00
			%	0,00	0,01	0,00	0,00	0,01
	kritisches Eltern-Ich	Gesamt	absolut	0,28	6,00	0,00	1,03	6,00
			%	0,00	0,10	0,00	0,02	0,10
		Verkäufer	absolut	0,06	1,00	0,00	0,23	1,00
			%	0,00	0,02	0,00	0,00	0,02
		Kunde	absolut	0,22	5,00	0,00	0,87	5,00
			%	0,00	0,09	0,00	0,01	0,09
	Verfolger (negatives kritisches Eltern-Ich)	Gesamt	absolut	3,11	19,00	0,00	4,30	19,00
			%	0,07	0,40	0,00	0,10	0,40
		Verkäufer	absolut	0,03	1,00	0,00	0,17	1,00
			%	0,00	0,02	0,00	0,00	0,02
		Kunde	absolut	3,00	19,00	0,00	4,25	19,00
			%	0,07	0,40	0,00	0,10	0,40

Tabelle 45: Beobachtete Daten: Eltern-Ebene (Quelle: Eigene Darstellung)

Den zweithöchsten Anteil weisen Haltungen auf, die fürsorglicher Natur sind. Der dafürstehende fürsorgliche Eltern-Ich-Zustand kann bei durchschnittlich 22 % der Verhaltensweisen in den Gesprächen identifiziert werden. Augenfällig ist hierbei die relativ hohe Spannweite, die durch die unterschiedlichen Szenarien erklärt werden kann. Der höchste Anteil beträgt 45 %, der niedrigste 6 %. Abbildung 62 zeigt einen Bildschirmausdruck (Screenshot) aus *MAXQDA* und aus einer Videokonferenz, die der Verhaltensweise des fürsorglichen Eltern-Ichs entspricht.

3 B: Hallo Herr [redacted] (STROKE), schön Sie zu sehen. Heute einmal über online, dieses Mal nicht persönlich, leider. Nächstes Mal klappt es vielleicht wieder. So, aber schön, dass Sie sich trotzdem die Zeit genommen haben. Wie geht es Ihnen denn? ## (-, warm, lächelnd, freundliches Zunicken, echtes Interesse zeigend) fEL+

Abbildung 62: Videoausschnitt und Mitschrift: Fürsorgliches Eltern-Ich inkl. Lächeln und Stroke (Name) (Quelle: Eigene Darstellung aus Webex Aufzeichnungen und MAXQDA)

Abbildung 63 zeigt ein alternatives Beispiel eines fürsorglichen Eltern-Verhaltens, das nicht aus der Begrüßungssequenz des Gesprächs stammt, sondern aus der Hauptsequenz, um dem Leser ein Gefühl für unterschiedliche Varianten der gezeigten Verhaltensweisen zu geben.

75 I: Absolut, ich stehe Ihnen jederzeit zur Verfügung, wenn sie sagen gibt es bestimmte Lanes wo man vielleicht irgendwie eine ... ## drehen könnte, müsste, sollte. Ich denke da kann man auf jeden Fall darüber reden. Und da findet man auch auf jeden Fall eine Lösung. ## (-, gewährend, gütig, -, unterstützend) fEL+

Abbildung 63: Alternative – fürsorgliches Eltern-Ich; I: Verkäufer (Quelle: Eigene Darstellung aus MAXQDA)

Ausdrucksqualitäten, die überfürsorglich oder durch unechte Gefälligkeiten zum Ausdruck kommen, und damit die negative Ausprägung des fürsorglichen Eltern-Ich-Zustands darstellen, wurden nur in einem Gespräch beobachtet und haben dementsprechend einen verschwindend geringen relativen Anteil. Abbildung 64 zeigt den genannten Ausschnitt, der dem sogenannten Retter-Zustand zugeordnet wird.

109 **B:** Aber-, also ich wäre jetzt eher mal so von zwei Prozent Preisnachlass-, und zwei Prozent sage ich jetzt auch nur, weil Sie mir-, weil ich jetzt nicht voll reinhauen will. Weil es ja eigentlich gut läuft. ## **(-, gewährend, gütig, -, unechte Gefälligkeit gebend) RET**

Abbildung 64: Retter-Ich; B: Kunde (Quelle: Eigene Darstellung aus MAXQDA)

Verhaltensweisen, welche dem positiven kritischen Eltern-Ich-Zustand zugeordnet werden können und durch gemeinsames Kritisieren von Gegebenheiten definiert sind, die nicht den Gesprächspartner betreffen, nehmen einen Anteil von durchschnittlich unter 0,5 % ein und sind dementsprechend sehr selten. Abbildung 65 zeigt ein Beispiel dieses Ich-Zustands.

34 **I:** Wir haben hier so einen Sendungs-Mix. Also es sind teilweise kleinere Pakete, was vielleicht prozentual der größere Anteil ist. Aber es kommt auch zu diesen größeren Abmaßen. Und dann war oftmals so die Aussage des Fahrers, ja, ich dachte, wir kriegen doch wieder 25 kleine Pakete. Nein, wir hatten doch angemeldet, groß, lang. Ja, das geht gerade nicht. Und das gab uns so ein bisschen das Gefühl, da wird so nach dem Zufallsprinzip disponiert. (lacht) Und nicht auftragsspezifisch. Und ja, das ist nicht so richtig effektiv und zudem haben wir dann gedacht, okay, dann wie wichtig sind wir denn euch tatsächlich als Kunde, wenn da so wenig Wertschätzung meinen Aufträgen entgegengebracht wird? Und deshalb, ja, kamen dann oftmals Fahrzeuge, die eigentlich schon so gut wie voll waren und die kleineren Pakete hätten da sicher draufgepasst. Nur das, was wir dann tatsächlich vor Ort hatten und zum Versand angemeldet haben, das passte dann einfach gar nicht mehr. ## **(negative Wertungen über dritte, zynisch, missbilligend, -, wertet negativ) kEL+**

35 **B:** Und Ladungssicherung ist ja dann auch fragwürdig. ## **(negative Wertungen über dritte , zynisch, missbilligend, -, wertet negativ) kEL+**

36 **I:** Absolut. ## **(-, zynisch, zusammengepresste Lippen, abwertende Handbewegung, wertet negativ) kEL+**

Abbildung 65: Positives kritisches Eltern-Ich; I: Kunde, B: Verkäufer (Quelle: Eigene Darstellung aus MAXQDA)

Die negative Version des kritischen Eltern-Ichs hingegen kommt im Schnitt in 7 % der Gespräche vor und stellt somit die dritthäufigste Verhaltensweise dar. Sie wird außer einer Ausnahme ausschließlich von Kundenseite ausgeübt. Dieser Zustand ist überwiegend im dritten Szenario zu finden, bei dem kundenseitig konkrete Probleme bzw. Herausforderungen an den Verkäufer herangetragen werden. In diesem Ich-Zustand wird der Gesprächspartner bzw. die Firma, die er repräsentiert, direkt und offen kritisiert (Abbildung 66). Aus diesem Grund wird dieser funktionale Zustand auch als Verfolger-Zustand bezeichnet. Er kommt häufig in Verbindung mit negativen *Strokes* vor.

24 **B:** War jetzt sehr lange **(STROKE-).** Es waren jetzt mehrere Punkte. Sie wollten irgendwie Ihren Herrn Beck da mit reinnehmen **(STROKE-).** Dann aber auch einen Ansprechpartner-. Also wir haben den Kontakt über Import@FedEx.com. Also da haben wir keinen fixen Ansprechpartner, sondern wir sehen immer, wer das-, auf dem Steuerbescheid, wer das da verzollt hat. Wir würden uns wünschen, dass wir einen direkten Ansprechpartner bekommen. Aber bei Ihrer Konzern(?putze) **(STROKE-)**, die Sie da ja haben, ist das ja heutzutage recht schwer. Früher hatten wir da immer einen. Dann war der mal weg. Dann war es das dabei auch. Da wurde uns kein Nachfolger genannt. Aber grundsätzlich glaube ich, ja, es ist zwingend notwendig, damit die Herrschaften da mal in-. Gefühlt, ich glaube, die arbeiten zu viel mit dem Zoll auch zusammen und haben sich ein bisschen was vom Beamtentum da abgeguckt **(STROKE-).** Da auch mal merken, dass eine Dringlichkeit da ist. Und-. ## **(- , tadelnd, missbilligend, -, schuldige suchend) VER**

Abbildung 66: Videoausschnitt und Mitschrift: Verfolger-Ich (Quelle: Eigene Darstellung aus Webex Aufzeichnungen und MAXQDA)

4.3.3.2.3. Erwachsenen-Ebene

Im weiteren Verlauf der vorliegenden Arbeit wird auf die beobachteten Daten bezüglich des Erwachsenen-Ich-Zustands (Tabelle 46) eingegangen.

Ebene	Funktionaler Ich-Zustand			Mittelwert	Max	Min	StAbw	Spannweite
Erwachsenen-Ebene	Erwachsenen-Ich	Gesamt	absolut	33,92	107,00	9,00	20,64	98,00
			%	0,58	0,81	0,33	0,13	0,48
		Verkäufer	absolut	17,69	50,00	4,00	9,70	46,00
			%	0,31	0,42	0,16	0,07	0,26
		Kunde	absolut	16,22	57,00	4,00	11,25	53,00
			%	0,27	0,43	0,10	0,08	0,32
	(negatives) Erwachsenen-Ich	Gesamt	absolut	0,11	1,00	0,00	0,32	1,00
			%	0,00	0,02	0,00	0,01	0,02
		Verkäufer	absolut	0,00	0,00	0,00	0,00	0,00
			%	0,00	0,00	0,00	0,00	0,00
		Kunde	absolut	0,11	1,00	0,00	0,32	1,00
			%	0,00	0,02	0,00	0,01	0,02

Tabelle 46: Beobachtete Daten: Erwachsenen-Ebene (Quelle: Eigene Darstellung)

Wie aus Tabelle 45 bis Tabelle 47 zu entnehmen ist, ist die am häufigsten vorkommende Verhaltensweise sachlicher, rationaler Natur und entspricht dem **Erwachsenen-Ich-Zustand**. Durchschnittlich 59 % der Texteinheiten der Gespräche entsprechen Ausdrucksqualitäten, die dem Erwachsenen-Ich (Abbildung 67) zugerechnet werden können. Obwohl die Spannweite, verglichen mit den übrigen Ich-Zuständen, groß ist, hat das Erwachsenen-Ich grundsätzlich in allen Gesprächen einen sehr hohen Anteil. Dies wird deutlich, wenn der niedrigste Anteil der in einem Gespräch vorkam, betrachtet wird, der immer noch bei 33 % der Äußerungen liegt.

25 I: Von der Sendungsart her, ist das dann eher in dem Paketbereich oder in dem Paletten-Bereich, wo Ihnen das dann aufgefallen ist, dass die Preise in Ihren Augen so angezogen haben? Also Sie sind ja eigentlich in Ihrem Bereich mehr so auf Pakete dann fixiert und genau, Sie hatten ja auch den Service, ja, Standard beziehungsweise auch ab und zu mal Express dann bei uns benutzt. Und hat sich jetzt von der Art der Sendung, Herr Schulz , hat sich da jetzt momentan etwas verändert, dass vielleicht Ihre Pakete beziehungsweise Ihre Sendung von der Gewichtung her kleiner sind. Also, dass Sie dann weg mehr von der Palette sind? ## (-, **sachlich, ruhig, offener ruhiger Blickkontakt, aufmerksam, Fragen Stellend) ER**

Abbildung 67: Erwachsenen-Ich; I: Verkäufer (Quelle: Eigene Darstellung aus MAXQDA)

Die **negative Version des Erwachsenen-Ichs**, die charakteristisch zwar frei von Emotionen gezeigt wird, aber einen blockierenden inhaltlichen (Abbildung 68) oder Gegenfragen stellenden Aspekt (Abbildung 69) aufweist, konnte in nur 0,3 % der Gespräche und ausschließlich auf Kundenseite beobachtet werden.

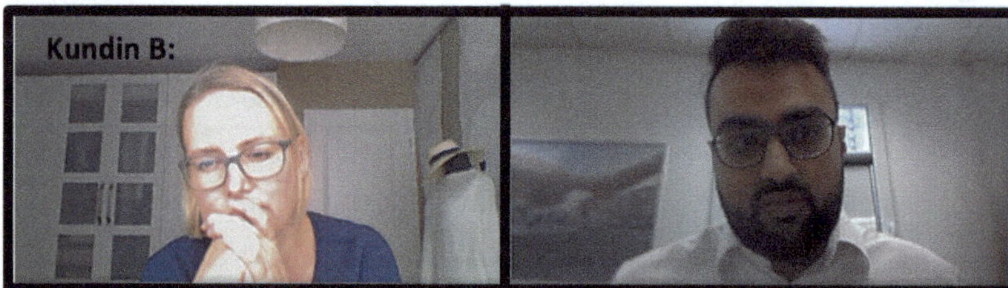

46 B: Ja. Also, ich werde mal mit den Kollegen sprechen, wie viel Zeit die im Moment aufbringen können. Also, bei uns geht es jetzt einfach auch schon wieder-. Na, wir müssen uns jetzt wieder bemühen, dass wir wieder auf die Beine kommen. Deswegen ist das gerade unser Fokus. Aber ich spreche gerne mit den Kollegen nochmal und schaue, dass wir uns da zusammensetzen können. ## **(-, zuweilen mühsam formuliert, nachdenklich, aufmerksam, nachdenklich) ERR**

Abbildung 68: Videoausschnitt und Mitschrift: Negativer blockierender Erwachsenen-Ich-Zustand (Quelle: Eigene Darstellung aus Webex Aufzeichnungen und MAXQDA)

Die folgende Abbildung 69 zeigt ein Beispiel des erwähnten Gegenfragen-stellenden und damit blockierenden Verhaltens.

12 B: Ich stelle direkt einmal eine Gegenfrage: Sie ist-, Sie haben gesagt, Sie haben da ein neues System. Seit wann haben Sie das? ## **(- , sachlich, aufmerksam,- , Gegenfrage stellend) ERR**

Abbildung 69: Negativer Gegenfragen-stellender Erwachsenen-Ich-Zustand; B: Kunde (Quelle: Eigene Darstellung aus MAXQDA)

4.3.3.2.4. Kind-Ebene

Im folgenden Abschnitt wird auf die beobachteten Daten bezüglich des Kind-Ich-Zustands (Tabelle 47) eingegangen.

Ebene	Funktionaler Ich-Zustand			Mittelwert	Max	Min	StAbw	Spannweite
Kind-Ebene	freies Kind-Ich	Gesamt	absolut	3,06	17,00	0,00	3,75	17,00
			%	0,05	0,18	0,00	0,05	0,18
		Verkäufer	absolut	1,72	8,00	0,00	1,91	8,00
			%	0,03	0,10	0,00	0,03	0,10
		Kunde	absolut	1,33	9,00	0,00	2,00	9,00
			%	0,02	0,09	0,00	0,02	0,09
	negatives freies Kind-Ich	Gesamt	absolut	0,19	3,00	0,00	0,71	3,00
			%	0,00	0,04	0,00	0,01	0,04
		Verkäufer	absolut	0,00	0,00	0,00	0,00	0,00
			%	0,00	0,00	0,00	0,00	0,00
		Kunde	absolut	0,20	3,00	0,00	0,71	3,00
			%	0,00	0,04	0,00	0,01	0,04
	angepasstes Kind-Ich	Gesamt	absolut	2,44	11,00	0,00	2,42	11,00
			%	0,05	0,24	0,00	0,06	0,24
		Verkäufer	absolut	2,17	11,00	0,00	2,36	11,00
			%	0,04	0,24	0,00	0,06	0,24
		Kunde	absolut	0,28	3,00	0,00	0,70	3,00
			%	0,00	0,04	0,00	0,01	0,04
	Opfer (negatives angepasstes Kind-Ich)	Gesamt	absolut	0,61	10,00	0,00	1,78	10,00
			%	0,01	0,15	0,00	0,03	0,15
		Verkäufer	absolut	0,33	10,00	0,00	1,67	10,00
			%	0,01	0,15	0,00	0,03	0,15
		Kunde	absolut	0,28	3,00	0,00	0,74	3,00
			%	0,01	0,07	0,00	0,02	0,07
	negatives rebellisches Kind-Ich	Gesamt	absolut	0,31	7,00	0,00	1,21	7,00
			%	0,01	0,16	0,00	0,03	0,16
		Verkäufer	absolut	0,00	0,00	0,00	0,00	0,00
			%	0,00	0,00	0,00	0,00	0,00
		Kunde	absolut	0,31	7,00	0,00	1,21	7,00
			%	0,01	0,16	0,00	0,03	0,16

Tabelle 47: Beobachtete Daten: Kind-Ebene (Quelle: Eigene Darstellung)

Mit einem Anteil von durchschnittlich 5 % der Verhaltensweisen kann das emotional und spontane **freie Kind-Ich,** wie beispielsweise in Abbildung 70 dargestellt, beobachtet werden. Eines der typischen Merkmale dieser positiv-emotionalen Verhaltensweisen sind witzige Kommentare und freies Lachen.

Abbildung 70: Videoausschnitt und Mitschrift: Positives freies Kind-Ich inkl. witzigen Kommentaren (Quelle: Eigene Darstellung aus Webex Aufzeichnungen und MAXQDA)

Die **negative Form des freien Kind-Ich-Zustands** kommt durchschnittlich nur in 0,25 % der Gespräche vor und ist oft durch emotionale freie, aber unangebrachte Ausbrüche, wie in Abbildung 71 dargestellt, identifizierbar.

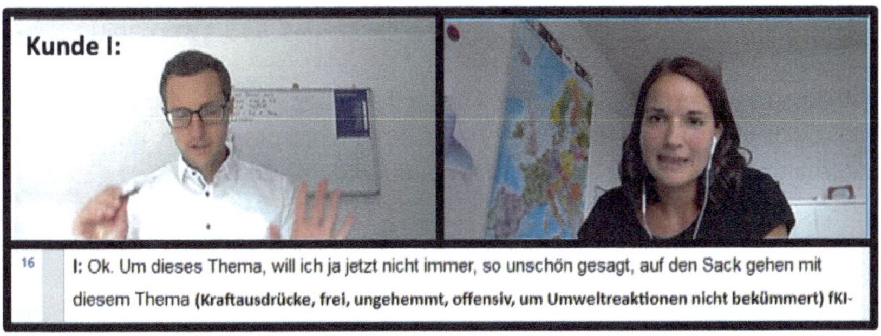

Abbildung 71: Videoausschnitt und Mitschrift: Negatives freies Kind-Ich (Quelle: Eigene Darstellung aus Webex Aufzeichnungen und MAXQDA)

Das **angepasste Kind-Ich** wird durchschnittlich in 4 % der Verhaltensweisen gezeigt und ist durch eine sehr angepasste Erwartungen-entsprechen-wollende Haltung, wie in Abbildung 72 dargestellt, zu erkennen.

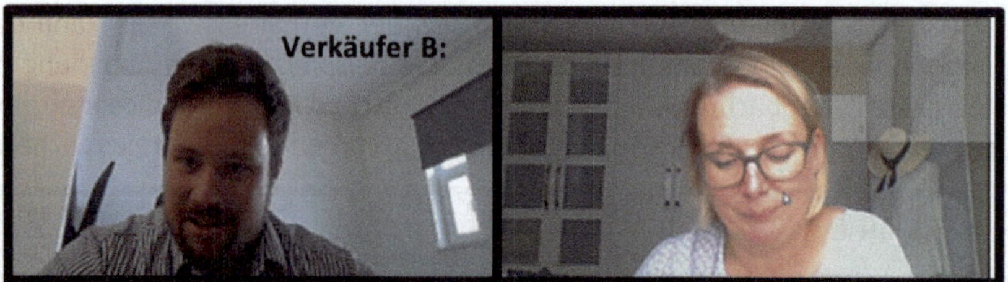

34 **B:** Ansonsten bedanke ich mich an dieser Stelle herzlich für das Gespräch, für Ihre Offenheit. Und ich werde dann, nachdem ich die Daten bekommen habe, nochmal auf Sie zukommen und das dann nochmal ansprechen. ## **(Danke, höflich, rücksichtsvoll, liebenswürdig, freundlich) aKI+**

Abbildung 72: Videoausschnitt und Mitschrift: Angepasstes Kind-Ich (Quelle: Eigene Darstellung aus Webex Aufzeichnungen und MAXQDA)

Die negative Version des angepassten Kind-Ich-Zustands ist an der zur Schau gestellten Hilflosigkeit oder Überforderung der Personen zu erkennen. Dieses sogenannte **Opfer-Verhalten** (Abbildung 73) kommt in 1 % der Verhaltensweisen zum Ausdruck.

4 **I:** Ja, danke schön. Ist für mich jetzt auch nicht so Standard, ich muss mich da immer noch so ein bisschen reinfinden, diese neue Technik. Das ist eigentlich nicht so meins, aber machen wir dann mal so. Geht ja gerade irgendwie schlecht anders. ## **(danke; man kann nichts daran ändern..., klagend, -, -, mosernd) OPF**

Abbildung 73 Opfer-Ich; I: Kunde (Quelle: Eigene Darstellung aus MAXQDA)

Widerspenstige und rebellische Ausdrucksweisen, welche dem **rebellischen Kind-Ich-Verhalten** (Abbildung 74)entsprechen, kommen in unter 1 % der Verhaltensweisen und ausschließlich auf Kundenseite vor.

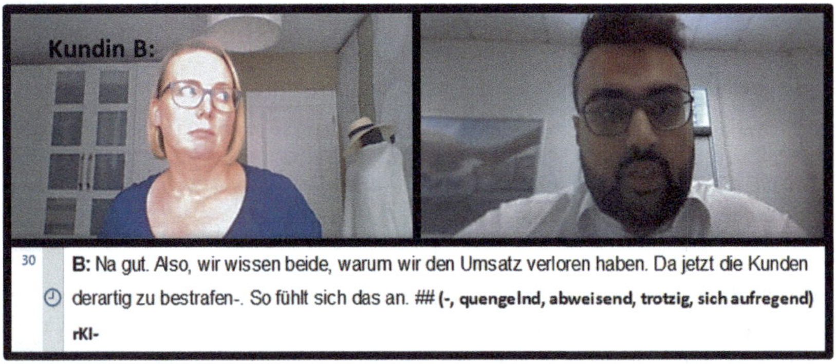

Abbildung 74: Videoausschnitt und Mitschrift: Opfer-Ich (Quelle: Eigene Darstellung aus Webex Aufzeichnungen und MAXQDA)

Anhand der deskriptiven Auswertung der funktionalen Ich-Zustände wird klar, dass der Erwachsenen-Ich-Zustand, gefolgt vom fürsorglichen Eltern-Ich, in den Verkaufsgesprächen einen dominanten Anteil ausmacht. Die übrigen Ich-Zustände rücken zum Teil in den Hintergrund. Negative Verhaltensweisen werden überwiegend kundenseitig beobachtet. Welche Wirkung spezielle Verhaltensweisen haben, bleibt damit aber immer noch ungeklärt. Die Wirkung der einzelnen Ich-Zustände bezüglich der Kundenzufriedenheit wird in Kapitel 4.4 – Erfolgswirkung der Einflussfaktoren auf die Globalzufriedenheit und den wirtschaftlichen Erfolg betrachtet. Im folgenden Abschnitt erfolgt die Beschäftigung mit der Frage, welche Transaktionsarten in Verkaufsgesprächen beobachtet werden können.

4.3.3.3. Transaktionsarten

Dieser Abschnitt liefert einen Überblick über die in den Verkaufsgesprächen identifizierten Transaktionsarten. Tabelle 48 stellt die durchschnittlichen Transaktionen pro Minute, den prozentualen Sprechanteil der Verkäufer und die durchschnittlichen Transaktionen insgesamt dar.

		Mittelwert	Max	Min	StAbw	Spannweite
TA/Minute	absolut	3,07	5,57	1,50	1,04	4,08
Sprechanteil Verkäufer	%	0,60	0,76	0,44	0,07	0,32
Transaktionen	absolut	48,15	117,00	17,00	24,86	100,00

Tabelle 48: Transaktionen pro Minute, Transaktionen (absolut) und Sprechanteile der Verkäufer (Quelle: Eigene Darstellung)

Durch die Transaktionen pro Minute kann auf die Dynamik des Gesprächs geschlossen werden. So wechseln sich die Gesprächspartner bei vielen Transaktionen pro Minute verbal häufig ab, während bei wenigen Transaktionen pro Minute eher von längeren Ansprachen auszugehen ist. Der Sprechanteil des Verkäufers gibt darüber hinaus Aufschluss, ob es ein ausgeglichenes Gespräch ist oder ob eine einseitige Gewichtung der Gesprächsanteile besteht.

In Abbildung 75 werden zwei Gespräche der Untersuchung mit jeweils einem sogenannten Dokument-Portrait aus *MAXQDA* visualisiert. Zunächst das Gespräch mit den meisten Transaktionen pro Minute (5,57 TA/Minute), gefolgt vom Gespräch mit den wenigsten Transaktionen pro Minute (1,5 TA/Minute). Das zweite Dokumentenportrait ist auch gleichzeitig das Gespräch mit dem höchsten Gesprächsanteil des Verkäufers (76 %). Unter anderem wird dadurch (und durch die Länge der einzelnen Gespräche) die hohe Spannweite der absoluten Anzahl der Transaktionen erklärt. In einem Gespräch gab es 117 Transaktionen, während es in einem anderen Gespräch nur 17 Transaktionen gab.

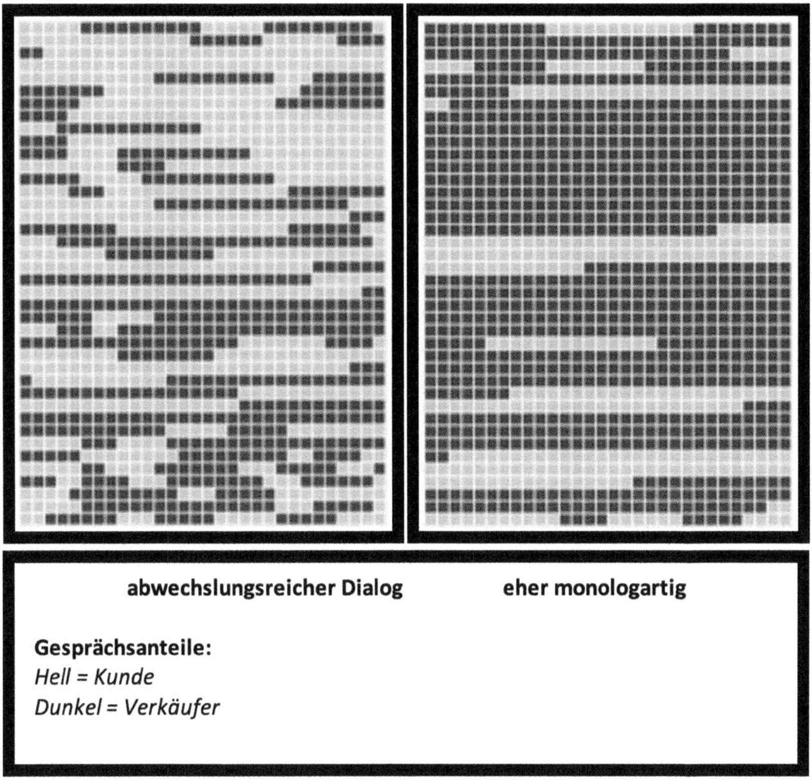

Abbildung 75: Dokumentenportraits MAXQDA: 5,57 TA/min vs. 1,5 TA/min

In Tabelle 49 sind Mittelwerte, Minimum und Maximum sowie Standardabweichungen und Spannweiten der unterschiedlichen Überkreuz- und Paralleltransaktionen aufgelistet.

Transaktionsart			Durch-schnitt	Max	Min	StAbw	Spannweite
Überkreuztransaktionen	positiv	absolut	5,44	13,00	1,00	2,80	12,00
		%	0,12	0,35	0,03	0,07	0,33
	negativ	absolut	2,92	18,00	0,00	3,83	18,00
		%	0,07	0,38	0,00	0,10	0,38
	ERxneg	absolut	2,14	16,00	0,00	3,37	16,00
		%	0,05	0,34	0,00	0,08	0,34
	ERxpos	absolut	3,17	12,00	0,00	2,38	12,00
		%	0,07	0,15	0,00	0,04	0,15
	Redef TA	absolut	0,11	1,00	0,00	0,32	1,00
Paralleltransaktionen auf einer Ebene	negativ	absolut	0,03	1,00	0,00	0,17	1,00
		%	0,00	0,03	0,00	0,00	0,03
	positiv	absolut	30,83	100,00	5,00	21,78	95,00
		%	0,60	0,94	0,13	0,20	0,81
Paralleltransaktionen über mehreren Ebenen	negativ	absolut	0,64	8,00	0,00	1,44	8,00
		%	0,02	0,21	0,00	0,04	0,21
	positiv	absolut	3,19	15,00	0,00	3,49	15,00
		%	0,07	0,23	0,00	0,07	0,23

Tabelle 49: Transaktionen (Quelle: Eigene Darstellung)

Im Durchschnitt bestehen die Gespräche aus 31 % Überkreuztransaktionen und 69 % Paralleltransaktionen.

Positive Überkreuztransaktionen stellen davon mit 12 % die zweithäufigste Transaktionsart dar. Sie haben mit einem Minimum von 3 % und einem Maximum von 35 % eine relativ hohe Spannweite. Ein Beispiel dafür ist in Abbildung 76 ersichtlich.

Abbildung 76: Videoausschnitt und Mitschrift: Positive Überkreuztransaktion (Quelle: Eigene Darstellung aus Webex Aufzeichnungen und MAXQDA)

Negative Überkreuztransaktionen, wie in Abbildung 77 zu sehen, haben durchschnittlich 7 % Gesprächsanteile. Auch hier ist eine relativ hohe Spannweite zu beobachten, da manche Gespräche aus 38 % negativer Überkreuztransaktionen bestehen und andere Gespräche diese gar nicht aufweisen.

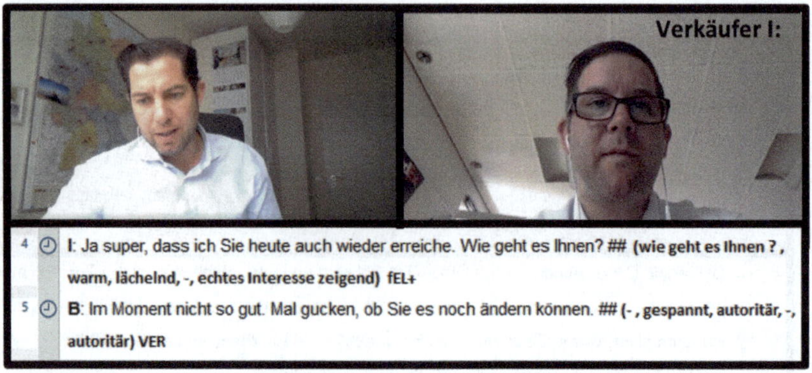

Abbildung 77: Videoausschnitt und Mitschrift: Negative Überkreuztransaktion. (Quelle: Eigene Darstellung aus Webex Aufzeichnungen und MAXQDA)

Negativen Ich-Zuständen entsprechende Verhaltensweisen, die aus dem Erwachsenen-Ich überkreuzt werden, machen 5 % aller Transaktionen aus. Ähnlich wie bei negativen Überkreuztransaktionen gibt es Gespräche, in denen dies nicht beobachtet wurde, in anderen Gesprächen machten die Transaktionen hingegen 34 % aus. Ein Beispiel dafür ist Abbildung 78 zu sehen.

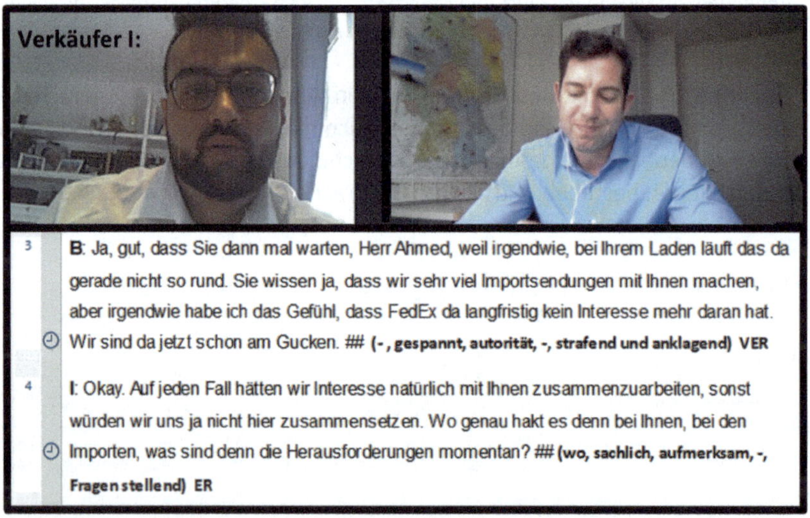

Abbildung 78: Videoausschnitt und Mitschrift: Negatives Verhalten wird durch das rationale Erwachsenen-Ich gekreuzt (Quelle: Eigene Darstellung aus Webex Aufzeichnungen und MAXQDA)

Positiven Ich-Zuständen entsprechende Verhaltensweisen, die durch Verhaltensweisen aus dem Erwachsenen-Ich überkreuzt werden, machen 7 % aller Transaktionen aus (Abbildung 79).

2 **I:** (6 Sek.) Okay. Herr [redacted] **(STROKE)**, ja hallo, grüße Sie. Schön, dass es geklappt hat. **(- , freundlich fürsorglich, zufrieden, -, echtes Interesse zeigend) fEL+**

3 B: Herr Nagel. **(- , sachlich, nachdenklich, -, sachlich) ER**

Abbildung 79: Positives Verhalten wird durch das rationale Erwachsenen-Ich gekreuzt; I: Verkäufer, B: Kunde (Quelle: Eigene Darstellung aus MAXQDA)

Redefinitionstransaktionen können insgesamt nur fünf Mal beobachtet werden und machen so einen verschwindend geringen Anteil der Transaktionen aus.

Negative Paralleltransaktionen auf einer Ebene (Abbildung 80) kommen mit unter 1 % ebenfalls kaum vor.

Abbildung 80: Videoausschnitt und Mitschrift: Negative Paralleltransaktion auf einer Ebene; inklusive negativer Strokes und einem Power Play (Quelle: Eigene Darstellung aus Webex Aufzeichnungen und MAXQDA)

Positive Paralleltransaktionen auf einer Ebene (Abbildung 81, Abbildung 82) können als die transaktionsanalytische Form des aus der Verhandlungs-/Gesprächsforschung bekannten Spiegelns betrachtet werden.

Diese Transaktionen kommen mit Abstand am häufigsten vor und machen im Schnitt 60 % aller Transaktionen aus. Sie haben eine Spannweite von 81 %, da das Maximum bei 94 % liegt und das Minimum bei 13 %.

22 **B:** Ja, ich bin neugierig geworden, weil Sie gerade sagten, Sie möchten darüber sprechen. Deshalb, wie sieht es denn aktuell aus? Ich meine, wir haben auch die letzten Male schon, oder ich meine mich zu erinnern, dass Sie auch mal erwähnten, dass Sie zum Beispiel noch im Frachtbereich tätig sind. Wir haben ja jetzt aktuell im internationalen Paketbereich-, wie sieht es denn da aus mit Frachten von und nach USA? Ich meine, FedEx - weltweit größter Carrier, 700 Flugzeuge, muss ich Ihnen nicht näher erläutern. Aber auch vor der aktuellen Situation haben wir natürlich viele Möglichkeiten. Ich würde natürlich auch mit mir reden lassen, wenn Sie uns irgendwo noch ein bisschen was geben könnten. Haben Sie da irgendwo im Frachtbereich ein bisschen was liegen? ## **(wie, sachlich, dem Interaktionspartner zugewandt, -, Alternativen entwickelnd) ER**

23 I: Also ich-, ich werde mich mal mit der Versandabteilung noch ein bisschen näher auseinandersetzen. Wir haben einen Anbieter, mit dem wir im Bereich Fracht schon viele Jahre arbeiten. Um ehrlich zu sein, ist das so ein bisschen historisch gewachsen. Sie sind für uns einfach die Nummer eins im Bereich-, also im normalen Parcelbereich USA, aber da kann ich nochmal mit unseren Abteilungen sprechen. Da gibt es so ein bisschen alt gewachsene Strukturen. Da gibt es halt eben Kollegen, die arbeiten schon seit Jahren mit anderen zusammen. Da ist man per Du. Da können wir nochmal drüber sprechen und das kann ich mir nochmal anschauen. ## **(-, sachlich, dem Interaktionspartner zugewandt, -, kooperativ) ER**

Abbildung 81: Positive Paralleltransaktion auf der Erwachsenen-Ebene; B: Verkäufer, I: Kunde (Quelle: Eigene Darstellung aus MAXQDA)

Während Abbildung 81 ein Beispiel einer Paralleltransaktion auf der Erwachsenen-Ebene veranschaulicht, zeigt Abbildung 82 ein Beispiel einer Paralleltransaktion auf der fürsorglichen Eltern-Ebene.

95 B: (Lacht) Gut dann nennen wir die Preisanpassung. ## **(-, gewährend, lächelnd, -, Unterstützend) fEL+**

96 I: (Lacht) Alles klar. Dann wünsche ich Ihnen …## alles Gute. Schöne Weihnachten, guten Rutsch und freue mich auf den Besuch bei Ihnen, bleiben Sie gesund. ## **(alles Gute, warm, lächelnd, -, fürsorglich) fEL+**

Abbildung 82: Positive Paralleltransaktion auf der Eltern-Ebene; B: Verkäufer; I: Kunde (Quelle: Eigene Darstellung aus MAXQDA)

Negative Paralleltransaktionen über mehrere Ebenen (Abbildung 83) machen nur 2 % der Transaktionen aus.

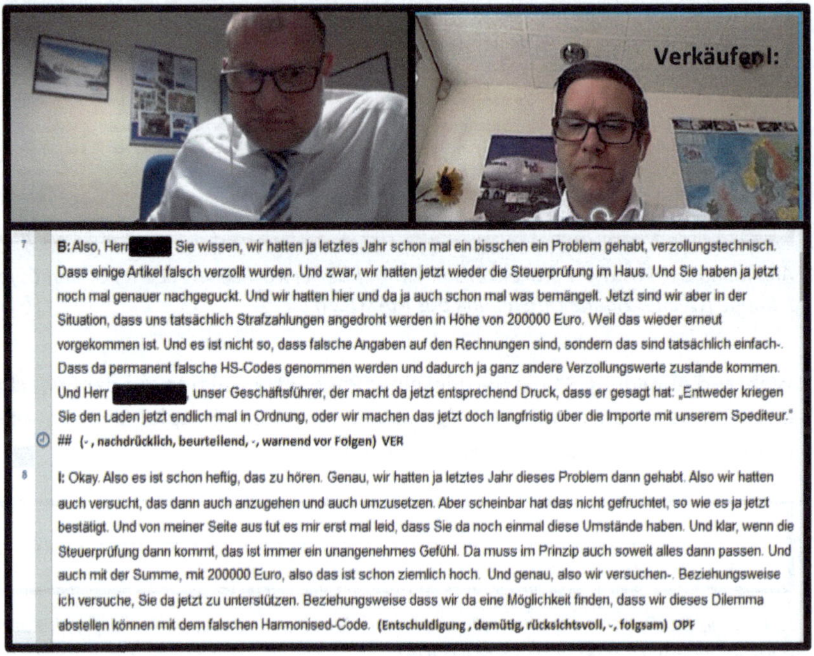

Abbildung 83: Videoausschnitt und Mitschrift: Negative Paralleltransaktionen über mehrere Ebenen (Eltern Kind) (Quelle: Eigene Darstellung aus Webex Aufzeichnungen und MAXQDA)

Es folgt ein alternatives Beispiel einer Transaktion, die ebenfalls als **negative Paralleltransaktion über mehrere Ebenen** gewertet wird (Abbildung 84). Wichtiger Unterschied in diesem Fall ist, dass ein positives elterliches Verhalten durch ein negatives kindliches Verhalten „gekreuzt" wird.

In Absprache mit Transaktionsanalytikern wurde beschlossen, diese Art der Transaktionen, in denen in der Dyade zwischen Eltern- und Kind-Ebene positive und negative Verhaltensweisen gewechselt werden, den Paralleltransaktionen über mehrere Ebenen zuzuordnen. Dies wird dadurch begründet, dass diesem Kontext eine gewisse Natürlichkeit zugesprochen wird. Wenn etwa fürsorgliche Eltern ihre Kinder trösten oder aber auch, wenn

Eltern ihre Kinder zurechtweisen und die Kinder sich brav und regelkonform, angepasst verhalten, so ist dies in gewissem Maße reibungslos, also parallel.

6 I: Schön, schön. Haben Sie es einigermaßen gut überstanden auch geschäftlich? Corona, sind Sie gut aus Corona wieder rausgekommen? ## **(schön, freundlich fürsorglich, herzlich,- , echtes Interesse zeigend) fEL+**

7 B: Ja, wir sind angeschlagen. Wir sind schwer angeschlagen. Und das ist alles nicht so einfach, wir mussten Leute lange Zeit in Kurzarbeit halten, haben auch teilweise-, also Leute, die ausgeschieden sind, nicht ersetzt. Das ist schon-, bei uns ist wirklich knackig gewesen. ## **(- , besorgt, bekümmert,- , besorgt) (-, klagend, -, -, -, klagend) OPF**

Abbildung 84: Negative Paralleltransaktionen über mehrere Ebenen; I: Verkäufer, B: Kunde (Quelle: Eigene Darstellung aus MAXQDA)

Positive Paralleltransaktionen über mehrere Ebenen haben einen durchschnittlichen Anteil von 7 % aller Transaktionen (Abbildung 85).

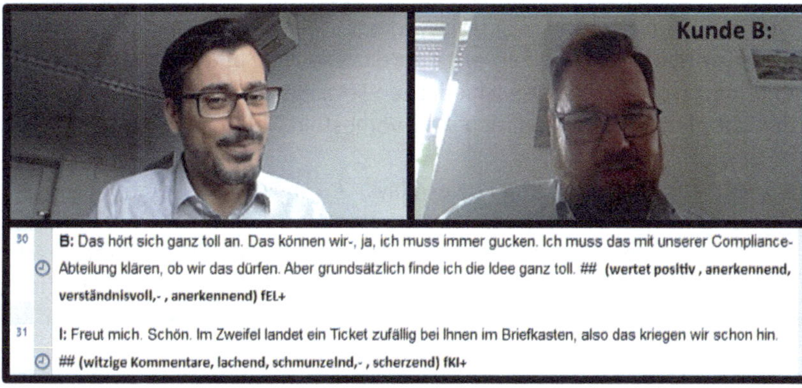

30 B: Das hört sich ganz toll an. Das können wir-, ja, ich muss immer gucken. Ich muss das mit unserer Compliance-Abteilung klären, ob wir das dürfen. Aber grundsätzlich finde ich die Idee ganz toll. ## **(wertet positiv , anerkennend, verständnisvoll,- , anerkennend) fEL+**

31 I: Freut mich. Schön. Im Zweifel landet ein Ticket zufällig bei Ihnen im Briefkasten, also das kriegen wir schon hin. ## **(witzige Kommentare, lachend, schmunzelnd,- , scherzend) fKI+**

Abbildung 85: Videoausschnitt und Mitschrift: Positive Paralleltransaktionen über mehrere Ebenen (Quelle: Eigene Darstellung aus Webex Aufzeichnungen und MAXQDA)

Abbildung 86 zeigt ein weiteres Beispiel einer positiven Paralleltransaktion über mehrere Ebenen, in dem in diesem Fall jedoch umgekehrt auf kindliches (negatives) Opfer-Verhalten des Gegenübers mit fürsorglichem, also positivem Eltern-Verhalten geantwortet wird.

3 **B**: Hallo. Ganz Gut, vielen Dank, den Umständen entsprechend dieser Tage. ## **(danke; man kann nichts daran ändern, leidvoll,-, schulter zucken, resigniert) OPF**

4 I: Genau, nicht ganz einfach. Ich denke, da sind sehr viele Dinge, durchaus wichtig. Unter anderem gewisse Dinge, dass man mit den Kunden immer noch in Kontakt bleibt. Das ist hervorragend, wenn man die ...##. Die Umgebung sieht ein bisschen anders aus. Also, sowohl bei Ihnen als auch bei mir. Ich glaube, man gewöhnt sich aber auch mittlerweile dran, doch schon nach ein paar Wochen oder Monaten hat man es dann. **(-, warm, lächelnd, -, verstehend) fEL+**

Abbildung 86: Positive Paralleltransaktionen über mehrere Ebenen; B: Kunde, I: Verkäufer (Quelle: Eigene Darstellung aus MAXQDA)

Die deskriptiv-statistische Auswertung zeigt, dass positive Paralleltransaktionen auf einer Ebene, gefolgt von positiven Überkreuztransaktionen, mit Abstand den höchsten Anteil der Gesamttransaktionen aufweisen. Die Frage nach der Wirkung spezieller Verhaltensweisen bleibt aber damit unklar. Die Wirkung der einzelnen Transaktionen bezüglich der Kundenzufriedenheit wird in Kapitel 4.4 – Erfolgswirkung der Einflussfaktoren auf die Globalzufriedenheit und den wirtschaftlichen Erfolg betrachtet. Im folgenden Abschnitt werden die unterschiedlichen *Stroke*-Arten und *Power-Plays*, die in den Gesprächen vorgekommen sind, vorgestellt.

4.3.3.4. Stroke-Arten und Power-Plays

Dieser Abschnitt liefert einen Überblick über die in den Verkaufsgesprächen vorgekommenen *Stroke-Arten* und *Power-Plays*, die u. a. aufgrund der in der Heuristikforschung bekannten Sympathieerzeugung oder aufgrund der Reziprozitätseffekte interessant erscheinen. Aufgrund der insgesamt eher geringen Häufigkeit (im Vergleich zu Transaktionen und Ich-Zuständen) werden sie in Tabelle 50 nach ihrem durchschnittlichen absoluten Anteil dargestellt. Die Tabelle zeigt nach Verkäufern und Kunden unterschiedlich ausgewertete Mittelwerte. Die deskriptiv-statistische Auswertung stellt auch Informationen bezüglich der jeweiligen Standardabweichung, Minima und Maxima sowie Spannweite dar.

	Art des Strokes/ Power Plays		Durch-schnitt	Max	Min	StA bw	Spann-weite
Positive Strokes	Scherze	Gesamt	1,78	13,00	0,00	2,43	13,00
		Verkäufer	1,11	8,00	0,00	1,47	8,00
		Kunde	0,67	5,00	0,00	1,12	5,00
	Komplimente	Gesamt	0,36	5,00	0,00	0,96	5,00
		Verkäufer	0,22	3,00	0,00	0,68	3,00
		Kunde	0,14	2,00	0,00	0,42	2,00
	Lächeln	Gesamt	3,86	13,00	0,00	2,97	13,00
		Verkäufer	2,39	9,00	0,00	2,27	9,00
		Kunde	1,47	4,00	0,00	1,25	4,00
	mit Namen an-sprechen	Gesamt	2,97	9,00	0,00	2,05	9,00
		Verkäufer	1,92	6,00	0,00	1,44	6,00
		Kunde	1,06	3,00	0,00	0,95	3,00
Negativ	Vorwürfe/Beleidi-gungen (negative Strokes)	Gesamt	0,33	6,00	0,00	1,07	6,00
		Verkäufer	0,00	0,00	0,00	0,00	0,00
		Kunde	0,33	6,00	0,00	1,07	6,00
	Power Plays	Gesamt	0,25	2,00	0,00	0,65	2,00
		Verkäufer	0,06	2,00	0,00	0,33	2,00
		Kunde	0,19	2,00	0,00	0,58	2,00

Tabelle 50: Strokes und Power Plays (Quelle: Eigene Darstellung)

Scherze bzw. witzige Kommentare (Abbildung 87), die ein klarer Indikator für das positive freie Kind-Ich sind, kommen im Schnitt 1,78 Mal pro Gespräch vor. Es gibt Gespräche, in denen sie gar nicht vorkommen und andere, in denen sie bis zu 13 Mal beobachtet werden konnten. Dabei werden Scherze häufiger von Verkäufern als von Kunden gemacht.

Abbildung 87: Videoausschnitt und Mitschrift: Scherze im Gespräch (Quelle: Eigene Darstellung aus Webex Aufzeichnungen und MAXQDA)

Komplimente (Abbildung 88) an das Gegenüber werden im Schnitt 0,36 Mal pro Gespräch beobachtet. Auch diese gehen überwiegend von Verkäuferseite aus.

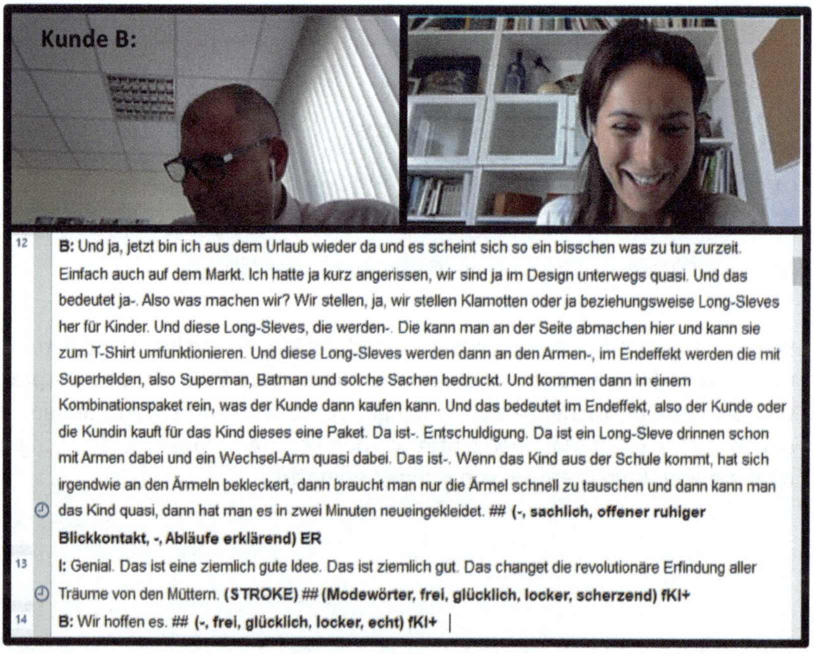

Abbildung 88: Videoausschnitt und Mitschrift: Komplimente im Gespräch (Quelle: Eigene Darstellung aus Webex Aufzeichnungen und MAXQDA)

Die mit Abstand am häufigsten beobachtete *Stroke*-Art, die einen klaren Indikator für das fürsorgliche Eltern-Ich darstellt, ist das **Lächeln** bzw. Anlächeln des Gegenübers, das mit 3,86 Mal im Schnitt pro Gespräch zu beobachten war. Dabei liegt das Maximum bei 13 Mal und das Minimum bei null Beobachtungen im Gespräch.

Das Gegenüber **mit Namen anzusprechen**, die zweithäufigste *Stroke*-Art, wurde nur gewertet, wenn sie aus dem fürsorglichen Eltern-Ich vollzogen wurde, und konnte im Schnitt 2,97 Mal pro Gespräch beobachtet werden. Ein Beispiel, in dem Lächeln und mit Namen ansprechen gleichzeitig vorkommen, ist in Abbildung 89 dargestellt.

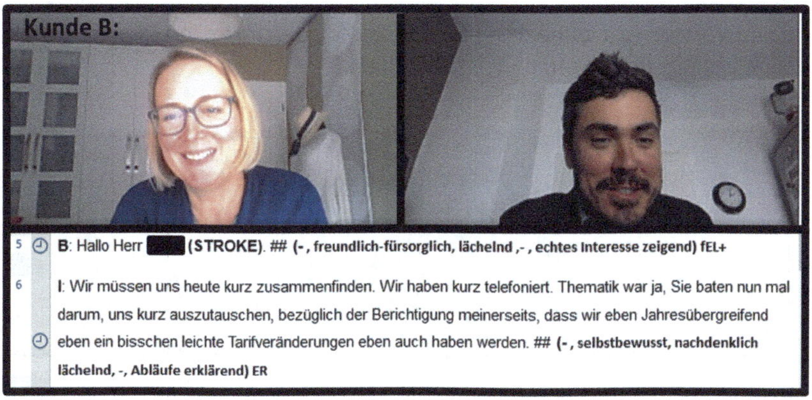

Abbildung 89: Videoausschnitt und Mitschrift: Lächeln und mit Namen ansprechen (Quelle: Eigene Darstellung aus Webex Aufzeichnungen und MAXQDA)

Negative *Strokes*, bei denen das Gegenüber direkt kritisiert bzw. inhaltlich abgewertet wird, konnten im Schnitt 0,33 Mal pro Gespräch beobachtet werden und kamen ausschließlich auf Kundenseite vor. Sie sind ein klarer Indikator für das Verfolger-Ich. Ein Beispiel mit mehreren *Strokes* ist in Abbildung 90 dargestellt.

24 **B:** War jetzt sehr lange **(STROKE-).** Es waren jetzt mehrere Punkte. Sie wollten irgendwie Ihren Herrn Beck da mit reinnehmen **(STROKE-).** Dann aber auch einen Ansprechpartner-. Also wir haben den Kontakt über Import@FedEx.com. Also da haben wir keinen fixen Ansprechpartner, sondern wir sehen immer, wer das-, auf dem Steuerbescheid, wer das da verzollt hat. Wir würden uns wünschen, dass wir einen direkten Ansprechpartner bekommen. Aber bei Ihrer Konzern(?putze) **(STROKE-),** die Sie da ja haben, ist das ja heutzutage recht schwer. Früher hatten wir da immer einen. Dann war der mal weg. Dann war es das dabei auch. Da wurde uns kein Nachfolger genannt. Aber grundsätzlich glaube ich, ja, es ist zwingend notwendig, damit die Herrschaften da mal in-. Gefühlt, ich glaube, die arbeiten zu viel mit dem Zoll auch zusammen und haben sich ein bisschen was vom Beamtentum da abgeguckt **(STROKE-).** Da auch mal merken, dass eine Dringlichkeit da ist. Und-. ## **(- , tadelnd, missbilligend, -, schuldige suchend) VER**

Abbildung 90: Negative Strokes; B: Verkäufer (Quelle: Eigene Darstellung aus MAXQDA)

Power Plays, bei denen das Gegenüber unterbrochen (oder auch einmal nicht geantwortet) wird, ohne dass eine Entschuldigung folgt, kommen 0,25 Mal im Durchschnitt pro Gespräch vor (Abbildung 91).

56 **I:** Also grundsätzlich würde das heißen, es kommt natürlich erstmal auf das Europa-Volumen an, dass wir komplett nochmal alle Raten überblicken können. Nochmal das komplette neue Volumen dann eben sehen und ob ich da dann auch und ich meine, Sie haben es vorhin gesagt, wir sind ein großer Konzern intern eben nochmal nachverhandeln kann, dass wir da Ihre Importraten dann nochmal doch etwas runtersetzen können. Was jetzt aber, und davon gehe ich aus- ## **(-, sachlich, aufmerksam, entspannt, Abläufe erklärend) ER**

57 **B: (POWERPLAY)** Wieviel Frau [redacted] für wieviel? Seien Sie ehrlich. Was können Sie machen? Also ganz ehrlich, Sie müssen ehrlich zu mir sein, ja? **(- ,laut, ungehemmt, ruckartig, neugierig) fKI-**

Abbildung 91: Videoausschnitt und Mitschrieb: Power Play (ins Wort fallen) (Quelle: Eigene Darstellung aus Webex Aufzeichnungen und MAXQDA)

Abbildung 92 zeigt ein spezielles Beispiel eines *Power Plays*, in dem der Kunde einfach nicht auf den Verkäufer reagiert und ihn dadurch „auflaufen" lässt. Dies kam allerdings nur ein Mal in allen Gesprächen vor.

Abbildung 92: Videoausschnitt und Mitschrift: Power Play (Nicht-reagieren) (Quelle: Eigene Darstellung aus Webex Aufzeichnungen und MAXQDA)

Grundsätzlich zeigt sich, dass positive *Strokes* wesentlich häufiger von Verkäuferseite ausgehen und negative *Strokes* fast ausschließlich von Kunden verteilt werden. Bei Verkäufern können negative *Strokes* (außer ein Mal) überhaupt nicht beobachtet werden.

Es zeigt sich, dass es Gespräche gab, bei denen beide Gesprächspartner keinen einzigen *Stroke* verteilten (weder positiv noch negativ). Welche Wirkung *Strokes* und *Power-Plays* bezüglich der Kundenzufriedenheit haben, wird in Kapitel 4.4 – Erfolgswirkung der Einflussfaktoren auf die Globalzufriedenheit und den wirtschaftlichen Erfolg betrachtet. Im folgenden Abschnitt wird im Gegensatz zu den bisherigen Ausführungen auf die Auswertung nicht beobachtbarer Größen eingegangen: Den Grundeinstellungen von Kunden und Verkäufern.

4.3.3.5. Grundeinstellungen der Kunden und Verkäufer

4.3.3.5.1. Quantitative Analyse: Messgüte-Bewertung

Im Kontext der quantitativen Analyse soll zunächst eine Bewertung der Messgüte der gemessenen Grundeinstellungen anhand einer explorativen Faktorenanalyse stattfinden. Die Analyse wird mithilfe der Daten aus der Kunden- und Verkäuferbefragung vorgenommen. Zunächst wird geprüft, ob die originale Faktorenstruktur von Rüttinger und Kruppa (vgl. 2001, S. 257ff) durch eine explorative Faktorenanalyse mit den vorliegenden Untersuchungsdaten replizierbar ist.

Mit der explorativen Faktorenanalyse wird versucht, die Struktur der 13 Items in Anlehnung an Rüttinger und Kruppa (vgl. Kapitel 4.2.3.3) nachzubilden. Im Idealfall lassen sich jedem Item genau die Grundeinstellungsmuster zuschreiben, die von Rüttinger und Kruppa (vgl. 2001, S. 257ff) ursprünglich zugeordnet wurden und bereits aus dem OK-Geviert bekannt sind (+/+, +/-, -/+, -/-). „Die exploratorische Faktorenanalyse (EFA) versucht, die Beziehungszusammenhänge in einem großen Variablenset insofern zu strukturieren, als sie Gruppen von Variablen identifiziert, die hoch miteinander korreliert sind und diese von weniger korrelierten Gruppen trennt“ (Backhaus et al., 2018, S. 366).

Obwohl bei der Kunden- und Verkäuferauswertung jeweils vier Faktoren durch eine Dimensionsreduktion in SPSS gebildet werden, scheitert das Vorhaben an einer klaren Definition und Abgrenzung der entstandenen Dimensionen für die zugrunde gelegten Datensätze. Dies liegt hauptsächlich daran, dass zum einen verschiedene Items einem Faktor zugeordnet werden, die inhaltlich nicht wirklich zusammenpassen und zum anderen werden teilweise negative Korrelationen sichtbar, die eine saubere Interpretation zusätzlich erschweren (siehe Details dazu im Anhang; Kapitel 10.1 – Faktorenanalyse der Grundeinstellungen von Kunden und Verkäufern). „Können die Faktoren nicht gedeutet werden, muss die Faktorenanalyse als gescheitert gelten“ (Bühl, 2019, S. 602).

Die geringe Fallzahl (<50), vor allem im Vergleich zur recht hohen Anzahl an Variablen (13), bietet für eine Faktorenanalyse ungünstige Voraussetzungen (vgl. Empfehlungen in Backhaus et al., 2018, S. 428). Aus diesem Grund und der jahrzehntelangen erprobten Praxiserfahrung der beiden Autoren wird trotz der gescheiterten Überprüfung mit der originalen Faktorenstruktur von Rüttinger und Kruppa (vgl. 2001, S. 257ff) fortgefahren.

Um die Grundeinstellung der Verkäufer und Kunden aus den 13 Items der Faktorenstruktur nach Rüttinger und Kruppa (vgl. 2001, S. 257ff) zu ermitteln, werden jeder Person zwei Dimensionen der Grundeinstellungen zugewiesen:

(1) Die Grundeinstellung sich selbst gegenüber und
(2) die Grundeinstellung dem Gesprächspartner gegenüber

Für die Multi-Item-Messung wird eine fünfstufige Rating-Skala genutzt. Extrempunkte sind 1 = *Trifft voll und ganz zu*", „5 = *Trifft überhaupt nicht zu*". Um jeder Person eine klare Zuweisung der beiden Dimensionen (1) und (2) zu geben, werden zunächst die Befragungsergebnisse wie folgt transformiert:
1 -> 2; 2 -> 1; 3 -> 0; 4 -> -1; 5 -> -2

Jedes der 13 Items wird in Dimension **(1) Grundeinstellung sich selbst gegenüber** und Dimension **(2) Grundeinstellung gegenüber dem Kunden** aufgeteilt, so dass zwei Ergebnisse pro Item entstehen (jeweils entweder +1 oder -1). Dies ist in Tabelle 51 aus der Verkäuferperspektive dargestellt. Die kundenseitigen Items weisen einen geringfügig abgeänderten inhaltlichen Aufbau auf.

Item	Indikatoren	Grundeinstellung	Faktor „selbst" (1)	Faktor „andere" (2)
1	Wenn der Kunde das Produkt gebrauchen kann, wird er es kaufen, wenn nicht, da kann man nicht viel machen. Ich liefere ihm einige Informationen und dann ist er an der Reihe.	-/- negatives Selbstbild, negatives Fremdbild	-1	-1
2	Was soll ich dem Kunden über Anwendungsbereiche unserer Produkte erzählen, wenn er selbst nicht weiß, was er braucht.		-1	-1
3	Die Feilscherei um den Preis macht mich noch ganz kaputt, aber was will man machen, meine Gesprächspartner stehen genauso unter Druck wie ich.		-1	-1
4	In unserer Branche kann man hinschauen, wo man will, überall wird mit denselben faulen Tricks gearbeitet.		-1	-1
5	Mit welchen Amateuren man es manchmal bei Kunden zu tun hat, ist kaum zu glauben.	+/- positives Selbstbild, negatives Fremdbild	1	-1
6	Die meisten Reklamationen sind doch nur fauler Zauber, um Nachlässe herauszuschinden.		1	-1
7	Wenn der Kunde alles für bare Münze nimmt, was ich sage, dann ist das seine Schuld. Schließlich sind wir hier nicht in der Märchenstunde, sondern ich will Geschäfte machen.		1	-1
8	Wenn der Kunde wieder mit Liefertermin-Überschreitungen anfängt, was soll ich ihm dazu sagen – er hat ja recht.	-/+ negatives Selbstbild, positives Fremdbild	-1	1
9	Wie man von Kunden manchmal behandelt wird – aber vielleicht habe ich auch manchmal ein zu unsicheres Auftreten und fordere das geradezu heraus.		-1	1
10	Im Endeffekt kann ich auch in Fällen, wo etwas danebengegangen ist, mit jedem Kunden reden. Ich habe noch keinen getroffen, wo mir das nicht möglich gewesen wäre.	+/+ positives Selbstbild, positives Fremdbild	1	1
11	Natürlich versuchen die Kunden, den Preis zu drücken, aber dafür bin ich ja auch Verkäufer und kein Verwaltungsangestellter geworden.		1	1
12	Für mich ist das wichtigste eine guter Kontakt zum Kunden.		1	1
13	Wenn ich mir die Kunden ansehe, mit denen ich es zu tun habe, bin ich zufrieden und glaube, sie sind es auch mit mir.		1	1

Tabelle 51: Grundeinstellungen der Vertriebsmitarbeiter (Quelle: Eigene Darstellung nach Rüttinger und Kruppa, 2001, S. 257ff)

Die zuvor angesprochene transformierte Fragebogenbewertung (-2 bis 2) jedes Items wird mit den jeweiligen Faktoren (-1, 1) jedes Items aus Tabelle 51 multipliziert. Werden diese Ergebnisse für die 13 Items addiert, ergeben sich für jede Person jeweils ein Wert für (1) die Grundeinstellung sich selbst gegenüber und für (2) die Grundeinstellung dem Gesprächspartner gegenüber.

4.3.3.5.2. Deskriptive Auswertung der Einstellungen von Verkäufer und Kunden

Dieser Abschnitt befasst sich mit den erhobenen Ergebnissen bezüglich der Grundeinstellung der Kunden und der Verkäufer. Tabelle 52 veranschaulicht nach Kunden und Verkäufern unterschiedliche ausgewertete Mittelwerte. Im Kontext der deskriptiv-statistischen Auswertung werden darüber hinaus die jeweiligen Standardabweichungen, die jeweiligen Minima und Maxima sowie die jeweiligen Spannweiten dargestellt.

		Durchschnitt	Max	Min	StAbw	Spannweite
Kunde	Selbst	4,00	10,00	-1,00	5,06	11,00
	Gegenüber	3,80	12,00	-5,00	6,05	17,00
Verkäufer	Selbst	5,90	12,00	-2,00	4,59	14,00
	Gegenüber	9,30	17,00	2,00	4,79	15,00

Tabelle 52: Summierte Grundeinstellungswerte (Quelle: Eigene Darstellung)

Bei Betrachtung der Mittelwerte zum Faktor der Grundeinstellung der Kunden und Verkäufer gegenüber sich selbst und bezüglich des Gegenübers zeigt sich, dass Kunden, absolut betrachtet, im Durchschnitt wesentlich niedrigere „OK-Werte“ aufweisen als Verkäufer. Dies trifft auf die Einstellung gegenüber sich selbst, aber auch bezogen auf das Gegenüber zu. Während Kunden eine leicht höhere, aber fast ausgeglichene durchschnittliche Grundeinstellung gegenüber sich selbst als auch gegenüber dem Verkäufer zeigen, liegt die Grundeinstellung der Verkäufer gegenüber dem Kunden deutlich höher als ihre Einstellung sich selbst gegenüber.

Als grobe Zusammenfassung kann an dieser Stelle festgehalten werden, dass die auf Kundenseite festgestellte kritischere Grundeinstellung als Ansatzpunkt gesehen werden kann, um vertrauensbildende Maßnahmen zu forcieren.

Um darüber hinaus eine Zuweisung der Personen im transaktionsanalytischen OK-Geviert machen zu können, werden die Werte, wie in Tabelle 53 dargestellt, nach folgenden Regeln den einzelnen Quartalen des Grundeinstellungs-Gevierts zugeordnet.

Ok-Geviert	Algorithmus Grundeinstellung (1) + (2)
1 -/-	Summe (1) und (2) < 5
2 +/-	(1) Selbst > (2) Gegenüber
3 -/+	(1) Selbst < (2) Gegenüber
4 +/+	Summe (1) und (2) > 15; Außer: Diff (Min (1);(2))/2 + (Min (1);(2)) < (Max (1);(2)); dann entweder Quartal 2 v 3

Tabelle 53: Algorithmus zur Kategorisierung im OK-Geviert (Quelle: Eigene Darstellung)

Daraus ergibt sich ein Unterschied zum originalen OK-Geviert dahingehend, dass Personen relativ nach der Differenz der Selbsteinschätzung und ihrer Grundeinstellung dem Gesprächspartner gegenüber den Quartalen 2 (+/-) oder 3 (-/+) zugewiesen werden und nicht nach den absoluten Werten differenziert wird. Dies entspricht Hagehülmanns und Hagehülmanns (vgl. 2007, S. 148) OK-Geviert-Form (Ich bin mehr wert als du (+/-); Ich bin weniger wert als du (-/+)) (Abbildung 93).

Darüber hinaus wird der obere Grenzwert 5 für die Summe von (1) und (2) für das Quartal 1 gewählt. Erweist sich diese Summe im Gegenzug größer 15 und die Differenz zwischen (1) und (2) ist nicht größer als die Hälfte des niedrigeren Werts, wird die Person Quartal 4 zugewiesen.

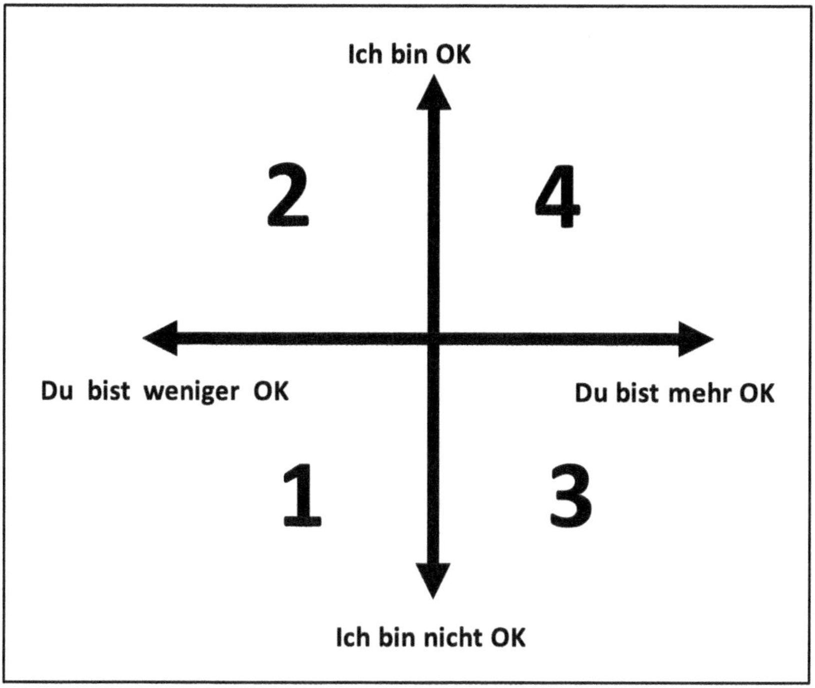

Abbildung 93: OK-Geviert (Quelle: Eigene Darstellung nach Hagehülsmann und Hagehülsmann, 2007, S. 148)

Dementsprechend stellt diese Zuordnung eher relative Verhältnisse der Grundeinstellungen der Personen dar und weniger absolute Beurteilungskriterien.

Drei der Kunden werden nach dieser **Vorgehensweise** Quartal 1 mit der Grundeinstellung (-/-) zugeordnet, zwei weitere Kunden Quartal 2 (+/-), drei Kunden Quartal 3 (-/+) und zwei Kunden Quartal 4 (+/+). Auf der Gegenseite weisen zwei Verkäufer die Grundeinstellung entsprechend Quartal 1 (-/-) auf, ein weiterer Verkäufer liegt in Quartal 2 (+/-), sechs Verkäufer im Quartal 3 (-/+) und vier Verkäufer haben die Grundeinstellung entsprechend Quartal 4 (+/+). Vergleiche hierzu Tabelle 54.

	Quartal 1 (-/-)	Quartal 2 (+/-)	Quartal 3 (-/+)	Quartal 4 (+/+)
#Kunden	3	2	3	2
#Verkäufer	2	1	6	4

Tabelle 54: Anzahl der Kunden und Verkäufer pro Quartal (Quelle: Eigene Darstellung)

Werden daraus Kunden-Verkäufer-Paarungen der Quartalszuordnungen pro Gespräch ermittelt, ergeben sich folgende in Tabelle 55 dargestellte Häufigkeiten.

	Kunden/Verkäufer-Paarungen nach Grundeinstellung												
	4/4	1/1	3/3	2/3	3/2	1/4	4/3	3/4	4/2	2/4	1/3	3/1	1/2
#Gespräche	2	2	6	2	1	5	2	2	2	1	8	2	1

Tabelle 55: Verkäufer-/Kunden-Paarungen nach Grundeinstellung (Quelle: Eigene Darstellung)

Welche Wirkung diese Grundeinstellungsmuster auf die Zufriedenheit der Kunden mit den Gesprächen haben, wird in Kapitel 4.4 (Erfolgswirkung der Einflussfaktoren auf die Globalzufriedenheit und den wirtschaftlichen Erfolg) untersucht.

4.4. Erfolgswirkung der Einflussfaktoren auf die Globalzufriedenheit und den wirtschaftlichen Erfolg

4.4.1. Überblick

In diesem Abschnitt wird die Erfolgswirkung der Einflussfaktoren auf die Globalzufriedenheit und den wirtschaftlichen Erfolg untersucht.

In **Kapitel 4.4.2** werden zunächst die angewandten **Methodischen Aspekte** beschrieben. Es wird darauf eingegangen, wie (die abhängigen Variablen) Globalzufriedenheit, aber auch ökonomischer Erfolg in der vorliegenden Untersuchung definiert sind.

In **Kapitel 4.4.3** wird das gesamte **Ergebnis der Analyse im Überblick** dargestellt.

In **Kapitel 4.4.4** wird die umgesetzte **Analyse der Wirkung von transaktionsanalytischen Mustern auf die Globalzufriedenheit** betrachtet und die verschiedenen genutzten bzw. entstandenen Regressionsmodelle, aber auch Korrelationsanalysen erläutert.

Kapitel 4.4.5 veranschaulicht darüber hinaus die umgesetzte **Analyse der Wirkung der nicht-transaktionsanalytischen Faktoren auf die Globalzufriedenheit.**

In **Kapitel 4.4.6** wird durch eine **Analyse der Wirkung des Profitabilitäts(regressions)modells** die Wirkung der **Globalzufriedenheit auf den wirtschaftlichen Erfolg** von Verkäufer und Unternehmen untersucht, um die Verbindung zum Ziel der Gewinnmaximierung jedes Unternehmens zu zeigen.

In **Kapitel 4.4.7** werden die erhaltenen Ergebnisse noch einer **qualitativen Analyse verhaltens- und beziehungsbezogener Muster:** Extremfall-Vergleich unterzogen.

4.4.2. Methodische Aspekte

4.4.2.1. Quantitative Analyse der Messung der Globalzufriedenheit

Dieser Abschnitt stellt die aus der quantitativen Analyse erhaltenen Ergebnisse bezüglich des Konstrukts Globalzufriedenheit und der darin eingebetteten Konstrukte bezüglich Transaktionszufriedenheit dar. Im Rahmen der quantitativen Analyse wird eine Bewertung bezüglich der Messgüte der Konstrukte auf Grundlage des Cronbach´schen Alphas (Reliabilitätskoeffizient) sowie der *Item-to-Total*-Korrelation (Trennschärfekoeffizient) vorgenommen.

Das Konstrukt der **Globalzufriedenheit** wird in der zugrundeliegenden Arbeit anhand von vier Single-Items und zwei weiteren Konstrukten bezüglich der Transaktionszufriedenheit (Transaktionszufriedenheit mit dem Gesprächsverlauf und dem Verkäufer) gemessen (Tabelle 56). Das daraus resultierende Cronbach´sche Alpha liegt bei 0,898 und kann vor dem Hintergrund, dass einige Autoren einen Mindest-Grenzwert von 0,7 fordern, als sehr gut bezeichnet werden (vgl. Homburg, 1995, S. 80f). Das Alpha könnte zwar durch die Elimination eines Indikators („Wie zufrieden sind Sie mit der fachlichen Kompetenz Ihres Gesprächspartners?") erhöht werden. Allerdings hat sich der Autor der vorliegenden Arbeit dagegen entschieden, da die Fachkompetenz als kritischer Aspekt in realen Kunden-Verkäufer-Relationen betrachtet werden kann.

„Dauerhafter Erfolg im Vertrieb ist weniger eine Frage von speziellen Verkaufstechniken, sondern hängt im Wesentlichen von drei Aspekten ab:

- Persönlichkeitsmerkmale [...]
- Sozialkompetenz [...] und
- Fachkompetenz [...]" (Homburg et al., 2016, S. 265).

Bezeichnung der Indikatoren	Item to Total Correlation
Wie zufrieden sind Sie mit dem Gespräch im Großen und Ganzen?	,866
Wie zufrieden sind Sie mit der Art und Weise/dem grundsätzlichen Wesen/dem Charakter Ihres Gesprächspartners im Großen und Ganzen?	,873
Wie zufrieden sind Sie mit der sozialen Kompetenz Ihres Gesprächspartners?	,880
Wie zufrieden sind Sie mit der fachlichen Kompetenz Ihres Gesprächspartners?	,920
Transaktionszufriedenheit mit dem Verkäufer (Konstrukt)	,874
Transaktionszufriedenheit mit dem Gespräch (Konstrukt)	,865

Tabelle 56: Informationen zum Konstrukt Globalzufriedenheit (Quelle: Eigene Darstellung)

Das Konstrukt der **Transaktionszufriedenheit bezüglich des Verkäufers** wird anhand von 32 Indikatoren gemessen (Tabelle 57). Daraus ergibt sich ein Cronbach´sches Alpha von 0,980, womit es ebenfalls als sehr gut betrachtet werden kann.

Bezeichnung der Indikatoren	Item to Total Correlation
...beachtet meine Bedürfnisse und Wünsche	,979
... beantwortet meine Fragen	,980
... geht auf meine Fragen ein.	,979
... hat ein offenes Ohr für meine Wünsche	,979
... hat Verständnis für meine Bedürfnisse und Wünsche	,979
... interessiert sich für meine Probleme und Anliegen	,979
... ist aufmerksam	,979
... ist aufrichtig	,979
... ist ehrlich	,979
... ist freundlich	,980
... ist fürsorglich	,979
... ist gelassen	,981
... ist hilfreich	,979
... ist höflich	,980
... ist motiviert	,979
... ist nicht arrogant	,980
... ist nicht herablassend	,980
... ist nicht überheblich	,980
... ist nicht übertrieben unterwürfig	,981
... ist offen	,980
... ist problemlösungsorientiert	,979
... ist respektvoll	,980
... ist sensibel	,979
... nimmt meine Wünsche ernst	,979
... übt keinen Druck aus, damit ich kaufe	,979
... versucht nicht zu manipulieren	,979
... versucht nicht, das Gespräch zu dominieren	,980
... versucht, die Kundenperspektive einzunehmen	,979
... versucht, durch Informationen zu überzeugen	,980
... versucht, meine Bedürfnisse herauszufinden	,980
... versucht, sich in meine Position zu versetzen	,979
... weiß, was mir wichtig ist	,979

Tabelle 57: Informationen zum Konstrukt Transaktionszufriedenheit mit dem Verkäufer (Quelle: Eigene Darstellung)

Das Konstrukt der **Transaktionszufriedenheit bezüglich des Gesprächsverlaufs** wird anhand von zwölf Indikatoren gemessen (Tabelle 58). Daraus ergibt sich ein Cronbach´sches Alpha von 0,960, das damit ebenfalls ein sehr gutes Ergebnis ist.

Bezeichnung der Indikatoren	Item to Total Correlation
Abwechslung im Gespräch	,968
Gesprächsklima	,957
Glatter Verlauf des Gesprächs	,953
Interessantheit im Gespräch	,958
Lebendigkeit im Gespräch	,960
Missverständnisse im Gespräch	,956
Objektivität der Beratung	,955
Objektivität der gegebenen Informationen	,955
Problemlose Verständigung	,956
Sprunghaftigkeit des Gesprächs	,954
Stockungen im Gespräch	,953
Störungen im Gespräch	,953

Tabelle 58: Informationen zum Konstrukt Transaktionszufriedenheit mit dem Gespräch (Quelle: Eigene Darstellung)

4.4.2.2. Messung des ökonomischen Erfolgs

In diesem Abschnitt findet eine Auseinandersetzung mit dem Vorgehen bezüglich der Messung des ökonomischen Erfolgs statt. So wurde durch gesammelte Unternehmensdaten ermittelt, wie viel Umsatz durch die „reporteten" Vertragsabschlüsse der einzelnen Verkäufer tatsächlich generiert werden konnte (Tabelle 59).

In laufenden Service-Dienstleistungen, wie im zugrunde liegenden Fall der Logistikbranche, melden Verkäufer über CRM-Programme neue Geschäftsabschlüsse entweder in Form eines erwarteten Jahreswerts oder branchenüblich über ein *Average Daily Revenue* (ADR), der vom Kunden im Durchschnitt täglich erwartet wird. Was durch den Kunden tatsächlich bei diesen Vereinbarungen umgesetzt wird, lässt sich im Nachhinein u. a. anhand der Rechnungen und der Anzahl der verschickten Pakete und Paletten ermitteln. Diese Summen wurden pro Verkäufer über sechs Monate durch das konzerneigene Programm ausgewertet. Nach Rücksprache mit verschiedenen Vertriebsleitern und Senior-Managern der Logistikbranche wurde festgelegt, diese Performance-Maßzahl zu nutzen, da sie einen realistischen kombinierten Eindruck über die Bestandskundenentwicklung des jeweiligen Kundenportfolios und die Neukundengewinnung einzelner Verkäufer zulässt.

Tabelle 59 zeigt den nach dieser Methode gemessenen Umsatz der einzelnen Verkäufer über einen Zeitraum von sechs Monaten.

Verkäufer	Incremental Revenue last 6 month
1	$ 212.522
2	$ 196.299
3	$ 158.619
4	$ 145.021
5	$ 119.356
6	$ 83.043
7	$ 65.302
8	$ 36.643
9	$ 30.919
10	$ 27.975
11	N/A
12	N/A
13	N/A

Tabelle 59: Tatsächlich durch den Verkäufer generierter Umsatz der letzten 6 Monate (Quelle: Eigene Darstellung)

Mit dieser Skala wird die weitere Datenanalyse durchgeführt. Jeder Verkäufer hat mehrere Gespräche geführt, die mehrfach anhand der Globalzufriedenheit durch den Kunden bemessen wurden. Zehn Verkäufer führten drei Gespräche, drei Verkäufer führten zwei Gespräche. Dabei wurde darauf geachtet, dass niemals ein Verkäufer mehr als ein Gespräch in einem der drei unterschiedlichen Szenarien führte. Werden die Mittelwerte der Bewertungen je Verkäufer gebildet, stellen sich diese, wie in Tabelle 60 veranschaulicht, dar.

Verkäufer	Durchschnittliche Globalzufriedenheit
a	4,79
b	4,47
c	4,42
d	4,35
e	4,24
f	4,22
g	4,02
h	3,81
i	3,76
j	3,73
k	3,57
l	3,49
m	2,68

Tabelle 60: Durchschnittliche Bewertung der Verkäufer durch die Kunden (Quelle: Eigene Darstellung)

Mit diesen Skalen werden die weiteren Datenanalysen durchgeführt. Die Verteilung des *Incremental Revenues* weist dabei eine Normalverteilung auf, wie der Kolmogorov-Smirnov-Anpassungstest in Tabelle 61 zeigt.

Kolmogorov-Smirnov-Anpassungstest

		Incremental Revenue
N		28
Parameter der Normalverteilung[a,b]	Mittelwert	95078,4643
	Std.-Abweichung	72467,09314
Extremste Differenzen	Absolut	,254
	Positiv	,254
	Negativ	-,177
Statistik für Test		,254
Asymptotische Signifikanz (2-seitig)		,000[c]

a. Die zu testende Verteilung ist eine Normalverteilung.

b. Aus den Daten berechnet.

Tabelle 61: Kolmogorov-Smirnov-Test auf Normalverteilung (Quelle: Eigene Darstellung)

4.4.3. Ergebnis der Analyse im Überblick

4.4.3.1. Ergebnis der Analyse der transaktionsanalytischen Muster und des Profitabilitätsmodells im Überblick

Aufgrund der niedrigen Fallzahl der analysierten Verkaufsgespräche (n=36) lässt sich zur Auswertung des theoretischen Bezugsrahmens und der darin vorkommenden mehrstufigen Abhängigkeitsbeziehungen die Methodik der Kausalanalyse (Kovarianzstrukturanalyse) nicht einsetzen. Stattdessen wird die Analyse des Modells der Pfadanalyse aufgebaut, die auf Überlegungen von Wright aufbaut (vgl. 1934, S. 161ff). Die entstehende Modellstruktur wird in der zugrundeliegenden Analyse anhand repetitiver Durchführungen linearer regressionsanalytischer Verfahren untersucht. Die Pfadanalyse wird als Anwendung der Regressionsanalyse gesehen, die anhand zweier Charakteristika gekennzeichnet ist: Durch (1) eine grafische Veranschaulichung der Regressionsergebnisse mit standardisierten Variablen und durch (2) eine aneinanderreihende Verknüpfung einzelner Regressionsanalysen, wobei die unabhängigen Variablen der vorausgehenden Regressionen jeweils die abhängigen Variablen der folgenden Regression sind (vgl. Rüdiger, 2002, S. 41).

Das ursprüngliche Transaktionsanalytische Modell (Kapitel 3.5.3) und das Profitabilitätsmodell (Kapitel 3.5.5) werden, nachdem die Regressionsfunktionen geprüft wurden (Bestimmtheitsmaß, Regressionskoeffizienten, Prämissen), abgeändert. Das Resultat dieses Prozesses ist durch das Modell in Abbildung 94 zusammengefasst.

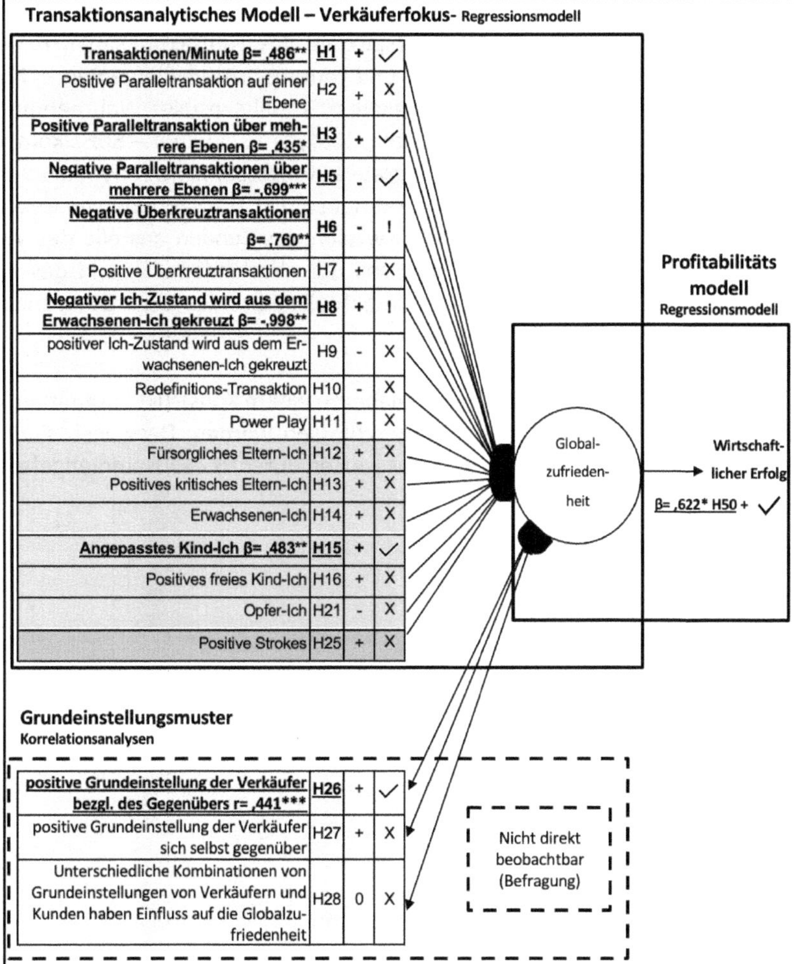

** = 10%-Signifikanz-Niveau*
*** = 5%-Signifikanz-Niveau*
****= 1%-Signifikanz-Niveau*
ß = Einfluss (Regression) →
r = Zusammenhang (Korrelation) ↔
✓= Hypothese bestätigt
X = Hypothese verworfen
! = Hypothese verworfen, aber gegenteilig zur ursprünglichen Annahme signifikanter Einfluss.
Bemerkung: *Verhaltensweisen zu nicht aufgeführte Hypothesen konnten verkäuferseitig nicht beobachtet werden oder wurden vom Regressionsmodell ausgeschlossen.*

Abbildung 94: Ergebnisse der Regressionsanalysen und der Korrelationsanalysen – Verkäufer- und Profitabilitätsfokus (Quelle: Eigene Darstellung)

Abbildung 95 zeigt eine weitere Perspektive des Transaktionsanalytischen Modells. Im Sinne von Hennig-Thurau und Thuraus drittem Element ihres Modells der Sozialkompetenz „Die Fähigkeit zu sozial sensibler Wahrnehmung und adäquater Beurteilung" (Nerdinger, 2001, S. 131) (3.4.4 – Sozialkompetenz als Schlüssel zur Steuerung integrativer Prozesse) hierbei der Fokus auf den Kunden gelegt. Dieses Modell rückt neben den Transaktionen im Gegensatz zu Hauptmodell 1 die Verhaltensweisen des Kunden anstelle des Verkäuferverhaltens in den Fokus. Dies soll dem Verkäufer während des Gesprächs situativ Anhaltspunkte für die aktuelle Güte des Gesprächsverlaufs geben.

Die positiven *Strokes* können nicht reliabel zu einem Konstrukt zusammengefasst, sollen aber nicht einfach ausgeschlossen werden. Deswegen sind in diesem Modell drei verschiedene *Stroke*-Arten unter Hk25 zusammengefasst.

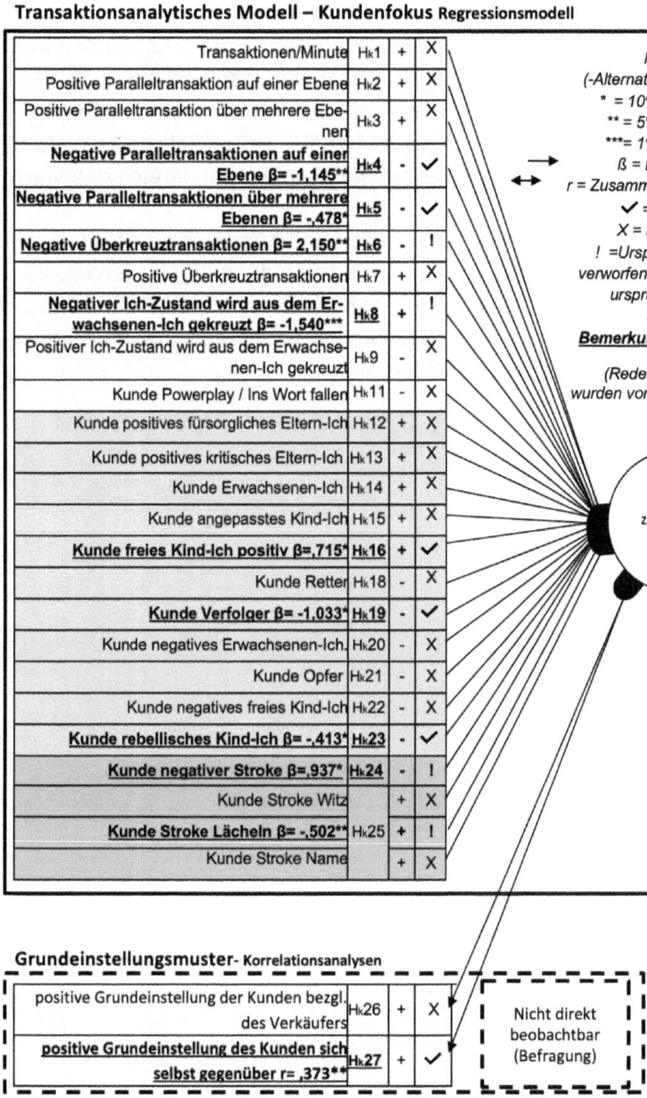

Abbildung 95: Ergebnisse der Regressionsanalyse und der Korrelationsanalysen – Kundenfokus (Quelle: Eigene Darstellung)

Werden die beiden Modelle direkt gegenübergestellt, zeigt sich, dass bei den kundenseitigen Verhaltensweisen (Ich-Zuständen) andere Annahmen signifikant bestätigt werden, als es bei den verkäuferseitigen Verhaltensweisen der Fall ist. Da die Bewertung des Gesprächs durch den Kunden stattfindet und an Verkäufer und Kunden dementsprechend unterschiedliche Erwartungen gestellt werden, sind Differenzen der Einflüsse in diesem Bereich zu erwarten.

Beide Regressionsmodelle, Verkäuferfokus und Kundenfokus, besitzen allerdings die Transaktionen als Schnittmenge (Abbildung 96), da jeweils Käufer und Verkäufer ein Teil der gleichen Transaktionen sind. So kann Modell 2 (Käuferfokus) zur Bestätigung der in Modell 1 (Verkäuferfokus) erhobenen Hypothesen in diesem Bereich genutzt werden.

Modell 1 (Verkäufer)				**Modell 2 (Kunde)**			
Transaktionen/Minute β= ,486**	H1	+	✓	Transaktionen/Minute	HK1	+	X
Positive Paralleltransaktion auf einer Ebene	H2	+	X	Positive Paralleltransaktion auf einer Ebene	HK2	+	X
Positive Paralleltransaktion über mehrere Ebenen β= ,435*	H3	+	✓	Positive Paralleltransaktion über mehrere Ebenen	HK3	+	X
(modellseitig ausgeschlossen)	H4			**Negative Paralleltransaktionen auf einer Ebene β= -1,145****	HK4	-	✓
Negative Paralleltransaktionen über mehrere Ebenen β= -,699***	H5	-	✓	**Negative Paralleltransaktionen über mehrere Ebenen β= -,478***	HK5	-	✓
Negative Überkreuztransaktionen β= ,760**	H6	-	!	**Negative Überkreuztransaktionen β= 2,150****	HK6	-	!
Positive Überkreuztransaktionen	H7	+	X	Positive Überkreuztransaktionen	HK7	+	X
Negativer Ich-Zustand wird aus dem Erwachsenen-Ich gekreuzt β= -,998**	H8	+	!	**Negativer Ich-Zustand wird aus dem Erwachsenen-Ich gekreuzt β= -1,540*****	HK8	+	!
Positiver Ich-Zustand wird aus dem Erwachsenen-Ich gekreuzt	H9	-	X	Positiver Ich-Zustand wird aus dem Erwachsenen-Ich gekreuzt	HK9	-	X
Redefinitions-Transaktion	H10	-	X	(modellseitig ausgeschlossen)	HK10		
Power Play	H11	-	X	Kunde Powerplay/Ins Wort fallen	HK11	-	X

Abbildung 96: Gegenüberstellung der beiden vorherigen Modelle: Verkäuferfokus vs Kundenfokus (Quelle: Eigene Darstellung)

4.4.3.2. Ergebnis der Analyse der nicht-transaktionsanalytischen Muster im Überblick

Bei den nicht-transaktionsanalytischen Mustern, die alle nicht direkt beobachtbar sind, kann nur ein einzelner direkter Einfluss auf die Globalzufriedenheit durch die vom Kunden empfundene Kooperation des Verkäufers festgestellt werden. Andere (nicht gerichtete) Zusammenhänge werden demzufolge überwiegend durch Korrelationsanalysen (und eine

Varianzanalyse) und nicht durch Regressionsmodelle analysiert und festgestellt (Abbildung 97).

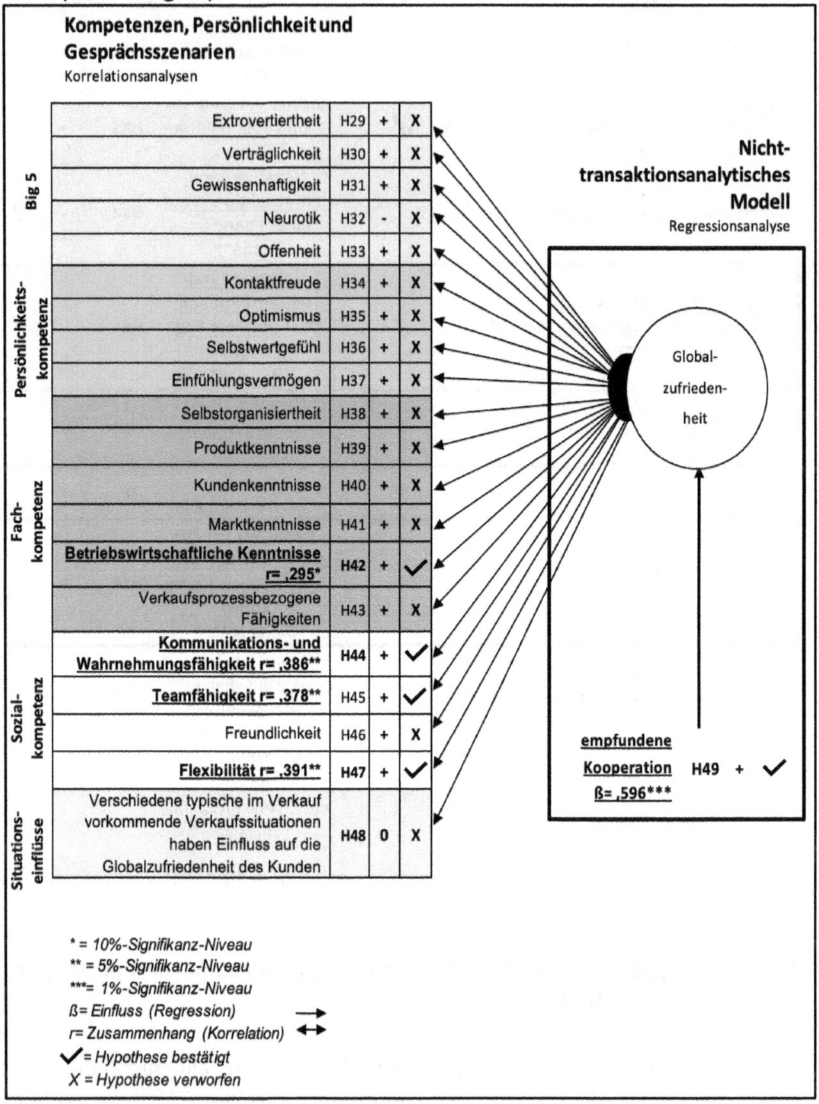

Abbildung 97: Nicht-Transaktionsanalytische Zusammenhänge und Einflüsse (Quelle: Eigene Darstellung)

4.4.4. Analyse der Wirkung von transaktionsanalytischen Mustern auf die Globalzufriedenheit

4.4.4.1. Regressionsmodelle: Einfluss verkäuferischer Transaktionsmuster auf die Globalzufriedenheit

4.4.4.1.1. Zentrales Regressionsmodell 1: Anhaltspunkte zur situativen verkäuferischen Verhaltensanpassung

Bevor das erste Regressionsmodell, das sich mit dem Einfluss transaktionaler Muster auf die Globalzufriedenheit des Kunden auseinandersetzt, betrachtet wird, wird es auf einen Verstoß bezüglich notwendiger Prämissen untersucht. Folgende mögliche Prämissenverletzungen werden dazu untersucht (vgl. Backhaus et al., 2018, S. 90, S. 103): Multikollinearität, Nicht-Linearität, Heteroskedastizität, Autokorrelation und keine Normalverteilung der Residuen.

Die detaillierte Überprüfung der einzelnen Punkte ergibt, dass keine Verstöße gegen die Prämissen vorliegen, außer bei einer Multikollinearität zwischen zwei der insgesamt 17 Variablen. Diese ist aber durch den Aufbau des Modells erklärbar. Auf genaue Details und Erklärungen diesbezüglich wird im Kapitel 10.2.1.1 (Prämissenprüfung des Gesamtmodells (1) mit Fokus auf das Verkäuferverhalten) eingegangen.

Dort wird darüber hinaus auch beschrieben, wie bei den Verhaltensweisen des Verkäufers aus den beobachteten positiven *Strokes* im Rahmen der quantitativen Analyse das Konstrukt anhand der Messgüte-Bewertung auf Grundlage des Cronbach´schen Alphas (Reliabilitätskoeffizient) sowie der *Item-to-Total*-Korrelation (Trennschärfekoeffizient) gebildet wird.

Die Prüfung der Güte der Regressionsanalyse (Tabelle 62) weist in diesem Transaktionsanalytischen Modell mit Verkäuferfokus ein recht hohes Bestimmtheitsmaß auf (R-Quadrat= 0,792, korrigiertes R-Quadrat= 0,595). Dies verdeutlicht, dass ein großer Teil der Varianz der Globalzufriedenheit durch die in diesem Modell insgesamt 17 Variablen der Transaktionsmuster erklärt wird (vgl. Backhaus et al., 2018, S. 78).

Modellzusammenfassung

Modell	R	R-Quadrat	Korrigiertes R-Quadrat	Standardfehler des Schätzers
1	,890[a]	,792	,595	,43965

a. Einflussvariablen: (Konstante), StrposK, Verkäufer angepasstes Kind-Ich, Verkäufer kritisches Eltern-Ich, Verkäufer Erwachsenen Ich, Verkäufer OPFER, Verkäufer Powerplay/Ins Wort fallen, Überkreuztransaktion negativ, ER x positives Ich, REDEF TA, Transaktionen/Minute, positive Parallel TA über mehrere Ebenen, Überkreuztransaktion positiv, negative Parallel TA über mehrere Ebenen, Verkäufer fürsorgliches Eltern-Ich, Verkäufer freies Kind-Ich positiv, ER x negatives Ich, positive Parallel TA auf einer Ebene

Tabelle 62: Modellzusammenfassung (Quelle: Eigene Darstellung)

Verhaltensweisen, die dem Retter-, dem negativen Erwachsenen-, dem negativen freien Kind-Ich und dem rebellischen Kind-Ich entsprechen sowie negative *Strokes* konnten auf Verkäuferseite überhaupt nicht beobachtet werden. Negative Paralleltransaktionen auf einer Ebene und Verhaltensweisen, die dem Verfolger-Ich entsprechen, kamen so selten vor, dass sie durch das Regressionsmodell ausgeschlossen wurden. Dadurch kann zu den Hypothesen H4, H18, H19, H20, H22, H23 und H24 keine Aussage getroffen werden.

Das fertige Modell zeigt auf dem 1 %-Niveau Signifikanz (p=0,003) (Tabelle 63). Das hohe Bestimmtheitsmaß wird als Beleg dafür gesehen, dass die Beziehungsebene der Kommunikation, die in der vorliegenden Untersuchung betrachtet wird, für die Globalzufriedenheit von hoher Bedeutung ist.

ANOVA[a]

Modell		Quadratsumme	df	Mittel der Quadrate	F	Sig.
1	Regression	13,212	17	,777	4,021	,003[b]
	Nicht standardisierte Residuen	3,479	18	,193		
	Gesamt	16,691	35			

a. Abhängige Variable: @1ZufGloKneu

b. Einflussvariablen: (Konstante), StrposK, Verkäufer angepasstes Kind-Ich, Verkäufer kritisches Eltern-Ich, Verkäufer Erwachsenen-Ich, Verkäufer OPFER, Verkäufer Powerplay/Ins Wort fallen, Überkreuztransaktion negativ, ER x positives Ich, REDEF TA, Transaktionen/Minute, positive Parallel TA über mehrere Ebenen, Überkreuztransaktion positiv, negative Parallel TA über mehrere Ebenen, Verkäufer fürsorgliches Eltern-Ich, Verkäufer freies Kind -Ich positiv, ER x negatives Ich, positive Parallel TA auf einer Ebene

Tabelle 63: ANOVA (Quelle: Eigene Darstellung)

Die Prüfung der Güte der Regressionskoeffizienten (Tabelle 64) ergibt, dass positive Überkreuztransaktionen, Transaktionen, bei denen ein positiver Ich-Zustand aus dem Erwachsenen-Ich gekreuzt wird, Redefinitionstransaktionen sowie Verhaltensweisen aus dem fürsorglichen Eltern-Ich, dem kritischen Eltern-Ich, dem Erwachsenen-Ich, dem positiven freien Kind-Ich und dem Opfer-Ich sowie *Power Plays* und dem Konstrukt der positiven *Strokes* keinen signifikanten Einfluss auf die Globalzufriedenheit ausüben. Somit werden die Hypothesen H7, H9, H10, H11, H12, H13, H14, H16, H21 und H25 nicht bestätigt.

Koeffizienten[a]

Modell	Nicht standardisierte Koeffizienten: Regressionskoeffizient B	Nicht standardisierte Koeffizienten: Std.-Fehler	Standardisierte Koeffizienten: Beta	T	Sig.
1 (Konstante)	2,925	,357		8,196	,000
Transaktionen/Minute	**,315**	**,114**	**,471**	**2,756**	**,013**
positive Überkreuztransaktion	-,040	,051	-,161	-,779	,446
negative Überkreuztransaktionen	**,157**	**,061**	**,869**	**2,560**	**,020**
Redefinitionstransaktionen	,605	,396	,279	1,526	,144
ER x positives Ich	-,071	,057	-,245	-1,240	,231
ER x negatives Ich	**-,210**	**,076**	**-1,028**	**-2,782**	**,012**
negative Parallel-TA über mehrere Ebenen	**-,347**	**,091**	**-,723**	**-3,816**	**,001**
positive Parallel-TA auf einer Ebene	,019	,028	,609	,696	,495
positive Parallel-TA über mehrere Ebenen	**,086**	**,042**	**,434**	**2,020**	**,058**
fürsorgliches Eltern-Ich	,020	,043	,129	,471	,643
kritisches Eltern-Ich	,312	,388	,105	,805	,431
Erwachsenen-Ich	-,032	,057	-,451	-,567	,578
freies Kind-Ich positiv	-,054	,090	-,148	-,599	,556
angepasstes Kind-Ich	**,129**	**,052**	**,442**	**2,479**	**,023**
Opfer	,102	,062	,247	1,651	,116
Positive Strokes (Konstrukt)	,016	,091	,032	,177	,862
Verkäufer Powerplay/Ins Wort fallen	-,378	,305	-,182	-1,239	,231

a. Abhängige Variable: Globalzufriedenheit

Tabelle 64: Prüfung der Güte der Regressionskoeffizienten (Quelle: Eigene Darstellung)

Dagegen kann ein signifikanter positiver Einfluss bezüglich der Anzahl von **Transaktionen pro Minute** auf die Globalzufriedenheit auf dem 5 %-Niveau nachgewiesen werden (β=0,471, p=0,013). Somit wird Hypothese H1 bestätigt.

Der erwartete negative Einfluss **negativer Überkreuztransaktionen** in Hypothese H6 kann zwar interessanterweise nicht bestätigt werden, aber es kommt ein gegenteiliger positiver Effekt auf dem 5 %-Niveau (β=0,869, p=0,020) zum Vorschein und „belegt“ damit Hypothese H6 sozusagen antithetisch. Werden in diesem Zusammenhang die Gespräche bezüglich der Ich-Zustände betrachtet, wird deutlich, dass negative Überkreuztransaktionen kaum durch Verkäufer angestoßen wurden. Gab es in Gesprächen viele negative Überkreuztransaktionen, gingen diese zumeist von Kundenseite aus, während Verkäufer in positiven Ich-Zuständen blieben. Anscheinend diente für den Kunden die Überkreuzung als Ventil, um Ärger abzubauen, wodurch er sich „Luft machen“ konnte oder der Kunde eventuell einfach Gefallen daran fand, seine Dominanz zu zeigen.

Ein weiterer auf dem 5 %-Niveau signifikanter, allerdings ebenfalls nicht erwarteter negativer Einfluss auf die Globalzufriedenheit des Kunden zeigt sich bezüglich der **Transaktionen, bei denen eine Verhaltensweise, die einem negativen Ich-Zustand entspricht, durch eine rationale Verhaltensweise gekreuzt wird, die dem Erwachsenen-Ich-Zustand** entspricht (β=-1,028, p=0,012). Dies widerspricht der ursprünglichen Hypothese H8, in der ein zu erwartender positiver Einfluss formuliert wird. Der positive Einfluss wurde ursprünglich erwartet, da es Situationen gibt, in denen diese Art der Überkreuztransaktion als angebracht erscheint, um das rationale Erwachsenen-Ich des Gegenübers zu mobilisieren (vgl. Hagehülsmann; Hagehülsmann, 2007, S. 55, S. 57; vgl. Rüttinger, 2019, S. 54f). Eine Empfehlung von Weis (vgl. 2003, S. 91) liefert aber diesbezüglich einen Anhaltspunkt zur Erklärung des beobachteten „Widerspruchs“, der besagt, dass zwar versucht werden sollte, den Gesprächspartner auf die Erwachsenen-Ebene zu bringen, aber Zustandsebenen auf keinen Fall zu schnell gewechselt werden sollten. „Ein schneller Wechsel einer Ich-Ebene ist gefährlich. Sofern erforderlich, kann ein Wechsel nur sorgfältig und langsam versucht werden“ (Weis, 2003, S. 91). Auch Rüttinger (vgl. 2019, S. 60) empfiehlt, die überraschende und gelegentlich schroffe Wirkung einer Überkreuztransaktion mit einer kurzen Paralleltransaktion zu kombinieren und dadurch abzufedern.

Es scheint, dass eine nicht emotionale, rationale Antwort auf einen emotional vorgebrachten Sachverhalt den Eindruck erzeugt, dass die besprochene Thematik vom Gegenüber nicht die emotionale Importanz zugeschrieben bekommt, die eigentlich vom Gegenüber erwartet wird.

Zusammengefasst scheinen negative Überkreuztransaktionen dazu zu dienen, negative Emotionen abzubauen. Wird allerdings keine angebrachte emotional verständnisvolle Reaktion des Verkäufers gezeigt, führt dies zu Kundenunzufriedenheit.

Negative Paralleltransaktionen über mehrere Ebenen weisen auf dem 1 %-Niveau den erwarteten negativen Einfluss auf (β=-0,723, p=0,001). Hypothese H5 wird damit bestätigt.

Positive Paralleltransaktionen über mehrere Ebenen haben positiven Einfluss auf das Empfinden des Gesprächspartners (β=0,434, p=0,058) und bestätigen somit Hypothese H3 auf dem 10 %-Signifikanz-Niveau.

Im Bereich der Ich-Zustände zeigt sich einzig bei Verhaltensmustern, welche dem **angepassten Kind-Ich-Zustand** entspringen, der vermutete positive Einfluss auf dem 5 %-Niveau und das bestätigt damit Hypothese H15 (β=0,442, p=0,023).

4.4.4.1.2. Zusätzliche Analyse differenzierter Szenarien: Verkäuferzentrierte Regressionsmodelle und weitere Betrachtungen

Im Folgenden werden die unterschiedlichen Verkaufsszenarien im Einzelnen genauer untersucht.

Auch wenn jedes Szenario nur zwölf Gespräche umfasst und deswegen keinen Anspruch hat, Hypothesen zu überprüfen, kann die Betrachtung der Gesprächsszenarien einen Anstoß für zukünftige Untersuchungen, aber auch für den Verkaufsalltag bieten, um ein Verständnis dafür zu schaffen, ob es grundsätzliche Unterschiede zwischen Verhaltensempfehlungen bezüglich unterschiedlicher Situationen gibt und auf welche Aspekte geachtet werden sollte.

Bevor diese Regressionsmodelle betrachtet werden, werden sie nacheinander ebenfalls auf einen Verstoß gegen notwendige Prämissen untersucht. Folgende mögliche Prämissenverletzungen werden dazu zu jedem der Modelle untersucht (vgl. Backhaus et al., 2018, S. 90, S. 103): Multikollinearität, Nicht-Linearität, Heteroskedastizität, Autokorrelation und keine Normalverteilung der Residuen.

Die detaillierte Überprüfung der einzelnen Punkte ergibt, dass keine Verstöße gegen die Prämissen vorliegen. Auf Details und genaue Erklärungen diesbezüglich wird in Kapitel 10.2.1.2 (Prüfung der Normalverteilung der drei Verkaufsszenarien und 10.2.1.3 Prämissenprüfung der einzelnen Szenarienmodelle – Verkäuferfokus) im Anhang eingegangen.

Ein Regressionsmodell zu **Szenario 1** ergab keine signifikanten Ergebnisse und konnte nicht gebildet werden.

Die Prüfung der **Güte der Regressionsanalyse zu Szenario 2** (Tabelle 65) weist allerdings dafür in einem schrittweise erzeugten Regressionsmodell ein sehr hohes Bestimmtheitsmaß auf (R-Quadrat=0,685, korrigiertes R-Quadrat=0,615). Per Einschlussverfahren mit allen Variablen konnte kein signifikantes Modell erzeugt werden.

Modellzusammenfassung

Modell	R	R-Quadrat	Korrigiertes R-Quadrat	Standardfehler des Schätzers
1	,688[a]	,473	,421	,61178
2	,828[b]	,685	,615	,49872

a. Einflussvariablen: (Konstante), Verkäufer fürsorgliches Eltern-Ich

b. Einflussvariablen: (Konstante), Verkäufer fürsorgliches Eltern-Ich, Verkäufer angepasstes Kind-Ich

Tabelle 65: Modellzusammenfassung Szenario 2 (Quelle: Eigene Darstellung)

Das Regressionsmodell ist auf dem 1 %-Niveau signifikant (p=0,006) (Tabelle 66).

ANOVA[a]

Modell		Quadrat-summe	df	Mittel der Quadrate	F	Sig.
1	Regression	3,365	1	3,365	8,990	,013[b]
	Nicht standardisierte Residuen	3,743	10	,374		
	Gesamt	7,107	11			
2	Regression	4,869	2	2,434	9,788	,006[c]
	Nicht standardisierte Residuen	2,239	9	,249		
	Gesamt	7,107	11			

a. Abhängige Variable: @1ZufGloKneu

b. Einflussvariablen: (Konstante), Verkäufer fürsorgliches Eltern-Ich

c. Einflussvariablen: (Konstante), Verkäufer fürsorgliches Eltern-Ich, Verkäufer angepasstes Kind-Ich

Tabelle 66: ANOVA (Quelle: Eigene Darstellung)

Wie im gesamten Hauptmodell (alle Szenarien gemeinsam betrachtet) weist auch hier das **angepasste Kind-Ich** auf dem 5 %-Signifikanz-Niveau positiven Einfluss auf die Globalzufriedenheit auf (β=0,461, p=0,036). Darüber hinaus ergibt sich noch ein zusätzlicher, im 1 %-Signifikanz-Niveau liegender positiver Einfluss des **fürsorglichen Eltern-Ich-Verhaltens** (β=0,723, p=0,004), der im Gesamtmodell nicht festgestellt werden konnte (Tabelle 67).

Koeffizienten[a]

Modell		Nicht standardisierte Koeffizienten: Regressions-koeffizientB	Nicht standardisierte Koeffizienten: Std.-Fehler	Standardisierte Koeffizienten: Beta	T	**Sig.**
1	(Konstante)	2,987	,352		8,484	,000
	Verkäufer fürsorgliches Eltern-Ich	,122	,041	,688	2,998	,013
2	(Konstante)	2,585	,330		7,825	,000
	Verkäufer fürsorgliches Eltern-Ich	**,128**	**,033**	**,723**	**3,856**	**,004**
	Verkäufer angepasstes Kind-Ich	**,237**	**,096**	**,461**	**2,459**	**,036**

a. Abhängige Variable: @1ZufGloKneu

Tabelle 67: Koeffizienten des Regressionsmodells zu Szenario 2 (Quelle: Eigene Darstellung)

Die Prüfung der **Güte der Regressionsanalyse** (Tabelle 68) weist in einem ebenfalls schrittweise erzeugten Modell zu **Szenario 3** ein sogar noch höheres Bestimmtheitsmaß als Szenario 2 oder das Gesamtmodell auf (R-Quadrat=0,759, korrigiertes R-Quadrat=0,705). Per Einschlussverfahren inklusive aller Variablen konnte zu Szenario 3 kein signifikantes Modell erzeugt werden.

Modellzusammenfassung

Modell	R	R-Quadrat	Korrigiertes R-Quadrat	Standardfehler des Schätzers
1	,685[a]	,469	,415	,54544
2	,871[b]	,759	,705	,38743

a. Einflussvariablen: (Konstante), ER x negatives Ich
b. Einflussvariablen: (Konstante), ER x negatives Ich, Verkäufer freies Kind-Ich positiv

Tabelle 68: Modellzusammenfassung Szenario 3 (Quelle: Eigene Darstellung)

Das Regressionsmodell ist auf dem 1 %-Niveau signifikant (p=0,002) (Tabelle 69).

ANOVA[a]

Modell		Quadratsumme	df	Mittel der Quadrate	F	Sig.
1	Regression	2,623	1	2,623	8,817	,014[b]
	Nicht standardisierte Residuen	2,975	10	,298		
	Gesamt	5,598	11			
2	Regression	4,247	2	2,124	14,147	,002[c]
	Nicht standardisierte Residuen	1,351	9	,150		
	Gesamt	5,598	11			

a. Abhängige Variable: @1ZufGloKneu
b. Einflussvariablen: (Konstante), ER x negatives Ich

Tabelle 69: ANOVA (Quelle: Eigene Darstellung)

Im Gegensatz zum Hauptmodell weisen hier Verhaltensweisen des **freien Kind-Ichs** einen zusätzlichen signifikanten im 1 %-Niveau liegenden positiven Einfluss auf die Globalzufriedenheit auf (β=0,539, p=0,009). Darüber hinaus ergibt sich auch noch ein ebenfalls im 1 %-Signifikanz-Niveau liegender negativer Einfluss (β=-0,673, p=0,003) von **Transaktionen, bei denen eine negative Verhaltensweise durch eine Verhaltensweise der Erwachsenen-Ebene gekreuzt wird**, der jedoch im Gesamtmodell bereits festgestellt werden konnte (Tabelle 70).

Koeffizienten[a]

Modell		Nicht standardisierte Koeffizienten RegressionskoeffizientB	Std.-Fehler	Standardisierte Koeffizienten Beta	T	**Sig.**
1	(Konstante)	4,211	,192		21,940	,000
	ER x negatives Ich	-,106	,036	-,685	-2,969	,014
2	(Konstante)	3,812	,182		20,902	,000
	ER x negatives Ich	**-,104**	**,025**	**-,674**	**-4,113**	**,003**
	Verkäufer freies Kind-Ich positiv	**,590**	**,179**	**,539**	**3,289**	**,009**

a. Abhängige Variable: @1ZufGloKneu

Tabelle 70: Koeffizienten des Regressionsmodells zu Szenario 3 (Quelle: Eigene Darstellung)

Schlussfolgernd zeigt sich, dass auch, wenn das Gesamtmodell einen weitaus breiteren Überblick über die kausalen Zusammenhänge liefert und im vorliegenden Fall auf Ebene der Szenarien betrachtet die Anzahl der Gespräche sehr begrenzt ist, dass es Anhaltspunkte gibt, wonach jede Situation Besonderheiten zu empfohlenen Verhaltensweisen mit sich bringt.

Wird ein **Vergleich der drei Szenarien anhand aller Mittelwerte der Globalzufriedenheit der Kunden** zunächst mit einer Varianzanalyse (Tabelle 71) durchgeführt, kann kein signifikanter Unterschied festgestellt werden.

Einfaktorielle ANOVA

@1ZufGloKneu

	Quadratsumme	df	Mittel der Quadrate	F	**Signifikanz**
Zwischen den Gruppen	,886	2	,443	,924	**,407**
Innerhalb der Gruppen	15,806	33	,479		
Gesamt	16,691	35			

Tabelle 71: Varianzanalyse der drei Szenarien (Quelle: Eigene Darstellung)

Auch die univariate Auswertung nach Scheffé (Tabelle 72), die die einzelnen unabhängigen Szenarien mit Normalverteilung schrittweise miteinander vergleicht, zeigt keine signifikanten Unterschiede der Globalzufriedenheit für die einzelnen Szenarien.

Multiple Comparisons

Abhängige Variable: @1ZufGloKneu
Scheffé

(I)Szenario	(J)Szenario	Mittlere Differenz (I-J)	Standard Fehler	Sig.	95%-Konfidenzintervall Untergrenze	Obergrenze
Erstgespräch	5% Tarifanpassung	,3250	,28254	,523	-,3992	1,0492
	Problemgespräch	,3399	,28254	,493	-,3843	1,0641
5% Tarifanpassung	Erstgespräch	-,3250	,28254	,523	-1,0492	,3992
	Problemgespräch	,0149	,28254	,999	-,7093	,7391
Problemgespräch	Erstgespräch	-,3399	,28254	,493	-1,0641	,3843
	5% Tarifanpassung	-,0149	,28254	,999	-,7391	,7093

Grundlage: beobachtete Mittelwerte.
Der Fehlerterm ist Mittel der Quadrate (Fehler) = ,479.

Tabelle 72: Multiple Comparison (Quelle: Eigene Darstellung)

Damit kann die Hypothese H48 nicht bestätigt werden. Es kann also kein Unterschied zwischen der Globalzufriedenheit der Kunden nach den Gesprächen in Abhängigkeit der einzelnen Gesprächsszenarien festgestellt werden.

Dies wird, bei einer qualitativ deskriptiven Betrachtung der Mittelwerte der Globalzufriedenheiten bezüglich der unterschiedlichen Szenarien (Abbildung 98), die sich nur marginal unterscheiden, auch augenscheinlich deutlich.

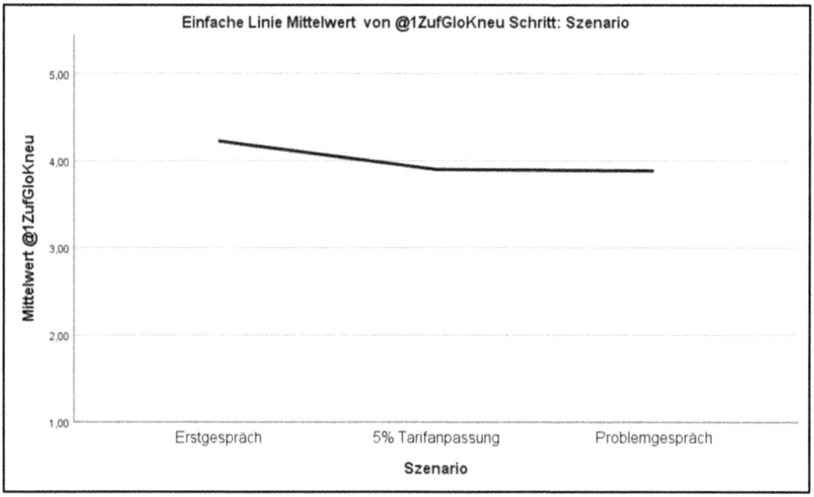

Abbildung 98: Vergleich der Mittelwerte der Globalzufriedenheiten nach Szenarien (Quelle: Eigene Darstellung)

In Tabelle 73: Häufigkeiten, in der die durchschnittlichen Häufigkeiten der Variablen in den einzelnen Szenarien verglichen werden, zeichnet sich ab, dass, obwohl es keine signifikanten Unterschiede zwischen den einzelnen Globalzufriedenheiten gibt, dennoch Unterschiede in den Verhaltensweisen und Transaktionen zu sehen sind. Diese Unterschiede bestehen dahingehend, dass in Szenario 1 (auch wenn sich hierzu kein Regressionsmodell bilden lässt) vor allem **negative Überkreuztransaktionen** wesentlich weniger vorkommen. Das gilt auch für **Überkreuztransaktionen, in denen ein negativer Ich-Zustand durch das Erwachsenen-Ich durchkreuzt** wird. Im Gegenzug werden aber dafür wesentlich mehr **positive Paralleltransaktionen auf einer Ebene** beobachtet.

Auf der Ich-Ebene gibt es allerdings kaum Unterschiede bei den Verkäuferverhaltensweisen. Außer dass etwas mehr **Erwachsenen- und fürsorgliche Eltern-Verhaltensweisen** genutzt werden.

		Abkürzung	Szenario 1	Szenario 2	Szenario 3
	Globalzufriedenheit	**ZUFGLO**	**4,22**	**3,90**	**3,88**
	Dauer (Duration)	DUR	18,73	15,17	12,23
	Transaktionen pro Minute	TA_min	3,03	3,24	2,52
	Prozentualer Gesprächsanteil des Verkäufers	proz_V	0,58	0,61	0,55
	Anzahl der Transaktionen	TA	57,00	50,00	32,67
Überkreuztransaktionen	positiv	UTpos	6,17	5,00	4,50
	negativ	UTneg	0,42	3,67	4,33
	Redefinitionen	Redef	0,08	0,08	0,17
	Rational einen negativen Ich-Zustand durchkreuzen	ERxneg	0,33	3,00	2,92
	Rational einen positiven Ich-Zustand durchkreuzen	ERxpos	3,67	3,83	1,75
Paralleltransaktionen	negativ auf einer Ebene	PTn1lvl	0,00	0,00	0,08
	negativ auf zwei Ebenen	PTn2lvl	0,25	0,58	1,00
	positiv auf einer Ebene	PTp1lvl	42,58	30,33	15,83
	positiv auf zwei Ebenen	PTp2lvl	3,58	3,58	2,42
Eltern-Ebene	fürsorglich	VfEL	8,42	7,50	4,42
	Retter	VRET	0,00	0,00	0,00
	kritisch	VkEL	0,17	0,00	0,00
	Verfolger	VVER	0,00	0,00	0,08
Erwachsenen-Ebene	positiv	V_ER	22,00	17,42	11,75
	negativ	V_ERR	0,00	0,00	0,00
Kind-Ebene	frei positiv	VfKI_p	2,17	2,33	0,58
	frei negativ	VfKIn	0,00	0,00	0,00
	angepasst	VaKI_r	2,08	1,50	2,83
	Opfer	VOPF	0,00	0,92	0,08
	rebellisch negativ	VrKIn	0,00	0,00	0,00
Strokes	Witz	VSTJOKE	1,25	1,58	0,50
	negativ angreifend	VSTRneg	0,00	0,00	0,00
	Lächeln	VSTSmile	2,83	2,33	1,75
	mit Namen ansprechen	VSTName	2,17	2,33	1,17
Power Plays	Unterbrechen, ohne sich zu entschuldigen/Nicht antworten	VPPlay	0,00	0,00	0,17

Tabelle 73: Häufigkeiten (Quelle: Eigene Darstellung)

Dies lässt den Schluss zu, dass die Transaktionsunterschiede anscheinend dadurch entstehen, dass in Szenario 2 und Szenario 3 besonders kundenseitig deutlich häufiger negative Verhaltensweisen genutzt werden, da sonst die beobachteten Transaktionen nicht zu erklären sind. Dies macht dahingehend Sinn, da Szenario 2 und Szenario 3 auf die eine oder andere Weise Herausforderungen für den Kunden beinhalten. Seien diese operationeller Natur (Szenario 3) oder durch den Verkäufer geforderte Preiserhöhungen (Szenario 2). Dies zeigt, dass, obwohl das Ergebnis in Form der Globalzufriedenheit trotz unterschiedlicher Ausgangslagen nicht maßgeblich voneinander abweicht, die Wege in Form der Verhaltensweisen und Transaktionen zu diesem „ähnlichen Ergebnis“ aber unterschiedlich zu sein scheinen. Dies unterstreicht das Ergebnis, was die unterschiedlichen Regressionsmodelle der einzelnen Szenarien bereits gezeigt haben. Obwohl es übergeordnete Empfehlungen zu geben scheint, scheinen Anpassungen bezüglich der verschiedenen Situationen der Szenarien sinnvoll zu sein.

4.4.4.2. Regressionsmodelle: Explorative Analyse der kundenseitigen Transaktionsmuster

4.4.4.2.1. Zentrales Regressionsmodell 2: Anhaltspunkte zur situativen Kundenanalyse

Eine weitere Perspektive stellt die Analyse der kundenseitig beobachtbaren Verhaltensweisen inklusive der Transaktionen des Gesprächs dar, um etwaige Rückschlüsse während des Gesprächs auf die Globalzufriedenheit des Kunden ziehen zu können.

Auch hier wird das Regressionsmodell, bevor es selbst betrachtet wird, bezüglich möglicher Verstöße gegen notwendige Prämissen analysiert. Folgende mögliche Prämissenverletzungen werden dazu untersucht (vgl. Backhaus et al., 2018, S. 90, S. 103): Multikollinearität, Nicht-Linearität, Heteroskedastizität, Autokorrelation und keine Normalverteilung der Residuen.

Die detaillierte Überprüfung der einzelnen Punkte ergibt, dass keine Verstöße gegen die Prämissen vorliegen, außer bei einer Multikollinearität zwischen vier der insgesamt 25 Variablen. Diese ist aber durch den Aufbau des Modells erklärbar. Auf genaue Details und Erklärungen wird im Kapitel 10.2.1.4 (Prämissenprüfung des Gesamtmodells (2) mit Fokus auf das Kundenverhalten) im Anhang eingegangen.

Eine Bündelung der *Strokes* zu einem Konstrukt funktioniert in diesem kundenseitigen Modell nicht.

Die Prüfung der **Güte der Regressionsanalyse** (Tabelle 74) weist in diesem zweiten transaktionsanalytischen (alternativen) Modell mit Fokus auf den Kunden ein noch höheres Bestimmtheitsmaß als das erste Modell (mit Verkäuferfokus, Modell 1) auf (R-Quadrat=0,927, korrigiertes R-Quadrat=0,744).

Modellzusammenfassung[b]

Modell	R	R-Quadrat	Korrigiertes R-Quadrat	Standardfehler des Schätzers	Durbin-Watson-Statistik
2	,963[a]	,927	,744	,34923	1,848

a. Einflussvariablen: (Konstante), Kunde Powerplay/Ins Wort fallen, Kunde angepasstes Kind-Ich, Kunde RETTER, negative Parallel TA auf einer Ebene, Kunde rebellisches Kind-Ich, Kunde kritisches Eltern-Ich, negative Parallel TA über mehrere Ebenen, Kunde OPFER, Kunde fürsorgliches Eltern-Ich, Kunde freies Kind-Ich negativ, Kunde Stroke Name, Überkreuztransaktion negativ, Kunde Stroke lächeln, Transaktionen/Minute, positive Parallel TA über mehrere Ebenen, ER x positives Ich, Überkreuztransaktion positiv, Kunde Stroke Witz, Kunde Erwachsenen Ich Zustand mit inhaltlicher Redefinition (ERR) Gegenfragen etc., Kunde freies Kind-Ich positiv, positive Parallel TA auf einer Ebene, ER x negatives Ich, Kunde negativer Stroke, Kunde VERFOLGER, Kunde Erwachsenen Ich

b. Abhängige Variable: @1ZufGloKneu

Tabelle 74: Modellzusammenfassung (Quelle: Eigene Darstellung)

Dies verdeutlicht, dass ein großer Teil der Varianz der Globalzufriedenheit durch die in diesem Modell sogar insgesamt 25 Variablen der Transaktionsmuster erklärt wird (vgl. Backhaus et al., 2018, S. 78). Der Unterschied der Anzahl der Regressoren zu Modell 1 ergibt sich zum einen daraus, dass die Kunden einige Verhaltensweisen zeigen, wie z. B. Opfer-Ich-Verhalten, die auf Verkäuferseite überhaupt nie vorkommen und zum anderen, dass positive *Strokes* in Modell 1 zu einem Konstrukt gebündelt werden konnten, während dies in Modell 2 nach Prüfung anhand der Reliabilitätsanalyse nicht möglich ist. Modellseitig ausgeschlossen wurden dabei nur Redefinitionstransaktionen.

Das fertige Modell zeigt auf dem 1 %-Niveau Signifikanz (p=0,005) (Tabelle 75). Das hohe Bestimmtheitsmaß wird als Beleg dafür gesehen, dass die betrachtete Beziehungsebene der Kommunikation mit Fokus auf den Kunden große Bedeutung für die Globalzufriedenheit hat.

ANOVA[a]

Modell		Quadrat-summe	df	Mittel der Quadrate	F	Sig.
2	Regression	15,471	25	,619	5,074	,005[b]
	Nicht standardisierte Residuen	1,220	10	,122		
	Gesamt	16,691	35			

a. Abhängige Variable: @1ZufGloKneu

b. Einflussvariablen: (Konstante), Kunde Powerplay/Ins Wort fallen, Kunde angepasstes Kind-Ich, Kunde RETTER, negative Parallel TA auf einer Ebene, Kunde rebellisches Kind-Ich, Kunde kritisches Eltern-Ich, negative Parallel TA über mehrere Ebenen, Kunde OPFER, Kunde fürsorgliches Eltern-Ich, Kunde freies Kind-Ich negativ, Kunde Stroke Name, Überkreuztransaktion negativ, Kunde Stroke lächeln, Transaktionen/Minute, positive Parallel TA über mehrere Ebenen, ER x positives Ich, Überkreuztransaktion positiv, Kunde Stroke Witz, Kunde Erwachsenen Ich Zustand mit inhaltlicher Redefinition (ERR) Gegenfragen etc., Kunde freies Kind-Ich positiv, positive Parallel TA auf einer Ebene, ER x negatives Ich, Kunde negativer Stroke, Kunde VERFOLGER, Kunde Erwachsenen Ich

Tabelle 75: ANOVA (Quelle: Eigene Darstellung)

Die Prüfung der Güte der Regressionskoeffizienten (Tabelle 76) ergibt, dass folgende Transaktionen und Ich-Zustände keinen signifikanten Einfluss auf die Globalzufriedenheit des Kunden haben:

- die Anzahl der Transaktionen pro Minute
- positive Überkreuztransaktionen
- Transaktionen, bei denen positive Verhaltensweisen, die der Kind- oder Eltern-Ebene entsprechen, durch das Erwachsenen-Ich gekreuzt werden
- positive Paralleltransaktionen sowohl über mehrere Ebenen als auch auf einer Ebene sowie
- Verhaltensweisen, die dem fürsorglichen Eltern-Ich,
- dem Retter-Ich,
- dem positiven und
- dem negativen Erwachsenen-Ich,
- dem negativen freien Kind-Ich,
- dem angepassten Kind-Ich und
- dem Opfer-Ich entsprechen sowie
- *Power Plays* und
- *Strokes* (Scherze und Situationen, in denen das Gegenüber mit Namen angesprochen wird).

Modell 2	Nicht standardisierte Koeffizienten		Standardisierte Koeffizienten	T	Sig.
	Regressionskoeffizient B	Std.-Fehler	Beta		
(Konstante)	3,826	,501		7,641	,000
Transaktionen/Minute	,218	,132	,326	1,657	,128
Überkreuztransaktion positiv	-,066	,082	-,267	-,802	,441
Überkreuztransaktion negativ	**,388**	**,133**	**2,150**	**2,917**	**,015**
ER x negatives Ich	**-,315**	**,090**	**-1,540**	**-3,491**	**,006**
ER x positives Ich	-,112	,095	-,385	-1,170	,269
negative Parallel TA auf einer Ebene	**-4,742**	**2,093**	**-1,145**	**-2,266**	**,047**
negative Parallel TA über mehrere Ebenen	**-,230**	**,104**	**-,478**	**-2,203**	**,052**
positive Parallel TA auf einer Ebene	,022	,047	,683	,463	,654
positive Parallel TA über mehrere Ebenen	,083	,071	,417	1,166	,271
Kunde fürsorgliches Eltern-Ich	,090	,105	,414	,860	,410
Kunde RETTER	,302	1,157	,073	,261	,799
Kunde kritisches Eltern-Ich	,164	,136	,205	1,204	,256
Kunde VERFOLGER	**-,168**	**,087**	**-1,033**	**-1,936**	**,082**
Kunde Erwachsenen Ich	-,052	,091	-,841	-,569	,582
Kunde Erwachsenen Ich Zustand mit inhaltlicher Redefinition (ERR) Gegenfragen etc.	1,148	,703	,530	1,634	,133
Kunde freies Kind-Ich positiv	**,247**	**,120**	**,715**	**2,064**	**,066**
Kunde freies Kind-Ich negativ	,023	,166	,024	,141	,890
Kunde angepasstes Kind-Ich	,237	,310	,241	,767	,461
Kunde OPFER	-,221	,127	-,237	-1,739	,113
Kunde rebellisches Kind-Ich	**-,235**	**,129**	**-,413**	**-1,816**	**,099**
Kunde Stroke Witz	-,188	,227	-,305	-,829	,427
Kunde negativer Stroke	**,605**	**,326**	**,937**	**1,854**	**,093**
Kunde Stroke lächeln	**-,277**	**,091**	**-,502**	**-3,055**	**,012**
Kunde Stroke Name	-,037	,121	-,051	-,308	,764
Kunde Powerplay/ Ins Wort fallen	-,241	,154	-,201	-1,561	,150

Tabelle 76: Prüfung der Güte der Regressionskoeffizienten (Quelle: Eigene Darstellung)

Wie bereits in Modell 1 kann ein erwarteter negativer Einfluss **negativer Überkreuztransaktionen** auf die Globalzufriedenheit zwar nicht bestätigt werden, dafür kommt aber ein gegenteiliger sehr stark positiver Einfluss im 5 %-Niveau-Bereich auf die Globalzufriedenheit zum Vorschein (β=2,150, p=0,015). Ein Erklärungsansatz dafür könnte sein, dass der Kunde in einigen Szenarien augenscheinlich eher eine offensive Rolle innehat und durch die negativen Überkreuztransaktionen seinen Unmut abbauen kann oder eventuell einfach Gefallen daran findet, seine Dominanz zu zeigen.

Eine stark negative Auswirkung auf die Globalzufriedenheit ist auf dem 1 %-Niveau zu beobachten, wenn **negative Verhaltensweisen eines Gesprächspartners, die der Kind- oder Eltern-Ebene entsprechen, durch Verhaltensweisen, die dem Erwachsenen-Ich entsprechen, des anderen Gesprächspartners durchkreuzt** werden (β=-1,540, p=0,006). Anscheinend wird, wie bei Modell 1, der Kunde im Gespräch mit dem Verkäufer weniger Globalzufriedenheit empfinden, wenn auf seine emotionalen Verhaltensweisen nicht adäquat emotional reagiert wird.

Negative Paralleltransaktionen auf einer Ebene weisen einen erwarteten auf dem 5 %-Niveau signifikanten Einfluss auf die Globalzufriedenheit des Kunden auf (β=-1,142, p=0,047).

Negative Paralleltransaktionen über mehrere Ebenen weisen ebenso einen auf dem 5 %-Signifikanz-Niveau erwarteten negativen Einfluss auf (β=-0,478, p=0,052).

Im Bereich der Ich-Zustände zeigt sich bei beobachteten Verhaltensweisen des Kunden, die dem **Verfolger-Zustand** entsprechen, der vermutete negative Einfluss auf dem 10 %-Niveau (β=-1,033, p=0,082).

Zeigt der Kunde Verhaltensweisen des **positiven freien Kind-Ichs**, weist das auf einen im 10 %-Signifikanz-Niveau liegenden positiven Einfluss auf seine Globalzufriedenheit hin (β=0,715, p=0,066).

Zeigt der Kunde allerdings Verhaltensweisen, die dem **rebellischen Kind-Ich** entsprechen, ist dies ein im 10 %-Signifikanz-Niveau liegendes Zeichen, dass der Kunde unzufrieden ist (β=-0,413, p=0,099).

Freundliches Lächeln und negative *Strokes* führen zu überraschenden Ergebnissen. Im Bereich der *Strokes* zeigt sich, dass **freundliches Lächeln** aus dem fürsorglichen Eltern-Ich einen nicht erwarteten im 5 %-Signifikanz-Niveau liegenden negativen Einfluss auf die Zufriedenheit des Kunden hat (β=-0,502, p=0,012), wohingegen **negative *Strokes*** des Kunden mit einem Einfluss auf eine positivere Bewertung von ihm einhergehen (β=0,937, p=0,093, 10%-Signifikanz-Niveau).

Der beobachtete negative Einfluss des freundlichen Lächelns des Kunden könnte Anlass dafür sein, dass in zukünftigen Untersuchungen die einzelnen Sequenzen bzw. Abschnitte der Gespräche näher betrachtet werden sollten. So kommt das Lächeln kundenseitig zwar 53 von insgesamt 139 Mal vor, aber davon sind alle, außer zehn Lächeln, Teil eines Begrüßungs- oder Verabschiedungsrituals. Diese übrigen zehn Vorkommnisse des Lächelns wurden von nur vier Kunden gezeigt. Das könnte ein Indiz dafür sein, dass unterschieden werden sollte, welche Verhaltensweisen als Teil eines sozialen Rituals stattfinden, einfach weil „es sich so gehört" (Begrüßung/Verabschiedung) und wann diese Verhaltensweisen ohne diesen gesellschaftlichen Zwang gezeigt werden.

Eine Erklärung für den positiven Einfluss negativer *Strokes* ist äquivalent mit der Erklärung, weshalb negative Überkreuztransaktionen einen positiven Einfluss haben: Der Kunde „baut Frust ab". Werden die Gesprächsverläufe diesbezüglich detailliert betrachtet, zeigt sich, dass negative *Strokes* insgesamt nur elf Mal kundenseitig vorkommen, davon sechs *Strokes* in nur einem einzigen Gespräch und davon wiederum vier in einem einzigen Kommentar (Abbildung 99). Dies muss definitiv in der qualitativen Interpretation der Ergebnisse beachtet werden.

24 **B:** War jetzt sehr lange **(STROKE-).** Es waren jetzt mehrere Punkte. Sie wollten irgendwie Ihren Herrn Beck da mit reinnehmen **(STROKE-).** Dann aber auch einen Ansprechpartner-. Also wir haben den Kontakt über Import@FedEx.com. Also da haben wir keinen fixen Ansprechpartner, sondern wir sehen immer, wer das-, auf dem Steuerbescheid, wer das da verzollt hat. Wir würden uns wünschen, dass wir einen direkten Ansprechpartner bekommen. Aber bei Ihrer Konzern(?putze) **(STROKE-)**, die Sie da ja haben, ist das ja heutzutage recht schwer. Früher hatten wir da immer einen. Dann war der mal weg. Dann war es das dabei auch. Da wurde uns kein Nachfolger genannt. Aber grundsätzlich glaube ich, ja, es ist zwingend notwendig, damit die Herrschaften da mal in-. Gefühlt, ich glaube, die arbeiten zu viel mit dem Zoll auch zusammen und haben sich ein bisschen was vom Beamtentum da abgeguckt **(STROKE-).** Da auch mal merken, dass eine Dringlichkeit da ist. Und-. ## **(-, tadelnd, missbilligend, -, schuldige suchend) VER**

Abbildung 99: Kundenkommentar aus MAXQDA mit vier negativen Strokes (Quelle: Eigene Darstellung aus MAXQDA)

4.4.4.2.2. Zusätzliche Analyse differenzierter Szenarien: Kundenzentriertes Regressionsmodell und weitere Betrachtungen

Analog zu Modell 1 gibt es auch in diesem alternativen Modell (mit Kundenfokus) keine Unterschiede zwischen den Globalzufriedenheiten der Szenarien, da beide Modelle mit den gleichen Globalzufriedenheiten als Ergebnisse arbeiten.

		Abkürzung	Szenario 1	Szenario2	Szenario 3
	Globalzufriedenheit	**ZUFGLO**	**4,22**	**3,90**	**3,88**
	Dauer	DUR	18,73	15,17	12,23
	Transaktionen/Minute	TA_min	3,03	3,24	2,52
	Gesprächsanteil Verkäufer	proz_V	0,58	0,61	0,55
	Anzahl der Transaktionen	TA	57,00	50,00	32,67
Überkreuztransaktionen	Positiv	UTpos	6,17	5,00	4,50
	Negativ	UTneg	0,42	3,67	4,33
	Redefinitionen	Redef	0,08	0,08	0,17
	Rational einen negativen Ich-Zustand durchkreuzen	ERxneg	0,33	3,00	2,92
	Rational einen positiven Ich-Zustand durchkreuzen	ERxpos	3,67	3,83	1,75
Paralleltransaktionen	negativ auf einer Ebene	PTn1lvl	0,00	0,00	0,08
	negativ auf zwei Ebenen	PTn2lvl	0,25	0,58	1,00
	positiv auf einer Ebene	PTp1lvl	42,58	30,33	15,83
	positiv auf zwei Ebenen	PTp2lvl	3,58	3,58	2,42
Eltern-Ebene	Fürsorglich	KfEL	5,75	5,08	2,67
	Retter	KRET	0,00	0,08	0,00
	Kritisch	KkEL	0,67	0,00	0,00
	Verfolger	KVER	0,25	3,00	5,25
Erwachsenen-Ebene	Positiv	K_ER	21,08	16,67	9,25
	Negativ	K_ERR	0,08	0,08	0,17
Kinder-Ebene	frei positiv	KfKI_p	1,58	2,08	0,17
	frei negativ	KfKIn	0,25	0,25	0,08
	Angepasst	KaKI	0,58	0,25	0,00
	Opfer	KOPF	0,25	0,50	0,08
	rebellisch negativ	KrKIn	0,00	0,92	0,00
Strokes	Witz	KSTJOKE	0,83	0,92	0,17
	negativ angreifend	KSTRneg	0,00	0,25	0,75
	Lächeln	KSTSmile	1,83	1,75	0,75
	mit Namen ansprechen	KSTName	1,08	1,42	0,50
Power Play	Unterbrechen, ohne sich zu entschuldigen/ Nicht antworten	KPPlay	0,08	0,33	0,17

Tabelle 77: Häufigkeiten (Quelle: Eigene Darstellung)

Die Transaktionen, die in Tabelle 77 zu sehen sind, entsprechen denen des Modells 1. Wie bereits im vorherigen Abschnitt vermutet, zeigen sich besonders bei den Ich-Zuständen Unterschiede dahingehend, dass die Kunden in Szenario 2 und Szenario 3 vor allem wesentlich häufiger in die Verfolger-Rolle geraten. In Szenario 1 kommt dies hingegen kaum vor.

Werden die Kausalzusammenhänge der einzelnen Szenarien bezüglich der Globalzufriedenheit der Kunden betrachtet, ergibt sich nur zu Szenario 3 ein valides Regressionsmodell (R-Quadrat=0,772, korrigiertes R-Quadrat=0,722) (Tabelle 78). Modelle für Szenario 1 und Szenario 2 weisen keine signifikanten Kausalzusammenhänge auf.

Das Regressionsmodell zu Szenario 3 weist keinen Verstoß gegen notwendige Prämissen auf. Folgende mögliche Prämissenverletzungen werden dazu untersucht (vgl. Backhaus et al., 2018, S. 90, S. 103): Multikollinearität, Nicht-Linearität, Heteroskedastizität, Autokorrelation und keine Normalverteilung der Residuen. Auf genaue Details und Erklärungen diesbezüglich wird in Kapitel 10.2.1.5 (Prämissenprüfung der einzelnen Szenarienmodelle – Kundenfokus) im Anhang eingegangen.

Modellzusammenfassung[c]

Modell	R	R-Quadrat	Korrigiertes R-Quadrat	Standardfehler des Schätzers	Durbin-Watson-Statistik
1	,715[a]	,511	,462	,52340	
2	,879[b]	,772	,722	,37640	2,407

a. Einflussvariablen: (Konstante), Kunde fürsorgliches Eltern-Ich

b. Einflussvariablen: (Konstante), Kunde fürsorgliches Eltern-Ich, Kunde freies Kind-Ich negativ

c. Abhängige Variable: @1ZufGloKneu

Tabelle 78: Modellzusammenfassung Szenario 3 (Quelle: Eigene Darstellung)

Das Regressionsmodell ist auf dem 1 %-Niveau signifikant (p=0,006) (Tabelle 79).

ANOVA[a]

Modell		Quadrat-summe	df	Mittel der Quadrate	F	Sig.
1	Regression	2,859	1	2,859	10,435	,009[b]
	Nicht standardisierte Residuen	2,739	10	,274		
	Gesamt	5,598	11			
2	Regression	4,323	2	2,161	15,256	,001[c]
	Nicht standardisierte Residuen	1,275	9	,142		
	Gesamt	5,598	11			

a. Abhängige Variable: @1ZufGloKneu
b. Einflussvariablen: (Konstante), Kunde fürsorgliches Eltern-Ich
c. Einflussvariablen: (Konstante), Kunde fürsorgliches Eltern-Ich, Kunde freies Kind-Ich negativ

Tabelle 79: ANOVA (Quelle: Eigene Darstellung)

Im Gegensatz zum Hauptmodell scheint es in Problemgesprächen vor allem ein positives Zeichen zu sein, wenn der Kunde Verhaltensweisen **des fürsorglichen Eltern-Ichs** zeigt, dass einen im 1 %-Signifikanz-Niveau liegenden positiven Einfluss hat (β=0,793, p=0,001). Darüber hinaus scheint es einen positiven Einfluss zwischen der Globalzufriedenheit des Kunden und Verhaltensweisen zu geben, die dem **negativen freien Kind-Ich** entsprechen (β=0,517, p=0,011). Dieser liegt im 5 %-Signifikanz-Niveau (Tabelle 80).

Modell		Nicht standardisierte Koeffizienten		Standardisierte Koeffizienten		
		RegressionskoeffizientB	Std.-Fehler	Beta	T	Sig.
1	(Konstante)	3,247	,249		13,062	,000
	Kunde fürsorgliches Eltern-Ich	,196	,061	,715	3,230	,009
2	(Konstante)	3,071	,187		16,419	,000
	Kunde fürsorgliches Eltern-Ich	,218	,044	,793	4,927	,001
	Kunde freies Kind-Ich negativ	1,279	,398	,517	3,215	,011

Tabelle 80: Koeffizienten des Regressionsmodells zu Szenario 3 (Quelle: Eigene Darstellung)

Werden die Gesprächsparameter genauer betrachtet, wird deutlich, dass das negative freie Kind-Verhalten in den zwölf Gesprächen zu Szenario 3 nur ein einziges Mal kundenseitig beobachtet wurde. Dies sollte in der qualitativen Auswertung berücksichtigt werden. Abbildung 100 zeigt diesen speziellen Kommentar in Szenario 3.

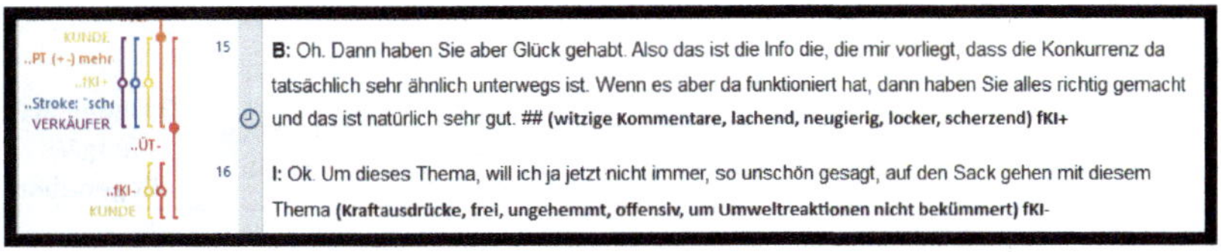

Abbildung 100: Negatives freies Kind-Verhalten (Quelle: MAXQDA; B: Verkäufer, I: Kunde)

Abbildung 101 veranschaulicht darüber hinaus eine Übersicht aus MAXQDA der negativen freien Kind-Verhaltensweisen aller Szenarien.

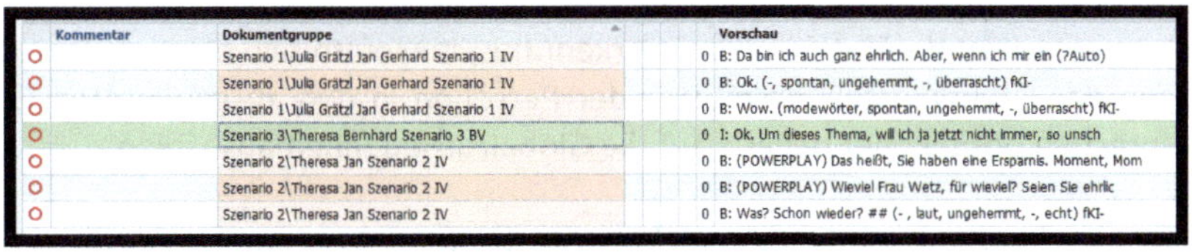

Kommentar	Dokumentgruppe		Vorschau
	Szenario 1\Julia Grätzl Jan Gerhard Szenario 1 IV	0	B: Da bin ich auch ganz ehrlich. Aber, wenn ich mir ein (?Auto)
	Szenario 1\Julia Grätzl Jan Gerhard Szenario 1 IV	0	B: Ok. (-, spontan, ungehemmt, -, überrascht) fKI-
	Szenario 1\Julia Grätzl Jan Gerhard Szenario 1 IV	0	B: Wow. (modewörter, spontan, ungehemmt, -, überrascht) fKI-
	Szenario 3\Theresa Bernhard Szenario 3 BV	0	I: Ok. Um dieses Thema, will ich ja jetzt nicht immer, so unsch
	Szenario 2\Theresa Jan Szenario 2 IV	0	B: (POWERPLAY) Das heißt, Sie haben eine Ersparnis. Moment, Mom
	Szenario 2\Theresa Jan Szenario 2 IV	0	B: (POWERPLAY) Wieviel Frau Wetz, für wieviel? Seien Sie ehrlic
	Szenario 2\Theresa Jan Szenario 2 IV	0	B: Was? Schon wieder? ## (- , laut, ungehemmt, -, echt) fKI-

Abbildung 101: Übersicht aller negativen freien Kind-Verhaltensweisen aller Szenarien (Quelle: MAXQDA)

4.4.4.3. Einfluss von Grundeinstellungen auf die Globalzufriedenheit

Dieser Abschnitt befasst sich mit dem Einfluss der Grundeinstellungen auf die Globalzufriedenheit. Um dies umzusetzen, findet eine Betrachtung der Güte der Grundeinstellungsdimensionen der Kunden und Verkäufer statt.

Tabelle 81 zeigt eine einfache Interdependenzanalyse der Grundeinstellungen der Kunden und der Verkäufer, jeweils bezogen auf sich selbst und das Gegenüber, zur Globalzufriedenheit, die verdeutlicht, dass es Korrelationen auf dem 5 %-Signifikanz-Niveau zwischen **Grundeinstellung des Kunden bezüglich sich selbst** (r=0,373) und auf dem 1 %-Signifikanz-Niveau der **Grundeinstellung des Verkäufers bezüglich seines Gegenübers** sowie der

Globalzufriedenheit des Kunden gibt (r=0,441). Damit kann Hypothese 26 bestätigt werden.

Es wurde das Verfahren nach Spearman-Rho verwendet, da die Grundeinstellungen durchwegs normalverteilt sind. Die dezidierte Prüfung ist im Anhang (10.2.1.6 Prüfung der Normalverteilung der Grundeinstellungen) dargestellt.

Korrelationen

Spearman-Rho		**Grundeinstellung KD Selbst**	Grundeinstellung KD Gegenüber	Grundeinstellung VK selbst	**Grundeinstellung VK Gegenüber**
Globalzufriedenheit (@1ZufGloK-neu)	**Korrelationskoeffizient**	**,373****	,220	,310	**,441*****
	Sig. (2-seitig)	,025	,198	,066	,007
	N	36	36	36	36

Tabelle 81: Korrelationsanalyse der Grundeinstellungen (Quelle: Eigene Darstellung)

Interessant ist darüber hinaus die Erkenntnis, inwiefern sich etwaige Paarungen der Grundeinstellungsmuster der Personen in den ausgewerteten Gesprächen positiv oder negativ auf die Globalzufriedenheit auswirken.

Eine Varianzanalyse zur Untersuchung signifikanter Zusammenhänge der verschiedenen Paarungskombinationen bezüglich der Globalzufriedenheiten der Kunden konnte keine signifikanten Erkenntnisse liefern.

Tabelle 82 zeigt daher eine qualitativ-deskriptive Auswertung der Ergebnisse, in der die Mittelwerte der Globalzufriedenheit der verschiedenen Paarungen gegenübergestellt werden.

Paarungen	Zufriedenheit				
Grundeinstellung	Mittelwert	Max	Min	StaAbw	Diff
GE 4/4	**4,79**	4,99	4,58	0,29	0,41
GE 1/1	**3,68**	4,22	3,14	0,76	1,08
GE 2/2	0,00	0,00	0,00	0,00	0,00
GE 3/3	3,84	4,31	3,35	0,38	0,96
GE 2/3	**4,84**	4,96	4,71	0,18	0,25
GE 3/2	**3,39**	3,39	3,39	0,00	0,00
GE 4/1	0,00	0,00	0,00	0,00	0,00
GE 1/4	4,42	5,00	2,93	0,89	2,07
GE 4/3	**4,59**	4,78	4,39	0,28	0,39
GE 3/4	**3,41**	4,39	2,42	1,39	1,97
GE 4/2	4,08	4,79	3,36	1,01	1,43
GE 2/4	3,96	3,96	3,96	0,00	0,00
GE 1/3	3,92	4,77	2,64	0,60	2,13
GE 3/1	4,14	4,89	3,39	1,06	1,50
GE 1/2	3,72	3,72	3,72	0,00	0,00

Tabelle 82: Verkäufer/Kunden Grundeinstellungs-Paarungen (Quelle: Eigene Darstellung)

Die am besten bewerteten Paarungen bestehen aus Grundeinstellungen: 4/4, 2/3 und 4/3. Dass die Paarung 4/4 in den oberen Rängen erscheint, war zu erwarten, da 4 grundsätzlich eine insgesamt sehr positive Grundeinstellung widerspiegelt. Darüber hinaus ist es interessant, dass, so wie es auch die Korrelation aus Tabelle 82 vermuten lässt, die weiteren augenscheinlich besten Paarungen solche sind, bei denen der Verkäufer eher das Gegenüber „OK" einstuft als sich selbst, dies aber ganz speziell in den Fällen, bei denen der Kunde in Quartal 2 oder Quartal 4 des OK-Gevierts liegt, also eher mit sich selbst zufrieden bzw. mit sich zufriedener als mit dem Verkäufer ist.

Werden im Gegenzug die am schlechtesten bewerteten Gesprächspaarungen betrachtet, so sind dies interessanterweise genau die gegenteiligen Paarungen der besten Gespräche: 1/1, 3/2 und 3/4.

Dies erweckt den Anschein, dass die Gespräche hauptsächlich schlechter ausfallen, wenn der Kunde eher mit sich nicht „OK" bzw. weniger „OK" als mit dem Verkäufer ist.

Diese Beobachtung unterstreicht die zuvor betrachteten Korrelationen, in denen besonders die Einstellung des Verkäufers bezüglich des Kunden und die Kundeneinstellung gegenüber sich selbst ausschlaggebende Aspekte der Bewertung bezüglich der Globalzufriedenheit sind.

4.4.5. Analyse der Wirkung nicht-transaktionsanalytischer Faktoren auf die Globalzufriedenheit

4.4.5.1. Situatives Regressionsmodell: Einfluss empfundener Kooperation auf die Globalzufriedenheit

Das Regressionsmodell zum Kooperationsempfinden der Kunden bezüglich des Verkäuferverhaltens weist keinen Verstoß gegen notwendige Prämissen auf. Folgende mögliche Prämissenverletzungen werden dazu untersucht (vgl. Backhaus et al., 2018, S. 90, S. 103): Multikollinearität, Nicht-Linearität, Heteroskedastizität, Autokorrelation und keine Normalverteilung der Residuen. Auf genaue Details und Erklärungen diesbezüglich wird im Kapitel 10.2.2.1 (Prämissenprüfung des Situationsmodells – Kooperativ vs kompetitiv) im Anhang eingegangen.

Die Prüfung der **Güte der Regressionsanalyse** (Tabelle 83) weist in diesem „Kooperations"-Modell ein relativ hohes Bestimmtheitsmaß auf (R-Quadrat=0,355, korrigiertes R-Quadrat=0,336). Dies verdeutlicht, dass ein großer Teil der Varianz der Globalzufriedenheit anhand des Single-Items bezüglich der durch den Kunden empfundenen Kooperation seines Gesprächspartners in diesem Modell erklärt wird (vgl. Backhaus et al., 2018, S. 78).

Modellzusammenfassung[b]

Modell	R	R-Quadrat	Korrigiertes R-Quadrat	Standardfehler des Schätzers	Durbin-Watson-Statistik
1	,596[a]	,355	,336	,56267	1,784

a. Einflussvariablen: (Konstante), Wie kooperativ oder kompetitiv bewerten Sie das Gespräch?
b. Abhängige Variable: @1ZufGloKneu

Tabelle 83: Modellzusammenfassung (Quelle: Eigene Darstellung)

Das fertige Modell zeigt auf dem 1 %-Niveau Signifikanz (p=0,000) (Tabelle 84). Das hohe Bestimmtheitsmaß wird als Beleg dafür gesehen, dass die in der vorliegenden Untersuchung betrachtete, durch den Kunden subjektiv situativ empfundene Kooperationsbereitschaft des Verkäufers von hoher Bedeutung für die Globalzufriedenheit des Kunden ist.

ANOVA[a]

Modell		Quadrat-summe	df	Mittel der Quadrate	F	Sig.
1	Regression	5,927	1	5,927	18,720	,000[b]
	Nicht standardisierte Residuen	10,764	34	,317		
	Gesamt	16,691	35			

a. Abhängige Variable: @1ZufGloKneu

b. Einflussvariablen: (Konstante), Wie kooperativ oder kompetitiv bewerten Sie das Gespräch?

Tabelle 84: ANOVA (Quelle: Eigene Darstellung)

Die Bewertung, wie **kooperativ oder kompetitiv** das Gespräch empfunden wurde, übt einen im 1 %-Signifikanzbereich liegenden positiven Einfluss auf die Globalzufriedenheit des Kunden (β=0,596, p=0,000) aus (Tabelle 85). Je kooperativer die Situation empfunden wird, desto höher ist die Globalzufriedenheit. Hypothese H49 kann somit bestätigt werden.

Modell		Nicht standardisierte Koeffizienten		Standardisierte Koeffizienten	T	Sig.
		RegressionskoeffizientB	Std.-Fehler	Beta		
	(Konstante)	2,406	,381		6,318	,000
1	Wie kooperativ oder kompetitiv bewerten Sie das Gespräch?	,391	,090	,596	4,327	,000

Tabelle 85: Prüfung der Güte der Regressionskoeffizienten (Quelle: Eigene Darstellung)

4.4.5.2. Intrapersonelle Faktoren (Korrelationsmodell): Einfluss der Persönlichkeit und der Verkäuferkompetenzen auf die Globalzufriedenheit

Bei den Persönlichkeitsmerkmalen der ***Big Five*** kann keinerlei Zusammenhang – weder per Regression noch per Korrelation – mit der Zufriedenheit nach dem Gespräch festgestellt werden. Deswegen wird im weiteren Verlauf der Arbeit nicht darauf eingegangen.

Die Hypothesen H29, H30, H31, H32 und H33 zu den *Big Five* können dementsprechend nicht bestätigt werden.

Im Folgenden werden die **Kompetenzkonstrukte** bezüglich der Verkäufer-Selbsteinschätzung und der Einschätzung der Verkäufer durch den Kunden verglichen (Tabelle 86). Danach wird der Zusammenhang der Selbsteinschätzung bezüglich der Kompetenzen und der durch den Kunden empfundenen Globalzufriedenheit mit dem Verkäufer untersucht.

Die genauen Ergebnisse zu den einzelnen Reliabilitäten der gebildeten Kompetenzkonstrukte und zu deren Normalverteilungen werden dezidiert im Anhang beschrieben und erklärt (Kapitel 10.2.2.2 Prüfung der Bedingungen für intrapersonelle Kompetenzkriterien (Konstruktreliabilitäten und Prüfung auf Normalverteilung)).

	Paarweise Korrelation des bewerteten Konstrukts der Verkäuferkompetenzen		
	Selbsteinschätzung der Verkäufer	**Zusammenhang**	**Einschätzung des Kunden**
Persönlichkeitskompetenz	Kontaktfreudigkeit (V4PKonKneu)	X	Kontaktfreudigkeit (@4PKonKnew)
	Optimismus (V4POptKneu)	X	Optimismus (@4POPtKnew)
	Einfühlungsvermögen (V4PEmpKneu)	X	Einfühlungsvermögen (@4PEmpKnew)
	Selbstwertgefühl (V4PSelbKneu)	X	Selbstwertgefühl (@4PSelbKnew)
Sozialkompetenz	Kommunikations- und Wahrnehmungsfähigkeit (V4SKomKneu)	X	Kommunikations- und Wahrnehmungsfähigkeit (@4SKomKnew)
	Flexibilität (V4SFlxKneu_1)	✓ ⟷	**Flexibilität (@4SFLXKnew)**
	Teamfähigkeit (V4STeamKneu)	✓ ⟷	**Teamfähigkeit (@4STeamKnew)**
Fachkompetenz	*(Kein Konstrukt)*	*n/a*	Selbstorganisation (@4FOrgKnew)
	(Kein Konstrukt)	*n/a*	Produktkenntnisse (@4FProdKnew)
	(Kein Konstrukt)	*n/a*	Kundenkenntnisse (@4FKDKnew)
	(Kein Konstrukt)	*n/a*	Marktkenntnisse (@4FMarktKnew)
	Betriebswirtschaftliche Kenntnisse (V4FBWLK-neu)	X	Betriebswirtschaftliche Kenntnisse (@4FBWLKnew)
	Verkaufsprozessbezogene Kenntnisse (V4FSalPKneu)	X	Verkaufsprozessbezogene Kenntnisse (@4FSalesPKnew

Tabelle 86: Paarweise Korrelation des bewerteten Konstrukts der Verkäuferkompetenzen (Quelle: Eigene Darstellung)

Werden die Konstrukte, die in der Verkäufereinschätzung und Kundeneinschätzung reliable Ergebnisse erbringen paarweise miteinander anhand einer Korrelationsanalyse verglichen (Tabelle 86), ergeben sich nur zwischen der

Selbsteinschätzung und der Einschätzung durch den Kunden bezüglich Verkäuferflexibilität (r=0,396, p=0,017) und Teamfähigkeit des Verkäufers (r=0,383, p=0,059) signifikante Zusammenhänge (Tabelle 87).

			Flexibilität (@4SFLXKnew)	Teamfähigkeit (@4STeamKnew)
Spearman-Rho	Flexibilität (V4SFlxK-neu_1)	Korrelationskoeffizient	**,396***	
		Sig. (2-seitig)	**0,017**	
		N	36	
	Teamfähigkeit (V4STeamK-neu)	Korrelationskoeffizient		**0,383**
		Sig. (2-seitig)		**0,059**
		N		**25**

Tabelle 87: Korrelationsanalyse der Kompetenzkonstrukte: Verkäufer Selbsteinschätzung vs Kundeneinschätzung der Verkäuferkompetenzen (Quelle: Eigene Darstellung)

Bei den restlichen Fähigkeiten weicht die Selbsteinschätzung der Verkäufer völlig von der Wahrnehmung der Kunden zu den einzelnen Verkäuferkompetenzen ab.

Wird betrachtet, welche Kompetenzen nach Selbsteinschätzung der Verkäufer in Zusammenhang mit der Globalzufriedenheit stehen, ergeben die **Flexibilität**, **Teamfähigkeit** und **Kommunikations- sowie Wahrnehmungsfähigkeit** des Verkäufers Ergebnisse des 5 %-Signifikanz-Niveaus. Darüber hinaus besteht im Bereich der Fachkompetenz zwischen der Kompetenzselbsteinschätzung zu **betriebswirtschaftlichen Kenntnissen** des Verkäufers auf dem 10 %-Signifikanz-Niveau und der Globalzufriedenheit ein Zusammenhang (Tabelle 88).

Spearman-Rho			
		Globalzufriedenheit (@1ZufGloKneu)	
Kompetenzen	**Kompetenzkonstrukte**	**Korrelationskoeffizient**	**Sig. (2-seitig)**
Persönlichkeitskompetenz	Kontaktfreudigkeit (V4PKonKneu)	0,142	0,409
	Optimismus (V4POptKneu)	-0,078	0,652
	Selbstwertgefühl (V4PSelbKneu)	0,102	0,556
	Einfühlungsvermögen (V4PEmpKneu)	0,198	0,248
Sozialkompetenz	**Kommunikations- und Wahrnehmungsfähigkeit (V4SKomKneu)**	**0,386***	**0,020**
	Flexibilität (V4SFlxKneu_1)	**0,391***	**0,018**
	Teamfähigkeit (V4STeamKneu)	**0,378***	**0,023**
Fachkompetenz	**Betriebswirtschaftliche Kenntnisse (V4FBWLKneu)**	**0,295**	**0,081**
	Verkaufsprozessbezogene Kenntnisse (V4FSalPKneu)	0,211	0,216

Tabelle 88: Korrelationen: Kompetenzkonstrukte/Globalzufriedenheit (Quelle: Eigene Darstellung)

Damit zeigen neben dem Konstrukt der betriebswirtschaftlichen Kenntnisse genau die Konstrukte, die nach Homburg und Stock-Homburg der Sozialkompetenz zugeschrieben werden, einen Zusammenhang mit der Globalzufriedenheit des Kunden nach dem Gespräch und bestätigen Homburg und Homburg-Stocks bereits angesprochenes Postulat: „Die wohl wichtigste Einflussgröße des kundenorientierten Verhaltens ist die Sozialkompetenz [...] der Mitarbeiter im Kundenkontakt“ (Homburg; Stock-Homburg, 2012, S. 36).

Bezüglich der Kompetenzen können damit die Hypothesen H42, H44, H45 und H47 bestätigt werden.

4.4.6. Analyse der Wirkung des Profitabilitätsmodells: Wirkung der Globalzufriedenheit auf den wirtschaftlichen Erfolg

Das Regressionsmodell zum Profitabilitätsmodell weist keinen Verstoß gegen notwendige Prämissen auf. Folgende mögliche Prämissenverletzungen werden dazu untersucht (vgl. Backhaus et al., 2018, S. 90, S. 103): Multikollinearität, Nicht-Linearität, Heteroskedastizität, Autokorrelation und keine Normalverteilung der Residuen. Auf genaue Details und Erklärungen diesbezüglich wird in Kapitel 10.2.3 (Prämissenprüfung des Profitabilitätsmodells) im Anhang eingegangen.

Die Prüfung der **Güte der Regressionsfunktion** der Regressionsanalyse bezüglich des kausalen Zusammenhangs der durch die Kunden durchschnittlich empfundenen Globalzufriedenheit mit dem jeweiligen Verkäufer und dem wirtschaftlichen Erfolg der Verkäufer weist für das Bestimmtheitsmaß den Wert R-Quadrat = 0,386 auf (korrigiertes R-Quadrat = 0,310) (Tabelle 89).

Modellzusammenfassung

Modell	R	R-Quadrat	Korrigiertes R-Quadrat	Standardfehler des Schätzers
1	,622[a]	,386	,310	57207,69875

a. Einflussvariablen: (Konstante), Durchschnittliche Zufriedenheit der Verkäufer

Tabelle 89: Modellzusammenfassung (Quelle: Eigene Darstellung)

Das fertige Modell zeigt auf dem 10 %-Niveau Signifikanz (p=0,055) (Tabelle 90). Das hohe Bestimmtheitsmaß wird als Beleg dafür gesehen, dass die in der vorliegenden Analyse untersuchte Globalzufriedenheit der Kunden von großer Bedeutung für den wirtschaftlichen Erfolg der Verkäufer ist.

ANOVA[a]

Modell		Quadratsumme	df	Mittel der Quadrate	F	Sig.
1	Regression	16483015685,062	1	16483015685,062	5,036	,055[b]
	Nicht standardisierte Residuen	26181766365,838	8	3272720795,730		
	Gesamt	42664782050,900	9			

a. Abhängige Variable: Incremental Revenue 6mon

b. Einflussvariablen: (Konstante), Durchschnittliche Zufriedenheit der Verkäufer

Tabelle 90: ANOVA (Quelle: Eigene Darstellung)

Der erwartete positive Einfluss der durchschnittlichen Kundenzufriedenheit mit den jeweiligen Verkäufern auf den wirtschaftlichen Erfolg der Verkäufer wird auf dem 10 %-Signifikanz-Niveau bestätigt (β=0,622, p=0,055) (Tabelle 91). Damit kann auch die Hypothese H50 bestätigt werden.

Koeffizienten[a]

Modell		Nicht standardisierte Koeffizienten		Standardisierte Koeffizienten		
		RegressionskoeffizientB	Std.-Fehler	Beta	T	Sig.
1	(Konstante)	-189677,526	133680,436		-1,419	,194
	Durchschnittliche Zufriedenheit der Verkäufer	76289,014	33993,677	,622	2,244	,055

a. Abhängige Variable: Incremental Revenue 6mon

Tabelle 91: Koeffizienten (Quelle: Eigene Darstellung)

4.4.7. Qualitative Analyse verhaltens- und beziehungsbezogener Muster: Extremfall-Vergleich

4.4.7.1. Einleitende Überlegungen

Die qualitative Analyse der Gespräche erfolgt durch die Auswertung von Einzelfällen (vgl. Lamnek, 1995, S. 4ff). Gegenstand sind zwei Extremfälle hinsichtlich der Globalzufriedenheits-Bewertung durch den Kunden: Höchste versus niedrigste Globalzufriedenheit.

Nr.	Best	Worst	Best Avg	Worst Avg
Szenario	2	2	1, 2 und 3	2 und 3
Globalzufriedenheit	5,00	2,42	4,79	2,68
Gesprächsanteil Verkäufer	55,33 %	75,67 %		
Dauer der Gespräche	15,97min	14,02min	16,02min	13,83min

Tabelle 92: Gegenüberstellung der beiden Extremfälle (Quelle: Eigene Darstellung)

Die Verkäuferin des Falls der beiden Verkaufsgespräche mit der höchsten Globalzufriedenheitsbewertung des Kunden kann als sehr erfolgreich charakterisiert werden. Sie weist im Durchschnitt in allen drei ihrer Gespräche mit jeweils unterschiedlichen Antagonisten und unterschiedlichen Szenarien die höchsten Werte aller Probanden auf. Der Verkäufer mit der schlechtesten Gesprächsbewertung weist ebenfalls im Durchschnitt aller seiner Gespräche die schlechteste Globalzufriedenheit seiner Kunden auf. Die Dauer des jeweils besten und schlechtesten Gesprächs war ähnlich. Bei beiden Gesprächen handelte es sich zudem zufälligerweise jeweils um Szenario 2. Die Verkäuferin hatte darin die Aufgabe, eine 5%ige Preisanpassung zu verhandeln (Tabelle 92).

	Best	**Worst**
Grundeinstellung Verkäufer		
gegenüber sich selbst	10	8
gegenüber dem Gesprächspartner	14	10
OK-Geviert	4	4
Grundeinstellung Kunden		
gegenüber sich selbst	0	5
gegenüber dem Gesprächspartner	-4	9
OK-Geviert	1	3
Grundeinstellung Gespräch		
Kombination	4/1	4/3

Tabelle 93: Grundeinstellungsmuster (Quelle: Eigene Darstellung)

Bei Betrachtung der Ausprägung des Fremd- und Selbstbilds in Tabelle 93 ist zu erkennen, dass beide Verkäufer hohe Werte in den zwei Dimensionen zeigen, auch wenn die Verkäuferin des besten Gesprächs absolut etwas höhere Werte in den Kategorien zeigt. Beide Probanden haben mit diesen Werten die Einstellung „Ich bin etwas wert und mein Gegenüber auch“. Unterschiede zeigen sich aber bei den Gesprächspartnern. So hat der Gesprächspartner der besten Verkäuferin eine alles in allem insgesamt schlechte Grundeinstellung. Der Kunde im schlechtesten Gespräch dagegen hat eine merklich bessere Einstellung gegenüber sich selbst, aber vor allem eine viel bessere Grundeinstellung gegenüber dem Verkäufer.

4.4.7.2. Erfolgreichstes Gespräch

In Tabelle 94 werden die einzelnen Transaktionen gegenübergestellt. Im erfolgreichsten Gespräch sticht besonders die durchschnittliche Anzahl der Transaktionen pro Minute hervor. Es scheint sich um einen sehr lebendigen Gesprächsverlauf mit reger Beteiligung beider Gesprächsteilnehmer zu handeln.

Interaktion		Abkürzung	Best	Worst
	Transaktionen pro Minute	TA/min	5,57	1,50
	Anzahl der Transaktionen	# TA	89	21
Überkreuz-transaktionen	positiv	UTpos	17	3,00
	negativ	UTneg	0,00	4,00
	Redefinitionen	Redef	0,00	0,00
	Rational einen negativen Ich-Zustand durchkreuzen	ERxneg	0,00	5,00
	Rational einen positiven Ich-Zustand durchkreuzen	ERxpos	8,00	2,00
Parallel-transaktionen	negativ auf einer Ebene	PTn1lvl	0,00	0,00
	negativ auf zwei Ebenen	PTn2lvl	0,00	1,00
	positiv auf einer Ebene	PTp1lvl	50	5,00
	positiv auf zwei Ebenen	PTp2lvl	14	1,00

Tabelle 94: Gegenüberstellung der Transaktionen (Verkäufer/Kunde) (Quelle: Eigene Darstellung)

Darüber hinaus ist besonders die Anzahl der parallelen Transaktionen auf einer Ebene bemerkenswert, die enorm hoch ist. Aber auch die parallelen Transaktionen über mehrere Ebenen kommen häufig vor. Dies lässt darauf schließen, dass die Interagierenden sich sehr gut aufeinander eingestellt haben und sich beide Gesprächsteilnehmer im Gespräch entfalten konnten. Wenn Überkreuztransaktionen gemacht wurden, sind diese ausschließlich aus positiven Verhaltensweisen heraus entstanden.

Verkäuferverhalten		Abkürzung	Best	Worst
Eltern-Ebene	fürsorglich	VfEL	18	3,00
	Retter	VRET	0,00	0,00
	kritisch	VkEL	0,00	0,00
	Verfolger	VVER	0,00	0,00
Erwachsenen-Ebene	positiv	V_ER	22	9,00
	negativ	V_ERR	0,00	0,00
Kind-Ebene	frei positiv	VfKI_p	8,00	0,00
	frei negativ	VfKIn	0,00	0,00
	angepasst	VaKI_r	1,00	2,00
	Opfer	VOPF	0,00	0,00
	rebellisch negativ	VrKIn	0,00	0,00
Strokes	Witz	VSTJOKE	8,00	0,00
	negativ angreifend	VSTRneg	0,00	0,00
	Lächeln	VSTSmile	5,00	1,00
	mit Namen ansprechen	VSTName	2,00	1,00
Power Plays	unterbrechen, ohne sich zu entschuldigen/nicht antworten	VPPlay	0,00	0,00

Tabelle 95: Gegenüberstellung der Ich-Zustände, Strokes und Power Plays der Verkäufer (Quelle: Eigene Darstellung)

Tabelle 95 stellt die verschiedenen Ich-Zustände und gegebenen *Strokes* der Verkäufer gegenüber.

Der höchste Anteil der beobachteten Verhaltensweisen im besten Gespräch entsprach dem Erwachsenen-Ich, womit das Gespräch grundsätzlich eine sachliche Basis aufweist.

In Kombination mit dem fürsorglichen Eltern-Ich- und dem positiven freien Kind-Ich-Verhalten der Verkäuferin zeigt sich, dass das Gespräch alle übergeordneten Verhaltensebenen durchlaufen hat und somit für Abwechslung und einen interessanten Gesprächsverlauf gesorgt war.

Werden viele Ich-Zustände durchlaufen, kann die Beziehung als gesund eingestuft werden, in der sich jedes Individuum in einer Position befindet, die autonomes Handeln zulässt. Solche Gespräche, in denen frei aus mehreren Ebenen interagiert wird, werden als abwechslungsreicher und vielfältiger empfunden (vgl. Hagehülsmann; Hagehülsmann, 2007, S. 52f) und haben somit einen positiven Einfluss auf die Globalzufriedenheit.

Auch bei den *Strokes* zeigt sich eine bemerkenswert hohe Anzahl von Situationen, in denen das Gegenüber von der Verkäuferin aus dem fürsorglichen Eltern-Zustand angelächelt wurde. Das Lächeln wurde in den meisten Fällen erwidert. Auch Scherze aus dem freien Kind-Ich konnten recht häufig verkäufer-, aber auch kundenseitig beobachtet werden, was die gute Grundstimmung des Gesprächs unterstreicht.

Power Plays waren verkäuferseitig nicht zu beobachten.

4.4.7.3. Am wenigsten erfolgreiches Gespräch

Der gegensätzliche, zweite Fall ist das Verkaufsgespräch mit der niedrigsten Globalzufriedenheitswertung durch den Kunden. Bei den Transaktionsmustern ist die sehr niedrige Anzahl der durchschnittlichen Transaktionen pro Minute auffällig, die insgesamt von allen ausgewerteten Gesprächen die niedrigste ist (Tabelle 92). Die Dokumenten-Portrait-Funktion aus MAXQDA visualisiert den Vergleich der beiden Gespräche diesbezüglich durch folgendes Kacheldiagramm (Abbildung 102).

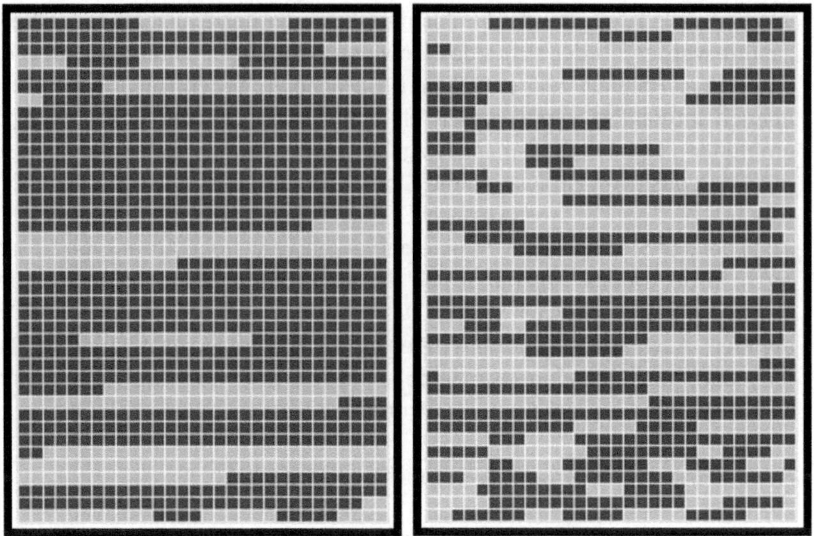

Gespräch mit der niedrigsten Kundenzufreidenheit = links
Gespräch mit der höchsten Kundenzufriedenheit = rechts

Gesprächsanteile:
Hell = Kunde
Dunkel = Verkäufer

Abbildung 102: Dokumentenportraits aus MAXQDA (120 x 30): Worst vs Best (Quelle: MAXQDA)

Diese Tatsache, kombiniert mit der Dauer des Gesprächs, die ähnlich, sogar etwas kürzer war als die des besten Gesprächs, führt zu einer wesentlich geringeren Anzahl der absoluten beobachteten Ich-Zustände und Transaktionen.

Im schlechtesten Gespräch wurden nur 21 Transaktionen durchgeführt, während im besten Gespräch 89 Transaktionen stattfanden. Im schlechtesten Gespräch wurde zwar absolut nur neun Mal das Erwachsenen-Verhalten gezeigt, dies machte aber 60 % der verkäuferseitig insgesamt gezeigten Ich-Zustände des Gesprächs aus. (Zum Vergleich waren es im besten Gespräch 22 Erwachsenen-Verhaltensweisen, die aber nur 45 % der verkäuferseitig gezeigten Verhaltensweisen ausmachten.)

Kundenverhalten		Abkürzung	Best	Wort
Eltern-Ebene	fürsorglich	KfEL	7	1
	Retter	KRET	0	0
	kritisch	KkEL	0	0
	Verfolger	KVER	0	5
Erwachsenen-Ebene	positiv	K_ER	29	4
	negativ	K_ERR	0	0
Kind-Ebene	frei positiv	KfKI_p	9	0
	frei negativ	KfKIn	0	0
	angepasst	KaKI	2	1
	Opfer	KOPF	0	2
	rebellisch negativ	KrKIn	0	0
Strokes	Witz	KSTJOKE	5	0
	negativ angreifend	KSTRneg	0	1
	Lächeln	KSTSmile	4	1
	mit Namen ansprechen	KSTName	2	0
Power Plays	Unterbrechen, ohne sich zu entschuldigen/Nicht antworten	KPPlay	0	2

Tabelle 96: Gegenüberstellung der Ich-Zustände, Strokes und Power Plays der Kunden (Quelle: Eigene Darstellung)

Wird nun noch das kundenseitige Verhalten in die Analyse miteinbezogen, zeigt sich, dass diesen neun Erwachsenen-Verhaltensweisen des Verkäufers (Tabelle 95) nur vier vom Kunden gezeigte rationale Erwachsenen-Verhaltensweisen gegenüberstanden (Tabelle 96). Den Großteil der Verhaltensweisen des Kunden machten hingegen fünf Verhaltensweisen aus, die dem Verfolger-Zustand entsprechen. Dementsprechend waren fünf der insgesamt nur 21 Transaktionen solche, in denen das negative Kundenverhalten durch das rationale Erwachsenen-Verhalten des Verkäufers durchkreuzt wurde. Weitere vier der 21 Transaktionen waren ebenfalls Situationen, in denen der Kunde den Verkäufer negativ durchkreuzte. Werden neben diesen häufig vorkommenden (unvorteilhaft einzustufenden) Überkreuztransaktionen die wichtigen Paralleltransaktionen betrachtet, ist auch der Unterschied zum besten Gespräch bemerkenswert. Im am schlechtesten bewerteten Gespräch fanden nur fünf positive Paralleltransaktionen auf einer Ebene und eine positive Paralleltransaktion über mehrere Ebenen statt. (Im Gegensatz dazu waren es im Top-Gespräch 50 und 14.) Dieser, daher als sehr stockend zu beschreibende Dialog des schlechtesten Gesprächs macht den Anschein, dass der Verkäufer sich auf die rationale Erwachsenen-Ebene zurückgezogen hat, ohne tiefer auf die negative emotionale Lage des Kunden einzugehen oder eingehen zu wollen. Infolgedessen entstand ein „Überkreuzungswettkampf", bei dem jeder Gesprächspartner versucht hat, sein Gegenüber auf seine emotionale Ebene zu ziehen.

Wird das Gespräch im Rahmen einer qualitativen Inhaltsanalyse betrachtet, so fällt das Nichtvorhandensein von Lächeln, außer einem Lächeln bei der Begrüßungssequenz des Gesprächs, und das gänzliche Fehlen von Scherzen und damit verbundenen Auflockerungsversuchen auf. Darüber hinaus ist auffällig, dass die Länge der einzelnen Sprechsequenzen des Verkäufers sehr lang waren, was auch als einseitiger Monolog bezeichnet werden kann. Dies deckt sich mit dem Sprechanteil des Verkäufers, der mit 75,67 % den Maximalwert aller ausgewerteten Gespräche darstellt (Tabelle 92). Es macht den Eindruck, dass der Verkäufer versucht, das Gespräch durch den Redeanteil an sich zu reißen und zu dominieren, aber kaum Fragen stellt oder Interesse an den Herausforderungen des Kunden zeigt, sondern ihn vor vollendete Tatsachen stellt und dabei kaum zu Wort kommen lässt. Dies spiegelt sich kundenseitig in der Häufigkeit der negativen Verhaltensweisen dem Verkäufer gegenüber wider.

Bemerkenswert ist, dass ein negativer *Stroke* des Kunden beobachtet werden konnte, bei dem er offen für das ungerichtete Gespräch kritisiert wurde *(„Herr Faessler, ich muss Sie mal eben unterbrechen. Sie machen so gerade ein bisschen den Baukasten auf. Also, den Kasten auf, wo alles drinsteckt"* (MAXQDA: Cisco Webex Meetings 2020-07-06 15-04-59 - Transkript - TR20336, Pos. 14)). Dieser Satz beinhaltet darüber hinaus gleichzeitig einen von insgesamt zwei *Power Plays*, bei denen der Verkäufer (aus dem gleichen Grund und zwar aufgrund der Länge seines Monologs) vom Kunden mitten im Satz unterbrochen wurde. Abbildung 103 zeigt diese Unterbrechung und Zurechtweisung durch den Kunden.

B: **(POWERPLAY)** Herr [redacted] ich muss Sie mal eben unterbrechen **(STROKE-)**. Sie machen so gerade ein bisschen den Baukasten auf. Also, den Kasten auf, wo alles drinsteckt. Also, ich bin ja bei FedEx, weil Sie meine Ware von Europa nach Amerika transportieren. Deswegen sind wir bei Ihnen. Da sind Sie für mich mein bester Anbieter. Das andere ist alles für mich, was meine Produkte nicht so unglaublich betrifft. Das hört sich sicherlich spannend an, aber es ist jetzt für mich so, ich bin nach wie vor eher irritiert. Ich glaube auch nicht, dass die Anpassung so marktgerecht ist. Also, von den Wettbewerbsbedingungen habe ich sicherlich auch schon über Volumen gesprochen. Da sind Sie momentan drüber mit dieser Preisanpassung. Von daher, also, wenn Sie mir sagen, okay, das macht mein Unternehmen, ist halt die Frage, was können wir beide jetzt noch besprechen. Weil ich möchte eigentlich nicht mit fünf Prozent mitgehen. Ich bin mir sicher, dass wir da über die Zahlen sprechen können. ## **(-, streng, missbilligend,-, zurechtweisend) VER**

Abbildung 103: Unterbrechung und Zurechtweisung mitten im Satz (Quelle: Eigene Darstellung aus MAXQDA)

4.4.7.4. Schlussfolgerungen aus der quantitativen und qualitativen Analyse

Die Ergebnisse der quantitativen und qualitativen Analyse lassen sich zu einigen Schlussfolgerungen zusammenfassen: Die Zusammenfassung der qualitativen und quantitativen Analyse ergibt ein stimmiges Gesamtbild. Aus beiden Analysen wird ersichtlich, dass auf der Verhaltensebene die Anzahl der positiven Verhaltensweisen und die damit verbundenen Paralleltransaktionen eine kritische Rolle spielen. Auch die positiven *Strokes* lassen ebenso wie die Anzahl der durchlaufenen positiven Ebenen auf die Positivität und die Lockerheit des Gesprächs schließen.

Das Ergebnis des Methodenvergleichs untermauert das zugrunde liegende theoretische Modell. Durch das gemischt-methodische Untersuchungsdesign wird es darüber hinaus möglich, umfassendere Schlussfolgerungen zu ziehen, da durch den Einsatz unterschiedlicher Methoden zugleich auch unterschiedliche Perspektiven in die Ergebnisse einfließen. Dies zeigt sich vor allem im Rahmen der Einzelfallanalyse, bei der die Bedeutung der Paralleltransaktionen zwischen komplementären Ich-Zuständen für den Verkaufserfolg unterstrichen wird. Durch Einzelfallanalysen lassen sich darüber hinaus weitere Einflussfaktoren auf den Verkaufserfolg entdecken: Bemühungen um den Kunden, Aufmerksamkeit dem Kunden gegenüber, kritische Beratung, gemachte Komplimente, Sprechanteil des Verkäufers, Anzahl der gestellten Fragen oder auch die dezidierte Beachtung und der Einfluss sozioritueller Verhaltensmuster der Begrüßungs- oder Verabschiedungssequenzen. Diese Aspekte können zur Erweiterung des Modells herangezogen werden und in Folgeuntersuchungen hinsichtlich ihrer Wirkung evaluiert werden.

4.5. Zusammenfassung und Diskussion der Ergebnisse

Im folgenden Abschnitt werden die Ergebnisse der empirischen Untersuchung zusammengefasst dargestellt. Tabelle 97, Tabelle 98, Tabelle 99, Tabelle 100 und Tabelle 101 geben einen Überblick über die Ergebnisse der unterschiedlichen Hypothesen der Regressions-Hauptmodelle und Kovarianzanalysen.

	Nr.	Hypothese	Verkäuferfokus	Kundenfokus
Transaktionen	1	**Je höher die Anzahl der durchschnittlichen Transaktionen im Gespräch ist, desto größer wird die Globalzufriedenheit sein.**	✓	X
	2	Je größer der Anteil paralleler Transaktionen auf einer positiven Ebene im Gespräch ist, desto größer wird die Globalzufriedenheit sein.	X	X
	3	**Je größer der Anteil positiver paralleler Transaktionen über mehrere Ebenen in den Transaktionsmustern zwischen Eltern- und Kinder-Ebene ist, desto größer wird die Globalzufriedenheit sein.**	✓	X
	4	**Je größer der Anteil paralleler Transaktionen auf einer negativen Ebene im Gespräch ist, desto geringer wird die Globalzufriedenheit sein.**	X	✓
	5	**Je größer der Anteil negativer paralleler Transaktionen über mehrere Ebenen in den Transaktionsmustern zwischen Eltern- und Kinder-Ebene ist, desto geringer wird die Globalzufriedenheit sein.**	✓	✓
	6	**Je größer der Anteil überkreuzter Transaktionen in den Transaktionsmustern ist, in denen aus einem negativen Ich-Zustand gekreuzt wird, desto niedriger wird die Globalzufriedenheit sein.**	X	X
		Ein gegensätzlicher signifikanter Einfluss zeigt sich: Die Globalzufriedenheit steigt.	!!!	!!!
	7	Je größer der Anteil überkreuzter Transaktionen in den Transaktionsmustern ist, in denen aus einer positiven (Kind- oder Eltern-)Verhaltensweise geantwortet wird, desto größer wird die Globalzufriedenheit sein.	X	X
	8	**Je größer der Anteil überkreuzter Transaktionen in den Transaktionsmustern ist, in denen eine negative Verhaltensweise durch den Erwachsenen-Ich-Zustand gekreuzt wird, desto größer wird die Globalzufriedenheit sein.**	X	X
		Ein inversiv signifikanter Einfluss zeigt sich: Die Globalzufriedenheit sinkt.	!!!	!!!
	9	Je größer der Anteil überkreuzter Transaktionen in den Transaktionsmustern ist, in denen eine positive Verhaltensweise durch den Erwachsenen-Ich-Zustand gekreuzt wird, desto geringer wird die Globalzufriedenheit sein.	X	X
	10	Je größer der Anteil von Redefinitionstransaktionen in den Transaktionsmustern ist, desto geringer wird die Globalzufriedenheit sein.	X	X
	11	Je größer der Anteil der Power Plays von Verkäufern, desto geringer wird die Globalzufriedenheit sein.	X	X

✓= Hypothese bestätigt; **x** = Hypothese nicht bestätigt; **!!!** = signifikant gegenteiliger Effekt bezüglich der Hypothese

Tabelle 97: Ergebnisse der Hypothesen bezüglich der Transaktionen (Quelle: Eigene Darstellung)

In der Untersuchung können im Bereich der **Transaktionen** (Tabelle 97) im Modell mit Verkäuferfokus fünf signifikante Einflüsse auf die Globalzufriedenheit des Kunden nachgewiesen werden. Positiven Einfluss haben die durchschnittliche Anzahl der Transaktionen pro Minute, positive Paralleltransaktionen zwischen Eltern- und Kind-Ebene sowie (unerwartet) negative Überkreuztransaktionen, bei denen in der Ursprungshypothese davon ausgegangen wurde, dass sie einen negativen Einfluss haben.

Da die negativen Überkreuzungen überwiegend in den Szenarien „Problemgespräch" und „5%ige Preisanpassung" durch den Kunden initiiert wurden, könnte deren unerwartet positive Wirkung eventuell dadurch erklärt werden, dass sie in emotionalen Situationen für den Kunden als eine Art emotionales Ventil dienen, um Frust abzubauen und „sich Luft zu machen".

Negativen Einfluss haben dagegen negative Paralleltransaktionen über mehrere Ebenen und wenn ein negativer Ich-Zustand durch das Erwachsenen-Ich gekreuzt wird. Auch in diesem Fall musste die Ursprungshypothese verworfen werden, da von einem positiven Einfluss ausgegangen wurde.

Eine Erklärung für diesen negativen Einfluss liefert Weis (2003, S. 91): „Ein schneller Wechsel einer Ich-Ebene ist gefährlich. Sofern erforderlich, kann ein Wechsel nur sorgfältig und langsam versucht werden". Auch Rüttinger (vgl. 2019, S. 60) empfiehlt dementsprechend, die überraschende und gelegentlich schroffe Wirkung einer Überkreuztransaktion mit einer kurzen Paralleltransaktion zu kombinieren und dadurch abzufedern.

Werden die beiden Regressions-Modelle (Verkäufer- und Kundenfokus) gegenübergestellt, zeigt sich, dass einige Transaktionen (negative Transaktionen über mehrere Ebenen, negative Überkreuztransaktionen und die Überkreuzung eines negativen Ich-Zustands durch das Erwachsenen-Ich) in beiden Modellen signifikante Einflüsse auf die Globalzufriedenheit des Kunden aufweisen und sie untermauern damit deren Wirksamkeit.

Bei einigen anderen Transaktionen hingegen werden zwar keine widersprüchlichen Ergebnisse im Sinne der Wirkungsrichtung der Einflüsse erkannt, aber einige Hypothesen, die in einem Modell Signifikanz aufweisen, zeigen im anderen Modell keine signifikante Wirkung auf die Globalzufriedenheit.

So wird die Anzahl der Transaktionen sowie die Anzahl der positiven Paralleltransaktionen über mehrere Ebenen im Modell 2 mit Fokus auf das Kundenverhalten nicht bestätigt. Dafür wird hier ein negativer Einfluss negativer Paralleltransaktionen auf einer Ebene signifikant nachgewiesen, der im ersten Modell nicht sichtbar wurde.

	Nr.	Hypothese	Verkäuferfokus	Kundenfokus
funktionale Ich-Zustände	12	Je größer der Anteil des positiven fürsorglichen Eltern-Ichs in den Transaktionsmustern ist, desto größer wird die Globalzufriedenheit sein.	X	X
	13	Je größer der Anteil des positiven kritischen Eltern-Ichs in den Transaktionsmustern ist, desto größer wird die Globalzufriedenheit sein.	X	X
	14	Je größer der Anteil des Erwachsenen-Ichs in den Transaktionsmustern ist, desto größer wird die Globalzufriedenheit sein.	X	X
	15	**Je größer der Anteil des positiven angepassten Kind-Ichs in den Transaktionsmustern ist, desto größer wird die Globalzufriedenheit sein.**	✓	X
	16	**Je größer der Anteil des positiven freien Kind-Ichs in den Transaktionsmustern ist, desto größer wird die Globalzufriedenheit sein.**	X	✓
	17	Je größer der Anteil des positiven rebellischen Kind-Ichs in den Transaktionsmustern ist, desto größer wird die Globalzufriedenheit sein.	X	X
	18	Je größer der Anteil des negativen fürsorglichen Eltern-Ichs in den Transaktionsmustern ist, desto geringer wird die Globalzufriedenheit sein.	X	X
	19	**Je größer der Anteil des negativen kritischen Eltern-Ichs (Verfolger-Ich) in den Transaktionsmustern ist, desto geringer wird die Globalzufriedenheit sein.**	X	✓
	20	Je größer der Anteil des negativen Erwachsenen-Ichs in den Transaktionsmustern ist, desto geringer wird die Globalzufriedenheit sein.	X	X
	21	Je größer der Anteil des negativen angepassten Kind-Ichs (Opfer-Ichs) in den Transaktionsmustern ist, desto geringer wird die Globalzufriedenheit sein.	X	X
	22	Je größer der Anteil des negativen freien Kind-Ichs in den Transaktionsmustern ist, desto geringer wird die Globalzufriedenheit sein.	X	X
	23	**Je größer der Anteil des negativen rebellischen Kind-Ichs in den Transaktionsmustern ist, desto geringer wird die Globalzufriedenheit sein.**	X	✓
Strokes	**24**	**Je größer der Anteil negativer (bedingter und unbedingter) Strokes in den Transaktionsmustern ist, desto geringer wird die Globalzufriedenheit sein.**	X	**X**
		Ein gegensätzlicher signifikanter Einfluss zeigt sich: Die Globalzufriedenheit steigt.		**!!!**
	25	Je größer der Anteil positiver (unbedingter und bedingter) Strokes in den Transaktionsmustern ist, desto größer wird die Globalzufriedenheit sein.	X	kein Konstrukt ⇩
		Witze aus dem freien Kind-Ich	⇧	X
		Lächeln aus dem fürsorglichen Eltern-Ich		**X**
		Den Gesprächspartner aus dem fürsorglichen Eltern-Ich mit seinem Namen ansprechen	siehe Konstrukt	X
		Ein gegensätzlicher signifikanter Einfluss zeigt sich: Die Globalzufriedenheit sinkt. (Aber nur bei dem Stroke: „Lächeln aus dem fürsorglichen Eltern-Ich").		**!!!**

✓ = Hypothese bestätigt; **x** = Hypothese nicht bestätigt; !!! = signifikant gegenteiliger Effekt bezüglich der Hypothese

Tabelle 98: Ergebnisse der Hypothesen bezüglich der Ich-Zustände und Strokes (Quelle: Eigene Darstellung)

Im Bereich der **funktionalen-Ich-Zustände** (Tabelle 98) kann ein signifikanter positiver Einfluss durch verkäuferseitige Verhaltensweisen, die dem angepassten Kind-Ich entsprechen, bestätigt werden. Dies kann als Ergänzung der vorherigen Erkenntnisse betrachtet werden, dahingehend dass es ratsam scheint, in Situationen, in denen der Kunde im Gespräch negativ überkreuzt, erst einmal „angepasst" zu reagieren, um ihn dann erst langsam durch die Erwachsenen-Rolle auf die rationale Ebene zurückzuführen.

Kundenseitig zeigt sich, wie erwartet, dass positives freies Kind-Ich-Verhalten ein Zeichen positiver Globalzufriedenheit des Kunden ist.

Unerwartet hingegen führen auch negative *Strokes* signifikant zu höherer Globalzufriedenheit. Eine Erklärung dieser Wirkung könnte mit der Erklärung des positiven Einflusses der negativen Überkreuztransaktionen einhergehen: Der Kunde nutzt negative *Strokes*, um negative Emotionen abzubauen.

Signifikantes Zeichen für negative Globalzufriedenheit des Kunden ist es auf der anderen Seite, wenn der Kunde sich wie ein Verfolger oder ein negatives rebellisches Kind verhält.

Ein weitere negativer, aber auch unerwarteter, signifikanter Einfluss besteht durch kundenseitiges freundliches Lächeln aus dem fürsorglichen Eltern-Ich auf seine Globalzufriedenheit.

Dies könnte als Anlass dafür genutzt werden, in zukünftigen Untersuchungen die einzelnen Sequenzen bzw. Abschnitte der Gespräche differenzierter zu betrachten. So kommt das Lächeln kundenseitig zum Großteil, außer in wenigen Ausnahmen, nur als Teil eines Begrüßungs- oder Verabschiedungsrituals vor. Die übrigen wenigen Vorkommnisse des Lächelns außerhalb der Begrüßungs- und Verabschiedungssequenzen wurden von nur vier Kunden gezeigt. Das könnte ein Indiz dafür sein, dass unterschieden werden sollte, welche Verhaltensweisen als Teil eines sozialen Rituals stattfinden, einfach weil „es sich so gehört" (Begrüßung/Verabschiedung), wann diese Verhaltensweisen ohne diesen gesellschaftlichen Zwang gezeigt werden und ob diese Rituale eventuell in angespannten Situationen gar konsequenter exerziert werden als im Falle eines positiven und somit lockeren Gesprächsklimas.

Werden die beiden Modelle in diesem Bereich direkt gegenübergestellt, zeigt sich, dass bei den kundenseitigen Verhaltensweisen (Ich-Zustände) völlig andere Annahmen signifikant bestätigt werden, als es bei den verkäuferseitigen Verhaltensweisen der Fall ist. Da die Bewertung des Gesprächs durch den Kunden stattfindet und an Verkäufer und Kunden dementsprechend unterschiedliche Erwartungen gestellt werden, sind die ganz klaren Differenzen der Einflüsse in diesem Bereich jedoch zu erwarten.

Ebene	Nr.	Hypothese	Verkäuferfokus	Kundenfokus
Grundeinstellung	**26**	**Je mehr die Grundeinstellung von Verkäufern (Kunden) bezgl. des Gegenübers positiv ist, desto größer wird die Globalzufriedenheit sein.***	✓	x
	27	**Je mehr die Grundeinstellung von Verkäufern (Kunden) sich selbst gegenüber positiv ist, desto größer wird die Globalzufriedenheit sein.***	x	✓
	28	Unterschiedliche Kombinationen von Grundeinstellungen von Verkäufern und Kunden haben Einfluss auf die Globalzufriedenheit.*	x	x
Die Hypothesen wurden mittels Korrelations- oder Varianzanalysen geprüft. Bestätigte Hypothesen sind durch Fettdruck hervorgehoben.				

✓= Hypothese bestätigt; ***x*** *= Hypothese nicht bestätigt;*

Tabelle 99: Ergebnisse der Hypothesen bezüglich der Grundeinstellung (Quelle: Eigene Darstellung)

Im Bereich der **Grundeinstellung** (Tabelle 99) kann ein signifikanter positiver Zusammenhang mit der Globalzufriedenheit des Kunden festgestellt werden, wenn die Grundeinstellung des Verkäufers gegenüber dem Kunden hoch ist, aber auch wenn der Kunde gegenüber sich selbst eine hohe Grundeinstellung hat.

Ebene	Nr.	Hypothese	Verkäufer Selbsteinschätzung
Big Five	29	Je extravertierter ein Verkäufer ist, desto größer wird die Globalzufriedenheit des Kunden sein.	X
	30	Je verträglicher ein Verkäufer ist, desto größer wird die Globalzufriedenheit des Kunden sein.	X
	31	Je gewissenhafter ein Verkäufer ist, desto größer wird die Globalzufriedenheit des Kunden sein.	X
	32	Je neurotischer ein Verkäufer ist, desto geringer wird die Globalzufriedenheit des Kunden sein.	X
	33	Je offener ein Verkäufer ist, desto größer wird die Global-zufriedenheit des Kunden sein.	X
Persönlichkeits-kompe-tenz	34	Je größer die Kontaktfreudigkeit einer Person ist, desto größer ist die Globalzufriedenheit.*	X
	35	Je höher der Optimismus einer Person ist, desto größer ist die Globalzufriedenheit.*	X
	36	Je höher das Selbstwertgefühl einer Person ist, desto grö-ßer ist die Globalzufriedenheit.*	X
	37	Je höher das Einfühlungsvermögen einer Person ist, desto größer ist die Globalzufriedenheit.*	X
Fachkompetenz	38	Je besser die Selbstorganisation einer Person ist, desto größer ist die Globalzufriedenheit.*	X
	39	Je besser die Produktkenntnisse einer Person sind, desto größer ist die Globalzufriedenheit.*	X
	40	Je besser die Kundenkenntnisse einer Person sind, desto größer ist die Globalzufriedenheit.*	X
	41	Je besser die Marktkenntnisse einer Person sind, desto größer ist die Globalzufriedenheit.*	X
	42	**Je besser die betriebswirtschaftlichen Kenntnisse einer Person sind, desto größer ist die Globalzufriedenheit.***	✓
	43	Je besser die verkaufsprozessbezogenen Fähigkeiten ei-ner Person sind, desto größer ist die Globalzufriedenheit.*	X
Sozialkompetenz	44	**Je besser die Kommunikations- und Wahrnehmungsfä-higkeit einer Person ist, desto größer ist die Globalzufriedenheit.***	✓
	45	**Je höher die Teamfähigkeit einer Person ist, desto grö-ßer ist die Globalzufriedenheit.***	✓
	46	Je höher die Freundlichkeit einer Person ist, desto größer ist die Globalzufriedenheit.*	X
	47	**Je höher die Flexibilität einer Person ist, desto größer ist die Globalzufriedenheit.***	✓

Die Hypothesen wurden mittels Korrelations- oder Varianzanalysen geprüft. Bestätigte Hypothesen sind durch Fettdruck hervorgehoben.

✓= Hypothese bestätigt; ***x*** *= Hypothese nicht bestätigt;*

Tabelle 100: Ergebnisse der Hypothesen bezüglich der Big Five und der Kompetenzen (Quelle: Eigene Darstellung)

Im Bereich der **Verkäuferkompetenzen** (Tabelle 100) kommen insgesamt vier signifikante Zusammenhänge mit der Globalzufriedenheit des Kunden vor. Besonders auffallend ist, dass im Bereich **Sozialkompetenz** drei der vier Kompetenzen positive Signifikanz besitzen. Diese liegt zwischen der Verkäuferselbsteinschätzung seiner Kommunikations- und Wahrnehmungsfähigkeit, der Teamfähigkeit sowie der Flexibilität und der Globalzufriedenheit des Kunden. „Die wohl wichtigste Einflussgröße des kundenorientierten Verhaltens ist die Sozialkompetenz [...] der Mitarbeiter im Kundenkontakt" (Homburg; Stock-Homburg, 2012, S. 36).

Darüber hinaus besteht ein weiterer positiver Zusammenhang zwischen der Fachkompetenz, speziell der Selbsteinschätzung seiner betriebswirtschaftlichen Kenntnisse, und der kundenseitigen Globalzufriedenheit.

Bemerkenswert ist darüber hinaus, dass die **Verkäuferselbsteinschätzung** und die **Kundenwertung** bezüglich der Kompetenzen des Verkäufers, außer in den zwei Bereichen Flexibilität und Teamfähigkeit (die auffälligerweise auch signifikante Teile der Sozialkompetenz sind), keinerlei Zusammenhänge zeigen und damit verdeutlichen, dass das Selbstbild der Verkäufer und die Wahrnehmung der Kunden völlig unterschiedlich sein können.

Ebene	Nr.	Hypothese	
Szenarien 1,2,3	48	Verschiedene typische im Verkauf vorkommende Verkaufssituationen haben Einfluss auf die Globalzufriedenheit des Kunden.*	X
kooperativ vs. kompetitiv	49	**Je kooperativer die Verkaufssituation durch den Kunden empfunden wird, desto größer wird die Globalzufriedenheit sein.**	✓
Wirtschaftlicher Erfolg	50	**Je größer die Globalzufriedenheit des Kunden bezüglich des Verkäufers ist, desto größer wird der wirtschaftliche Erfolg des Verkäufers sein.**	✓
***Die Hypothesen wurden mittels Korrelations- oder Varianzanalysen geprüft. Bestätigte Hypothesen sind durch Fettdruck hervorgehoben.**			

✓ = Hypothese bestätigt; ***x*** *= Hypothese nicht bestätigt;*

Tabelle 101: Ergebnisse der Hypothesen bezüglich der unterschiedlichen Szenarien des Kooperationsempfindens der Kunden und des wirtschaftlichen Erfolgs der Verkäufer (Quelle: Eigene Darstellung)

Tabelle 101 veranschaulicht die Ergebnisse bezüglich der Hypothesen zu den unterschiedlichen Szenarien des Kooperationsempfindens der Kunden und des wirtschaftlichen Erfolgs der Verkäufer.

Es kann zwar kein signifikanter Zusammenhang zwischen den im Verkauf vorkommenden **Verkaufsszenarien** und der Globalzufriedenheit der Kunden festgestellt werden, dafür zeigt sich aber, dass die durch den Kunden empfundene Zusammenarbeit mit dem Verkäufer im Sinne eines **kooperativen oder kompetitiven Verhaltens** einen signifikanten positiven Einfluss auf die Globalzufriedenheit des Kunden ausübt, wenn er die Situation als kooperativ einstuft. Dies ist dahingehend besonders interessant, da kein Zusammenhang zwischen den Szenarien und der Globalzufriedenheit festgestellt werden konnte. Das bedeutet, die subjektive Wahrnehmung überschattet in diesem Fall die objektive Situation.

Dies untermauert das konstruktivistische Axiom nach Watzlawick, das besagt, dass „[...] es keine absolute Wirklichkeit gibt, sondern subjektive, teilweise sehr widersprüchliche Wirklichkeitsauffassungen" (Watzlawick, 2001, S. 142). Die Realität ist dementsprechend weniger ein objektives Ganzes als die Summe verschiedener Vorstellungen und subjektiver Wahrnehmungen (vgl. Probst, 1992, S. 391ff).

Das unterstreicht, wie wichtig die Sozialkompetenz der Verkäufer dahingehend ist, vorgegebene, eher distributive Situationen in ein kooperatives Gewand zu kleiden und weist damit einen klaren Zusammenhang mit dem aus der Heuristik bekannten *framing* („Rahmen verschieben") auf. Es verdeutlicht zudem, dass *framing* nicht zwangsläufig mit Manipulationsversuchen verbunden sein muss, sondern auch von ehrlich gemeinten sozialen und damit adaptiven Fähigkeiten der Menschen abhängen kann.

Zu guter Letzt kann durch die **Globalzufriedenheit** der Kunden ein signifikanter positiver Einfluss auf den **wirtschaftlichen Erfolg** der Verkäufer festgestellt werden. Das bedeutet, die Probanden, die besonders hohe Globalzufriedenheiten bei den Kunden in dieser Untersuchung erreichen konnten, haben über einen Zeitraum von sechs Monaten einen signifikant höheren Umsatz für ihr Unternehmen generieren können.

Dieses Ergebnis deckt sich mit anderen Untersuchungen, wie u. a. von Homburg et al. (2011, S. 64), die ebenfalls zeigen, dass Kundenzufriedenheit in direktem Zusammenhang mit der Performance der Verkäufer und Unternehmen steht.

In Tabelle 102 (Transaktionen) und Tabelle 103 (funktionale Ich-Zustände, *Strokes* und *Power Plays*) sind die Ergebnisse der Regressionsanalysen im Überblick dar- und gegenübergestellt.

			Abhängige Variablen			
			Globalzufriedenheit			Wirtschaftlicher Erfolg
	Model		**Fokus Verkäufer**	**Fokus Kunde**	**Kooperation**	**Zufriedenheit**
Güte der Regression	**R^2**		**,792**	**,927**	**,355**	**,386**
	R^2 korr		**,595**	**,744**	**,336**	**,310**
	Signifikanz		**,003**	**,005**	**,000**	**,055**
Regressionskoeffizienten						
Transaktionsmodelle (Verkäuferfokus/Kundenfokus) **Anhaltspunkte zur situativen Verhaltensanpassung / explorative Betrachtung** **Anhaltspunkte zur situativen Kundenanalyse**						
Transaktionen	**Transaktionen/Minute**	Beta-Koeffizient	**,471**	,326		
		Signifikanz	**,013**	,128		
	Durchschnittliche Anzahl der Transaktionen pro Minute					
	positive Überkreuztransaktion	Beta-Koeffizient	-,161	-,267		
		Signifikanz	,446	,441		
	Wenn ein positiver Zustand einer Ebene einem negativen Zustand der gleichen Ebene oder der Erwachsenen-Ebene folgt.					
	negative Überkreuztransaktionen	Beta-Koeffizient	**,869**	**2,150**		
		Signifikanz	**,020**	**,015**		
	Wenn ein negativer Zustand einer Ebene einem positiven Zustand der gleichen Ebene oder der Erwachsenen-Ebene folgt.					
	Redefinitionstransaktionen	Beta-Koeffizient	,279	ausgeschlossen		
		Signifikanz	,144			
	Es wird inhaltlich ausweichend oder blockierend geantwortet oder Gegenfragen werden gestellt (Framing)					
	ER x positives Ich	Beta-Koeffizient	-,245	-,385		
		Signifikanz	,231	,269		
	Wenn das Erwachsenen-Ich (ER) einem positiven Zustand folgt.					
	ER x negatives Ich	Beta-Koeffizient	**-1,028**	**-1,540**		
		Signifikanz	**,012**	**,006**		
	Wenn das Erwachsenen-Ich (ER) einem negativen Zustand folgt.					
	negative Parallel TA auf einer Ebene	Beta-Koeffizient	ausgeschlossen	**-1,145**		
		Signifikanz		**,047**		
	Transaktionen zwischen negativen Ich-Zuständen einer (Kinder-, Erwachsenen- oder Eltern-)Ebene					
	negative Parallel-TA über mehrere Ebenen	Beta-Koeffizient	**-,723**	**-,478**		
		Signifikanz	**,001**	**,052**		
	Wenn zwischen Eltern- und Kind-Ebene abwechselnd negative Ich-Zustände gezeigt werden.					
	positive Parallel-TA auf einer Ebene	Beta-Koeffizient	,609	,683		
		Signifikanz	,495	,654		
	Wenn auf einer Ebene abwechselnd positive Ich-Zustände gezeigt werden.					
	positive Parallel-TA über mehrere Ebenen	Beta-Koeffizient	**,434**	,417		
		Signifikanz	**,058**	,271		
	Wenn zwischen Eltern- und Kind-Ebene abwechselnd positive Ich-Zustände gezeigt werden.					

Tabelle 102: Ergebnisse der Regressionsanalysen der transaktionsanalytischen Modelle (Transaktionen) (Quelle: Eigene Darstellung)

Im **Transaktionsmodell 1**, dessen Ziel es ist, Anhaltspunkte zur situativen Verhaltensanpassung von Verkäufern zu liefern, können sechs signifikante Einflüsse auf die Globalzufriedenheit des Kunden bestätigt werden. Es zeigt sich, dass der höchste Erklärungsbeitrag durch Transaktionen beigetragen wird, in denen negative Verhaltensweisen durch das Erwachsenen-Ich durchkreuzt werden. Neben diesem starken negativen Einfluss haben noch negative Paralleltransaktionen über mehrere Ebenen einen recht starken negativen Einfluss. Positive Einflüsse werden bei vier Faktoren identifiziert. Dazu zählen die durchschnittliche Anzahl der Transaktionen pro Minute, positive Paralleltransaktionen und im Bereich der funktionalen Ich-Zustände (Tabelle 103) Verhaltensweisen, die dem angepassten Kind-Ich entsprechen. Den mit Abstand stärksten positiven Effekt auf die Globalzufriedenheit des Kunden zeigen dabei unerwarteterweise negative Überkreuztransaktionen.

Im **Transaktionsmodell 2**, das Anhaltspunkte zur situativen Kundenanalyse liefern soll und vom Aufbau nahe am Hauptmodell 1 orientiert ist, ergeben sich neun signifikante Einflüsse auf die Globalzufriedenheit des Kunden.

Den größten von sechs negativen Einflüssen hat auch hier, wenn negative Verhaltensweisen durch das Erwachsenen-Ich durchkreuzt werden („ER x negatives Ich"). Dicht gefolgt von negativen Paralleltransaktionen auf einer Ebene und auf der Ebene der Ich-Zustände, wenn Kunden Verfolger-Verhalten zeigen. Darüber hinaus kann ein mittelstarker negativer Einfluss von negativen Paralleltransaktionen über mehrere Ebenen und wenn der Kunde rebellisches Kind-Verhalten zeigt, nachgewiesen werden. Ein mittelstarker, aber auch unerwarteter negativer Einfluss auf die Globalzufriedenheit besteht, wenn kundenseitig freundlich gelächelt wird.

Überraschenderweise haben auf der anderen Seite die negativen Überkreuztransaktionen, wie bereits im Hauptmodell 1, mit Abstand den stärksten positiven Einfluss. Ebenso verhält es sich mit vom Kunden verteilten negativen *Strokes*, die auch einen unerwarteten, recht starken positiven Effekt auslösen bzw. widerspiegeln.

Ein etwas niedrigerer, aber dennoch recht hoher positiver Einfluss besteht, wenn der Kunde sich wie ein freies Kind verhält.

			Abhängige Variablen			
			Globalzufriedenheit			Wirtschaftlicher Erfolg
		Model	**Fokus Verkäufer**	**Fokus Kunde**	**Kooperation**	**Zufriedenheit**
Güte der Regression		**R^2**	**,792**	**,927**	**,355**	**,386**
		R^2 korr	**,595**	**,744**	**,336**	**,310**
		Signifikanz	**,003**	**,005**	**,000**	**,055**
Regressionskoeffizienten						
Transaktionsmodelle (Verkäuferfokus / Kundenfokus) **Anhaltspunkte zur situativen Verhaltensanpassung / explorative Betrachtung** **Anhaltspunkte zur situativen Kundenanalyse**						
Funktionale Ich-Zustände	fürsorgliches Eltern-Ich	Beta-Koeffizient Signifikanz	,129 ,643	,414 ,410		
	RETTER	Beta-Koeffizient Signifikanz	ausgeschlossen	,073 ,799		
	kritisches Eltern-Ich	Beta-Koeffizient Signifikanz	,105 ,431	,205 ,256		
	VERFOLGER	Beta-Koeffizient Signifikanz	ausgeschlossen	**-1,033** **,082**		
	Erwachsenen-Ich	Beta-Koeffizient Signifikanz	-,451 ,578	,205 ,256		
	Erwachsenen-Ich-Zustand mit inhaltlicher Redefinition (ERR) Gegenfragen etc.	Beta-Koeffizient Signifikanz	ausgeschlossen	,530 ,133		
	freies Kind-Ich positiv	Beta-Koeffizient Signifikanz	-,148 ,556	**,715** **,066**		
	freies Kind-Ich negativ	Beta-Koeffizient Signifikanz	ausgeschlossen	,024 ,890		
	angepasstes Kind-Ich	Beta-Koeffizient Signifikanz	**,442** **,023**	,241 ,461		
	Opfer	Beta-Koeffizient Signifikanz	,247 ,116	-,237 ,113		
	rebellisches Kind-Ich	Beta-Koeffizient Signifikanz	ausgeschlossen	**-,413** **,099**		
Strokes Power Plays	**negative Strokes**	Beta-Koeffizient Signifikanz	ausgeschlossen	**,937** **,093**		
	Positive Strokes (Konstrukt)	Beta-Koeffizient Signifikanz	,032 ,862	kein Konstrukt ⇩		
	Witze aus dem freien Kind-Ich	Beta-Koeffizient Signifikanz	⇧	-,305 ,427		
	Lächeln aus dem fürsorglichen Eltern-Ich	Beta-Koeffizient Signifikanz	Siehe Konstrukt	**-,502** **,012**		
	Den Gesprächspartner aus dem fürsorglichen Eltern-Ich mit seinem Namen ansprechen	Beta-Koeffizient Signifikanz		-,051 ,764		
	Verkäufer Power Play	Beta-Koeffizient Signifikanz	-,182 ,231	-,201 ,150		
	ins Wort fallen, ohne sich zu entschuldigen					

Tabelle 103: Ergebnisse der Regressionsanalysen der transaktionsanalytischen Modelle (funktionale Ich-Zustände, Strokes und Power Plays) (Quelle: Eigene Darstellung)

Im **Situationsmodell** (Tabelle 104) steht die Frage im Fokus, wie kooperativ bzw. kompetitiv die Situation durch den Kunden empfunden wird. Hier zeigt sich ein erwarteter positiver Einfluss kooperativer Empfindung auf die Globalzufriedenheit des Kunden.

Das **Profitabilitätsmodell** (Tabelle 104) betrachtet letztendlich den Einfluss der Globalzufriedenheit der Kunden auf den wirtschaftlichen Erfolg der Verkäufer, der aus reellen Unternehmensdaten ermittelt wird. Auch hier kann der erwartete positive Einfluss bestätigt werden.

			Abhängige Variablen			
			Globalzufriedenheit			Wirtschaftlicher Erfolg
		Model	**Fokus Verkäufer**	**Fokus Kunde**	**Kooperation**	**Zufriedenheit**
Güte der Regression		**R^2**	**,792**	**,927**	**,355**	**,386**
		R^2 korr	**,595**	**,744**	**,336**	**,310**
		Signifikanz	**,003**	**,005**	**,000**	**,055**
Regressionskoeffizienten						
Situationsmodell: Kooperationsmodell						
Kooperativ vs. kompetitiv	**Wie kooperativ oder kompetitiv bewertet der Kunde das Gespräch?**	Beta-Koeffizient Signifikanz			**,596** **,000**	
Profitabilitätsmodell: Einfluss der Globalzufriedenheit der Kunden auf den wirtschaftlichen Erfolg der Verkäufer						
Globalzufriedenheit	**Durchschnittliche Zufriedenheit mit den Verkäufern**	Beta-Koeffizient Signifikanz				**,622** **,055**
Anwendungsprämissen						
Linearität			✓	✓	✓	✓
Keine Multikollinearität			Teilweise (aber erklärbar; 10.2.1.1.)	Teilweise (aber erklärbar; 10.2.1.4.)	✓	✓
Homoskedastizität			✓	✓	✓	✓
Keine Autokorrelation			✓	✓	✓	✓
Normalverteilung der Störgrößen			✓	✓	✓	✓

Tabelle 104: Ergebnisse der Regressionsanalysen bezüglich des situativen Kooperationsverhaltens und des Profitabilitätsmodells (Quelle: Eigene Darstellung)

4.6. Implikationen und Gestaltungsempfehlungen

Die Gesprächs- und Beziehungsanalyse kann dazu genutzt werden, die Beziehungen mit Kunden in diesem Sinne weiterzuentwickeln bzw. zu gestalten, dass sie einen Beitrag dazu leisten können, den Unternehmenserfolg zu steigern. Aus dem Blickwinkel des Systemischen Transaktionsmanagements helfen die anhand der Beziehungsanalyse entdeckten Beziehungsmuster, die Qualität und Art der Beziehungen im Unternehmen besser zu verstehen (vgl. Kapitel 3.4.4.4 – Sozial sensible Wahrnehmung und adäquate Beurteilung) und auf diesen Erkenntnissen aufbauend zu intervenieren, zu steuern oder auch zu lenken (vgl. Kapitel 3.4.4.5 – Einsatz des systemischen Transaktionsmanagements zur situativen Steuerung der Interaktion). Dementsprechend lassen sich evolutionäre Zyklen durch systemisches Transaktionsmanagement neu initiieren, indem beispielsweise alternative Kundenintegrations-Formen (vgl. Kapitel 3.4.3 – Kunden-Unternehmens-Integration) umgesetzt und diese neuentstandenen Programme auch wieder einer Beziehungsanalyse unterzogen werden.

Anhand der Ergebnisse der Beziehungsanalysen lassen sich Ansatzpunkte feststellen, wie Verkäufer, angefangen mit der Weiterentwicklung ihrer sozialen Kompetenz, über verbesserte situative Anpassungsfähigkeit und höhere Kundenorientierung, gesteigerte Globalzufriedenheit bei Kunden erzeugen und damit letztendlich einen größeren wirtschaftlichen Erfolg für sich und ihr Unternehmen erreichen können. Die Ansatzpunkte zu dieser möglichen aktiv gesteuerten Steigerung der Beziehungsqualität zu Kunden auf Ebene der Mitarbeiter, die im direkten Kundenkontakt arbeiten, befinden sich zum einen im intrapersonalen (persönlichkeits- und kompetenzbezogen), aber vor allem im interpersonalen (situativen) Bereich.

Im **interpersonalen Bereich** kann sich die Beziehungsqualität zum Kunden dadurch optimieren lassen, indem die Verkäufer lernen und verstehen, Ich-Zustände mit positiver Wirkung in einer authentischen, glaubwürdigen Form verstärkt zu nutzen und positiv wirkende Transaktionen zu forcieren.

Auf der anderen Seite trägt auch eine bewusste Reduktion negativ wirkender Verhaltensweisen und Transaktionen dazu bei, die Beziehungsqualität zu steigern.

Neben den Verhaltensweisen des Verkäufers ist es aber auch möglich, kundenseitiges Verhalten bewusst zu erkennen und zu analysieren, um darauf aufbauend adaptiv situativ das eigene Vorgehen adjustieren und modifizieren zu können.

So ist es beispielsweise ein positives Zeichen für die Beziehungsqualität, wenn Kunden **freies Kind-Verhalten** zur Schau stellen, sich also ausgelassen, spielerisch und frei verhalten.

Vorsicht ist hingegen geboten, wenn Kunden aus dem **Verfolger-** oder **dem rebellischen Kind-Ich** agieren. Also entweder z. B. besonders kritische oder sture Verhaltensweisen zeigen.

Dies führt zu dem für Verkäufer eigentlich interessanten Aspekt, wie der korrekte weitere Umgang mit solchen kritischen, durchaus emotionalen Situationen gestaltet werden kann.

Hier zeigt sich in der vorliegenden Untersuchung, dass der Verkäufer nicht versuchen sollte, den emotional negativ angespannten Kunden direkt durch sehr argumentatives, nüchternes Verhalten auf eine reine Sachebene zu bringen. Diese **rationale Durchkreuzung einer negativen Transaktion durch das Erwachsenen-Ich** hat in der Untersuchung den am stärksten nachgewiesenen negativen Einfluss auf die Zufriedenheit des Kunden erzeugt.

Es scheint viel mehr von Vorteil für die Globalzufriedenheit des Kunden, ihn durch von ihm initiierte **negative *Strokes*** oder **negative Überkreuztransaktionen** seine negative Stimmung abbauen zu lassen. Beide kundenseitigen Verhaltensweisen zeigen einen positiven Effekt auf die Kundenstimmung nach dem Gespräch.

Nach den Ergebnissen der vorliegenden Untersuchung scheint es vielversprechend, den Kunden durch **angepasstes Kind-Verhalten** verständnisvoll, eventuell sogar entschuldigend emotional „abzuholen“.

Dies entspricht einer **positiven Paralleltransaktion über mehrere Ebenen,** die nachgewiesen auch dazu beiträgt, einen positiven Gesprächsverlauf zu schaffen. Agiert das Gegenüber also beispielsweise einer kritischen oder auch positiven Eltern-Rolle entsprechend, scheint es grundsätzlich für den Verkäufer ratsam, zunächst positiv aus der Kind-Ebene (z. B. angepasstes Kind-Ich) zu reagieren. Ist der Kunde aber beispielsweise in einer Kind-Rolle, sollte der Verkäufer aus der fürsorglichen oder positiv kritischen Eltern-Rolle antworten.

Eine Ausnahme besteht allerdings dann, wenn der Kunde in eine negative Rolle (rebellisches Kind oder Verfolger) wechselt bzw. dort verbleibt, da durch dieses (in vorliegender Untersuchung ausschließlich) kundenseitige Zutun, eine Steigerung der Anzahl der **negativen Paralleltransaktionen über mehrere Ebenen** erzeugt wird, die wiederum einen stark negativen Einfluss auf die Zufriedenheit des Kunden haben. Das heißt, wenn der Kunde der negativen Eltern- oder Kind-Ebene entsprechend weiterhandelt, sollte der Verkäufer im Gegensatz zur grundsätzlichen Empfehlung, ausnahmsweise nicht aus der jeweils komplementären Ebene reagieren.

Das Gespräch sollte vielmehr durch den Verkäufer nach einem ersten angepassten Kind- (oder alternativ fürsorglichen Eltern-)Verhalten langsam gemeinsam mit dem Kunden zurück auf die Eltern-Ebene geführt werden, um dort das Gespräch rational partnerschaftlich und lösungsorientiert vorantreiben zu können. Ist es möglich, auf dieser positiven Ebene gemeinsam zu verweilen, ist dies ein Beispiel **positiver Paralleltransaktionen auf einer Ebene**, die einen positiven Einfluss auf die Globalzufriedenheit haben. Dieser positive Effekt gilt grundsätzlich auch für Paralleltransaktionen auf der jeweils positiven Kind- oder auch Eltern-Ebene.

Im Kontext zu den Transaktionen zeigt sich darüber hinaus ein grundsätzlich positiver Effekt auf die Beziehungsqualität, wenn es den Gesprächspartnern gelingt, das Gespräch durch eine **hohe Frequenz an Transaktionen** vital und lebendig zu gestalten (vgl. adaptive selling). Lange Monologe (vgl. canned selling) sollten vermieden werden.

Abbildung 104 veranschaulicht dieses Beispiel einer kritischen Gesprächssituation mit dazugehörigen Transaktionsmustern und deren Wirkung.

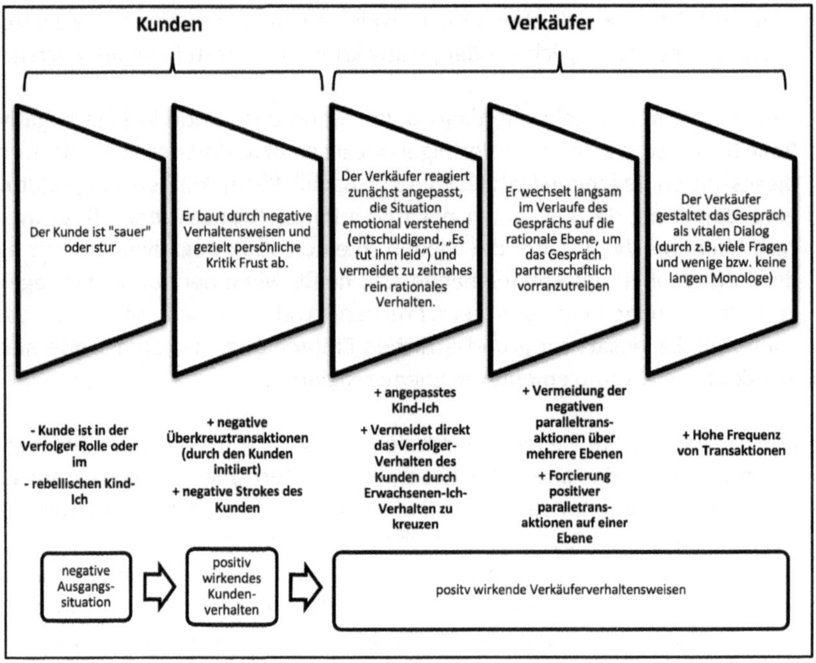

Abbildung 104: Zusammenfassende konstruierte ideale Vorgehensweise anhand der Ergebnisse der Untersuchung (Quelle: Eigene Darstellung)

Abbildung 105 zeigt ein reales Beispiel eines sehr gut bewerteten Gesprächs, in dem der Verkäufer zum oben beschriebenen Fall ein ideales Vorgehen aufzeigt. Der Verkäufer sieht sich darin einem kritischen Kunden gegenüber, der sich in der Verfolger-Rolle befindet. Der Verkäufer vermeidet zunächst, die negative Verhaltensweise des Kunden durch rationales Verhalten zu durchkreuzen und reagiert erst einmal verständnisvoll auf die kritischen Äußerungen des Kunden. Erst nachdem er Verständnis gezeigt hat, wechselt er in den Erwachsenen-Ich-Zustand, um so das rationale Erwachsenen-Ich des Kunden zu mobilisieren. Er verhindert damit gleichzeitig, dass negative Paralleltransaktionen über mehrere Ebenen entstehen. Dem Verkäufer gelingt es dadurch, darüber hinaus positive Paralleltransaktionen auf der gleichen Ebene zu erzeugen, die nachgewiesen einen signifikant positiven Einfluss auf die Globalzufriedenheit ausüben.

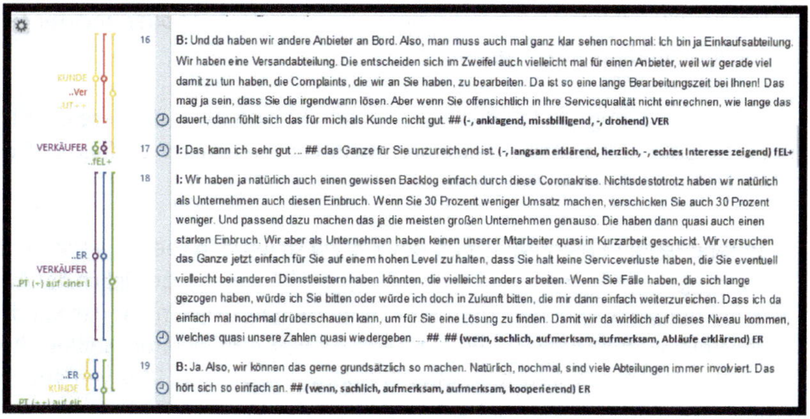

Abbildung 105: Gesprächsbeispiel (Quelle: Eigene Darstellung aus MAXQDA)

Im **Intrapersonalen Bereich** wird der Zusammenhang von der Grundeinstellung und der Selbsteinschätzung bezüglich der verschiedenen Kompetenzen der Verkäufer und der Globalzufriedenheit der Kunden untersucht.

Bei der Grundeinstellung des Verkäufers gegenüber dem Kunden kann dieser Zusammenhang signifikant bestätigt werden.

Das heißt, es ist wichtig für Verkäufer, eine positive Meinung bezüglich ihrer Kunden zu Beginn, aber auch im Verlauf ihres Berufslebens zu haben. Eventuell kann es durch diese positive Einstellung gegenüber dem Kunden sogar gelingen, die Grundeinstellung der Kunden sich selbst gegenüber zu verbessern. Auch dieser Aspekt steht in direktem Zusammenhang mit der Globalzufriedenheit der Kunden nach den Gesprächen.

Im Bereich (der Selbsteinschätzung) der Verkäuferkompetenzen bestätigt sich, dass die Sozialkompetenz als Schlüsselqualifikation für Verkäufer betrachtet werden kann, da speziell in diesem Bereich signifikante Zusammenhänge in Bezug auf die Globalzufriedenheit festgestellt werden konnten. Insbesondere die Selbsteinschätzung bezüglich Kommunikations- und Wahrnehmungsfähigkeit, Teamfähigkeit und verkäuferischer Flexibilität in unterschiedlichen Verkaufssituationen und bei Personen spielen hierbei signifikante Rollen. Diese Erkenntnis kann zum einen Hinweis für Fortbildungsmaßnahmen der Personen selbst und durch die Unternehmen gesteuerten Schulungen sein, aber auch Empfehlungsrichtlinien für Auswahlverfahren geeigneter Kandidaten beim Rekrutieren neuer Verkäufer oder anderer Personen mit Kundenkontakt geben.

Für die Empfindung des Kunden bezogen auf die **Situation**, ob diese eher kooperativ oder kompetitiv empfunden wird, kann ein klarer Einfluss auf die Globalzufriedenheit bestätigt werden.

Spannend ist die Erkenntnis, dass obwohl zwischen den reellen verschiedenen vorgegebenen **Szenarien** kein eindeutiger Unterschied bezüglich der Auswirkung der verschiedenen Themen auf die Globalzufriedenheit der Kunden festgestellt werden konnte, es sehr wohl einen signifikanten Einfluss hat, wenn Kunden das Gespräch als eher kooperativ bewerten. Dies verdeutlicht erneut, wie wichtig die sozialen Fähigkeiten des Verkäufers sind, um einen Eindruck der Hilfsbereitschaft und Partnerschaft zu vermitteln, da das subjektive Empfinden in der zugrunde liegenden Untersuchung eine wesentlich bedeutendere Rolle in der Kundenperzeption einnimmt als das reale durch das Unternehmen vorgegebene Szenario selbst.

Das Bewusstsein über die wechselseitigen Auswirkungen einzelner Verhaltensweisen und die Befähigung der Personen, die in direktem Kundenkontakt stehen, diese glaubwürdig und authentisch einzusetzen, tragen dazu bei, den Erfolg in Kundenbeziehungen zu erhöhen. Weitere Faktoren zum aktiven Steuern der Beziehungsqualität sind die Sensibilisierung der Personen dafür, welche Grundeinstellung sie selbst besitzen, und die Entwicklung der Fähigkeit, die Grundeinstellung der Kunden zu erkennen, sich darauf einstellen oder eventuell sogar darauf Einfluss nehmen zu können.

Mit diesem Wissen und durch die gezielte Umsetzung der Beziehungsanalyse könnte es gelingen, Verkäufer dazu zu befähigen, ihre soziale Kompetenz weiterzuentwickeln, um so individualisierte Kundenbeziehungen auf- und auszubauen, die sich durch größere Globalzufriedenheit und größeren wirtschaftlichen Erfolg auszeichnen. Die Beziehungsanalyse kann darüber hinaus auch als Werkzeug zur Wahl geeigneter Kandidaten für den Vertrieb oder andere Positionen mit direktem Kundenkontakt genutzt werden (beispielsweise durch die Analyse der Grundeinstellung, der Selbsteinschätzung ihrer Sozialkompetenz und/oder durch die Analyse typischer Transaktionsmuster der jeweiligen Bewerber/Verkäufer in Rollenspielen).

Die Beziehungsanalyse verbindet persönlichkeitsbezogene Faktoren (Grundeinstellung, Kompetenzen) sowie situative Faktoren (Transaktionsmuster), um eine Erklärung zum Erfolg interaktiver Beziehungen mit Kunden zu liefern. Für die betriebswirtschaftliche Praxis entstehen daraus auf Grundlage der systemischen Transaktionsanalyse empirisch und theoretisch fundierte Ansätze, die Gesprächsgestaltung und Gesprächsführung mit Kunden durch gezielte Entwicklung der Mitarbeiter und Auswahl passender Personen für den Kundenkontakt zu verbessern. Die Beziehungsanalyse kann darüber hinaus als zentrales und greifbares Konzept betrachtet werden, wenn es um die Identifizierung und das Verständnis von Beziehungsmustern zwischen Kunden und Unternehmen geht, sie bietet Ansatzpunkte, dieses Wissen erfolgswirksam umzusetzen.

5. Resümee: Zusammenfassung, Restriktionen und Ausblick

In der vorliegenden Arbeit wird aufgrund der Herausforderungen einer immer komplexer werdenden Unternehmensumwelt ein **innovatives Konzept eines situativen Gesprächs- bzw. Beziehungsmanagements** entwickelt und einer empirischen Überprüfung unterzogen, um dem Vertrieb und anderen unternehmerischen Bereichen mit Kundenkontakt das Erreichen eines qualitativ höheren, komplexeren Niveaus zu ermöglichen.

Die Basis dafür wird durch die Entwicklung und Erarbeitung eines situativen Gesprächskonzepts für komplexe Unternehmenssituationen geschaffen. Als Resultat entstehen ein **interaktives Gesprächskonzept** und die Analyse von **Verkaufsgesprächen aus transaktionsanalytischer Perspektive**. Das so erarbeitete Konzept ist u. a. dahingehend charakteristisch, dass nicht nur einzelne Teile, sondern das gesamte System, welches aus Verkäufern und Kunden besteht, betrachtet wird, dass weiters die Individualität jeder Beziehung hervorgehoben und die Kommunikation auf pragmatischer Ebene berücksichtigt wird, auf der die interaktiv-dynamische, also wechselseitige Wirkung bei den Gesprächspartnern, im Fokus des Interesses steht. Durch die Analyse der Verkaufsgespräche aus systemischer Sicht wird anhand der Transaktionen ein dynamisches Interaktionsverständnis in den Fokus gerückt.

Der Beginn eines **Managements von Beziehungen zwischen Unternehmen und Kunden** in komplexen Umfeldsituationen wird mithilfe der Integration beider Parteien eingeleitet. Erst diese integrierte Beziehung ermöglicht es, typische Muster im Umgang der ursprünglich einzelnen Parteien miteinander zu identifizieren, um Handlungen des fokalen Gesamtsystems verstehen, prognostizieren und rekonstruieren zu können. Für eine zielführende Lenkung bzw. Intervention kann das systemtheoretisch fundierte Management einige Ansatzpunkte liefern. Maßgeblich ist dabei, dass nicht einzelne Personen, sondern das Gesamtsystem Objekt der Lenkungsversuche ist.

Die Integration des systemtheoretisch fundierten Managements und des diesbezüglich entwickelten Gesprächskonzepts geschieht im Kontext des **Systemischen Transaktionsmanagements**. Dieses Modell betont die Bedeutung der Identifikation von Beziehungsmustern als zentralen Faktor für Lenkungsversuche. Während sich die **Systemtheorie** im Allgemeinen auf abstrakte Mo-

M. Beck, *Situative Verhandlungsführung*, Managementforschung,
https://doi.org/10.1007/978-3-658-42958-4_5

delle bezieht, die empirisch als nicht oder nur schwer überprüfbar gelten, stellt die **Transaktionsanalyse**, die ihren Ursprung in der Gruppen- und Psychotherapie hat, eine Vielzahl von Ansätzen bereit, durch die sich Beziehungsmuster identifizieren und beschreiben lassen. Aus diesem Grund wird in der vorliegenden Untersuchung die Beziehungsanalyse als transaktionsanalytisch fundierter Bezugsrahmen entwickelt.

Wie auch zur Systemtheorie gibt es zur Transaktionsanalyse kaum empirische Studien. Es ist vielmehr so, dass sich zahlreiche transaktionsanalytische Autoren damit genügen, Empfehlungen zu formulieren, die meist aus therapeutischen Bereichen unverändert übernommen werden. Die in der zugrundeliegenden Arbeit durchgeführte empirische Beziehungsanalyse beschäftigt sich mit den **transaktionsanalytischen Mustern** von Verkäufer-Kunden-Interaktionen in Verkaufsgesprächen. Dazu werden situative Faktoren wie auch persönlichkeitsbezogene Merkmale und Kompetenzen von Kunden und Verkäufern in der Analyse berücksichtigt. Über die reine Beschreibung beobachteter Verhaltens- und Interaktionsmuster hinausgehend werden deren Wirkungen auf die Globalzufriedenheit der Kunden betrachtet. Außerdem werden innerhalb eines umfassenden Bezugsrahmens Einflüsse und Zusammenhänge der transaktionsanalytischen Muster, vorökonomischer Erfolgsgrößen (Transaktionszufriedenheit und Zufriedenheit mit Verkäuferpersönlichkeit und -kompetenz) sowie letztendlich ökonomischer Erfolgsgrößen (wirtschaftlicher Erfolg) untersucht.

Diese empirische Analyse ermöglicht es, abstrakte systemtheoretische Konzepte mit etablierten transaktionsanalytischen Konzepten zu verschmelzen, empirisch handhabbar zu machen und dadurch theoretisch fundierte sowie für die Praxis relevante Erkenntnisse für das Management der Kunden-Beziehungen zu extrahieren. Durch diese Beziehungsanalyse entsteht für die **Unternehmenspraxis** eine Fülle von Anwendungsmöglichkeiten. Das Hauptaugenmerk liegt dabei aber auf der Entwicklung der **sozialen Kompetenzen** und dadurch der **adaptiven Fähigkeiten** sowie der **Kundenorientierung** der Personen im Unternehmen. Oberstes Ziel der Beziehungsanalyse besteht in diesem Kontext in der Förderung des Aufbaus langfristiger erfolgswirksamer Beziehungen.

Abbildung 106 veranschaulicht zusammenfassend den Forschungsprozess, in dem das sequenzielle, mehrgleisige, gemischte Design der vorliegenden Untersuchung deutlich wird (vgl. Angerer et al., 2006, S. 123).

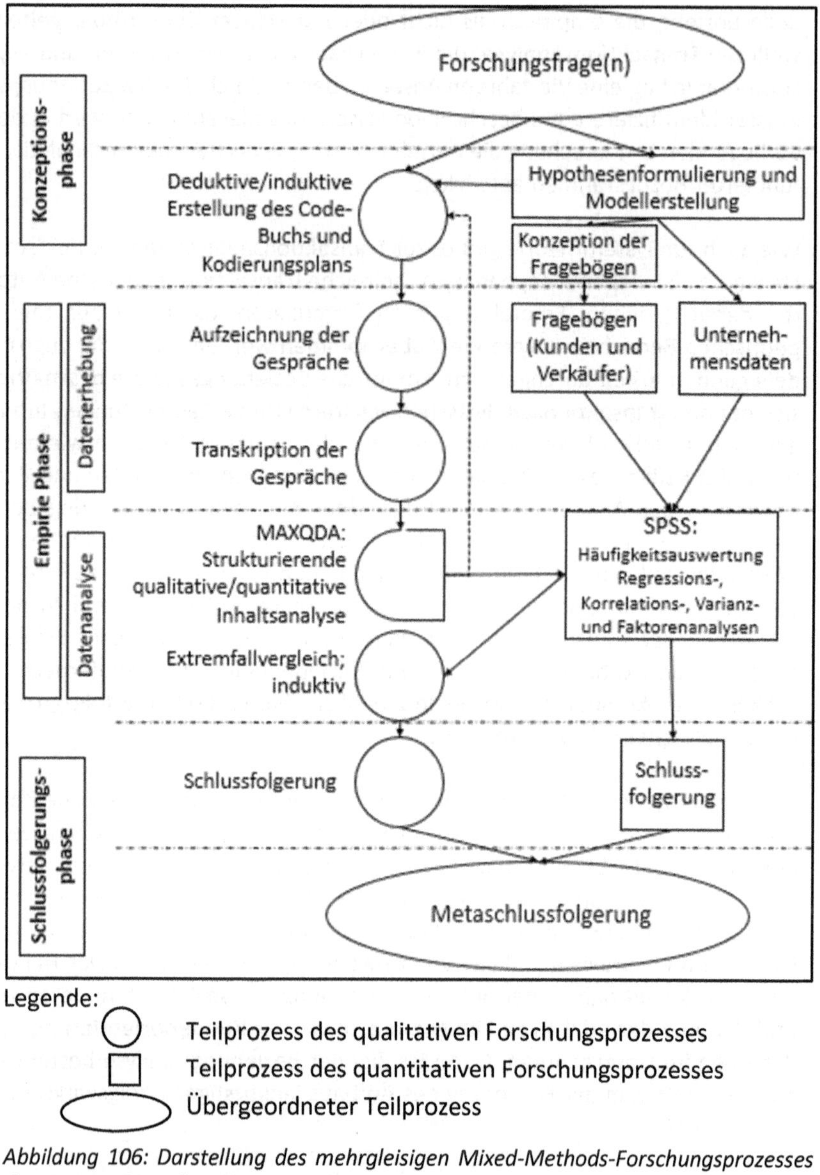

Abbildung 106: Darstellung des mehrgleisigen Mixed-Methods-Forschungsprozesses der Untersuchung (Quelle: Eigene Darstellung)

Auf den Hauptforschungsfragen aufbauend („Wie kann in Geschäftsbeziehungen situativ erfolgreich verhandelt werden?") findet nach einer Betrachtung des Status quo der Forschung bezüglich der Verhandlungsführung (theoretische Subforschungsfrage 1) und einer dezidierten Betrachtung, wie sich das Thema auf Basis der systemischen Transaktionsanalyse darstellt (theoretische Subforschungsfrage 2), eine Hypothesenformulierung und Modellerstellung statt, um die empirische Subforschungsfrage („Was sind Einflüsse auf situative Verhaltensweisen und wie ist die Wirkung von situativen Verhaltensweisen auf den Erfolg?") beantworten zu können.

Auf dem **qualitativen Gleis** wird dazu zunächst deduktiv ein **Kodierungsplan** und Code-Buch erstellt, um nach der Aufzeichnung und Transkription der betrachteten Verkaufsgespräche eine objektive, reliable sowie valide Kategorisierung der verschiedenen Verhaltensmuster in *MAXQDA* gewährleisten zu können. Da dies einen kritischen Punkt des Forschungsprozesses darstellt, werden die Kategorien zunächst strikt deduktiv aus der transaktionsanalytischen Literatur abgeleitet, um eine mögliche Vermischung oder Überlappung verschiedener Verhaltensmuster auszuschließen.

Die **Sample-Größe** stellt einen weiteren kritischen Aspekt der Untersuchung besonders hinsichtlich der Anzahl der Hypothesen bzw. unabhängiger Variablen dar. Um diese zu bestimmen, schlagen beispielsweise Hemmerich (vgl. 2019) vor, (1) ähnliche Studien zu betrachten, um vor der Untersuchung eine grobe Vorstellung der nötigen Stichprobengröße zu bekommen und (2) eine Poweranalyse nach Cohen (1988) zu deren rechnerischer Validierung durchzuführen.

(1) Eine vom grundsätzlichen Forschungsprozess artverwandte Studie ist durch Angerer (2003) gegeben, in der weniger Variablen betrachtet, aber auch weniger Gespräche aufgezeichnet wurden als in der vorliegenden Arbeit.

(2) Die Poweranalyse nach Cohen (1988) lässt es darüber hinaus zu, unter Berücksichtigung der R-Quadrate sowie der Anzahl der Prädiktoren (bei Regressionen), des Pearson Produkt-Moment-Korrelationskoeffizienten (bei Korrelationen) und des Alphaniveaus die nötige Stichprobengröße zu berechnen, um eine angebracht hohe Teststärke für die einzelnen Teilmodelle zu gewährleisten (vgl. Hemmerich, 2019; vgl. Hemmerich, 2018). In der vorliegenden Untersuchung wird dementsprechend durch die beschriebene

Poweranalyse sichergestellt, dass die Stichprobengröße von 36 analysierten Gesprächen in allen Teilbereichen ausreichend ist. Die Modelle, die die einzelnen Verkaufsszenarien betrachten, sind mit jeweils n=12 zu klein. Allerdings werden diese nicht dazu analysiert, um in die finalen Ergebnisse einzugehen. Sie werden vielmehr als Kontrolle angelegt, um sicherzustellen, dass die Gesamtergebnisse nicht zu sehr durch eines der drei verschiedenen Szenarien geprägt sind. Dies stärkt die Generalisierbarkeit der Analyse.

Ein kritischer Aspekt bezüglich der **Aufzeichnung der Gespräche** ist es, die Störvariablen maximal zu kontrollieren. Dies ist dahingehend wichtig, da es die interne Validität der Schlussfolgerungen sichert. Denn das grundsätzlich quasi-experimentelle Design der Studie – unabhängige Variablen, also Verhaltensweisen, werden in der Analyse zwar ausgewertet, aber während der Erhebung nicht aktiv beeinflusst – führt zu einer schwächeren internen Validität als das bei Experimenten, in denen gezielt nur eine Variable verändert wird, gegeben wäre (vgl. Bortz; Döring, 2016, S. 102). Andererseits führt aber genau dieser Aspekt auch zu einer gewollten Steigerung der externen Validität, da die untersuchten Gespräche realen Situationen entsprechen und somit mehr auf den Alltag verallgemeinerbare Befunde zulassen (vgl. Bortz; Döring, 2016, S. 106). Im Sinne der Forschungsfragen wird dieses Vorgehen in der vorliegenden Arbeit bewusst gewählt.

Die darauffolgende **Transkription** der Gespräche findet nach strengen vorgegebenen Transkriptionsregeln statt. Empfehlungen bezüglich des wissenschaftlichen Vorgehens fassen Flick et al. (vgl. 2000, S. 437–447) zusammen. Da die Gespräche für die anschließende Inhaltsanalyse vollständig niedergeschrieben werden müssen, kommt eine selektive Teiltranskription nicht in Frage. Allerdings lässt die gleichzeitige Analyse der Video- und Audiodaten während der Inhaltsanalyse des Transkripts zu, dass das Transkriptionssystem hinsichtlich seines Umfangs und der einbezogenen Äußerungsformen überschaubar gehalten wird. Es ist beispielsweise nicht notwendig, dass Sprechpausen oder Stimmlagen minutiös niedergeschrieben werden (vgl. Bortz; Döring, 2016, S. 583f).

Während der anschließenden **Inhaltsanalyse** können induktiv kleinere Anpassungen des zuvor erstellten Code-Buchs stattfinden. „Die strukturierende qualitative Inhaltsanalyse entspricht im Grunde der quantitativen Inhaltsanalyse […], denn hier wird ein vorher definiertes Kategoriensystem an den Text angelegt und damit numerisches Datenmaterial gewonnen“ (Bortz; Döring,

2016, S. 542). Durch das hauptsächlich deduktive, strikt an die Transaktionsliteratur gebundene Vorgehen bezüglich der Erstellung der Kategorien rückt die Frage nach der theoretischen Sättigung in den Hintergrund, da keine neuen Kategorien im Sinne der „Gegenstandsbezogenen Theoriebildung" (*grounded theory*) (GT) aus dem Datenmaterial selbst gewonnen werden (vgl. Hussy et al., 2013, S. 200ff). „Die GT ist ein Verfahren zur Entwicklung von Theorien aus den Daten heraus" (Hussy et al., 2013, S. 201).

Auf dem **quantitativen Gleis** wird parallel in der Konzeptionsphase ein **Fragebogen konzipiert**. Dieser Schritt ist dahingehend kritisch, da insbesondere die Globalzufriedenheitsbewertung der Kunden damit erhoben wird, die die entscheidende Referenzbasis der vorliegenden Untersuchung darstellt.

Dabei ist es für eine hohe Reliabilität und Validität der Daten wichtig, dass komplexere Konstrukte, wie im vorliegenden Fall die Zufriedenheit der Kunden, durch mehrere Items erfasst werden, um die Vielschichtigkeit des Aspekts zu berücksichtigen. „Insbesondere komplexere Konstrukte, die für die jeweilige Studie eine besonders große inhaltliche Bedeutung haben, sollten nicht mit Einzelitems, sondern lieber mit Skalen erfasst werden" (Bortz; Döring, 2016, S. 407).

Darüber hinaus hat es Vorteile, wenn erprobte Items aus der Literatur übernommen werden, da somit Gütemerkmale schon überprüft wurden (vgl. Bortz; Döring, 2016, S. 407). In der vorliegenden Untersuchung wird ein Multi-Item-Konstrukt (Globalzufriedenheit) gebildet, das auf verschiedene Single-Items von Homburg et al. (2016, S. 265) und Multi-Item-Konstrukte von Angerer (2003, S. 207) zurückgreift.

Der Fragebogen wird in der Empiriephase an die Verkäufer sowie Kunden verteilt. Dabei wird besonderer Wert darauf gelegt, dass die **Beurteilung** des Verkäufers durch den Kunden direkt nach dem Gespräch unter kontrollierten Bedingungen stattfindet. Nur diese Kontrolle der Befragungssituation durch den Versuchsleiter und die zeitliche Nähe zum bewerteten Gespräch kann die Validität der Befragung sicherstellen (vgl. Hussy et al., 2013, S. 75).
Gleichzeitig werden in dieser Phase die **verkäuferspezifischen Unternehmensdaten** erhoben, um den Erfolg der Probanden in ihrem Beruf zu beurteilen.

Um dementsprechend den tatsächlichen wirtschaftlichen Erfolg des Vertriebsmitarbeiters für sein Unternehmen zu ermitteln, werden die von ihm reporteten Verkaufsabschlüsse hinsichtlich tatsächlich durch den Kunden erbrachten Umsätze über einen Zeitraum von sechs Monaten (01.05.2020 bis 01.11.2020) betrachtet. Dieser Zeitraum ist so gewählt, dass er deckungsgleich mit der Aufzeichnung der Gespräche und der damit verbundenen Datenerhebung der Fragebögen ist, um eine möglichst große Nähe der verschiedenen Erhebungen zu schaffen.

Die Ergebnisse der Inhaltsanalyse aus *MAXQDA* sowie die erhobenen Fragebögen- und Unternehmensdaten werden zur **Datenanalyse in SPSS** importiert, woraufhin die einzelnen statistischen Modelle erstellt und ausgewertet werden. Besonderes Augenmerk wird in diesem Schritt auf die Prämissenprüfung der jeweiligen Analysen gelegt, um die statistische Validität zu gewährleisten und sicherzugehen, dass die gewählte Analysemethode (Regression) in Bezug auf die vorliegende Datenbasis auch zulässig ist.

Qualitativ wird abschließend ein **Extremfallvergleich** (vgl. Lamnek, 1995, S. 4ff) vorgenommen, in dem das am besten und das am schlechtesten bewertete Gespräch direkt gegenübergestellt werden (Kontrastierung), um einen Abgleich mit den quantitativen Ergebnissen zu ermöglichen und explorativ nach Aspekten zu suchen, die bis dahin nicht berücksichtigt wurden.

Nach der Analysephase werden die **qualitativen und quantitativen Ergebnisse** betrachtet und jeweils Schlussfolgerungen dazu abgeleitet. Diese werden in einer **Metaschlussfolgerung** miteinander in Bezug gesetzt. Dabei zeigt sich, dass das Ergebnis des Methodenvergleichs das zugrundeliegende theoretische Modell nicht nur untermauert, sondern das gemischt-methodische Untersuchungsdesign es außerdem erst ermöglicht, umfassendere Schlussfolgerungen zu ziehen, da durch den Einsatz unterschiedlicher Methoden zugleich auch unterschiedliche Perspektiven in die Ergebnisse einfließen.

Kritisch zu reflektieren, sind folgende Punkte der empirischen Untersuchung hinsichtlich eventueller **methodischer Limitationen** und **Restriktionen**.

Die relativ **hohe Anzahl der unabhängigen Variablen** im Vergleich zur **Sample-Größe** ist eine grundsätzlich zu beachtende Hürde für Folgeuntersuchungen, stellt aber im vorliegenden Fall aufgrund der u. a. hohen korrigierten R-Quadrate und der dadurch errechneten hohen Teststärke u. a. der Regressionsanalysen kein Problem dar.

Durch das **quasi-experimentelle Design** ist eine Schwächung der internen Validität im Vergleich zu Laborexperimenten gegeben. Dies führt aber aufgrund der peniblen Kontrolle der Störvariablen bei der Untersuchung auch zu keinen Restriktionen für die Schlussfolgerungen.

Tiefenpsychologische bzw. verdeckte Botschaften der Probanden können in der Auswertung der einzelnen Aussagen nicht berücksichtigt werden, da die Kategorisierung und die darauf aufbauende Inhaltsanalyse kritische Aspekte der Untersuchung darstellen und es sichergestellt werden muss, dass nur beobachtbare, klar voneinander abgrenzbare Aspekte und keine subjektiven Einschätzungen des Auswertenden in die Ergebnisse einfließen, um die Objektivität, Reliabilität und Validität der Analyse zu gewährleisten.

Die Studie wurde darüber hinaus ursprünglich als Feld-Experiment konzipiert, bei dem in Rollenspielen die Kunden durch Verkaufs- und Managementtrainer ersetzt wurden. Dadurch war eine Zufallsauswahl nicht möglich. Somit erlaubt die Untersuchung keinen Repräsentationsschluss.

Die vorliegende Untersuchung rückt außerdem als fokales System die Dyade von Verkäufern und Kunden in den Fokus und analysiert diese im Rahmen von Verkaufsgesprächen. Empirisch fundierte Aussagen bezüglich der Beziehungsmuster werden somit auf das Emergenzniveau des Systems der Verkaufsgespräche beschränkt und lassen sich nicht einfach auf beliebige andere Systeme übertragen.

Als weitere Restriktion könnte die Branche betrachtet werden, in der die Studie durchgeführt wurde. Bei der Logistikbranche handelt es sich um ein Systemgeschäft mit Erfahrungsgütern im BtB-Bereich, bei dem es beispielsweise schnell zu emotionalen Situationen kommen kann, da eine enge tägliche Verknüpfung bzw. Zusammenarbeit und dadurch Abhängigkeit der Unternehmen gegeben ist.

Aus den formulierten Restriktionen lassen sich Rückschlüsse über **Ansatzpunkte für künftige Forschungen** ziehen. Dies könnten zum einen weitere Studien sein, die das Ziel verfolgen, Beziehungsmuster repräsentativ zu erheben und/oder darüber hinaus diese Muster auf andere Emergenzniveaus der

Systeme auszuweiten, um weitere Formen der Kundenintegration zu entdecken. Außerdem könnten durch eine Ausbreitung auf andere Branchen und Produktbereiche weitere branchenabhängig oder sogar branchenunabhängig „typische“ Verhaltensweisen identifiziert, analysiert und erklärt werden.

Im Bereich der Kategorisierung des Forschungsprozesses könnte eine weitere Kategorie gebildet werden, die indifferente Verhaltensweisen berücksichtigt, deren Zuordnung aufgrund mehrerer ersichtlicher Verhaltensmerkmale unterschiedlicher anderer Kategorien nicht eindeutig ist. So könnte analysiert werden, inwiefern Personen dazu neigen, nicht-eindeutiges Verhalten zu zeigen und welchen Einfluss dies auf den Gesprächsverlauf hat. Dies würde ermöglichen, verdeckte Transaktionen in zukünftigen Untersuchungen zu berücksichtigen.

Ein weiterer interessanter Ansatz für die künftige Forschung dürfte die intensivere Auseinandersetzung mit der Frage sein, wie groß der Einfluss von Situationsvariablen im Verhältnis zu Persönlichkeitsmerkmalen auf das Handeln und Erleben von Kunden, aber auch von Verkäufern ist. Bezüglich dieser durch die „Interaktionismus-Debatte“ der Persönlichkeitspsychologie bzw. differentiellen Psychologie zum Ausdruck kommenden maßgeblichen Fragestellung wird als vorläufiges Zwischenfazit gezogen, dass jeweils sowohl Persönlichkeits- als auch Situationsvariablen ihren Anteil am subjektiven Entstehen des Erlebens und Verhaltens beitragen, auch wenn ein großer Anteil der Bewertung einer Situation davon abzuhängen scheint, inwiefern es Gesprächspartnern gelingt, auch negative Themen in positive Gesprächsverläufe einzurahmen (*framing*). Aus diesem Blickwinkel stellt sich für die Erforschung von Kundenbeziehungen eine Vielzahl neuer Fragen. Die Transaktionsanalyse stellt durch ihre Nähe zum dynamisch-interaktionistischen Paradigma der Persönlichkeitsforschung, im Besonderen zur Klärung offener Punkte bezüglich dynamischer Interaktionen zwischen Persönlichkeitsmerkmalen und Situationsvariablen, ein großes Repertoire an Konzepten zur Verfügung und ist dahingehend vielversprechend, dass sie für die Erforschung von Beziehungen innovative Erklärungsbeiträge und Erkenntnisse liefern kann.

6. Literaturverzeichnis

Alavi, Sascha; Habel, Johannes; Linsenmayer, Kim (2019). *What does adaptive selling mean to salespeople? An exploratory analysis of practitioners' responses to generic adaptive selling scales*. In: Journal of Personal Selling & Sales Management, Jg. 39, Nr. 3, S. 254–263

Albers, Sönke; Krafft, Manfred (2013). *Vertriebsmanagement: Organisation – Planung – Controlling – Support*. Wiesbaden: Springer Gabler

Allred, Keith G.; Mallozzi, John S.; Matsui, Fusako; Raia, Christopher P. (1997). *The Influence of Anger and Compassion on Negotiation Performance*. In: Organizational Behavior and Human Decision Processes, Jg. 70, Nr. 3, S. 175–187

Althaus, Steven (1995). *Kundenorientierung als Integrationsfaktor ganzheitlicher Unternehmungsführung* [Dissertation]. St. Gallen, Schweiz: Hochschule St. Gallen für Wirtschafts-, Rechts- und Sozialwissenschaften

Anderson, James C.; Narus, James A. (1990). *A Model of Distributor Firm and Manufacturer Firm Working Partnerships*. In: Journal of Marketing. Jg. 54, Nr. 1, S. 42–58

Anderson, Cameron; Thompson, Leigh L. (2004). *Affect from the top down: How powerful individuals' positive affect shapes negotiations*. In: Organizational Behavior and Human Decision Processes, Jg. 95, Nr. 2, S. 125–139

Anderson, Erin; Weitz, Barton (1992). *The Use of Pledge to Build and Sustain Commitment in Distribution Channels*. In: Journal of Marketing Research, Jg. 29, Nr 1, S. 18-34

Angerer, Thomas (2003). *Management von Kundenfeedback: Integrative Konzeption und empirische Transaktionsanalyse der Erfolgswirksamkeit*. Forschungsberichte aus der Grazer Management Werkstatt. Wiesbaden: Deutscher Universitätsverlag

Angerer, Thomas (2004a). *Analyse von Verkaufsinteraktionen im Beziehungsorientierten Persönlichen Verkauf*. In: Jahrbuch der Absatz- und Verkaufsforschung, Nr. 1, 2004, S. 31–51. Berlin

Angerer, Thomas (2004b). *Beziehungsanalyse in Verkaufsgesprächen*. In: Marketing ZFP. Journal of research and management, Vol. 26, 2004, Nr. 4, S. 295–315

Angerer, Thomas (2005). *Verkaufserfolge im Relationship Marketing mit Konzepten der TA*. In: Zeitschrift für Transaktionsanalyse, Nr. 4, 2005, S. 289–312

Angerer, Thomas; Foscht, Thomas; Swoboda, Bernhard (2006). *Mixed Methods — Ein neuerer Zugang in der empirischen Marketingforschung*. In: *der markt*, Jg. 45, Nr. 3, S. 115–127

Anselmi, Kenneth; Zemanek, James E. (1997). *Relationship selling: How personal characteristics of salespeople affect buyer satisfaction*. In: Journal of Social Behavior and Personality, Jg. 12, Nr. 2, 539–550

Argyle, Michael (1983). *Psychology Of Interpersonal Behaviour (Penguin Psychology)*. 4. Aufl., Harmondsworth: Penguin UK

M. Beck, *Situative Verhandlungsführung*, Managementforschung,
https://doi.org/10.1007/978-3-658-42958-4

Arli, Denni; Bauer, Carlos; Palmatier, Robert (2018). *Relational Selling. Past, present and future*. In: Industrial marketing management: the international journal for industrial and high-tech firms. Jg. 69, S. 169–184

Arnold, Stewart L.; Nguyen, Doan T.; Hartley, Nicole (2011). *Pro bono service sheds new light into commercial friendship*. In: Journal of Strategic Marketing, Jg. 19, Nr. 4, S. 381–394

Asendorpf, Jens B.; Banse, Rainer; Wilpers, Susanne; Neyer, Franz (1997). *Beziehungsspezifische Bindungsskalen für Erwachsene und ihre Validierung durch Netzwerk- und Tagebuchverfahren.* In: Diagnostica, *Jg. 43, Nr. 4, S. 289–313*

Asendorpf, Jens (2019). *Persönlichkeits- und Differentielle Psychologie.* In: Dorsch – Lexikon der Psychologie. Online: https://dorsch.hogrefe.com/gebiet/persoenlich keitspsychologie-und-differentielle-psychologie [abgefragt am: 23.12.2020]

Backhaus, Klaus; Erichson, Bernd; Plinke, Wulff; Weiber, Rolf (2018). *Multivariate Analysemethoden. Eine anwendungsorientierte Einführung*. 15. Aufl., Berlin u. a.: Springer, Gabler

Badovick, Gordon J.; Hadaway, Farrand J.; Kaminski, Peter F. (1992). *Attributions and emotions: The effects on salesperson motivation after successful vs. unsuccessful quota performance.* In: Journal of Personal Selling & Sales Management, Jg. 12, Nr. 3, S. 1–11

Baehr, Melany E.; Williams, Glenn B. (1968). *Prediction of sales success from factorially determined dimensions of personal background data*. In: Journal of Applied Psychology, Jg. 52, Nr. 2, S. 98–103

Bagozzi, Richard P. (1978). *Salesforce Performance and Satisfaction as a Function of Individual Difference, Interpersonal, and Situational Factors*. In: Journal of Marketing Research, Jg. 15, Nr. 4, S. 517

Baier, Donald E.; Dugan, Robert D. (1957). *Factors in sales success*. In: Journal of Applied Psychology, Jg. 41, Nr. 1, S. 37–40

Bandura, Albert; Locke, Edwin (2003). *Negative self-efficacy and goal effects revisited*. In: Journal of Applied Psychology, Jg. 88, Nr. 1, S. 87–99

Bardmann, Manfred (2014). *Grundlagen der Allgemeinen Betriebswirtschaftslehre*. 2., vollst. überarb. u. erw. Aufl. 2014, Wiesbaden: Springer Gabler

Barry, Bruce; Oliver, Richard L. (1996). *Affect in Dyadic Negotiation: A Model and Propositions* In: Organizational Behavior and Human Decision Processes, Jg. 67, Nr. 2, S. 127–143

Barry, Bruce (2008). *Negotiator affect: the state of the art (and the science)*. In: Group Decision and Negotiation, Jg. 17, Nr. 1, S. 97–105

Bateson, Gregory (1982). *Geist und Natur: Eine notwendige Einheit*. Berlin: Suhrkamp

Batra, Rajeev; Myers, John G.; Aaker, David A. (1996). *Advertising management.* 5. Aufl., Upper Saddle River: Prentice Hall

Baumgarth, Carsten; Stuhlert, Marcus (1999). *Marktforschungsmethoden zur Evaluation von Beziehungsqualität*. In: der markt, Jg. 38, Nr. 3–4, S. 181–196

Beatty, Sharon E.; Mayer, Morris; Coleman, James E.; Reynolds, Kristy E.; Lee, Jungki (1996). *Customer sales associate retail relationships*. In: Journal of Retailing, Jg. 72, Nr. 3, S. 223–247

Beck, Hanno (2014). *Behavioral Economics – Eine Einführung*. Wiesbaden: Springer Fachmedien

Behrens, G. (1991). *Konsumentenverhalten*. 2. Aufl. Heidelberg: Physica-Verlag

Berekoven, Ludwig; Eckert, Werner; Ellenrieder, Peter (2001). *Aufgabenstellung und Vorgehensweise*. In: Marktforschung, 9. Aufl., Wiesbaden: Gabler Verlag

Von Bergen, C. W.; Soper, Barlow; Rosenthal, Gary T.; Wilkinson, Lamar V. (1997). *Selected alternative training techniques in HRD*. In: Human Resource Development Quarterly, Jg. 8, Nr. 4, S. 281–294

Berne, Eric (1961). *Transactional Analysis in Psychotherapy. A Systematic Individual and Social Psychiatry*. Michigan: Souvenir Press

Berne, Eric (1979). *Struktur und Dynamik von Organisationen und Gruppen*. München: Kindler

Berne, Eric (2001). *Spiele der Erwachsenen*. 34. Aufl. Reinbek: Rowohlt

Berne, Eric (2006). *Die Transaktionsanalyse in der Psychotherapie: Eine systematische Individual- und Sozial-Psychiatrie*. 2. Aufl. Paderborn: Junfermann Verlag

Berne, Eric (2012). *Spiele der Erwachsenen. Psychologie der menschlichen Beziehungen*. 13. Aufl. Reinbek: Rowohlt Tb

Berne, Eric (2016). *Games people Play. The Psychology of Human Relationships*. 4. Aufl. London: Penguin Life

Bernhardt, Kenneth L; Donthu, Naveen; Kennett, Pamela A. (2000). *A Longitudinal Analysis of Satisfaction and Profitability*. In: Journal of Business Research, Jg. 47, Nr. 2, S. 161–171

Bettencourt, Lance A.; Brown, Stephen W. (1997). *Contact employees: Relationships among workplace fairness, job satisfaction and prosocial service behaviors*. In: Journal of Retailing, Jg. 73, Nr. 1, S. 39–61

Bitner, Mary Jo; Booms, Bernard H.; Tetreault, Mary Stanfield (1990). *The Service Encounter: Diagnosing Favorable and Unfavorable Incidents*. In: *Journal of Marketing*, Jg. 54, Nr. 1, S. 71–84

Bitner, Mary Jo, Faranda, William T.; Hubbert, Amy R.; Zeithaml, Valarie A. (1997). *Customer contributions and roles in service delivery*. In: International Journal of Service Industry Management, Jg. 8, Nr. 3, S. 193–205

Blake, Robert R; Mouton, Jane (1988). *Besser verkaufen durch GRID: das Verhaltensgitter als Methode zum optimalen Verkauf in Handel, Industrie und Dienstleistung*. Weinheim: Beltz Verlag

Blumer, Herbert (1969). *Symbolic Interactionism: Perspective and Method*. Berkley: University of California Press

Bonoma, Thomas V.; Bagozzi, Richard; Zaltman, Gerald (1978). *The dyadic paradigm with specific application toward industrial marketing*. In: Bonoma, Thomas V.; Zaltman, Gerald (Hrsg.). Organizational buying behavior. S. 49–66. Chicago, IL.: American Marketing Association.

Boorom, Michael L.; Goolsby, Jerry R.; Ramsey, Rosemary P. (1998). *Relational Communication Traits and Their Effect on Adaptiveness and Sales Performance.* In: Journal of the Academy of Marketing Science, Jg. 26, Nr. 1, S. 16–30

Borg, Susanne W; Young, Louise (2014). *Continuing the evolution of the selling process: A multi-level perspective.* In: Industrial Marketing Management. Jg. 43, Nr. 4, S. 543–552

Bormann, Kai C. (2013). *Personalführung II: alternative Ansätze.* In: Rowold, Jens (Hrsg.). Human Resource Management. 2., vollst. korr. u. verb. Aufl. 2013, Heidelberg: Springer Gabler. S. 199–206

Bortz, Jürgen; Döring, Nicola (2002). *Forschungsmethoden und Evaluation für Human- und Sozialwissenschaftler.* Limitierte Sonderausgabe. 3. Aufl. Berlin u. a.: Springer

Bortz, Jürgen; Döring, Nicola (2016). *Forschungsmethoden und Evaluation für Human- und Sozialwissenschaftler.* 5. Aufl. Berlin u. a.: Springer

Bowen, David; Lawler, Edward (1992*). Empowerment of Service Workers: What, Why, How and When.* In: Sloan Management Review, Jg. 33, Nr. 3, S. 31–39

Boyer, Kenneth K.; Hallowell, Roger; Roth, Aleda V. (2002). *E-services: operating strategy-a case study and a method for analyzing operational benefits.* In: Journal of Operations Management, Jg. 20, Nr. 2, S. 175–188

Brady, Michael K.; Cronin, J. Joseph (2001). *Some New Thoughts on Conceptualizing Perceived Service Quality: A Hierarchical Approach.* In: Journal of Marketing, Jg. 65, Nr. 3, S. 34–49

Brand, Barbara; Fichtenau, Paul; Seidenfus, Christoph; Sieber, Hannes (1998). *Transaktionsanalyse in Organisationen: Fallstudien aus der Praxis für die Praxis.* Jengen: Sieber Dialog

Bronfenbrenner, Urie (1979). *The Ecology of Human Development. Experiments by Nature and Design.* Cambridge: Harvard University Press

Brown, Steven P.; Chin, Wai-Kwan W. (2004). *Satisfying and Retaining Customers through Independent Service Representatives.* In: Decision Sciences, Jg. 35, Nr. 3, S. 527–550

Bruhn, Manfred; Bunge, Bettina (1994). *Beziehungsmarketing – Neuorientierung für Marketingwissenschaft und -praxis?* In: Bruhn, Manfred; Meffert, Herbert; Wehrle, Friedrich (Hrsg.) (1994). Marktorientierte Unternehmensführung im Umbruch. Stuttgart: Schäffer-Poeschel. S. 41–84

Bruhn, Manfred (1995). *Qualitätsicherung im Dienstleistungsmarketing – Eine Einführung in die theoretischen und praktischen Probleme.* In: Bruhn, Manfred; Stauss, Bernd (Hrsg.). Dienstleistungsqualität. 2. Aufl. Wiesbaden: Gabler. S. 19–46

Bruhn, Manfred (1999). *Kundenorientierung.* München: Deutscher Taschenbuch Verlag

Bruhn, Manfred (2001). *Relationship Marketing.* In: Bruhn, Manfred; Homburg, Christian (Hrsg.). Gabler Marketing Lexikon. Wiesbaden: Gabler. S. 642–645

Bruhn, Manfred (2013). *Kommunikationspolitik: Systematischer Einsatz der Kommunikation für Unternehmen.* 7. Aufl., München: Vahlen Franz GmbH

Bruhn, Manfred (2015). *Kommunikationspolitik: Systematischer Einsatz der Kommunikation für Unternehmen*. 8. Aufl. München: Vahlen Franz GmbH

Bruhn, Manfred (2016). *Kundenorientierung: Bausteine für ein exzellentes Customer Relationship Management (CRM)*. 5. Aufl. München: dtv Verlagsgesellschaft

Bruhn, Manfred (2018). *Kommunikationspolitik: Systematischer Einsatz der Kommunikation für Unternehmen*. 9., vollständig überarbeitete. Aufl. München: Vahlen

Bühl, Achim (2019). *SPSS: Einführung in die moderne Datenanalyse ab SPSS 25*. 16. akt. Aufl. Hallbergmoos: Pearson Studium

Buddeberg, Claus; Brähler, Elmar (2004). *Persönlichkeitspsychologie*. In: Claus Buddeberg (Hrsg.). Psychosoziale Medizin (Springer-Lehrbuch). 3. Aufl. 2004. Berlin: Springer, S. 251–276

Büsch, Mario (2013). *Praxishandbuch Strategischer Einkauf: Methoden, Verfahren, Arbeitsblätter für professionelles Beschaffungsmanagement*. 3., korr. Aufl. Wiesbaden: Springer Gabler

Busch, Paul; Wilson, David T. (1976). *An Experimental Analysis of a Salesman's Expert and Referent Bases of Social Power in the Buyer-Seller Dyad*. In: Journal of Marketing Research, Jg. 13, Nr. 1, S. 3–11

Cap Gemini Ernst & Young (Hrsg.) (2002). *A European Study of Changing Lifestyles and Shopping Behavior.* S 1–40. Online: https://de.scribd.com/document/324778594/A-European-Study-of-Changing-Lifestyles-and-Shopping-Behaviour [abgefragt am: 03.10.2021]

Carnevale, Peter J.; Isen, Alice M. (1986). *The influence of positive affect and visual access on the discovery of integrative solutions in bilateral negotiation.* In: Organizational Behavior and Human Decision Processes, Jg. 37, Nr. 1, S. 1–13

Carnevale, Peter J. (2008). *Positive affect and decision frame in negotiation*. In: Group Decision and Negotiation, Jg. 17, Nr. 1, S. 51–63

Chu, Wujin; Gerstner, Eitan; Hess, James D. (1995). *Costs and Benefits of Hard-Sell*. In: Journal of Marketing Research, Jg. 32, Nr. 1, S. 97–102

Churchill, Gilbert A.; Ford, Neil M.; Hartley, Steven W.; Walker, Orville C. (1985a). *The Determinants of Salesperson Performance: A Meta-Analysis*. In: Journal of Marketing Research, Jg. 22, Nr. 2, S. 103–118

Churchill, Gilbert A., Ford, Neil M.; Walker, Orville C. (1985b). *Sales Force Management*. 2. Aufl., New York: McGraw Hill

Cialdini, Robert (2019). *Die Psychologie des Überzeugens: Wie Sie sich selbst und Ihren Mitmenschen auf die Schliche kommen*. 8., unveränd. Aufl. Bern: Hogrefe AG

Clarke, Jean I. (1981). *Differences between Special Fields and Clinical Groups.* In: Transactional Analysis Journal, Jg. 11, Nr. 2, S. 169–170

Clarkson, Petruska (1996). *Transaktionsanalytische Psychotherapie. Grundlagen und Anwendung. Das Handbuch für die Praxis.* Freiburg: Herder

Cleff, Thomas (2019). *Angewandte Induktive Statistik und Statistische Testverfahren: Eine computergestützte Einführung mit Excel, SPSS und Stata*. Wiesbaden: Springer Gabler

Cohen, Jacob (1988). *Statistical power analysis for the behavioral sciences*. Hillsdal: Lawrence Erlbaum Associates

Colley, Russel H. (1961). *Defining advertising goals: For measuring advertising results*. New York: Association of National Advertisers

Cotham, James C. (1969). *Using personal history information in retail salesman selection*. In: Journal of Retailing, Jg. 45, Nr. 2, S. 31

Cotter, Michael J.; Henley, James A. (2008). *First-Offer Disadvantage in Zero-Sum Game Negotiation Outcomes*. In: Journal of Business-to-Business Marketing, Jg. 15, Nr. 1, S. 25–44

Crosby, Lawrence A.; Evans, Kenneth R.; Cowles, Deborah (1990). *Relationship Quality in Services Selling: An Interpersonal Influence Perspective*. In: Journal of Marketing, Jg. 54, Nr. 3, S. 68–81

Curhan, Jared R.; Elfenbein, Hillary A.; Xu, Heng (2006). *What do people value when they negotiate? Mapping the domain of subjective value in negotiation*. In: Journal of Personality and Social Psychology, Jg. 91, Nr. 3, S. 493–512

Dabholkar, Pratibha A.; Thorpe, Dayle I.; Rentz, Joseph O. (1996). *A measure of service quality for retail stores: Scale development and validation*. In: Journal of the Academy of Marketing Science, Jg. 24, Nr. 1, S. 3–16

Damasio, Antonio (2011). *Ich fühle, also bin ich: Die Entschlüsselung des Bewusstseins*. 9. Aufl. München: List

della Picca, Moreno; Hoffmann, Christoph; Spisak Pfister, Mona (2013). *Psychologische Grundlagen für Führungskräft*. In: Steiger, Thomas; Pfister, Andres; Jörg, Urs (Hrsg.), Handbuch Angewandte Psychologie für Führungskräfte: Führungskompetenz und Führungswissen, 4. Aufl. Berlin: Springer, S. 65–112

Diller, Hermann; Kusterer, Marion (1988). *Beziehungsmanagement. Theoretische Grundlagen und explorative Befunde*. In: Marketing ZFP, Jg. 10, Nr. 3, S. 211–220

Diller, Hermann (1994). *Geschäftsbeziehungen als Gegenstand der Konsumentenforschung*. In: Forschungsgruppe Konsum und Verhalten (Hrsg.). Konsumentenforschung, München: Vahlen. S. 201–214

Diller, Hermann (1996). *Kundenbindung als Marketingziel*. In: Marketing ZFP, Bd. 18, Nr. 4, S. 81–94

Dilts, Robert; Grinder, John; Bandler, Richard; Bandler, Leslie C.; DeLozier, Judith (1980). *Neuro-Linguistic Programming: Volume I The Study of the Structure of Subjective Experience*. California: Meta Publications

Donohue, William A. (1981). Analyzing Negotiation Tactics: Development of a Negotiation Interact System. In: Human Communication Research, Jg. 7, Nr. 3, S. 273–287

Drosdowski, Gunther; Scholze-Stubenrecht, Werner; Wermke, Matthias (Hrsg.) (1997). Duden Fremdwörterbuch, 6. Aufl., Mannheim: Bibliographisches Institut & FA Brockhaus AG

Druckman, Daniel; Swets, John (1988). *Enhancing human performance: Issues, theories, and techniques*. In: Human Resource Development Quarterly. Jg. 1, Nr. 2, S. 202–206

Druckman, Daniel (2004). *Be All That You Can Be: Enhancing Human Performance1*. In: Journal of Applied Social Psychology, Jg. 34, Nr. 11, S. 2234–2260

Druckman, Daniel; Olekalns, Mara (2008). *Emotions in negotiation*. In: Group Decision and Negotiation, Jg. 17, Nr. 1, S. 1–11

Duden online (o. J.): *situativ*. https://www.duden.de/node/167104/revision/167140 [abgefragt am: 02.05.2021]

Duden online (o. J.): *adaptiv*. https://www.duden.de/node/13157/revision/13184 [abgefragt am: 24.05.2021]

Duden online (o. J.): *anpassungsfähig*. https://www.duden.de/node/14667/revision/14694 [abgefragt am: 24.05.2021]

Duden online (o. J.): *Kundenorientierung*. https://www.duden.de/node/85503/revision/85539 [abgefragt am: 24.05.2021]

Dunnette, Marvin D.; Kirchner, Wayne K. (1960). *Psychological test differences between industrial salesmen and retail salesmen*. In: Journal of Applied Psychology, Jg. 44, Nr. 2, S. 121–125

Dwyer, Robert F.; Schurr, Paul H.; Oh, Sejo (1987). *Developing Buyer-Seller Relationships*. In: Journal of Marketing, Jg. 51, Nr. 2, S. 11–27

Elich, Matthew; Thompson, Richard W.; Miller, Laurence (1985). *Mental imagery as revealed by eye movements and spoken predicates: A test of Neurolinguistic Programming*. In: Journal of Counseling Psychology. Jg. 32, Nr. 4, S. 622–625

Engelhardt, Werner H.; Freiling, Jörg (1995). *Integrativität als Brücke zwischen Einzeltransaktion und Geschäftsbeziehung*. In: Marketing: Zeitschrift für Forschung und Praxis, Jg. 17, Nr. 1, S. 37–43

English, Fanita (1982). *Es ging doch gut – was ging denn schief?* München: Kaiser

Ernst, Franklin H. (1971). *The OK Corral: The Grid for Get-on-With*. In: Transactional Analysis Bulletin, Jg. 1, Nr. 4, S. 33–42

Evans, Franklin B. (1963). *Selling as a Dyadic Relationship – A New Approach*. In: American Behavioral Scientist. Jg. 6, Nr. 9, S. 76–79

Faraone, Stephen V.; Dorfman, Donald D. (1987). *Lag sequential analysis: Robust statistical methods*. In: Psychological Bulletin, Jg. 101, Nr. 2, S. 312–323

Feehery, George (1987). *The Role of Empathy in Sales Agent Performance and Customer Satisfaction in a Residential real Estate Setting* [Dissertation]. Economy, Fort Lauderdale: Nova University

Fiedler, Fred (1967). *A Theory of Leadership Effectiveness*. New York: McGraw-Hill

Fill, Chris (2001). *Marketing-Kommunikation. Konzepte und Strategien*. 2. Aufl. München: Pearson Studium

Fischer, Bernard Aubrey (1978). *Perspectives on Human Communication*. New York: Macmillan

Fischerkoesen, Hans M. (1967). *Die Resonanzprognose*. In: Experimentelle Werbeerfolgsprognose, Wiesbaden: Gabler Verlag, S. 97– 150

Fisher, Roger; Ury, William; Patton, Bruce (2015). *Das Harvard-Konzept: Die unschlagbare Methode für beste Verhandlungsergebnisse*. 3. Aufl. München: Deutsche Verlags-Anstalt

Flick, Uwe; Kardoff, Ernst; Steinke, Ines (Hrsg.) (2000). *Qualitative Forschung. Ein Handbuch*. Unveränd. Nachdruck der 7. Aufl. 2009, Reinbek bei Hamburg: Rowohlt Tb

Foscht, Thomas (2002). *Kundenloyalität: Integrative Konzeption und Analyse der Verhaltens- und Profitabilitätswirkungen*. Wiesbaden: Deutscher Universitätsverlag

Foscht, Thomas; Swoboda, Bernhard (2011). *Käuferverhalten: Grundlagen – Perspektiven – Anwendungen*. 4. Aufl. Wiesbaden: Gabler Verlag

Fouraker, Lawrence E.; Siegel, Sidney (1963). *Bargaining Behavior*. New York: McGraw-Hill

Franke, George R.; Park, Joeng-Eun (2006). *Salesperson Adaptive Selling Behavior and Customer Orientation: A Meta-Analysis.* In: *Journal of Marketing Research*, Jg. 43, Nr. 4, S. 693–702

French, Cecil L. (1960). *Correlates of Success in Retail Selling*. In: American Journal of Sociology, Jg. 66, Nr. 2, S. 128–134

Friedman, Howard S.; Schustack, Miriam W. (2004). *Persönlichkeitspsychologie und Differentielle Psychologie*. München: Pearson Studium

Fry, William R.; Firestone, Ira J.; Williams, David L. (1983). *Negotiation Process and out come of Stranger Dyads and Dating Couples: Do Lovers Lose?* In: Basic and Applied Social Psychology, Jg. 4, Nr. 1, S. 1–16

Garbarino, Ellen; Johnson, Mark S. (1999). *The Different Roles of Satisfaction, Trust, and Commitment in Customer Relationships*. In: Journal of Marketing, Jg. 63, Nr. 2, S. 70–87

Geiger, Ingmar (2007). *Industrielle Verhandlungen: Empirische Untersuchung von Verhandlungsmacht und -interaktion in Einzeltransaktion und Geschäftsbeziehung (Business-to-Business-Marketing)*. Wiesbaden: Springer

Geiger, Ingmar (2013). *Verhandlungsmanagement*. In: Kleinaltenkamp, Michael; Plinke, Wulff & Geiger Ingmar (Hrsg.) (2013). Auftrags- und Projektmanagement: Mastering Business Markets. 2. vollst. überarb. Aufl. 2013. Wiesbaden: Springer Gabler, S. 223–300

Gentile, Chiara; Spiller, Nicola; Noci, Giuliano (2007). *How to Sustain the Customer Experience: An Overview of Experience Components that Co-Create Value with the Customer*. In: European Management Journal, Jg. 25, Nr. 5, S. 395–410

Ghiselli, Edwin E. (1969): *Prediction of success of stockbrockers*. In: Personnel Psychology, Jg. 22, Nr. 2, S. 125–130

Gierl, Heribert; Bartikowski, Boris (2002). *Eine Skala zur Identifikation zufriedener, indifferenter und unzufriedener Kunden.* In: Marketing ZFP, Jg. 24, Nr. 1, S. 49–66

Glasner-Edwards, Suzette; Rawson, Richard (2010*). Evidence-based practices in addiction treatment: Review and recommendations for public policy.* In: Health Policy, Jg. 97, Nr. 2–3, S. 93–104

Goad, Emily A.; Jaramillo, Fernando (2014). *The good, the bad and the effective: a meta-analytic examination of selling orientation and customer orientation on sales performance*. In: Journal of Personal Selling & Sales Management, Jg. 34, Nr. 4, S. 285–301

Godefroid, Peter (2000). *Business-to- Business- Marketing.* 2. Aufl., Ludwigshafen: Kiehl

Goff, Brent G.; Boles, James S.; Bellenger, Danny N.; Stojack, Carrie (1997). *The influence of salesperson selling behaviors on customer satisfaction with products*. In: Journal of Retailing, Jg. 73, Nr. 2, S. 171–183

Gomez, Peter (1995). *Führen in turbulenter Zeit*. In: Jean-Paul Thommen (Hrsg.). Management-Kompetenz durch Weiterbildung. Wiesbaden: Gabler, S. 183–194

Graumann, Carl F. (1972). *Interaktion und Kommunikation*. In: Graumann, Carl F. (Hrsg.). Sozialpsychologie. Handbuch der Psychologie, Band 7, 2. Halbband, Göttingen: Verlag für Psychologie – Hogrefe. S. 1109–1262

Greenberg, Herbert; Mayer, David (1964). *A New Approach to the Scientific Selection of Successful Salesmen*. In: The Journal of Psychology, Jg. 57, Nr. 1, S. 113–123

Grinder, John; Bandler, Richard (1976). *Structure of Magic Vol 2.* Band 2, Palo Alto: Science & Behavior Books INC

Grinder, John; Bandler, Richard (1981*). Kommunikation und Veränderung; Die Struktur der Magie I*. Paderborn: Junfermann

Grinder, John; Bandler, Richard (1989). *Kommunikation und Veränderung; Die Struktur der Magie I*. Paderborn: Junfermann.

Grönroos, Christian (2004). *The relationship marketing process: communication, interaction, dialogue, value.* In: Journal of Business & Industrial Marketing, Jg. 19, Nr. 2, S. 99–113

Grund, Michael (1998). *Interaktionsbeziehungen im Dienstleistungsmarketing: Zusammenhänge zwischen Zufriedenheit und Bindung von Kunden und Mitarbeitern.* Basler Schriften zum Marketing, Band 4. Wiesbaden: Gabler Verlag

Habel, Johannes; Kassemeier, Roland; Alavi, Sascha; Haaf, Philipp; Schmitz, Christian; Wieseke, Jan (2019). *When do customers perceive customer centricity? The role of a firm's and salespeople's customer orientation*. In: Journal of Personal Selling & Sales Management, Jg. 40, Nr. 1, S. 25–42

Hagehülsmann, Ute; Hagehülsmann, Heinrich (2007). *Der Mensch im Spannungsfeld seiner Organisation.* 2. Aufl. Paderborn: Junfermann Verlag

Hall, Arthur D.; Fagen, Robert E. (1974). *Definition of System*. In: Händle, Frank; Jensen, Stefan (Hrsg.). Systemtheorie und Systemtechnik: 16 Aufsätze. München: Nymphenburger Verlagshandlung, S. 125–137

Hammond, Stewart H.; Keeney, Ralph L.; Raiffa, Howard (1998). *The Hidden Traps in Decision Making*. In: Harvard Business Review on Decision Making. Harvard Business Review Paperback Series, S. 47–58

Hansen, Ursula; Schulze, Henning S. (1990). *Transaktionsanalyse und persönlicher Verkauf*. In: Jahrbuch der Absatz- und Verbrauchsforschung, Jg. 36, Nr. 1, S. 4–26

Harrell, Thomas W. (1960). *The Relation of Test Scores To Sales Criteria*, In: *Personnel Psychology*, Jg. 13, Nr. 1, S. 65–69

Harris, Thomas (2016). *Ich bin o.k., Du bist o.k.* 50. Aufl. Tübingen: Rowohlt Tb

Hartline, Michael D.; Ferrell, Orville C. (1996). *The Management of Customer-Contact Service Employees: An Empirical Investigation*. In: Journal of Marketing, Jg. 60, Nr. 4, S. 52–70

Heap, Michael (1988a). *Neurolinguistic programming: An interim verdict Archived 15 June 2007 at the Wayback Machine.* In: Michael Heap (Hrsg.). Hypnosis: Current Clinical, Experimental and Forensic Practices. London: Croom Helm, S. 268–280

Heap, Michael (1988b). *Neuro-Linguistic Programming. A British Perspective*. In: Hypnos: Swedish Journal of Hypnosis in Psychotherapy and Psychosomatic Medicine, Jg. 15, Nr. 1, S. 4–13

Heim, Gregory R.; Sinha, Kingshuk K. (2001). *A Product-Process Matrix for Electronic B2C Operations.* In: Journal of Service Research, Jg. 3, Nr. 4, S. 286–299

Hemmerich, Wanja (2018). *StatistikGuru: Poweranalyse für Korrelationen.* Online: https://statistikguru.de/rechner/poweranalyse-korrelation.html [abgefragt am: 27.02.2022]

Hemmerich, Wanja (2019). *StatistikGuru: Poweranalyse und Stichprobenberechnung für Regression*. Online: https://statistikguru.de/rechner/poweranalyse-regression.html [abgefragt am: 27.02.2022]

Hennig-Thurau, Thorsten; Thurau, Claudia (1999). *Sozialkompetenz als vernachlässigter Untersuchungsgegenstand des (Dienstleistungs-)Marketing. Einsatzmöglichkeiten und Konzeptualisierung.* In: Marketing ZFP, Jg. 21, Nr. 4, S. 297–312

Herkner, Werner (1991). *Lehrbuch Sozialpsychologie*. 5. Aufl., Bern: Hans Huber

Heskett, James L.; Jones, Thomas O.; Loveman, Gary W.; Sasser Jr. Earl W.; Schlesinger, Leonard A. (2008). *Putting the service-profit chain to work*. In: Harvard business review, Jg. 86, Nr. 7/8, S. 118–129

Hesse, Jürgen (1997). *Vom Beeinflussungsmarketing zum Beziehungsmarketing: Ursachen, Dimensionen, Instrumente*. In: Hesse, Jürgen; Kaupp, Peter (Hrsg.). Kundenkommunikation und Kundenbindung. Weinheim: Beltz Verlag, S. 13–53

Hinterhuber, Hans-H. (1999). *Kundenorientierung Kundenzufriedenheit Kundenbindung*. In: Hinterhuber, Hans-H.; Matzler, Kurt (Hrsg.). Kundenorientierte Unternehmensführung: Kundenorientierung Kundenzufriedenheit Kundenbindung. Wiesbaden: Gabler, S. V- XIII

Hirschman, Elizabeth C.; Stern, Barbara B. (1999). *The Roles of Emotion in Consumer Research*. In: NA - Advances in Consumer Research, Jg. 26, Arnould, Eric J.; Scott; Linda M. (Hrsg.). Association for Consumer Research, S. 4–11

Hochschild, Arlie R. (2006). *Das gekaufte Herz: Die Kommerzialisierung der Gefühle*. 2. Aufl., Frankfurt am Main: Campus Verlag

Holmlund, Maria (1997). *Perceived Quality in Business Relationships*. Amsterdam: Reed Business Education

Homans, George (1972). *Elementarformen Sozialen Verhaltens: Social Behavior; Its Elementary Forms*. 2. Aufl., Opladen: Westdeutscher Verlag

Homburg, Christian (1995). *Kundennähe von Industriegüterunternehmen: Konzeption — Erfolgsauswirkungen — Determinanten.* Wiesbaden: Gabler Verlag

Homburg, Christian; Bruhn, Manfred (1998). *Kundenbindungsmanagement – Eine Einführung in die theoretischen und praktischen Problemstellungen*. In: Bruhn, Manfred; Homburg, Christian (Hrsg.). Handbuch Kundenbindungsmanagement: Strategien und Instrumente für ein erfolgreiches CRM. Wiesbaden: Springer Gabler, S. 3–35

Homburg, Christian; Giering, Annette (1996). *Konzeptualisierung und Operationalisierung komplexer Konstrukte. Ein Leitfaden für die Marketingforschung.* In: Marketing ZFP, Jg. 18, Nr. 1, S. 5–24

Homburg, Christian; Stock, Ruth (2001). *Der Zusammenhang zwischen Mitarbeiter- und Kundenzufriedenheit: Eine Dyadische Analyse*. In: Die Unternehmung, Jg. 55, Nr. 6, S. 377–400

Homburg, Christian; Stock-Homburg, Ruth (2006). *Theoretische Perspektiven zur Kundenzufriedenheit.* In: Homburg, Christian. (Hrsg.). Kundenzufriedenheit, 7. Aufl. Wiesbaden: Springer Gabler. S. 17–50

Homburg, Christian; Becker, Annette; Hentschel, Frederike. (2010). *Der Zusammenhang zwischen Kundenzufriedenheit und Kundenbindung*. In: Bruhn, Manfred; Homburg, Christian (Hrsg.). Handbuch Kundenbindungsmanagement. Wiesbaden: Springer Gabler, S. 111–144

Homburg, Christian; Müller, Michael; Klarmann, Martin (2011). *When Should the Customer Really Be King? On the Optimum Level of Salesperson Customer Orientation in Sales Encounters.* In: Journal of Marketing, Jg. 75, Nr. 2, S. 55–74

Homburg, Christian; Stock-Homburg, Ruth (2012). *Der kundenorientierte Mitarbeiter: Bewerten, begeistern, bewegen*. 2. Aufl. Wiesbaden: Gabler Verlag

Homburg, Christian; Schäfer, Heiko; Schneider, Janna (2016). *Sales Excellence: Vertriebsmanagement mit System*. 8., vollst. überarb. u. erw. Aufl. Wiesbaden: Springer Gabler

Howells, George W. (1968). *The successful salesman: a personality analysis.* In: European Journal of Marketing, Jg. 2, Nr. 1, S. 13–23

Humphreys, Michael A.; Williams, Michael R. (1996). *Exploring the relative effects of salesperson interpersonal process attributes and technical product attributes on customer satisfaction*. In: Journal of Personal Selling & Sales Management, Jg. 16., Nr. 3, S. 47–57

Hunter, Gary K.; Perreault, William D. (2007). *Making Sales Technology Effective*. In: *Journal of Marketing*, Jg. 71, Nr. 1, S. 16–34

Hussy, Walter; Schreier, Margrit; Echterhoff, Gerald (2013). *Forschungsmethoden in Psychologie und Sozialwissenschaften*. 2. Aufl. Berlin, Heidelberg: Springer Medizin

Ivens, Björn; Leischnig, Alexander (2015). *Interaktionen in Geschäftsbeziehungen*. In: Backhaus, Klaus; Voeth, Markus (2015). Handbuch Business-to-Business-Marketing: Grundlagen, Geschäftsmodelle, Instrumente des Industriegütermarketing. 2., vollst. überarb. Aufl. Wiesbaden: Springer Gabler, S. 55–72

Jackson, Don (1997). *Das Studium der Familie*. In: Paul Watzlawick; Weakland, John (Hrsg.). Interaktion. 2. Aufl. München, Zürich: Piper, S. 21–45

Jähne; Maria; Georgi, Tobias (2020). *Medizinische Psychologie und Soziologie: Persönlichkeitspsychologie.* Online: https://www.lecturio.de/magazin/persoenlichkeitspsychologie/ [abgefragt am: 01.01.2021]

Jobber, David; Lancaster, Geoffrey (2006). *Selling and sales management*. London: Pearson Education

Jolson, Marvin A. (1975). The Underestimated Potential of the Canned Sales Presentation. In: Journal of Marketing, Jg. 39, Nr. 1, S. 75–78

Jones, Edward E.; Gerard, Harold B. (1967). *Dyadic interaction: a conceptual framework*. In: Foundations of Social Psychology. New York: John Wiley & Sons, S. 505–536

Jörg, Urs; Steiger, Thomas (2019). *Organisationsverständnis und dessen Einfluss*. In: Steiger, Thomas; Pfister, Andres; Jörg, Urs (Hrsg.). Handbuch Angewandte Psychologie für Führungskräfte: Führungskompetenz und Führungswissen. 5., vollst. überarb. Aufl. Wiesbaden: Springer, S. 19–38

Kasper, Helmut; Mayrhofer, Wolfgang; Meyer, Michael (1999). *Management aus einer systemtheoretischen Perspektive – eine Standortbestimmung*. In: Eckardstein, Dudo von; Kasper, Helmut; Mayrhofer, Wolfgang (Hrsg.). Management. Stuttgart: Schäffer-Poeschel. S. 161–209

Keiningham, Timothy L.; Aksoy, Lerzan; Daly, Robert M.; Perrier, Kathy; Solom, Antoine (2006). *Reexamining the link between employee satisfaction and store performance in a retail environment*. In: International Journal of Service Industry Management, Jg. 17, Nr. 1, S. 51–57

Kelley, Harold H. (1966). *A Classroom Study of Dilemmas in Interpersonal Negotiation.* In: Archibald, Kathleen (Hrsg.). Strategic Interaction and Conflict. Berkeley: Institute of international Studies, University of California, S. 49–73

Kieser, Alfred (1999). *Konstruktivistische Ansätze*. In: Alfred Kieser (Hrsg.). Organisationstheorien. 3. Aufl. Stuttgart: Kohlhammer, S. 287–318

Kirchler, Erich (1999). *Unbelievable Similarity: Accuracy in Spouses' Reports on their Partners' Tactics to Influence Joint Economic Decisions.* In: Applied Psychology, Jg. 48, Nr. 3, S. 329–348

Klaus, Peter (1991). *Die Qualität von Bedienungsinteraktion*. In: Bruhn, Manfred; Stauss, Bernd (Hrsg.). *Dienstleistungsqualität.* Wiesbaden: Gabler. S. 247–265

Van Kleef, Gerben A.; De Dreu, Carsten K. W.; Manstead, Antony S. R. (2004). *The Interpersonal Effects of Anger and Happiness in Negotiations.* In: Journal of Personality and Social Psychology, Jg. 86, Nr. 1, S. 57–76

Van Kleef, Gerben A.; De Dreu, Carsten K. W.; Manstead, Antony S. R. (2006). *Supplication and appeasement in conflict and negotiation: The interpersonal effects of disappointment, worry, guilt, and regret.* In: Journal of Personality and Social Psychology, Jg. 91, Nr. 1, S. 124–142

Van Kleef, Gerben A.; De Dreu, Carsten K. W. (2010). *Longer-term consequences of anger expression in negotiation: Retaliation or spillover*? In: Journal of Experimental Social Psychology, Jg. 46, Nr. 5, S. 753–760

Van Kleef, Gerben A.; Van Lange, Paul A. M. (2008): *What Other's Disappointment May Do to Selfish People: Emotion and Social Value Orientation in a Negotiation Context*. In: Personality and Social Psychology Bulletin, Jg. 34, Nr. 8, S. 1084–1095

Kleinaltenkamp, Michael (1995). *Customer Integration: Kundenorientierung und mehr*. In: Absatzwirtschaft, 38. Jg., 1995, Nr. 8, S. 77–83

Klöckner, Bernd (2014). *Systemisch verkaufen und beraten in der Finanzbranche: Dauerhaft erfolgreich durch gelingende Kundenbindung*. Wiesbaden: Springer Gabler

König, Eckard; Zedler, Peter (2002). *Theorien der Erziehungswissenschaft: Einführung in Grundlagen, Methoden und praktische Konsequenzen*. 3. Aufl. Weinheim: Beltz Verlag

König, Eckard; Volmer, Gerda (2000). *Systemische Organisationsberatung. Grundlagen und Methoden*. 7. Aufl. Weinheim: Deutscher Studien Verlag

König, Eckard; Volmer, Gerda (2005): *Systemisch denken und handeln. Personale Systemtheorie in Erwachsenenbildung und Organisationsberatung, System und Organisation*. Band 10, Weinheim, Basel: Beltz

Kopelman, Shirli; Rosette, Shelby A.; Leigh Thompson (2006). *The three faces of Eve: Strategic displays of positive, negative, and neutral emotions in negotiations*. In: Organizational Behavior and Human Decision Processes, Jg. 99, Nr. 1, S. 81–101

Kopelman, Shirli; Rosette, Shelby A. (2008). *Cultural variation in response to strategic emotions in negotiations*. In: Group Decision and Negotiation, Jg. 17, Nr. 1, S. 65–77

Kottwitz, Gisela (1990). *Wege zur Neuentscheidung*. 2. Aufl. Berlin: Institut für Kommunikationstherapie

Kowal, Sabine; O´Connel, Daniel C. (2000). *Zur Transkription von Gesprächen*. In: Uwe Flick; Kardoff, Ernst; Steinke, Ines (Hrsg.). Qualitative Forschung: Ein Handbuch. Unveränd. Nachdruck der 7. Aufl. 2009, Reinbek bei Hamburg: Rowohlt Tb., S. 437–447

Kraft, Peter B. (2010). *NLP-Handbuch für Anwender. NLP aus der Praxis für die Praxis*. 4. überarb. Neuaufl. Paderborn: Junfermannsche Verlagsbuchhandlung

Kriz, Jürgen (1999). *Systemtheorie für Psychotherapeuten, Psychologen und Mediziner. Eine Einführung*. Wien: Facultas

Kröber-Riel, Werner (1992). *Konsumentenverhalten*. 5. Aufl. München: Vahlen Franz GmbH

Kröber-Riel, Werner; Gröppel-Klein, Andrea (2013). *Konsumentenverhalten*. 10. Aufl. München: Vahlen Franz GmbH

Kröber-Riel, Werner; Gröppel-Klein, Andrea (2019). *Konsumentenverhalten*. 11. Aufl. München: Vahlen Franz GmbH

Lamnek, Siegfried (1995). *Qualitative Sozialforschung*. Band 2, 3. Aufl. Weinheim: Beltz Psychologie Verlags Union

Lamont, Lawrence M.; Lundstrom, William J. (1977). *Identifying Successful Industrial Salesmen by Personality and Personal Characteristics*. In: *Journal of Marketing Research*, Jg. 14, Nr. 4, S. 517–529

Lavidge, Robert J.; Steiner, Gary A. (1961). *A model for predictive measurements of advertising effectiveness*. In: Journal of Marketing, Jg. 25, Nr. 6, S. 59–62

Lewicki, Roy; Barry, Bruce; Saunders, David (2011). *Essentials of Negotiation*. 5. Aufl. New York: McGraw-Hill Education

Liebmann, Hans-Peter (1997): *Konturen eines Marketing in flüchtigen Märkten*. In: Hans-Peter Liebmann (Hrsg.). *Vom Business Process Reengineering zum Change Management: Kritische Bestandsaufnahme, Perspektiven und Erfahrungen*. Wiesbaden: Gabler Verlag, S. 213–234

Liebmann, Hans-Peter; Zentes, Joachim (2001). *Handelsmanagement*. München: Vahlen

Lindgreen, Adam; Palmer, Roger; Vanhamme, Joëlle; Wouters, Joost (2006). *A relationship-management assessment tool: Questioning, identifying, and prioritizing critical aspects of customer relationships*. In: Industrial Marketing Management, Jg. 35, Nr. 1, S. 57–71

Luce, Duncan R.; Raiffa, Howard (1957). *Games and Decisions*. New York: John Wiley & Sons

Luhmann, Niklas (1971). *Moderne Systemtheorien als Form gesamtgesellschaftlicher Analyse*. In: Niklas Luhmann; Habermas, Jürgen (Hrsg.). Theorie der Gesellschaft oder Sozialtechnologie: Was leistet die Sozialforschung? Frankfurt am Main: Suhrkamp Verlag, S. 7–24

Luhmann, Niklas (1975). *Soziologische Aufklärung 2*. Opladen: Westdeutscher Verlag

Luhmann, Niklas (1984a). *Soziale Systeme: Grundriss einer allgemeinen Theorie*. Frankfurt: Suhrkamp

Luhmann, Niklas (1984b). *Soziologische Aspekte des Entscheidungsverhaltens*. In: *Die Betriebswirtschaft*, Jg. 44, Nr. 4, S. 591–603

Macharzina, Klaus (1999). *Unternehmensführung*. 3. Aufl. Wiesbaden: Gabler

Malik, Fredmund (2000). *Strategie des Managements komplexer Systeme*. 6. Aufl. Wien: Haupt

McBane, Donald Angus (1991). *Understanding Customer Needs: A Reconceptualization of Empathy and its Effects on Sales* [Dissertation]. Texas: Texas Tech University

McGuire, William J. (1969). *An information processing model of advertising effectiveness* [Symposiumon Behavior and Management Science in Marketing]. University of Chicago, 29.06–01.07.1969

Meffert, Heribert (1986). *Marketing. Grundlagen marktorientierter Unternehmensführung*. 7. Aufl. Wiesbaden: Gabler

Meffert, Heribert (1992). *Marketingforschung und Käuferverhalten*. 2., vollst. überarb. u. erw. Aufl. Wiesbaden: Gabler Verlag

Meffert, Heribert; Schwetje, Thomas (1999). *Bedeutung von Mitarbeiterinteraktion und Mitarbeiterzufriedenheit für die Kundenzufriedenheit im Handel*. In: *Planung und Analyse*, Jg. 26, Nr. 5, S. 44–49

Meffert, Heribert; Burmann, Christoph; Kirchgeorg, Manfred (2015). *Marketing: Grundlagen marktorientierter Unternehmensführung Konzepte – Instrumente – Praxisbeispiele*. 12. überarb. u. aktualisierte Aufl. Wiesbaden: Springer Gabler

Meffert, Heribert; Burmann, Christoph; Kirchgeorg, Manfred; Eisenbeiß, Maik (2019). *Marketing: Grundlagen marktorientierter Unternehmensführung Konzepte – Instrumente – Praxisbeispiele*. 13. Aufl. Wiesbaden: Springer Gabler

Mehrabian, Albert (1981). *Silent Messages: Implicit Communication of Emotions and Attitudes*. 2. Aufl. Belmont: Wadsworth Pub Co

Merenda, Peter F.; Clarke, Walter V. (1959). *The predictive efficiency of temperament characteristics and personal history variables in determining success of life insurance agents*. In: Journal of Applied Psychology, Jg. 43, Nr. 6, S. 360–366

Meyer, Anton; Blümelhuber, Christian (1997). *Marketing orientiert sich zuwenig am Kunden*. In: Belz, Christian (Hrsg.). Kompetenz für Marketing-Innovationen. Thexis Schrift 5: Marketingtransfer, St. Gallen, Schweiz, S. 58–74

Meyer, Anton; Ertel, Robert (1998). *Marktforschung von Dienstleistungs-Anbietern*. In: Meyer, Anton (Hrsg.). Handbuch Dienstleistungs-Marketing, Stuttgart: Schäffer-Poeschel, S. 203–246

Meyer, Anton; Schaffer, Martin (2001). *Die Kundenbeziehung als zentraler Unternehmenswert – Kundenorientierung als Werttreiber der Kundenbeziehung*. In: Günter, Bernd; Helm, Sabrina (Hrsg.). Kundenwert. Wiesbaden: Gabler, S. 57–80

Mikula, Gerold (1985). *Psychologische Theorien des sozialen Austausches*. In: Irle, Martin; Frey, Dieter (Hrsg.). Theorien der Sozialpsychologie. Band 2: Gruppen- und Lerntheorien, Bern: Huber, S. 273–305

Miner, John B. (1962). *Personality and ability factors in sales performance*. In: Journal of Applied Psychology, Jg. 46, Nr. 1, S. 6–13

Möller, Kristian; Halinen, Aino (2000). *Relationship Marketing Theory: Its Roots and Direction*. In: Journal of Marketing Management. Jg. 16, Nr. 1–3, S. 29–54

Mohr, Jakki; Nevin, John R. (1990). *Communication Strategies in Marketing Channels: A Theoretical Perspective*. In: Journal of Marketing, Jg. 54, Nr. 4, S. 36–51

Mosel, James N. (1952). *Prediction of department store sales performance from personal data*. In: Journal of Applied Psychology, Jg. 36, Nr. 1, S. 8–10

Müller, Günter F. (1983). *Anbieter-Nachfrager-Interaktionen*. In: Irle, Martin; Bussmann (Hrsg.). Marktpsychologie als Sozialwissenschaft: Enzyklopädie der Psychologie. Göttingen: Hogrefe. S. 626–735

Musa, Rosidah; Pallister, John; Robson, Matthew (2005). *The Roles of Perceived Value, Perceived Equity and Relational Commitment in a Disconfirmation Paradigm Framework: an Initial Assessment in a "Relationship-Rich" Consumption Environment*. In: ACR North American Advances, Jg. 32, Nr. 1, S. 349–357

Musselwhite, Ed (1978). *TA in Selling*. In: Dorothy Jongeward (Hrsg.). Everybody Wins: Transactional Analysis Applied to Organizations. Reading: Addison Wesley. S. 219–229

Nash, John F. (1950). *The Bargaining Problem*. In: Econometrica, Jg. 18, Nr. 2, S. 155–162

Nash, John F. (1953): Two-Person Cooperative Games, In: Econometrica, Jg. 21, Nr. 1, S. 128–140

Neale, Margaret A.; Northcraft, Gregory B. (1991). *Behavioral Negotiation Theory: A Framework for Conceptualizing Dyadic Bargaining*. In: Research in Organizational Behavior, Ausg. 13, S. 147–190

Nerdinger, Friedemann W. (1998). *Interaktionsmanagement – Verbale und nonverbale Kommunikation als Erfolgsfaktoren in den Augenblicken der Wahrheit*. In: Anton Meyer (Hrsg.). Handbuch Dienstleistungs-Marketing. Stuttgart: Schäffer-Poeschel, S. 1177–1193

Nerdinger, Friedemann W. (2001). *Psychologie des persönlichen Verkaufs*. München, Wien: Oldenbourg Verlag

Nerdinger, Friedemann W. (2012). *Emotionsarbeit im Dienstleistungsbereich*. In: Report Psychologie, 2012, Jg. 37, Nr. 1, S. 8–18

Nerdinger, Friedemann W.; Neumann, Christina; Curth, Susanne (2015). *Kundenzufriedenheit und Kundenbindung*. In: Moser, K. (Hrsg.) (2015). Wirtschaftspsychologie. 2. Aufl. Berlin, Heidelberg: Springer, S. 119–137

Netemeyer, Richard G.; Maxham III, James G.; Pullig, Chris (2005). *Conflicts in the work–family interface: Links to job stress, customer service employee performance, and customer purchase intent*. In: Journal of marketing, 69. Jg., Nr. 2, S. 130–143

Neu, Matthias (1997). *Kundenbindung und -pflege mit Hilfe des persönlichen Verkaufs*. In: Hesse, Jürgen; Kaupp (Hrsg.) Kundenkommunikation und Kundenbindung. Weinheim: Beltz Verlag. S. 55–93

Neu, Matthias (2013). *Verkauf*. In: Hesse, Jürgen; Gerdes, Jürgen; Vögele, Siegfried (Hrsg.). Dialogmarketing im Dialog [Festschrift zum 10-jährigen Bestehen des Siegfried Vögele Instituts] Wiesbaden: Springer Gabler, S. 109–124

Neumann, John Von, Morgenstern, Oskar (1944). *Theory of Games and Economic Behavior*. Princeton: Princeton University Press

Neyer, Franz; Asendorpf, Jens (2018). *Psychologie der Persönlichkeit*. 6. Aufl., New York: Springer Publishing

Norcross, John C.; Koocher, Gerald P.; Garofalo, Ariele (2006). *Discredited psychological treatments and tests: A Delphi poll*. In: Professional Psychology: Research and Practice, Jg. 37, Nr. 5, S. 515–522

Norcross, John C.; Koocher, Gerald P.; Fala, Natalie C.; Wexler, Harry K. (2010). *What Does Not Work? Expert Consensus on Discredited Treatments in the Addictions*. In: Journal of Addiction Medicine, Jg. 4, Nr. 3, S. 174–180

O'Connor, Joseph; McDermott, Ian (1998). *Die Lösung lauert überall: Systemisches Denken verstehen und nutzen*. Kirchzarten: VAK-Verlag

O'Connor, Kathleen M.; Arnold, Josh A.; Burris, Ethan R. (2005). *Negotiators' Bargaining Histories and Their Effects on Future Negotiation Performance*. In: Journal of Applied Psychology, Jg. 90, Nr. 2, S. 350–362

O'Connor, Kathleen M.; Arnold, Josh A. (2011). *Sabotaging the deal: The way relational concerns undermine negotiators*. In: Journal of Experimental Social Psychology, Jg. 47, Nr. 6, S. 1167–1172

O'Connor, Joseph; Seymour, John (2009). *Neurolinguistisches Programmieren: Gelungene Kommunikation und persönliche Entfaltung*. 16. Aufl. Kirchzarten: VAK Verlags GmbH

Ofir, Chezy; Simonson, Itamar (2001). *In Search of Negative Customer Feedback: The Effect of Expecting to Evaluate on Satisfaction Evaluations.* In: Journal of Marketing Research, Jg. 38, Nr. 2, S. 170–182

Parasuraman, A.; Zeithaml, Valarie A.; Berry, Leonard L. (1985). *A Conceptual Model of Service Quality and Its Implications for Future Research*. In: Journal of Marketing, Jg. 49, Nr. 4, S. 41–50

Park, Jeong E.; Deitz, George. D. (2006). *The effect of working relationship quality on salesperson performance and job satisfaction: Adaptive selling behavior in Korean automobile sales representatives*. In: Journal of Business Research. Jg. 59, Nr. 2, S. 204–213

Paslack, Rainer (1991). *Urgeschichte der Selbstorganisation: Zur Archäologie eines wissenschaftlichen Paradigmas (Wissenschaftstheorie, Wissenschaft und Philosophie, 32)*. Braunschweig: Vieweg & Teubner Verlag

Pettijohn, Charles E.; Dawson, Lyndon E.; Soper, Barlow (1989). *Therapeutic Assessment of Salespersons' Empathy and Sales Performance*. In: Psychological Reports, Jg. 64, Nr. 3, S. 883–886

Pfeffer, Jeffrey (1994). *Competitive Advantage Through People: Unleashing the Power of the Work Force*. Brighton: Harvard Business Review Press

Picot, Arnold; Reichwald, Ralf; Wigand, Rolf (1998). *Die grenzenlose Unternehmung: Information, Organisation & Führung*. 3. Aufl. Wiesbaden: Springer Gabler

Picot, Arnold; Fiedler, Marina (2001). *Evolution von Institutionen und Management des Wandels*. Freiburg: 63. Jahrestagung des Verbandes der Hochschullehrer für Betriebswirtschaft

Pietroni, Davide; Van Kleef, Gerben A.; Rubaltelli, Enrico; Rumiati, Rino (2009). *When happiness pays in negotiation.* In: Mind & Society, Jg. 8, Nr. 1, S. 77–92

Plank, Richard E.; Dempsey, William A. (1980). *A framework for personal selling to organizations*. In: *Industrial* Marketing Management. Jg. 9, Nr. 2, S. 143–149

Powers, Thomas L.; Koehler, William F.; Martin, Warren S. (1988). *Selling From 1900 to 1949: A Historical Perspective*. In: Journal of Personal Selling & Sales Management. Jg. 8, Nr. 3, S. 11–21

Prahalad, Coimbatore K.; Ramaswamy, Venkatram (2000). *Wenn Kundenkompetenz das Geschäftsmodell mitbestimmt*. In: Harvard Business Manager, 22. Jg., Nr. 4, S. 64–75

Probst, Gilbert (1987). *Selbst-Organisation: Ordnungsprozesse in sozialen Systemen aus ganzheitlicher Sicht (Biologie und Evolution interdisziplinär)*. Berlin: P. Parey

Probst, Gilbert (1992). *Organisation. Strukturen, Lenkungsinstrumente, Entwicklungsperspektiven.* Landsberg/Lech: Verlag Moderne Industrie

Pruden, Henry O.; Peterson, Robert A. (1971). *Personality and Performance-Satisfaction of Industrial Salesmen*. In: *Journal of Marketing Research*, Jg. 8, Nr. 4, S. 501

Pruitt, Dean G.; Drews, Julie L. (1969). *The effect of time pressure, time elapsed, and the opponent's concession rate on behavior in negotiation.* In: Journal of Experimental Social Psychology, Jg. 5, Nr. 1, S. 43–60

Putnam, Linda L.; Roloff, Michael E. (1992). *Communication Perspectives on Negotiation*. In: Putnam, Linda & Roloff, Michael (Hrsg.). Communication and Negotiation. Newbury Park: Sage, S. 1–17

Rackham, Neil (1989). *Die neue Welle im Verkauf*. New York: McGraw-Hill Education

Rackham, Neil (1990). *Strategien für komplexe Verkäufe*. New York: McGraw-Hill Education

Rammstedt, Beatrice; Kemper, Christoph J.; Klein, Mira C.; Beierlein, Constanze; Kovaleva, Anastassiya (2012). *Eine kurze Skala zur Messung der fünf Dimensionen der Persönlichkeit: Big-FiveInventory-10 (BFI-10).* In: GESIS – Leibniz-Institut für Sozialwissenschaften, Nr. 23, S. 5–32

Randall, L. K. (1978). *Red, white, and blue TA at 600 mph*. In: Jongeward, Dorothy (Hrsg.). Everybody Wins: Transactional Analysis Applied to Organizations. Reading: Addison Wesley. S. 123–150

Rastetter, Daniela (2008). *Zum Lächeln verpflichtet: Emotionsarbeit im Dienstleistungsbereich*. Frankfurt am Main: Campus Verlag GmbH

Reichheld Frederick F.; Sasser Earl W. (1990). *Zero-defections: quality comes to services*. Harvard Business Revue, Jg. 68, Nr. 5, S. 105–111

Reichwald, Ralf (1993). *Kommunikation*. In: Bitz, Michael; Domsch, Michel; Egner, Heike; Dellmann, Klaus (Hrsg.). Vahlens Kompendium der Betriebswirtschaftslehre. 2. Band, 3. Aufl. München: Vahlen, S. 447–494

Reichwald, Ralf; Piller, Frank (2002). *Der Kunde als Wertschöpfungspartner – Formen und Prinzipien*. In: Albach, Horst; Kaluza, Bernd; Kersten, Wolfgang (Hrsg.). *Wertschöpfungsmanagement als Kernkompetenz*. Wiesbaden: Gabler, S. 28–51

Riskin, Jules; Faunce, Elaine (1997). *Familieninteraktions-Skalen*. In: Watzlawick, Paul; Weakland, John (Hrsg.). *Interaktion*. 2. Aufl. München, Zürich: Piper, S. 155–184

Román, Sergio; Iacobucci, Dawn (2010). *Antecedents and consequences of adaptive selling confidence and behavior: a dyadic analysis of salespeople and their customers*. In: Journal of the Academy of Marketing Science. Jg. 38, Nr. 3, S. 363–382

Rubin, Jeffrey; Bert Brown (1975). *The Social Psychology of Bargaining and Negotiation*. New York: Academic Press

Rüdiger, Mathias (2002). *Marketing-Erfolgsfaktoren für F&E-Dienstleister – Ergebnisse einer empirischen Analyse*. In: Marketing ZFP, Jg. 24, Nr. 1, S. 27–48

Ruesch, Jürgen; Bateson, Gregory (1995). *Kommunikation: Die soziale Matrix der Psychiatrie*. Heidelberg: Auer-System-Verlag Carl

Rüttinger, Rolf (2019). *Transaktions-Analyse*. 13. Aufl. Hamburg: Windmühle Verlag

Rüttinger, Rolf; Kruppa, Reinhold (2001). *Übungen zur Transaktionsanalyse: Praxis der Transaktionsanalyse in Beruf und Organisation*. 3. Aufl. Hamburg: Windmühle Verlag

Rust, Roland; Oliver, Richard (1993). *Service Quality: Insights and Managerial Implications from the Frontier.* In: Rust, Roland; Oliver, Richard (Hrsg.). *Service Quality: New Directions in Theory and Practice.* New York: Sage Publications, S. 1–20

Savin, Neil E.; White, Kenneth J. (1977). *The Durbin-Watson Test for Serial Correlation with Extreme Sample Sizes or Many Regressors.* In: Econometrica, Jg. 45, Nr. 8, S. 1989–1996

Saxe, Robert; Weitz, Barton A. (1982). *The SOCO Scale: A Measure of the Customer Orientation of Salespeople.* In: Journal of Marketing Research, Jg. 19, Nr. 3, S. 343–351

Scheibelhut, John H.; Albaum, Gerald (1973). *Self-Other Orientations among Salesmen and Nonsalesmen.* In: Journal of Marketing Research, Jg. 10, Nr. 1, S. 97

Schelling, Thomas (1960). *The Strategy Of Conflict.* New York: Oxford University Press

Schlegel, Leonhard (1987). *Die Transaktionale Analyse.* 3. Aufl. Tübingen, Basel: Francke

Schlesinger, Leonard A.; Zornitsky Jeffrey (1991). Job satisfaction, service capability, and customer satisfaction: An examination of linkages and management implications. In: Human Resource Planning, 14. Jg., Nr. 2, S. 141–149

Schloffer, Judith (2013). *Kommunikationsverweigerung und -störung: Analyse der Auswirkung eines neuen Phänomens auf die Kundenbeziehung.* Wiesbaden: Springer Gabler

Schmid, Michael; Haferkampf, Hans (1987). *Einleitung.* In: Haferkampf, Hans; Schmid, Michael. Sinn, Kommunikation und soziale Differenzierung. Beiträge zu Luhmanns Theorie sozialer Systeme. Frankfurt: Suhrkamp

Schmid, Bernd (1994). *Wo ist der Wind, wenn er nicht weht? Professionalität & Transaktionsanalyse aus systemischer Sicht.* Paderborn: Junfermann Verlag

Schneider, Ursula (1994). *Führen auf der Metaebene.* In: Gablers Magazin, Jg. 8., Nr. 6–7, S. 31–34

Schneider, Ursula (2000). *Management als Steuerung des organisatorischen Wissens.* In: Schreyögg, Georg (Hrsg.). Funktionswandel im Management: Wege jenseits der Ordnung. Berlin: Duncker & Humblot, S. 79–110

Schreyögg, Georg (1991). *Der Managementprozeß – neu gesehen.* In: Sydow, Jörg; Staehle, Wolfgang (Hrsg.). Managementforschung 1. Berlin u. a.: De Gruyter, S. 255–289

Schuchert-Güler, Pakize (2001). *Kundenwünsche im persönlichen Verkauf: Eine empirische Analyse der Eindrucksbildung als Erfolgsfaktor (Marketing-Management).* Wiesbaden: Springer Gabler

Schüppenhauer, Annette (1996). *Multioptionales Konsumentenverhalten und Marketing.* Wiesbaden: Gabler

Schulz von Thun, Friedemann (1981). *Miteinander reden, Vol. 1: Störungen und Klärungen – Allgemeine Psychologie der Kommunikation.* Originalausg. Hamburg: Rowohlt

Schulz von Thun, Friedemann (2011). *Miteinander reden, Vol. 1: Störungen und Klärungen – Allgemeine Psychologie der Kommunikation*. 49. Aufl. Hamburg: Rowohlt

Schulze, Henning S. (1991). *Transaktionsanalyse als Instrument dienstleistungsorientierter Personalschulung*. In: Manfred Bruhn; Stauss, Bernd (Hrsg.). Dienstleistungsqualität. Wiesbaden: Gabler, S. 283–307

Schulze, Henning S. (1992). *Internes Marketing von Dienstleistungsunternehmen: Fundierungsmöglichkeiten mittels ausgewählter Konzepte der Transaktionsanalyse*. Frankfurt am Main: Peter Lang

Schulze, Henning S. (1995). *Die Gestaltung des internen Marketing mit Konzepten der Transaktionsanalyse*. In: Bruhn, Manfred (Hrsg.). Internes Marketing. Wiesbaden: Gabler, S. 145 – 175

Schulze, Henning S. (2000). *Erhöhung der Dienstleistungsqualität durch transaktionsanalytisch orientierte Personalschulungen*. In: Bruhn, Manfred; Stauss, Bernd (Hrsg.). Dienstleistungsqualität. 3. Aufl. Wiesbaden: Gabler, S. 261–285

Schurr, P. H. (1987). *Evolutionary approaches to effective selling*. In: Advances in Business Marketing. Jg. 2, S. 55–80

Schwalbe, Heinz; Zander, Ernst (1987). *Mitarbeiter im Verkauf*. In: Der Verkaufsberater. *Band 3*. Freiburg: Rudolf Haufe Verlag

Schweiger, Günter; Schrattenecker, Gertraud (2017). *Werbung: Eine Einführung*. 9. Aufl., Konstanz: UVK

Seyffert, Rudolf (1929). *Allgemeine Werbelehre*. Stuttgart: Schäffer-Poeschel Verlag

Seyffert, Rudolf (1952). *Wirtschaftliche Werbelehre*. 4. Aufl. Wiesbaden: Gabler Verlag

Shannon, Claude; Weaver, Warren (1949). *The Mathematical Theory of Communication*. Illinois: The University of Illinois Press, Urbana III

Sharpley, Christopher F. (1984). *Predicate matching in NLP: A review of research on the preferred representational system*. In: Journal of Counseling Psychology, Jg. 31, Nr. 2, S. 238–248

Sharpley, Christopher F. (1987). *Research findings on neurolinguistic programming: Nonsupportive data or an untestable theory?* In: Journal of Counseling Psychology, Jg. 34, Nr. 1, S. 103–107

Silvestro, Rhian; Cross, Stuart (2000). *Applying the service profit chain in a retail environment*. In: International Journal of Service Industry Management, Jg. 11, Nr. 3, S. 244–268

Simon, Hermann; Homburg, Christian (1997). *Kundenzufriedenheit als strategischer Erfolgsfaktor – einführende Überlegungen*. In: Hermann, Andreas; Simon, Hermann; Homburg, Christian (Hrsg.). Kundenzufriedenheit: Konzepte – Methoden – Erfahrungen. 2. Aufl. Wiesbaden: Gabler Verlag, S. 17–29

Sinaceur, Marwan; Van Kleef, Gerben A.; Neale, Margaret A.; Adam, Hajo; Haag, Christophe (2011). *Hot or cold: Is communicating anger or threats more effective in negotiation?* In: Journal of Applied Psychology, Jg. 96, Nr. 5, S. 1018–1032

Solomon, Michael R.; Surprenant, Carol; Czepiel, John A.; Gutman, Evelyn G. (1985). *A Role Theory Perspective on Dyadic Interactions: The Service Encounter*. In: Journal of Marketing, Jg. 49, Nr. 1, S. 99–111

Solomon, Michael; Bamossy, Gary; Askegaard, Soeren (2001). *Konsumentenverhalten. Der europäische Markt* [Pearson Studium - Economic BWL]. München: Pearson Studium

Spiro, Rosann L.; Weitz, Barton A. (1990). *Adaptive Selling: Conceptualization, Measurement, and Nomological Validity*. In: Journal of Marketing Research, Jg. 27, Nr. 1, S. 61–69

Staehle, Wolfgang (1999). *Management: eine verhaltenswissenschaftliche Perspektive*. 8. Aufl. München: Vahlen

Stahl, Heinz K., (1999). *Kundenloyalität kritisch betrachtet*. In: Hinterhuber, Hans-H.; Matzler, Kurt (Hrsg.). Kundenorientierte Unternehmensführung: Kundenorientierung – Kundenzufriedenheit – Kundenbindung. Wiesbaden: Gabler, S. 41–59

Stauss, Bernd; Seidel, Wolfgang (2001). *Prozessuale Zufriedenheitsermittlung und Zufriedenheitsdynamik bei Dienstleistungen*. In: Homburg, Christian (Hrsg.). Kundenzufriedenheit. 4. Aufl. Wiesbaden: Springer Fachmedien, S. 123–147

Steinbach, Anja (1984). *Neurolinguistic programming: a systematic approach to change*. Canadian Family Physician, Jg. 30, S. 147–150

Steinel, Wolfgang; Van Kleef, Gerben A.; Harinck, Fieke (2008). *Are you talking to me?! Separating the people from the problem when expressing emotions in negotiation*. In: Journal of Experimental Social Psychology, Jg. 44, Nr. 2, S. 362–369

Steiner, Claude (1998). *Macht ohne Ausbeutung: Zur Ökologie zwischenmenschlicher Beziehungen*. 4 Aufl. Paderborn: Junfermann

Steins, Gisela; Wicklund, Robert A. (1993). *Zum Konzept der Perspektivenübernahme: Ein kritischer Überblick*. In: Psychologische Rundschau, Jg. 44, Nr. 1, S. 226–239

Stewart, Ian; Joines, Vann (2015). *Die Transaktionsanalyse. Eine Einführung*. 12. Aufl. Freiburg: Herder

Stock, Ruth (2001). *Kundenorientierte Mitarbeiter als Schlüssel zur Kundenzufriedenheit*. In: Homburg, Christian (Hrsg.). Kundenzufriedenheit. 4. Aufl. Wiesbaden: Gabler, S. 211–233

Stocker, Herbert (2020): *Methoden der empirischen Wirtschaftsforschung* [Vorlesungsmanuskript]. Universität Innsbruck. Online: https://www.uibk.ac.at/econometrics/einf/kap07.pdf [alle abgefragt am: 04.02.2021]

Stollznow, Karen (2010). *Not-so-linguistic programming*. In: Skeptic (Altadena, CA), 15. Jg., Nr. 4, S. 6–8

Surprenant, Carol F.; Solomon, Michael R. (1987). *Predictability and Personalization in the Service Encounter*. In: Journal of Marketing, Jg. 51, Nr. 2, S. 86–96

Tanofsky, Robert; Shepps, R. Ronald; O'Neill, Paul J. (1969). *Pattern analysis of biographical predictors of success as an insurance salesman*. In: Journal of Applied Psychology, Jg. 53, Nr. 2, Pt. 1, S. 136–139

Thibaut, John; Kelley, Harold (1959). *The Social Psychology of Groups*. New York: Leopold Classic Library

Thyer, Bruce; Pignotti, Monica (2015). *Science and Pseudoscience in Social Work Practice*. Wiesbaden: Springer

Tobolski, Francis P.; Kerr, Willard A. (1952). *Predictive value of the Empathy Test in automobile salesmanship.* In: Journal of Applied Psychology, Jg. 36, Nr. 5, S. 310–311

Toelstede, Bodo G. (1994). *Erkenne dich selbst, erkenne den Kunden – der Schlüssel für erfolgreiche Verkaufsgespräche: Transaktionsanalyse für den Verkäufer im Außendienst*. Würzburg: Max Schimmel Verlag

Trommsdorff, Volker (1998a). *Kundenorientierung verhaltenswissenschaftlich gesehen*. In: Steffenhagen, Hartwig; Bruhn, Manfred (Hrsg.). Marktorientierte Unternehmensführung: Reflexionen — Denkanstöße — Perspektiven. 2., akt. Aufl. Wiesbaden: Gabler, S. 275–293

Trommsdorff, Volker (1998b). *Konsumentenverhalten.* 3., überarb. und erw. Aufl., Stuttgart: Kohlhammer

Trommsdorff, Volker; Teichert, Thorsten (2011). *Konsumentenverhalten*. 8. Aufl. Stuttgart: Kohlhammer

Tversky, A.; Kahneman, D. (1974). *Judgment under Uncertainty: Heuristics and Biases*. In: Science, Jg. 185, Nr. 4157, S. 1124–1131

Verbeke, Willem; Dietz, Bart; Verwaal, Ernst (2010). *Drivers of sales performance: a contemporary meta-analysis. Have salespeople become knowledge brokers?* In: Journal of the Academy of Marketing Science, Jg. 39, Nr. 3, S. 407–428

Voeth, Markus; Herbst, Uta (2015). *Verhandlungsmanagement: Planung, Steuerung und Analyse*. 2. Aufl. Stuttgart: Schäffer-Poeschel Verlag

Wake, Lisa (2008). *Neurolinguistic Psychotherapy: A Postmodern Perspective (Advancing Theory in Therapy)*. London: Routledge

Walsh, G.; Niermann, S.; Klee, A. (2008). *Kundenzufriedenheit und Kundenbindung als Grundlage der Zielgruppenbildung im Dienstleistungssektor*. Jahrb. Absatz Verbrauchsforschung, Jg. 54, Nr. 1, S. 42–59

Walsh, Gianfranco; Deseniss, Alexander; Kilian, Thomas (2019). *Marketing: Eine Einführung auf der Grundlage von Case Studies.* 3., überarb. u. erw. Aufl. Berlin: Springer Gabler

Wang, Guangping; Netemeyer, Richard G. (2002). *The Effects of Job Autonomy, Customer Demandingness, and Trait Competitiveness on Salesperson Learning, Self-Efficacy, and Performance*. In: Journal of the Academy of Marketing Science, Jg. 30, Nr. 3, S. 217–228

Watzlawick, Paul; Beavin, Janet; Jackson, Don (1969). *Menschliche Kommunikation: Formen, Störungen, Paradoxien*. Bern: Hogrefe AG

Watzlawick, Paul (2001). *Wie wirklich ist die Wirklichkeit? Wahn, Täuschung, Verstehen*. 27. Aufl. München: Piper

Watzlawick, Paul; Beavin, Janet; Jackson, Don (2017). *Menschliche Kommunikation: Formen, Störungen, Paradoxien*. 13. Aufl. Bern: Hogrefe AG

Weinberg, Peter (1986). *Nonverbale Marktkommunikation*. Heidelberg: Physica-Verlag

Weinberg, Peter (1998). *Verhaltenswissenschaftliche Aspekte der Kundenbindung.* In: Bruhn, Manfred; Homburg, Christian (Hrsg.). Handbuch Kundenbindungsmanagement: Strategien und Instrumente für ein erfolgreiches CRM. Wiesbaden: Springer Gabler, S. 39–53

Weis, Hans Christian (2000). *Verkauf.* 5. Aufl. Ludwigshafen: Kiehl

Weis, Hans Christian (2003). *Verkaufsgesprächsführung.* 4. Aufl. Ludwigshafen: Kiehl

Weitz, Barton A.; Bradford, Kevin D. (1999). *Personal Selling and Sales Management: A Relationship Marketing Perspective.* In: Journal of the Academy of Marketing Science, Jg. 27, Nr. 2, S. 241–254

Weitz, Barton A.; Sujan, Harish; Sujan, Mita (1986). *Knowledge, Motivation, and Adaptive Behavior: A Framework for Improving Selling Effectiveness.* In: Journal of Marketing, Jg. 50, Nr. 4, S. 174–191

Willemse, Joop; Von Ameln, Falko (2018). *Theorie und Praxis des systemischen Ansatzes: Die Systemtheorie Watzlawicks und Luhmanns verständlich erklärt.* Berlin: Springer

Willi, Jürg (1985). *Koevolution. die Kunst gemeinsamen Wachsens.* Reinbek bei Hamburg: Rowohlt

Willi, Jürg (1996). *Ökologische Psychotherapie: Theorie und Praxis.* Göttingen: Hogrefe

Willke, Helmut (1993). *Konstruktivismus und Sachhaltigkeit soziologischer Erkenntnis: Wirklichkeit als imaginäre Institution.* In: Sociologia internationalis, Jg. 31, Nr. 1, S. 83–100

Willke, Helmut (2005). *Systemtheorie II: Interventionstheorie.* 4. Aufl. Stuttgart: Lucius & Lucius Verlagsgesellschaft mbH

Willke, Helmut (2006). *Systemtheorie I: Grundlagen.* 7. Aufl. Stuttgart: Lucius & Lucius Verlagsgesellschaft mbH

Willke, Helmut (2014). *Systemtheorie III: Steuerungstheorie.* 4. Aufl. Stuttgart: Lucius & Lucius Verlagsgesellschaft mbH

Wimmer, Rudolf (1989). *Die Steuerung komplexer Organisationen. Ein Reformulierungsversuch der Führungsproblematik aus systemischer Sicht.* In: Sandner, Karl (Hrsg.). Politische Prozesse in Unternehmen. Heidelberg: Physica-Verlag, S. 131–156

Witkowski, Tomasz (2010). *Thirty-Five Years of Research on Neuro-Linguistic Programming. NLP Research Data Base. State of the Art or Pseudoscientific Decoration?* In: Polish Psychological Bulletin, Jg. 41, Nr. 2, S. 58–66

Wolfond, Elisabeth (2018). *Einflussfaktoren und Wirkungen der Unternehmenskommunikation auf den Unternehmenserfolg im Anlagen- und Systemgeschäft.* Wiesbaden: Springer Gabler

Wollnik, Michael (1992). *Organisationstheorie, interpretative.* In: Frese, Erich (Hrsg.). Handwörterbuch der Organisation. 3. Aufl. Stuttgart: Schäffer-Poeschel Verlag für Wirtschaft, Recht GmbH & Co. KG Steuern, S. 1778–1797

Woodside, Arch G.; Davenport, J. William (1974). *The Effect of Salesman Similarity and Expertise on Consumer Purchasing Behavior.* In: Journal of Marketing Research, Jg. 11, Nr. 2, S. 198–202

Wren, Brent M.; Simpson, James T. (1996). *A dyadic model of relationships in organizational buying: a synthesis of research results*. In: Journal of Business & Industrial Marketing, Jg. 11, Nr. 3/4, S. 63–79

Wright, Sewall (1934). *The Method of Path Coefficients*. In: The Annals of Mathematical Statistics, Jg. 5, Nr. 3, S. 161–215

Yang, Zhilin; Peterson, Robin T. (2004). *Customer perceived value, satisfaction, and loyalty: The role of switching costs*. In: Psychology & marketing. Jg. 21 Nr. 10, S. 799–822

Yee, Rachel; Yeung, A. C.; Cheng, T. E.; Lai, K. H. (2009). *The Service-Profit Chain: A Review and Extension*. In: Total Quality Management & Business Excellence, Jg. 20, Nr. 6, S. 617–632

Zaiontz, Charles, (2021). Online: https://www.real-statistics.com/statistics-tables/durbin-watson-table/, WordPress [abgefragt am: 07.02.2021]

Zanger, Cornelia; Sisternich, Frank (1998). *Theoretische Ansätze zur Begründung des Kommunikationserfolgs von Eventmarketing*. In: Nickel, Oliver (Hrsg.). Eventmarketing: Grundlagen und Erfolgsbeispiele. München: Vahlen, S. 39–60

Zdep, Stanley M.; Weaver, Herbert B. (1967). *The graphoanalytic approach to selecting life insurance salesmen*. In: Journal of Applied Psychology, Jg. 51, Nr. 3, S. 295–299

Zeithaml, Valarie; Bitner, Mary J.; Gremler, Dwayne (2017). *Services Marketing: Integrating Customer Focus Across the Firm*. 7. Aufl. New York: McGraw-Hill Education

Zentes, Joachim; Swoboda, Bernhard; Foscht, Thomas (2012). *Handelsmanagement*. München: Vahlen

Zhao, Ran; Papangelis, Alexandros; Cassell, Justine (2014). *Towards a Dyadic Computational Model of Rapport Management for Human-Virtual Agent Interaction*. In: Bickmore, Timothy; Marsella, Stacy; Sidner, Candace (Hrsg.). Intelligent Virtual Agents: 14th International Conference, IVA 2014, Boston, MA, August 27–29, 2014, Proceedings. Lecture Notes in Computer Science, Band 8637, Wiesbaden: Springer S. 514–527

Zimbardo, Philip G.; Gerrig, Richard J. (2004). *Psychologie*. München: Pearson Studium

7. Abbildungsverzeichnis

Abbildung 1: Überblick über den Aufbau der Arbeit 6
Abbildung 2: Evolution des Relational-Selling-Ansatzes 18
Abbildung 3: Kundenbeziehungszyklus 21
Abbildung 4: Service Profit Chain 24
Abbildung 5: Exemplarische Darstellung einer Erfolgskette in Bezug auf Kundenzufriedenheit und ökonomischen Erfolg 25
Abbildung 6: Kundenzufriedenheit und langfristiger Geschäftserfolg 26
Abbildung 7: Grundprinzip des C/D-Paradigmas 27
Abbildung 8: Mögliche Beiträge der Wertschöpfungskette zur Kundenzufriedenheit 28
Abbildung 9: Auswirkung von Kundenzufriedenheit auf die Sales Performance 29
Abbildung 10: Einflussfaktoren auf einseitiges situatives Verhandlungsverhalten 38
Abbildung 11: Modell der Zweiparteienverhandlung – zweiseitige situative Interaktion 39
Abbildung 12: Zusammenhang zwischen Sozialkompetenz als Fähigkeit und sozial¬kompetentem Verhalten 49
Abbildung 13: Teilprozesse der Kommunikationswirkung im Marketing 51
Abbildung 14: Kommunikation in Verhandlungen 57
Abbildung 15: Analyseebene bei Kommunikationsprozessen 58
Abbildung 16: Pseudointeraktion 59
Abbildung 17: Asymmetrische Interaktion 60
Abbildung 18: Totale Interaktion 60
Abbildung 19: Reaktive Interaktion 61
Abbildung 20: Dynamische Interaktion (Transaktion) 61
Abbildung 21: Vorgehen beim Analyseansatz 72
Abbildung 22: Das Verkaufsgitter nach Blake und Mouton 74
Abbildung 23: Das Kundengitter nach Blake und Mouton 75
Abbildung 24: Veranschaulichung komplexer Herausforderungen und deren Zusammenhänge 93
Abbildung 25: Transformation der Bewertungsmatrix 112
Abbildung 26: Regelkreis sozialer Systeme 119
Abbildung 27: Übersicht der Systeme 120
Abbildung 28: Nicht-triviales, komplexes Systemmodell 123
Abbildung 29: Die vier Seiten (Aspekte) einer Nachricht – ein psychologisches Modell der menschlichen Kommunikation 133
Abbildung 30: Nörgler-Rückzug-Zirkularität 134
Abbildung 31: Interne Strukturmuster nicht-trivialer, komplexer Systeme 137
Abbildung 32: Detailliertes Funktionsmodell der Transaktionsanalyse 143
Abbildung 33: Transaktionsanalytisches Funktionsmodell: Parallele (1), überkreuzte (2) und verdeckte (3) Transaktionen 147
Abbildung 34: Interaktives Kommunikationsmodell 152

M. Beck, *Situative Verhandlungsführung*, Managementforschung,
https://doi.org/10.1007/978-3-658-42958-4

Abbildung 35: Transaktionsanalytisches Kommunikationsmodell 155
Abbildung 36: Visualisierte Zusammenfassung transaktionsanalytischer und systemtheorischer Konzepte 159
Abbildung 37: Elemente und Einflussgrößen im Modell der sozialen Kompetenz als Fähigkeit 163
Abbildung 38: Erfolgskette der Sozialkompetenz im Zusammenhang der Steuerbarkeit sozialer Systeme bzw. Geschäftsbeziehungen 164
Abbildung 39: Interne Strukturmuster nicht-trivialer, komplexer Systeme 170
Abbildung 40: Typen der Intervention (nach Bereichen) 176
Abbildung 41: Transaktionsanalytisch erweiterte Interventions- bzw. Lenkungsmatrix 178
Abbildung 42: Einflussfaktoren auf einseitiges situatives Verhandlungsverhalten...183
Abbildung 43: Modell der Zweiparteienverhandlung – zweiseitige situative Interaktion 184
Abbildung 44: Teilmodelle und Grundstruktur der Zusammenhänge 185
Abbildung 45: Wirkungsdiagramm der verschiedenen Untersuchungsapekte 187
Abbildung 46: Ebenen der Interaktion in Beziehungen 188
Abbildung 47: Grundstruktur der transaktionsanalytischen Zusammenhänge auf die Globalzufriedenheit 190
Abbildung 48: Veranschaulichung einer Episode aus transaktionsanalytischer Perspektive 191
Abbildung 49: Detailliertes Funktionsmodell der Transaktionsanalyse 197
Abbildung 50: Das O.K.-Geviert: Was in den einzelnen Grundeinstellungen geschieht 207
Abbildung 51: Grundstruktur der nicht-transaktionsanalytischen Zusammenhänge auf die Globalzufriedenheit 209
Abbildung 52: Rollen der Vertriebsmitarbeiter im Geschäftsbeziehungsverlauf 215
Abbildung 53: Profitabilitätsmodell 218
Abbildung 54: Service-Profit-Chain 219
Abbildung 55: Teilmodelle und Grundstruktur der Zusammenhänge 221
Abbildung 56: Wirkungsweise der verschiedenen Konzepte im Gesamtmodell 222
Abbildung 57: Detailliertes Strukturmodell: Wirkung transaktionsanalytischer Muster (a; b) und des Profitabilitäts-Teilmodells (f) 223
Abbildung 58: Wirkung nicht-transaktionsanalytischer Konzepte (c; d; e) auf die Globalzufriedenheit 224
Abbildung 59: Auswahl von Wirkungen von Paralleltransaktionen auf das Gesprächsklima 254
Abbildung 60: Auswahl von Wirkungen von Überkreuztransaktionen auf das Gesprächsklima 255
Abbildung 61: MAXQDA-Darstellung unterschiedlicher Kodierungen 269
Abbildung 62: Videoausschnitt und Mitschrift: Fürsorgliches Eltern-Ich inkl. Lächeln und Stroke (Name) 272
Abbildung 63: Alternative – fürsorgliches Eltern-Ich; I: Verkäufer 272

Abbildung 64: Retter-Ich; B: Kunde 273
Abbildung 65: Positives kritisches Eltern-Ich; I: Kunde, B: Verkäufer 273
Abbildung 66: Videoausschnitt und Mitschrift: Verfolger-Ich 274
Abbildung 67: Erwachsenen-Ich; I: Verkäufer 276
Abbildung 68: Videoausschnitt und Mitschrift: Negativer blockierender Erwachsenen- Ich-Zustand 276
Abbildung 69: Negativer Gegenfragen-stellender Erwachsenen-Ich-Zustand; B: Kunde 276
Abbildung 70: Videoausschnitt und Mitschrift: Positives freies Kind-Ich inkl. witzigen Kommentaren...279
Abbildung 71: Videoausschnitt und Mitschrift: Negatives freies Kind-Ich 279
Abbildung 72: Videoausschnitt und Mitschrift: Angepasstes Kind-Ich......................280
Abbildung 73 Opfer-Ich; I: Kunde 280
Abbildung 74: Videoausschnitt und Mitschrift: Opfer-Ich 281
Abbildung 75: Dokumentenportraits MAXQDA: 5,57 TA/min vs. 1,5 TA/min...........283
Abbildung 76: Videoausschnitt und Mitschrift: Positive Überkreuztransaktion 285
Abbildung 77: Videoausschnitt und Mitschrift: Negative Überkreuztransaktion 286
Abbildung 78: Videoausschnitt und Mitschrift: Negatives Verhalten wird durch das rationale Erwachsenen-Ich gekreuzt 286
Abbildung 79: Positives Verhalten wird durch das rationale Erwachsenen-Ich gekreuzt; I: Verkäufer, B: Kunde...287
Abbildung 80: Videoausschnitt und Mitschrift: Negative Paralleltransaktion auf einer Ebene; inklusive negativer Strokes und einem Power Play 288
Abbildung 81: Positive Paralleltransaktion auf der Erwachsenen-Ebene; B: Verkäufer, I: Kunde...289
Abbildung 82: Positive Paralleltransaktion auf der Eltern-Ebene; B: Verkäufer; I: Kunde...289
Abbildung 83: Videoausschnitt und Mitschrift: Negative Paralleltransaktionen über mehrere Ebenen (Eltern Kind)..290
Abbildung 84: Negative Paralleltransaktionen über mehrere Ebenen; I: Verkäufer, B: Kunde..291
Abbildung 85: Videoausschnitt und Mitschrift: Positive Paralleltransaktionen über mehrere Ebenen 291
Abbildung 86: Positive Paralleltransaktionen über mehrere Ebenen; B: Kunde, I: Verkäufer...292
Abbildung 87: Videoausschnitt und Mitschrift: Scherze im Gespräch 294
Abbildung 88: Videoausschnitt und Mitschrift: Komplimente im Gespräch 294
Abbildung 89: Videoausschnitt und Mitschrift: Lächeln und mit Namen ansprechen 295
Abbildung 90: Negative Strokes; B: Verkäufer 296
Abbildung 91: Videoausschnitt und Mitschrieb: Power Play (ins Wort fallen) 296
Abbildung 92: Videoausschnitt und Mitschrift: Power Play (Nicht-reagieren) 297
Abbildung 93: OK-Geviert 303

Abbildung 94: Ergebnisse der Regressionsanalysen und der Korrelationsanalysen – Verkäufer- und Profitabilitätsfokus.............313
Abbildung 95: Ergebnisse der Regressionsanalyse und der Korrelationsanalysen – Kundenfokus 315
Abbildung 96: Gegenüberstellung der beiden vorherigen Modelle: Verkäuferfokus vs Kundenfokus 317
Abbildung 97: Nicht-Transaktionsanalytische Zusammenhänge und Einflüsse 318
Abbildung 98: Vergleich der Mittelwerte der Globalzufriedenheiten nach Szenarien 329
Abbildung 99: Kundenkommentar aus MAXQDA mit vier negativen Strokes..........336
Abbildung 100: Negatives freies Kind-Verhalten 341
Abbildung 101: Übersicht aller negativen freien Kind-Verhaltensweisen aller Szenarien 341
Abbildung 102: Dokumentenportraits aus MAXQDA (120 x 30): Worst vs Best 356
Abbildung 103: Unterbrechung und Zurechtweisung mitten im Satz.......................359
Abbildung 104: Zusammenfassende konstruierte ideale Vorgehensweise anhand der Ergebnisse der Untersuchung 378
Abbildung 105: Gesprächsbeispiel 379
Abbildung 106: Darstellung des mehrgleisigen Mixed-Methods-Forschungsprozesses der Untersuchung 384
Abbildung 113: Screeplot 432
Abbildung 113: Streudiagramm: Globalzufriedenheit/Transaktionen pro Minute ..443
Abbildung 114: Streudiagramm: Globalzufriedenheit/positive Überkreuztransaktionen 443
Abbildung 115: Streudiagramm: Globalzufriedenheit/negative Überkreuztransaktionen 444
Abbildung 116: Streudiagramm: Globalzufriedenheit/Redefnitionstransaktionen ..444
Abbildung 117: Streudiagramm: Globalzufriedenheit/Erwachsenen-Ich überkreuzt negatives Verhalten 445
Abbildung 118: Streudiagramm: Globalzufriedenheit/ Erwachsenen-Ich überkreuzt positives Verhalten 445
Abbildung 119: Streudiagramm: Globalzufriedenheit/negative Paralleltransaktionen auf einer Ebene 446
Abbildung 120: Streudiagramm: Globalzufriedenheit/negative Paralleltransaktionen auf mehreren Ebenen 446
Abbildung 121: Streudiagramm: Globalzufriedenheit/positive Paralleltransaktionen auf einer Ebene 447
Abbildung 122: Streudiagramm: Globalzufriedenheit/positive Paralleltransaktionen auf mehreren Ebenen 447
Abbildung 123: Streudiagramm: Globalzufriedenheit/fürsorgliches Eltern-Ich-Verhalten 448
Abbildung 124: Globalzufriedenheit/positives kritisches Eltern-Ich-Verhalten 448
Abbildung 125: Globalzufriedenheit/Verfolger-Verhalten 449

Abbildung 126: Globalzufriedenheit/Erwachsenen-Ich-Verhalten 449
Abbildung 127: Globalzufriedenheit/negatives Erwachsenen-Ich-Verhalten 450
Abbildung 128: Globalzufriedenheit/negatives freies Kind-Ich-Verhalten 450
Abbildung 129: Globalzufriedenheit/angepasstes Kind-Ich-Verhalten 451
Abbildung 130: Globalzufriedenheit/Opfer-Verhalten 451
Abbildung 131: Globalzufriedenheit/rebellisches Kind-Ich-Verhalten 452
Abbildung 132: Globalzufriedenheit/negativer Stroke 452
Abbildung 133: Globalzufriedenheit/Power Play 453
Abbildung 134: Globalzufriedenheit/positiver Stroke 453
Abbildung 136: Streudiagramm: Standardisierte Residuen/standardisierter geschätzter Wert 454
Abbildung 137: Normalverteilung Globalzufriedenheit 457
Abbildung 138: Streudiagramm: Gobalzufriedenheit/fürsorgliches Eltern-Ich 459
Abbildung 139: Streudiagramm: Gobalzufriedenheit/angepasstes Kind-Ich 460
Abbildung 140: Streudiagramm: Standardisierte Residuen/standardisierter geschätzter Wert 461
Abbildung 141: Histogramm Normalverteilung 462
Abbildung 142: Streudiagramm: Globalzufriedenheit/Erwachsenen-Verhalten überkreuzt negatives Verhalten 464
Abbildung 143: Streudiagramm: Globalzufriedenheit/freies Kind-Verhalten 464
Abbildung 144: Streudiagramm: Standardisierte Residuen/standardisierter geschätzter Wert 465
Abbildung 145: Histogramm: Normalverteilung 467
Abbildung 146: Von Multikollinearität betroffene Verhaltens- und Transaktionsmuster 471
Abbildung 147: Streudiagramm: Globalzufriedenheit/Transaktionen pro Minute...472
Abbildung 148: Streudiagramm: Globalzufriedenheit/positive Überkreuztransaktionen 473
Abbildung 149: Negative Überkreuztransaktionen 473
Abbildung 150: Streudiagramm: Globalzufriedenheit/Redefinitionstransaktionen 474
Abbildung 151: Streudiagramm: Globalzufriedenheit/Erwachsenen-Ich überkreuzt negatives Verhalten 474
Abbildung 152: Streudiagramm: Globalzufriedenheit/Erwachsenen-Ich überkreuzt positives Verhalten 475
Abbildung 153: Streudiagramm: Globalzufriedenheit/negative Paralleltransaktionen auf einer Ebene 475
Abbildung 154: Streudiagramm: Globalzufriedenheit/negative Paralleltransaktionen über mehrere Ebenen 476
Abbildung 155: Streudiagramm: Globalzufriedenheit/positive Paralleltransaktionen auf einer Ebene 476
Abbildung 156: Streudiagramm: Globalzufriedenheit/positive Paralleltransaktionen über mehrere Ebenen 477

Abbildung 157: Streudiagramm: Globalzufriedenheit/fürsorgliches Eltern-Ich-Verhalten 477
Abbildung 158: Streudiagramm: Globalzufriedenheit/Retter-Verhalten 478
Abbildung 159: Streudiagramm: Globalzufriedenheit/positives kritisches Eltern-Ich-Verhalten 478
Abbildung 160: Streudiagramm: Globalzufriedenheit/Verfolger-Verhalten 479
Abbildung 161: Streudiagramm: Globalzufriedenheit/Erwachsenen-Verhalten 479
Abbildung 162: Streudiagramm: Globalzufriedenheit/negatives Erwachsenen-Verhalten 480
Abbildung 163: Streudiagramm: Globalzufriedenheit/positives freies Kind-Verhalten 480
Abbildung 164: Streudiagramm: Globalzufriedenheit/negatives freies Kind-Verhalten 481
Abbildung 165: Streudiagramm: Globalzufriedenheit/angepasstes Kind-Verhalten 481
Abbildung 166: Streudiagramm: Globalzufriedenheit/Opfer-Verhalten 482
Abbildung 167: Streudiagramm: Globalzufriedenheit/negatives rebellisches Kind-Verhalten 482
Abbildung 168: Streudiagramm: Globalzufriedenheit/Stroke (witzige Kommentare) 483
Abbildung 169: Streudiagramm: Globalzufriedenheit/negative Strokes 483
Abbildung 170: Streudiagramm: Globalzufriedenheit/Stroke (freundliches Anlächeln) 484
Abbildung 171: Streudiagramm: Globalzufriedenheit/Stroke (fürsorglich mit Namen ansprechen) 484
Abbildung 172: Streudiagramm: Globalzufriedenheit/Power Plays 485
Abbildung 173: Streudiagramm: Standardisierte Residuen/standardisierter geschätzter Wert 486
Abbildung 174: Normalverteilung Globalzufriedenheit 488
Abbildung 175: Gobalzufriedenheit/fürsorgliches Eltern-Ich 490
Abbildung 176: Gobalzufriedenheit/negatives freies Kind-Ich 490
Abbildung 177: Streudiagramm: Standardisierte Residuen/standardisierter geschätzter Wert 491
Abbildung 178: Histogramm: Normalverteilung 493
Abbildung 179: Streudiagramm: Standardisierte Residuen/standardisierter geschätzter Wert 495
Abbildung 180: Histogramm: Normalverteilung 497
Abbildung 181: Streudiagramm: Globalzufriedenheit/Kooperation 498
Abbildung 182: Streudiagramm: Incremental Revenue 6mon/durchschnittliche Zufriedenheit mit den Verkäufern 519
Abbildung 183: Streudiagramm: Standardisierte Residuen/standardisierter geschätzter Wert 520
Abbildung 184: Histogramm Normalverteilung 522

8. Tabellenverzeichnis

Tabelle 1: Das Fünf-Faktoren-Modell 13
Tabelle 2: Widersprüchliche Ergebnisse bezüglich Eigenschaften von Verkäufern und Verkaufserfolgen 43
Tabelle 3: Übersicht von Gesprächsansätzen...67
Tabelle 4: Stufenmodelle der Kommunikationswirkung 70
Tabelle 5: Verkaufsformeln im Überblick 71
Tabelle 6: Effizienz von Verkäufer-Gitterstilen 76
Tabelle 7: Welt- und Menschenbilder in den einzelnen Umfeldstadien 86
Tabelle 8: Charakteristika der Gesprächsansätze in unterschiedlichen Umfeldsituationen 90
Tabelle 9: Dimensionsmetrik der Kundenorientierung und Anpassungsfähigkeit 91
Tabelle 10: Ansätze zur Gestaltung der Beziehung zwischen Berater und Kunden ...95
Tabelle 11: Bewertungsmatrix SOR-Ansätze 97
Tabelle 12: Bewertungsmatrix Phasenbezogener Ansatz 98
Tabelle 13: Bewertungsmatrix Analyse-Ansatz 100
Tabelle 14: Bewertungsmatrix Problemlösungsansatz 101
Tabelle 15: Bewertungsmatrix GRID-Ansatz 103
Tabelle 16: Bewertungsmatrix Prospect Theory 105
Tabelle 17: Bewertungsmatrix NLP 108
Tabelle 18: Bewertungsmatrix Transaktionsanalytischer Ansatz 111
Tabelle 19: Taxonomie der Ansatzbewertungen 113
Tabelle 20: Zusammenhang der Systemfunktionen)...125
Tabelle 21: Interventions- und Lenkungsbereiche in sozialen Systemen 174
Tabelle 22: Das 5-Faktoren-Modell (Big Five) 210
Tabelle 23: Indikatoren zur Kodierung des fürsorglichen Eltern-Ich-Zustands (fEL+)...236
Tabelle 24: Indikatoren zur Kodierung des Retter-Ich-Zustands (RET).....................237
Tabelle 25: Indikatoren zur Kodierung des konstruktiv kritischen Eltern-Ich-Zustands..238
Tabelle 26: Indikatoren zur Kodierung des Verfolger-Ich-Zustands (VER) 239
Tabelle 27: Indikatoren zur Kodierung des Erwachsenen-Ich-Zustands (ER) 240
Tabelle 28: Indikatoren zur Kodierung des Erwachsenen-Ich-Zustands mit inhaltlicher Redefinition (ERR) 241
Tabelle 29: Indikatoren zur Kodierung des konstruktiv freien Kind-Ich-Zustands (FKI+) 242
Tabelle 30: Indikatoren zur Kodierung des destruktiv freien Kind-Ich-Zustands (fKI-) 243
Tabelle 31: Indikatoren zur Kodierung des konstruktiv angepassten Kind-Ich-Zustands (aKI+) 244
Tabelle 32: Indikatoren zur Kodierung des Opfer-Ich-Zustands (OPF) 245

M. Beck, *Situative Verhandlungsführung*, Managementforschung, https://doi.org/10.1007/978-3-658-42958-4

Tabelle 33: Indikatoren zur Kodierung des konstruktiv rebellischen Kind-Ich-Zustands (rKI+) 246
Tabelle 34: Indikatoren zur Kodierung des destruktiv rebellischen Kind-Ich-Zustands (rKI-) 247
Tabelle 35: Kategoriensystem zur Kodierung von Paralleltransaktionen....249
Tabelle 36: Kategoriensystem zur Kodierung von Überkreuztransaktionen 251
Tabelle 37: Kategoriensystem zur Kodierung von Power Plays und Strokes....253
Tabelle 38: Grundeinstellungen der Vertriebsmitarbeiter 256
Tabelle 39: Kunden-Grundeinstellungen 257
Tabelle 40: Persönlichkeit: Big Five 258
Tabelle 41: Persönlichkeitskompetenz 259
Tabelle 42: Fachkompetenz 260
Tabelle 43: Sozialkompetenz 261
Tabelle 44: Indikatoren zur Messung der Transaktionszufriedenheit 264
Tabelle 45: Beobachtete Daten: Eltern-Ebene 271
Tabelle 46: Beobachtete Daten: Erwachsenen-Ebene 275
Tabelle 47: Beobachtete Daten: Kind-Ebene 278
Tabelle 48: Transaktionen pro Minute, Transaktionen (absolut) und Sprechanteile der Verkäufer 282
Tabelle 49: Transaktionen 284
Tabelle 50: Strokes und Power Plays 293
Tabelle 51: Grundeinstellungen der Vertriebsmitarbeiter....300
Tabelle 52: Summierte Grundeinstellungswerte 301
Tabelle 53: Algorithmus zur Kategorisierung im OK-Geviert 302
Tabelle 54: Anzahl der Kunden und Verkäufer pro Quartal 304
Tabelle 55: Verkäufer-/Kunden-Paarungen nach Grundeinstellung 304
Tabelle 56: Informationen zum Konstrukt Globalzufriedenheit 307
Tabelle 57: Informationen zum Konstrukt Transaktionszufriedenheit mit dem Verkäufer 308
Tabelle 58: Informationen zum Konstrukt Transaktionszufriedenheit mit dem Gespräch 309
Tabelle 59: Tatsächlich durch den Verkäufer generierter Umsatz der letzten 6 Monate 310
Tabelle 60: Durchschnittliche Bewertung der Verkäufer durch die Kunden 311
Tabelle 61: Kolmogorov-Smirnov-Test auf Normalverteilung 311
Tabelle 62: Modellzusammenfassung 320
Tabelle 63: ANOVA 320
Tabelle 64: Prüfung der Güte der Regressionskoeffizienten 321
Tabelle 65: Modellzusammenfassung Szenario 2 324
Tabelle 66: ANOVA 325
Tabelle 67: Koeffizienten des Regressionsmodells zu Szenario 2 325
Tabelle 68: Modellzusammenfassung Szenario 3 326
Tabelle 69: ANOVA 326

Tabelle 70: Koeffizienten des Regressionsmodells zu Szenario 3 327
Tabelle 71: Varianzanalyse der drei Szenarien 327
Tabelle 72: Multiple Comparison 328
Tabelle 73: Häufigkeiten 330
Tabelle 74: Modellzusammenfassung 332
Tabelle 75: ANOVA 333
Tabelle 76: Prüfung der Güte der Regressionskoeffizienten 334
Tabelle 77: Häufigkeiten 338
Tabelle 78: Modellzusammenfassung Szenario 3 339
Tabelle 79: ANOVA 340
Tabelle 80: Koeffizienten des Regressionsmodells zu Szenario 3 340
Tabelle 81: Korrelationsanalyse der Grundeinstellungen 342
Tabelle 82: Verkäufer/Kunden Grundeinstellungs-Paarungen 343
Tabelle 83: Modellzusammenfassung 344
Tabelle 84: ANOVA 345
Tabelle 85: Prüfung der Güte der Regressionskoeffizienten 345
Tabelle 86: Paarweise Korrelation des bewerteten Konstrukts der Verkäuferkompetenzen 347
Tabelle 87: Korrelationsanalyse der Kompetenzkonstrukte: Verkäufer Selbsteinschätzung vs Kundeneinschätzung der Verkäuferkompetenzen 348
Tabelle 88: Korrelationen: Kompetenzkonstrukte/Globalzufriedenheit 349
Tabelle 89: Modellzusammenfassung 350
Tabelle 90: ANOVA 350
Tabelle 91: Koeffizienten 351
Tabelle 92: Gegenüberstellung der beiden Extremfälle 351
Tabelle 93: Grundeinstellungsmuster 352
Tabelle 94: Gegenüberstellung der Transaktionen (Verkäufer/Kunde) 353
Tabelle 95: Gegenüberstellung der Ich-Zustände, Strokes und Power Plays der Verkäufer 354
Tabelle 96: Gegenüberstellung der Ich-Zustände, Strokes und Power Plays der Kunden 357
Tabelle 97: Ergebnisse der Hypothesen bezüglich der Transaktionen 361
Tabelle 98: Ergebnisse der Hypothesen bezüglich der Ich-Zustände und Strokes ...364
Tabelle 99: Ergebnisse der Hypothesen bezüglich der Grundeinstellung 366
Tabelle 100: Ergebnisse der Hypothesen bezüglich der Big Five und der Kompetenzen 367
Tabelle 101: Ergebnisse der Hypothesen bezüglich der unterschiedlichen Szenarien des Kooperationsempfindens der Kunden und des wirtschaftlichen Erfolgs der Verkäufer 369
Tabelle 102: Ergebnisse der Regressionsanalysen der transaktionsanalytischen Modelle (Transaktionen) 371
Tabelle 103: Ergebnisse der Regressionsanalysen der transaktionsanalytischen Modelle (funktionale Ich-Zustände, Strokes und Power Plays) 373

Tabelle 104: Ergebnisse der Regressionsanalysen bezüglich des situativen Kooperationsverhaltens und des Profitabilitätsmodells 374
Tabelle 105: Erklärte Gesamtvarianz 431
Tabelle 106: Rotierte Komponentenmatrix 433
Tabelle 107: Erklärte Gesamtvarianz 434
Tabelle 108: Rotierte Komponentenmatrix 435
Tabelle 109: Vergleich der Komponentenmatrizen und Grundeinstellungszuweisungen per Item 436
Tabelle 110: Informationen zum Konstrukt positive Strokes (Verkäufer) 437
Tabelle 111: Kolmogorov-Smirnov-Anpassungstest: Transaktionen/Ich-Zustände/ Strokes 438
Tabelle 112: Toleranzwerte der Kollinearitätsstatistik 440
Tabelle 113: Korrelationskoeffizienten 441
Tabelle 114: Variance Inflation Factor und Toleranzwerte 441
Tabelle 115: Durbin-Watson-Tabelle (du/do); Alpha = 0,05 456
Tabelle 116: Kolmogorov-Smirnov-Anpassungstest 457
Tabelle 117: Prüfung auf Normalverteilung 458
Tabelle 118: Modellzusammenfassung inklusive Durbin-Watson-Test 461
Tabelle 119: Variance Inflation Factor und Toleranzwerte 462
Tabelle 120: Kolmogorov-Smirnov-Anpassungstest 463
Tabelle 121. Koeffizienten des schrittweisen Regressionsmodells für Szenario 3 463
Tabelle 122: Modellzusammenfassung inklusive Durbin-Watson-Test 466
Tabelle 123: Variance Inflation Factor und Toleranzwerte 466
Tabelle 124: Kolmogorov-Smirnov-Anpassungstest 467
Tabelle 125: Toleranzwerte 469
Tabelle 126: Korrelationskoeffizienten 470
Tabelle 127: Kolmogorov-Smirnov-Anpassungstest und Shapiro-Wilk-Test 489
Tabelle 128: Modellzusammenfassung inklusive Durbin-Watson-Test 492
Tabelle 129: Variance Inflation Factors und Toleranzwerte 492
Tabelle 130: Kolmogorov-Smirnov-Anpassungstest 493
Tabelle 131: Test auf Normalverteilung 494
Tabelle 132: Durbin-Watson-Tabelle (du/do); Alpha = 0,05. 496
Tabelle 133: Kolmogorov-Smirnov-Anpassungstest 498
Tabelle 134: Konstrukt Kontaktfreudigkeit 499
Tabelle 135: Informationen zum Konstrukt Kontaktfreudigkeit 500
Tabelle 136: Konstrukt Optimismus 500
Tabelle 137: Informationen zum Konstrukt Optimismus 500
Tabelle 138: Konstrukt Selbstwertgefühl 501
Tabelle 139: Informationen zum Konstrukt Selbstwertgefühl 501
Tabelle 140: Konstrukt Einfühlungsvermögen 501
Tabelle 141: Informationen zum Konstrukt Einfühlungsvermögen 502
Tabelle 142: Konstrukt Kommunikation und Wahrnehmung 502
Tabelle 143: Informationen zum Konstrukt Kommunikation und Wahrnehmung 503

Tabelle 144: Konstrukt Flexibilität 503
Tabelle 145: Informationen zum Konstrukt Flexibilität 503
Tabelle 146: Konstrukt Teamfähigkeit 504
Tabelle 147: Informationen zum Konstrukt Teamfähigkeit 504
Tabelle 148: Konstrukt Freundlichkeit 504
Tabelle 149: Konstrukt Selbstorganisation 505
Tabelle 150: Konstrukt Kundenwissen 505
Tabelle 151: Konstrukt Marktkenntnisse 505
Tabelle 152: Konstrukt Produktwissen 505
Tabelle 153: Konstrukt Verkaufsprozesswissen 505
Tabelle 154: Informationen zum Konstrukt Verkaufsprozesswissen 506
Tabelle 155: Konstrukt betriebswirtschaftliche Kenntnisse 506
Tabelle 156: Informationen zum Konstrukt betriebswirtschaftliche Kenntnisse 507
Tabelle 157: Konstrukt Kontaktfreudigkeit 507
Tabelle 158: Informationen zum Konstrukt Kontaktfreudigkeit 508
Tabelle 159: Konstrukt Optimismus 508
Tabelle 160: Informationen zum Konstrukt Optimismus 508
Tabelle 161: Konstrukt Einfühlungsvermögen 508
Tabelle 162: Informationen zum Konstrukt Einfühlungsvermögen 509
Tabelle 163: Konstrukt Selbstwertgefühl 509
Tabelle 164: Informationen zum Konstrukt Selbstwertgefühl 509
Tabelle 165: Konstrukt Kommunikation und Wahrnehmung 510
Tabelle 166: Informationen zum Konstrukt Kommunikation und Wahrnehmung ...510
Tabelle 167: Konstrukt Freundlichkeit 510
Tabelle 168: Informationen zum Konstrukt Freundlichkeit 511
Tabelle 169: Konstrukt Flexibilität 511
Tabelle 170: Informationen zum Konstrukt Flexibilität 511
Tabelle 171: Konstrukt Teamfähigkeit 512
Tabelle 172: Informationen zum Konstrukt Teamfähigkeit 512
Tabelle 173: Konstrukt Selbstorganisation 512
Tabelle 174: Informationen zum Konstrukt Selbstorganisation 513
Tabelle 175: Konstrukt Produktkenntnisse 513
Tabelle 176: Informationen zum Konstrukt Produktkenntnisse 513
Tabelle 177: Konstrukt Kundenkenntnisse 513
Tabelle 178: Informationen zum Konstrukt Kundenkenntnisse 514
Tabelle 179: Konstrukt Marktkenntnisse 514
Tabelle 180: Informationen zum Konstrukt Marktkenntnisse 514
Tabelle 181: Konstrukt betriebswirtschaftliche Kenntnisse 515
Tabelle 182: Informationen zum Konstrukt betriebswirtschaftliche Kenntnisse 515
Tabelle 183: Konstrukt verkaufsprozessbezogene Kenntnisse 515
Tabelle 184: Informationen zum Konstrukt verkaufsprozessbezogener Kenntnisse 516
Tabelle 185: Kolmogorov-Smirnov-Anpassungstest der Kundeneinschätzung der Verkäuferkompetenzen auf Normalverteilung 517

Tabelle 186: Kolmogorov-Smirnov-Anpassungstest der Selbsteinschätzung der Verkäuferkompetenzen auf Normalverteilung 518
Tabelle 187: Test auf Heteroskedastizität 520
Tabelle 188: Kolmogorov-Smirnov-Anpassungstest...521

9. Abkürzungsverzeichnis

Abb.	Abbildung
ADR	Average Daily Revenue
aK	angepasstes Kind-Ich
Aufl.	Auflage
Avg.	Average
Bsp.	Beispiel
BtB	Business to Business
BtC	Business to Customer
bzw.	beziehungsweise
C/D-Paradigma	Confirmation/Disconfirmation-Paradigma
CRM	Customer Relationship Management
df	degrees of freedom
d.h.	das heißt
DUR	Duration (Dauer)
EFA	exploratorische Faktorenanalyse
ER	Erwachsenen-Ich
ERR	negatives Erwachsenen-Ich (Erwachsenen-Ich mit inhaltlicher Redefinition)
ERxneg	Erwachsenen-Ich kreuzt einen negativen Ich-Zustand
ERxpos	Erwachsenen-Ich kreuzt einen positiven Ich-Zustand
et al.	et alii (und andere)
etc.	ecetera
f	folgend
ff	fortfolgend
fEL	fürsorgliches Eltern-Ich
fK	freies Kind-Ich
GE	Grundeinstellung
GT	Grounded Theory
H	Hypothese mit Verkäuferfokus
Hk	Hypothese mit Kundenfokus
Hrsg.	Herausgeber
ITAA	International Transactional Analysis Association
Jg.	Jahrgang
KaKI_r	Kunde angepasstes Kind-Ich
Kd	Kunde
kEL	kritisches Eltern-Ich
K_ER	Kunde Erwachsenen-Ich
K_ERR	Kunde Erwachsenen-Ich mit inhaltlicher Redefinition
KfEL	Kunde fürsorgliches Eltern-Ich
KfKIn	Kunde negatives freies Kind-Ich
KfKI_p	Kunde positives freies Kind-Ich

M. Beck, *Situative Verhandlungsführung*, Managementforschung,
https://doi.org/10.1007/978-3-658-42958-4

KkEL	Kunde kritisches Eltern-Ich
KOPF	Kunde Opfer
KPPlay	Kunde Power Play/Machtspiel
KRET	Kunde Retter
KrKln	Kunde negatives rebellisches Kind-Ich
KSTJOKE	Kunde macht Witze
KSTName	Kunde spricht den Verkäufer freundlich mit Namen an
KSTRneg	Kunde verteilt negative Strokes
KSTSmile	Kunde lächelt freundlich
KVER	Kunde Verfolger
Max	Maximum
Min	Minimum
min	Minute
N	Stichprobengröße
Neg	negativ
Niv.	Niveau
NLP	Neurolinguistischer Programmierungsansatz
NLP	Neurolingustische Programmierung
Nr.	Nummer
OPF	Opfer (negatives angepasstes Kind-Ich)
p	Signifikanzwert
Pos	positiv
proz_V	prozentualer Gesprächsanteil des Verkäufers
PTn1lvl	negative Paralleltransaktionen auf einer Ebene
PTn2lvl	negative Paralleltransaktionen über mehreren Ebenen
PTp1lvl	positive Paralleltransaktionen auf einer Ebene
PTp2lvl	positive Paralleltransaktionen über mehreren Ebenen
r	Zusammenhang (Korrelation)
REDEF	Redefinitionstransaktion
RET	Retter (negatives angepasstes Kind-Ich)
rK	rebellisches Kind-Ich
S.	Seite
sig.	Signifikanz
S-I-R	Stimulus-intervenierende Variablen-Reaktionsmodelle
S-O-R	Stimulus-Organismus-Response-Modelle
ß	Einfluss (Regression)
Std.-Abw.	Standardabweichung
Std.-Fehler	Standardfehler
TA	Transaktionsanalyse
usw.	und so weiter
UTneg	negative Überkreuztransaktionen
UTpos	positive Überkreuztransaktionen
V	Verkäufer

V4FBWLKneu	Betriebswirtschaftliche Kenntnisse (Selbsteinschätzung des Verkäufers)
V4FSalPKneu	Verkaufsprozessbezogene Kenntnisse (Selbsteinschätzung des Verkäufers)
V4PEmpKneu	Einfühlungsvermögen (Selbsteinschätzung des Verkäufers)
V4PKonKneu	Kontaktfreudigkeit (Selbsteinschätzung des Verkäufers)
V4POptKneu	Optimismus (Selbsteinschätzung des Verkäufers)
V4PSelbKneu	Selbstwertgefühl (Selbsteinschätzung des Verkäufers)
V4SFlxKneu_1	Flexibilität (Selbsteinschätzung des Verkäufers)
V4SKomKneu	Kommunikations- und Wahrnehmungsfähigkeit (Selbsteinschätzung des Verkäufers)
V4STeamKneu	Teamfähigkeit (Selbsteinschätzung des Verkäufers)
VaKI_r	Verkäufer angepasstes Kind-Ich
V_ER	Verkäufer Erwachsenen-Ich
V_ERR	Verkäufer Erwachsenen-Ich mit inhaltlicher Redefinition
VER	Verfolger (negatives kritisches Eltern-Ich)
VfEL	Verkäufer fürsorgliches Eltern-Ich
VfKIn	Verkäufer negatives freies Kind-Ich
VfKI_p	Verkäufer positives freies Kind-Ich
vgl.	vergleiche
VIF	Variance Inflation Factors
Vk	Verkäufer
VkEL	Verkäufer kritisches Eltern-Ich
VOPF	Verkäufer Opfer
VRET	Verkäufer Retter
VrKIn	Verkäufer negatives rebellisches Kind-Ich
vs.	versus
VSTJOKE	Verkäufer macht Witze
VSTName	Verkäufer spricht den Kunden freundlich mit Namen an
VPPlay	Verkäufer Power Play/Machtspiel
VSTRneg	Verkäufer verteilt negative Strokes
VSTSmile	Verkäufer lächelt freundlich
VVER	Verkäufer Verfolger
X	nicht gültig oder nicht bestätigt
z.B.	zum Beispiel
ZUFGLO	Globalzufriedenheit
# TA	Anzahl der Transaktionen
@1ZufGloKneu	Globalzufriedenheit

@4FBWLKnew	Betriebswirtschaftliche Kenntnisse (Kundenbewertung bezüglich des Verkäufers)
@4FKDKnew	Kundenkenntnisse (Kundenbewertung bezüglich des Verkäufers)
@4FMarktKnew	Marktkenntnisse (Kundenbewertung bezüglich des Verkäufers)
@4FOrgKnew	Selbstorganisation (Kundenbewertung bezüglich des Verkäufers)
@4FProdKnew	Produktkenntnisse (Kundenbewertung bezüglich des Verkäufers)
@4FSalesPKnew	Verkaufsprozessbezogene Kenntnisse (Kundenbewertung bezüglich des Verkäufers)
@4PEmpKnew	Einfühlungsvermögen (Kundenbewertung bezüglich des Verkäufers)
@4PKonKnew	Kontaktfreudigkeit (Kundenbewertung bezüglich des Verkäufers)
@4POPtKnew	Optimismus (Kundenbewertung bezüglich des Verkäufers)
@4PSelbKnew	Selbstwertgefühl (Kundenbewertung bezüglich des Verkäufers)
@4SFLXKnew	Flexibilität (Kundenbewertung bezüglich des Verkäufers)
@4SKomKnew	Kommunikations- und Wahrnehmungsfähigkeit (Kundenbewertung bezüglich des Verkäufers)
@4STeamKnew	Teamfähigkeit (Kundenbewertung bezüglich des Verkäufers)

10. Anhang

10.1. Faktorenanalyse der Grundeinstellungen von Kunden und Verkäufern

➔ *Detaillierte Vertiefung des Kapitels 4.3.3.5 – Grundeinstellung der Kunden und Verkäufer*

10.1.1. Explorative Faktorenanalyse: Verkäufer

Zunächst wird in SPSS die explorative Faktorenanalyse für die 13 Items zur Messung der Grundeinstellung mit vorliegendem Datenset durchgeführt. Tabelle 105 veranschaulicht, dass bereits 84,942 % der Gesamtvarianz durch die ersten vier Komponenten erklärt werden können.

Erklärte Gesamtvarianz

Komponente	Anfängliche Eigenwerte			Summen von quadrierten Faktorladungen für Extraktion			Rotierte Summe der quadrierten Ladungen		
	Gesamt	% der Varianz	Kumulierte %	Gesamt	% der Varianz	Kumulierte %	Gesamt	% der Varianz	Kumulierte %
1	6,004	46,185	46,185	6,004	46,185	46,185	4,053	31,175	31,175
2	2,556	19,664	65,849	2,556	19,664	65,849	3,631	27,932	59,107
3	1,407	10,820	76,670	1,407	10,820	76,670	1,732	13,326	72,433
4	1,075	8,272	84,942	1,075	8,272	84,942	1,626	12,509	84,942
5	,575	4,420	89,361						
6	,508	3,909	93,270						
7	,391	3,006	96,276						
8	,290	2,227	98,503						
9	,153	1,177	99,680						
10	,042	,320	100,000						
11	-1,404E-16	-1,080E-15	100,000						
12	-1,843E-16	-1,417E-15	100,000						
13	-1,410E-15	-1,085E-14	100,000						

Extraktionsmethode: Hauptkomponentenanalyse

Tabelle 105: Erklärte Gesamtvarianz (Quelle: Eigene Darstellung)

M. Beck, *Situative Verhandlungsführung*, Managementforschung,
https://doi.org/10.1007/978-3-658-42958-4

Der *Screeplot* in Abbildung 107 visualisiert dieses Ergebnis. Die Faktorenkurve wird hinter Faktor 4 gekappt.

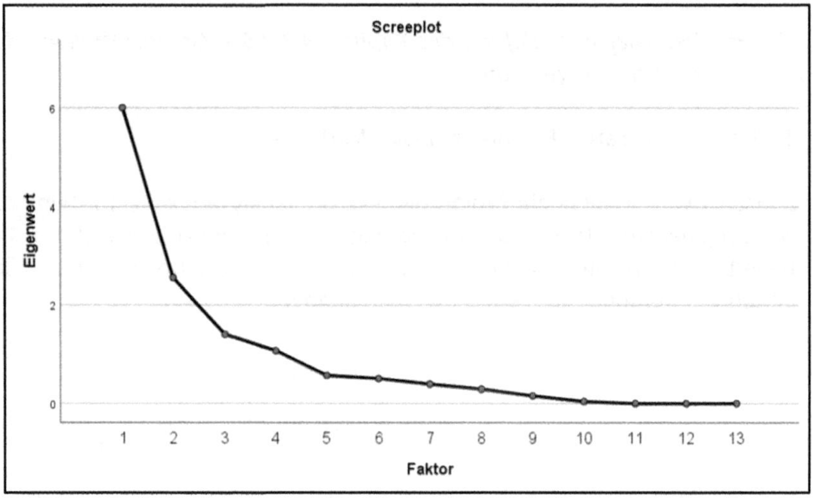

Abbildung 107: Screeplot (Quelle: Eigene Darstellung)

Die rotierte Komponentenmatrix in Tabelle 106 veranschaulicht, welche Korrelation die einzelnen Items bezüglich der Faktoren besitzen (min. I0,400I).

Rotierte Komponentenmatrix[a]

	Komponente			
	1	2	3	4
Wenn der Kunde das Produkt gebrauchen kann, wird er es kaufen, wenn nicht, da kann man nicht viel machen. Ich liefere ihm einige Informationen, und dann ist er an der Reihe.	,008	,904	-,011	-,242
Was soll ich dem Kunden über Anwendungsbereiche unserer Produkte erzählen, wenn er selbst nicht weiß, was er braucht.	,660	,494	-,177	-,280
Die Feilscherei um den Preis macht mich noch ganz kaputt, aber was will man machen, meine Gesprächspartner stehen genauso unter Druck wie ich.	,890	,216	,137	,074
In unserer Branche kann man hinschauen, wo man will, überall wird mit denselben faulen Tricks gearbeitet.	,944	,091	-,053	-,158
Mit welchen Amateuren es manchmal bei Kunden zu tun hat, ist kaum zu glauben.	,408	,737	,340	-,102
Die meisten Reklamationen sind doch nur fauler Zauber, um Nachlässe herauszuschinden.	,583	,379	,577	-,047
Wenn der Kunde alles für bare Münze nimmt, was ich sage, dann ist das seine Schuld. Schließlich sind wir hier nicht in der Märchenstunde, sondern ich will Geschäfte machen.	,422	-,306	,365	,658
Wenn der Kunde wieder mit Liefertermin-Überschreitungen anfängt, was soll ich ihm dazu sagen – er hat ja recht.	,118	,337	-,864	-,083
Wie man von Kunden manchmal behandelt wird – aber vielleicht habe ich auch manchmal ein zu unsicheres Auftreten und fordere das geradezu heraus.	,869	,453	-,035	-,067
Im Endeffekt kann ich auch in Fällen, wo etwas danebengegangen ist, mit jedem Kunden reden. Ich habe noch keinen getroffen, wo mir das nicht möglich gewesen wäre.	-,268	-,837	,324	-,062
Natürlich versuchen die Kunden den Preis zu drücken, aber dafür bin ich ja auch Verkäufer und kein Verwaltungsangestellter geworden.	,489	-,024	,398	-,479
Für mich ist das Wichtigste ein guter Kontakt zum Kunden.	-,226	-,075	-,024	,876
Wenn ich mir die Kunden ansehe, mit denen ich es zu tun habe, bin ich zufrieden und glaube, sie sind es auch mit mir.	-,346	-,842	,292	,042

Extraktionsmethode: Hauptkomponentenanalyse.
Rotationsmethode: Varimax mit Kaiser-Normalisierung.
a. Die Rotation ist in 6 Iterationen konvergiert.

Tabelle 106: Rotierte Komponentenmatrix (Quelle: Eigene Darstellung)

10.1.2. Explorative Faktorenanalyse: Kunden

Exakt die idente Vorgehensweise wird für den Datensatz auf Kundenseite durchgeführt. Zunächst wird in SPSS die explorative Faktorenanalyse für die 13 Items zur Messung der Grundeinstellung mit vorliegendem Datenset durchgeführt.

Tabelle 107 veranschaulicht, dass hier sogar 95,360 % der Gesamtvarianz durch die ersten vier Komponenten erklärt werden können.

Erklärte Gesamtvarianz

	Anfängliche Eigenwerte			Summen von quadrierten Faktorladungen für Extraktion			Rotierte Summe der quadrierten Ladungen		
Komponente	Gesamt	% der Varianz	Kumulierte %	Gesamt	% der Varianz	Kumulierte %	Gesamt	% der Varianz	Kumulierte %
1	6,781	52,158	52,158	6,781	52,158	52,158	4,969	38,226	38,226
2	2,745	21,116	73,274	2,745	21,116	73,274	3,531	27,159	65,385
3	1,617	12,441	85,715	1,617	12,441	85,715	2,348	18,061	83,446
4	1,254	9,644	95,360	1,254	9,644	95,360	1,549	11,914	95,360
5	,427	3,285	98,644						
6	,176	1,356	100,000						
7	1,126E-15	8,662E-15	100,000						
8	7,581E-16	5,831E-15	100,000						
9	6,403E-16	4,926E-15	100,000						
10	2,378E-16	1,829E-15	100,000						
11	-1,341E-17	-1,032E-16	100,000						
12	-4,999E-16	-3,846E-15	100,000						
13	-9,280E-16	-7,138E-15	100,000						

Extraktionsmethode: Hauptkomponentenanalyse.

Tabelle 107: Erklärte Gesamtvarianz (Quelle: Eigene Darstellung)

Die Rotierte Komponentenmatrix in Tabelle 108 veranschaulicht, welche Korrelation die einzelnen Items bezüglich der Faktoren besitzen (min. I0,400I).

Rotierte Komponentenmatrix[a]

	Komponente			
	1	2	3	4
Wenn der Verkäufer ein Produkt verkaufen möchte, wird er es verkaufen, wenn nicht, da kann man nicht viel machen. Ich liefere ihm einige Informationen und dann ist er an der Reihe.	,601	,665	,368	-,044
Was soll ich dem Verkäufer über meine Wünsche und Bedürfnisse erzählen, wenn er selbst nicht weiß, was das Produkt leisten kann.	,826	,475	,155	-,201
Die Feilscherei um den Preis macht mich noch ganz kaputt, aber was will man machen, meine Gesprächspartner stehen genauso unter Druck wie ich.	,092	,970	,064	,109
Heutzutage kann man hinschauen, wo man will, überall wird mit denselben faulen Tricks gearbeitet.	,710	,666	,003	,089
Mit welchen Amateuren man es manchmal bei Verkäufern zu tun hat, ist kaum zu glauben.	,825	,320	-,244	,338
Die meisten Garantien und Beschwerdemöglichkeiten sind doch nur fauler Zauber, um Kunden zu fangen.	,611	,696	-,216	-,292
Wenn der Verkäufer alles für bare Münze nimmt, was ich sage, dann ist das seine Schuld. Schließlich sind wir hier nicht in der Märchenstunde, sondern ich will Geschäfte machen.	,027	-,048	-,928	,360
Wenn der Verkäufer meine Einwände entkräftet, was soll ich ihm dazu sagen – er hat ja recht.	-,048	,103	,904	,344
Wie man von Verkäufern manchmal behandelt wird - aber vielleicht. habe ich auch manchmal ein zu unsicheres Auftreten und fordere das geradezu heraus.	,060	,757	,615	-,016
Im Endeffekt kann ich auch in Fällen, wo etwas danebengegangen ist, mit jedem Verkäufer reden. Ich habe noch keinen getroffen, wo mir das nicht möglich gewesen wäre.	-,858	-,477	-,115	,036
Natürlich versuchen die Verkäufer den Preis hochzuhalten, aber deswegen bin ich auch ein Kunde, der sich bei vielen Unternehmen informiert.	-,024	-,001	-,007	,981
Für mich ist das Wichtigste ein guter Kontakt zum Verkäufer.	-,846	,260	,081	,257
Wenn ich mir die Verkäufer ansehe, mit denen ich es zu tun habe, bin ich zufrieden und glaube, sie sind es auch mit mir.	-,949	-,093	,019	-,094

Extraktionsmethode: Hauptkomponentenanalyse.
Rotationsmethode: Varimax mit Kaiser-Normalisierung.
a. Die Rotation ist in 5 Iterationen konvergiert.

Tabelle 108: Rotierte Komponentenmatrix (Quelle: Eigene Darstellung)

10.1.3. Faktoreninterpretation

Werden die Ergebnisse der beiden rotierten Komponentenmatrizen gegenübergestellt (Tabelle 109), zeigt sich, dass, obwohl die Aussagen im Grunde für Verkäufer und Kunden gleich sein müssten, deutliche Unterschiede in den Ergebnissen zu erkennen sind und beide weitestgehend nicht mit der ursprünglichen Zuordnung von Rüttinger und Kruppa übereinstimmen.

		Verkäufer				**Kunde**			
Rüttinger/ Kruppa	Item	**1**	**2**	**3**	**4**	**1**	**2**	**3**	**4**
-/-	**1**	,008	**,904**	-,011	-,242	,601	**,665**	,368	-,044
-/-	**2**	**,660**	,494	-,177	-,280	**,826**	,475	,155	-,201
-/-	**3**	**,890**	,216	,137	,074	,092	**,970**	,064	,109
-/-	**4**	**,944**	,091	-,053	-,158	**,710**	,666	,003	,089
+/-	**5**	,408	**,737**	,340	-,102	**,825**	,320	-,244	,338
+/-	**6**	**,583**	,379	,577	-,047	,611	**,696**	-,216	-,292
+/-	**7**	,422	-,306	,365	**,658**	,027	-,048	**-,928**	,360
-/+	**8**	,118	,337	**-,864**	-,083	-,048	,103	**,904**	,344
-/+	**9**	**,869**	,453	-,035	-,067	,060	**,757**	,615	-,016
+/+	**10**	-,268	-,837	,324	-,062	-,858	-,477	-,115	,036
+/+	**11**	**,489**	-,024	,398	-,479	-,024	-,001	-,007	**,981**
+/+	**12**	-,226	-,075	-,024	**,876**	-,846	,260	,081	,257
+/+	**13**	-,346	-,842	,292	,042	-,949	-,093	,019	-,094

Tabelle 109: Vergleich der Komponentenmatrizen und Grundeinstellungszuweisungen per Item (Quelle: Eigene Darstellung)

Grundsätzlich fällt bei einer Betrachtung der Komponentenmatrizen die Bedeutungsinterpretation der Faktoren und die klare, sinnvolle inhaltliche Zuordnung der Items zu den Faktoren sehr schwer und scheint nicht ohne Weiteres möglich zu sein.

„Können die Faktoren nicht gedeutet werden, muss die Faktorenanalyse als gescheitert gelten" (Bühl, 2019, S. 602).

10.2. Prämissenprüfung und Bedingungsvorausetzungen

10.2.1. Prüfung der Voraussetzungen der transaktionsanalytischen Modelle

10.2.1.1. Prämissenprüfung des Gesamtmodells (1) mit Fokus auf das Verkäuferverhalten

➔ Detaillierte Vertiefung des Kapitels 4.4.4.1.1 – Zentrales Regressionsmodell 1: Anhaltspunkte zur situativen verkäuferischen Verhaltensanpassung

Zunächst werden bei den Verhaltensweisen des Verkäufers die beobachteten positiven *Strokes* zu einem Konstrukt gebündelt, das aus drei Indikatoren besteht: (1) Scherzen, die aus dem freien Kind-Ich-Zustand gemacht werden, (2) Anlächeln und (3) das Gegenüber mit Namen ansprechen, wenn dies aus dem fürsorglichen Eltern-Ich-Zustand geschieht. Das Cronbach´sche Alpha liegt bei diesem Konstrukt mit 0,665 unter dem empfohlenen Wert von 0,7. Obwohl das Alpha erhöht werden könnte (Tabelle 110), fiel die Entscheidung dagegen aus, um eine gebündelte Betrachtung der positiven *Strokes* zu ermöglichen.

Bezeichnung der Indikatoren	Item to Total Correlation
Verkäufer Stroke Witz	,757
Verkäufer Stroke Lächeln	,324
Verkäufer Stroke Name	,471

Tabelle 110: Informationen zum Konstrukt positive Strokes (Verkäufer) (Quelle: Eigene Darstellung)

Da sich manche Autoren aber auch für tieferliegende Grenzwerte aussprechen und in angesehenen Marketingzeitschriften Messmodelle zu finden sind, bei denen das Alpha einen Wert klar unter 0,7 einnimmt (vgl. Homburg, 1995, S. 81), kann der Wert 0,665 demzufolge als akzeptabel angesehen werden (vgl. Angerer, 2003, S. 233).

Eine Normalverteilung der einzelnen Faktoren liegt nur bei der Anzahl der Transaktionen pro Minute, bei den fürsorglichen Eltern-Ich-Verhaltensweisen, bei den positiven *Strokes* und bei der Globalzufriedenheit vor. Dies wurde mit dem **Kolmogorov-Smirnov-Anpassungstest** (Tabelle 111) festgestellt.

		Parameter	Asymptotische Signifikanz (2-seitig)
Kolmogorov-Smirnov-Anpassungstest			
	Transaktionen	**Transaktionen/Minute**	**,161[c]**
		Überkreuztransaktion positiv	,001[c]
		Überkreuztransaktion negativ	,000[c]
		REDEF TA	,000[c]
		ER x negatives Ich	,000[c]
		ER x positives Ich	,000[c]
		negative Parallel TA auf einer Ebene	,000[c]
		negative Parallel TA über mehrere Ebenen	,000[c]
		positive Parallel TA auf einer Ebene	,013[c]
		positive Parallel TA über mehrere Ebenen	,000[c]
	Ich-Zustände	**Verkäufer fürsorgliches Eltern-Ich**	**,090[c]**
		Verkäufer RETTER	N/A
		Verkäufer kritisches Eltern-Ich	,000[c]
		Verkäufer VERFOLGER	,000[c]
		Verkäufer Erwachsenen Ich	,011[c]
		Verkäufer Erwachsenen Ich Zustand mit inhaltlicher Redefinition (ERR) Gegenfragen etc.	N/A
		Verkäufer freies Kind-Ich positiv	,000[c]
		Verkäufer freies Kind-Ich negativ	N/A
		Verkäufer angepasstes Kind-Ich	,000[c]
		Verkäufer OPFER	,000[c]
		Verkäufer rebellisches Kind-Ich	N/A
	Strokes und Power Plays	Verkäufer negativer Stroke	N/A
		Verkäufer Powerplay/Ins Wort fallen	,000[c]
		Konstrukt Positive Strokes	**,081[c]**
		@1ZufGloKneu	**,200[c,e]**

Tabelle 111: Kolmogorov-Smirnov-Anpassungstest: Transaktionen/Ich-Zustände/Strokes (Quelle: Eigene Darstellung)

In der weiteren Datenanalyse wird die mögliche Prämissenverletzung des transaktionsanalytischen Gesamtregressionsmodells mit Fokus auf das Verkäuferverhalten geprüft. Darin werden die folgenden mögliche Verletzungen von Prämissen untersucht (vgl. Backhaus et al., 2018, S. 90, S. 103): Multikollinearität, Nicht-Linearität, keine Homoskedastizität (Heteroskedastizität), Autokorrelation und keine Normalverteilung der Residuen.

Von **Multikollinearität** wird gesprochen, wenn unabhängige Variablen (Regressoren) stark miteinander korrelieren, somit abhängig voneinander sind (vgl. Backhaus et al., 2018, S. 98). Erste Hinweise kann eine Korrelationsmatrix bieten. Korrelationskoeffizienten zwischen den unabhängigen Variablen, die nahe an I1I liegen, deuten auf ernsthafte Multikollinearität hin. Der Nachteil dieses Vorgehens besteht jedoch darin, dass sich auf diese Weise Abhängigkeiten nur paarweise messen lassen, hohe Multikollinearität kann aber auch dann bestehen, wenn die Werte der Korrelationskoeffizienten durchgängig niedrig sind (vgl. Backhaus et al., 2018, S. 99). Einen besseren Maßstab zur Entdeckung der Multikollinearität bieten daher die Toleranzwerte der Regressoren. Werte unter 0,05 weisen dabei auf Multikollinearität hin (vgl. Angerer 2003, S. 246). Tabelle 112 zeigt, dass die Werte der Verhaltensweisen, die dem Erwachsenen-Ich zugeteilt werden und der Toleranzwert der positiven Paralleltransaktionen, die auf einer Ebene stattfinden, unter dem geforderten Minimum liegen.

Parameter	Kollinearitätsstatistik
	Toleranz
Transaktionen/Minute	,396
Überkreuztransaktion positiv	,271
Überkreuztransaktion negativ	,101
REDEF TA	,346
ER x negatives Ich	,085
ER x positives Ich	,296
negative Parallel TA über mehrere Ebenen	,323
positive Parallel TA auf einer Ebene	**,015**
positive Parallel TA über mehrere Ebenen	,252
Verkäufer fürsorgliches Eltern-Ich	,156
Verkäufer kritisches Eltern-Ich	,679
Verkäufer Erwachsenen Ich	**,018**
Verkäufer freies Kind-Ich positiv	,189
Verkäufer angepasstes Kind-Ich	,365
Verkäufer OPFER	,517
Verkäufer Powerplay/Ins Wort fallen	,535
Konstrukt Positive Strokes	,356
a. Abhängige Variable: @1ZufGloKneu	

Tabelle 112: Toleranzwerte der Kollinearitätsstatistik (Quelle: Eigene Darstellung)

Um dies näher zu untersuchen, werden die beiden betroffenen Werte in einer Korrelationsmatrix paarweise mit den anderen Regressoren verglichen (vgl. Backhaus et al., 2018, S. 107).

Als Korrelationskoeffizient wird der Koeffizient nach *Spearman* verwendet, da sich in der vorangegangenen Überprüfung der unabhängigen Variablen mit dem Kolmogorov-Smirnov-Test herausgestellt hat, dass die Verteilung der Variablen (außer bei den Transaktionen pro Minute, fürsorglichen Eltern-Ichs und positiven *Strokes*) signifikant von der Normalverteilung abweicht (inklusive der beiden betroffenen Variablen (p=0,013 und p=0,011)).

Werden die betroffenen Variablen mit allen anderen paarweise in Beziehung gesetzt, bleiben die in Tabelle 113 veranschaulichten Korrelationen der beiden unabhängigen Variablen übrig und es wird deutlich, dass die kritische Korrelation mit r=0,854 genau zwischen den ursprünglich betroffenen beiden Variablen selbst gegeben ist. Andere Werte-Korrelationen von Regressoren liegen deutlich unter 0,7 und liegen somit in einem akzeptablen Bereich (vgl.

Stocker, 2020, https://www.uibk.ac.at/econometrics/einf/kap07.pdf, S. 11, [abgerufen am 04.02.2021]).

Spearman-Rho	**positive Parallel-TA auf einer Ebene**		**Erwachsenen-Ich**	
	Korrelationsko-effizient	**Sig.**	**Korrelationskoef-fizient**	Sig.
positive Parallel-TA auf einer Ebene	1,000		**,854**	0,000
Erwachsenen Ich	**,854**	0,000	1,000	

Tabelle 113: Korrelationskoeffizienten (Quelle: Eigene Darstellung)

Wird als alternative Kontrolle der **Multikollinearität** für die betroffenen Regressionskoeffizienten der ***Variance Inflation Factor*** (VIF; Tabelle 114) betrachtet, zeigt auch dieser problematisch hohe Werte.

„Welchen VIF man akzeptiert bleibt dem Benutzer überlassen, aber manchmal findet man in der Literatur Hinweise, dass man ab einem VIF größer 10 von einem Multikollinearitätsproblem sprechen könne" (Stocker, 2020, https://www.uibk.ac.at/econometrics/einf/kap07.pdf, S. 11, abgerufen am 04.02.2021).

	Kollinearitätsstatistik	
	Toleranz	VIF
positive Parallel-TA auf einer Ebene	,015	66,160
Verkäufer Erwachsenen Ich	,018	54,645
a. Abhängige Variable: @1ZufGloKneu		

Tabelle 114: Variance Inflation Factor und Toleranzwerte (Quelle: Eigene Darstellung)

Wird überlegt, wie mit der Multikollinearität der beiden Regressoren umgegangen werden kann, gibt es u. a. die Möglichkeit, **(1) zusätzliche Daten zu erheben**, was an dieser Stelle nicht sehr zielführend oder umsetzbar erscheint, **(2) zusätzliche externe Informationen**, wie Querschnittsdaten und Zeitreihen zu erheben und zu verwerten, was in der vorliegenden Untersuchung ebenfalls nicht praktikabel ist oder **(3) Daten einfach wegzulassen,** was als sehr kritisch, wenn auch als gängige Maßnahme beschrieben wird (vgl. diese und weitere Lösungsvorschläge in: Stocker, 2020, https://www.uibk.ac.at/econometrics/einf/kap07.pdf, S. 13ff [abgerufen am 04.02.2021]).

Daten auszuschließen, wird in der zugrunde liegenden Arbeit ganz bewusst nicht umgesetzt, da dadurch das Gesamtmodell für die praktische Anwendung zu sehr „beschnitten“ würde. Begründet ist dies dadurch, dass die betroffenen Variablen nicht wegzudenkende Hauptbestandteile reeller Gespräche darstellen.

In der Literatur wird als alternative Möglichkeit angeführt, dass manchmal die Multikollinearität zu akzeptieren, nicht die schlechteste Lösung darstellt. „**Sich damit abfinden** – manchmal nicht die schlechteste Lösung!“ (Stocker, 2020, https://www.uibk.ac.at/econometrics/einf/kap07.pdf, S. 15 [abgerufen am 04.02.2021]).

Die Korrelation zwischen Erwachsenen-Ich-Zuständen und parallelen Transaktionen auf einer Ebene ist im Übrigen auch dahingehend erklärbar, da die Häufigkeit der parallelen Transaktionen auf einer Ebene eine direkte zu erwartende Schlussfolgerung der Anzahl der beobachteten Verhaltensweisen ist, die dem Erwachsenen-Ich entsprechen. Die Transaktionsanalyse ist so aufgebaut, dass Transaktionen und Ich-Zustände in einem direkten Zusammenhang stehen. Parallele Transaktionen sind die häufigsten Transaktionen und Erwachsenen-Verhaltensweisen sind die häufigsten funktionalen Ich-Zustände. Mit anderen Worten, es ist logisch, wenn in einem Gespräch viele Erwachsenen-Verhaltensweisen gezeigt werden, dass in der Regel viele positive parallele Transaktionen auf einer Ebene zu erwarten sind.

Nichtlinearität zwischen Regressand und Regressoren kann auf vielfältige Art und Weise vorkommen. Nichtlineare Beziehungen zwischen den unabhängigen und abhängigen Variablen können häufig anhand einer visuellen Inspektion der Punktediagramme entdeckt werden (vgl. Backhaus et al., 2018, S. 91).

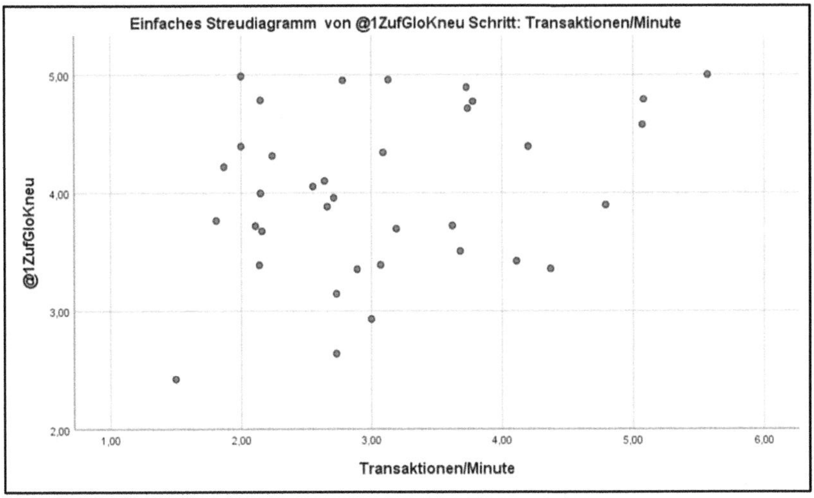

Abbildung 108: Streudiagramm: Globalzufriedenheit/Transaktionen pro Minute (Quelle: Eigene Darstellung)

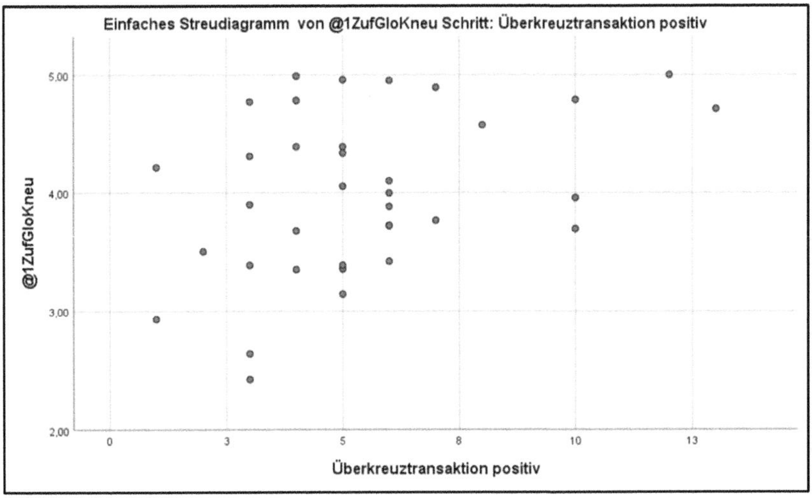

Abbildung 109: Streudiagramm: Globalzufriedenheit/positive Überkreuztransaktionen (Quelle: Eigene Darstellung)

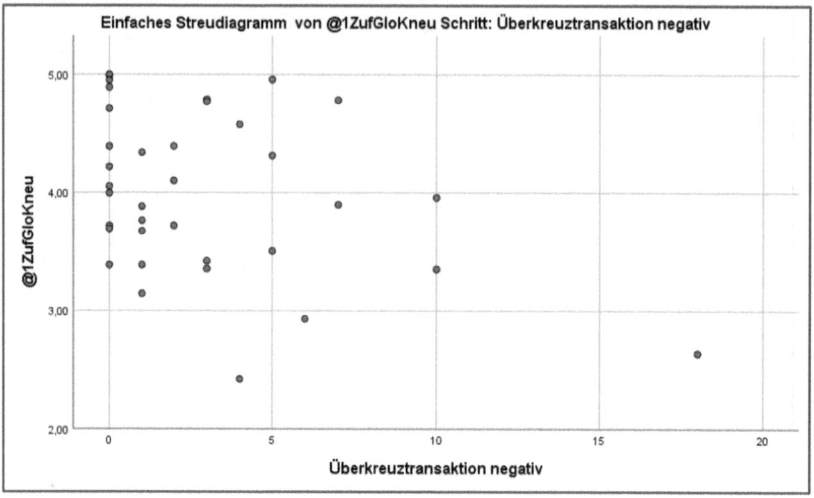

Abbildung 110: Streudiagramm: Globalzufriedenheit/negative Überkreuztransaktionen (Quelle: Eigene Darstellung)

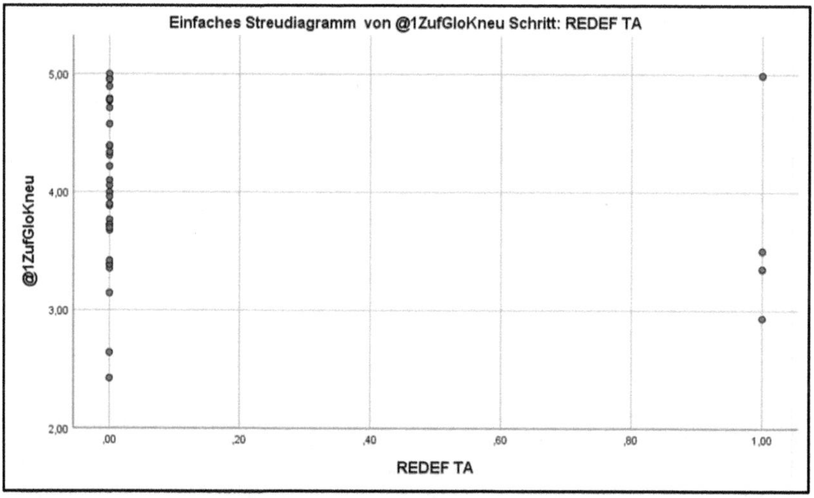

Abbildung 111: Streudiagramm: Globalzufriedenheit/Redefnitionstransaktionen (Quelle: Eigene Darstellung)

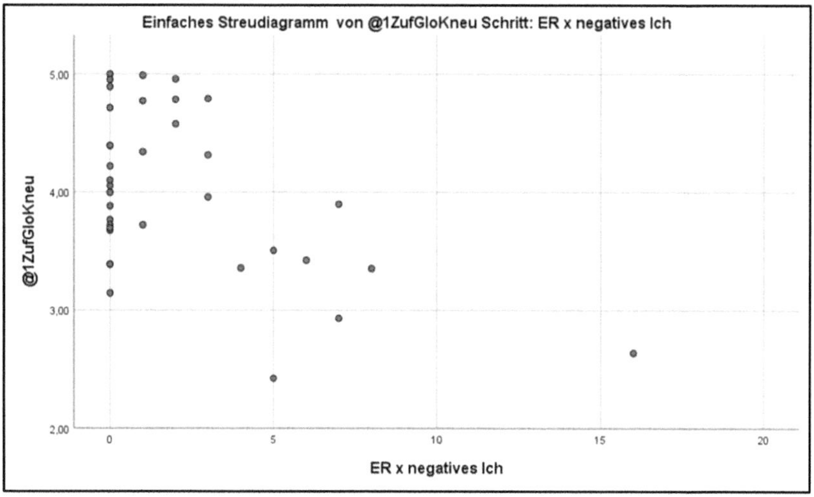

Abbildung 112: Streudiagramm: Globalzufriedenheit/Erwachsenen-Ich überkreuzt negatives Verhalten (Quelle: Eigene Darstellung)

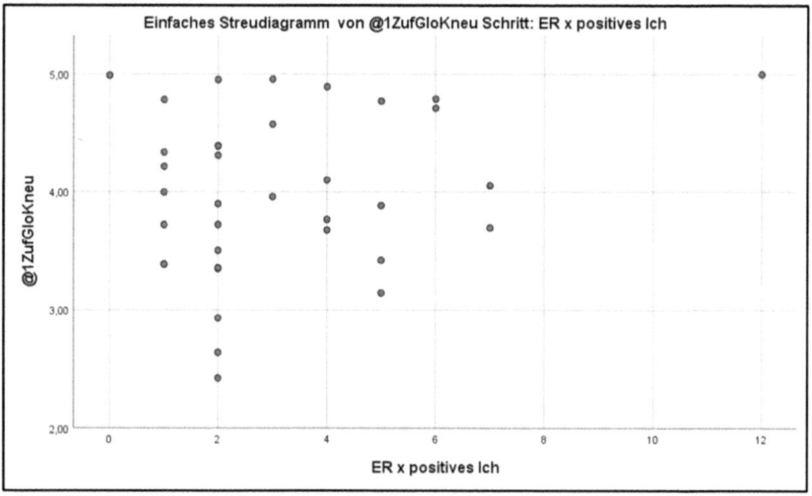

Abbildung 113: Streudiagramm: Globalzufriedenheit/ Erwachsenen-Ich überkreuzt positives Verhalten (Quelle: Eigene Darstellung)

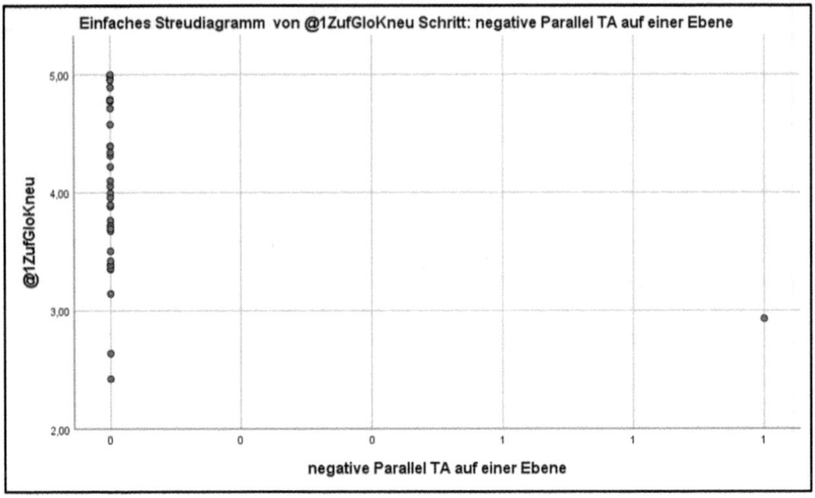

Abbildung 114: Streudiagramm: Globalzufriedenheit/negative Paralleltransaktionen auf einer Ebene (Quelle: Eigene Darstellung)

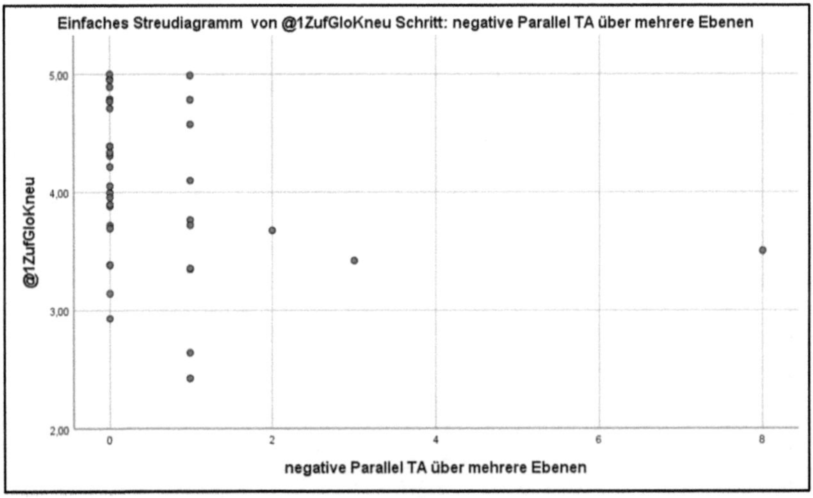

Abbildung 115: Streudiagramm: Globalzufriedenheit/negative Paralleltransaktionen auf mehreren Ebenen (Quelle: Eigene Darstellung)

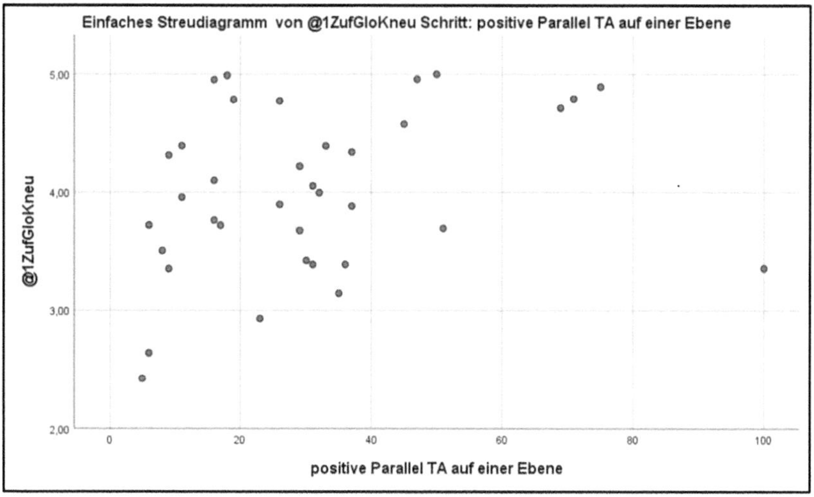

Abbildung 116: Streudiagramm: Globalzufriedenheit/positive Paralleltransaktionen auf einer Ebene (Quelle: Eigene Darstellung)

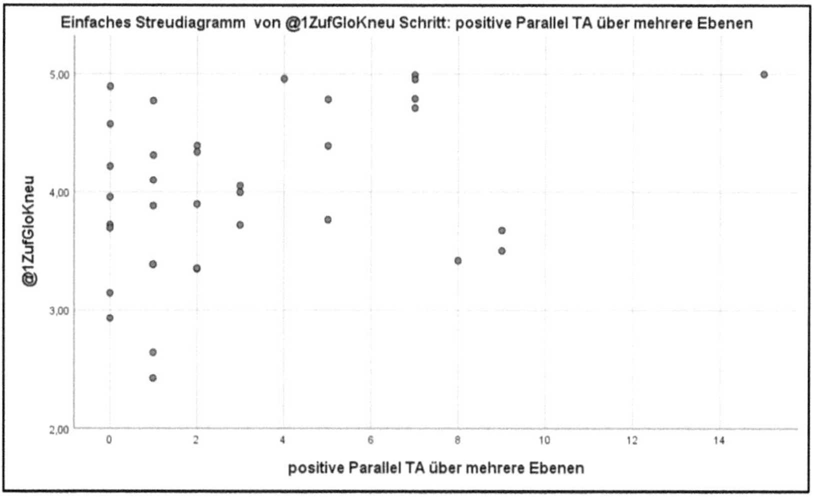

Abbildung 117: Streudiagramm: Globalzufriedenheit/positive Paralleltransaktionen auf mehreren Ebenen (Quelle: Eigene Darstellung)

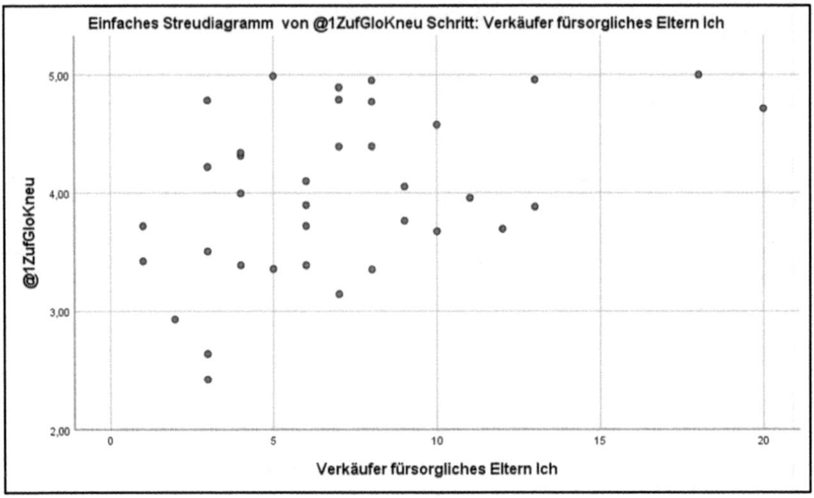

Abbildung 118: Streudiagramm: Globalzufriedenheit/fürsorgliches Eltern-Ich-Verhalten (Quelle: Eigene Darstellung)

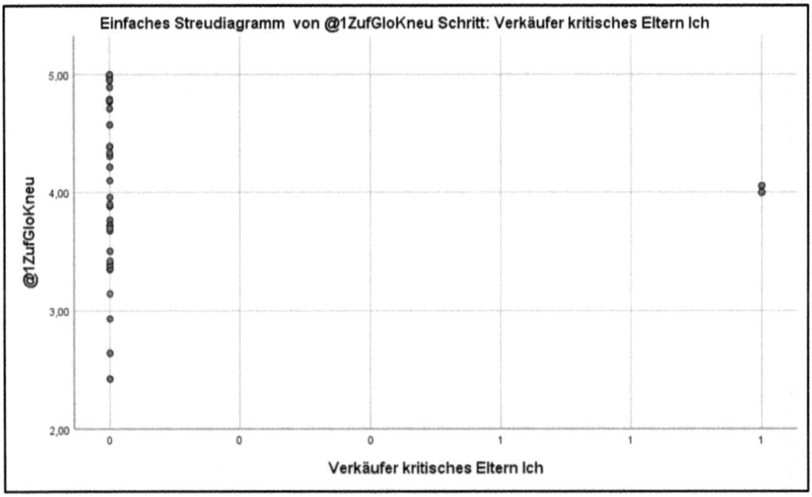

Abbildung 119: Globalzufriedenheit/positives kritisches Eltern-Ich-Verhalten (Quelle: Eigene Darstellung)

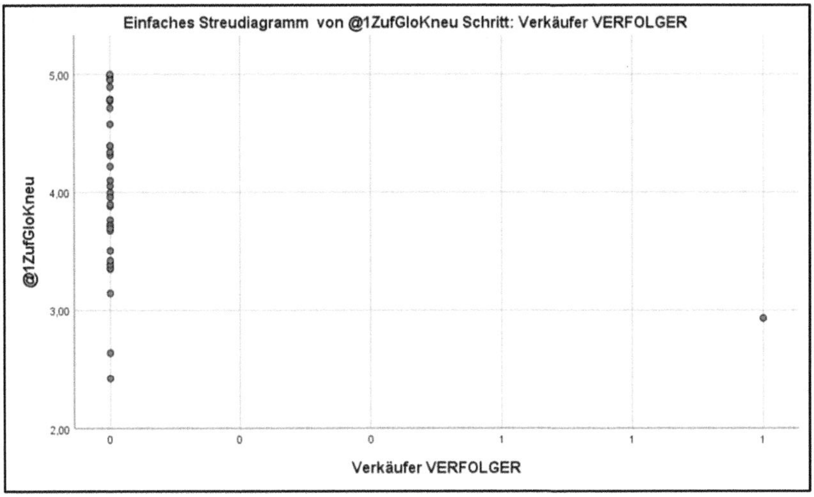

Abbildung 120: Globalzufriedenheit/Verfolger-Verhalten (Quelle: Eigene Darstellung)

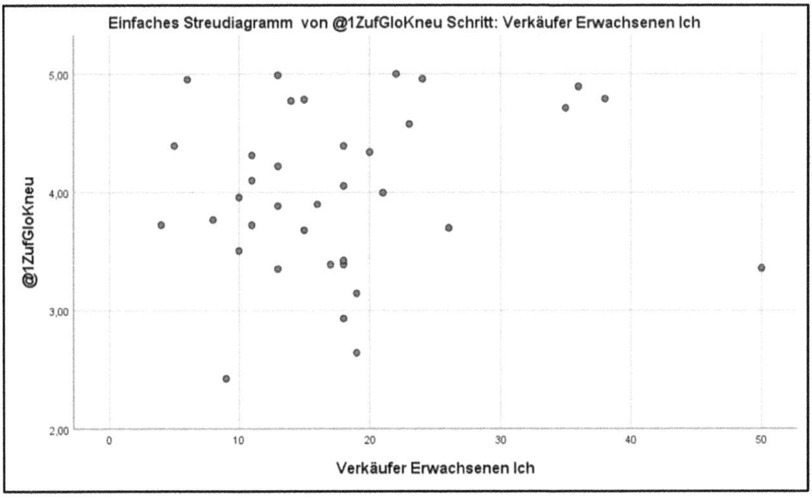

Abbildung 121: Globalzufriedenheit/Erwachsenen-Ich-Verhalten (Quelle: Eigene Darstellung)

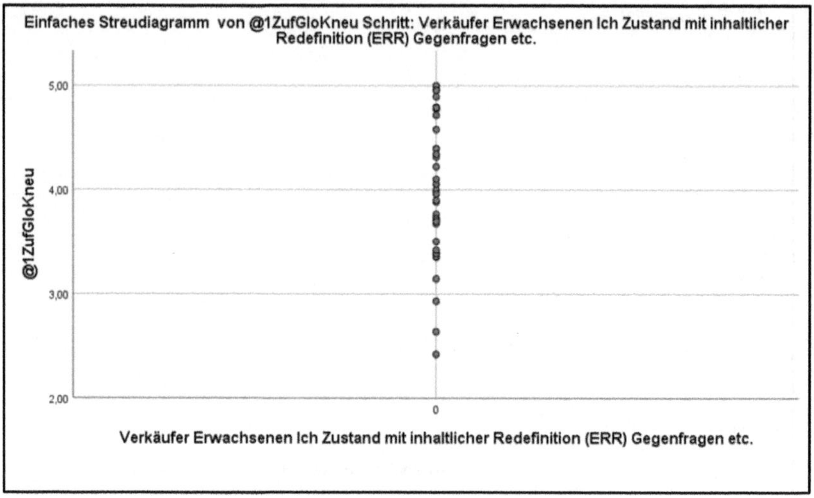

Abbildung 122: Globalzufriedenheit/negatives Erwachsenen-Ich-Verhalten (Quelle: Eigene Darstellung)

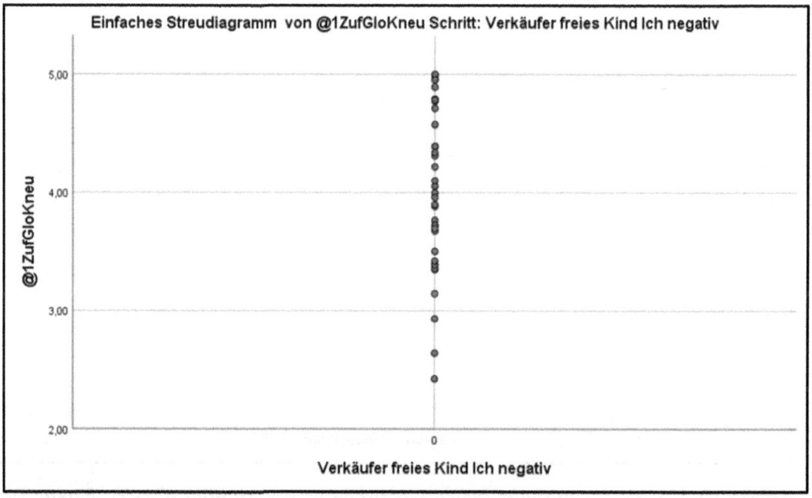

Abbildung 123: Globalzufriedenheit/negatives freies Kind-Ich-Verhalten (Quelle: Eigene Darstellung)

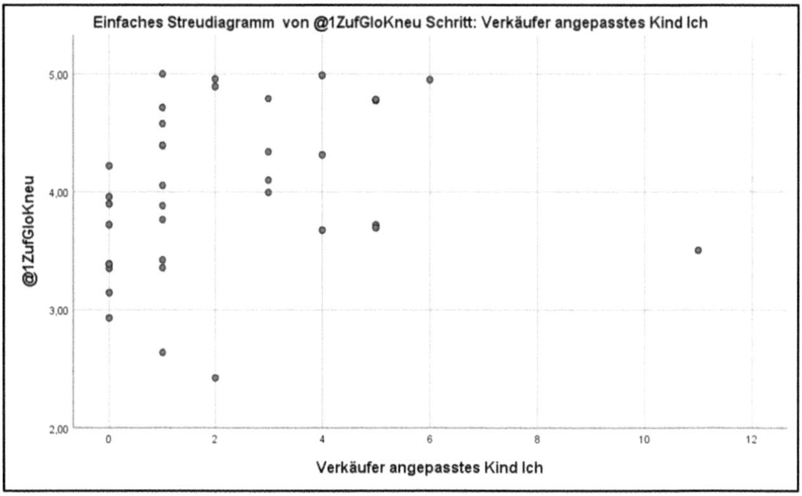

Abbildung 124: Globalzufriedenheit/angepasstes Kind-Ich-Verhalten (Quelle: Eigene Darstellung)

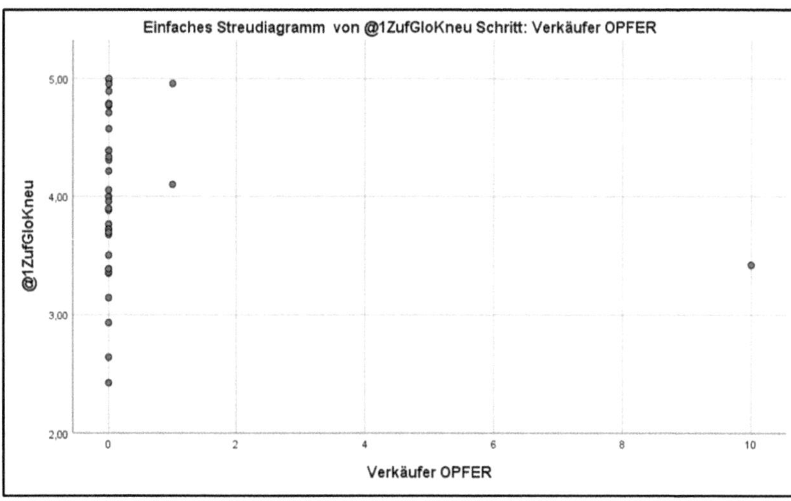

Abbildung 125: Globalzufriedenheit/Opfer-Verhalten (Quelle: Eigene Darstellung)

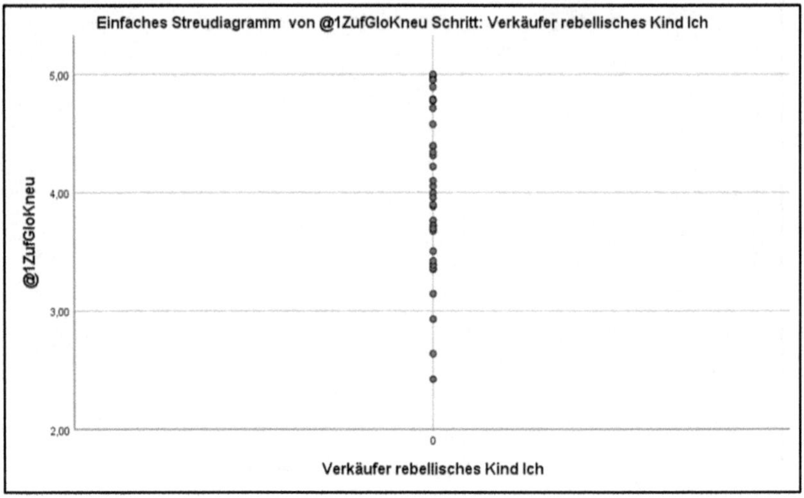

Abbildung 126: Globalzufriedenheit/rebellisches Kind-Ich-Verhalten (Quelle: Eigene Darstellung)

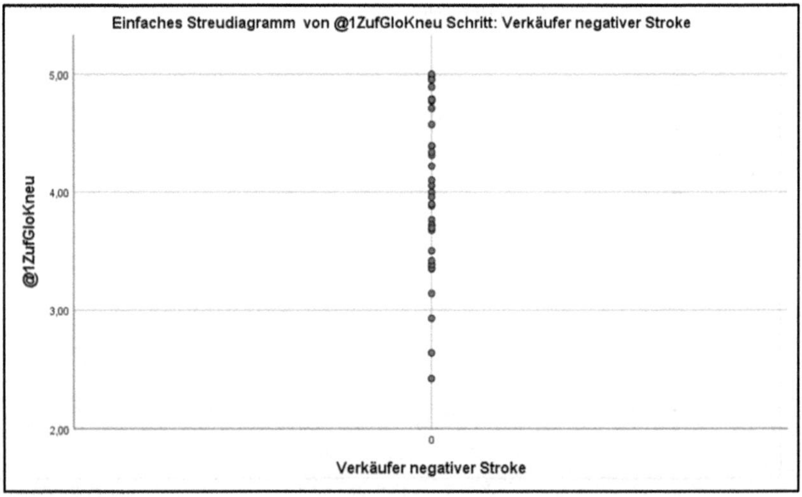

Abbildung 127: Globalzufriedenheit/negativer Stroke (Quelle: Eigene Darstellung)

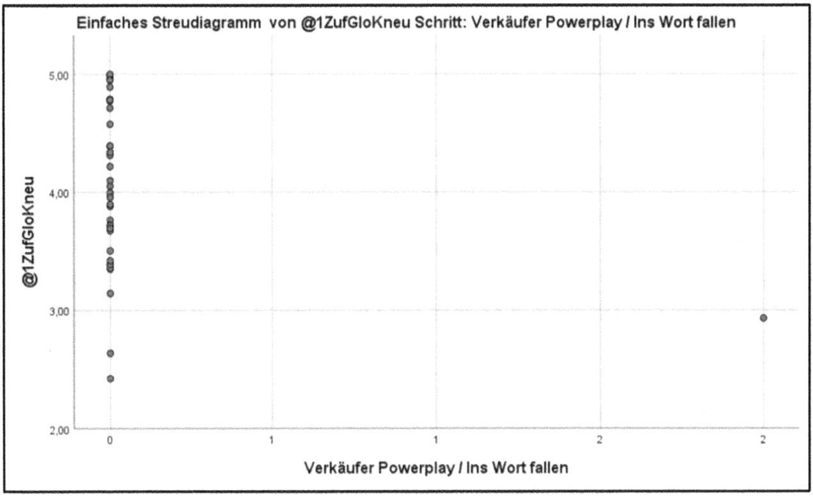

Abbildung 128: Globalzufriedenheit/Power Play (Quelle: Eigene Darstellung)

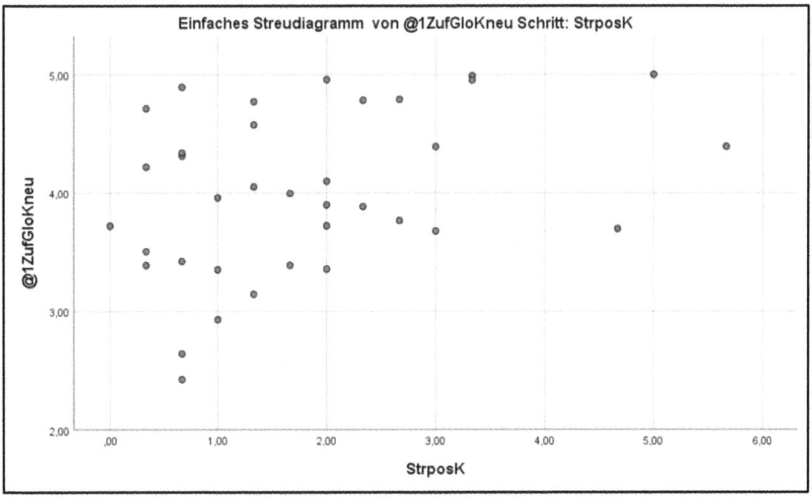

Abbildung 129: Globalzufriedenheit/positiver Stroke (Quelle: Eigene Darstellung)

Werden die Streudiagramme (Abbildung 108 bis Abbildung 129) betrachtet, können keine besonderen nichtlinearen Beziehungsverläufe entdeckt werden, welche sich anhand einer Häufung von Punktwerten in Form bestimmter

Kurvenverläufe zeigen würden. Somit kann für die vorliegende Untersuchung angenommen werden, dass kein Verstoß gegen die Prämisse der Linearität vorliegt.

Heteroskedastizität liegt dann vor, „...wenn die Streuung der Residuen in einer Reihe von Werten der prognostizierten abhängigen Variablen nicht konstant ist" (Backhaus et al., 2018, S. 94). Das bedeutet, die Störgröße darf weder von den unabhängigen Variablen noch von der Reihenfolge der Beobachtungen abhängig sein. Um eine mögliche Heteroskedastizität zu entdecken, wird gewöhnlich eine visuelle Betrachtung der Residuen vorgenommen. Zu diesem Zweck werden die Residuen gegen die geschätzten (prognostizierten) Werte von Y (hier: Globalzufriedenheit bzw. @1ZufGloKneu) geplottet. Liegt Heteroskedastizität vor, zeigt sich dies zumeist durch ein Dreiecksmuster (vgl. Backhaus et al., 2018, S. 94f).

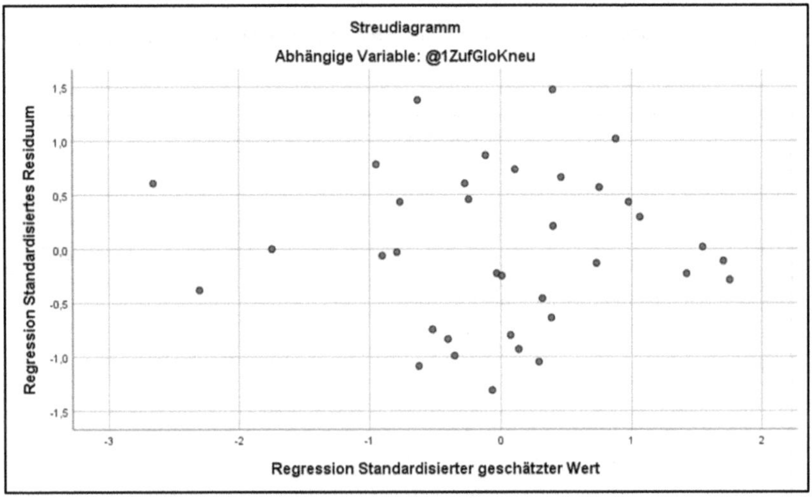

Abbildung 130: Streudiagramm: Standardisierte Residuen/standardisierter geschätzter Wert (Quelle: Eigene Darstellung)

In Abbildung 130 wird deutlich, dass kein Dreiecksmuster oder ein anderer systematischer Zusammenhang zwischen den prognostizierten (geschätzten) Werten der Globalzufriedenheit und den Residuen vorliegt. Beispiele der Streudiagramme, bei denen Heteroskedastizität vorliegt, gibt Backhaus et al. (vgl. 2018, S. 95). Vor diesem Hintergrund kann angenommen werden, dass kein Verstoß gegen die Prämisse der Homoskedastizität in der vorliegenden Untersuchung gegeben ist.

Als **Autokorrelation** wird der Verstoß gegen die Prämisse bezeichnet, die besagt, dass die Residuen in ihrer Grundgesamtheit unkorreliert sein sollen. Wird diese Bedingung nicht erfüllt, wird von Autokorrelation gesprochen. Um die Autokorrelation rechnerisch zu überprüfen, kann der Durbin-Watson-Test angewendet werden. Bei dieser Methode wird zunächst rechnerisch die Größe d ermittelt. Wenn Größe d klein ist, befinden sich zwei aufeinanderfolgende Beobachtungswerte nahe beieinander und deuten somit auf eine positive Autokorrelation hin. Hat die Größe d hingegen hohe Werte, bedeutet dies, dass starke Sprünge der Residuen vorliegen. Dies wiederum bedeutet, dass eine negative Autokorrelation besteht (vgl. Backhaus et al., 2018, S. 96f). In der vorliegenden Untersuchung liegt der d-Wert (Durbin-Watson-Statistik) bei 1,957. Wird dieser Wert nun mit den Grenzwerten aufgrund der Durbin-Watson-Tabelle, bei 36 Fällen und 17 Regressoren auf dem 95 %-Niveau (Tabelle 115) verglichen (vgl. Savin; White, 1977, S. 1994f), zeigt sich, dass der Wert d mit 1,957 zwar sehr nahe an 2, aber dennoch im Unschärfebereich liegt und damit keine Aussage zur Prämisse der Autokorrelation zulässt (vgl. Backhaus et al., 2018, S. 97f; vgl. Bühl, 2019, S. 449).

Keine Autokorrelation: **do ≤ d ≤ 4 – do**
Autokorrelation: **d ≤ du oder d ≥ 4 – du**
(vgl. Backhaus et al., 2018, S. 98)

Im vorliegenden Fall (n=36 und K=17) liegt der Unschärfebereich zwischen 0,467 (du) und 3,533 (4 – 0,467 (du)). Ein Bereich, in dem Autokorrelation bei dieser Fallanzahl und Anzahl der Variablen völlig ausgeschlossen werden kann, ist nicht gegeben, da die Bereiche [du bis do] und [(4 – do) bis (4 – du)] sich gegenseitig überlappen.

n\k	11		12		13		14		15		16		17		18		19		20	
31	0.674	2.443	0.608	2.553	0.545	2.665	0.484	2.776	0.425	2.887	0.370	2.996	0.317	3.103	0.269	3.208	0.224	3.309	0.183	3.406
32	0.703	2.411	0.638	2.517	0.576	2.625	0.515	2.733	0.457	2.840	0.401	2.946	0.349	3.050	0.299	3.153	0.253	3.252	0.211	3.348
33	0.731	2.382	0.668	2.484	0.606	2.588	0.546	2.692	0.488	2.796	0.432	2.899	0.379	3.000	0.329	3.100	0.283	3.198	0.239	3.293
34	0.758	2.355	0.695	2.454	0.634	2.554	0.575	2.654	0.518	2.754	0.462	2.854	0.409	2.954	0.359	3.051	0.312	3.147	0.267	3.240
35	0.783	2.330	0.722	2.425	0.662	2.521	0.604	2.619	0.547	2.716	0.492	2.813	0.439	2.910	0.388	3.005	0.340	3.099	0.295	3.190
36	0.808	2.306	0.748	2.398	0.689	2.492	0.631	2.586	0.575	2.680	0.520	2.774	0.467	2.868	0.417	2.961	0.369	3.053	0.323	3.142
37	0.831	2.285	0.772	2.374	0.714	2.464	0.657	2.555	0.602	2.646	0.548	2.738	0.495	2.829	0.445	2.920	0.397	3.009	0.351	3.097
38	0.854	2.265	0.796	2.351	0.739	2.438	0.683	2.526	0.628	2.614	0.575	2.703	0.522	2.792	0.472	2.880	0.424	2.968	0.378	3.054
39	0.875	2.246	0.819	2.329	0.763	2.413	0.707	2.499	0.653	2.585	0.600	2.671	0.549	2.757	0.499	2.843	0.451	2.929	0.404	3.013
40	0.896	2.228	0.840	2.309	0.785	2.391	0.731	2.473	0.678	2.557	0.626	2.641	0.575	2.724	0.525	2.808	0.477	2.829	0.430	2.974
45	0.988	2.156	0.938	2.225	0.887	2.296	0.838	2.367	0.788	2.439	0.740	2.512	0.692	2.586	0.644	2.659	0.598	2.733	0.553	2.807
50	1.064	2.103	1.019	2.163	0.973	2.225	0.927	2.287	0.882	2.350	0.836	2.414	0.792	2.479	0.747	2.544	0.703	2.610	0.660	2.675
55	1.129	2.062	1.087	2.116	1.045	2.170	1.003	2.225	0.961	2.281	0.919	2.338	0.877	2.396	0.836	2.454	0.795	2.512	0.754	2.571
60	1.184	2.031	1.145	2.079	1.106	2.127	1.068	2.177	1.029	2.227	0.990	2.278	0.951	2.330	0.913	2.382	0.874	2.434	0.836	2.487
65	1.231	2.006	1.195	2.049	1.160	2.093	1.124	2.138	1.088	2.183	1.052	2.229	1.016	2.276	0.980	2.323	0.944	2.371	0.908	2.419
70	1.272	1.987	1.239	2.026	1.206	2.066	1.172	2.106	1.139	2.148	1.105	2.189	1.072	2.232	1.038	2.275	1.005	2.318	0.971	2.362
75	1.308	1.970	1.277	2.006	1.247	2.043	1.215	2.080	1.184	2.118	1.153	2.156	1.121	2.195	1.090	2.235	1.058	2.275	1.027	2.315
80	1.340	1.957	1.311	1.991	1.283	2.024	1.253	2.059	1.224	2.093	1.195	2.129	1.165	2.165	1.136	2.201	1.106	2.238	1.076	2.275
85	1.369	1.946	1.342	1.977	1.315	2.009	1.287	2.040	1.260	2.073	1.232	2.105	1.205	2.139	1.177	2.172	1.149	2.206	1.121	2.241
90	1.395	1.937	1.369	1.966	1.344	1.995	1.318	2.025	1.292	2.055	1.266	2.085	1.240	2.116	1.213	2.148	1.187	2.179	1.160	2.211
95	1.418	1.930	1.394	1.956	1.370	1.984	1.345	2.012	1.321	2.040	1.296	2.068	1.271	2.097	1.247	2.126	1.222	2.156	1.197	2.186
100	1.439	1.923	1.416	1.948	1.393	1.974	1.371	2.000	1.347	2.026	1.324	2.053	1.301	2.080	1.277	2.108	1.253	2.135	1.229	2.164
150	1.579	1.892	1.564	1.908	1.550	1.924	1.535	1.940	1.519	1.956	1.504	1.972	1.489	1.989	1.474	2.006	1.458	2.023	1.443	2.040
200	1.654	1.885	1.643	1.896	1.632	1.908	1.621	1.919	1.610	1.931	1.599	1.943	1.588	1.955	1.576	1.967	1.565	1.979	1.554	1.991

Tabelle 115: Durbin-Watson-Tabelle (du/do); Alpha = 0,05 (Quelle: Zaiontz, 2021, https://www.real-statistics.com/statistics-tables/durbin-watson-table/ [abgerufen am 07.02.2021])

Da der Durbin-Watson-Test grundsätzlich eher für Zeitreihendaten bzw. Daten mit spezifischer Reihenfolge entwickelt wurde, kann er für den vorliegenden Fall auch nur eine Indikation bieten (vgl. Backhaus et al., 2018, S. 113). Würde die Reihenfolge der Testergebnisse geändert werden, würde sich der d-Wert verändern. Es empfiehlt sich daher, zur Aufdeckung der **Autokorrelation**, wie auch schon bei Heteroskedastizität, eine visuelle Inspektion der Residuen durchzuführen, indem diese gegen die geschätzten Werte, wie in Abbildung 130 dargestellt, geplottet werden (vgl. Backhaus et al., 2018, S. 97). Dabei sind augenscheinlich keine Muster in der Punktewolke zu erkennen (vgl. hierzu grafische Beispiele in Backhaus et al., 2018, S. 95). Es kann somit davon ausgegangen werden, dass keine Autokorrelation vorliegt.

Eine weitere Prämisse des Regressionsmodells ist die **Normalverteilung** der Störgrößen (vgl. Backhaus et al., 2018, S. 102f). Eine visuelle Überprüfung eines potenziellen Verstoßes gegen diese Prämisse kann anhand eines Histogramms der Residuen gemacht werden (Abbildung 131).

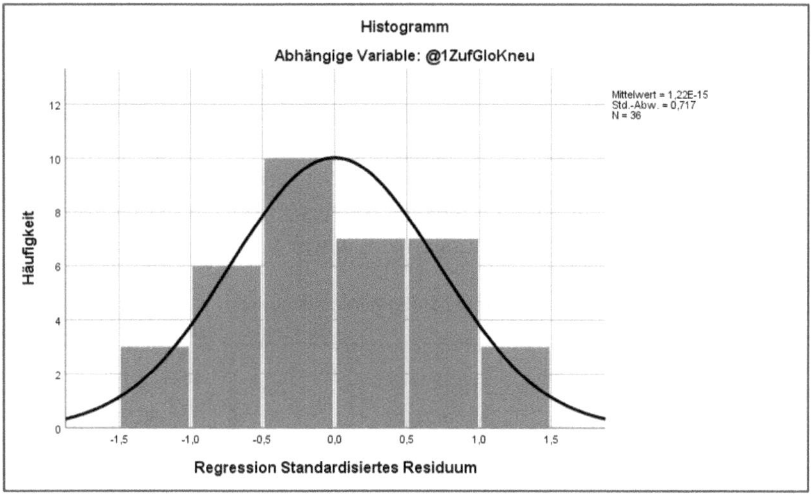

Abbildung 131: Normalverteilung Globalzufriedenheit (Quelle: Eigene Darstellung)

Nach dem Histogramm in Abbildung 131 kann vermutet werden, dass die Residuen normal verteilt sind. Über diese augenscheinliche Überprüfung hinaus kann auch der Kolmogorov-Smirnov-Anpassungstest (Tabelle 116) helfen, den Sachverhalt zu prüfen. Auf Basis des Ergebnisses dieses statistischen Prüfverfahrens kann angenommen werden, dass die standardisierten Residuen eine Normalverteilung haben (p=0,200). Damit liegt kein Verstoß gegen die Linearitätsprämisse des Regressionsmodells vor.

Kolmogorov-Smirnov-Anpassungstest

		Standardized Residual
N		36
Parameter der Normalverteilung[a,b]	Mittelwert	,0000000
	Std.-Abweichung	,71713717
Extremste Differenzen	Absolut	,088
	Positiv	,074
	Negativ	-,088
Statistik für Test		,088
Asymptotische Signifikanz (2-seitig)		,200[c,d]

a. Die zu testende Verteilung ist eine Normalverteilung.
b. Aus den Daten berechnet.
c. Signifikanzkorrektur nach Lilliefors.
d. Dies ist eine untere Grenze der echten Signifikanz.

Tabelle 116: Kolmogorov-Smirnov-Anpassungstest (Quelle: Eigene Darstellung)

10.2.1.2. Prüfung der Normalverteilung der drei Verkaufsszenarien

➔ *Detaillierte Vertiefung des Kapitels 4.4.4.1.2* – Zusätzliche Analyse differenzierter Szenarien: Verkäuferzentrierte Regressionsmodelle und weitere Betrachtungen.

Werden die drei Szenarien im Einzelnen betrachtet, weisen alle drei Globalzufriedenheiten Normalverteilungen auf, wie in Tabelle 117 zu sehen ist.

Kolmogorov-Smirnov-Anpassungstest

		Zufrszen1	Zufrszen2	Uufrszen3
N		12	12	12
Parameter der Normalverteilung[a,b]	Mittelwert	4,2247	3,8996	3,8848
	Std.-Abweichung	,53088	,80386	,71338
Extremste Differenzen	Absolut	,155	,141	,090
	Positiv	,126	,141	,090
	Negativ	-,155	-,113	-,084
Statistik für Test		,155	,141	,090
Asymptotische Signifikanz (2-seitig)		,200[c,d]	,200[c,d]	,200[c,d]

a. Die zu testende Verteilung ist eine Normalverteilung.
b. Aus den Daten berechnet.
c. Signifikanzkorrektur nach Lilliefors.
d. Dies ist eine untere Grenze der echten Signifikanz.

Tabelle 117: Prüfung auf Normalverteilung (Quelle: Eigene Darstellung)

10.2.1.3. Prämissenprüfung der einzelnen Szenarienmodelle – Verkäuferfokus

➔ *Detaillierte Vertiefung des Kapitels 4.4.4.1.2* – Zusätzliche Analyse differenzierter Szenarien: Verkäuferzentrierte Regressionsmodelle und weitere Betrachtungen

Für **Szenario 1** kann weder ein Regressionsmodell noch spezielle Korrelationen gefunden werden.

Für **Szenario 2** kann zwar kein Regressionsmodell nach dem Einschlussverfahren gebildet werden, allerdings können durch eine schrittweise Regression einzelne Regressoren (fürsorgliches Eltern-Verhalten und angepasstes Kind-Verhalten) verifiziert werden, die eine Idee für verhaltenswirksame Maßnahmen in Verkaufsgesprächen geben können, um die Globalzufriedenheit des Kunden zu steigern.

Im Folgenden wird zunächst auf die **Prämissen für die Regression des zweiten Gesprächsszenarios** eingegangen.

Zunächst werden die **Nichtlinearität** der beiden Regressoren anhand von Streudiagrammen (Abbildung 132 und Abbildung 133) untersucht (vgl. Backhaus et al., 2018, S. 91).

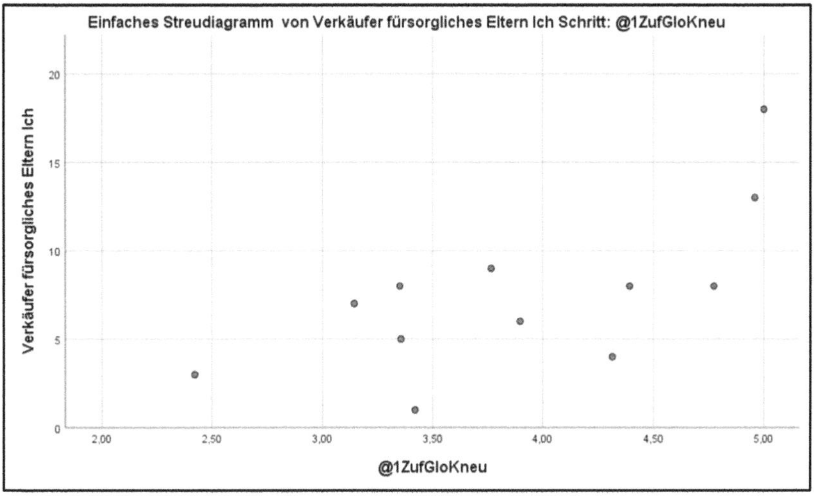

Abbildung 132: Streudiagramm: Gobalzufriedenheit/fürsorgliches Eltern-Ich (Quelle: Eigene Darstellung)

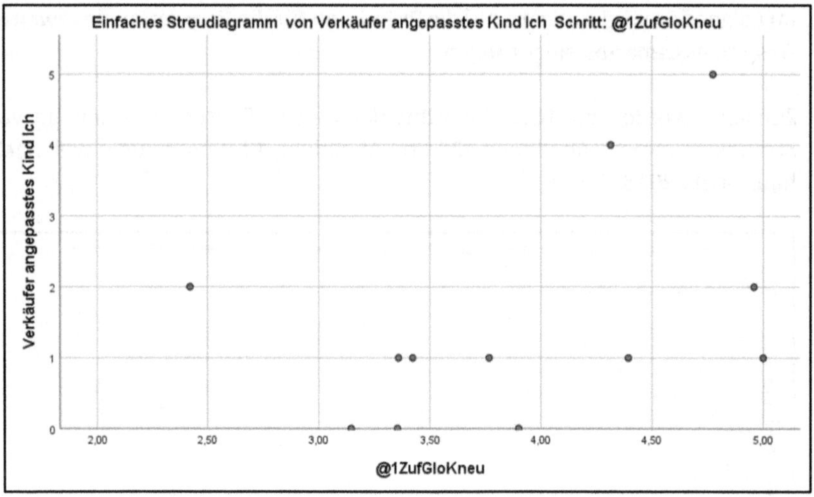

Abbildung 133: Streudiagramm: Gobalzufriedenheit/angepasstes Kind-Ich (Quelle: Eigene Darstellung)

Weder Abbildung 132 noch Abbildung 133 lassen Muster erkennen, die auf Nichtlinearität der Variablen schließen lassen.

Werden die standardisierten Residuen mit den standardisierten geschätzten Werten in einem Streudiagramm (Abbildung 134) betrachtet, um **Heteroskedastizität** zu überprüfen, sind keine Muster erkennbar. Daraus kann geschlossen werden, dass keine **Heteroskedastizität** vorliegt (vgl. Backhaus et al., 2018, S. 94f).

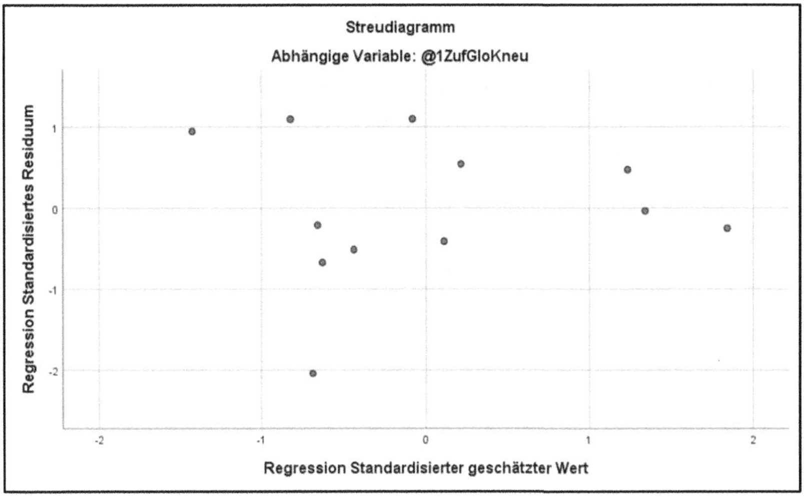

Abbildung 134: Streudiagramm: Standardisierte Residuen/standardisierter geschätzter Wert (Quelle: Eigene Darstellung)

Zur Aufdeckung der **Autokorrelation** empfiehlt sich wie bei Heteroskedastizität eine visuelle Inspektion der Residuen, indem diese gegen die geschätzten Werte, wie in Abbildung 134 geplottet werden (vgl. Backhaus et al., 2018, S. 97). Dabei lassen sich keine speziellen Muster erkennen und es scheint keine Autokorrelation vorzuliegen. Soll mit dem Durbin-Watson-Test geprüft (Tabelle 118) werden, ob eine Autokorrelation vorliegt, kann dies nicht ohne Weiteres gemacht werden, da keine Tabelle gegeben ist, die mit nur zwölf Untersuchungen und 17 Variablen Werte liefert. Da der Wert d=1,714 aber nahe an 2 liegt, gibt es keinen Hinweis auf eine klare Autokorrelation.

Modellzusammenfassung[c]

Modell	R	R-Quadrat	Korrigiertes R-Quadrat	Standardfehler des Schätzers	**Durbin-Watson-Statistik**
1	,688[a]	,473	,421	,61178	
2	,828[b]	,685	,615	,49872	**1,714**

a. Einflussvariablen: (Konstante), Verkäufer fürsorgliches Eltern-Ich
b. Einflussvariablen: (Konstante), Verkäufer fürsorgliches Eltern-Ich, Verkäufer angepasstes Kind-Ich
c. Abhängige Variable: @1ZufGloKneu

Tabelle 118: Modellzusammenfassung inklusive Durbin-Watson-Test (Quelle: Eigene Darstellung)

Multikollinearität kann anhand der Toleranzwerte oder der *Variance Inflation Factors* (VIF), die in Tabelle 119 dargestellt sind, festgestellt werden. Hinweise für Multikollinearität der Variablen sind Toleranzwerte nahe 0 oder VIF-Werte ab 10 (vgl. Backhaus et al., 2018, S. 100). Da beides nicht gegeben ist, liegt im vorliegenden Fall keine Multikollinearität vor.

Modell		Toleranz	VIF
1	(Konstante)		
	Verkäufer fürsorgliches Eltern-Ich	1,000	1,000
2	(Konstante)		
	Verkäufer fürsorgliches Eltern-Ich	,994	1,006
	Verkäufer angepasstes Kind-Ich	,994	1,006

Tabelle 119: Variance Inflation Factor und Toleranzwerte (Quelle: Eigene Darstellung)

Normalverteilung der Residuen lässt sich augenscheinlich in Abbildung 135 erahnen.

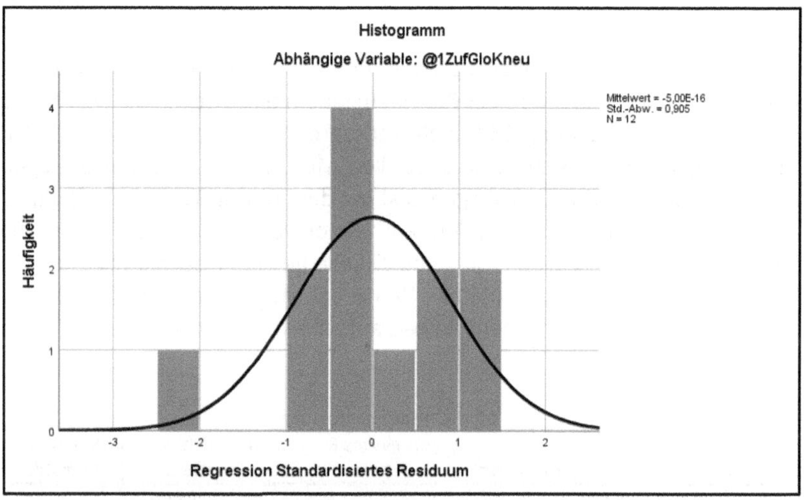

Abbildung 135: Histogramm Normalverteilung (Quelle: Eigene Darstellung)

Auch der Kolmogorov-Smirnov-Anpassungstest in Tabelle 120 bestätigt, dass die Regressoren normalverteilt sind.

Kolmogorov-Smirnov-Anpassungstest

		Standardized Residual
N		12
Parameter der Normalverteilung[a,b]	Mittelwert	,0000000
	Std.-Abweichung	,90453403
Extremste Differenzen	Absolut	,145
	Positiv	,112
	Negativ	-,145
Statistik für Test		,145
Asymptotische Signifikanz (2-seitig)		,200[c,d]

a. Die zu testende Verteilung ist eine Normalverteilung.
b. Aus den Daten berechnet.
c. Signifikanzkorrektur nach Lilliefors.
d. Dies ist eine untere Grenze der echten Signifikanz.

Tabelle 120: Kolmogorov-Smirnov-Anpassungstest (Quelle: Eigene Darstellung)

Für **Szenario 3** kann zwar ebenfalls kein Regressionsmodell nach dem Einschlussverfahren gebildet werden, allerdings können durch eine schrittweise Regression (Tabelle 121) einzelne Regressoren (negative Verhaltensweisen werden durch Erwachsenen-Verhalten überkreuzt; freies Kind-Verhalten) verifiziert werden, die eine Idee für verhaltenswirksame Maßnahmen in Verkaufsgesprächen geben können, um die Globalzufriedenheit des Kunden zu steigern.

Koeffizienten[a]

Modell		Nicht standardisierte Koeffizienten		Standardisierte Koeffizienten		
		Regressionskoeffizient B	Std.-Fehler	Beta	T	Sig.
1	(Konstante)	4,211	,192		21,940	,000
	ER x negatives Ich	-,106	,036	-,685	-2,969	,014
2	(Konstante)	3,812	,182		20,902	,000
	ER x negatives Ich	-,104	,025	-,674	-4,113	,003
	Verkäufer freies Kind-Ich positiv	,590	,179	,539	3,289	,009

a. Abhängige Variable: @1ZufGloKneu

Tabelle 121. Koeffizienten des schrittweisen Regressionsmodells für Szenario 3 (Quelle: Eigene Darstellung)

Zunächst werden die **Nichtlinearität** der beiden Regressoren anhand von Streudiagrammen (Abbildung 136 und Abbildung 137) untersucht (vgl. Backhaus et al., 2018, S. 91).

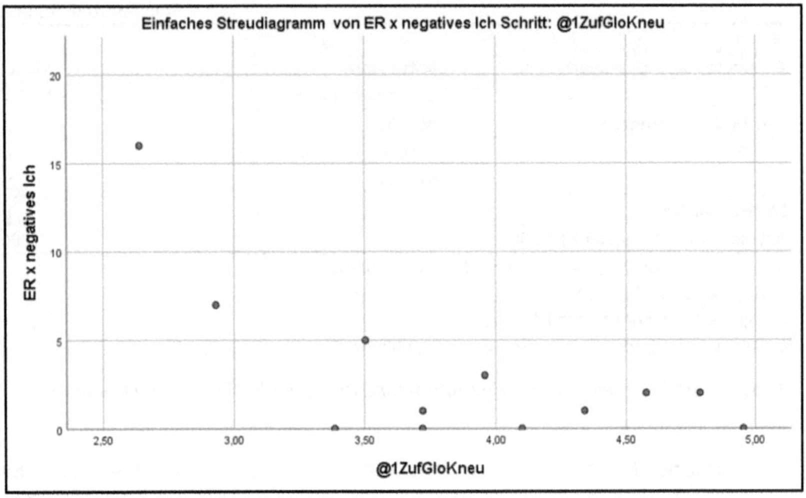

Abbildung 136: Streudiagramm: Globalzufriedenheit/Erwachsenen-Verhalten überkreuzt negatives Verhalten (Quelle: Eigene Darstellung)

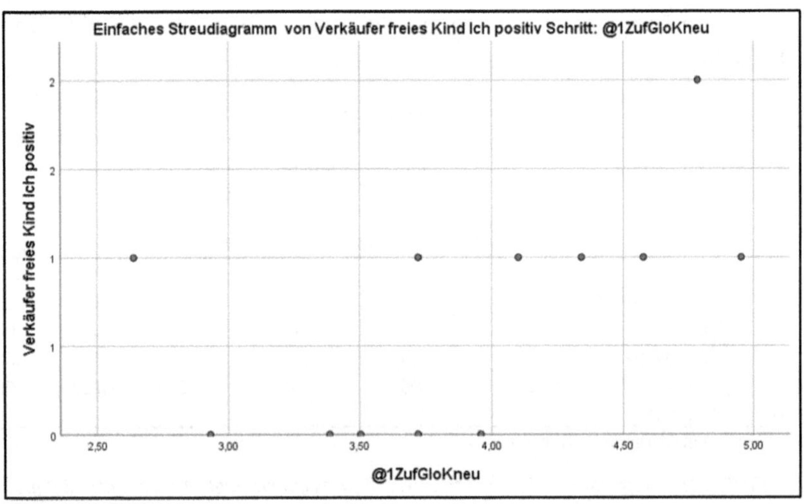

Abbildung 137: Streudiagramm: Globalzufriedenheit/freies Kind-Verhalten (Quelle: Eigene Darstellung)

Weder Abbildung 136 noch Abbildung 137 lassen Muster erkennen, die auf Nichtlinearität der Variablen schließen lassen würden.

Werden die standardisierten Residuen mit den standardisierten geschätzten Werten in einem Streudiagramm (Abbildung 138) betrachtet, um **Heteroskedastizität** zu überprüfen, lassen sich keine Muster erkennen. Daraus kann geschlossen werden, dass keine **Heteroskedastizität** vorliegt (vgl. Backhaus et al., 2018, S. 94f).

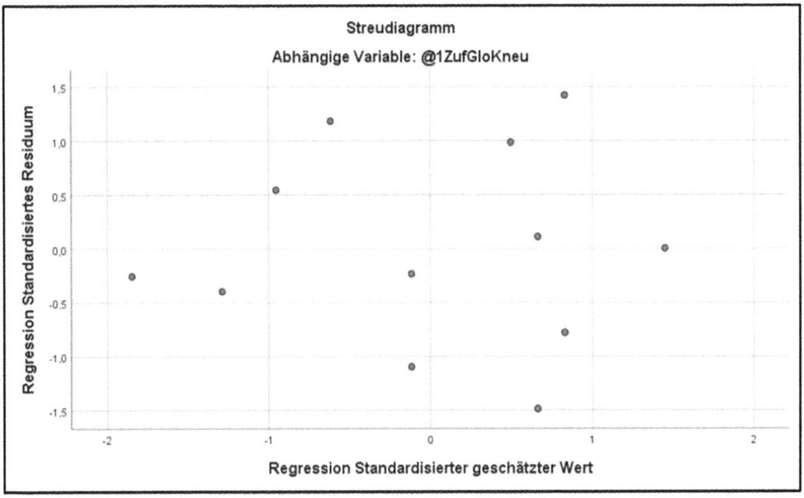

Abbildung 138: Streudiagramm: Standardisierte Residuen/standardisierter geschätzter Wert (Quelle: Eigene Darstellung)

Zur Aufdeckung von **Autokorrelation** empfiehlt es sich, wie bei Heteroskedastizität eine visuelle Inspektion der Residuen durchzuführen, indem diese gegen die geschätzten Werte, wie in Abbildung 138 geplottet werden (vgl. Backhaus et al., 2018, S. 97). Dabei lassen sich keine speziellen Muster erkennen und es scheint augenscheinlich keine Autokorrelation vorzuliegen. Soll mit dem Durbin-Watson-Test geprüft (Tabelle 122) werden, ob Autokorrelation vorliegt, kann dies nicht ohne Weiteres gemacht werden, da keine Tabelle vorliegt, die mit nur 12 Untersuchungen und 17 Variablen Werte liefert. Da der Wert d=1,629 jedoch nahe an 2 liegt, gibt es keinen Hinweis, dass eine klare Autokorrelation vorliegt.

Modellzusammenfassung[c]

Modell	R	R-Quadrat	Korrigiertes R-Quadrat	Standardfehler des Schätzers	Durbin-Watson-Statistik
1	,685[a]	,469	,415	,54544	
2	,871[b]	,759	,705	,38743	1,629

a. Einflussvariablen: (Konstante), ER x negatives Ich
b. Einflussvariablen: (Konstante), ER x negatives Ich, Verkäufer freies Kind-Ich positiv
c. Abhängige Variable: @1ZufGloKneu

Tabelle 122: Modellzusammenfassung inklusive Durbin-Watson-Test (Quelle: Eigene Darstellung)

Multikollinearität kann anhand der Toleranzwerte oder der *Variance Inflation Factors* (VIF), die in Tabelle 123 dargestellt sind, festgestellt werden. Hinweise für Multikollinearität der Variablen sind Toleranzwerte nahe an 0 oder VIF-Werte ab 10 (vgl. Backhaus et al., 2018, S. 100). Da beides nicht gegeben ist, liegt im vorliegenden Fall keine Multikollinearität vor.

Modell		Toleranz	VIF
1	(Konstante)		
	ER x negatives Ich	1,000	1,000
2	(Konstante)		
	ER x negatives Ich	1,000	1,000
	Verkäufer freies Kind-Ich positiv	1,000	1,000

Tabelle 123: Variance Inflation Factor und Toleranzwerte (Quelle: Eigene Darstellung)

Die **Normalverteilung** der Residuen lässt sich augenscheinlich schon in Abbildung 139 erahnen.

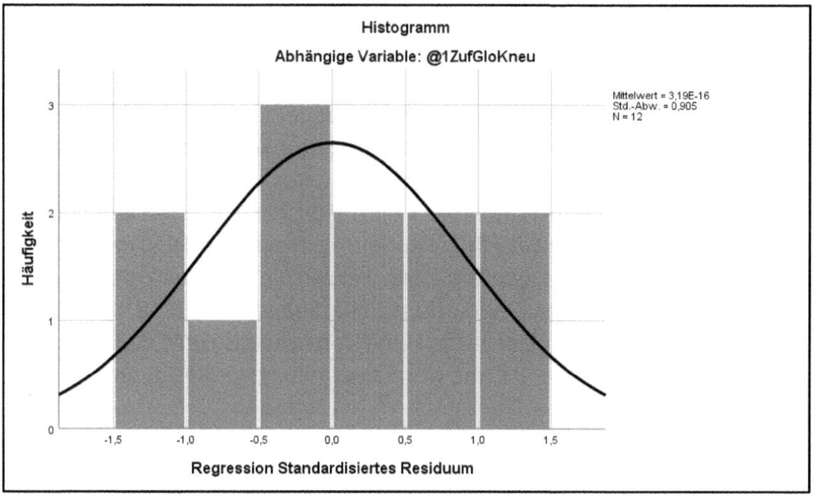

Abbildung 139: Histogramm: Normalverteilung (Quelle: Eigene Darstellung)

Auch der Kolmogorov-Smirnov-Anpassungstest bestätigt, dass die Regressoren in Tabelle 124 normal verteilt sind.

Kolmogorov-Smirnov-Anpassungstest

		Standardized Residual
N		12
Parameter der Normalverteilung[a,b]	Mittelwert	,0000000
	Std.-Abweichung	,90453403
Extremste Differenzen	Absolut	,119
	Positiv	,119
	Negativ	-,112
Statistik für Test		,119
Asymptotische Signifikanz (2-seitig)		,200[c,d]

a. Die zu testende Verteilung ist eine Normalverteilung.

b. Aus den Daten berechnet.

c. Signifikanzkorrektur nach Lilliefors.

d. Dies ist eine untere Grenze der echten Signifikanz.

Tabelle 124: Kolmogorov-Smirnov-Anpassungstest (Quelle: Eigene Darstellung)

10.2.1.4. Prämissenprüfung des Gesamtmodells (2) mit Fokus auf das Kundenverhalten

➔ *Detaillierte Vertiefung des Kapitels 4.4.4.2.1* – Zentrales Regressionsmodell 2: Anhaltspunkte zur situativen Kundenanalyse

In der weiteren Datenanalyse wird die mögliche Prämissenverletzung des zweiten transaktionsanalytischen Gesamtregressionsmodells, das den Fokus auf die Kundenseite legt, geprüft. Darin werden die folgenden möglichen Verletzungen von Prämissen untersucht (vgl. Backhaus et al., 2018, S. 90, S. 103): Multikollinearität, Nicht-Linearität, keine Homoskedastizität (Heteroskedastizität), Autokorrelation und keine Normalverteilung der Residuen.

Von **Multikollinearität** wird gesprochen, wenn unabhängige Variablen (Regressoren) stark miteinander korrelieren, somit abhängig voneinander sind (vgl. Backhaus et al., 2018, S. 98). Erste Hinweise kann dazu eine Korrelationsmatrix bieten. Korrelationskoeffizienten zwischen den unabhängigen Variablen die nahe an I1I liegen, deuten auf ernsthafte Multikollinearität hin. Der Nachteil dieses Vorgehens ist jedoch, dass sich auf diese Weise Abhängigkeiten nur paarweise messen lassen, hohe Multikollinearität kann aber auch dann bestehen, wenn die Werte der Korrelationskoeffizienten durchgängig niedrig sind (vgl. Backhaus et al., 2018, S. 99). Einen besseren Maßstab zur Entdeckung der Multikollinearität bieten daher die Toleranzwerte der Regressoren. Werte unter 0,05 weisen dabei auf Multikollinearität hin (vgl. Angerer 2003, S. 246).

Wie Tabelle 125 zeigt, liegen die Toleranzwerte der negativen Überkreuztransaktionen und die negativen sowie positiven Paralleltransaktionen auf einer Ebene unter dem Signifikanzniveau von 0,05. Ebenso ist es bei den Verhaltensweisen, die dem fürsorglichen Eltern-Ich, dem Verfolger-Ich und dem Erwachsenen-Ich zugeteilt werden können. Auch negative *Strokes* weisen einen zu niedrigen Toleranzwert auf.

Residuen	Toleranz
(Konstante)	
Transaktionen/Minute	,189
Überkreuztransaktion positiv	,066
Überkreuztransaktion negativ	**,013**
ER x negatives Ich	**,038**
ER x positives Ich	,067
negative Parallel TA auf einer Ebene	**,029**
negative Parallel TA über mehrere Ebenen	,155
positive Parallel TA auf einer Ebene	**,003**
positive Parallel TA über mehrere Ebenen	,057
Kunde fürsorgliches Eltern-Ich	**,031**
Kunde RETTER	,094
Kunde kritisches Eltern-Ich	,252
Kunde VERFOLGER	**,026**
Kunde Erwachsenen-Ich	**,003**
Kunde Erwachsenen-Ich-Zustand mit inhaltlicher Redefinition (ERR) Gegenfragen etc.	,069
Kunde freies Kind-Ich positiv	,061
Kunde freies Kind-Ich negativ	,250
Kunde angepasstes Kind-Ich	,074
Kunde OPFER	,393
Kunde rebellisches Kind-Ich	,141
Kunde Stroke Witz	,054
Kunde negativer Stroke	**,029**
Kunde Stroke lächeln	,271
Kunde Stroke Name	,262
Kunde Powerplay/Ins Wort fallen	,440

Tabelle 125: Toleranzwerte (Quelle: Eigene Darstellung)

Um dies näher zu untersuchen, werden die betroffenen Werte in einer Korrelationsmatrix paarweise mit den anderen Regressoren verglichen (vgl. Backhaus et al., 2018, S. 107).

Als Korrelationskoeffizient wird der Koeffizient nach Spearman verwendet, da sich in der vorangegangenen Überprüfung der unabhängigen Variablen mit dem Kolmogorov-Smirnov-Test herausgestellt hat, dass die Verteilung der

Variablen (außer bei den Transaktionen pro Minute, fürsorglichen Eltern-Ich und positiven *Strokes*) signifikant von der Normalverteilung abweicht.

Werden die betroffenen Variablen mit allen anderen paarweise in Beziehung gesetzt, bleiben die in Tabelle 126 veranschaulichten Korrelationen übrig. Andere Werte-Korrelationen von Regressoren liegen deutlich unter 0,7 und liegen somit in einem akzeptablen Bereich (vgl. Stocker, 2020, https://www.uibk.ac.at/econometrics/einf/kap07.pdf, S. 11 [abgerufen am 04.02.2021]).

Korrelationskoeffizienten			
Transaktionen und Ich-Zustände	**ER x negatives Ich**	**Kunde VERFOLGER**	**Kunde Erwachsenen Ich**
Überkreuztransaktion negativ	**,855****	**,883****	
ER x negatives Ich		**,795****	
positive Parallel TA auf einer Ebene			**,967****

Tabelle 126: Korrelationskoeffizienten (Quelle: Eigene Darstellung)

Vor dem Hintergrund, dass das Modell Transaktionen und Verhaltensweisen in einem Ansatz verbindet, sind Korrelationen zwischen diesen beiden Ebenen nicht verwunderlich.

Abbildung 140 zeigt eine die vorliegenden Multikollinearitäten erklärende Gesprächs-Zirkularität zwischen **negativen Überkreuztransaktionen**, **Verfolger-Verhaltensweisen** und **Situationen, in denen negatives Kind- oder Eltern-Verhalten durch Erwachsenen-Verhalten überkreuzt (ER x negatives Ich)** werden. Der Verkäufer spricht das (1) Erwachsenen-Ich des Kunden an. Der Kunde antwortet aber aus dem **(2) Verfolger-Ich** und **(3) überkreuzt** dadurch den Verkäufer, da er damit die Kind-Ebene des Verkäufers anspricht. Der Verkäufer reagiert aber rational aus der **(4) Erwachsenen-Ebene** und **überkreuzt** dadurch wiederum den Kunden.

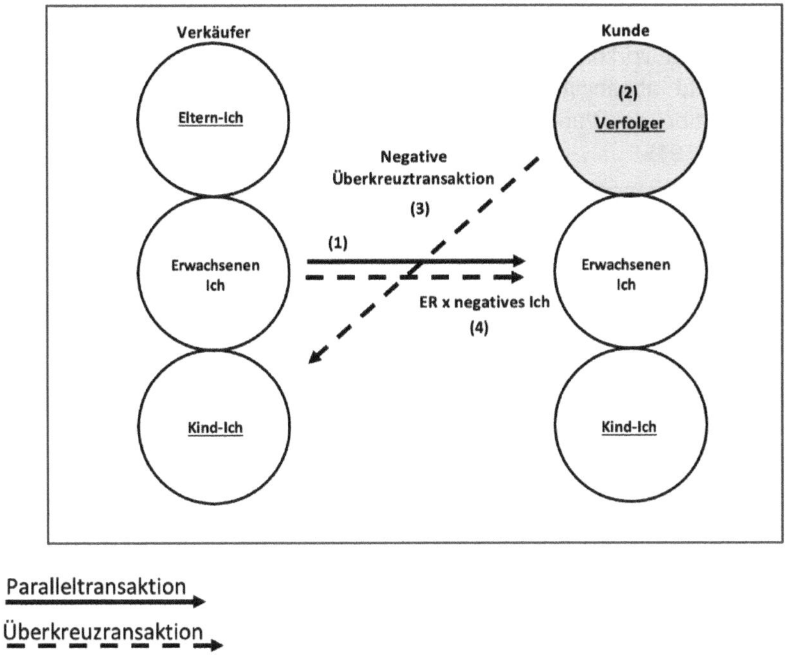

Abbildung 140: Von Multikollinearität betroffene Verhaltens- und Transaktionsmuster (Quelle: Eigene Darstellung)

Dies erklärt auch die hohe Korrelation zwischen **(2) Verfolger-Ich** und **Transaktionen, in denen negative Verhaltensweisen durch Erwachsenen-Verhaltensweisen überkreuzt** werden **(ER x negatives Ich; (4)).**

Mit der Korrelation zwischen **Erwachsenen-Ich-Zuständen** und **positiven Paralleltransaktionen auf einer Ebene** verhält es sich analog zum transaktionsanalytischen Modell aus Verkäuferperspektive (vgl. Kapitel 4.4.4.1.1 – Zentrales Regressionsmodell 1: Anhaltspunkte zur situativen verkäuferischen Verhaltensanpassung). Durch die Häufigkeit der Erwachsenen-Ich-Verhaltensweisen ergeben sich viele Paralleltransaktionen auf einer Ebene.

Die Eliminierung eines dieser Faktoren scheint dahingehend keine Lösung, da alle Datensätze zu große Relevanz haben, um die Vollständigkeit des Transaktionsmodells zu gewährleisten und deshalb fällt die Entscheidung gegen eine Löschung der Daten aus.

Nichtlinearität zwischen Regressand und Regressoren kann auf vielfältige Art und Weise vorkommen. Nichtlineare Beziehungen zwischen den unabhängigen und abhängigen Variablen können häufig anhand einer visuellen Inspektion der Punktediagramme entdeckt werden (vgl. Backhaus et al., 2018, S. 91).

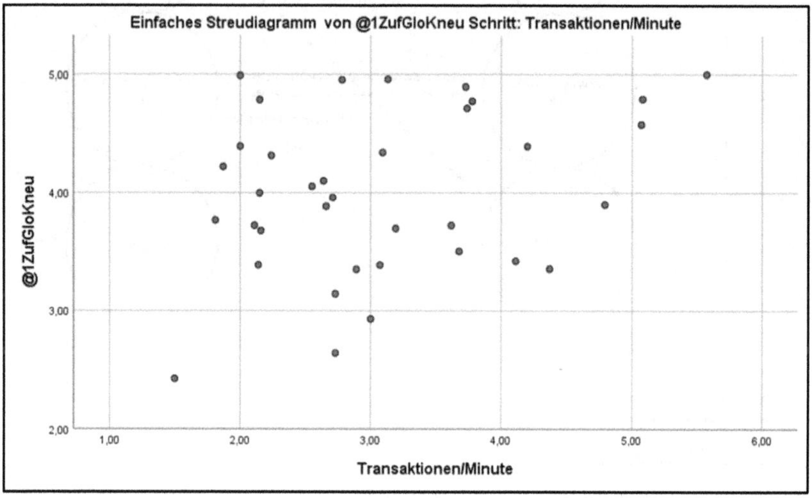

Abbildung 141: Streudiagramm: Globalzufriedenheit/Transaktionen pro Minute (Quelle: Eigene Darstellung)

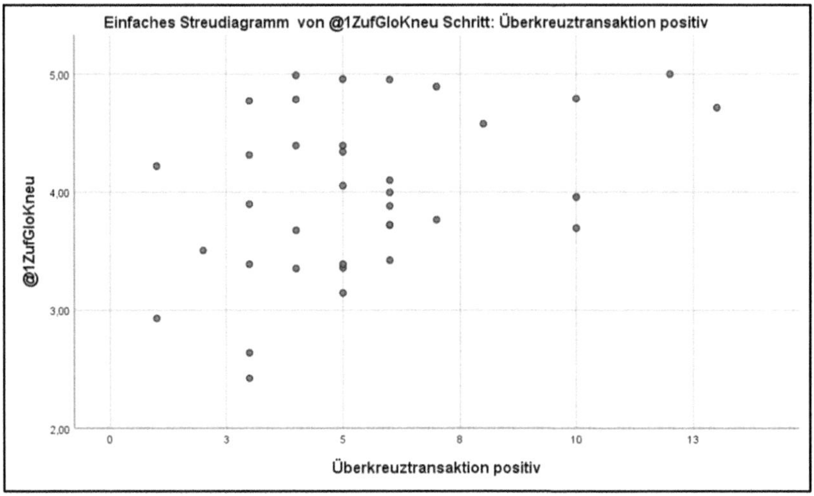

Abbildung 142: Streudiagramm: Globalzufriedenheit/positive Überkreuztransaktionen (Quelle: Eigene Darstellung)

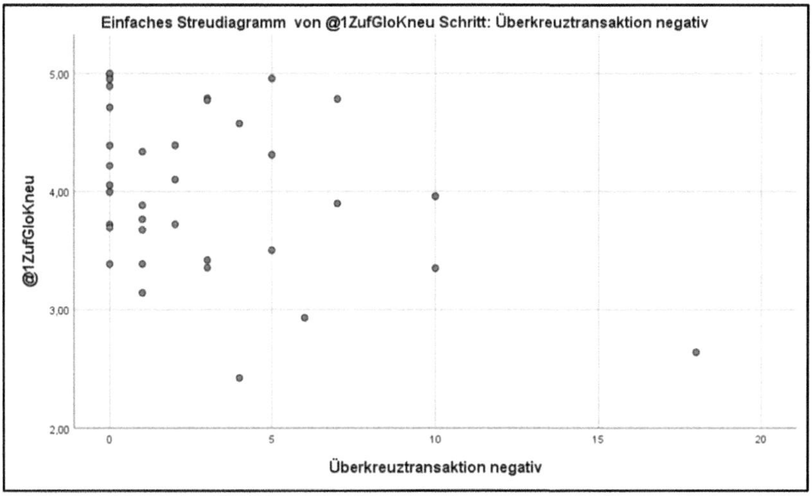

Abbildung 143: Negative Überkreuztransaktionen (Quelle: Eigene Darstellung)

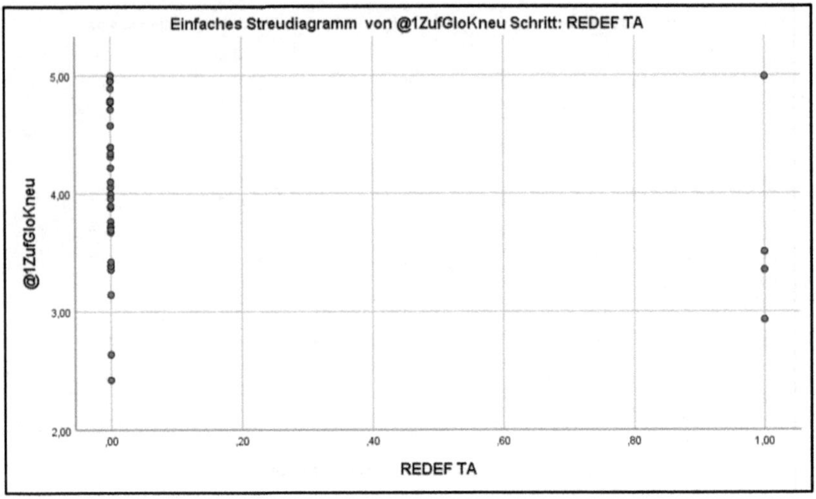

Abbildung 144: Streudiagramm: Globalzufriedenheit/Redefinitionstransaktionen (Quelle: Eigene Darstellung)

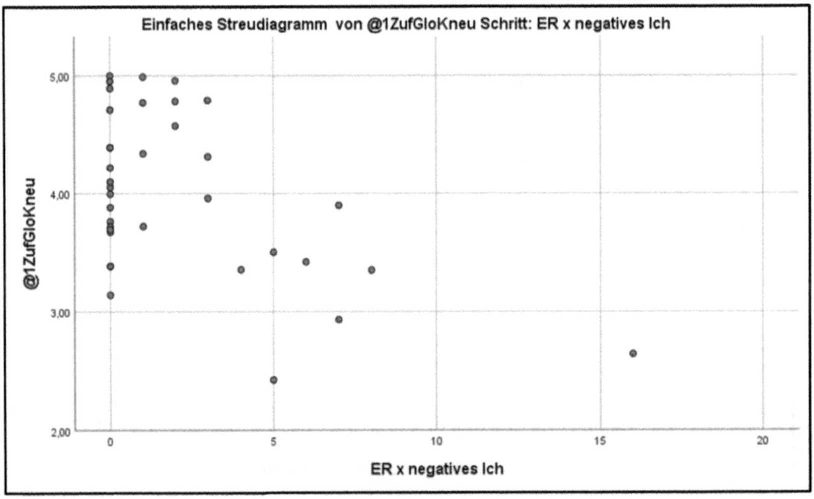

Abbildung 145: Streudiagramm: Globalzufriedenheit/Erwachsenen-Ich überkreuzt negatives Verhalten (Quelle: Eigene Darstellung)

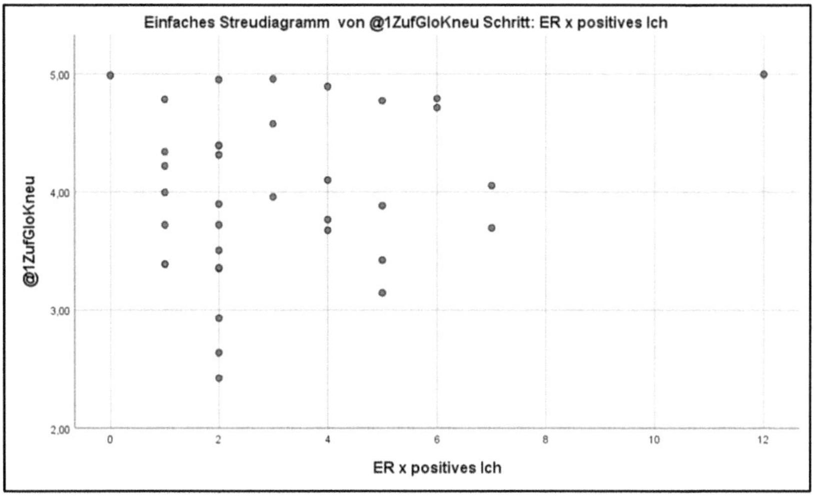

Abbildung 146: Streudiagramm: Globalzufriedenheit/Erwachsenen-Ich überkreuzt positives Verhalten (Quelle: Eigene Darstellung)

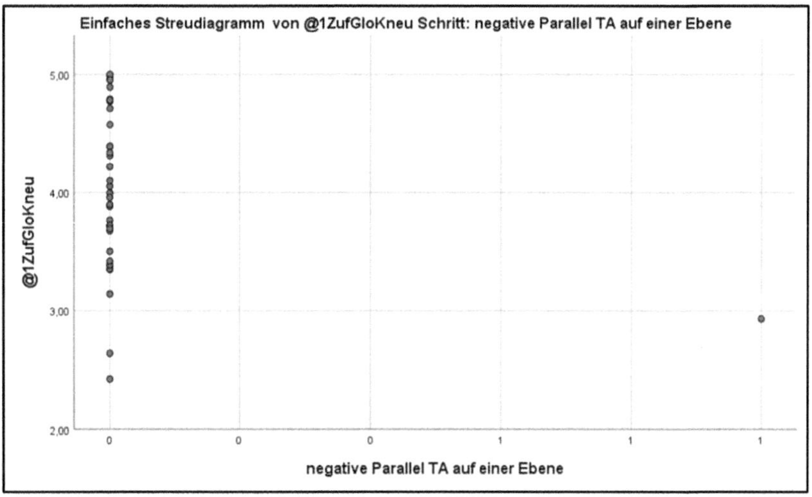

Abbildung 147: Streudiagramm: Globalzufriedenheit/negative Paralleltransaktionen auf einer Ebene (Quelle: Eigene Darstellung)

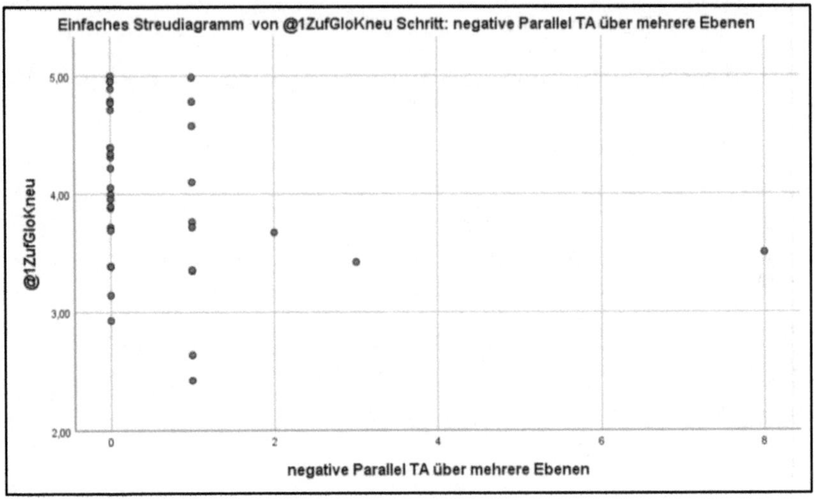

Abbildung 148: Streudiagramm: Globalzufriedenheit/negative Paralleltransaktionen über mehrere Ebenen (Quelle: Eigene Darstellung)

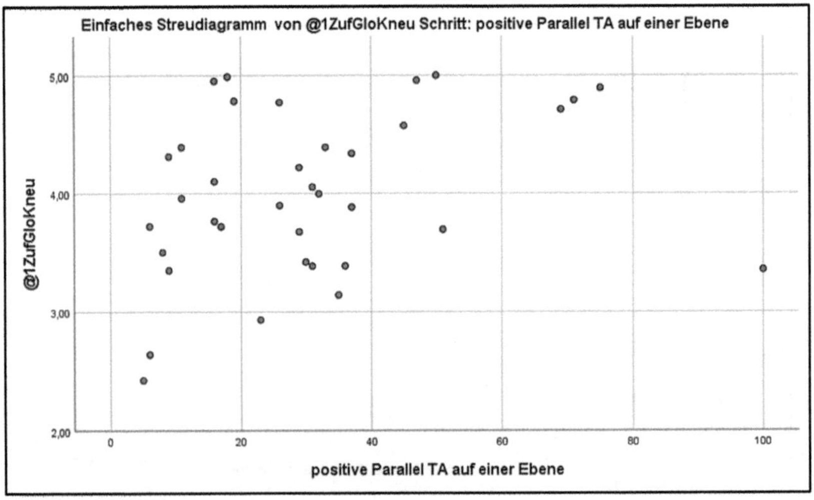

Abbildung 149: Streudiagramm: Globalzufriedenheit/positive Paralleltransaktionen auf einer Ebene (Quelle: Eigene Darstellung)

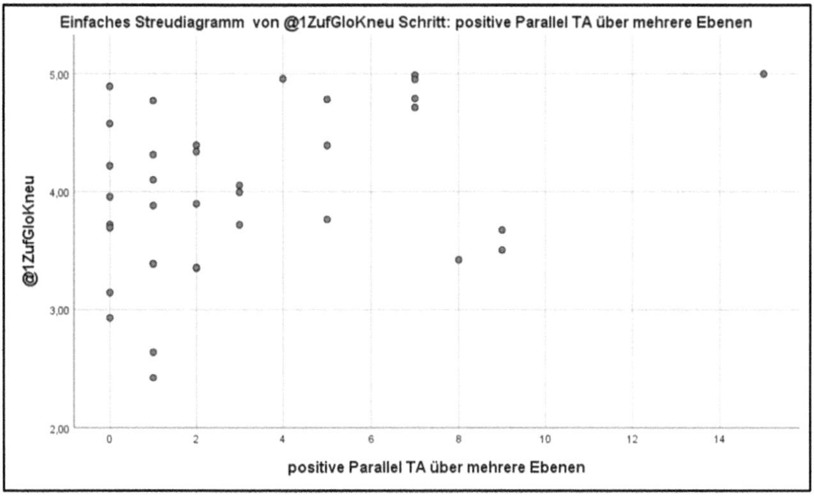

Abbildung 150: Streudiagramm: Globalzufriedenheit/positive Paralleltransaktionen über mehrere Ebenen (Quelle: Eigene Darstellung)

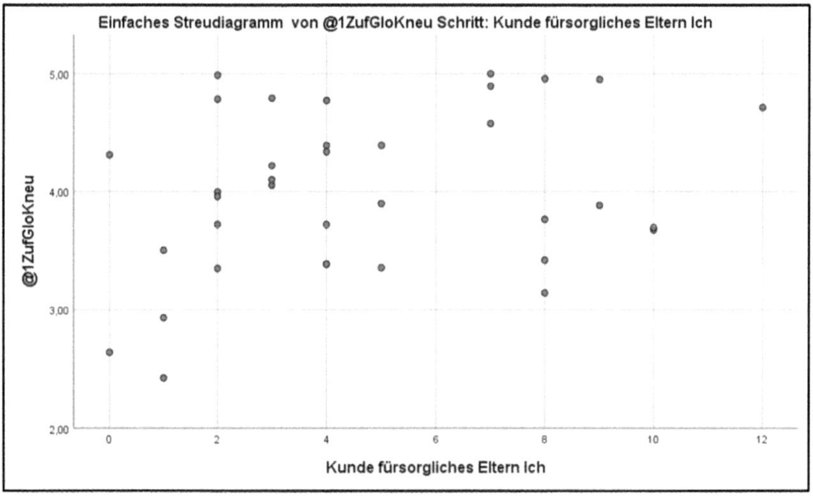

Abbildung 151: Streudiagramm: Globalzufriedenheit/fürsorgliches Eltern-Ich-Verhalten (Quelle: Eigene Darstellung)

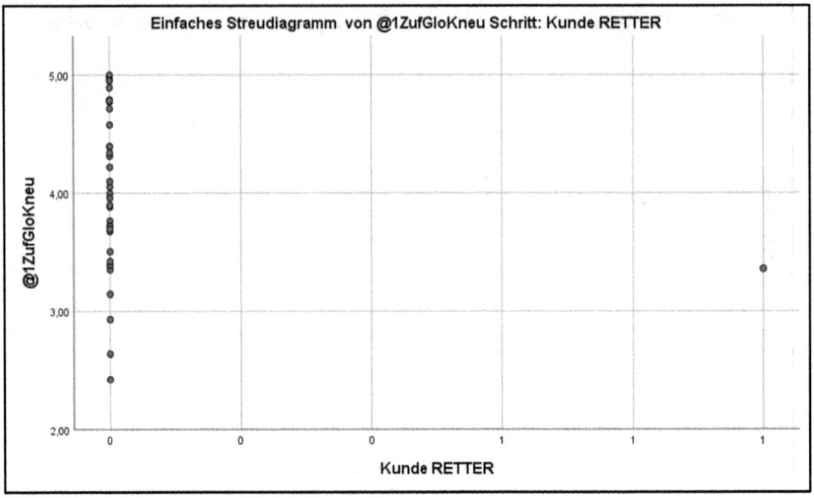

Abbildung 152: Streudiagramm: Globalzufriedenheit/Retter-Verhalten (Quelle: Eigene Darstellung)

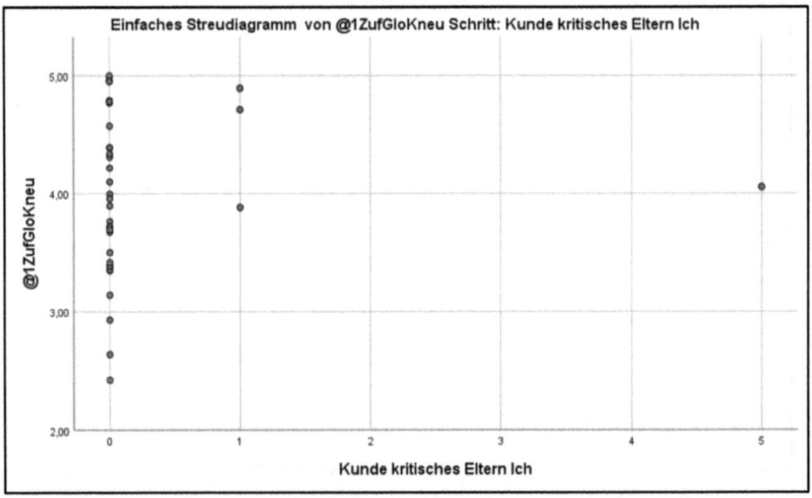

Abbildung 153: Streudiagramm: Globalzufriedenheit/positives kritisches Eltern-Ich-Verhalten (Quelle: Eigene Darstellung)

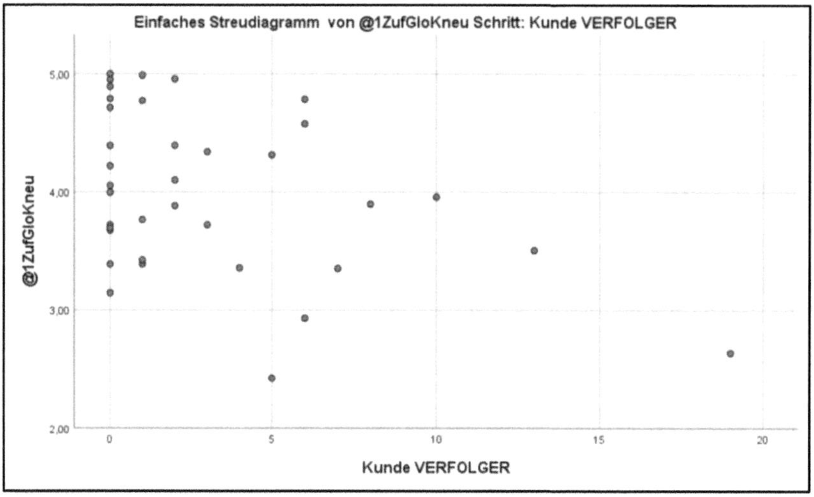

Abbildung 154: Streudiagramm: Globalzufriedenheit/Verfolger-Verhalten (Quelle: Eigene Darstellung)

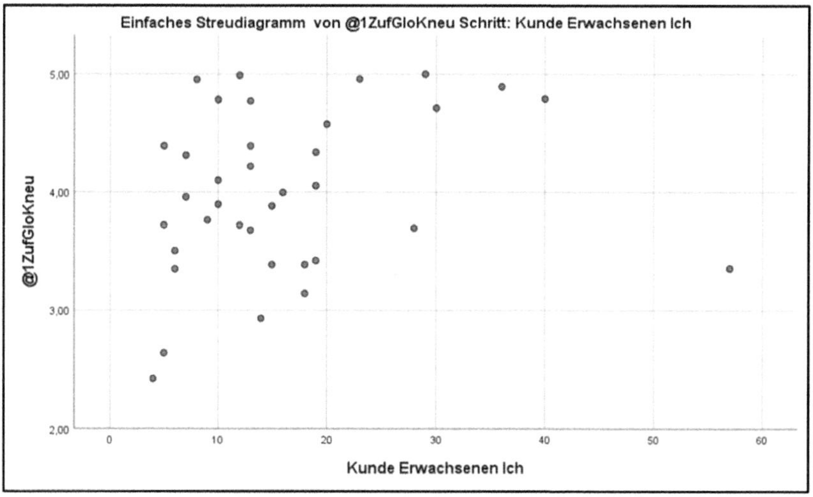

Abbildung 155: Streudiagramm: Globalzufriedenheit/Erwachsenen-Verhalten (Quelle: Eigene Darstellung)

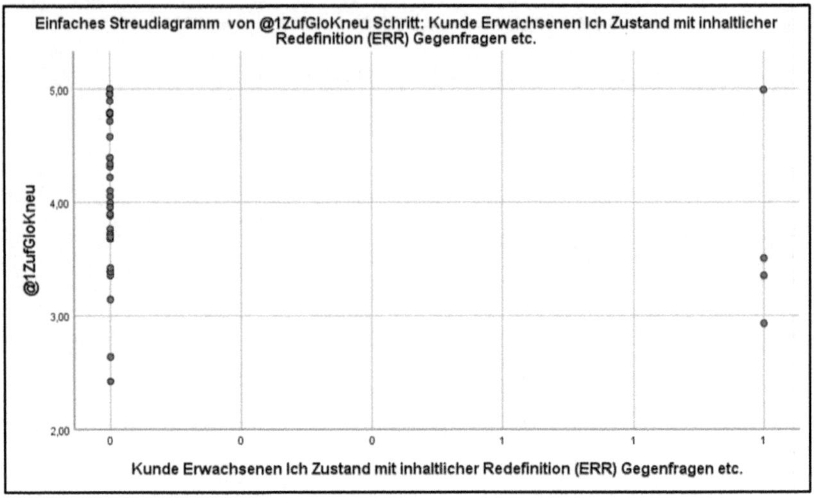

Abbildung 156: Streudiagramm: Globalzufriedenheit/negatives Erwachsenen-Verhalten (Quelle: Eigene Darstellung)

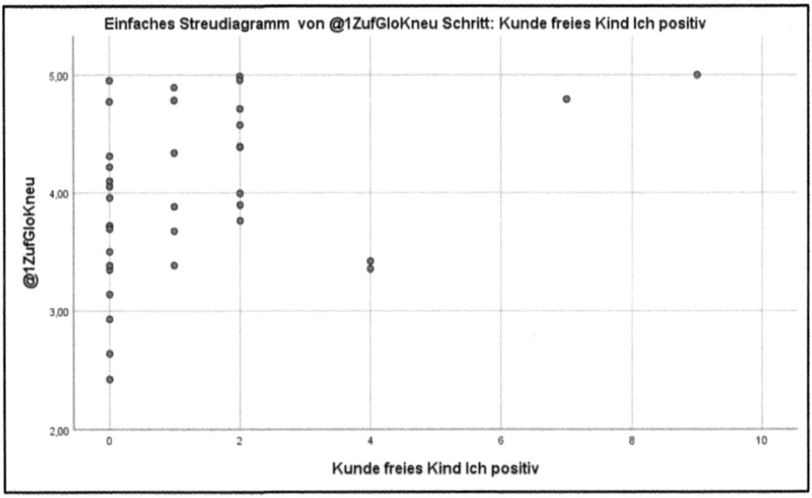

Abbildung 157: Streudiagramm: Globalzufriedenheit/positives freies Kind-Verhalten (Quelle: Eigene Darstellung)

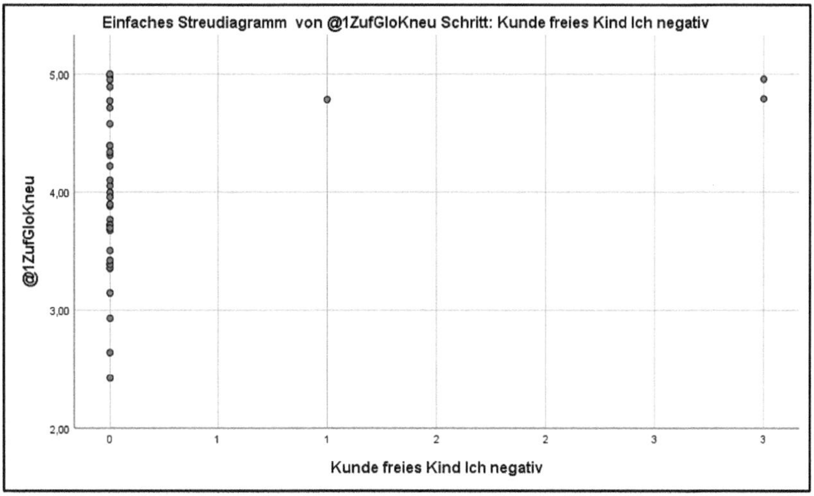

Abbildung 158: Streudiagramm: Globalzufriedenheit/negatives freies Kind-Verhalten (Quelle: Eigene Darstellung)

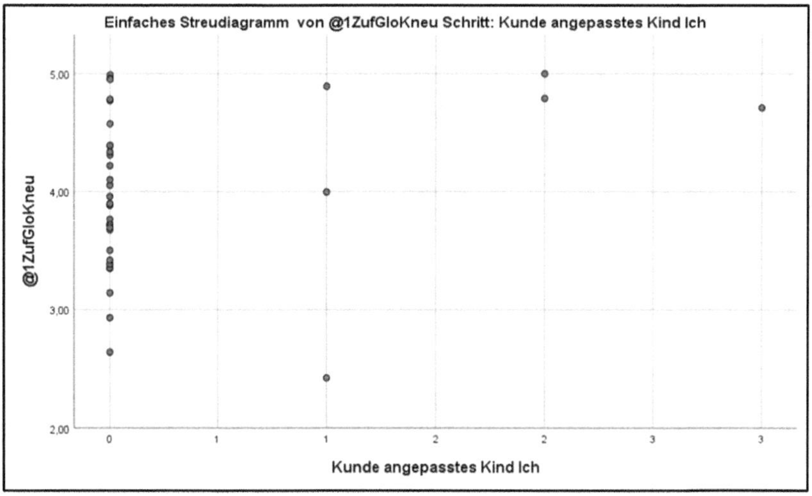

Abbildung 159: Streudiagramm: Globalzufriedenheit/angepasstes Kind-Verhalten (Quelle: Eigene Darstellung)

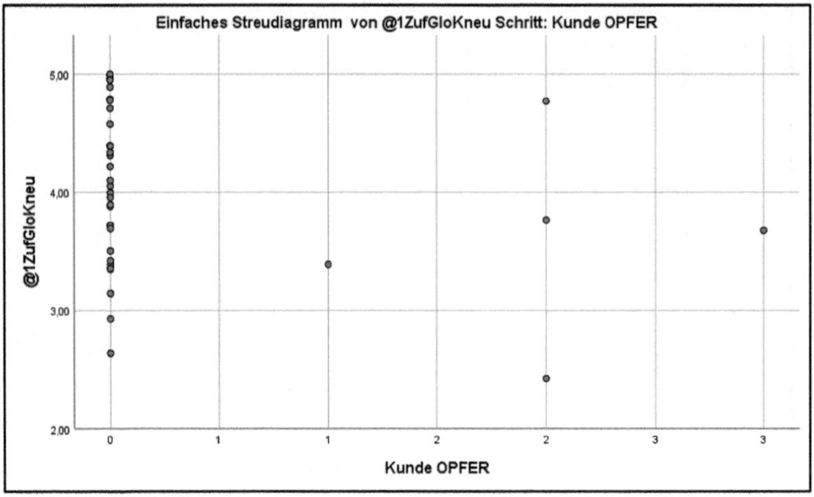

Abbildung 160: Streudiagramm: Globalzufriedenheit/Opfer-Verhalten (Quelle: Eigene Darstellung)

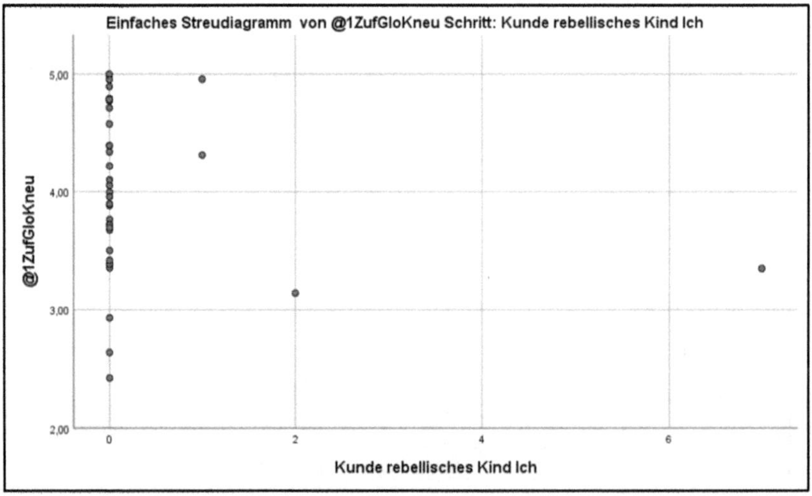

Abbildung 161: Streudiagramm: Globalzufriedenheit/negatives rebellisches Kind-Verhalten (Quelle: Eigene Darstellung)

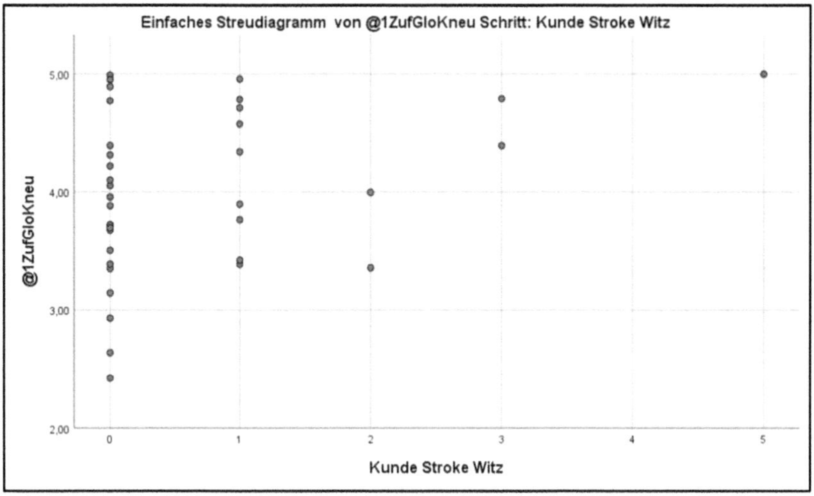

Abbildung 162: Streudiagramm: Globalzufriedenheit/Stroke (witzige Kommentare) (Quelle: Eigene Darstellung)

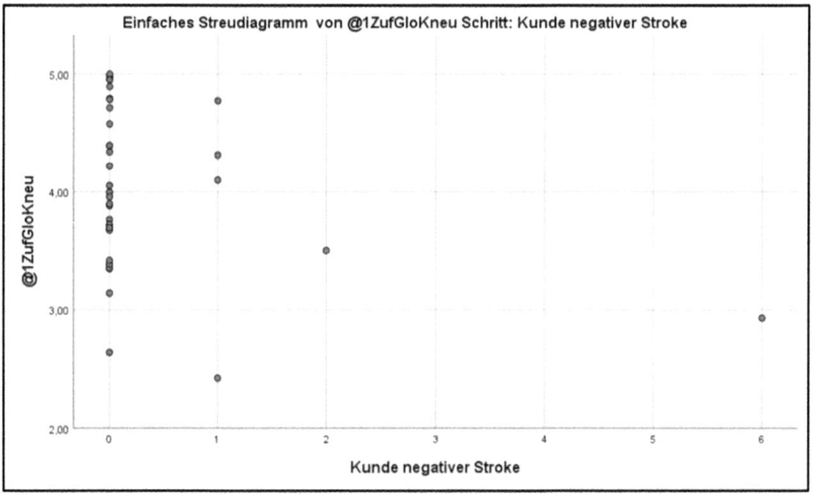

Abbildung 163: Streudiagramm: Globalzufriedenheit/negative Strokes (Quelle: Eigene Darstellung)

Abbildung 164: Streudiagramm: Globalzufriedenheit/Stroke (freundliches Anlächeln) (Quelle: Eigene Darstellung)

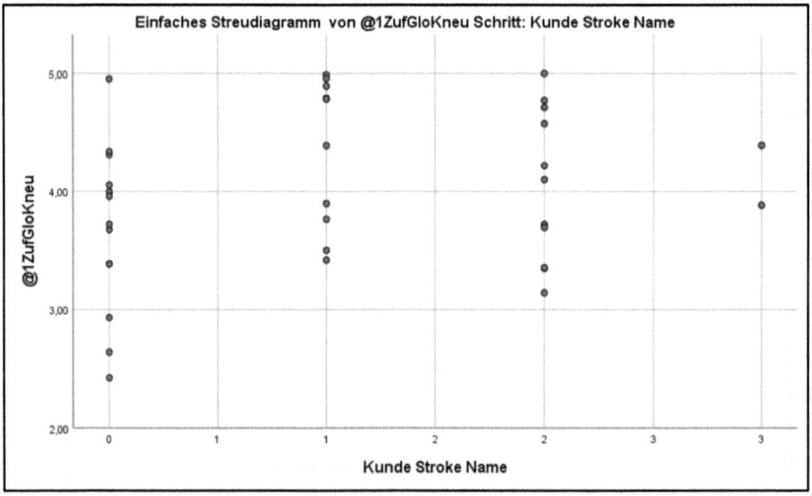

Abbildung 165: Streudiagramm: Globalzufriedenheit/Stroke (fürsorglich mit Namen ansprechen) (Quelle: Eigene Darstellung)

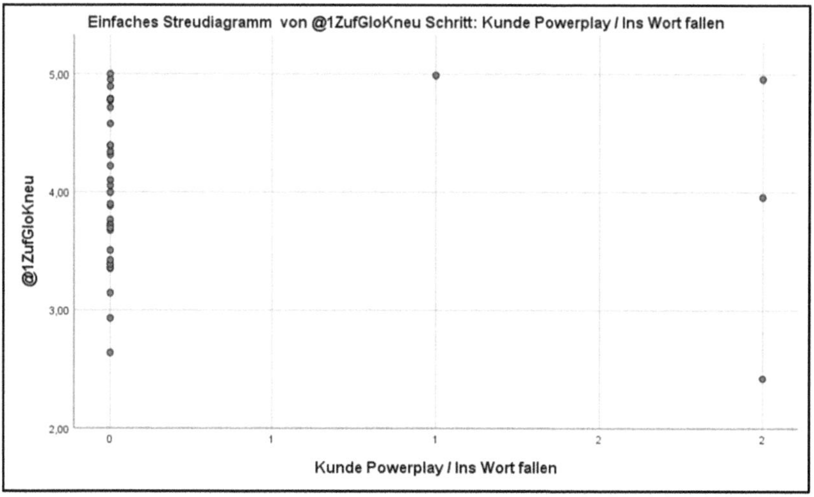

Abbildung 166: Streudiagramm: Globalzufriedenheit/Power Plays (Quelle: Eigene Darstellung)

Werden die Streudiagramme (Abbildung 141 bis Abbildung 166) betrachtet, können keine besonderen nichtlinearen Beziehungsverläufe entdeckt werden, welche sich anhand einer Häufung von Punktwerten, in Form bestimmter Kurvenverläufe zeigen würden. Somit kann für die vorliegende Untersuchung angenommen werden, dass kein Verstoß gegen die Prämisse der Linearität vorliegt.

Heteroskedastizität liegt dann vor, „...wenn die Streuung der Residuen in einer Reihe von Werten der prognostizierten abhängigen Variablen nicht konstant ist" (Backhaus et al., 2018, S. 94). Das bedeutet, die Störgröße darf weder von den unabhängigen Variablen noch von der Reihenfolge der Beobachtungen abhängig sein. Um eine mögliche Heteroskedastizität zu entdecken, wird gewöhnlich eine visuelle Betrachtung der Residuen vorgenommen. Zu diesem Zweck werden die Residuen gegen die geschätzten (prognostizierten) Werte von Y (hier: Globalzufriedenheit bzw. @1ZufGloKneu) geplottet. Liegt Heteroskedastizität vor, zeigt sich dies zumeist durch ein Dreiecksmuster (vgl. Backhaus et al., 2018, S. 94f).

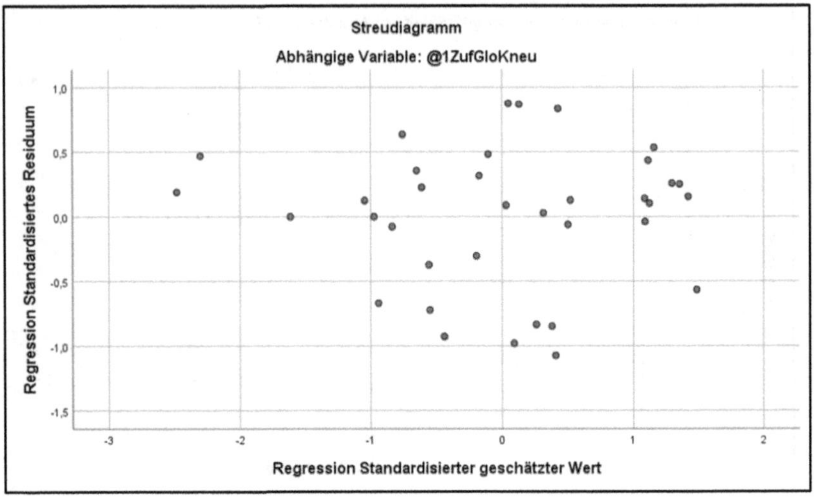

Abbildung 167: Streudiagramm: Standardisierte Residuen/standardisierter geschätzter Wert (Quelle: Eigene Darstellung)

In Abbildung 167 wird deutlich, dass kein Dreiecksmuster oder ein anderer systematischer Zusammenhang zwischen den prognostizierten (geschätzten) Werten der Globalzufriedenheit und den Residuen vorliegt. Beispiele von Streudiagrammen, bei denen Heteroskedastizität vorliegt, zeigen Backhaus et al. (vgl. 2018, S. 95). Vor diesem Hintergrund kann angenommen werden, dass kein Verstoß gegen die Prämisse der Homoskedastizität in der vorliegenden Untersuchung gegeben ist.

Als **Autokorrelation** wird der Verstoß gegen die Prämisse bezeichnet, die besagt, dass die Residuen in ihrer Grundgesamtheit unkorreliert sein sollen. Wird diese Bedingung nicht erfüllt, wird von Autokorrelation gesprochen. Um die Autokorrelation rechnerisch zu überprüfen, kann der Durbin-Watson-Test angewandt werden. Bei dieser Methode wird zunächst rechnerisch die Größe d ermittelt. Wenn Größe d klein ist, befinden sich zwei aufeinanderfolgende Beobachtungswerte nahe beieinander und deuten somit auf eine positive Autokorrelation hin. Hat die Größe d hingegen hohe Werte, bedeutet dies, dass starke Sprünge der Residuen vorliegen. Das bedeutet, dass eine negative Autokorrelation vorliegt (vgl. Backhaus et al., 2018, S. 96f).

Keine Autokorrelation: **do ≤ d ≤ 4 – do**
Autokorrelation: **d ≤ du oder d ≥ 4 – du**
(vgl. Backhaus et al., 2018, S. 98).

Im vorliegenden Fall liegt der d-Wert (Durbin-Watson-Statistik) bei 1,848. Wird dieser Wert nun mit den Grenzwerten aufgrund der Durbin-Watson-Tabelle bei 36 Fällen und 25 Regressoren auf dem 95 %-Niveau verglichen (vgl. Savin; White, 1977, S. 1994f), zeigt sich, dass der Wert d mit 1,848 zwar sehr nahe an 2, aber dennoch im Unschärfebereich liegt und so keine Aussage zur Prämisse der Autokorrelation zulässt (vgl. Backhaus et al., 2018, S. 97f; vgl. Bühl, 2019, S. 449). Ein Bereich, in dem Autokorrelation bei dieser Fallanzahl und Anzahl von Variablen völlig ausgeschlossen werden kann, ist nicht gegeben, da die Bereiche [du bis do] und [(4 – do) bis (4 – du)] sich gegenseitig überlappen.

Der Durbin-Watson-Test ist allerdings eher für Zeitreihendaten bzw. Daten mit spezifischer Reihenfolge entwickelt und daher für den vorliegenden Fall nicht zur Gänze passend (vgl. Backhaus et al., 2018, S. 113). Würde die Reihenfolge der Testergebnisse verändert werden, würde sich auch der d-Wert verändern. Es empfiehlt sich daher, zur Aufdeckung von **Autokorrelation**, wie auch schon bei der Heteroskedastizität, eine visuelle Inspektion der Residuen durchzuführen, indem diese gegen die geschätzten Werte, wie in Abbildung 167 dargestellt, geplottet werden (vgl. Backhaus et al., 2018, S. 97). Dabei sind augenscheinlich keine Muster in der Punktewolke zu erkennen. Es kann somit davon ausgegangen werden, dass keine Autokorrelation vorliegt.

Eine weitere Prämisse des Regressionsmodells ist die **Normalverteilung** der Störgrößen (vgl. Backhaus et al., 2018, S. 102f). Eine visuelle Überprüfung eines potenziellen Verstoßes gegen diese Prämisse kann anhand eines Histogramms der Residuen gemacht werden (Abbildung 168).

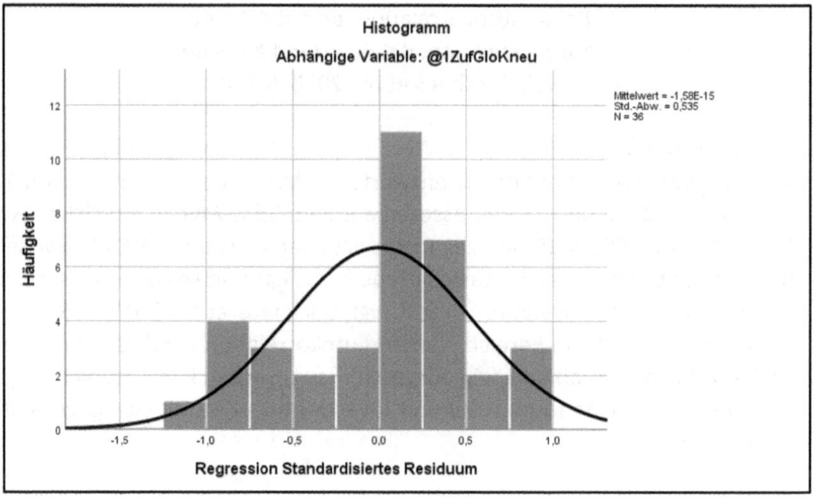

Abbildung 168: Normalverteilung Globalzufriedenheit (Quelle: Eigene Darstellung)

Das Histogramm in Abbildung 168 lässt keine offensichtlichen Rückschlüsse zu, ob die Residuen einer Normalverteilung folgen.

Über diese augenscheinliche Überprüfung hinaus kann auch der Kolmogorov-Smirnov-Anpassungstest (Tabelle 127) helfen, den Sachverhalt zu prüfen. Auf Basis des Ergebnisses dieses statistischen Prüfverfahrens kann nicht davon ausgegangen werden, dass die standardisierten Residuen normal verteilt sind (p=0,015). Dies stellt grundsätzlich einen Verstoß der Prämisse der Normalverteilung dar.

Der Kolmogorov-Smirnov-Anpassungstest wird aufgrund seiner vergleichsweisen geringeren Teststärke (engl.: *power*) von vielen Statistikern nicht als das beste Testverfahren zur Überprüfung auf Normalverteilung bewertet, da er mehr als andere Verfahren dazu neigt, die Normalverteilungsannahme abzulehnen und Abweichungen von der Normalverteilung in den äußeren Bereichen der Verteilung nicht ausreichend zu erkennen (vgl. Cleff, 2019, S. 218). Aus diesem Grund wird zur finalen Überprüfung der Shapiro-Wilk-Test (Tabelle 127) angewendet. In diesem zeigt sich tatsächlich, dass die standardisierten Residuen noch eine Normalverteilung aufweisen (p=0,053), sodass letztendlich doch kein Verstoß dieser Prämisse vorliegt.

Tests auf Normalverteilung

	Kolmogorov-Smirnov[a]			Shapiro-Wilk		
	Statistik	Df	Signifikanz	Statistik	df	**Signifikanz**
Standardized Residual	,165	36	,015	,941	36	**,053**

a. Signifikanzkorrektur nach Lilliefors

Tabelle 127: Kolmogorov-Smirnov-Anpassungstest und Shapiro-Wilk-Test (Quelle: Eigene Darstellung)

10.2.1.5. Prämissenprüfung der einzelnen Szenarienmodelle – Kundenfokus

➔ *Detaillierte Vertiefung des Kapitels 4.4.4.2.2* – Zusätzliche Analyse differenzierter Szenarien: Kundenzentriertes Regressionsmodell und weitere Betrachtungen

Zu den einzelnen Verkaufsszenarien konnte mit dem transaktionsanalytischen Modell 2 nur ein Regressionsmodell zu Szenario 3 schrittweise erzeugt werden.

Zunächst wird die **Nichtlinearität** der beiden Regressoren anhand von Streudiagrammen (Abbildung 169 bis Abbildung 170) untersucht (vgl. Backhaus et al., 2018, S. 91).

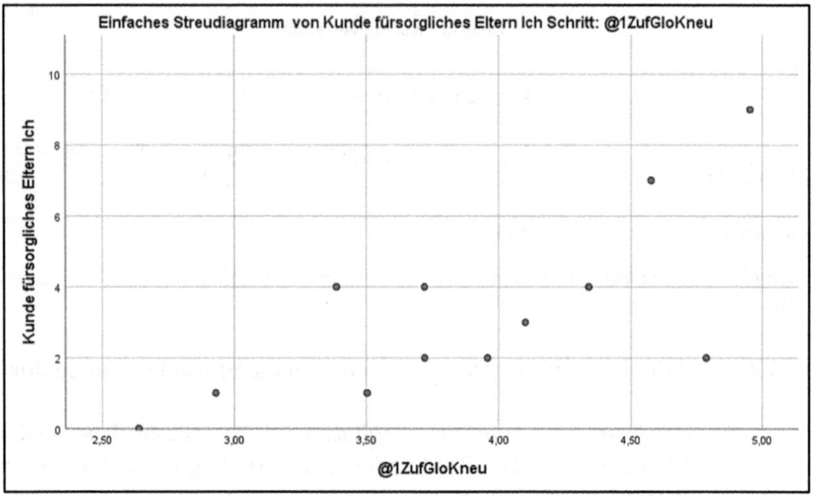

Abbildung 169: Gobalzufriedenheit/fürsorgliches Eltern-Ich (Quelle: Eigene Darstellung)

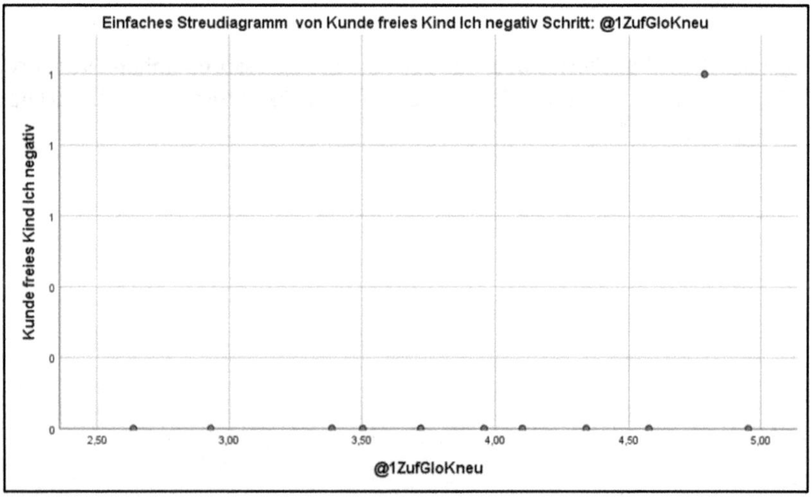

Abbildung 170: Gobalzufriedenheit/negatives freies Kind-Ich (Quelle: Eigene Darstellung)

Weder Abbildung 169 noch Abbildung 170 lassen Muster erkennen, die auf Nichtlinearität der Variablen schließen lassen würden.

Werden die standardisierten Residuen mit den standardisierten geschätzten Werten in einem Streudiagramm (Abbildung 171) betrachtet, um **Heteroskedastizität** zu überprüfen, lassen sich keine Muster erkennen. Daraus kann geschlossen werden, dass keine **Heteroskedastizität** vorliegt (vgl. Backhaus et al., 2018, S. 94f).

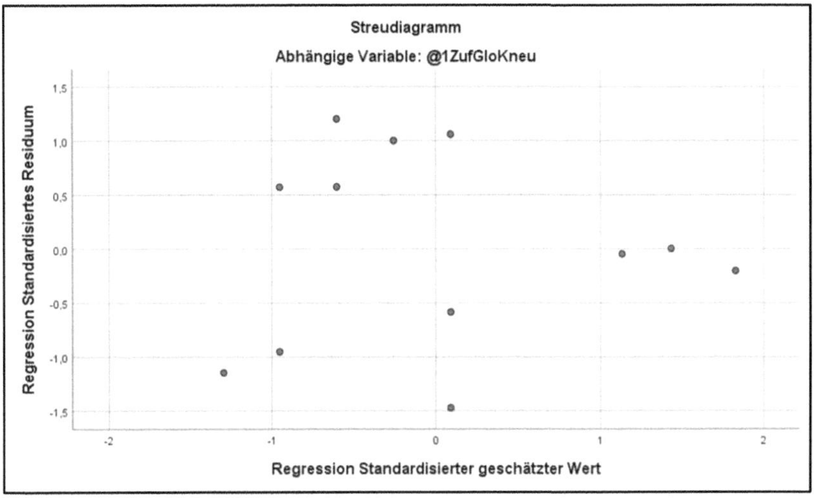

Abbildung 171: Streudiagramm: Standardisierte Residuen/standardisierter geschätzter Wert (Quelle: Eigene Darstellung)

Zur Aufdeckung von **Autokorrelation** empfiehlt es sich, wie bei Heteroskedastizität eine visuelle Inspektion der Residuen, indem diese gegen die geschätzten Werte, wie in Abbildung 171, geplottet werden (vgl. Backhaus et al., 2018, S. 97). Dabei lassen sich keine speziellen Muster erkennen und es scheint keine Autokorrelation vorzuliegen. Soll mit dem Durbin-Watson-Test geprüft (Tabelle 128) werden, ob Autokorrelation vorliegt, kann dies nicht ohne Weiteres gemacht werden, da keine Tabelle vorliegt, die mit nur 12 Untersuchungen und 25 Variablen Werte liefert. Da der Wert d=2,407 nahe an 2 liegt, gibt es auch keinen Hinweis auf eine klare Autokorrelation.

Modellzusammenfassung[c]

Modell	R	R-Quadrat	Korrigiertes R-Quadrat	Standardfehler des Schätzers	Durbin-Watson-Statistik
1	,715[a]	,511	,462	,52340	
2	,879[b]	,772	,722	,37640	2,407

a. Einflussvariablen: (Konstante), Kunde fürsorgliches Eltern-Ich
b. Einflussvariablen: (Konstante), Kunde fürsorgliches Eltern-Ich, Kunde freies Kind-Ich negativ
c. Abhängige Variable: @1ZufGloKneu

Tabelle 128: Modellzusammenfassung inklusive Durbin-Watson-Test (Quelle: Eigene Darstellung)

Multikollinearität kann anhand der Toleranzwerte oder der *Variance Inflation Factors* (VIF), die in Tabelle 129 dargestellt sind, festgestellt werden. Hinweise für Multikollinearität der Variablen sind Toleranzwerte nahe an 0 oder VIF-Werte ab 10 (vgl. Backhaus et al., 2018, S. 100). Da beides nicht gegeben ist, liegt im vorliegenden Fall keine Multikollinearität vor.

Koeffizienten[a]

Modell		Nicht standardisierte Koeffizienten		Standardisierte Koeffizienten			Kollinearitätsstatistik	
		Regressionskoeffizient B	Std.-Fehler	Beta	T	Sig.	Toleranz	VIF
1	(Konstante)	3,247	,249		13,062	,000		
	Kunde fürsorgliches Eltern-Ich	,196	,061	,715	3,230	,009	1,000	1,000
2	(Konstante)	3,071	,187		16,419	,000		
	Kunde fürsorgliches Eltern-Ich	,218	,044	,793	4,927	,001	,977	1,023
	Kunde freies Kind-Ich negativ	1,279	,398	,517	3,215	,011	,977	1,023

a. Abhängige Variable: @1ZufGloKneu

Tabelle 129: Variance Inflation Factors und Toleranzwerte (Quelle: Eigene Darstellung)

Die **Normalverteilung** der Residuen lässt sich augenscheinlich in Abbildung 172 prüfen.

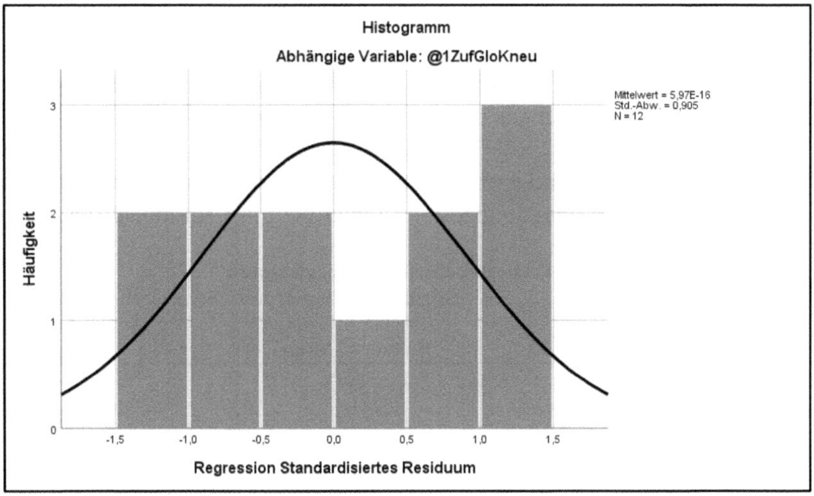

Abbildung 172: Histogramm: Normalverteilung (Quelle: Eigene Darstellung)

Da das Histogramm nicht eindeutig ist, wird die Normalverteilung zusätzlich anhand des Kolmogorov-Smirnov-Anpassungstests geprüft und bestätigt (Tabelle 130).

Kolmogorov-Smirnov-Anpassungstest

		Standardized Residual
N		12
Parameter der Normalverteilung[a,b]	Mittelwert	,0000000
	Std.-Abweichung	,90453403
Extremste Differenzen	Absolut	,153
	Positiv	,103
	Negativ	-,153
Statistik für Test		,153
Asymptotische Signifikanz (2-seitig)		,200[c,d]

a. Die zu testende Verteilung ist eine Normalverteilung.
b. Aus den Daten berechnet.
c. Signifikanzkorrektur nach Lilliefors.
d. Dies ist eine untere Grenze der echten Signifikanz.

Tabelle 130: Kolmogorov-Smirnov-Anpassungstest (Quelle: Eigene Darstellung)

10.2.1.6. Prüfung der Normalverteilung der Grundeinstellungen

➔ *Detaillierte Vertiefung des Kapitels 4.4.3* Einfluss von Grundeinstellungen auf die Globalzufriedenheit.

Die verschiedenen Grundeinstellungsdimensionen weisen, wie folgender Kolmogorov-Smirnov-Anpassungstest in Tabelle 131 zeigt, Normalverteilung auf.

Kolmogorov-Smirnov-Anpassungstest

		Grundeinstellung KD Selbst	Grundeinstellung KD Gegenüber	Grundeinstellung VK selbst	Grundeinstellung VK Gegenüber
N		36	36	36	36
Parameter der Normalverteilung[a,b]	Mittelwert	2,9444	2,5000	6,2500	9,6389
	Std.-Abweichung	4,38142	6,53562	4,31856	4,59287
Extremste Differenzen	Absolut	,333	,284	,155	,167
	Positiv	,333	,284	,142	,167
	Negativ	-,184	-,199	-,155	-,101
Statistik für Test		,333	,284	,155	,167
Asymptotische Signifikanz (2-seitig)		,000[c]	,000[c]	,029[c]	,012[c]

a. Die zu testende Verteilung ist eine Normalverteilung.
b. Aus den Daten berechnet.
c. Signifikanzkorrektur nach Lilliefors.

Tabelle 131: Test auf Normalverteilung (Quelle: Eigene Darstellung)

10.2.2. Prüfung der Voraussetzungen der nicht transaktionsanalytischen Modelle

10.2.2.1. Prämissenprüfung des Situationsmodells – Kooperativ vs kompetitiv

➔ *Detaillierte Vertiefung des Kapitels 4.4.5.1* – Situatives Regressionsmodell: Einfluss empfundener Kooperation auf die Globalzufriedenheit

In diesem Abschnitt sollen die Prämissen für ein mögliches Regressionsmodell hinsichtlich der kausalen Zusammenhänge zwischen der durch den Kunden empfundenen Kooperation des Verkäufers und der Globalzufriedenheit des Kunden nach dem Gespräch überprüft werden.

Die weitere Datenanalyse befasst sich dazu mit der Prüfung der Verletzung von Prämissen des folgenden Regressionsmodells. Dabei werden folgende Prämissenverletzungen untersucht (vgl. Backhaus et al., 2018, S. 90 S. 103): Multikollinearität, Autokorrelation, keine Homoskedastizität (Heteroskedastizität), keine Normalverteilung und Nicht-Linearität der Residuen.

Multikollinearität kann in diesem Regressionsmodell nicht vorliegen, da es nur eine unabhängige Variable gibt.

Heteroskedastizität liegt dann vor, „... wenn die Streuung der Residuen in einer Reihe von Werten der prognostizierten abhängigen Variablen nicht konstant ist“ (Backhaus et al., 2018, S. 94). Das bedeutet, die Störgröße darf weder von den unabhängigen Variablen noch von der Reihenfolge der Beobachtungen abhängig sein. Um eine mögliche Heteroskedastizität zu entdecken, wird gewöhnlich eine visuelle Betrachtung der Residuen vorgenommen. Zu diesem Zweck werden die Residuen gegen die geschätzten (prognostizierten) Werte von Y (hier: Globalzufriedenheit bzw. @1ZufGloKneu) geplottet. Liegt Heteroskedastizität vor, zeigt sich dies zumeist durch ein Dreiecksmuster (vgl. Backhaus et al., 2018, S. 94f).

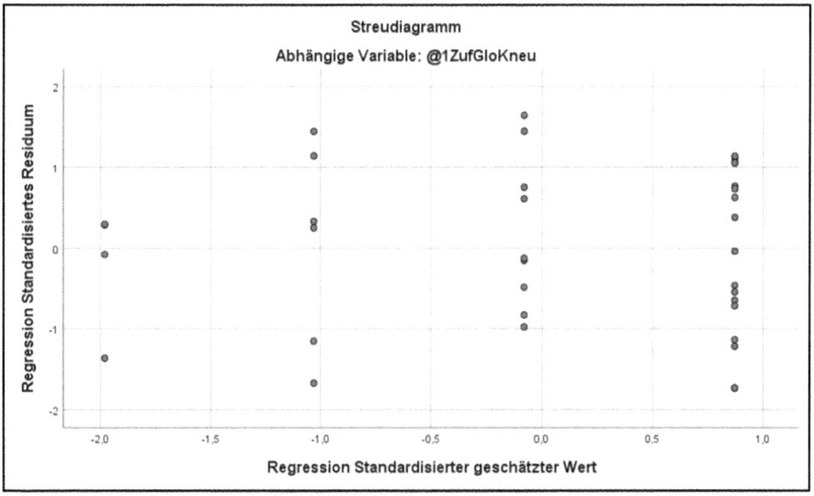

Abbildung 173: Streudiagramm: Standardisierte Residuen/standardisierter geschätzter Wert (Quelle: Eigene Darstellung)

In Abbildung 173 wird deutlich, dass kein Dreiecksmuster oder ein anderer systematischer Zusammenhang zwischen den prognostizierten (geschätzten) Werten der Globalzufriedenheit und den Residuen vorliegt. Beispiele von Streudiagrammen, bei denen Heteroskedastizität vorliegt, zeigen Backhaus et al. (vgl. 2018, S. 95). Vor diesem Hintergrund kann angenommen werden, dass kein Verstoß gegen die Prämisse der Homoskedastizität in der vorliegenden Untersuchung gegeben ist.

Das gilt auch für die Prämisse des Nichtvorliegens der **Autokorrelation.**

Es empfiehlt sich zur Aufdeckung der **Autokorrelation**, wie auch schon bei Heteroskedastizität, eine Inspektion der Residuen durchzuführen, indem diese gegen die geschätzten Werte, wie in Abbildung 173 dargestellt, geplottet werden (vgl. Backhaus et al., 2018, S. 97). Dabei sind augenscheinlich keine Muster in der Punktewolke zu erkennen. Es kann damit also davon ausgegangen werden, dass keine Autokorrelation vorliegt.

Auch der d-Wert (Durbin-Watson-Statistik) mit 1,784 zeigt bei einem Abgleich mit Tabelle 132 (n=36; k=1) ganz klar, dass keine Autokorrelation vorliegt.

n\k	1		2		3		4		5		6		7		8		9		10	
31	1.363	1.496	1.297	1.570	1.229	1.650	1.160	1.735	1.090	1.825	1.020	1.920	0.950	2.018	0.879	2.120	0.810	2.226	0.741	2.333
32	1.373	1.502	1.309	1.574	1.244	1.650	1.177	1.732	1.109	1.819	1.041	1.909	0.972	2.004	0.904	2.102	0.836	2.203	0.769	2.306
33	1.383	1.508	1.321	1.577	1.258	1.651	1.193	1.730	1.127	1.813	1.061	1.900	0.994	1.991	0.927	2.085	0.861	2.181	0.796	2.281
34	1.393	1.514	1.333	1.580	1.271	1.652	1.208	1.728	1.144	1.808	1.079	1.891	1.015	1.978	0.950	2.069	0.885	2.162	0.821	2.257
35	1.402	1.519	1.343	1.584	1.283	1.653	1.222	1.726	1.160	1.803	1.097	1.884	1.034	1.967	0.971	2.054	0.908	2.144	0.845	2.236
36	1.411	1.525	1.354	1.587	1.295	1.654	1.236	1.724	1.175	1.799	1.114	1.876	1.053	1.957	0.991	2.041	0.930	2.127	0.868	2.216
37	1.419	1.530	1.364	1.590	1.307	1.655	1.249	1.723	1.190	1.795	1.131	1.870	1.071	1.948	1.011	2.029	0.951	2.112	0.891	2.197
38	1.427	1.535	1.373	1.594	1.318	1.656	1.261	1.722	1.204	1.792	1.146	1.864	1.088	1.939	1.029	2.017	0.970	2.098	0.912	2.180
39	1.435	1.540	1.382	1.597	1.328	1.658	1.273	1.722	1.218	1.789	1.161	1.859	1.104	1.932	1.047	2.007	0.990	2.085	0.932	2.164
40	1.442	1.544	1.391	1.600	1.338	1.659	1.285	1.721	1.230	1.786	1.175	1.854	1.120	1.924	1.064	1.997	1.008	2.072	0.952	2.149
45	1.475	1.566	1.430	1.615	1.383	1.666	1.336	1.720	1.287	1.776	1.238	1.835	1.189	1.895	1.139	1.958	1.089	2.022	1.038	2.088
50	1.503	1.585	1.462	1.628	1.421	1.674	1.378	1.721	1.335	1.771	1.291	1.822	1.246	1.875	1.201	1.930	1.156	1.986	1.110	2.044
55	1.528	1.601	1.490	1.641	1.452	1.681	1.414	1.724	1.374	1.768	1.334	1.814	1.294	1.861	1.253	1.909	1.212	1.959	1.170	2.010
60	1.549	1.616	1.514	1.652	1.480	1.689	1.444	1.727	1.408	1.767	1.372	1.808	1.335	1.850	1.298	1.894	1.260	1.939	1.222	1.984
65	1.567	1.629	1.536	1.662	1.503	1.696	1.471	1.731	1.438	1.767	1.404	1.805	1.370	1.843	1.336	1.882	1.301	1.923	1.266	1.964
70	1.583	1.641	1.554	1.672	1.525	1.703	1.494	1.735	1.464	1.768	1.433	1.802	1.401	1.838	1.369	1.874	1.337	1.910	1.305	1.948
75	1.598	1.652	1.571	1.680	1.543	1.709	1.515	1.739	1.487	1.770	1.458	1.801	1.428	1.834	1.399	1.867	1.369	1.901	1.339	1.935
80	1.611	1.662	1.586	1.688	1.560	1.715	1.534	1.743	1.507	1.772	1.480	1.801	1.453	1.831	1.425	1.861	1.397	1.893	1.369	1.925
85	1.624	1.671	1.600	1.696	1.575	1.721	1.550	1.747	1.525	1.774	1.500	1.801	1.474	1.829	1.448	1.857	1.422	1.886	1.396	1.916
90	1.635	1.679	1.612	1.703	1.589	1.726	1.566	1.751	1.542	1.776	1.518	1.801	1.494	1.827	1.469	1.854	1.445	1.881	1.420	1.909
95	1.645	1.687	1.623	1.709	1.602	1.732	1.579	1.755	1.557	1.778	1.535	1.802	1.512	1.827	1.489	1.852	1.465	1.877	1.442	1.903
100	1.654	1.694	1.634	1.715	1.613	1.736	1.592	1.758	1.571	1.780	1.550	1.803	1.528	1.826	1.506	1.850	1.484	1.874	1.462	1.898
150	1.720	1.747	1.706	1.760	1.693	1.774	1.679	1.788	1.665	1.802	1.651	1.817	1.637	1.832	1.622	1.846	1.608	1.862	1.593	1.877
200	1.758	1.779	1.748	1.789	1.738	1.799	1.728	1.809	1.718	1.820	1.707	1.831	1.697	1.841	1.686	1.852	1.675	1.863	1.665	1.874

Tabelle 132: Durbin-Watson-Tabelle (du/do); Alpha = 0,05. (Quelle: Zaiontz, 2021, https://www.real-statistics.com/statistics-tables/durbin-watson-table/ [abgerufen am 07.02.2021])

Eine weitere Prämisse des Regressionsmodells ist die **Normalverteilung** der Störgrößen (vgl. Backhaus et al., 2018, S. 102f). Eine visuelle Überprüfung eines potenziellen Verstoßes gegen diese Prämisse kann anhand eines Histogramms der Residuen gemacht werden (Abbildung 174).

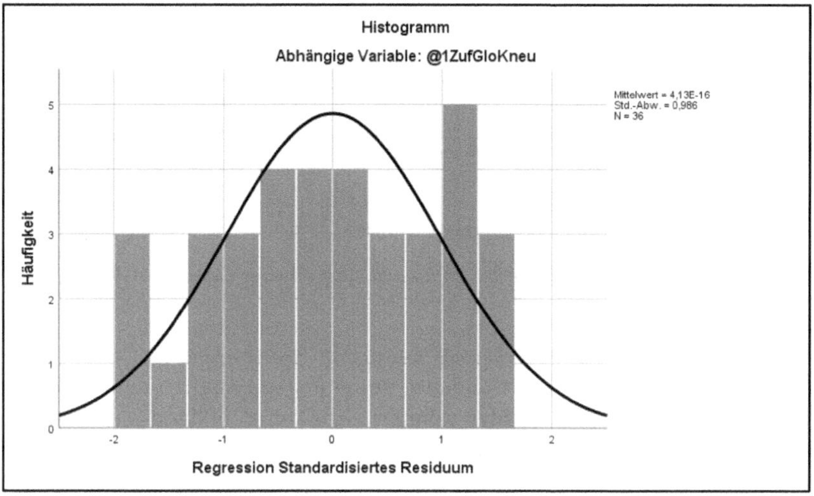

Abbildung 174: Histogramm: Normalverteilung (Quelle: Eigene Darstellung)

Nach dem Histogramm in Abbildung 174 kann vermutet werden, dass die Residuen normal verteilt sind. Über diese augenscheinliche Überprüfung hinaus kann auch der Kolmogorov-Smirnov-Anpassungstest (Tabelle 133) helfen, den Sachverhalt zu prüfen. Auf Basis des Ergebnisses dieses statistischen Prüfverfahrens kann angenommen werden, dass die standardisierten Residuen eine Normalverteilung haben (p=0,200). Damit liegt kein Verstoß gegen die Linearitätsprämisse des Regressionsmodells vor.

Kolmogorov-Smirnov-Anpassungstest

		Standardized Residual
N		36
Parameter der Normalverteilung[a,b]	Mittelwert	,0000000
	Std.-Abweichung	,98561076
Extremste Differenzen	Absolut	,101
	Positiv	,070
	Negativ	-,101
Statistik für Test		,101
Asymptotische Signifikanz (2-seitig)		,200[c,d]

a. Die zu testende Verteilung ist eine Normalverteilung.
b. Aus den Daten berechnet.
c. Signifikanzkorrektur nach Lilliefors.
d. Dies ist eine untere Grenze der echten Signifikanz.

Tabelle 133: Kolmogorov-Smirnov-Anpassungstest (Quelle: Eigene Darstellung)

Nichtlinearität zwischen Regressand und Regressoren kann auf vielfältige Art und Weise vorkommen. Nichtlineare Beziehungen zwischen den unabhängigen und abhängigen Variablen können nicht selten anhand einer visuellen Inspektion der Punktediagramme entdeckt werden (vgl. Backhaus et al., 2018, S. 91).

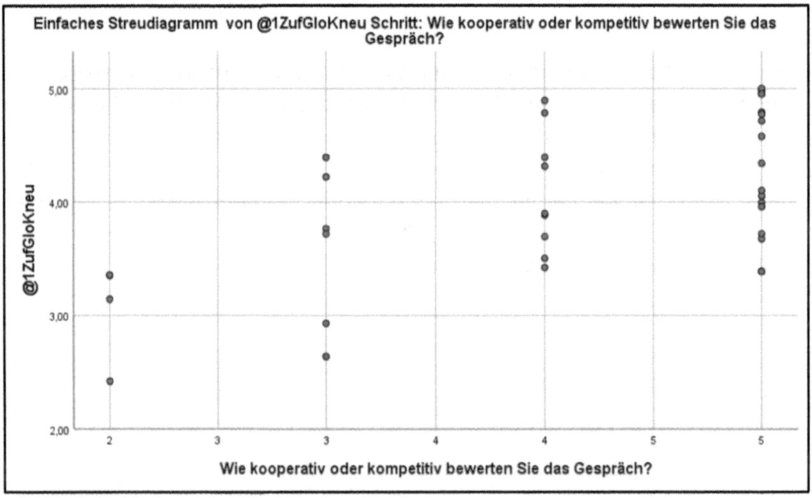

Abbildung 175: Streudiagramm: Globalzufriedenheit/Kooperation (Quelle: Eigene Darstellung)

Wird das Streudiagramm (Abbildung 175) betrachtet, können keine besonderen nichtlinearen Beziehungsverläufe entdeckt werden, welche sich anhand einer Häufung von Punktewerten in Form bestimmter Kurvenverläufe zeigen würden. Somit kann für die vorliegende Untersuchung angenommen werden, dass kein Verstoß gegen die Prämisse der Linearität vorliegt.

10.2.2.2. Prüfung der Bedingungen für intrapersonelle Kompetenzkriterien (Konstruktreliabilitäten und Prüfung auf Normalverteilung)

➔ *Detaillierte Vertiefung des Kapitels 4.4.5.2* – Intrapersonelle Faktoren (Korrelationsmodell): Einfluss der Persönlichkeit und der Verkäuferkompetenzen auf die Globalzufriedenheit

In diesem Abschnitt werden Prämissen für die weitere Untersuchung der Kompetenzkonstrukte und deren Verteilungsformen betrachtet.

Im Folgenden wird das Cronbach´sche Alpha der betrachteten möglichen Konstrukte analysiert und auf Reliabilität überprüft – zunächst für die aus den Fragebogen erhaltenen Daten der Selbsteinschätzung der Verkäufer (kategorisiert nach Persönlichkeitskompetenz, Fachkompetenz, Sozialkompetenz).

Persönlichkeitskompetenz
Im Bereich der **Persönlichkeitskompetenz** nach Selbsteinschätzung der Verkäufer können in Anlehnung an die Multi-Items nach Homburg et al. (2016, S. 269) reliable Konstrukte zu Kontaktfreudigkeit (Cronbachs Alpha = 0,764), Optimismus (Cronbachs Alpha = 0,754), Selbstwertgefühl (Cronbachs Alpha = 0,797) und Einfühlungsvermögen (Cronbachs Alpha = 0,817) gebildet werden.

Das Konstrukt der **Kontaktfreudigkeit** (Tabelle 134) wird anhand von vier Indikatoren gemessen. Daraus ergibt sich ein Cronbach´sches Alpha von 0,764, das als sehr gut bezeichnet werden kann.

Reliabilitätsstatistiken

Cronbachs Alpha	Cronbachs Alpha für standardisierte Items	Anzahl der Items
,764	,793	4

Tabelle 134: Konstrukt Kontaktfreudigkeit (Quelle: Eigene Darstellung)

Obwohl das Alpha erhöht werden könnte (Tabelle 135), fiel die Entscheidung dagegen aus.

Bezeichnung der Indikatoren	Item to Total Correlation
Ich empfinde Kundenkontakt als angenehm.	,639
Ich fühle mich bei der Interaktion mit Kunden wohl.	,604
Ich arbeite gerne im Kundenkontakt.	,639
Ich gehe von selbst auf Kunden zu.	,876

Tabelle 135: Informationen zum Konstrukt Kontaktfreudigkeit (Quelle: Eigene Darstellung)

Das Konstrukt des **Optimismus** (Tabelle 136) wird anhand von vier Indikatoren gemessen. Daraus ergibt sich ein Cronbach´sches Alpha von 0,754. Das kann als sehr gut bezeichnet werden.

Reliabilitätsstatistiken		
Cronbachs Alpha	Cronbachs Alpha für standardisierte Items	Anzahl der Items
,754	,773	5

Tabelle 136: Konstrukt Optimismus (Quelle: Eigene Darstellung)

Obwohl das Alpha leicht erhöht werden könnte (Tabelle 137), fiel die Entscheidung dagegen aus.

Bezeichnung der Indikatoren	Item to Total Correlation
Ich engagiere mich auch für neue Produkte, mit denen noch wenig Erfahrung besteht.	,779
Ich verarbeite negative Situationen mit Kunden schnell.	,656
Ich gehe neue Kunden ohne Angst an.	,726
Ich verliere auch in schwierigen Situationen nicht den Mut.	,700
Ich bringe eigene Ideen und Vorschläge in das Kundengespräch mit ein.	,656

Tabelle 137: Informationen zum Konstrukt Optimismus (Quelle: Eigene Darstellung)

Das Konstrukt bezüglich des **Selbstwertgefühls** (Tabelle 138) wird anhand von vier Indikatoren gemessen. Daraus ergibt sich ein Cronbach´sches Alpha von 0,797, das als sehr gut bezeichnet werden kann.

Reliabilitätsstatistiken		
Cronbachs Alpha	Cronbachs Alpha für standardisierte Items	Anzahl der Items
,797	,796	4

Tabelle 138: Konstrukt Selbstwertgefühl (Quelle: Eigene Darstellung)

Obwohl das Alpha leicht erhöht werden könnte (Tabelle 139), fiel die Entscheidung dagegen aus.

Bezeichnung der Indikatoren	**Item to Total Correlation**
Ich bin von meinen Fähigkeiten als Verkäufer überzeugt.	,766
Ich fühle mich in der Lage, den Kunden sachgerecht beraten zu können.	,697
Ich bin sicher, den Anforderungen des Kunden gerecht zu werden.	,653
Ich strahle Kompetenz aus.	,837

Tabelle 139: Informationen zum Konstrukt Selbstwertgefühl (Quelle: Eigene Darstellung)

Das Konstrukt bezüglich des **Einfühlungsvermögens** (Tabelle 140) wird anhand von vier Indikatoren gemessen. Daraus ergibt sich ein Cronbach´sches Alpha von 0,817, das als sehr gut bezeichnet werden kann.

Reliabilitätsstatistiken		
Cronbachs Alpha	Cronbachs Alpha für standardisierte Items	Anzahl der Items
,817	,816	4

Tabelle 140: Konstrukt Einfühlungsvermögen (Quelle: Eigene Darstellung)

Obwohl das Alpha leicht erhöht werden könnte (Tabelle 141: Informationen zum Konstrukt Einfühlungsvermögen (Quelle: Eigene Darstellung)
), fiel die Entscheidung dagegen aus.

Bezeichnung der Indikatoren	Item to Total Correlation
Ich orientiere mich beim Verkauf am Nutzen, den das Produkt für den Kunden hat.	,822
Ich kenne den Kaufprozess aus Kundensicht.	,871
Ich kann mich in den Kunden hineinversetzen.	,712
Ich kann die Perspektive des Kunden einnehmen.	,607

Tabelle 141: Informationen zum Konstrukt Einfühlungsvermögen (Quelle: Eigene Darstellung)

Sozialkompetenz

Im Bereich der **Sozialkompetenz** nach Selbsteinschätzung der Verkäufer können reliable Multi-Items-Konstrukte nach Homburg et al. (vgl. 2016, S. 278) zu Kommunikation und Wahrnehmung (Cronbachs Alpha = 0,669), Flexibilität (Cronbachs Alpha = 0,645) und Teamfähigkeit (Cronbachs Alpha = 0,720) gebildet werden. Das erhoffte Konstrukt der Freundlichkeit erbringt kein reliables Ergebnis und kann auch nicht durch Entfernung einzelner Items verbessert werden.

Da sich einerseits einige Autoren auch für niedrigere Grenzwerte aussprechen und sich andererseits in sehr angesehenen Marketingzeitschriften Messmodelle finden, in denen das Alpha deutlich unter 0,7 liegt (vgl. Homburg, 1995, S.81), kann vor diesem Hintergrund der Wert von 0,669 und 0,645 als akzeptabel bezeichnet werden (vgl. Angerer, 2003, S. 233).

Das Cronbach´sche Alpha bezüglich **Kommunikation und Wahrnehmung** liegt mit 0,669 unter dem empfohlenen Wert von 0,7 (Tabelle 142).

Reliabilitätsstatistiken

Cronbachs Alpha	Cronbachs Alpha für standardisierte Items	Anzahl der Items
,669	,675	6

Tabelle 142: Konstrukt Kommunikation und Wahrnehmung (Quelle: Eigene Darstellung)

Obwohl das Alpha durch Weglassen einzelner Items auf über 0,7 erhöht werden könnte (Tabelle 143), fiel die Entscheidung dagegen aus, um nahe an Homburgs et al. (vgl. 2016, S. 278) Konstrukt zu bleiben.

Bezeichnung der Indikatoren	Item to Total Correlation
Ich achte im Kundengespräch auf Einfachheit, Kürze und Prägnanz.	,700
Ich setze im Kundengespräch verschiedene Fragetypen gezielt ein.	,616
Ich achte darauf, dass die Körpersprache mit ihren verbalen Aussagen konsistent ist.	,703
Ich drücke mich auch bei komplexen Sachverhalten für den Kunden verständlich aus.	,593
Ich nehme die Signale der Körpersprache des Kunden wahr.	,581
Ich wende im Kundengespräch die Methode des aktiven Zuhörens an.	,532

Tabelle 143: Informationen zum Konstrukt Kommunikation und Wahrnehmung (Quelle: Eigene Darstellung)

Das Cronbach´sche Alpha bezüglich **Kommunikation und Wahrnehmung** liegt mit 0,645 unter dem empfohlenen Wert von 0,7 (Tabelle 144).

Reliabilitätsstatistiken

Cronbachs Alpha	Cronbachs Alpha für standardisierte Items	Anzahl der Items
,645	,636	4

Tabelle 144: Konstrukt Flexibilität (Quelle: Eigene Darstellung)

Obwohl das Alpha auch hier durch das Weglassen eines Items auf über 0,7 erhöht werden könnte (Tabelle 145), fiel die Entscheidung dagegen aus, um nahe an Homburgs et al. (vgl. 2016, S. 278) Konstrukt zu bleiben.

Bezeichnung der Indikatoren	Item to Total Correlation
Ich passe mein Verhalten der Gesprächssituation an.	,619
Ich kann mich gut auf Veränderung einstellen.	,152
Ich kann mich gut auf unterschiedliche Kundentypen einstellen.	,520
Ich verstehe es als meine Aufgabe, individuelle Problemlösungen für den Kunden zu finden.	,777

Tabelle 145: Informationen zum Konstrukt Flexibilität (Quelle: Eigene Darstellung)

Das Konstrukt bezüglich der **Teamfähigkeit** (Tabelle 146) wird anhand von vier Indikatoren gemessen. Daraus ergibt sich ein Cronbach´sches Alpha von 0,720, das als sehr gut bezeichnet werden kann.

Reliabilitätsstatistiken		
Cronbachs Alpha	Cronbachs Alpha für standardisierte Items	Anzahl der Items
,720	,733	4

Tabelle 146: Konstrukt Teamfähigkeit (Quelle: Eigene Darstellung)

Obwohl das Alpha leicht erhöht werden könnte (Tabelle 147), fiel die Entscheidung dagegen aus.

Bezeichnung der Indikatoren	Item to Total Correlation
Ich schätze es, Ideen innerhalb der Gruppe weiterzuentwickeln.	,734
Ich bin kritikfähig.	,663
Ich habe Commitment der Gruppe gegenüber.	,487
Ich kann mich in eine Gruppe integrieren.	,709

Tabelle 147: Informationen zum Konstrukt Teamfähigkeit (Quelle: Eigene Darstellung)

Das erhoffte Konstrukt der **Freundlichkeit** erbringt kein reliables Ergebnis (Tabelle 148) und kann auch nicht durch Entfernen einzelner Items verbessert werden. Es wird deswegen aus der folgenden Untersuchung entfernt.

Reliabilitätsstatistiken		
Cronbachs Alpha[a]	Cronbachs Alpha für standardisierte Items[a]	Anzahl der Items
-1,210	-,740	4

a. Der Wert ist negativ aufgrund einer negativen mittleren Kovarianz zwischen den Items. Dies verstößt gegen die Annahmen über die Zuverlässigkeit des Modells. Sie sollten die Item-Kodierungen überprüfen.

Tabelle 148: Konstrukt Freundlichkeit (Quelle: Eigene Darstellung)

Fachkompetenz

Im Bereich der **Fachkompetenz** nach Selbsteinschätzung der Verkäufer können reliable Multi-Items-Konstrukte in Anlehnung an Homburg et al. (vgl. 2016, S. 285f) zu Verkaufsprozesswissen (Cronbachs Alpha = 0,889) und betriebswirtschaftlichen Kenntnissen (Cronbachs Alpha = 0,710) gebildet werden. Die erhofften Konstrukte zu **Selbstorganisation** (Tabelle 149), **Kundenkenntnissen** (Tabelle 150), **Marktkenntnissen** (Tabelle 151) und **Produktkenntnissen** (Tabelle 152) ergeben kein reliables Ergebnis und können auch nicht durch Entfernen einzelner Items in einen akzeptablen Bereich gebracht werden.

Reliabilitätsstatistiken

Cronbachs Alpha	Cronbachs Alpha für standardisierte Items	Anzahl der Items
,415	,411	4

Tabelle 149: Konstrukt Selbstorganisation (Quelle: Eigene Darstellung)

Reliabilitätsstatistiken

Cronbachs Alpha	Cronbachs Alpha für standardisierte Items	Anzahl der Items
,492	,491	4

Tabelle 150: Konstrukt Kundenwissen (Quelle: Eigene Darstellung)

Reliabilitätsstatistiken

Cronbachs Alpha	Cronbachs Alpha für standardisierte Items	Anzahl der Items
,529	,533	4

Tabelle 151: Konstrukt Marktkenntnisse (Quelle: Eigene Darstellung)

Reliabilitätsstatistiken

Cronbachs Alpha	Cronbachs Alpha für standardisierte Items	Anzahl der Items
,396	,398	4

Tabelle 152: Konstrukt Produktwissen (Quelle: Eigene Darstellung)

Das Konstrukt bezüglich des **Verkaufsprozesswissens** (Tabelle 153) wird anhand von sieben Indikatoren gemessen. Daraus ergibt sich ein Cronbach´sches Alpha von 0,889, das als sehr gut bezeichnet werden kann.

Reliabilitätsstatistiken

Cronbachs Alpha	Cronbachs Alpha für standardisierte Items	Anzahl der Items
,889	,902	7

Tabelle 153: Konstrukt Verkaufsprozesswissen (Quelle: Eigene Darstellung)

Obwohl das Alpha durch Weglassen eines Items leicht erhöht werden könnte (Tabelle 154), fiel die Entscheidung dagegen aus.

Bezeichnung der Indikatoren	Item to Total Correlation
Ich kann meine Gesprächspartner bereits nach kurzer Zeit beurteilen und ihre Vorbehalte und Unsicherheiten erkennen und abbauen.	,856
Ich beherrsche Verhandlungstaktiken und Verkaufstechniken (Präsentationstechniken, rhetorische Methoden und Closing-Techniken).	,865
Ich kann mein Wissen (z. B. über Kunden) in logischen Hierarchien organisieren.	,862
Ich nutze meine Erfahrungen durch einen Vergleich der aktuellen Verkaufssituation mit vergangenen Verkaufssituationen.	,913
Ich sammle systematisch Informationen über frühere Verkaufssituationen.	,879
Ich bin in der Lage, „Anfasser" beim Kunden zu erkennen und zu nutzen.	,849
Ich bilde gedankliche Kategorien für erlebte Verkaufssituationen.	,878

Tabelle 154: Informationen zum Konstrukt Verkaufsprozesswissen (Quelle: Eigene Darstellung)

Das Konstrukt bezüglich der **betriebswirtschaftlichen Kenntnisse** (Tabelle 155) wird anhand von vier Indikatoren gemessen. Daraus ergibt sich ein Cronbach´sches Alpha von 0,710, das als sehr gut bezeichnet werden kann.

Reliabilitätsstatistiken

Cronbachs Alpha	Cronbachs Alpha für standardisierte Items	Anzahl der Items
,710	,736	4

Tabelle 155: Konstrukt betriebswirtschaftliche Kenntnisse (Quelle: Eigene Darstellung)

Obwohl das Alpha durch Weglassen eines Items erhöht werden könnte (Tabelle 156), fiel die Entscheidung dagegen aus.

Bezeichnung der Indikatoren	Item to Total Correlation
Ich kann Kostenwirkungen meines Handelns abschätzen.	,705
Ich kenne die internen Kostenstrukturen des Unternehmens.	,838
Ich durchschaue die Kostenstrukturen meiner Kunden.	,350
Ich bin in der Lage, die Wirtschaftlichkeit von Leistungsangeboten für den Kunden zu bewerten (z. B. durch Kosten-/Nutzenrechnungen).	,584

Tabelle 156: Informationen zum Konstrukt betriebswirtschaftliche Kenntnisse (Quelle: Eigene Darstellung)

Kompetenzen Verkäuferbewertung des Käufers

Im Folgenden wird das Cronbach´sche Alpha der in den Fragebögen betrachteten möglichen Konstrukte analysiert und auf Reliabilität überprüft. Die vom Kunden erhaltenen Daten werden der empfundenen Verkäuferkompetenzen (kategorisiert nach Persönlichkeitskompetenz, Fachkompetenz, Sozialkompetenz) betrachtet.

Persönlichkeitskompetenz

Im Bereich der **Persönlichkeitskompetenz** der Verkäufer nach Einschätzung der Kunden können reliable Multi-Item-Konstrukte in Anlehnung an Homburg et al. (vgl. 2016, S. 269) zu **Kontaktfreudigkeit** (Cronbachs Alpha = 0,936), **Optimismus** (Cronbachs Alpha = 0,942), **Einfühlungsvermögen** (Cronbachs Alpha = 0,931) und **Selbstwertgefühl** (Cronbachs Alpha = 0,882) gebildet werden.

Das Konstrukt bezüglich der **Kontaktfreudigkeit** (Tabelle 157) wird anhand von vier Indikatoren gemessen. Daraus ergibt sich ein Cronbach´sches Alpha von 0,936, das als sehr gut bezeichnet werden kann.

Reliabilitätsstatistiken

Cronbachs Alpha	Anzahl der Items
,936	4

Tabelle 157: Konstrukt Kontaktfreudigkeit (Quelle: Eigene Darstellung)

Das Konstrukt kann nicht durch Weglassen einzelner Items erhöht werden (Tabelle 158).

Bezeichnung der Indikatoren	Item to Total Correlation
... empfindet Kundenkontakt als angenehm.	,932
... geht von selbst auf Kunden zu.	,906
... arbeitet gerne im Kundenkontakt.	,915
... fühlt sich bei der Interaktion mit Kunden wohl.	,916

Tabelle 158: Informationen zum Konstrukt Kontaktfreudigkeit (Quelle: Eigene Darstellung)

Das Konstrukt bezüglich **Optimismus** (Tabelle 159) wird anhand von fünf Indikatoren gemessen. Daraus ergibt sich ein Cronbach´sches Alpha von 0,942, das als sehr gut bezeichnet werden kann.

Reliabilitätsstatistiken

Cronbachs Alpha	Anzahl der Items
,942	5

Tabelle 159: Konstrukt Optimismus (Quelle: Eigene Darstellung)

Das Konstrukt kann nicht durch Weglassen einzelner Items erhöht werden (Tabelle 160).

Bezeichnung der Indikatoren	Item to Total Correlation
... verliert auch in schwierigen Situationen nicht den Mut.	,939
... verarbeitet negative Situationen mit Kunden schnell.	,932
... geht neue Kunden ohne Angst an.	,923
... engagiert sich auch für neue Produkte, mit denen noch wenig Erfahrung besteht.	,916
... bringt eigene Ideen und Vorschläge in das Kundengespräch mit ein.	,931

Tabelle 160: Informationen zum Konstrukt Optimismus (Quelle: Eigene Darstellung)

Das Konstrukt bezüglich **Einfühlungsvermögens** (Tabelle 161) wird anhand von vier Indikatoren gemessen. Daraus ergibt sich ein Cronbach´sches Alpha von 0,931, das als sehr gut bezeichnet werden kann.

Reliabilitätsstatistiken

Cronbachs Alpha	Anzahl der Items
,931	4

Tabelle 161: Konstrukt Einfühlungsvermögen (Quelle: Eigene Darstellung)

Das Konstrukt kann nicht durch Weglassen einzelner Items erhöht werden (Tabelle 162).

Bezeichnung der Indikatoren	Item to Total Correlation
... orientiert sich beim Verkauf am Nutzen, den das Produkt für den Kunden hat.	,909
... kann sich in den Kunden hineinversetzen.	,895
... kennt den Kaufprozess aus Kundensicht.	,926
... kann die Perspektive des Kunden einnehmen.	,912

Tabelle 162: Informationen zum Konstrukt Einfühlungsvermögen (Quelle: Eigene Darstellung)

Das Konstrukt bezüglich **Selbstwertgefühl** (Tabelle 163) wird anhand von vier Indikatoren gemessen. Daraus ergibt sich ein Cronbach´sches Alpha von 0,882, das als sehr gut bezeichnet werden kann.

Reliabilitätsstatistiken

Cronbachs Alpha	Anzahl der Items
,882	4

Tabelle 163: Konstrukt Selbstwertgefühl (Quelle: Eigene Darstellung)

Das Konstrukt kann nicht durch Weglassen einzelner Items erhöht werden (Tabelle 164).

Bezeichnung der Indikatoren	Item to Total Correlation
... ist von seinen Fähigkeiten als Verkäufer überzeugt.	,850
... strahlt Kompetenz aus.	,856
... fühlt sich in der Lage, den Kunden sachgerecht beraten zu können.	,857
... ist sicher, den Anforderungen des Kunden gerecht zu werden.	,833

Tabelle 164: Informationen zum Konstrukt Selbstwertgefühl (Quelle: Eigene Darstellung)

Im Bereich der **Sozialkompetenz** der Verkäufer können nach Einschätzung der Kunden in Anlehnung an Homburg et al. (vgl. 2016, S. S. 278) folgende reliable Multi-Item-Konstrukte gebildet werden: Kommunikation und Wahrnehmungsfähigkeit (Cronbachs Alpha = 0,883), Flexibilität (Cronbachs Alpha = 0,947) und Teamfähigkeit (Cronbachs Alpha = 0,929). Das erhoffte Konstrukt zu Freundlichkeit ergibt keine reliablen Ergebnisse und kann auch nicht durch Terminierung einzelner Items in einen akzeptablen Bereich gebracht werden.

Das Konstrukt bezüglich der **Kommunikation und Wahrnehmung** (Tabelle 165) wird anhand von sechs Indikatoren gemessen. Daraus ergibt sich ein Cronbach´sches Alpha von 0,883, das als sehr gut bezeichnet werden kann.

Reliabilitätsstatistiken

Cronbachs Alpha	Anzahl der Items
,883	6

Tabelle 165: Konstrukt Kommunikation und Wahrnehmung (Quelle: Eigene Darstellung)

Das Konstrukt kann nicht durch Weglassen einzelner Items erhöht werden (Tabelle 166).

Bezeichnung der Indikatoren	**Item to Total Correlation**
... achtet im Kundengespräch auf Einfachheit, Kürze und Prägnanz.	,867
... drückt sich auch bei komplexen Sachverhalten für den Kunden verständlich aus.	,868
... setzt im Kundengespräch verschiedene Fragetypen gezielt ein.	,865
... wendet im Kundengespräch die Methode des aktiven Zuhörens an.	,874
... achtet darauf, dass die Körpersprache mit seinen verbalen Aussagen konsistent ist.	,849
... nimmt die Signale der Körpersprache des Kunden wahr.	,849

Tabelle 166: Informationen zum Konstrukt Kommunikation und Wahrnehmung (Quelle: Eigene Darstellung)

Es wird versucht, das Konstrukt bezüglich der **Freundlichkeit** (Tabelle 167) anhand von vier Indikatoren zu bilden. Daraus ergibt sich ein Cronbach´sches Alpha von 0,292 und bildet kein reliables Konstrukt.

Reliabilitätsstatistiken

Cronbachs Alpha	Anzahl der Items
,292	4

Tabelle 167: Konstrukt Freundlichkeit (Quelle: Eigene Darstellung)

Auch durch Weglassen eines Items wird kein akzeptabler Wert erreicht (Tabelle 168). Somit wird Freundlichkeit in der folgenden Untersuchung nicht weiter betrachtet.

Bezeichnung der Indikatoren	Item to Total Correlation
... lässt den Kunden ausreden.	,341
... schafft im Kundengespräch eine angenehme Atmosphäre.	-,270[a]
... spricht den Kunden häufig mit seinem Namen an.	,329
... ist auch freundlich zu Kunden, wenn diese unhöflich oder unfreundlich sind.	,257

Tabelle 168: Informationen zum Konstrukt Freundlichkeit (Quelle: Eigene Darstellung)

Das Konstrukt bezüglich der **Flexibilität** (Tabelle 169) wird anhand von fünf Indikatoren gemessen. Daraus ergibt sich ein Cronbach´sches Alpha von 0,947, das als sehr gut bezeichnet werden kann.

Reliabilitätsstatistiken	
Cronbachs Alpha	Anzahl der Items
,947	5

Tabelle 169: Konstrukt Flexibilität (Quelle: Eigene Darstellung)

Obwohl das Alpha auch hier durch das Weglassen eines Items leicht erhöht werden könnte (Tabelle 170), fiel die Entscheidung dagegen aus, um nahe an Homburgs et al. (vgl. 2016, S. 278) Konstrukt zu bleiben.

Bezeichnung der Indikatoren	Item to Total Correlation
... kann sich gut auf Veränderung einstellen.	,936
... kann sich gut auf unterschiedliche Kundentypen einstellen.	,924
... passt sein Verhalten gegenüber den Kunden an die derzeitige Qualität der Geschäftsbeziehung an.	,931
... passt sein Verhalten der Gesprächssituation an.	,930
... versteht es als seine Aufgabe, individuelle Problemlösungen für den Kunden zu finden.	,951

Tabelle 170: Informationen zum Konstrukt Flexibilität (Quelle: Eigene Darstellung)

Das Konstrukt bezüglich der **Teamfähigkeit** (Tabelle 171) wird anhand von vier Indikatoren gemessen. Daraus ergibt sich ein Cronbach´sches Alpha von 0,947, das als sehr gut bezeichnet werden kann.

Reliabilitätsstatistiken	
Cronbachs Alpha	Anzahl der Items
,929	4

Tabelle 171: Konstrukt Teamfähigkeit (Quelle: Eigene Darstellung)

Obwohl das Alpha auch hier durch das Weglassen eines Items leicht erhöht werden könnte (Tabelle 172), fiel die Entscheidung dagegen aus, um nahe an Homburgs et al. (vgl. 2016, S. 278) Konstrukt zu bleiben.

Bezeichnung der Indikatoren	Item to Total Correlation
... ist kritikfähig.	,931
... hat Commitment der Gruppe gegenüber.	,905
... kann sich in eine Gruppe integrieren.	,896
... schätzt es, Ideen innerhalb der Gruppe weiterzuentwickeln	,896

Tabelle 172: Informationen zum Konstrukt Teamfähigkeit (Quelle: Eigene Darstellung)

Im Bereich der **Fachkompetenz** der Verkäufer nach Einschätzung der Kunden können reliable Multi-Item-Konstrukte in Anlehnung an Homburg et al. (vgl. 2016, S. 285f) zu Selbstorganisation (Cronbachs Alpha = 0,923), Produktkenntnissen (Cronbachs Alpha = 0,924), Kundenkenntnissen (Cronbachs Alpha = 0,930), Marktkenntnissen (Cronbachs Alpha = 0,924), betriebswirtschaftlichen Kenntnissen (Cronbachs Alpha = 0,970) und verkaufsprozessbezogenen Kenntnissen (Cronbachs Alpha = 0,951) gebildet werden.

Das Konstrukt bezüglich der **Selbstorganisation** (Tabelle 173) wird anhand von vier Indikatoren gemessen. Daraus ergibt sich ein Cronbach´sches Alpha von 0,923, das als sehr gut bezeichnet werden kann.

Reliabilitätsstatistiken	
Cronbachs Alpha	Anzahl der Items
,923	4

Tabelle 173: Konstrukt Selbstorganisation (Quelle: Eigene Darstellung)

Obwohl das Alpha auch hier durch das Weglassen eines Items leicht erhöht werden könnte (Tabelle 174), fiel die Entscheidung dagegen aus, um nahe an Homburgs et al. (vgl. 2016, S. 278) Konstrukt zu bleiben.

Bezeichnung der Indikatoren	Item to Total Correlation
... setzt klare Ziele und Prioritäten für die eigene Arbeit.	1,000
... hat eine funktionierende Termin- und Routenplanung.	,837
... hat seinen Arbeitsplatz (Ablage, Wiedervorlage usw.) gut organisiert.	,837
... geht effizient und effektiv mit E-Mails um.	,837

Tabelle 174: Informationen zum Konstrukt Selbstorganisation (Quelle: Eigene Darstellung)

Das Konstrukt bezüglich der **Produktkenntnisse** (Tabelle 175) wird anhand von vier Indikatoren gemessen. Daraus ergibt sich ein Cronbach´sches Alpha von 0,924, das als sehr gut bezeichnet werden kann.

Reliabilitätsstatistiken

Cronbachs Alpha	Anzahl der Items
,924	4

Tabelle 175: Konstrukt Produktkenntnisse (Quelle: Eigene Darstellung)

Auch hier könnte das Alpha durch Weglassen eines Items leicht erhöht werden (Tabelle 176). Auch hier fiel die Entscheidung dagegen aus.

Bezeichnung der Indikatoren	Item to Total Correlation
... überschaut das Produktspektrum des Kunden.	,889
... kennt Merkmale und Leistungsfähigkeit der einzelnen Produkte.	,934
... ist in der Lage, aus einzelnen Produkten umfassende Problemlösungen für den Kunden zu bilden.	,881
... kennt sich auch mit Produkten des Wettbewerbs aus.	,895

Tabelle 176: Informationen zum Konstrukt Produktkenntnisse (Quelle: Eigene Darstellung)

Das Konstrukt bezüglich der **Kundenkenntnisse** (Tabelle 177) wird anhand von vier Indikatoren gemessen. Daraus ergibt sich ein Cronbach´sches Alpha von 0,930, das als sehr gut bezeichnet werden kann.

Reliabilitätsstatistiken

Cronbachs Alpha	Anzahl der Items
,930	4

Tabelle 177: Konstrukt Kundenkenntnisse (Quelle: Eigene Darstellung)

Das Konstrukt kann nicht durch Weglassen einzelner Items erhöht werden (Tabelle 178).

Bezeichnung der Indikatoren	Item to Total Correlation
... weiß, wofür und wie der Kunde das Produkt nutzt.	,927
... kennt den Wertschöpfungsprozess des Kunden und durchschaut, welche Bedeutung die eigenen Produkte in diesem Prozess haben.	,890
... kennt die maßgeblichen Entscheidungsträger beim Kunden sowie ihre Entscheidungskriterien.	,903
... kennt die Märkte, auf denen der Kunde aktiv ist.	,915

Tabelle 178: Informationen zum Konstrukt Kundenkenntnisse (Quelle: Eigene Darstellung)

Das Konstrukt bezüglich der **Marktkenntnisse** (Tabelle 179) wird anhand von vier Indikatoren gemessen. Daraus ergibt sich ein Cronbach´sches Alpha von 0,941, das als sehr gut bezeichnet werden kann.

Reliabilitätsstatistiken

Cronbachs Alpha	Anzahl der Items
,941	4

Tabelle 179: Konstrukt Marktkenntnisse (Quelle: Eigene Darstellung)

Auch hier könnte das Alpha durch Weglassen eines Items leicht erhöht werden (Tabelle 180), die Entscheidung fiel dagegen aus.

Bezeichnung der Indikatoren	Item to Total Correlation
... hat ein realistisches Bild von der Marktposition des eigenen Unternehmens.	,910
... ist über die Wettbewerbsaktivität gut informiert.	,935
... überblickt marktrelevante Tendenzen und Veränderungen (z. B. konjunktureller, technologischer und rechtlicher Art).	,903
... beobachtet auch potenzielle Märkte sorgfältig.	,944

Tabelle 180: Informationen zum Konstrukt Marktkenntnisse (Quelle: Eigene Darstellung)

Das Konstrukt bezüglich der **betriebswirtschaftlichen Kenntnisse** (Tabelle 181) wird anhand von vier Indikatoren gemessen. Daraus ergibt sich ein Cronbach´sches Alpha von 0,970, das als sehr gut bezeichnet werden kann.

Reliabilitätsstatistiken	
Cronbachs Alpha	Anzahl der Items
,970	4

Tabelle 181: Konstrukt betriebswirtschaftliche Kenntnisse (Quelle: Eigene Darstellung)

Auch hier könnte das Alpha durch Weglassen eines Items leicht erhöht werden (Tabelle 182), die Entscheidung fiel dagegen aus.

Bezeichnung der Indikatoren	**Item to Total Correlation**
... kennt die internen Kostenstrukturen des Unternehmens.	,968
... kann Kostenwirkungen seines Handelns abschätzen.	,971
... durchschaut die Kostenstrukturen seiner Kunden.	,947
... ist in der Lage, die Wirtschaftlichkeit von Leistungsangeboten für den Kunden zu bewerten (z. B. durch Kosten-/Nutzenrechnungen).	,956

Tabelle 182: Informationen zum Konstrukt betriebswirtschaftliche Kenntnisse (Quelle: Eigene Darstellung)

Das Konstrukt bezüglich der **verkaufsprozessbezogenen Kenntnisse** (Tabelle 183) wird anhand von sieben Indikatoren gemessen. Daraus ergibt sich ein Cronbach´sches Alpha von 0,951, das als sehr gut bezeichnet werden kann.

Reliabilitätsstatistiken	
Cronbachs Alpha	Anzahl der Items
,951	7

Tabelle 183: Konstrukt verkaufsprozessbezogene Kenntnisse (Quelle: Eigene Darstellung)

Das Konstrukt kann nicht durch Weglassen einzelner Items erhöht werden (Tabelle 184).

Bezeichnung der Indikatoren	Item to Total Correlation
... kann seine Gesprächspartner bereits nach kurzer Zeit beurteilen und ihre Vorbehalte und Unsicherheiten erkennen und abbauen.	,946
... ist in der Lage, „Anfasser" beim Kunden zu erkennen und zu nutzen.	,942
... beherrscht Verhandlungstaktiken und Verkaufstechniken (Präsentationstechniken, rhetorische Methoden und Closing-Techniken).	,945
... bildet gedankliche Kategorien für erlebte Verkaufssituationen.	,943
... kann sein Wissen (z. B. über Kunden) in logischen Hierarchien organisieren.	,945
... sammelt systematisch Informationen über frühere Verkaufssituationen.	,946
... nutzt seine Erfahrungen durch einen Vergleich der aktuellen Verkaufssituationen mit vergangenen Verkaufssituationen.	,934

Tabelle 184: Informationen zum Konstrukt verkaufsprozessbezogener Kenntnisse (Quelle: Eigene Darstellung)

Normalverteilung

Tabelle 185 zeigt, dass von den zuvor identifizierten Konstrukten bezüglich der Kundeneinschätzung lediglich Kommunikations- und Wahrnehmungsfähigkeit sowie die empfundene Flexibilität des Verkäufers eine Normalverteilung aufweisen.

	Kompetenzen	Asymptotische Signifikanz (2-seitig)
Kolmogorov-Smirnov-Anpassungstest		
	@4PKonKnew	,000[c]
	@4POPtKnew	,002[c]
	@4PEmpKnew	,000[c]
	@4PSelbKnew	,001[c]
	@4SKomKnew	**,200[c,d]**
	@4SFLXKnew	**,114[c]**
	@4STeamKnew	,000[c]
	@4FOrgKnew	,037[c]
	@4FProdKnew	,000[c]
	@4FKDKnew	,000[c]
	@4FMarktKnew	,000[c]
	@4FBWLKnew	,033[c]
	@4FSalesPKnew	,001[c]

Tabelle 185: Kolmogorov-Smirnov-Anpassungstest der Kundeneinschätzung der Verkäuferkompetenzen auf Normalverteilung (Quelle: Eigene Darstellung)

Tabelle 186 zeigt, dass von den zuvor identifizierten Konstrukten bezüglich der Selbsteinschätzung der Verkäufer keines der Konstrukte eine Normalverteilung aufweist. Wird der Mittelwert der Globalzufriedenheiten aller Gespräche, die von einem Verkäufer geführt wurden, gebildet, sind diese normalverteilt.

	Kompetenzen	Asymptotische Signifikanz (2-seitig)
Kolmogorov-Smirnov-Anpassungstest		
	Durchschnittliche Zufriedenheit der Verkäufer	**,200[c,d]**
	V4PKonKneu	,000[c]
	V4POptKneu	,000[c]
	V4PSelbKneu	,000[c]
	V4PEmpKneu	,000[c]
	V4SKomKneu	,000[c]
	V4SFlxKneu_1	,002[c]
	V4STeamKneu	,000[c]
	V4FBWLKneu	,005[c]
	V4FSalPKneu	,030[c]

Tabelle 186: Kolmogorov-Smirnov-Anpassungstest der Selbsteinschätzung der Verkäuferkompetenzen auf Normalverteilung (Quelle: Eigene Darstellung)

10.2.3. Prämissenprüfung des Profitabilitätsmodells

➔ *Detaillierte Vertiefung des Kapitels 4.4.6* – Analyse der Wirkung des Profitabilitätsmodells: Wirkung der Globalzufriedenheit auf den wirtschaftlichen Erfolg

Die weitere Untersuchung beschäftigt sich mit der Prüfung einer Prämissenverletzung des Regressionsmodells, das den Einfluss der Globalzufriedenheit der Kunden auf den wirtschaftlichen Erfolg der Verkäufer untersucht.

Dazu werden folgende Prämissenverletzungen untersucht (vgl. Backhaus et al., 2018, S. 90, S. 103): Multikollinearität, Nicht-Linearität, Heteroskedastizität, Autokorrelation und keine Normalverteilung der Residuen.

Von Multikollinearität wird gesprochen, wenn unabhängige Variablen stark miteinander korrelieren, also abhängig voneinander sind (vgl. Backhaus et al., 2018, S. 98). Da im zugrunde liegenden Modell nur eine unabhängige Variable gegeben ist, kann kein Verstoß gegen die Prämisse der Multikollinearität vorliegen.

Nichtlinearität zwischen Regressand und Regressoren kann auf vielfältige Art und Weise vorkommen. Nichtlineare Beziehungen zwischen den unabhängigen und abhängigen Variablen können nicht selten anhand einer visuellen Inspektion der Punktediagramme entdeckt werden (Abbildung 176) (vgl. Backhaus et al., 2018, S. 91).

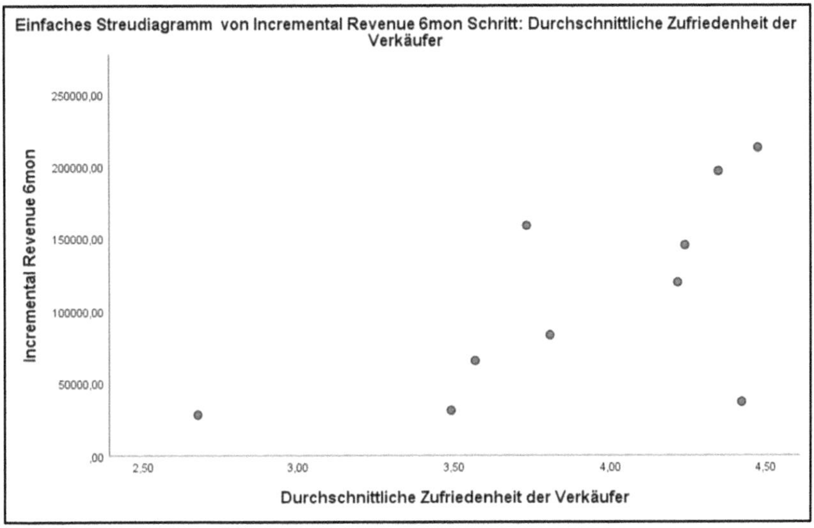

Abbildung 176: Streudiagramm: Incremental Revenue 6mon/durchschnittliche Zufriedenheit mit den Verkäufern (Quelle: Eigene Darstellung)

Wird das Streudiagramm (Abbildung 176) betrachtet, kann kein spezieller nichtlinearer Beziehungsverlauf erkannt werden, der sich anhand einer Häufung von Punktwerten in Form bestimmter Kurvenverläufe zeigen würde. Somit kann für die vorliegende Untersuchung angenommen werden, dass kein Verstoß gegen die Prämisse der Linearität vorliegt.

Heteroskedastizität liegt dann vor, „...wenn die Streuung der Residuen in einer Reihe von Werten der prognostizierten abhängigen Variablen nicht konstant ist“ (Backhaus et al., 2018, S. 94). Das bedeutet, die Störgröße darf weder von den unabhängigen Variablen noch von der Reihenfolge der Beobachtungen abhängig sein. Um eine mögliche Heteroskedastizität zu entdecken, wird gewöhnlich eine visuelle Betrachtung der Residuen vorgenommen. Zu diesem Zweck werden die Residuen gegen die geschätzten (prognostizierten) Werte von Y (hier wirtschaftlicher Erfolg bzw. *Incremental Revenue 6 mon*) geplottet. Liegt Heteroskedastizität vor, zeigt sich dies zumeist durch ein Dreiecksmuster (vgl. Backhaus et al., 2018, S. 94f).

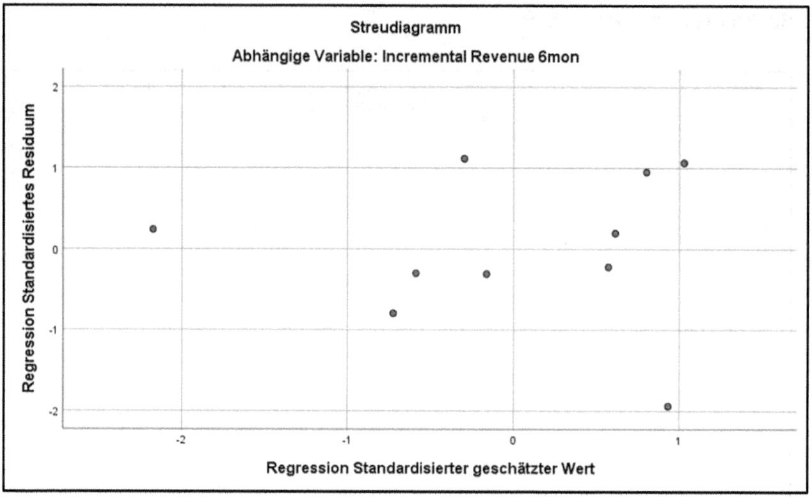

Abbildung 177: Streudiagramm: Standardisierte Residuen/standardisierter geschätzter Wert (Quelle: Eigene Darstellung)

In Abbildung 177 ist zwar kein eindeutiges Dreiecksmuster zu erkennen, allerdings wird zur Sicherstellung, dass dennoch keine Heteroskedastizität vorliegt, ein Breusch-Pagan-Test durchgeführt (Tabelle 187).

Breusch-Pagan-Test auf Heteroskedastizität[a,b,c]

Chi-Quadrat	Df	**Sig.**
1,704	1	**,192**

a. Abhängige Variable: Incremental Revenue 6mon

b. Testet die Nullhypothese, dass die Varianz der Fehler nicht von den Werten der unabhängigen Variablen abhängt.

c. Vorhergesagte Werte aus Design: Konstanter Term + AvgZuf

Tabelle 187: Test auf Heteroskedastizität (Quelle: Eigene Darstellung)

Aufgrund des Signifikanzwerts 0,192 kann die Alternativhypothese nicht angenommen werden, womit Homoskedastizität vorliegt und kein Verstoß der Prämisse der Heteroskedastizität gegeben ist.

Die Prämisse für den Breusch-Pagan-Test ist die Normalverteilung der standardisierten Residuen. Diese ist wie in Tabelle 188 dargestellt gegeben.

Kolmogorov-Smirnov-Anpassungstest

		Standardized Residual
N		10
Parameter der Normalverteilung[a,b]	Mittelwert	,0000000
	Std.-Abweichung	,94280904
Extremste Differenzen	Absolut	,172
	Positiv	,119
	Negativ	-,172
Statistik für Test		,172
Asymptotische Signifikanz (2-seitig)		,200[c,d]

a. Die zu testende Verteilung ist eine Normalverteilung.
b. Aus den Daten berechnet.
c. Signifikanzkorrektur nach Lilliefors.
d. Dies ist eine untere Grenze der echten Signifikanz.

Tabelle 188: Kolmogorov-Smirnov-Anpassungstest (Quelle: Eigene Darstellung)

Damit wird gleichzeitig eine weitere Prämisse des Regressionsmodells erfüllt: Die **Normalverteilung** der Störgrößen. Eine visuelle Überprüfung eines potenziellen Verstoßes gegen diese Prämisse kann anhand eines Histogramms der Residuen gemacht werden (Abbildung 178). Das Histogramm in Abbildung 178 unterstreicht augenscheinlich das Ergebnis des Kolmogorov-Smirnov-Anpassungstests (0,200) in Tabelle 188.

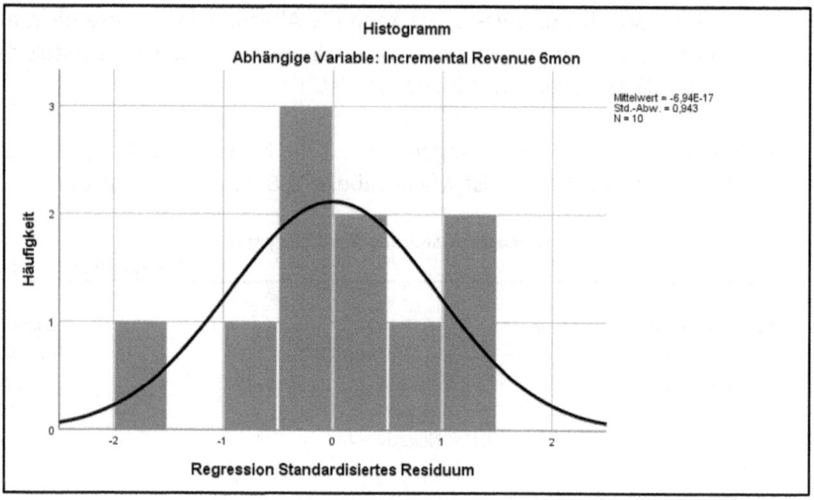

Abbildung 178: Histogramm Normalverteilung (Quelle: Eigene Darstellung)

Autokorrelation, wie auch schon Heteroskedastizität, kann durch eine visuelle Inspektion der Residuen durchgeführt werden, indem diese gegen die geschätzten Werte, wie in Abbildung 177 dargestellt, geplottet werden (vgl. Backhaus et al., 2018, S. 97). Dabei sind augenscheinlich keine Muster in der Punktewolke zu erkennen, die mit Autokorrelation in Verbindung gebracht werden (vgl. hierzu grafische Beispiele in Backhaus et al., 2018, S. 95). Es kann davon ausgegangen werden, dass keine Autokorrelation vorliegt.

Printed by Printforce, the Netherlands